普通高等教育"十一五"
国家级规划教材

21世纪高等学校计算机专业
核心课程规划教材

面向对象与Java程序设计

（第3版）微课视频版

◎ 朱福喜 主编

清華大学出版社
北京

内容简介

本书从Java的基本概念入手，介绍了Java语言的基础知识与主要功能，系统地分析了Java语言面向对象的编程机制，并用软件工程的理论和方法，阐述了使用Java语言进行面向对象的程序设计的基本技巧。本书还介绍了一些Java语言的高级特性以及Java EE的基础知识，如多线程、网络编程、数据库连接以及Servlet、JSP等。

本书既可作为计算机及IT相关专业的教材，也可作为软件开发人员和其他有关人员的学习参考资料以及IT行业从业人员的培训教材。

图书在版编目(CIP)数据

面向对象与Java程序设计：微课视频版/朱福喜主编．—3版．—北京：清华大学出版社，2020.12（2024.2 重印）
21世纪高等学校计算机专业核心课程规划教材
ISBN 978-7-302-52940-8

Ⅰ．①面…　Ⅱ．①朱…　Ⅲ．①JAVA语言—程序设计—高等学校—教材　Ⅳ．①TP312.8

中国版本图书馆CIP数据核字(2019)第083588号

策划编辑：魏江江
责任编辑：王冰飞
封面设计：刘　键
责任校对：胡伟民
责任印制：丛怀宇

出版发行：清华大学出版社
网　　址：https://www.tup.com.cn，https://www.wqxuetang.com
地　　址：北京清华大学学研大厦A座　　**邮　　编**：100084
社 总 机：010-83470000　　**邮　　购**：010-83470235
投稿与读者服务：010-62776969，c-service@tup.tsinghua.edu.cn
质量反馈：010-62772015，zhiliang@tup.tsinghua.edu.cn
课件下载：https://www.tup.com.cn，010-83470236
印 装 者：三河市少明印务有限公司
经　　销：全国新华书店
开　　本：185mm×260mm　　**印　　张**：29.25　　**字　　数**：740千字
版　　次：2009年3月第1版　2020年12月第3版　　**印　　次**：2024年2月第6次印刷
印　　数：37501~38700
定　　价：69.80元

产品编号：083966-01

前　　言

又迎来了本书的再次改版。改版之际，为了对读者负责，作者还是审慎地考虑了一下这个问题：Java 语言的行情怎么样，还是那么火吗？经过一番调研，很高兴地看到，尽管已经有 20 多年的历史，Java 语言仍在不断发展，并且备受业界的欢迎，她仍然是 IT 行业的主力军。

在过去的 20 多年中，Java 已从计算机编程语言的第 25 位上升到最高位置。其广泛的声誉在于其简单和用户高效的功能，例如其语言的清晰性、易于调试的过程、通用的兼容性以及巨大的潜力等。与其他计算机编程语言相比，Java 是迄今为止最受欢迎的语言。在这个背景下，本书的前两版也得到众多读者的支持和鼓励。

纵观 Java 的一派大好形势，作者信心满满地完成了这次改版。新版跟踪了 Java 语言的最新发展动向，对旧版存在的一些瑕疵进行了订正，修订了新版 JDK 的安装和说明，对部分内容和习题进行了调整。全书共分 13 章。第 1 章主要介绍 Java 的发展、语言特点和展示 Java 的独立应用程序和 Applet 程序的小实例，使读者对 Java 语言有一个概貌性的了解。第 2 章介绍 Java 编程的基础知识，主要包括数据类型、变量、表达式和流程控制语句。第 3 章介绍 Java 面向对象编程的基础知识，主要讨论面向对象技术的封装、抽象、继承和多态等特征。第 4、5 两章介绍 Java 面向对象编程的实现机制，通过这两章的学习，读者可以掌握 Java 语言和面向对象程序设计的精髓。第 6 章介绍 Java 图形用户界面的设计和编程实现，通过这章的学习，读者可以编写出丰富多彩的程序界面。第 7 章介绍流和文件，这一章不仅是文件和输入输出操作的基础，也是后续的 Java 高级编程如网络编程的基础。第 8 章介绍 Java 的多线程编程和异常处理，掌握多线程可以使程序通过多线程完成一些并行执行的任务，掌握异常处理机制能够保证程序有足够的强壮性。第 9 章介绍 Applet 的设计，Applet 能够使 Java 语言在 Web 上充分展示其魅力。第 10 章介绍网络编程，这一章充分显示了 Java 的强大网络编程功能。第 11 章介绍 Java 数据库连接(JDBC)，掌握 JDBC 可以很方便地在 Java 程序中引入数据库应用。第 12、13 章介绍 Java 的服务端编程工具 Servlet 和 JSP，掌握这两章能够实现最基本的 B/S 模式计算。同时，作为本书的辅助，作者还出版了配套的《面向对象与 Java 程序设计(第 3 版)上机实践与习题解析》。

本书提供教学大纲、教学课件、电子教案、程序源码、教学进度表等配套资源，扫描封底的课件二维码可以下载；本书还提供 500 分钟的视频讲解，扫描书中相应章节的二维码，可以在线观看、学习。

在本书的编写和改版过程中，得到清华大学出版社魏江江分社长和王冰飞编辑的大力支持，在此谨向他们表示衷心的感谢。

本书既可作为计算机及IT相关专业的教材，也可作为软件开发人员和其他有关人员的学习参考资料以及IT行业从业人员的培训教材。

作　者

2020.4 于武汉学院

目录

源码下载

第1章 Java 概述

Java 是原 Sun Microsystem 公司开发的一种新型的程序设计语言。在高级语言已经非常丰富的背景下，Java 语言脱颖而出，不仅成为一门最为流行的计算机语言，而且形成一种专门的技术，有其独特的历史背景和独特的品质。

1.1 Java 技术的出现与形成

Java 技术的出现与形成可追溯到 20 世纪 90 年代，一些敢于创新的软件工程师试图开发一种可移植软件，用于控制诸如烤箱、电视、冰箱、录像机、灯光设备、电话、呼机、传真机等家用电器。

1994 年 4 月，由美国 Sun Microsystem 公司的 Patrick Nawghton、Jame Gosling 和 Mike Sheridan 等人组成的开发小组，开始了代号为 Green 的项目的研制，其目标是研制一种家用电器的逻辑控制系统，产品名称为 Oak。但是，这个在技术上非常成功的产品，当时并未获得商业上的成功。

1994 年末，由于 Internet 的迅猛发展，WWW 以极快的速度风靡全球。Green 项目小组发现他们的新型编程语言 Oak 比较适合于 Internet 程序的编写，于是他们结合 WWW 的需要，对 Oak 进行改进和完善，并获得了极大的成功。

1995 年 1 月，Oak 被更名为 Java。这个名字既不是根据语言本身的特色来命名，也不是由几个英文单词的首字母拼成，更不是来源于人名或典故，而是印度尼西亚的一个盛产咖啡的小岛的名字，小岛中文名叫爪哇。正是因为许多程序设计师从所钟爱的热腾腾的香浓咖啡中得到灵感，因而热腾腾的香浓咖啡也就成为 Java 语言的标志。

1995 年 5 月 23 日，Java 正式公布，后来人们对 Java 的兴趣和重视证明了这项技术将是未来网络计算的主流技术。

1995 年，一些著名的公司，如 IBM、Microsoft、Netscape、Novell、Apple、DEC、SGI 等纷纷购买 Java 语言使用权。

1996 年 4 月，10 个最主要的操作系统供应商在其产品中嵌入 Java 技术。同年 9 月，用 Java 技术制作的网页大约 8.3 万个。

1998 年 12 月 4 日，JDK 迎来了一个里程碑式的版本 JDK1.2，工程代号为 Playground。Sun 公司把这个版本的 Java 技术体系拆分成了 3 个方向，分别是面向桌面应用开发的 J2SE (Java 2 Platform ，Standard Edition)、面向企业级开发的 J2EE(Java 2 Platform ，Enterprise Edition)和面向手机等移动终端开发的 J2ME(Java 2 Platform，Micro Edition)。这个版本中的代表技术非常多，如 EJB、Swing 等。

1999 年 4 月 27 日，HotSpot 虚拟机发布，它的出现是作为 JDK1.2 的附加程序提供的，后来它成为了JDK1.3及之后的所有版本的Sun JDK的默认虚拟机。

2000年5月,JDK1.3发布,工程代号为Kestrel。相比JDK1.2,JDK1.3主要增添、改进了某些类库,如JavaSound等。

2002年2月13日,JDK1.4发布,工程代号为Merlin。JDK1.4作为一个更成熟的标志性版本,IBM、SAS、Fujitsu等著名公司都参与了开发,甚至实现了各自独立的JDK1.4版本。直至今天,依然有很多应用可以运行在JDK1.4上,如Spring、Hibernate、Struts等。

2004年9月,JDK1.5发布,工程代号为Tiger。从JDK1.2以来,Java在语法层面上的改动一直比较小,然而在JDK1.5上做了比较大的改进。例如,自动装箱、泛型、动态注解、foreach循环、枚举、可变长参数等语法特性都是在JDK1.5中加入的。

2006年12月11日,JDK1.6发布,工程代号为Mustang。Sun公司在JDK1.6中启用新的命名方式: Java SE 6、Java EE 6、Java ME 6。它的改进还包括提供动态语言支持、提供便宜API和HTTP服务器API等。同时,这个版本对Java虚拟机内部,包括锁与同步、垃圾收集、类加载方式等方面的算法,都做了大量改进。

2009年2月19日,工程代号为Dolphin的JDK1.7完成了第一个里程碑版本。由于期间经济、被收购等因素,原设定的10个里程碑未能完成,但这些改进被融入后来的JDK1.8,到2011年7月Java SE 7发布。

2014年3月,Java SE 8发布。该版本增添了很多新的特性,例如,Lambda表达式、接口的重新定义、函数式接口与静态导入、Stream API、Date Time API等。

2017年9月21日,JDK1.9发布,这个版本主要是引入模块化以及简化进程、改善锁争用机制、代码分段缓存等。

2018年3月20日,JDK10发布。改进的关键点包括一个本地类型推断、一个垃圾回收的"干净"接口,将JDK的多个存储库合并成一个,简化了开发。

目前,JDK版本已经更新到JDK14了。

从以上内容可以看出Java走过的光辉历程。Java发展到今天,已经不再是一个单纯的语言的概念,Java已经形成一门技术,主要体现在以下几个方面。

- Java软件技术: Java JDK、Java Runtime Environment、Hotjava、Java OS、JDBC、Java Beans。
- Java虚拟机及规范: JRE等。
- Java嵌入技术: Java芯片(如MicroJava701),基于Java技术的NC、Java Station、WebTV(机顶盒)、Java汽车、Java手机、Java掌上机等。
- Java Computing: 基于处理功能的综合处理系统,如J2EE Server或Web Application Server,其典型产品有Weblogic、Webspher等。

从发展态势来看,Java对IT业界的影响还在继续深化。

1.2 Java语言的特色

在Sun公司的白皮书中,对Java的定义是Java: a simple, object-oriented, distributed, robust, secure, architecture-neutral, portable, high-performance, multi-threaded, and dynamic language。即Java是一种简单的、面向对象的、分布式的、强壮的、安全的、体系结构中立的、可移植的、高性能的、多线程的和动态的语言。

视频讲解

这个定义充分说明了Java语言的特点。

1. 简单性

Java是一种简单的语言。语言的设计者尽量把语言的规模变小。Java取消了许多语言中十分烦琐和难以理解的内容,如C++的指针、运算符重载、类的多继承等,并且通过实现自动垃圾收集大大简化了程序设计者的内存管理工作。Java在外观上让大多数程序员感到很熟悉,便于学习。同时Java的编译器很小,便于在各种机型上实现。

2. 面向对象

Java是一种面向对象的语言。这里的对象是指封装数据及其操作方法的程序实体。Java的程序设计集中于对象及其接口,Java提供了简单的类机制以及动态的接口模型,实现了模块化和信息封装。Java类可提供一类对象的原型,再通过继承机制,实现了代码的重用。

3. 分布性

Java是一种分布式语言。它有一套很齐全的通信及相关功能的程序库,可以处理TCP/IP协议及其他协议,用户可用URL地址在网络上很方便地访问其他对象。利用Java来开发分布式的网络程序是Java的一个主要应用之一。

4. 健壮性

用Java编写的程序能够在多种情况下稳定执行,这主要是因为在编译和运行时都要对可能出现的问题进行检查。Java有一个专门的指针模型,它的作用是排除内存中的数据被覆盖和毁损的可能性。Java还通过集成面向对象的异常处理机制,在编译时提示可能出现但未被处理的异常,以防止系统的崩溃。

5. 安全性

Java是一种安全的网络编程语言,不支持指针类型,一切对内存的访问都必须通过对象的实例来实现。这样能够防止他人使用欺骗手段访问对象的私有成员,也能够避免在指针操作中产生错误。此外,Java有多个阶层的互锁保护措施,能有效地防止病毒侵入和蓄意的破坏行为。

6. 体系结构中立

Java编译器能够产生一种与计算机体系结构无关的字节码(bytecode),只要安装了Java虚拟机,Java就可以在相应的处理机上执行。这个过程可以用图1.1说明。

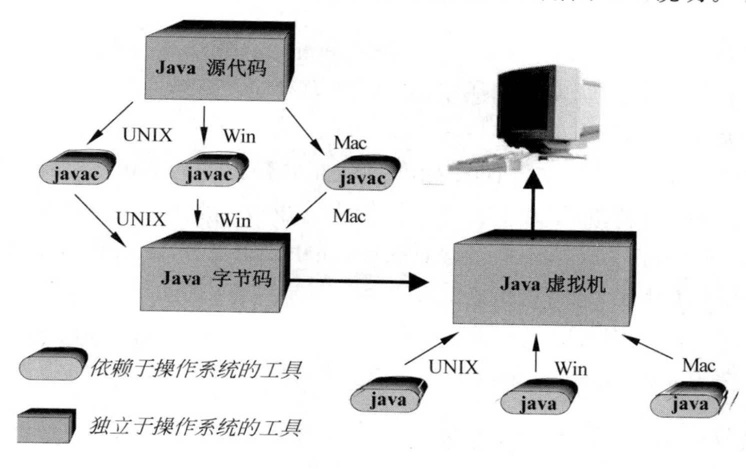

图1.1　Java程序与虚拟机

7. 可移植性

Java具备很好的可移植性,这主要得益于它与平台无关的特性。同时,Java的类库中也实现了与平台无关的接口,这使得这些类库也能移植。同时,Java编译器主要是由Java本身来实现的,Java的运行系统(虚拟机)由标准C实现,因而整个Java系统都具有可移植性。

8. 解释型语言

Java虚拟机能直接在任何机器上解释执行Java字节码,字节码本身带有许多编译信息,使得连接过程更加简单。

9. 高效性

Java的字节码能够迅速地转换成机器码,充分地利用硬件平台资源,从而可以得到较高的整体性能。

10. 多线程机制

Java具有多线程机制,这使得应用程序能够并行地执行。它的同步机制也保证了对共享数据的共享操作,而且线程具有优先级的机制,有助于分别使用不同线程完成特定行为,也提高了交互的实时响应能力。

11. 动态性

Java比C++语言更具有动态性,更能适应不断变化的环境。Java不会因程序库的某些部分的更新而需要全部重新编译程序,所以在类库中可以自由地加入新的方法和实例变量,不会影响用户程序的执行。并且Java通过接口(interface)机制支持多重继承,使之比严格的类继承更具灵活性和扩展性。

1.3 Java的开发和执行环境

Java的开发工具和运行环境现在还是免费的。只要可以进入Internet,就可以免费下载开发工具集JDK,其中包括了Java的全套文档资料。

除了JDK之外,目前也有许多公司成功地开发出了集成化的Java开发环境,其中最流行的是开源软件Eclipse。

1.3.1 JDK的下载

通过浏览器访问网站https://www.oracle.com/technetwork/java/javase/downloads/index.html自由下载JDK。如果从其他镜像站点下载JDK,则要注意这些镜像站点保存的是否是JDK的最新版本。

截至2018年11月,提供下载的JDK标准版软件最新版本为Java SE 11.1,有不同操作系统的JDK版本。下面介绍的JDK1.8的64位Windows操作系统,可以从网址https://www.oracle.com/java/technologies/javase-downloads.html下载(jdk-8u191-windows-x64.exe,文件大小为207.22MB,可直接运行)。

API说明文档可以从网址https://www.oracle.com/java/technologies/javase-jdk8-doc-downloads.html下载(jdk-8u191-docs-all.zip,89.46MB)。

1.3.2 JDK的安装与环境配置

下载完成后,运行jdk-8u191-windows-x64.exe进行开发工具的安装。安装时,可指定安装目录，也可安装到系统默认的目录下。默认安装时会在C盘程序文件夹中创建名为java\jdk1.8.0开发工具的主文件夹和名为jre1.8.0运行时系统的主文件夹。

安装时，可以选择比较简单的目录，如C:\JDK18。如果使用拼写复杂的目录，会给DOS界面下的操作带来很多不便。安装完毕后，用DIR命令可以显示该目录，主要的有bin文件夹(存放可运行的程序开发工具)、lib文件夹(存放库文件)、demo文件夹(存放供学习、演示用的Java程序)、jre文件夹(存放运行时环境等支撑文件)等。对API帮助文档jdk-8u191-docs-all.zip，可用Winzip或WinRAR软件进行解压操作，解压到jdk1.8.0开发工具主文件夹或其他指定的文件夹的docs子文件夹中。

为了在任何目录中都可以运行Java工具，可对运行环境进行设置。在Windows环境下配置环境变量的方法是：右击桌面上的"我的电脑"图标，从弹出的快捷菜单中选择"属性"命令，在随后打开的对话框中单击"高级"标签，单击"环境变量"按钮，打开"环境变量"对话框，在"系统变量"区中单击"新建"按钮，在"新建系统变量"对话框的"变量名"文本框中输入"classpath"，在"变量值"文本框中输入"C:\JDK18\BIN;C:\JDK18\LIB\dt.jar;C:\JDK18\LIB\TOOLS.jar"，最后单击"确定"按钮。

设置环境时，也可以再增加一个环境变量JAVA_HOME，因为很多与Java相关的平台都要用到这个环境变量。我们将这个变量值设置为C:\jdlk18，再在建立环境变量classpath时，将其设置为.;%JAVA_HOME%\lib\dt.jar;%JAVA_HOME%\lib\tools.jar；接着修改path环境变量，将其值加上%JAVA_HOME %\bin;%JAVA_HOME %\jre\bin；最后单击"系统变量"窗口的"确定"按钮。

配置完成后，需重新启动计算机，环境变量方能生效。检查是否生效可打开命令行提示符，在控制台窗口输入"Java -version"后按Enter键，如果出现相应的版本信息，就说明安装配置成功。

1.3.3 JDK环境工具简介

本小节将简单介绍JDK环境工具，包括Java编译器、Java虚拟机、Applet程序观察器、Java文档生成器、Java调试器、C文件生成器等。

Java程序主要分为两种类型：独立应用程序(stand-alone application)和小应用程序(Applet)。独立应用程序编译后由虚拟机直接解释执行，Java JDK就是源代码编写、编译、预执行的集成环境；对于Applet程序，需用同样的Java编译器先将它编译成.class的代码，然后嵌入某个HTML文件，由某个浏览器解释执行。

JDK工具有些是针对独立应用程序，有些是针对Applet程序，这些工具的使用参数的详细介绍可参考附录A。

1. 编译器——javac

javac的作用是将源程序(.java文件)编译成字节码(.class文件)。Java源程序的后缀名必须是.java。javac一次可以编译一个或多个源程序，对于源程序中定义的每个类，都会生成一个单独的类文件。因此，Java源文件与生成的class文件之间并不存在一一对应的关系。例如，如果在A.java文件中定义了A、B、C 3个类，则经过javac编译后要生成A.class、B.class、C.class 3个类文件。

javac的调用格式为：

```
javac [选项] 源文件名表
```

其中，源文件名表是多个带.java后缀的源文件名，有时候也可以将源文件名表设置为*.java，即使用的命令格式为：

```
javac [选项] *.java
```

此时是对当前目录下的所有Java文件进行编译。选项参见附录A中的javac选项表(表A.1)。

2. Java的语言解释器——java

java命令解释执行Java字节码。其格式为：

```
java [选项] 类名<参数表>
```

这里的类名代表要执行的程序名，即编译后生成的带.class后缀的类文件名，但在上述命令中不需要带后缀。这个类名必须是一个独立程序(不能是Applet)，其中必须带有一个按如下格式声明的main()方法：

```
public static void main(String [ ] args ) { … }
```

并且包含main方法的类名必须与java命令行中的类名相同。

在执行java命令时，若类名后带有参数表，则参数表中的参数依次直接传递给该类中的main()方法的args数组，这样在main()方法中就可以使用这些数组元素获取参数值。

java命令所使用的选项参见附录A中的java选项表(表A.2)。

3. Java Applet观察器——appletviewer

appletviewer命令可使用户不通过Web浏览器也可以观察Applet的运行情况。其格式为：

```
appletviewer [ - debug] HTML 文件
```

appletviewer下载并运行HTML文件中包含的Applet，如果HTML文档中不包含任何Applet，则appletviewer不采取任何行为。如果上述命令中使用了-debug选项，则appletviewer将从jdb内部启动，这样就可以调试HTML文件所引用的Applet。

4. Java语言调试工具——jdb

jdb调试用Java语言编写的程序。其格式为：

```
jdb [选项] 类名
```

或

```
jdb [ - host 主机名] - password 口令
```

jdb装载指定的类，启动内嵌的Java虚拟机，然后等待用户发出相应的调试命令，通过使用Java debugger API对本地或远程的Java虚拟机进行调试。

如果使用第一种命令格式，那么是由jdb解释执行被调试的类。如果使用第二种格式，jdb将被嵌入一个正在运行的Java虚拟机之中，这个虚拟机必须事先用-debug选项启动，而且要求用户输入一个口令，这个口令也就是出现在命令行中的口令。如果使用了-host选项，jdb就可以嵌入命令行中“主机名”所指出的主机上正在运行的虚拟机之中。

所有的调试命令参数见附录A中的调试命令表(表A.3)。

5. Java 文档生成器——javadoc

javadoc 从 Java 源文件生成 HTML 格式的 API 文档，内容包括类和接口的描述，类的继承层次以及类中任何非私有域的索引和介绍。该命令的格式为：

```
javadoc  [选项][包| 文件名]
```

其中，选项参见附录 A 中的 javadoc 选项表(表 A.4)。

用户可以用包名或一系列的 Java 源程序名作为该命令的参数。调用时，javadoc 可以自动对类、接口、方法和变量进行分析，然后为每个类生成一个 HTML 文档，并为类库中的类生成一个 HTML 索引。

6. C 头文件和源文件生成器——javah

javah 命令从一个 Java 类中生成实现 native()方法所需的 C 头文件和存根文件(.h 文件和.c 文件)，利用这些文件可以把 C 语言的源代码装入 Java 应用程序中，使 C 可以访问一个 Java 对象的实例变量。其格式为：

```
javah [选项] 类名
```

默认的情况下，javah 为每一个类生成一个文件，保存在当前目录中。若使用-stub 选项则生成源文件；若使用-o 选项则把所有类的结果存于一个文件之中。

7. 类文件反汇编器——javap

javap 用于反汇编一个文件，分解类的组成单元，包括方法、构造方法和变量等。鉴于 javap 的用途，它又称为类分解器。其格式为：

```
javap [选项] 类名
```

javap 的输出结果由选项决定，如果无任何选项，则输出类的公共域和公共方法。

有关上述命令的使用详情参见附录 A。

1.4 一个简单的独立应用程序

前面已提到有两种 Java 程序：一种是独立应用程序，另一种是 Applet 程序。下面介绍如何建立和使用一个 Java 独立应用程序，Applet 程序将在 1.5 节中介绍。

1.4.1 从编辑程序到执行程序的完整过程

视频讲解

1. 建立 Java 源文件

要建立一个 Java 程序，首先要编写 Java 的源代码，即建立一个文本文件，包含符合 Java 规范的语句。创建这个文本文件可使用文本编辑器，例如 Window 操作系统下的 Notepad。当然，使用专门用于编程的编辑工具和商用开发环境下的编辑工具会更方便一些。

编写一个 Java 程序须遵循下述基本原则。

- Java 区分大小写，即 Program 与 program 是不同的标识符。
- 用花括号{ }将多个语句组合在一起，语句之间必须用分号隔开。
- 一个可执行的独立应用程序必须包含下述基本框架。

```
class Name
{  public static void main(String args[])
   { ... // 程序代码
   }
}
```


用上述框架编写的程序如果在class关键字前使用了public修饰，则该程序必须使用文件名Name.java保存起来，即用类名(包括相同的大小写)作为文件名，并使用.java作为文件的扩展名。

下面编写一个最简单的Java程序。

【例1.1】 一个简单的独立应用程序。

```
/* Hello类实现了将"H!"和3个命令行参数显示到屏幕的简单应用程序 */
public class Hello
{  public static void main(String args[])
   {System.out.println("Hi!" + args[0] + " " + args[1] + " " + args[2]);
       //显示"H!"串和3个命令行参数
   }
}
```

上述源代码中的类名为Hello，因此保存在Hello.java文件中。通常类名的第一个字母是大写的。这个过程如图1.2所示。

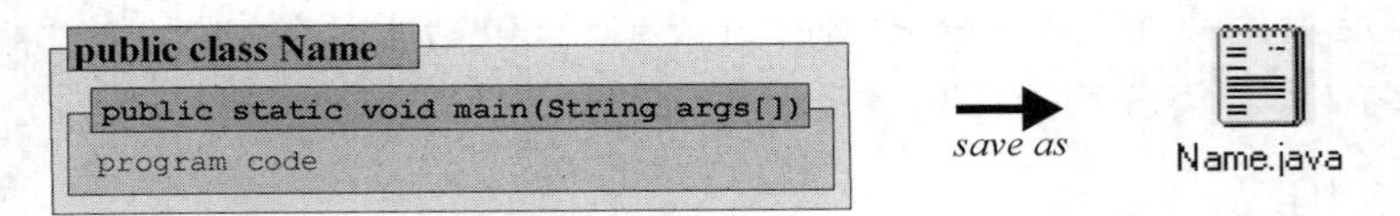

图1.2 保存一个Java程序的源代码

2. 编译源文件

编译是将一个源代码文件翻译成计算机可以理解和处理的格式的过程，所得到的结果文件称为字节码或类文件，即带扩展名.class的文件。前面编写好的源程序Hello.java可用JDK的编译器进行编译：

```
javac Hello.java
```

这个过程如图1.3所示。

如果编译成功，编译器就在包含Hello.java文件的同一目录下创建一个Hello.class文件。

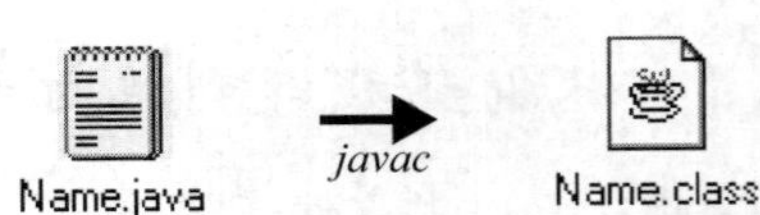

图1.3 Java源程序的编写到编译的过程

3. 编译时出错处理

如果编译如下程序：

```
public class Test{
    public static void main(String args[]){
        system.out.println("Hi - this is my first program");
    }
}
```

编译器会指出程序第3行有错。这一行应该是System.out.println()，而不是system.out.println()。回到编辑器，修改这一行后，保存后重新编译。如果再没有错误信息出现，就可进行下一步。

一般说来，如果编译器指出某一行有一个错误，则可能在这一行或这一行之前存在一个错误。如果编译器报告有多个错误，则这是当前最少的错误的数目，也可能还有错误没有查出来。当然也可能在排除了某个错误之后，由这个错误引起的其他错误会自动消失。

4. 运行一个独立应用程序

Java 编译器并不直接产生一个执行代码，因而不能直接在操作系统环境下运行，而是要通过 Java 虚拟机(JVM)运行这个程序。

在 Java 虚拟机上运行上述独立应用程序可使用如下命令：

```
java Hello
```

运行后就会在运行结果窗口内看到如图 1.4 所示的信息。

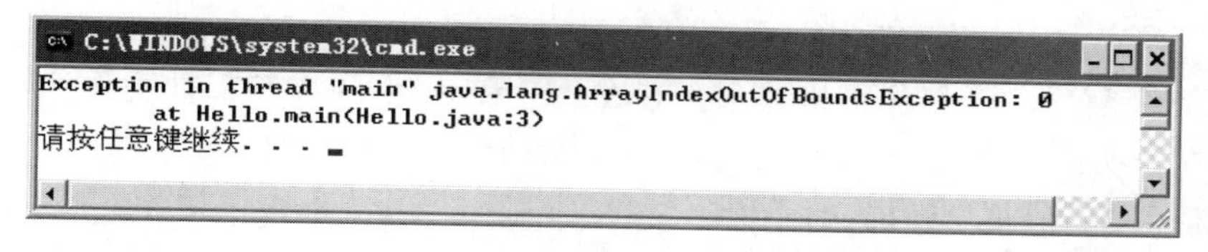

图 1.4　没有输入命令行参数时显示的下标超界异常

这是因为在命令行中没有输入适当的参数，因而没有创建 args 数组的元素，而在程序中又使用了 args[0]、args[1]和 args[2]3 个数组元素，所以出现了数组下标超界的异常。

如果在命令行输入：

```
java Hello How are you?
```

这次执行的结果如图 1.5 所示。

图 1.5　正确地执行 Hello 类所显示的信息

得到这样的结果，是因为命令行中的 how 赋给 args[0]，are 赋给 args[1]，you? 赋给 args[2]。这几个数组元素就会通过屏幕显示语句 System.out.println 与字符串 Hi! 一起输出。

从编写到执行一个 Java 程序的完整过程，如图 1.6 所示。

图 1.6　Java 源程序的编写到执行的完整过程

JVM 在执行一个独立应用程序时，基本步骤如下。

(1) 首先必须装有 JVM，并有恰当的环境变量指出 JVM 所在的位置。

(2) JVM 找到并读入要执行的类文件。

(3) JVM 检验该类文件是否存在违反安全的操作。

(4) JVM 解释执行类文件的代码。

1.4.2 Java独立应用程序的基本结构

例1.1的Hello.java虽然是一个非常简单的程序,但却是一只五脏俱全的“小麻雀”,下面就进一步解剖这只“麻雀”。

视频讲解

1. 注释

一个好的程序应该包含足够的注释。Java支持如下3种形式的注释。

1) //… a single line

这种注释称为单行注释格式。所有从//开始到行末的字符将被忽略。

2) /* … any section */

这种注释称为段注释格式。所有在/*和*/之间的字符将被忽略,这些注释能扩展到多行。

3) /** … any section,used by javadoc to generate HTML documents */

这种注释称为Java文档注释格式。所有在/**和*/中的字符都被看作注释,但是这些注释只应用在声明语句之前,因为它们将被Java文档生成器用于自动建立文档。Java文档注释内部可包括某些HTML标记,如<PRE>和<T1>,但其中不得包括HTML结构标记,如<H2>和<HR>等。

在这3种格式中,前两种与C++的注释格式相同,第3种则是Java语言专门引入的一种注释格式。

2. 类的定义

在Java语言中,最简单的类定义的形式为:

```
class 类名{
…                                  //类体
}
```

如果这个类是可执行类,则类体中要包含main()方法,它就是程序的入口。

3. 程序的入口

程序的入口是程序开始执行的地方,每个Java程序必须从main()方法开始执行,其定义格式必须是:

```
public static void main(String[ ] args)
```

也就是说,main()方法的说明有3个必不可少的修饰符。

- public 指出main()方法是一个公共类型,它可以被任何对象调用。
- static 指出main()方法是一个静态类方法。
- void 指出main()方法不返回任何值。

缺少其中一个或使用了其他修饰符,虽然取名为main()方法,但JVM并不认为它就是Java应用程序的入口。如果试图执行,将显示出错信息:

```
Java.lang.util.NoSuchMethodError: main
Exception in thread main
```

Java语言中的main()方法类似于C和C++中的main()函数。当Java虚拟机执行一个应用程序时,它通过调用这个类的main()方法开始执行,main()方法将从虚拟机接收命令行参数(String[] args),然后由main()方法直接运行整个应用程序。

对于例1.1,如果在命令行输入:

```
java Hello Are you ok?
```

这次执行后就会在结果窗口内显示：

```
Hi!Are you ok?
```

Are、you 和 ok? 都是命令行参数，分别传送给 main()方法的参数 args[0]、args[1]、args[2]，然后在 println()方法中将它们与 Hi! 一起显示在屏幕上。

如果一个程序不包含 main()方法，则 JVM 不能执行这个程序。

4. 使用其他的类和对象

独立应用程序 Hello.java 可能是一个功能最简单的程序。因为除了 Hello 类之外，它不需要定义任何其他类。但是，它在语句：

```
System.out.println("Hi! " + args[0] + args[1] + args[2])
```

中使用了另一个类——System 类。System 类是 Java 环境所提供的 API 的一部分，而 System.out 是 System 类中 out 变量的全名，它代表标准输出设备——屏幕。这个语句的简单含义是向屏幕输出一个字符串。

1.5 一个简单的 Applet 程序

视频讲解

Applet 程序是不同于独立应用程序的另一类 Java 程序，是一种嵌入在浏览器中执行的 Java 程序，它必须扩展 Applet 类。扩展 Applet 类的程序没有构造方法，也不需要 main()方法。一个 Applet 程序一般包含 4 个重要方法：init()、start()、stop()和 destroy()，init()方法是程序入口。Applet 程序一旦装载后，init()方法首先开始执行，并且只执行一次，然后开始执行 start()方法。每次 Applet 所在的 Web 页面被其他页面所取代时，要调用 stop()方法；而每次重新访问这个 Applet 所在的页面时，则要调用 start()方法。下面是一个最简单的 Applet 程序。

【例 1.2】 显示 Hello World! 的 Applet 程序。

```
import java.awt.Graphics;
import java.applet.Applet;
public class HelloApplet extends Applet{                    //一个 Applet
    public void paint(Graphics g){
        g.drawString("Hello world!",20,20);
                                                            //在坐标为 20,20 的地方显示字符串
    }
}
```

在这个 Applet 程序中，首先用 import 语句引入 java.awt.Graphics 类和 java.applet.Applet 类，这是该 Applet 程序所需要的两个类。Applet 程序需要继承 Applet 类来表明自己的身份，即它是在浏览器窗口中执行的程序；图形界面的 Applet 程序输出需要具有绘图功能的 paint()方法，该方法需要 Graphics 类作为参数。然后定义一个公共类 HelloApplet，用 extends 指明该程序是 Applet 的子类。Java Applet 程序都是 Applet 类或 JApplet 类的子类。这里在类体中重写父类 Applet 的 paint()方法，其中参数 g 为 Graphics 类的对象，可认为是用于绘图的画板。在 paint()方法中，调用图形对象 g 的方法 drawString()，在坐标(20,20)处输

出字符串Hello World!,其中,坐标是用像素点表示的。

不难看出,Applet与Application程序的主要区别在于类的性质和结构不同,即组成的方法有所不同,其语法是一致的。

为了在浏览器中执行Applet程序,必须在一个HTML文档使用特殊的标记,即使用＜APPLET＞标记调用Applet。Java的＜APPLET＞标记是对HTML语言的一个特别扩充,用于在Web页面中嵌入Applet,它的作用就是把Web页面的URL指定到浏览器或者Appletviewer。

编写好一个Applet类的源文件后,还要把它编译成类文件,并创建一个HTML文件,将这个Applet的类文件嵌入Web页面,并在支持Java的浏览器中打开并运行它。

该类用Javac编译程序编译后,其类文件为HelloApplet.class,为了将它嵌入Web页面,需要创建一个至少包含如下几行代码的文档。

```
<HTML>
    <APPLET CODE = "HelloApplet.class" WIDTH = "300" HEIGHT = "60">
    </APPLET>
</HTML>
```

如果将这几行代码存储在HelloApplet.html中,通过浏览器就可以打开这个HelloApplet.html文件并执行Applet,其执行结果如图1.7所示。

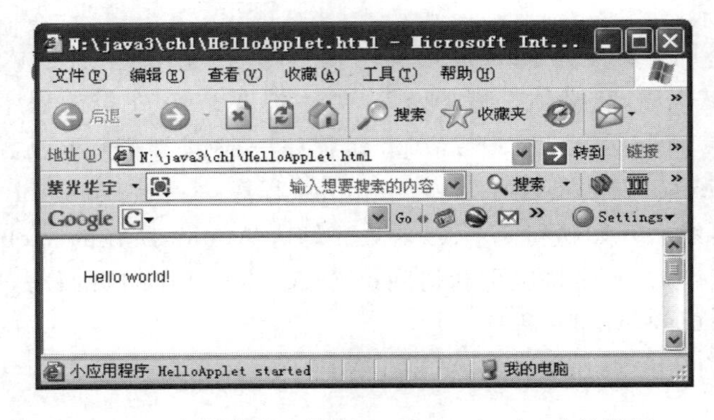

图1.7 在浏览器中执行HelloApplet.html的结果

1.6 一个具有输入功能的程序

前面介绍的两个程序都只具有输出功能,如果能体验一下具有输入功能的程序,那就会觉得更完整一些。

【例1.3】 交互式输入和输出。这个程序首先提示用户输入姓名,然后等待用户输入。当用户输入姓名并按Enter键后,系统很快给出一个问候信息,接着询问用户的年龄,然后程序输出一句恭维的话。

视频讲解

该程序可以简单地实现如下。

```
import java.util.*;
ublic class Say_Hello_to_You{
    public static void main (String[ ] args){
        Scanner reader = new Scanner(System.in);
```

```
        System.out.print("Enter your name:");
        String name = reader.next();
        System.out.println("Hello, Mr." + name + "! How old are you?");
        int age = reader.nextInt();
        System.out.println("Really? " + "You said you are " + age
                              + " years old, but you look so young!");
    }
}
```

运行该程序,其交互方式如图 1.8 所示。

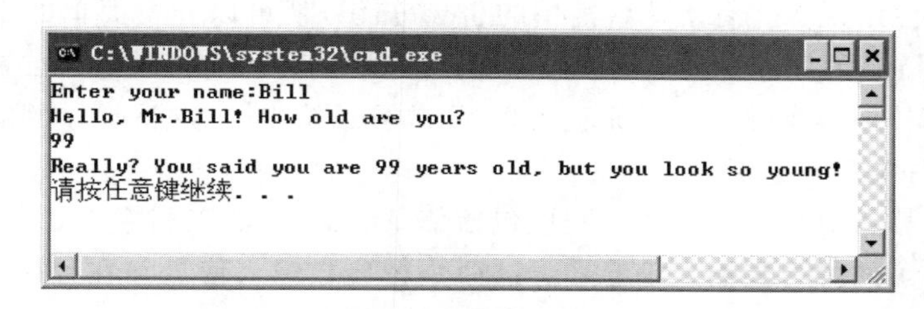

图 1.8　简单交互式输入和输出

下面简单分析一下这个交互式程序。

源代码文件中的第 1 行是:

```
import java.util.*;
```

它告诉编译器到 java.util 类库中寻找程序中要用到的 Scanner 类。Scanner 是 JDK 5.0 提供的一个类,是一个简单的文本扫描输入类,它可以把一个输入流解析为一个个标记(Token),这些标记用一定的分隔符隔开,再使用一些方法把这些标记解析成基本类型或字符串类型的数据,因此能够很方便地使用它输入基本类型和字符串类型的数据,特别是可以方便地从键盘输入字符串和各种基本类型。

第 4 行中,把 reader 定义为 Scanner 类的一个实例,并把 Java 平台约定的与键盘对应的输入流对象 System.in 作为它的输入流。这使 reader 对象会像输入管道一样地工作,把数据从键盘传递到程序当中。

第 5 行给出一个提示,要求用户输入自己的名字。

第 6 行的代码为:

```
String name = reader.next();
```

该语句声明了一个 String 对象 name,再使用 reader 对象的 next()方法从键盘读取一整行的字符。这样做的结果是,无论用户从键盘输入了什么字符,它都被保存在 name 对象中。

第 7 行中的表达式"Hello, Mr."+name+"! How old are you?"的意思是把 3 个单独的字符串"Hello, Mr."、name 和"! How old are you?"合并形成一个字符串。第 1 个和第 3 个字符串是字符串常量,而 name 是可以代表任何字符串的字符串变量。

第 8 行的语句:

```
int age = reader.nextInt();
```

使用 reader 对象 nextInt()方法从键盘读入一个整数数据。在图 1.8 中读入了一个整数 99。

第 5 行和第 9 行中使用的 System.out 对象是 PrintStream 类的一个实例,它的 println()

方法把传给它的所有数据都送到屏幕,最后发送一个换行符以结束该行的输出。

1.7 小　　结

Java语言脱颖而出,已经历了二十多年的光辉历程,它不仅是一门非常优秀的计算机语言,而且是IT业界的重要支撑技术。

本章介绍了Java的以跨平台性为代表的主要特征,然后介绍了如何下载和安装Java开发工具JDK以及使用说明。有了这些简单的Java知识,就可以开发简单的Java程序。本章分别介绍了3个Java程序：独立应用程序、Applet程序的简单实例和交互式输入输出程序。不管它们如何简单,但毕竟都是一个完整的程序,并且还给出了这些程序从编辑源程序到使用JDK工具执行程序的完整过程。

一般说来,计算机对信息的处理过程应包括信息的输入、加工和输出3个步骤。为了体现这一点,本章给出了两种方式输入信息：通过命令行参数输入信息和在程序中通过键盘输入信息。然后经过简单加工,再通过标准输出显示到屏幕上。

有了本章的基础,读者就可以动手练习编写程序了。

习　题　1

1. 列举并解释Java语言的特性。
2. Java程序分为哪两类？各有什么特点？
3. 为什么说Java的运行与计算机硬件平台无关？
4. 为什么说Java语言是纯面向对象的语言？
5. 试述Java开发环境的建立过程。
6. 常用的JDK工具有哪些？试述这些工具的功能和操作方法。
7. 如何用JDK编写一个Applet程序？试通过一个简单例子说明从编写到如何在浏览器中执行的完整过程。
8. 什么叫Java虚拟机？什么叫Java平台？Java虚拟机与Java平台的关系如何？
9. 书写一个程序,把变量n的初始值设置为1957,然后利用除法运算和取余运算把变量n的每一位数字都抽出来并打印之,其输出结果为：

```
n = 1957
```

n的每一位数分别是1、9、5、7。

10. 创建一个程序,显示命令行传递给main()方法的参数。
11. 创建一个程序,作为命令行加法器,将两个相加的数作为命令行参数传递给main方法,然后输出结果。
12. 下面选项中,可作为Java应用程序的main()方法的是(　　)(多选题)

    A. public static void main() { }

    B. public static void main(String[] string) { }

    C. public static void main(String args) { }

    D. static public int main(String[] args) { }

第 2 章 Java 语言基础

本章介绍 Java 的基本编程知识，包括变量和数据类型、运算符、表达式、控制流程以及相关的基础知识。

下面给出一个简单程序，展示 Java 的概貌。

【例 2.1】 本程序的作用是从 1 加到 99，并显示计算结果。

```
public class BasicsExample {
    public static void main(String[ ] args) {
        int total = 0;
        for (int current = 1; current <= 99; current++) {
        total += current;
        }
    System.out.println("Sum = " + total);
    }
}
```

这个程序的输出为：

```
Sum = 4950
```

从上面的例子中可以看出，Java 语言程序使用了传统程序设计的特性，包括变量、运算符和流程控制语句等。

Java 语言的基本语法与 C 语言、C++ 语言相似，但 Java 抛弃了 C、C++ 中不合理的内容，主要有如下几点。

- 全局变量。Java 程序中，不能在任何类之外定义全局变量，只能通过在一个类中定义公用、静态的变量来实现一个类中的全局变量。
- Goto 语句。Java 不支持 C、C++ 中的 goto 语句，而是通过异常(Exception)处理语句 try、catch、final 等(详见第 8 章)来代替 C 中用 goto 处理易于出现错误时跳转的情况，使程序易读且更结构化。
- 指针。指针是 C 语言、C++ 语言中最灵活，也是最容易产生错误的数据类型。Java 语言不支持指针的操作，但通过对象的引用等特性实现了指针的功能及其灵活性，因而克服了 C 语言、C++ 语言固有的缺点。
- 内存管理。在 C 语言中，是用 malloc() 和 free() 分配和释放内存的，而 C++ 语言是通过 new() 和 delete() 进行的。若多次释放已回收的内存块或未被分配的内存块，会造成系统的崩溃，而 Java 语言系统则能创建并动态维护数据结构所需的内存，并自动完成内存垃圾的收集工作。

下面具体介绍 Java 语言的一些基础知识和基本语句。

2.1 变量和数据类型

Java是强类型语言,这就意味着每一个变量都必须有一个数据类型。为了描述一个变量的类型和名字,必须用如下方式编写变量声明。

```
类型  变量名;
```

变量是用标识符命名的数据项,是程序运行过程中可以改变的量。例2.1中的程序使用了3个变量:total、current和args。

在程序中使用的每一个变量都必须提供一个名字和类型。使用变量之前必须先声明变量。声明变量包括两项内容:变量名和变量的类型。变量声明的位置决定了该变量的作用域。在程序中,可用变量名来使用变量代表的数据。变量的类型决定了它可以容纳什么类型的数值以及可以对它进行怎样的操作。例如,声明int current,表明current是一个整型数,它只能取整数值,可以使用标准的算术运算符(+、-、*、/)对它进行标准的算术运算(加、减、乘、除)。

2.1.1 变量的名字

在Java语言中,程序通过变量名来使用变量的值。变量名应满足下面的要求。

- 必须是一个合法的标识符。
- 不能是一个关键字或者保留字(如true、false或者null)。
- 在同一个作用域中必须是唯一的。

Java语言规定标识符由字母、下画线(_)、美元符($)和数字组成,且第一个字符不能是数字。其中,字母包括:大、小写字母,汉字等各种语言中的字符。Java语言使用Unicode字符集,它包含65 535个字符,适用于多种人类自然语言。

一般约定:变量名是以小写字母开头。如果变量名包含了多个单词,而这些单词要组合在一起,则第一个单词后的每个单词的第一个字母使用大写,如isVisible。下画线(_)可以出现在变量的任何地方,但一般只在常数中用它分离单词。因为一般常量都是用大写字母表示,所以用下画线进行分隔可以使表达更清晰。

2.1.2 变量的类型

Java语言规范提供了两种数据类型:简单类型和引用类型。

简单数据类型包括整数型、实数型、字符型和布尔型。表2.1列出了Java语言规范提供的所有简单数据类型的关键字、范围/格式,并给出了简单说明。

表2.1 Java简单数据类型

	类 型	范围/格式	说 明
整数型	byte	8位二进制补码	字节型整数
	short	16位二进制补码	短整数
	int	32位二进制补码	整数
	long	64位二进制补码	长整数
实数型	float	32位IEEE 754规范	单精度浮点数
	double	64位IEEE 754规范	双精度浮点数
字符型	char	16位Unicode字符集	单字符
布尔型	boolean	true或false	布尔值

从表 2.1 可知,Java 有 8 种简单数据类型。其中,6 种属于数值型,另外两种是字符型和布尔型。表 2.2 是各种简单类型及其数值的举例。

表 2.2 各种简单类型及取值的举例

类 型	数 值	类 型	数 值
int	168	float	88.363F(或 f)
long	8864L(或 l)	char	'c'
double	38.266,38.266D(或 d),26.88E3(或 e)	boolean	true 或 false

- int 类型是最常用的类型。如果要使用很大的整数,可以用 long 类型。byte 和 short 类型主要用于特殊的应用。例如,用于低层文件处理,或者在存储空间非常宝贵的时候保存大型数组。注意,在 Java 语言中,所有数值类型都与系统平台无关。
- 字符型数值可以是处在单引号中间的任何单一的 Unicode 字符,也可以选用\符号来表示不可显示或存在意义冲突的字符。
- 布尔型有"真"和"假"两个值,分别用 true 和 false 关键字表示。

Java 常用数据类型的分类如图 2.1 所示。

基本类型和引用类型最主要的区别如下。

- 基本类型的变量名是变量本身,即变量名代表了变量值。
- 引用类型变量的名字是变量的存储地点,就是一种"指针",只不过 Java 的引用不是指向真实的地址。

这两种类型对应的存储方式如图 2.2 所示。

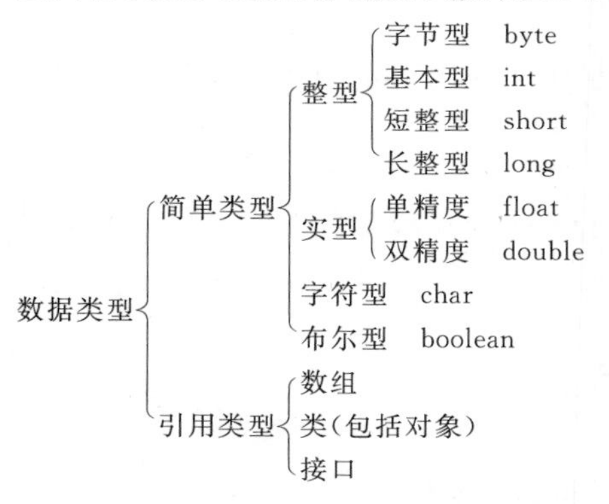

图 2.1 Java 常用数据类型的分类

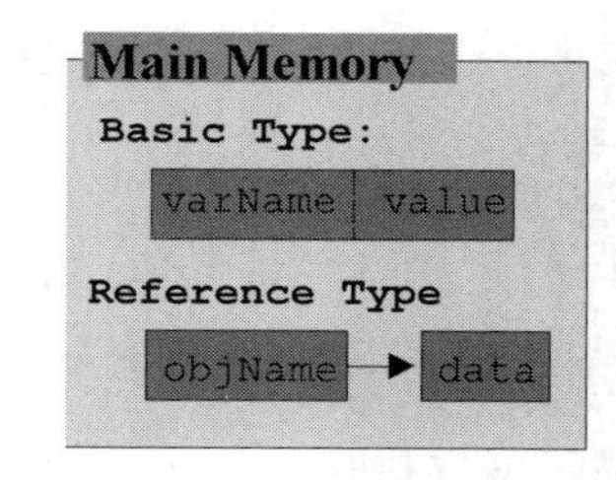

图 2.2 基本类型和引用类型对应的存储方式

引用类型可作为它所表示的值的集合的一种类型,引用类型可使用一个引用变量得到它的值,所谓引用类型变量的值,是对真实数据的一个引用。若引用类型变量 o1 是对象 o2 的引用,则可认为 o1 是 o2 的别名,o1 指向 o2 所享有的一块存储区。而使用一个简单变量名是得到该变量的真实值。Java 中的类、数组和接口都是引用类型。特别是当创建一个类或接口时,实质上是定义了一种新的数据类型。

Java 语言不支持 C 语言和 C++语言中的 3 种数据类型:指针、结构和联合。这 3 种数据类型在 Java 中用引用、类等代替,它们是比指针、结构和联合更有效的数据结构。

2.1.3 变量初始化

变量可以在它们被声明的时候初始化,也可以利用一个赋值语句来初始化。变量的数据类型必须与赋给它的数值的数据类型相匹配。

下面是程序中的局部变量声明,其初始化如下。

整型:

```
int       i = 8, 总计 = 1000;
long      j = 12345678 L;
byte      b = 55;
short     s = 128;
```

实型:

```
float      f = 234.5F;
double     d = -1.5E-8, 面积 = 95.8;
```

其他类型:

```
char       c = 'a', h = '好';
boolean    t = true;
String     s = "你好!";
```

方法的参数和异常处理参数不能利用这种方法来初始化,参数值只能通过调用时的值传递来初始化。

2.1.4 final 变量

可以在任何作用域声明一个 final 变量。final 变量的值不能在初始化之后进行改变。这样的变量跟其他语言中的常量很相似。

为了声明一个 final 变量,可以在类型之前的变量声明使用 final 关键字,例如:

```
final float aFinalVar = 3.14159;
```

这个语句声明了一个 final 变量并对它进行了初始化。如果在后面还想给 aFinalVar 赋其他的值,就会导致一个编译错误。

2.2 运 算 符

本节描述怎样执行各种运算和操作,如算术运算和赋值操作。

一个运算符可以利用一个、两个或者三个运算对象来完成一次计算。

- 只有一个运算对象的运算符称为一元运算符。例如,++是一个一元运算符,它是对运算对象自增加 1。一元运算符支持前缀和后缀运算符。前缀运算符是指运算符出现在它的运算对象之前,例如:

  ```
  operator op                    //前缀运算符
  ```

  后缀运算符是指运算对象出现在运算符之前,例如:

  ```
  op operator                    //后缀运算符
  ```

- 需要两个运算对象的运算符号称为二元运算符。例如,赋值号(=)就是一个二元运算符,它将右边的运算对象赋给左边的运算对象。所有的二元运算符使用中缀运算符,即运算符出现在两个运算对象的中间,例如:

```
op1 operator op2                //中缀运算符
```

- 三元运算符需要三个运算对象。Java 语言有一个三元运算符"? :",它是一个简要的 if-else 语句。三元运算符也是使用中缀运算符,例如:

```
op1 ? op2 : op3                 //中缀运算符
```

该运算符号在 op1 为 true 的时候返回 op2,或者返回 op3。

各种运算的返回值的类型依赖于运算符号和运算对象的类型。例如,算术运算符完成基本的算术操作(加、减)并将算术操作的结果作为返回值。算术运算符返回的数据类型取决于它的运算对象的类型。例如,如果是两个整型数相加,就会返回一个整型数。

我们可以将运算符分成以下几类:

- 算术运算符;
- 关系和条件运算符;
- 移位和逻辑运算符;
- 赋值运算符;
- 其他的运算符。

下面逐一介绍这些运算符。

2.2.1 算术运算符

Java 语言支持所有的浮点型数和整型数进行各种算术运算。这些运算符为+(加)、-(减)、*(乘)、/(除)以及%(取模)。其中,求模运算 op1 % op2 的结果为 op1 除以 op2 的余数。请看例 2.2 的计算结果。

【例 2.2】 下面的程序定义了两个整型数和两个双精度的浮点数,并且使用 5 种算术运算符来完成不同的运算操作。该程序同时使用了+符号来连接字符串。

```
public class ArithmeticExample{
    public static void main(String[ ] args) {
        //定义几个变量并赋值
        int i = 168;
        int j  = 88;
        double x = 27.475;
        double y = 7.22;
        System.out.println("变量数值: ");
        System.out.print(" i = " + i);
        System.out.print(" j = " + j);
        System.out.print(" x = " + x);
        System.out.println(" y = " + y);
        //加法
        System.out.println("加法: ");
        System.out.print(" i + j = " + (i + j));
        System.out.println("     x + y = " + (x + y));
        //减法
        System.out.println("减法: ");
        System.out.print(" i - j = " + (i - j));
        System.out.println("     x - y = " + (x - y));
        //乘法
        System.out.println("乘法: ");
        System.out.print(" i * j = " + (i * j));
```

```
            System.out.println("    x * y=" + (x * y));
            //除法
            System.out.println("除法: ");
            System.out.print(" i / j=" + (i / j));
            System.out.println("   x / y=" + (x / y));
            //从除法中求得余数
            System.out.println("计算余数(取模): ");
            System.out.print(" i % j=" + (i % j));
            System.out.println("    x % y=" + (x % y));
            //混合类型
            System.out.println("混合类型: ");
            System.out.print(" j + y=" + (j + y));
            System.out.println("    i * x=" + (i * x));
        }
    }
```

该程序的输出结果如图2.3所示。

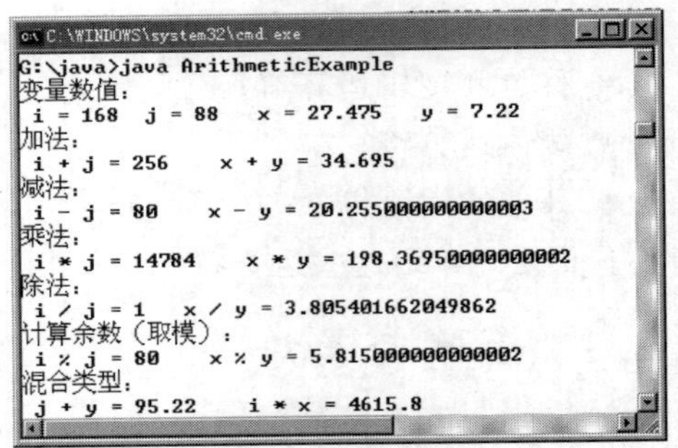

图2.3　ArithmeticExample类的运算结果

从这个例子可以看出System.out.print()与System.out.println()之间的区别,前者在同一行输出,后者在新的一行输出;还可以看出,当一个整数和一个浮点数用运算符来执行单一算术操作的时候,结果为浮点型。这是因为整型数是在操作之前转换为一个浮点型数的。表2.3总结了根据运算对象的数据类型返回的结果数据类型,它们是在操作执行之前进行数据转换的。

表2.3　根据运算对象的数据类型返回的数据类型

结果的数据类型	运算数据类型
long	任何一个运算对象都不是float或者double型,而且至少有一个运算对象为long
int	任何一个运算对象都不是float或者double型,且不能为long型
double	至少有一个运算对象为double型
float	至少有一个运算对象为float型,但不能是double型

视频讲解

【例2.3】 本例的程序显示一些特殊有趣的数据的运算,如exp(4000.0)是一个非常大的数,有可能大于一个double类型所能容纳得下的数;10.0/0.0是一个非法的运算,现在看看Java如何处理?

```
public class FunnyNumbers{
    public static void main(String args[]){
        double largeNum = Math.exp(4000.0);
        double posDivZero = 10.0 / 0.0;
        double negDivZero = - 10.0 / 0.0;
        double zeroDivZero = 0.0/0.0;
        System.out.println(largeNum);
        System.out.println(posDivZero);
        System.out.println(negDivZero);
        System.out.println(zeroDivZero);
    }
}
```

该程序的运行结果如图2.4所示。

这个结果意味着 Java 在某种程度上可以处理一些其他语言的执行系统不能处理的问题。一个有趣的问题是,可以对 infinity(无穷大)和 NaN(Not-A-Number)进行加、减、乘、除运算吗? 大家可以试验一下。

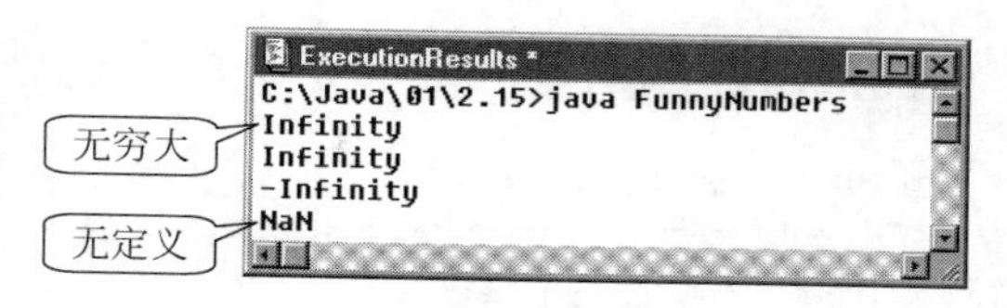

图 2.4　程序 FunnyNumbers 的执行结果

算术运算符除了二元的运算符+和-,还有表 2.4 所示的一元运算符。

表 2.4　一元运算符

运　算　符	用　　法	描　　述
+	+op	如果 op 是一个 byte、short 或者 char 型,op 变成 int 型
-	-op	取 op 的相反数

另外两个简单的算术运算符为++和--。++是完成自加 1 的作用;而--是完成自减 1 的作用。不管是++还是--都可能出现在运算对象的前面(前缀形式)或者后面(后缀形式),但是它们的作用是不一样的。前缀形式为++op 或--op,它实现了在加/减之后才计算运算对象的数值;而后缀形式为 op++或 op--,它实现了在加/减之前就计算运算对象的数值。

例如:

```
(1) int x = 2;
    int y = (++x) * 5;          //执行结果: x = 3     y = 15
(2) int x = 2;
    int y = (x++) * 5;          //执行结果: x = 3     y = 10
```

表 2.5 总结了自增/自减运算符。

表 2.5　自增/自减运算符

运　算　符	用　　法	描　　述
++	op++	自增 1;在自增之前计算 op 的值
++	++op	自增 1;在自增之后计算 op 的值
--	op--	自减 1;在自减之前计算 op 的值
--	--op	自减 1;在自减之后计算 op 的值

2.2.2　关系与逻辑运算符

关系运算符用于比较两个值并决定它们的关系,然后给出相应的取值。例如,“!=”在两个运算对象不相等的情况下返回 true。表 2.6 总结了关系运算符。

表 2.6　关系运算符

运　算　符	用　　法	返回 true 的情况
>	op1 > op2	op1 大于 op2
>=	op1 >= op2	op1 大于等于 op2
<	op1 < op2	op1 小于 op2
<=	op1 <= op2	op1 小于等于 op2
==	op1 == op2	op1 等于 op2
!=	op1 != op2	op1 不等于 op2

【例 2.4】 编写一个程序,定义 3 个整型数,并且用关系运算符来比较它们。

```
public class RelationalOp {
    public static void main(String[ ] args) {
        //定义若干整数
        int i = 38;
        int j = 66;
        int k = 66;
        System.out.println("变量数值: ");
        System.out.print (" i = " + i);
        System.out.print("   j = " + j);
        System.out.println("   k = " + k);
        //大于的情况
        System.out.println("大于: ");
        System.out.println(" i > j = " + (i > j));          //(i > j)为 false
        System.out.print("   j > i = " + (j > i));          //(j > i)为 true
        System.out.println("   k > j = " + (k > j));
                                                            //(k > j)为 false, 因为它们相等
        //大于等于的情况
        System.out.println("大于等于: ");
        System.out.print(" i >= j = " + (i >= j));          //(i >= j)为 false
        System.out.print("   j >= i = " + (j >= i));        //(j >= i)为 true
        System.out.println("   k >= j = " + (k >= j));      //(k >= j)为 true
        //小于的情况
        System.out.println("小于: ");
        System.out.print(" i < j = " + (i < j));            //(i < j)为 true
        System.out.print("   j < i = " + (j < i));          //(j < i)为 false
        System.out.println("   k < j = " + (k < j));        //(k < j)为 false
        //小于等于的情况
        System.out.println("小于等于: ");
        System.out.print(" i <= j = " + (i <= j));          //(i <= j)为 true
        System.out.print("   j <= i = " + (j <= i));        //(j <= i)为 false
        System.out.println("   k <= j = " + (k <= j));      //(k <= j)为 true
        //等于的情况
        System.out.println("等于: ");
        System.out.print(" i == j = " + (i == j));          //(i == j)为 false
        System.out.println("   k == j = " + (k == j));      //(k == j)为 true
        //不等于的情况
        System.out.println("不等于: ");
        System.out.print(" i != j = " + (i != j));          //(i != j)为 true
        System.out.println("   k != j = " + (k != j));      //(k != j)为 false
    }
}
```

该程序的输出结果如图 2.5 所示。

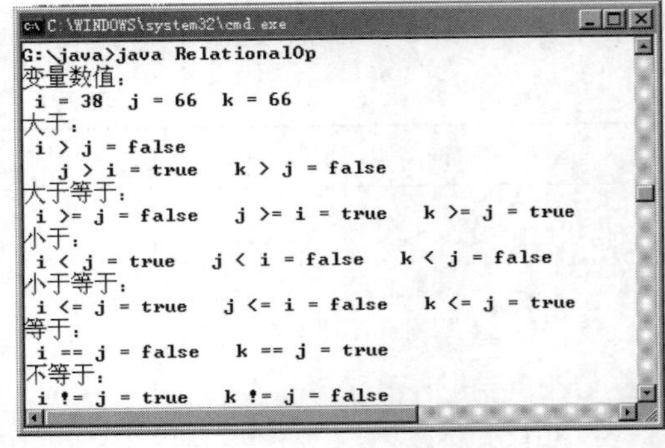

图 2.5 RelationalOp 类的输出结果

对于相等运算符==要注意在比较引用类型的变量与比较基本类型的变量时的差别,因为基本类型的变量名是变量本身,因此只要两个变量的值相同,使用运算符==就会取值为真,而引用类型的变量比较时却要复杂得多。请看下例。

【例 2.5】 构造若干字符串,然后进行相等比较。作为类比,构造若干整数和整数对象,

然后也进行相等比较。

```
class RefenceTypeExample
{
    public static void main(String[ ] args)
    {   String s1 = "abcd";
        String s2 = "abcd";
        String s3 = new String("abcd");
        String s4 = new String("abcd");
        System.out.println("s1 == s2? " + (s1 == s2 ? "是!同一个字符串!":
                                           "否!不同的字符串!"));
        System.out.println("s1 == s3? " + (s1 == s3?"是!相同的对象!":
                        "否!可能是相同的字符串,但不是相同的对象!"));
        System.out.println("s3 == s4? " + (s3 == s4?"是!相同的对象!":
                        "否!可能是相同的字符串,但不是相同的对象!"));
        System.out.println("s1.equals(s3)? " +
        (s1.equals(s3) ? "是!两个对象,内容相同!":"否!两个对象内容不相同!"));
        System.out.println("s4.equals(s3)? " +
        (s4.equals(s3)?"是!两个对象,内容相同!":"否!两个对象内容不相同!"));

        System.out.println();
        System.out.println("下面看看基本类型的整数和整数对象的比较");
        System.out.println();

        int i1 = 1;
        int i2 = 1;
        Integer i3 = new Integer(1);
        Integer i4 = new Integer(1);
        System.out.println("i1 == i2? " +
                       (i1 == i2?"是!同一个整数!":"否!不同的整数!"));
        System.out.println("i3.equals(i1)? " + (i3.equals(i1)?
                        "是!整数对象的值与一个整数相同!":
                        "否!整数对象的值与整数不相等"));
        System.out.println("i3 == i4? " + (i3 == i4?"是!相同的整数对象!":
                        "否!可能有相同的整数值,但不是相同的对象!"));
        System.out.println("i4.equals(i3)?" + (i4.equals(i3)?
                        "是!两个整数对象,内容相同!":
                        "否!两个整数对象值不相同!"));
    }
}
```

该程序的执行结果如图 2.6 所示。

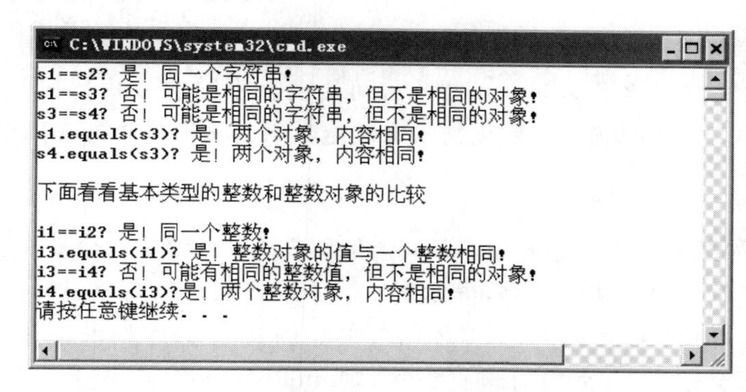

图 2.6 判断基本类型及引用类型的数据是否相等的结果

对照程序的执行结果，首先分析其中第一条输出语句：

```
System.out.println("s1 == s2? " + (s1 == s2 ? "是!同一个字符串!":
                                         "否!不同的字符串!"));
```

在 println 方法内，有两项相加，第一项是一个字符串"s1==s2? "，毫无疑问，可以照原样输出，第二项是一个括号括起来的部分，括号内实际是一个三元运算，首先判断 s1==s2 是否为真，如果为真，返回":"前的字符串"是！同一个字符串！"；如果为假，则返回":"后的字符串"否！不同的字符串！"。我们看到，执行的结果是：

```
"s1 == s2? 是!同一个字符串!"
```

这是因为 s1 和 s2 同时指向同一个 abcd，所以 s1 等于 s2，因而 s1==s2 为真，故返回"是！同一个字符串！"。

而 s3 和 s4 是指向两个不同的字符串对象，也就是说，这两个字符串对象地址不一样(尽管内容是一样的)，因而 s3 不等于 s4。

可以看出，前面指出的引用类型变量的名字是变量的存储地点。把该程序创建的对象用图示的方法画出来即为图 2.7 所示。

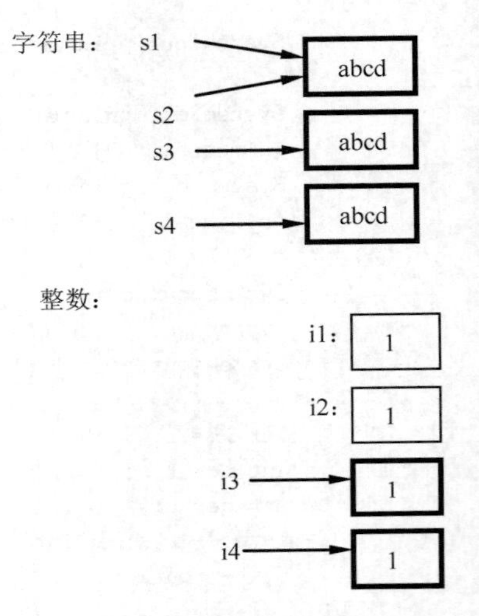

图 2.7　基本类型和引用类型数据存储的图示表示

图 2.7 中，i1、i2 是基本类型，变量名是变量本身。s1、s2、s3、s4、i3、i4 是引用类型的变量。粗线条的方框表示相应的存储位置，该存储单元中不仅有数据，还有在数据之上的操作方法。

关系运算符经常用在条件表达式中，以构造更复杂的判断表达式。Java 编程语言支持 4 种条件运算符：3 个二元运算符和 1 个一元运算符，如表 2.7 所示。

表 2.7　4 种条件运算符

运　算　符	用　　法	返回 true 的情况
&&	op1 && op2	op1 和 op2 都是 true
||	op1 || op2	op1 或者 op2 是 true
!	! op	op 为 false
^	op1 ^ op2	op1 和 op2 逻辑值不相同

&& 和 || 运算符称为短路运算符。

&& 运算符可以完成条件逻辑与的操作。可用两个不同的关系式和 && 来决定两个关系式是否都为 true。下面的例子使用该技术来决定数组的索引是否处在两个边界之间。

```
0 <= index && index++<= 100
```

这个式子中，如果第一个关系式是 false，结果就是 false，则第二个关系式就不用运算了，因此称为短路运算符。值得注意的是，虽然第二个关系式的运算与不计算的对该逻辑表达式的逻辑值是一样的，但程序的总体效果是不一样的。例如，上式中如果进行了第二个关系式的计算，index 的值就会增加 1；而没有进行计算，则 index 的值保持不变。所以 && 与下面的

与位运算符 & 是有差别的。对于短路运算符 || 也要注意同样的问题。

2.2.3 位运算符

位运算符是对操作数以二进制位为单位进行的操作和运算，其结果均为整型量。位运算符分为移位运算符和逻辑位运算符。表 2.8 总结了 Java 语言中的位运算符。

表 2.8 移位和逻辑运算符

运 算 符	用 法	操 作
>>	op1 >> op2	将 op1 右移 op2 个位
<<	op1 << op2	将 op1 左移 op2 个位
>>>	op1 >>> op2	将 op1 右移 op2 个位(无符号的)
&	op1 & op2	按位与
|	op1 | op2	按位或
^	op1 ^ op2	按位异或
～	～op2	按位求补

移位运算符通过对第一个运算对象左移或者右移若干位来对数据执行位操作。每一个运算符移动左边的运算对象 op1 的位数，都是由右边的运算对象 op2 决定的。这个移位的方向取决于运算符本身。例如，下面的语句是将整数 13 右移 1 位：

```
13 >> 1;
```

13 的二进制为 1101，右移一位的结果为 110，即为十进制的 6，左边的位用零填充。

表 2.8 还给出了 Java 语言提供的 4 种逻辑位运算符来对运算对象执行按位操作。当运算对象为数字的时候，& 运算符对每一个运算对象的每位执行按位与操作。它在两个运算对象的对应位都为 1 时该位结果才为 1，反之结果都为 0。

例如，要对数 13 和 10 作按位与操作：13&10。运算的结果为 8，具体运算过程如下所示。

```
  1101                  //13 的二进制
& 1010                  //10 的二进制
  1000                  //8 的二进制
```

| 运算符执行按位或操作。当两个操作对象都是数字的时候，按位或只要有一个运算对象为 1 按位或结果就为 1。

^ 运算符执行按位异或操作。异或是指当运算对象不同时结果才为 1，否则结果为 0。

～运算符执行按位求补操作。补运算是将运算对象的每一位取反，即如果原来的位为 1 结果就为 0，如果原来的位为 0 则结果为 1。

2.2.4 赋值运算符

在 Java 语言中，可以用基本的赋值运算符＝进行赋值。此外，还提供了几个简洁的赋值运算符以同时进行算术、移位或者按位操作。例如，将一个变量增加一个值并将结果赋值给该变量，一般可以这样使用赋值语句：

```
i = i + 2;
```

Java提供了+=运算符对上面的赋值语句进行简化,可将其改写为:


```
i += 2;
```

表2.9列出了所有的赋值运算符和它们的等价形式。

表2.9 赋值运算符

运算符	用法	等价形式
+=	op1 += op2	op1 = op1 + op2
-=	op1 -= op2	op1 = op1 - op2
*=	op1 *= op2	op1 = op1 * op2
/=	op1 /= op2	op1 = op1 / op2
%=	op1 %= op2	op1 = op1 % op2
&=	op1 &= op2	op1 = op1 & op2
|=	op1 |= op2	op1 = op1 | op2
^=	op1 ^= op2	op1 = op1 ^ op2
<<=	op1 <<= op2	op1 = op1 << op2
>>=	op1 >>= op2	op1 = op1 >> op2
>>>=	op1 >>>= op2	op1 = op1 >>> op2

2.2.5 其他运算符

表2.10列出了Java语言支持的其他运算符。

表2.10 其他运算符

运算符	描述
[]	用于声明数组,创建数组以及访问数组元素
.	用于访问对象实例或者类的成员变量和方法
()	列出方法的参数或指定一个空的参数列表
(type)	将某一个值转换为type类型
new	创建一个新的对象或者新的数组
instanceof	决定第一个运算对象是否为第二个运算对象的一个实例

下面逐一介绍这些运算符。

1. [ ]运算符

可以使用方括号来声明数组、创建数组并且访问数组中一个特殊的元素。以下是数组声明的一个例子。

```
float [] arrayOfFloats = new float[10];
```

或者:

```
float arrayOfFloats [] = new float[10];
```

这个语句声明了一个数组来容纳10个浮点型的数字。后面还会更详细地讨论数组。

2. 点运算符“.”

点运算符“.”是访问对象实例或者类的成员变量或成员方法。

3. ()运算符

当声明或者调用一个方法的时候，可以在( )之间列出方法的参数，也可以利用( )来指定一个空的参数列表。

4. (type)运算符

这个运算符可以将某个类型的值或对象转换为 type 类型。

5. new 运算符

可以使用 new 运算符来创建一个新对象或者一个新数组。例如，用 java. lang 包中的 Integer 类创建一个整型数对象的方法为：

```
Integer anInteger = new Integer(10);
```

6. instanceof 运算符

instanceof 运算符测试第一个运算对象是否是第二个运算对象的实例。例如：

```
op1 instanceof op2
```

这里的 op1 必须是对象名，而且 op2 必须是类名。如果一个对象直接或者间接地来自某个类，那么这个对象被认为是这个类的一个实例。

2.3 表达式与语句

2.3.1 表达式

表达式是由运算符、操作数和方法调用，按照语言的语法构造而成的符号序列。表达式可用于计算一个公式、为变量赋值以及帮助控制程序的执行流程。表达式任务有：

- 利用表达式的元素来进行计算。
- 返回计算结果的值。

表达式返回数值的数据类型取决于在表达式中使用的元素。例如，如果 aChar 是字符型，则表达式 aChar = 'S'返回一个字符型的值。

Java 语言允许将多个子表达式构造成复合表达式。下面是一个复合表达式的例子：

```
(x * y * z)/ w
```

在这个例子中，括号内各个运算对象的先后顺序不是很重要，因为乘法的结果与顺序无关。但是对于其他表达式有时并不都是这样。例如：

```
x + y / 100
```

它关系到是先除还是先加的问题。可以利用括号正确指定表达式的计算顺序。例如：

```
(x + y)/ 100
```

推荐使用括号，以养成良好的编程习惯。

如果没有在复合的表达式中指定各个运算的顺序，那么运算的顺序将取决于表达式中运算符的优先级，即优先级高的先进行计算。表 2.11 给出了各种运算符的优先级。排在前面的运算符优先级高于后面的运算符，同一行的运算符，其优先级相同。

表2.11 各种运算符的优先级

<table>
<tr><th>运算符</th><th>优先级</th></tr>
<tr><td>后缀运算符</td><td>[] . (params) expr++ expr--</td></tr>
<tr><td>单元运算符</td><td>++expr --expr +expr -expr ~ !</td></tr>
<tr><td>创建运算符</td><td>New (type)expr</td></tr>
<tr><td>乘除运算符</td><td>* / %</td></tr>
<tr><td>加减运算符</td><td>+ -</td></tr>
<tr><td>移位运算符</td><td><< >> >>></td></tr>
<tr><td>关系运算符</td><td>< > <= >= instanceof</td></tr>
<tr><td>相等与不等</td><td>== !=</td></tr>
<tr><td>位运算符</td><td>&</td></tr>
<tr><td>位运算符</td><td>^</td></tr>
<tr><td>位运算符</td><td>|</td></tr>
<tr><td>逻辑运算符</td><td>AND &&</td></tr>
<tr><td>逻辑运算符</td><td>OR ||</td></tr>
<tr><td>条件运算符</td><td>? :</td></tr>
<tr><td>赋值运算符</td><td>= += -= *= /= %= &= ^= |= <<= >>= >>>=</td></tr>
</table>

当相同优先级的运算符出现在同一表达式中时，所有的双元运算符的运算顺序是从左到右，而赋值运算符是从右到左进行计算的。

2.3.2 语句

语句是一个执行程序的基本单元，它类似于自然语言的句子。

Java语言的语句可分为以下几类：

- 表达式语句；
- 复合语句；
- 控制语句；
- 包语句和引入语句。

其中，表达式语句是用分号"；"终止表达式的语句，包括：

- 赋值表达式语句；
- ++、--语句；
- 方法调用语句；
- 对象创建语句；
- 变量的声明语句。

以下是几个表达式语句的例子。

```
piValue = 3.14159;                              //赋值语句
aValue++;                                       //增量语句
System.out.println(aValue);                     //方法调用语句
Integer int_Object = new Integer(4);            //对象创建语句
double aValue = 168.234;                        //声明语句
```

复合语句是用{ }将多个其他语句组合而成的语句；控制语句用于控制程序流程及执行

的先后顺序；包语句和引入语句将在后面的章节详细介绍。

2.4 控制语句

控制语句用于改变程序执行的顺序。程序利用控制语句有条件地执行语句、循环地执行语句或者跳转到程序中的其他部分执行语句。下面介绍怎样利用 if-else 和 while 这类语句来控制程序的流程。

当编写程序的时候，如果没有使用控制语句，计算机将顺序执行所有的语句。如果要改变程序的流程，可以在程序中使用控制语句有条件地选择执行语句或重复执行某个语句块。

Java 的控制语句有：

- if…else 语句；
- switch 语句；
- while 和 do…while 语句；
- for 语句；
- 跳转语句；
- 异常处理语句。

表 2.12 给出了 Java 语言提供的控制语句的分类和关键字。

表 2.12 Java 的控制语句的分类和关键字

语句	关键字
判断语句	if…else，switch…case
循环语句	while，do…while，for
跳转语句	break，continue，label，return
异常处理	try…catch…finally，throw

控制语句的基本语法格式为：

```
控制语句(参数){
        程序块
}
```

如果程序块中只有一条语句，则可略去花括号{ }，但还是推荐使用{ }，这样代码更易阅读，也可避免在修改代码时发生错误。

下面逐一介绍控制语句。

2.4.1 if 语句

if 语句可以使程序根据条件有选择地执行语句。例如，如果要在程序中根据 boolean 变量 DEBUG 的值来打印调试信息。当 DEBUG 是 true 时，程序就打印出调试信息，否则就不打印。这段程序可用 if 语句表达为：

```
if (DEBUG) {
    System.out.println("DEBUG: x = " + x);
}
```

if 语句有两种语法格式。第一种 if 语句的语法格式为：

```
if (表达式) {
    语句块
}
```


如果想在 if 判断表达式为 false 的时候执行不同的语句,可以使用另一种 if 语句,即 if-else 语句。第二种 if 语句的语法格式为:

```
if (表达式) {
    语句块 1
} else {
    语句块 2
}
```

这种类型的 if 语句,如果 if 部分为 false,则执行 else 块。if…else 语句的另外一种格式是 else if。一个 if 语句可以有任意多个 else if 部分,但只能有一个 else 子句。

【例 2.6】 以下程序根据分数指定等级:大于等于 90 分为 A,大于等于 80 分为 B 等。

```
public class IfElseExample {
    public static void main(String[ ] args) {
        int testscore = 88;
        char grade;
        if (testscore >= 90) {
            grade = 'A';
        } else if (testscore >= 80) {
            grade = 'B';
        } else if (testscore >= 70) {
            grade = 'C';
        } else if (testscore >= 60) {
            grade = 'D';
        } else {
            grade = 'F';
        }
    System.out.println("Grade = " + grade);
    }
}
```

程序的输出为:

```
Grade = B
```

2.4.2 switch 语句

switch 语句是一个多路选择语句,也称为开关语句。它可以根据一个整型表达式有条件地选择一个语句执行。

【例 2.7】 该程序声明了一个整型变量 month,它的数值代表月份,根据 month 的值显示月份的名字。

```
public class SwitchExample {
    public static void main(String[ ] args) {
        int month = 8;
        switch (month) {
            case 1: System.out.println("January"); break;
            case 2: System.out.println("February"); break;
```

```
                case 3: System.out.println("March"); break;
                case 4: System.out.println("April"); break;
                case 5: System.out.println("May"); break;
                case 6: System.out.println("June"); break;
                case 7: System.out.println("July"); break;
                case 8: System.out.println("August"); break;
                case 9: System.out.println("September"); break;
                case 10: System.out.println("October"); break;
                case 11: System.out.println("November"); break;
                case 12: System.out.println("December"); break;
            }
        }
    }
```

这个 switch 语句计算它的参数表达式 month 的值，然后选择适当的 case 语句。这样，程序的输出为：

```
August
```

这个例子也可使用 if 语句来实现。

```
int month = 8;
if (month == 1) {
    System.out.println("January");
} else if (month == 2) {
    System.out.println("February");
}
⋮
```

编写程序选择使用 if 语句还是 switch 语句主要是根据可读性以及其他因素来决定。if 语句可以根据多种条件表达式来决定，而 switch 语句只有根据单个整型变量来做决定。另外一点必须注意的是，switch 语句在每个 case 之后有一个 break 语句。每个 break 语句都终止 switch 语句，并且控制流程继续执行 switch 块之后的第一个语句。break 语句是必需的，若没有 break 语句，则控制流程按顺序逐一地执行 case 语句，这就起不到控制的作用。关于 break 语句，在 2.4.5 小节中还要进行介绍。

2.4.3 while 和 do…while 语句

Java 语言提供了两种 while 语句，即 while 语句和 do…while 语句。

1. while 语句

当条件保持为 true 的时候，while 语句重复执行语句块。while 语句的基本语法为：

```
while (表达式) {
    循环体
}
```

首先，while 语句计算括号中的表达式，它将返回一个 boolean 值(true 或者 false)。如果表达式返回 true，则执行花括号中的语句。然后 while 语句继续测试表达式来确定是否执行循环体，直到该表达式返回 false。

【例 2.8】 编写一个使用 while 语句来浏览字符串的各个字符、并复制字符串直到程序找到字符 u 为止的程序。

```
public class WhileExample {
    public static void main(String[ ] args) {
        String copyFromMe = "Copy this string until you encounter the
                            letter 'u'.";
        StringBuffer copyToMe = new StringBuffer();        //创建一个空的串变量
        int i = 0;
        char c = copyFromMe.charAt(i);                     //该串变量的第一个字符赋给 c
        while (c != 'u') {
            copyToMe.append(c);
            c = copyFromMe.charAt(++i);
        }
        System.out.println(copyToMe);
    }
}
```

最后一行打印出来的字符串为:

```
Copy this string
```

这里顺便介绍一下字符串的分类,字符串可分为串常量和串变量。

(1) 串常量:分为直接串常量和 String 类的对象。串常量的值一旦创建不会再变动。例如"你好!""123ABC"为直接串常量。

```
String s = new String("good ");                    //s 为由 String 类创建的串常量
```

假如需要再在后面加上字符串"morning!",可以用下列赋值语句完成。

```
s = s + "morning! ";
```

要注意这个语句并不是在原来的字符串对象后加上了字符串"morning!",而是创建了一个新的字符串对象"good morning!",再将 s 指向这个新的字符串,其操作过程如图 2.8 所示。

图 2.8 中,在 s 指向新的字符串"good morning!"之后,原来的字符串对象"good"将被丢失,但会被 JVM 的自动垃圾回收机制进行回收。

执行赋值语句:String s=new String("good ")后:

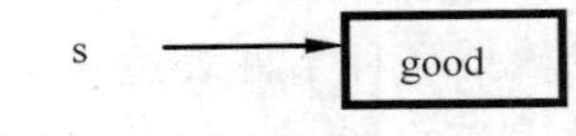

执行赋值语句:s=s+"moring!"后:

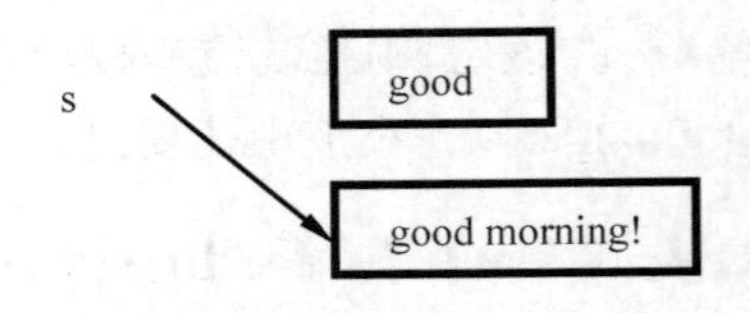

图 2.8 String 字符串赋值操作的过程示意图

(2) 串变量:StringBuffer 类的对象。创建串变量的值之后允许扩充、修改。

如:

```
StringBuffer my = new StringBuffer("good ");          //my 为串变量
```

假如需要再在该字符串变量后面加上字符串"morning!",可以用 StringBuffer 提供的 append 方法完成:

```
s = s.append("morning! ");
```

此时是在原来的字符串对象后加上了字符串"morning!",该字符串对象的内容变为:"good morning!"。其操作过程如图 2.9 所示。

此外,Java 语言为 String 类、StringBuffer 类提供了许多方法,如比较串、求子串、检索串等，以提供各种串的运算与操作，详细内容请参见有关资料。

执行语句：StringBuffer s=new StringBuffer("good")后：

s → good

执行语句：s=s.append("morning ! ")后：

s → good morning!

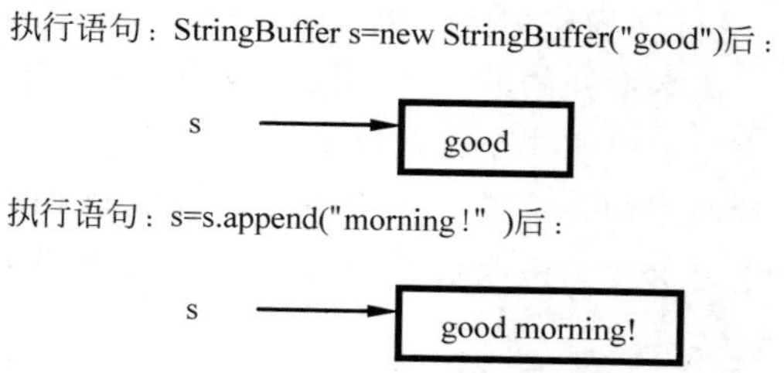

图 2.9 StringBuffer 字符串的拼接操作的过程示意图

2. do…while 语句

do…while 的语法为：

```
do{
    循环体
} while (表达式);
```

与 while 语句不同的是，do…while 语句先执行循环中的语句后再计算表达式，所以 do…while 语句至少执行一次循环体。

【例 2.9】 对例 2.8 中的程序利用 do…while 循环来代替 while 循环。

```
public class DoWhileExample {
    public static void main(String[ ] args) {
        String copyFromMe = "Copy this string until you encounter
                             the letter 'u'.";
        StringBuffer copyToMe = new StringBuffer();
        int i = 0;
        char c = copyFromMe.charAt(i);
        do {
            copyToMe.append(c);
            c = copyFromMe.charAt(++i);
        } while (c != 'u');
        System.out.println(copyToMe);
    }
}
```

最后一行打印出来的字符串仍然为：

```
Copy this string
```

2.4.4 for 语句

for 语句提供了一个更简便、灵活的方法来进行循环。for 语句的语法如下。

```
for (初始条件; 终止条件; 增量) {
    循环体
}
```

在 for 语句中，各语法成分如下。

- 初始条件是初始化循环的表达式，它在循环开始的时候就被执行一次。
- 终止条件决定什么时候终止循环。这个表达式在每次循环的过程中都被计算一次。当表达式计算结果为 false 的时候，这个循环结束。
- 增量是循环一次增加多少（即步长）的表达式。
- 循环体是被重复执行的语句块。

实际上，所有的这些部分都是可选的。若前 3 个表达式都省略，则为无限循环：

```
for  (  ;  ;  ) {
   …                                    //循环体
}
```

所以,为避免无限循环,上述语句的循环体中应包含能够退出循环的语句。

在本章开始的例2.1就是一个for循环语句的例子。这里要注意,可以在for循环的初始化语句中声明一个局部变量。这个变量的作用域只是在for语句的循环体中,它可以用在终止条件语句和增量表达式中。如果控制for循环的变量没有用在循环的外部,最好还是在初始化表达式中声明这个变量,限制它的作用范围,以减少程序中的错误。

2.4.5 跳转语句

Java语言有3种跳转语句:

- break语句;
- continue语句;
- return语句。

下面逐一介绍。

1. break语句

break语句有两种形式:无标号语句和带标号语句。

1) 无标号break语句

break语句可以控制从该语句所在的switch分支或循环中跳转出来,执行其后继语句。

在前面的SwitchExample程序中已经用过了无标号的break语句。这个无标号的break语句终止当前的switch语句,控制流程马上转到switch语句的后继语句。

【例2.10】 程序包含了一个for循环,以查找数组中特定的数值。

```
public class BreakExample {
    public static void main(String[] args) {
        int[] arrayOfInts = {32, 87, 3, 589, 12, 1076, 2000, 8, 622, 127};
        int searchfor = 12;
        int i = 0;
        boolean foundIt = false;
        for (i = 0; i < arrayOfInts.length; i++) {
            if (arrayOfInts[i] == searchfor) {
                foundIt = true;
                break;
            }
        }
        if (foundIt) {
            System.out.println("Found " + searchfor + " at index " + i);
        } else {
            System.out.println(searchfor + "not in the array");
        }
    }
}
```

当找到需要的数值searchfor的时候,这个break语句终止了它所在的for循环。控制流程就转到for语句的后一个语句继续执行。这个程序的输出为:

```
Found 12 at index 4
```

2) 带标号的break语句

其格式为:

```
break  标号名;
```

这里的标号名还应标识出现在某个语句块之前。这个语句的功能是终止当前的执行并跳出这个标号所标识的语句块，执行该语句块的后继语句。

带标号的 break 语句在例 2.12 和例 2.15 中都有介绍。

2. continue 语句

continue 语句用于跳过当前的 for、while 或者 do…while 循环的剩余部分。continue 语句也有两种形式：无标号和有标号的。

1）无标号 continue 语句

其功能是终止当前这一轮循环，即跳过 continue 语句后面剩余的语句，并计算和判断循环条件，决定是否进入下一轮循环。

【例 2.11】 程序遍历字符串中的所有字符。如果当前字符不是 p，continue 语句就忽略循环的剩余部分并且处理下一个字符；反之，对计数器增 1，再将 p 转换为大写字母 P。

```
public class ContinueExample {
    public static void main(String[ ] args) {
    StringBuffer searchMe = new StringBuffer(
        "peter piper picked a peck of pickled peppers");
    int max = searchMe.length();
    int numPs = 0;
    for (int i = 0; i < max; i++) {
        if (searchMe.charAt(i) != 'p')                  //找出字符 p
        continue;
            numPs++;                                    //累加 p 的数目
            searchMe.setCharAt(i, 'P');
        }
        System.out.println("Found " + numPs + " p's in the string.");
        System.out.println(searchMe);
    }
}
```

这个程序的输出为：

```
Found 9 p's in the string.
Peter PiPer Picked a Peck of Pickled PePPers
```

2）带标号的 continue 语句

带标号的 continue 语句的格式为：

```
continue 标号名;
```

它的要求是：continue 后的“标号名”应标识在外层循环语句之前。其作用是使程序的执行流程转入标号所标识的循环层次，继续执行。

【例 2.12】 用一个嵌套的循环搜索一个子字符串。

```
public class ContinueWithLabelExample {
    public static void main(String[ ] args) {
        String searchMe = "Look for a substring in me";
        String substring = "sub";
        boolean foundIt = false;
        int max = searchMe.length() - substring.length();
```

```
        test:
        for (int i = 0; i <= max; i++) {
            int n = substring.length();
            int j = i;
            int k = 0;
            while (n-- != 0) {
                if (searchMe.charAt(j++) != substring.charAt(k++)) {
                    continue test;                              //跳到 test 所标识的 for 循环,
                                                                //进入 i 的下一轮循环
                }
            }
            foundIt = true;
            break test;
        }
        System.out.println(foundIt ? "Found it" : "Didn't find it");
    }
}
```

这个程序的输出为:

```
Found it
```

3. return 语句

return 语句的一般形式为:

```
return [表达式];
```

return 语句的功能是:退出当前的方法(函数),使控制流程返回到调用该方法的语句的下一个语句。例如:

```
return ++count;
```

由 return 返回的值的类型必须与方法声明的返回类型相匹配。return 语句有两种形式:一种有返回值,另外一种无返回值。当一个方法被声明为 void 时,return 语句就没有返回值。关于方法的返回类型,将在第 4 章讲述方法时进一步介绍。

2.5 数 组

在任何的编程语言中,数组都是一个重要的数据结构。数组是一个固定长度的结构,它存储多个相同类型的数值。数组的长度在数组创建的时候就已经确定。一旦创建以后,数组就有了固定长度的结构,如图 2.10 所示。

视频讲解

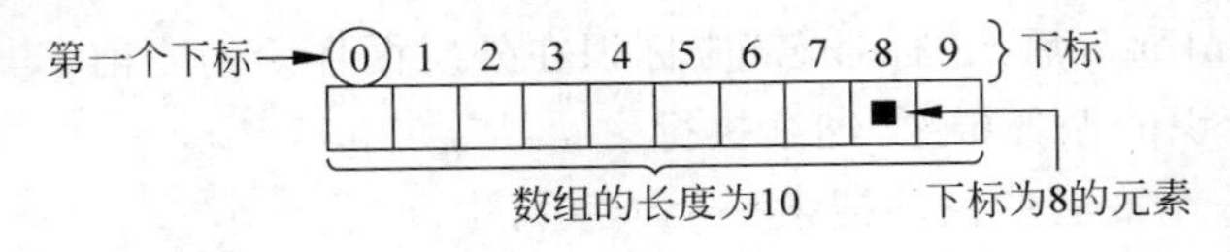

图 2.10 数组的结构

数组元素是数组中的一个成员,可以通过数组中的位置访问它。在 Java 中,数组的下标是从 0 开始的。如果需要在一个结构中存储不同类型的数据,或者需要一个长度可以动态改变的结构,可以考虑使用 Vector 类型而不使用数组。

2.5.1 创建和使用数组

【例 2.13】 创建一个数组并给每个数组元素赋值,然后显示出来。

```
public class ArrayExample {
    public static void main(String[ ] args) {
        int[ ] anArray;                         //声明一个整型数组
        anArray = new int[10];                  //创建一个整型数组
                                                //为每一个数组元素赋值并打印出来
        for (int i = 0; i < anArray.length; i++) {
            anArray[i] = i;
            System.out.print(anArray[i] + " ");
        }
        System.out.println();
    }
}
```

下面从几个方面介绍数组的创建和使用。

1. 声明一个数组

下面一行代码声明一个数组变量:

```
int[ ] anArray;                                 //声明一个整型数组
```

与声明其他类型的变量一样,一个数组声明有两个部分:数组的类型和数组的名字。数组的类型描述为:type[],其中 type 可以是 float、boolean、String 等任何类型,而[]代表了这是一个数组。在上面的例子中使用了 int[],所以数组 anArray 就可以容纳整型数据。以下是声明其他类型的数组:

```
float[ ] anArrayOfFloats;
boolean[ ] anArrayOfBooleans;
String[ ] anArrayOfStrings;
```

与声明其他类型的变量一样,在声明数组变量时并没有为数组元素分配任何内存。所以必须在引用数组之前创建数组,即为数组元素分配内存。

2. 创建一个数组

可以使用 Java 的 new 运算符来创建一个数组,即为数组分配内存。下面的语句是为一个数组分配 10 个整型数的内存:

```
anArray = new int[10];
```

当创建数组的时候,使用 new 操作符,后面跟数组元素的数据类型,然后将元素的数目用方括号[]括起来,其格式为:

```
new elementType[arraySize]
```

3. 访问数组元素

既然已经给数组分配了内存,就可以访问数组元素,为数组元素赋值。例如:

```
for (int i = 0; i < anArray.length; i++) {
    anArray[i] = i;
    System.out.print(anArray[i] + " ");
}
```

这段代码示范了怎样引用一个数组元素和为数组元素赋值。在方括号之间的数值指出了要访问的元素的下标。

4. 确定数组的大小

为了获得数组的大小,可以使用下面的代码:

```
arrayname.length
```

这里要注意:不能在length后面加一个圆括号(),否则会造成错误,因为这里的length不是一个方法。length是由Java平台自动为所有数组提供的一个属性(变量)。

上例中的for循环对anArray的每一个元素进行赋值并输出。该for循环使用anArray.length来决定什么时候终止循环。

5. 数组初始化程序

Java编程语言为创建和初始化数组提供了简捷的语法。以下是创建和初始化数组的一个例子:

```
boolean[] answers = { true, false, true, true, false };
```

该数组的长度由花括号{ }内的元素的个数决定。

2.5.2 对象数组

由同类型的对象为数组元素组成的数组称为对象数组。数组可用于保存引用类型的多个对象。

【例2.14】 编写一个程序创建一个包含3个String对象的数组,并且将这3个字符串以小写字母的形式打印出来。

```
public class ArrayOfStringsExample {
    public static void main(String[] args) {
        String[] anArray = { "String One", "String Two", "String Three" };
        for (int i = 0; i < anArray.length; i++) {
            System.out.println(anArray[i].toLowerCase());
        }
    }
}
```

在这个程序中用一个语句同时创建和初始化数组。通常我们创建一个空数组,即不在里面设置任何元素。例如:

```
String[] anArray = new String[5];
```

刚刚接触Java的程序员往往会以为上面的语句已经创建了数组并在里面创建了5个空串,从而编写如下代码,结果导致出现一个异常。

```
String[] anArray = new String[5];
for (int i = 0; i < anArray.length; i++) {
    //下面的一行将导致一个运行错误
    System.out.println(anArray[i].toLowerCase());
}
```

一般,除了像例2.14那样创建数组并直接用初始化列表进行初始化以外,创建对象数组需完成以下几步。

1）声明数组

数组声明格式为：

```
元素类型 数组名[]；（或者：元素类型[]数组名；）
```

例如：

```
point p[];                                  //设 point 为用户定义的对象类——坐标点类
```

2）创建数组空间

格式为：

```
数组名 = new 类型[元素个数];
```

例如：

```
p = new point [8];
```

1)步和 2)步可以合二为一，例如：

```
point p[ ]  =  new point[8];
```

3）创建对象数组元素并初始化

```
for (int i = 0; i < p.length; i++)
    p[i] = new point(0,0);                  //每个元素都被初始化为坐标原点
```

若数组元素是基本数据类型，则 37 步可省略，每个元素被自动赋予默认值，如整型为 0；否则，必须初始化。前面列举的一个出现异常的程序，其原因就是没有对数组元素进行初始化。

2.5.3　多维数组

数组可以容纳数组。Java 的二维数组实质上是一维数组的数组，如图 2.11 所示。二维数组可用 arrayOfInts. length 代表其长度，即一维数组的个数。arrayOfInts[i]. length 表示第 i 行子数组的长度。

视频讲解

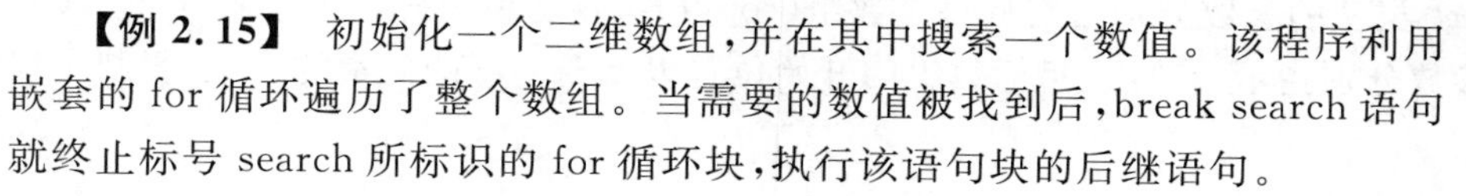

【例 2.15】 初始化一个二维数组，并在其中搜索一个数值。该程序利用嵌套的 for 循环遍历了整个数组。当需要的数值被找到后，break search 语句就终止标号 search 所标识的 for 循环块，执行该语句块的后继语句。

```
public class BreakWithLabelExample {
    public static void main(String[ ] args) {
        int[][] arrayOfInts  =  { {32, 87, 3},
                                  {12, 1076, 2004, 8,123},
                                  {622, 127, 77, 955}
                                };
        int searchfor  =  12;
        int i  =  0, j  =  0;
        boolean foundIt  =  false;
        search:
        for (i  =  0;   i < arrayOfInts.length;   i++) {
            for (j  =  0;   j < arrayOfInts[i].length;   j++) {
```

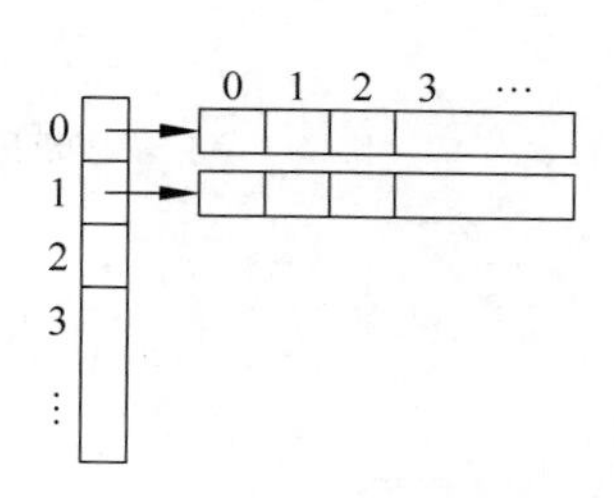

图 2.11　二维数组结构示意图

```
                if (arrayOfInts[i][j] == searchfor) {
                    foundIt = true;
                    break search;
                }
            }
        }
        if (foundIt) {
            System.out.println("Found " + searchfor + " at " + i +
                                   "," + j);
        } else {
            System.out.println(searchfor + "not in the array");
        }
    }
}
```

这个程序的输出为：

```
Found 12 at 1, 0
```

这里 break 语句终止的是标号所标识的 for 循环语句，它不能将控制流程转到这个标号处，而是将控制流程转到标号语句的下一语句。如果标号所标识的语句是 switch 语句，则终止 switch 语句，所标识的是循环语句，则终止循环。

此处还要注意，这个数组的所有子数组都有不同的长度。子数组的名字为 arrayOfInts[0]，arrayOfInts[1]，…，在创建数组的时候，必须为主数组指定长度。子数组的长度可以暂不指定，直到创建时才予以确定。

2.5.4 复制数组

使用 System 类的 arraycopy 方法有效地从一个数组复制数据到另外一个数组中。这个 arraycopy 方法需要以下 5 个参数。

```
public static void arraycopy(Object copyFrom, int srcIndex,
    Object copyTo, int destIndex, int length)
```

其中，两个 Object 类型的参数分别指定从哪个数组(copyFrom)复制到另一个数组(copyTo)。另外 3 个整型参数分别指示源数组、目标数组的开始位置以及要复制的元素的个数，复制过程如图 2.12 所示。

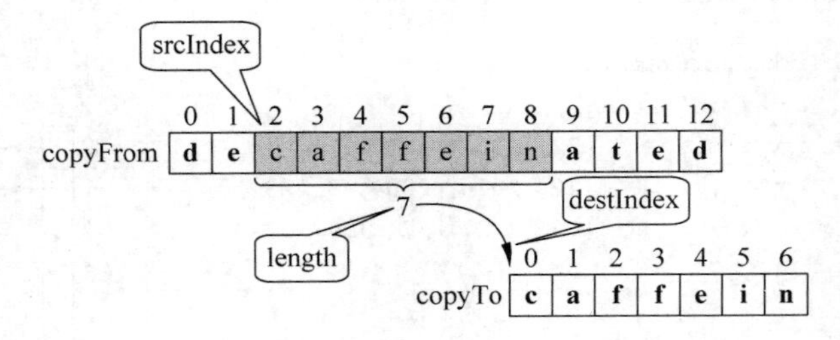

图 2.12 使用 arraycopy 方法复制数组的图示

【例 2.16】 使用 arraycopy 方法，将 copyForm 数组的元素复制到 copyTo 数组。

```
public class ArrayCopyExample {
    public static void main(String[] args) {
```

```
        char[] copyFrom = { 'd', 'e', 'c', 'a', 'f', 'f', 'e','i', 'n',
                            'a', 't', 'e', 'd' };
        char[] copyTo = new char[7];
        System.arraycopy(copyFrom, 2, copyTo, 0, 7);
        System.out.println(new String(copyTo));
    }
}
```

程序中调用 arraycopy 方法，复制从下标 2 开始的源数组的元素。因为数组的索引是从 0 开始的，所以实际复制是从第 3 个元素开始的，即从'c'开始。arraycopy 方法将复制的元素复制到目标数组中，目标数组的索引是从 0 开始的，即从第 1 个元素开始复制。这个程序一共复制了 7 个元素'c'、'a、'f'、'f'、'e'、'i'和'n'。

注意，目标数组必须在调用 arraycopy 之前分配内存，而且这个内存空间必须能够容纳被复制的数据，否则会导致异常。

2.6 小　　结

通过本章的学习可以看出，Java 是一种语言比较简洁，规模比较小的计算机编程语言。在 Java 的基本语句中取消了其他语言中十分烦琐和难以理解的内容，如 C++的指针、运算符重载等。Java 的基本类型同许多语言一致，基本语句在外观上同其他许多流行的语言类似，这让我们感到有点熟悉和亲切，易于学习。

习　题　2

1. Java 对变量命名有什么规定？变量如何初始化？

2. Java 有哪些基本数据类型？描述其分类情况，编写一个简单的程序，各声明一个变量，初始化并输出其值。

3. 使用==对相同内容的字符串进行比较，看会产生什么样的结果。

4. 比较 break 与 continue 语句的区别。

5. 编写 Java 程序，接收用户输入的 1～12 的整数，若不符合条件则重新输入，利用 switch 语句输出对应月份。

6. Java 数组的特点是什么？如何创建和使用对象数组？

7. 编写 Java 程序实现：输入一组整数存放在数组中，比较并输出其中的最大值和最小值；再将数组元素从小到大排序并输出。

8. 编写一个程序来计算正方形的面积和周长。

9. 编写一个程序来计算 10 000 以内的素数之和并输出。

10. 使用数组存储一个英文句子 Java is an object oriented programming language.。显示该句子，并算出每个单词的平均字母数。

11. 用数组计算复利。有＄10 000，年利率 6.5%，假设每月计息一次，计算 10 年的复利。输出要包括每年的利息、结余以及到该年为止的平均利息。

12. 定义一个 4 行 4 列的 double 型二维数组，并创建一个方法显示数组，计算任意给定的行、给定的列、主对角线和副对角线的和以及数组中的最大值。

13. 创建一个程序把输入字符串的大小写互换。字符串输入采用例 1.3 中的方法。

14. 用一段代码检测两个 double 型的 x 和 y 是否相等。代码应能分辨这两个数是否是无穷大或 NaN。如果它们相等,代码都能正确显示这两个数。

15. 编写一个方法,把从命令行输入的字符串转化成相应的 int 值。如果字符串不能代表一个整数时,该怎么办?

16. 创建一个有两个方法的程序。标准的 main()方法初始化两个变量,一个是 String 型,另一个是 StringBuffer 型,它们将作为第二个方法的输入参数,这个方法将把一个字符串连接在两个变量后面。

第3章 面向对象程序设计基础

第2章介绍了Java语言基础，但实际上介绍的只是结构化程序设计的基本构成。如果需要考虑如何面对一个复杂的实际应用来使用计算机求解，也就是说要开发大型的Java程序，这时候就要考虑如何使用一种方法有效地反映客观世界，建立与客观事物相应的概念，直接表现事物的组成问题以及事物之间的联系，并建立一套适应人们一般思维方式的描述模式。面向对象技术的基本原理正是这种按问题领域的基本事物来实现自然分割和抽象，然后求解问题的方法。

使用面向对象技术进行程序设计，形成了面向对象程序设计技术。它的基本原则是：在进行程序设计时，力图按人们通常的思维方式建立问题的模型，以对象世界的思维方法思考问题，尽可能自然地表现软件的求解方法。为此面向对象技术引入对象（Object）来表现事物，用传递消息（Message）来建立事物之间的联系，用类（Class）和继承性（Inheritance）模拟人们一般思维方式来描述和建立问题领域模型。这样，从求解问题的角度看，这种技术是用对象描述问题的组成部分，利用对象簇形成问题空间，对象间的消息传递表示用户要求。

从问题空间到求解空间的映射过程就是软件开发过程，采用面向对象的开发方法将问题空间映射到求解空间时采用的是一种自然映射，即现实世界的自然对象到软件对象，这就是面向对象程序设计方法学的精髓。

采用面向对象的方法设计的软件，不仅易于理解，而且易于维护和修改，从而提高了软件的可靠性和可维护性，同时也提高了软件的模块化和可重用化的程度。

本章讨论面向对象程序设计基础，主要讨论面向对象技术的一些基本概念和面向对象程序设计的基本思想。第4章和第5章将讨论Java实现面向对象程序设计的具体实现机制。

3.1 面向对象程序设计概述

面向对象的程序设计是面向对象方法学的一个组成部分。完整地看，面向对象技术包括面向对象分析（Object-Oriented Analysis，OOA）、面向对象设计（Object-Oriented Design，OOD）及面向对象程序设计（Object-Oriented Programming，OOP）三部分内容。

（1）面向对象分析（OOA）：软件需求分析的一种带有约束性的方法，用于软件开发过程中的问题定义阶段。其主要活动是对问题进行抽象建模，包括使用实例建模、类和对象建模、组件建模和分布建模等，产生一种描述系统功能和问题论域基本特征的综合文档。

（2）面向对象设计（OOD）：将面向对象分析所创建的分析模型转变为作为软件构造蓝图的设计模型。面向对象设计的独特性，在于其具有基于抽象、信息隐蔽、功能独立性和模块性建造系统等4个重要软件设计概念的能力。

（3）面向对象程序设计（OOP）：指使用类和对象以及面向对象特有的概念进行编程，在结构化程序设计的基础上,20世纪80年代初涌现出来的一种程序设计方法。

前两部分内容属于面向对象的软件工程所研究的领域,本节重点介绍面向对象的基本思想和面向对象程序设计方法。

面向对象技术不同于面向过程的程序设计,它代表一种以自然的方式观察、表述、处理问题的方法和程序设计思路。面向过程的程序设计是以具体的解题过程为研究和实现的主体,而面向对象的设计则是以要解决的问题中所涉及的各种对象为主要线索,关心的是对象及其相互之间的联系,问题求解过程力求符合人们日常自然的思维习惯,降低和分解问题的难度和复杂性,提高了整个求解过程的可控性、可监测性和可维护性,从而以较小的代价获得较高的效率和较满意的结果。

在面向对象的方法学中,"对象"是现实世界的实体或概念在计算机程序中的抽象表示,具体地,对象是具有唯一对象名和一组固定对外接口的属性和操作的集合,用来模拟组成或影响现实世界问题的一个或一组因素。其中,对象名是区别于不同事物的标识;对象的对外接口是在约定好的运行框架和消息传递机制的情况下与外界进行通信的通道;对象的属性表示了它所处于的状态;对象的操作则用来改变对象的状态的特定功能。

面向对象就是以对象及其行为为中心,来考虑处理问题的思想体系和方法。面向对象的问题求解力图从实际问题中抽象出这些封装了数据和操作的对象,通过定义属性和操作来表述它们的特征和功能,通过定义接口来描述它们的地位及与其他对象的关系,通过消息传递相互联系,协同完成某一活动。类和继承用于描述对象、建立问题领域模型和描述软件系统,最终形成一个联系广泛的可理解、可扩充、可维护、更接近于问题本来面目的动态对象的关系模型系统。

面向对象的程序设计是以对象为中心,按照对象及其联系来构造实现软件单位的程序设计。面向对象的程序设计将在面向对象的问题求解所形成的对象模型基础之上,选择一种面向对象的高级语言来具体实现这种模型。相对于传统的面向过程的程序设计方法,面向对象的程序设计具有更好的可重用性、可扩展性和可管理性,其优点具体体现在如下几个主要方面。

1. 封装性

对象的封装性消除了传统结构方法中数据与操作分离所带来的种种问题,降低了维护数据与操作之间的相容性的负担。把对象的私有数据和公共数据分离开,保护了私有数据,减少了模块间可能产生的干扰,达到降低程序复杂性、提高可控性的目的,提高了程序的可重用性和可维护性。

2. 自治性

对象作为独立的整体具有良好的自治性,即它可以通过自身定义的操作来管理自己。一个对象的操作可以完成两类功能:一是修改自身的状态;二是向外界发布消息。当一个对象想要影响其他对象时,需要调用那个对象的方法,而不是直接去改变那个对象。对象的这种自治性能够使得所有修改对象的操作都可以以对象自身所具有的一种行为的形式存在于对象整体之中,从而维护了对象的完整性,有利于对象在不同环境下的重用、扩充和维护。

3. 安全性

对象具有通过一定的接口和相应的消息机制与外界相联系的特性,并与对象的封装性结合在一起,较好地实现了信息隐藏。这样使得对象成为一只使用方便的"黑匣子",其中隐藏了私有数据和内部运行机制。使用对象时只需要了解其接口提供的功能和操作,而不必了解对象内部的数据描述和具体的功能实现。

4. 扩展性

继承是面向对象的另一个重要特性，通过继承可以很方便地实现应用的扩展和已有代码的重复使用，在保证质量的前提下提高开发效率，也使得面向对象的开发方法与软件工程的一个新方法(快速原型法)能够很好地结合在一起，形成一种更有效、更实用的软件开发技术。

综上所述，面向对象程序设计是将数据及数据的操作封装在一起，成为一个不可分割的整体，同时将具有相同特征的对象抽象成为一种新的数据类型——类。类是构造软件系统的最小单位，一个程序结构就是一个类的集合以及各类之间以继承关系联系起来的结构。整个软件系统的实现由对象组成，它含有一个主程序，在主程序中定义各对象并规定它们之间传递消息的规律，对象通过消息的相互传递使整个软件系统运转。从程序执行的角度来看，可以归结为各对象和它们之间的消息通信。面向对象程序设计最主要的特征是各对象之间的消息传递和类之间的继承。类的继承用于描述对象、建立问题领域模型以及构造软件系统，为代码重用提供一种有效的途径。

3.2 类与对象

对象是理解面向对象技术的关键。对象在不同的上下文中可能有不同的含义。广义地讲，“万事万物皆对象”，也就是说，我们所接触的现实世界的一切事物都是对象。而在现实世界中，许多对象具有相同的类型，俗话说：“物以类聚”，因此又产生了类的概念。

3.2.1 对象

在面向对象的程序设计方法中，对象是一些相关的变量和方法的软件集，是可以保存状态(信息)和一组操作(行为)的整体。对象用于模仿现实世界中的一些对象，如桌子、电视、自行车等。现实世界中的对象有两个共同特征：状态和行为。例如，自行车的状态有车的样式、颜色、当前挡位、两个轮子的大小等，其行为有刹车以及改变挡位加速、减速等。

在面向对象设计的过程中，既可以利用对象来代表现实世界中的实物对象，例如，可用一个动画程序来代表现实世界中的动物；也可以使用软件对象来模拟抽象的概念，例如，事件是一个GUI(图形用户界面)窗口系统的对象，它可以代表用户按下鼠标按钮或者按下键盘上的按键所产生的事件。

一个软件对象利用一个或者多个变量来体现它的状态。变量是由用户标识符命名的数据项。软件对象用方法(method)来实现它的行为，它是与对象有关联的函数和过程。例如，构造现实世界中的自行车的软件对象要有指示自行车的当前状态的变量：速度为每小时20千米，它的当前挡位为第3挡。这些变量就是实例变量，表示的是特定自行车对象的状态。图3.1(a)是一个软件对象的直观表示。

除了变量之外，描述自行车的对象还有用于刹车、改变踏板步调以及改变挡位的方法。有了一个实例之后，这些方法就是实例方法，它们能够设置或者改变特定自行车实例的状态。自行车的状态和行为的描述见图3.1(b)。

3.2.2 类

在软件设计中，虽然是“面向对象”，即关注的焦点是对象，但对象是依靠类来描述的，类实际上是对某种具有共同特征类型的一类对象的定义，即类定义了一类对象的类型，属于该类型

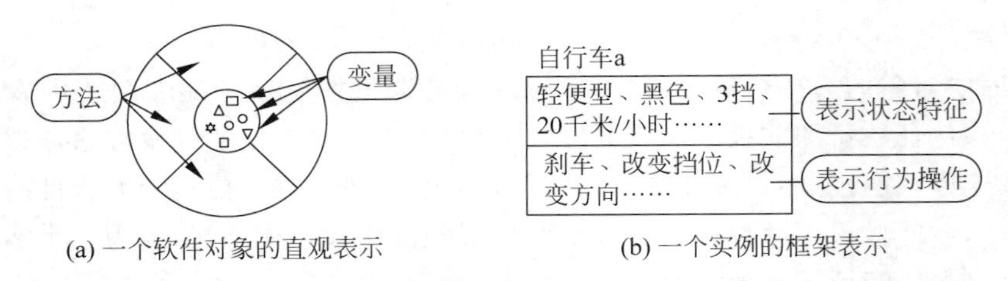

(a) 一个软件对象的直观表示　　(b) 一个实例的框架表示

图 3.1　一个软件对象的直观表示与一个实例的框架表示

的所有对象都具有相同的变量和方法。

注意,对象和类看起来很相似,有时难以区分。类与对象的区别是: 类是同一种对象的集合的抽象,即同一类对象的变量和方法的原型。例如,对于现实世界中的汽车,使用面向对象的术语,可以说这辆汽车是汽车类的一个具体对象,即实例。通常,每辆汽车都有各自的状态(如车的颜色、配置等)和行为(各种功能,自动变速、导航等)。但是,这些汽车又都具有某些共同的特性,厂商根据相同的特征形成模型,即图纸,根据图纸制造出许多同类的汽车。图 3.2 中右边图形表示汽车的图纸,左边表示根据图纸造出的汽车。那么这里的图纸就相当于类,而造出的具体汽车就是对象。因此,在面向对象的软件中,可以让许多共有的一些相同特性的对象形成类,如几何图形中的矩形类、社会生活中的雇员类等。我们可以利用相同类型的对象模型创建一个类,表达同一种对象的共同的属性和行为,所以类是对象的软件模型,是一个抽象定义、一个模板。也有人把类称为抽象数据类型。

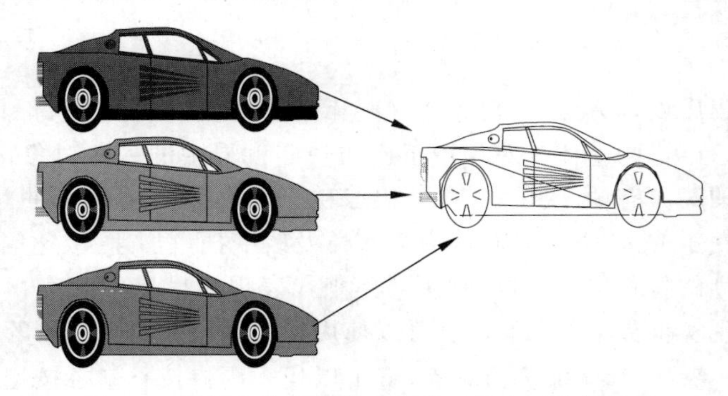

图 3.2　图纸和汽车的关系相当于类和对象的关系

我们在知道什么是类之后,下面看如何定义自行车类。在创建自行车类的时候,需要定义一些实例变量来包括当前挡位、当前速度等,同时这个类也需要为操作这些变量提供方法定义和方法实现,允许使用者改变挡位、刹车以及改变脚踏板的节奏。图 3.3(a)和图 3.3(b)分别给出自行车类的两种表示。

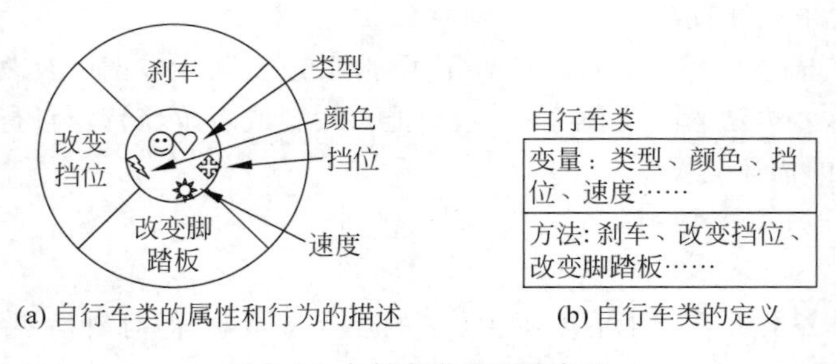

(a) 自行车类的属性和行为的描述　　(b) 自行车类的定义

图 3.3　自行车类的两种表示

定义了自行车类以后，就可以用这个类创建任意多个自行车对象。创建了一个类的对象后，系统将为这个对象的实例变量分配内存。这样，每个对象的实例变量可存放各自不同的状态值。这个对象就对应一个实实在在的对象。

3.2.3 消息

单一的对象通常用处不是很大，所以在一个应用中通常包含许多对象，并且通过这些对象的交互作用，可以表现更为复杂的行为或获得更强的功能。而消息是对象间进行联系或者交互的手段，是一个对象向其他对象发送请求执行某个操作的信号或命令。如图 3.4 所示，如果对象 A 要执行对象 B 中的一个方法，对象 A 就会发送消息给对象 B。

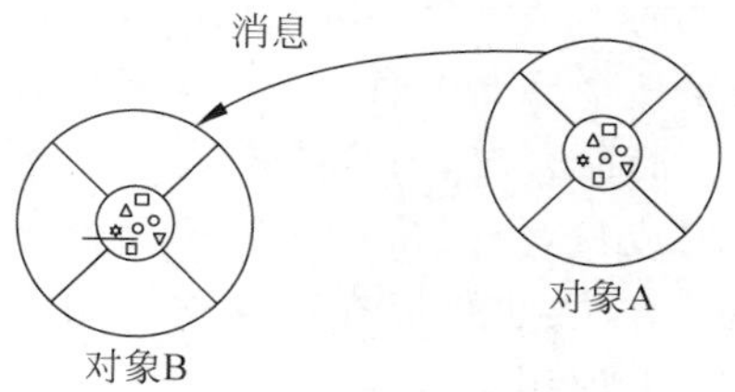

图 3.4 对象之间的消息

图 3.4 中，对象 A 为消息的发送者，对象 B 为消息的接收者。一般来说，接收消息的对象需要足够的信息才能知道该如何响应，这些信息规范就是它们之间的接口。

一个对象 A 发送消息给另一个对象 B，也意味着接收消息的对象 B 具有对象 A 所需要的某种行为。因此，发送消息，也就是对另一个对象的方法的调用。

3.2.4 类的成员

在前面我们看到，在定义一个类的时候，用变量来表示类的属性，这个属性是类的一部分，也就是所谓的成员变量，而表现一个类的行为的过程或函数，则称为成员方法。类的成员变量和成员方法构成类的成员。

在定义一个类的时候，实际存在两种类型：实例成员和类成员。

首先看看成员变量，假如要定义一个“公民类”，身份证号码就是公民的属性，每个公民就是这个类的一个实例，这时身份证号码就是公民类的一个实例变量，即每个公民对象都有一个变量来保存身份证号码。

实际上，在面向对象的实现系统中，每次创建一个类的对象的时候，系统为这个对象的每一个实例变量创建一个存储空间。这样就可以从对象中访问该实例变量。

除了实例变量，在类中还可以定义它的另一种类型的变量——类变量。类变量包含了类的所有实例共享的某种信息。例如，假设所有的自行车有相同的挡位数，如果要定义一个实例变量来存放挡位数，要给每一个对象都分配该变量的存储空间。而每个对象中该数值都是相同的，这样太浪费空间。故可以定义一个类变量来表示挡位的个数，这样所有的类的对象都共享这个变量。如果某个对象改变了这个变量值，也就改变那个类的所有对象共享的这个值。

在面向对象的实现系统中对类变量的管理方式是：不管为一个类创建了多少个对象，系统只为每个类变量分配一次存储空间。系统为类变量分配的内存是在它第一次调用类的时候完成的。所有的对象共享了类变量的相同存储空间。类变量可以通过对象名或者类名本身来访问。

与类的实例变量和类变量对应的是：类可以有实例方法和类方法。

实例方法对当前对象的实例变量进行操作，而且可以访问类变量。而类方法只可以操作类变量，但不能访问定义在类中的实例变量，除非它们创建一个新的对象并通过对象来访问实例变量。同样，类方法可以用类名直接调用，并不一定必须建立一个实例来调用一个类方法。

一个类的所有对象共享该类实例方法的实现。因此,类的所有对象都共享相同的执行行为。那么这样各个对象会不会在执行时造成混乱呢?当然不会。因为在实例方法中,能够使用的是所在对象所拥有的实例变量,每一个实例有自己实例变量的存储单元,每个存储单元又有自己的值,每个对象的方法在执行时不会与其他对象的实例变量混淆。

一般默认一个定义在类中的成员就是一个实例成员。每当一个类创建一个新的对象时,可以得到该类的实例变量的副本,这些副本都属于新对象。

一个类外部的对象如果想访问某个实例变量,它必须通过特定的对象来实现。如果不通过特定的对象来实现,就应该在声明成员变量的时候要另加特别的声明,指定该变量是一个类变量而不是一个实例变量。类似地,如果不通过特定的对象来访问一个方法,可以指定这个方法是一个类方法而不是一个实例方法。

简而言之,一个类的成员有实例成员和类成员之分,实例变量和实例方法是一个对象中的成员,类变量和类方法是类中所有对象所共享的成员。可以直接通过类名使用类变量和类方法,也可以在对象中使用类变量和类方法,然而实例方法和实例变量必须在特定的实例中使用。

3.3 抽象与封装

抽象与封装是面向对象程序设计的两个重要特点。

3.3.1 抽象

抽象是分析和设计中经常使用的一种重要方法,即去除被分析对象中与主旨或本质无关的次要部分或非本质部分以及可以暂时不考虑的部分,而仅仅抽出与研究对象有关的实质性的内容加以考察。在计算机软件开发方法中所使用的抽象有两类:一类是过程抽象;另一类是数据抽象。

过程抽象将整个系统的功能划分为若干部分,强调系统功能完成的过程和步骤。面向过程的软件开发方采用的就是这种抽象方法。使用过程抽象有利于控制和降低整个程序的复杂度,但是这种方法本身自由度较大,难于规范化和标准化,操作起来也有一定难度,因而不易保证质量。

数据抽象是把系统中需要处理的数据和在这些数据上的操作结合在一起,根据功能、性质和用途等因素抽象成不同的抽象数据类型。每个抽象数据类型既包含了数据,又包含了针对这些数据的授权操作。所以,数据抽象是比过程抽象更为严格、更为合理的抽象方法。

面向对象的软件开发方法的主要特点之一,就是采用了数据抽象的方法来构建程序的类、对象和方法。实际上,软件工程中面向对象软件开发过程中的面向对象分析,就是对实际问题进行抽象,从而建立物理模型的过程。

在面向对象技术中使用这种数据抽象方法,一方面可以去除与核心问题无关的细节,使开发工作可以集中在比较关键和主要的部分;另一方面,在数据抽象过程中对数据和操作的分析、辨别和定义可以帮助开发人员对整个问题有更深入、更准确的认识。最后抽象形成的抽象数据类型,则是进一步进行设计和实现的基础和依据。

抽象可以帮助人们明确工作的重点,抓住问题的本质,理清问题的脉络。面向对象的软件开发方法之所以能够处理大规模、高复杂度的系统,抽象手段发挥了重要作用。

3.3.2 封装

面向对象方法的封装性是一个与抽象密切相关的重要特性。具体来说，封装就是指利用抽象数据类型将数据和基于数据的操作结合在一起，数据被保护在抽象数据类型的内部，系统的其他部分只有通过包裹在数据之外被授权的操作，才能够与这个抽象数据类型进行交互。

在日常生活中，我们接触和处理的事物几乎都是以封装的对象的方式进行的，如调整时钟、驾驶一辆汽车、使用一台电视机等。这些都是封装的对象，通常包含某种固定的信息，并且提供使用这些信息的一些工具。这种对用户隐藏对象复杂性的方法在现实世界中使用得非常普遍，封装性使得用户不必了解部件内部复杂的代码，就能知道某些信息，并能使用这些构件操纵软件对象。同时，用户可以不必了解封装对象的内部工作机制，就可以利用它们来开发更大的程序。

在面向对象的程序设计中，抽象数据类型是用前面提到的“类”这种面向对象的结构来实现的，每个类里都封装了相关的数据和操作。在实际的开发过程中，类在很多情况下用来构建系统内部的模块，由于封装性把类的内部数据保护得很严密，模块与模块间仅通过严格控制的界面进行交互，使模块之间耦合和交叉大大减少。从软件工程的角度看，大大降低了开发过程的复杂性，提高了开发的效率和质量，也减少了出错的可能性，同时还保证了程序中数据的完整性和安全性。

例如，在银行日常业务模拟系统中，可以建立“账户”这个抽象数据类型，它把账户的金额和交易情况封装在类的内部，系统的其他部分没有办法直接获取或改变“账户”类中的关键数据，只有通过调用类中的适当方法才能做到这一点，如调用查看余额的方法来了解账户的金额；调用存、取款的方法来改变金额等。只要给这些方法设置严格的访问权限，就可以保证只有被授权的其他抽象数据类型才可以执行这些操作和改变“账户”类的状态。这样，就保证了数据安全和系统的严密。

面向对象技术的这种封装性还有另一个重要意义，就是它可以使类或模块的可重用性大大提高。封装使得抽象数据类型对内成为一个结构完整、可自我管理、自成体系的整体；对外则是一个功能明确、接口单一、可在各种合适的环境下都能独立工作的有机单元。这样的有机单元特别有利于构建、开发大型的应用软件系统，可以大幅度地提高软件生产效率，缩短开发周期，以及降低开发和维护的费用。

3.4 继承与多态

在面向对象的技术中，继承与多态是不同于传统方法的一个最具特色的特征。

3.4.1 继承的定义

继承是面向对象的程序中两个类之间的一种关系，是一个类可以从另一个类(即它的父类)自动获得状态和行为。被继承的类也可称为超类，继承父类的类称为子类。继承为组织和构造软件系统提供了一个强大而自然的机理。

从前面的讨论已经表明，对象是以类的形式来定义的。面向对象系统允许一个类建立在其他类之上。例如，山地自行车、赛车自行车以及双人自行车都是自行车，那么在面向对象技术中，山地自行车、赛车自行车以及双人自行车就是自行车类的子类，自行车类是山地自行车、赛车自行车以及双人自行车的父类。这个父类与子类关系可以通过图 3.5 表示。

一个父类可以同时拥有多个子类,这时这个父类实际上是所有子类的公共变量和方法的集合,每一个子类从父类中继承了这些变量和方法。例如,山地自行车、赛车自行车以及双人自行车共享了这些状态:双轮、脚踏、速度等。同样,每一个子类继承了父类的方法,山地自行车、赛车自行车以及双人自行车共享这些行为:刹车、改变脚踏速度等。

然而,子类可以不受父类提供的状态和行为的限制。除了从父类继承而来的变量和方法之外,子类可以增加自己的变量和方法。例如,双人自行车有两个座位,可以增加一个成员变量:后座位,这是它的父类没有的,即对父类进行了扩充。

子类也可以改变继承的方法,也即可以覆盖继承的方法,并且为这些方法提供不同于父类的特殊执行方法。例如,玩杂技的自行车,不仅可以前进,而且还可以后退,这就改变了普通自行车(父类)的行为。

此外,类是逐级继承的,继承的层次不能限制,继承树或者类的分级结构可以很深,如图 3.6 所示。一般来说,越处在分级结构的下方,就越有更多的状态和行为。

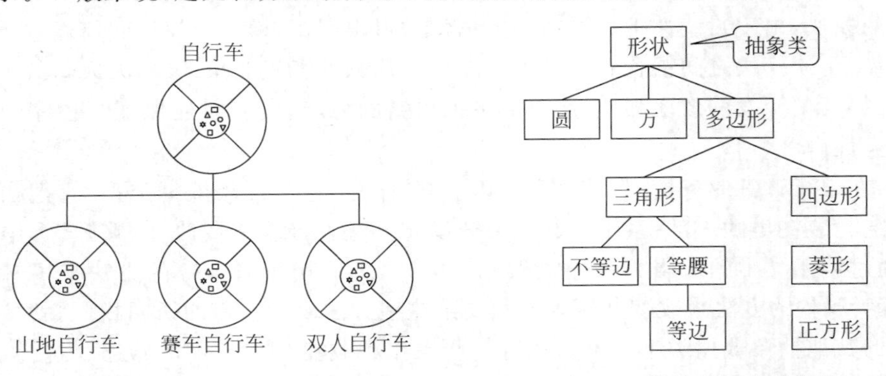

图 3.5　自行车的父类与子类的关系

图 3.6　类继承层次示意图

3.4.2　继承的优越性

继承的优越性在于:通过使用继承,程序员可以在不同的子类多次重新使用在父类中的代码,使程序结构清晰,而子类又可以提供一些特殊的行为,这些特殊的行为在父类中是没有的。

一般可以定义一个抽象类作为父类来定义多个类共同的属性和行为,如图 3.6 中的形状类。这个父类可以定义和实现子类的共同行为,如计算这些形状的面积、周长,并提供一个统一的接口。但是绝大部分父类的行为是未定义和未实现的。这些未定义和未实现的部分一般留给有待于具体实现的特殊子类。例如,在子类给出计算面积和周长的具体计算方法。

采用继承机制组织、设计系统中的类,可以提高程序的抽象程度,使之更接近于人们的思维方式,同时也可以提高程序的可重用性,从而提高程序开发效率,降低维护成本。

3.4.3　多态性

在面向对象程序设计中,多态性是一个重要特性。多态是指同名的多个方法共存于同一个程序中的情况,在软件设计过程中,有时候需要利用这种"重名"现象来提高程序的抽象性和简洁性。

如前所述,一个对象由类生成,将对象以某种方式连接起来,就为一个软件模块提供了所需要的动态行为。模块的动态行为是由对象间相互通信而发生的，多态的含义是一个消息可以与不同的对象结合，产生不同的行为，而且这些对象属于不同类。同一消息可以用不同方法解释，方法的解释依赖于接收消息的类，而不依赖于发送消息的实例。多态通常是一个消息在不同的类中，用不同方法实现的。

多态的实现是由消息的接收者确定一个消息应如何解释，而不是由消息的发送者确定，消息的发送者只需知道另外的实例可以执行一种特定操作即可，这一特性对于可扩充系统的开发是特别有用的工具。按这种方法可开发出易于维护、可塑性好的系统。例如，如果希望加一个对象到类中，这种维护只涉及新对象，而不涉及给它发送消息的对象。

多态与具体的面向对象语言有关，在后面 Java 语言的学习过程中还会讨论如何具体实现多态的问题。

面向对象技术中的多态是一个非常重要的概念。多态性可以大大提高程序的抽象程度和简洁性，更为重要的是，多态性极大地降低了类和程序模块的耦合性，提高了类和模块的封闭性，使得在类和模块之外，不需要了解被调用方法的实施细节就可以很好地协同工作。这对程序的设计和维护都会带来很大的方便。

3.5 小　　结

面向对象编程是 Java 语言程序设计的核心，它的目标就是创建抽象的、可以运行的软件对象，这些软件对象就像现实世界的对象一样能够使用。Java 语言的程序设计机制全面而系统地实现面向对象的程序设计。本章着重讨论有关面向对象程序设计的一些基本概念。

- 类：它是每个面向对象的程序的基本结构，包含数据域和操作这些数据的机制；类提供了创建软件对象的模板。
- 实例：实例是以类为模板创建的对象，一个类可以用来生成任意多个实例。
- 封装性：允许或禁止访问类或对象的数据和成员方法的一种机制。
- 重载性：允许一个同名的成员方法有多重定义，执行时可根据不同场合选用不同的定义。
- 继承性：获得相关类已经具备的一些特征的能力。
- 多态性：处理基于公共特征的多个相关类之间的能力，可根据不同的环境调用不同类的方法。

习　题　3

1. 什么是面向对象技术？
2. 什么是面向对象程序设计？面向对象程序设计的优点有哪些？
3. 简述抽象与封装、继承与多态性的概念。
4. 什么是对象的自治性？
5. 什么是多态？面向对象程序设计为什么要引入多态的特性？使用多态有哪些优点？
6. 什么是消息？

第4章 类与对象

本章讨论Java最本质的部分——面向对象程序设计的实现机制。Java是一种纯粹的面向对象的程序设计语言，一个Java程序乃至Java程序内的一切都是对象。因此，用Java进行程序设计必须将自己的思想转入一个面向对象的世界，以对象世界的思维方式思考问题。在某种程度上，编写一个Java程序就是在定义类和创建对象，也就是说定义类和建立对象是Java编程的主要任务。

在Java语言中，程序是以类、接口和对象的形式出现的，其中类和接口是对象的更为抽象的形式。本章和第5章将介绍Java面向对象程序设计的基础，即对象、类、子类、超类、接口、包以及类的继承等内容。

4.1 类的概念与定义

Java的类分为两大部分：系统定义的类和用户自定义类。学习Java语言在某种程度上就是在学习如何定义所需要的类，以及熟悉Java平台定义了哪些经常要用到、而且满足我们需要的类。

视频讲解

Java语言由语法规则和类库两部分组成。语法规则确定Java程序的书写规范，用户要定义自己的类，就要熟悉和掌握这些规则；Java的类库就是系统定义的类，它是系统提供的、已实现的标准类的集合，提供了Java程序与运行它的系统软件(Java虚拟机)之间的接口。

Java类库是一组由其他开发人员或软件供应商编写好的Java程序类的集合，每个类通常对应一种特定的基本功能和任务。这样，当我们编写的Java程序需要用到其中某一功能的时候，就可以直接利用这些现成的类库，而不需要一切由自己从头开始编写。Java的类库大部分是由它的发明者原Sun公司提供的，也有少量的是由其他软件开发商以商品形式提供的，这些类库称为基础类库。由于Java语言还处于不断发展、完善的阶段，所以Java的类库也在不断地扩充和完善。

用面向对象的观点来看，世界上的一切事物都是对象。而物以“类”聚，所以这些对象可以划分成各种“类”。那么怎样来描述一类对象呢？具体地说，用什么刻画一“类”对象呢？这就需要从一类对象中抽象出一个“型”，即抽象出它们共有的特征，实际上是定义一种新的数据类型。大多数面向对象语言都是用class关键字来定义这个“型”，然后在class后给出新的数据类型的名称，即类名。在Java中，就是用如下方式创建一个类。

```
class 类名{ …//类体}
```

后面的“类体”部分是描述“型”的具体内容。按照面向对象的观点，它分为状态和行为两部分，再加上类名这一部分，有的学者就更具体地把一个类的定义分为3个部分：IS、HAS和

DOES。其具体含义如下。

- IS　说明该类"是"什么样的一个类，即说明类的名字及其性质，如一个类的父类、修饰符等，这一部分称为类声明。
- HAS　说明这个类"有"些什么特征及属性，这些特征和属性用域变量来表示，这一部分统称为成员变量。
- DOES　说明这个类可以"做"什么，即这个类有哪些行为，这些行为用实例方法和类方法描述，这些方法统称为成员方法。

IS 和 HAS 部分构成了一个类的状态，DOES 就是一个类的行为，行为是通过类的成员方法(Member Method)来实现的。这样，定义一个类的更具体的形式为：

```
class 类名                          //IS
{  成员变量;                        //HAS
   成员方法;                        //DOES
}
```

在 Java 中，class 是声明一个类的关键字，类名是要声明的类的名字，它必须是一个合法的 Java 标识符，习惯上用大写字母开头。

【例 4.1】　下面将通过一个执行 LIFO(后入先出)堆栈的例子介绍类的组成部分。图 4.1 给出了 Stack 类以及它的代码结构。

图 4.1 给出了组成类的 3 个主要部分：该类的 IS 部分是类声明，它指出这是一个公共(public)类，它的名字是 Stack；该类的 HAS 部分有一个私有的向量(Vector)items，它是这个栈存放元素的成员变量；该类的 DOES 部分有 push()、pop()和 isEmpty()方法，它们构成这个类所具有的行为，即一个栈应具有的基本操作。这样一个类描述了一个栈的概念，即定义了一个"栈"类型。

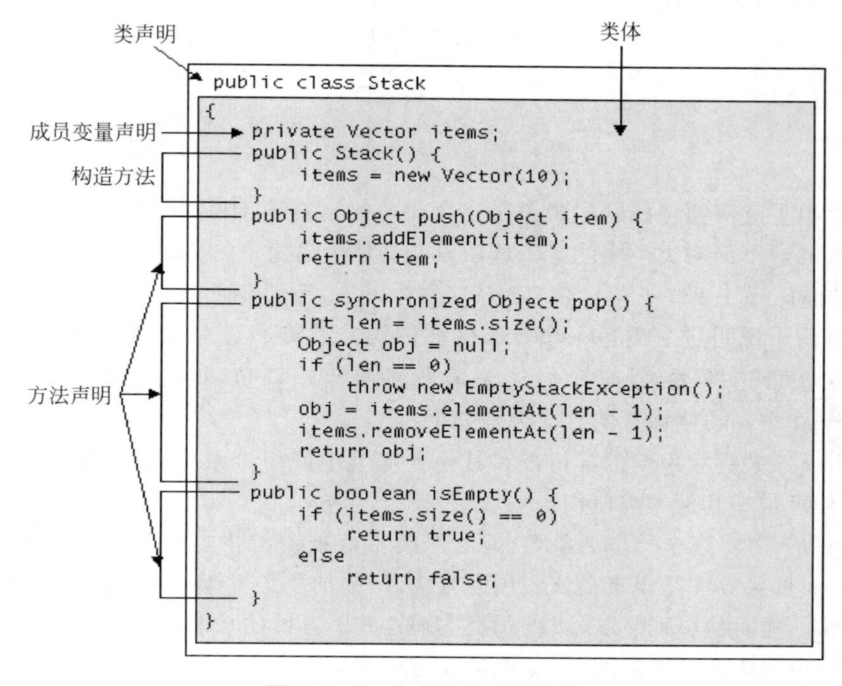

图 4.1　Stack 类以及代码结构

定义了一个类之后,就可以创建这个类的对象,对象是以类为模板创建的具体实例。在4.5节将详细介绍如何创建一个对象。

下面(4.2节、4.3节、4.4节)分别讨论如何定义一个类的IS、HAS和DOES的细节部分。

4.2 类的声明

视频讲解

类声明定义了类的名字以及其他的属性,说明该类是(IS)什么样的一个类。图4.1中Stack类的类声明比较简单,下面讨论声明一个类的各语法成分的详细内容。

4.2.1 类声明的一般形式

一般来说,根据声明的类的需要,类声明可以包含如下3个选项:

- 声明类的修饰符;
- 说明该类的父类;
- 说明该类所实现的接口。

一个完整的类声明应具有如图4.2所示的形式。

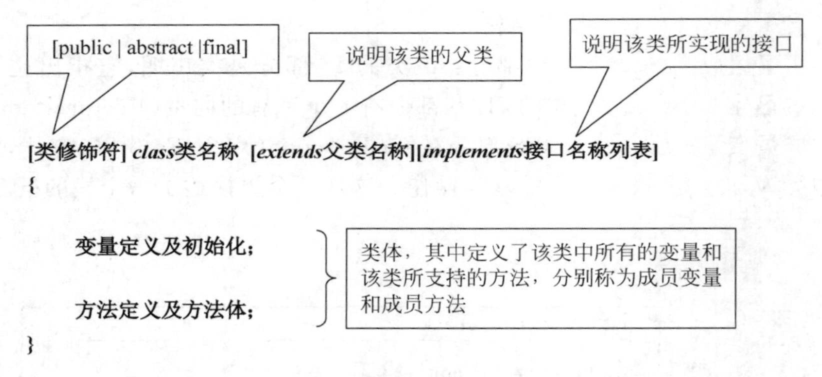

图4.2 一个完整的类声明

图4.2给出了类声明可能的组成部分。其中,class关键字和类名是必需的,方括号包含的部分是可选的。下面对类声明的3个选项以及类体给出简单的介绍。

1. 类修饰符

类修饰符用于说明这个类是一个什么性质的类。类修饰符有public、abstract、final。如果没有声明这些可选的类修饰符,Java编译器将给出默认值,即指定该类为非public、非abstract、非final类。类修饰符的含义分别如下。

- public 该关键字声明的类可以在其他任何类中使用。无此关键字时,该类只能被同一个程序包中其他的类使用。
- abstract 声明这个类是抽象类,即这个类不能被实例化。一个抽象类可以包含抽象方法,而抽象方法是没有具体实现的方法,所以抽象类可能包含不具体的功能,只用于衍生出子类,由其子类或子类的子类实现这些不具体的功能。
- final 声明该类不能被继承,即该类没有子类。也就是说,不能通过扩展这个类来创建新类。

关于类修饰符的内容后面还要做进一步的说明。

2. 说明一个类的父类

在 Java 中,除 Object 之外,每个类都有一个父类。Object 是 Java 语言中唯一没有父类的类,如果某个类没有声明父类,Java 就认为它是 Object 的直接子类。因此,所有其他类都是 Object 的直接子类或间接子类。说明一个类的父类的形式为:

```
class  类名  extends  父类名{
    …                              //类体
}
```

其中,extends 子句认为是直接继承其后的父类,因此在类的分级结构中插入这个类。一个子类从它的父类继承变量和方法。值得注意的是,Java 和 C++不一样,在 extends 之后只能跟唯一一个父类名,即定义类时使用 extends 只能实现单继承(注意,接口可以使用 extends 关键字实现多继承)。

关于继承性将在第 5 章详细讨论。

3. 说明一个类所实现的接口

接口定义了若干类之间的行为的协议,这些行为可以在处于各个层次的任何类中被实现,但必须遵守接口中的约定。为了声明一个类要实现的一个或多个接口,可以在类的声明的最后部分使用关键字 implements,并且在其后给出由该类实现的接口的名字表,接口的名字表是以逗号分隔的多个接口,其形式为:

```
… implements Interfaces1,Interfaces2, …,Interfacesk;
```

其中前面的省略部分是图 4.2 中类的声明的前一部分。

接口可以声明多个方法和变量,但是没有这些方法的具体实现,而且变量只能是常量。接口的概念给 Java 带来的好处是:首先,通过一个接口,可以定义某种抽象的协议,而不必考虑它的具体实现,然后,在某一个具体实现的时刻,由某个类实现所有在接口中定义的方法来履行接口协议,这种协议就是使用与接口中抽象方法有同样的方法原型(同样的返回类型、方法名、方法的参数及抛出的异常)和接口中的常量;其次,多个类可共享相同的接口,这些类可以不考虑其他类如何实现该接口中的方法;再次,一个类可以实现多个接口,以这种方式实现了面向对象语言中的"多继承"机制。

接口的定义与实现将在第 5 章具体介绍。

4. 类体

类体是跟在类声明后面花括号中的实现部分。类体要定义该类所有的成员变量和成员方法。

除了定义类的所有的成员变量和方法外,类也可以从它的父类中继承某些变量和方法,例如,每个类都从 Object 类中继承了若干变量和方法。4.3 节和 4.4 节将对类体进行更详细的描述。

4.2.2 类的修饰符的详细分析

在 4.2.1 小节中已简单介绍过类的修饰符有 public、abstract 和 final。本小节将对这 3 个修饰符做进一步探讨。

在讨论访问权限的时候,要涉及包的概念。4.7 节将专门讨论它,这里只是简单地把包定义为类和接口的集合,即一个程序包可由多个类和接口组成。

1. 类的访问控制符 public

类的访问控制符只有一个,因此分为含有 public 和不含访问控制符两种情况。

1) 含有 public

Java 中类的访问控制符 public 声明一个公共类。公共类可以被所有的其他类所访问和引用,即这个类作为一个整体是可见和可以被使用的。程序的其他部分可以创建这个类的对象、访问这个类可用的(即非私有的)成员变量和方法。可以通过包的概念来组织 Java 的类,处于同一个包中的类无须任何说明就可以互相访问和引用。而对于在不同包中的类,一般来说,它们相互之间是不可见的,当然也就不可能互相引用。

当一个类被声明为 public 时,它就具有被其他包中的类访问的可能性,只要在程序中指出其恰当的位置并使用 import 语句引入 public 类,就可以访问和引用这个类。

因此,如果一个类中定义了常用的操作,希望将它们作为公共工具供其他的类和程序使用,则也应该把类本身和这些方法都定义成 public,如 Java 类库中的公共类和它们的公共方法。

2) 不含访问控制符

若一个类没有访问控制符,说明它具有默认的访问控制特性,即规定这个类只能被同一个包中的类访问和引用,而不能被其他包中的类使用,这种可访问性称为包可访问性。

通过声明类的访问控制符可以使整个程序结构清晰、严谨,减少可能产生的类之间的干扰和错误。

【例 4.2】 访问一个公共类的例子。

该例用 package 语句声明一个包 ab,这个包中含有 public 类。

```
package ab;
public class A                    //该类要能够被其他包中的类访问,一定要声明为 public 类
{
};
```

接着再用 package 语句声明一个包 cd,这个包中含有一个类 C,该类使用 ab 包中的类 A 创建一个实例 a。

```
package cd;
import ab.A;                      //A 类不在一个包内,必须用 import 语句装载
class C
{
    public static void main(String[] args)
    {
        A a = new A();
        System.out.println("创建了另外包中一个类 A 的对象: " + a);
    }
}
```

本例给出的类虽然比较简单,但是可以执行,其执行的结果如图 4.3 所示。

图中 javac 命令的选项-d . 表示在当前目录下创建编译后的 class 文件。当执行编译命令 javac -d . A.java 时,编译程序发现包名 ab 后,立即创建相应的目录名 ab,然后将 A 的类文件 A.class 放到这个文件夹中。同理,当执行编译命令 javac -d . C.java 时,编译程序发现包名 cd 后,立即创建相应的目录名 cd,然后将 C 的类文件 C.class 放到这个文件夹中。在执行带有 main 方法的主类 C 时,要把它的包名带上,所以相应的执行命令为 java cd.C。执行该命令

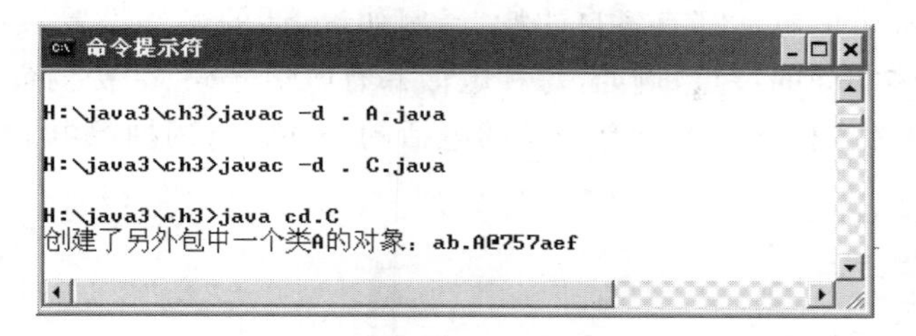

图 4.3　在不同的包中访问公共类

后，在 main 方法中创建了 A 类的对象，然后执行 System. out. println 方法显示一个字符串。字符串后半部分是 A 的对象 a，调用了从 Object 类继承到的 toString 方法将 a 转换成字符串的结果，该字符串中 ab 是包名，A 是类名，@符号之后是该对象的伪地址。

2. 抽象类的声明

抽象类就是没有具体对象的概念类，这样的类要在 class 关键字前用修饰符 abstract 加以修饰。

假设“鸟”是一个类，它可以派生出若干个子类，如“鸽子”“燕子”“麻雀”等。那么是否存在一只实实在在的鸟，它既不是鸽子，也不是燕子或麻雀等，它不属于任何一种具体种类的鸟，显然没有。这说明鸟类仅仅作为一个抽象的概念，它只代表了所有鸟类的共同属性。任何一只具体的鸟都具有鸟的特征，但一定属于鸟的某个子类。类似于“鸟”这样的概念类就是 Java 中的抽象类。

既然抽象类没有具体的对象，定义它又有什么作用呢？仍然以鸟类为例，假设需要向别人描述燕子是什么，通常都会这样说：“燕子是一种长着剪刀似的尾巴，喜在屋檐下筑窝的鸟”。可见“燕子”的定义是建立在假设对方已经知道了什么是“鸟”的前提之上，只有在被进一步问及鸟是什么时，才会具体解释说，“鸟是一种长着翅膀和羽毛的卵生动物”。这实际是一种经过优化了的概念组织方式：把所有鸟的共同特点抽象出来，概括形成鸟类的概念；其后在描述某一种具体的鸟时，就只需要简单地描述出它与一般鸟类的不同之处，而不必再重复它与其他鸟类相同的那些特点。这种组织方式就是面向对象技术中所谓的“抽象”的思维方式，也就是所谓的抽象技术。它能够使我们在分析和设计软件时，概念层次分明、简洁精练，使软件的描述非常符合人类的思维习惯。

Java 中定义抽象类正是出于这种概念组织的方式的考虑。例如要将电话作为一个类，该类就是一个典型的抽象类。

【例 4.3】 电话有多种类型，最常用的有普通电话、IP 电话、手机等。其中 IP 电话在计算机上也可以打，所以也假设成一种电话，因此电话分类的层次结构如图 4.4 所示。

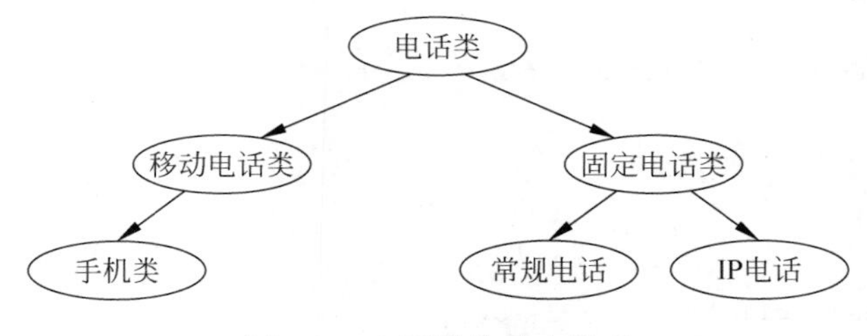

图 4.4　电话类的层次关系

图 4.4 中不同种类的电话都有各自的特点,例如,电话的号码设置和收费方式都不一样。同时它们也拥有一些共同的特点,例如,每种电话都有电话号码、话费剩余的金额,都有通话的功能。为此,可以定义一种集中了所有种类的电话的公共特点的抽象电话如下。

```
abstract class Telephone{
    long phoneNumber;
    double balance;
    void  charge_Mode()
        { … };
    }
```

由于抽象类是它的所有子类的公共属性的集合,所以使用抽象类的一大优点就是可以充分利用这些公共属性来提高开发和维护程序的效率。例如,Telephone 类 charge_Mode()方法的返回值是 void,表示调用这个方法时没有返回值。假设现在需要修改所有电话类的这个方法,把返回类型改为 boolean,用这个布尔型的值来说明通话操作是否成功地执行,则只需要在抽象类 Telephone 中做相应的修改,而不需要改动每个具体的电话类。这种把各类的公共属性从它们各自的类定义中抽取出来形成一个抽象类的组织方法,显然比把公共属性保留在各个具体类中要方便得多。

抽象类不能创建对象,必须产生其子类,由子类创建对象。将图 4.4 中固定电话类 Fixed_Telephone 作为 Telephone 的子类,将常规电话类 Ordinary_phone 作为 Fixed_Telephone 的子类,可用如下语句说明:

```
abstract class Fixed_Telephone extends Telephone
class Ordinary_phone extends Fixed_ Telephone
```

注意到 Fixed_Telephone 仍然被修饰为抽象类,这说明抽象类的子类可以仍然是抽象类。电话类的完整定义将在例 5.2 中给出。

3. 最终类的修饰符 final

前面定义的抽象类的目的主要是让其他类来继承它。类继承虽然是非常有用的,但也不能够滥用。一个类被继承后,就有可能用覆盖的方法去修改它,但正确的东西不应被篡改。因此,Java 又提供一种终结篡改的方法:将一个类声明为 final 类,该类就不能再有子类了。

【例 4.4】 带 final 修饰的类的举例。

在定义 Circle 类、Rectangle 类、Square 类时,因为 Square 是 Rectangle 的特殊情况,因此可以让 Square 类继承 Rectangle 类,但不再想让别人构造出新的“圆”和“正方形”来,因此可以把它们定义为 final 类。

```
public class Rectangle
{   double length, width;
    public Rectangle(double _length, double _width)
    {
        length = _length;
        width  = _width;
    }
}
public final class Circle
{    double radius;
     public Circle(double _radius)
     { radius = _radius;
```

```
        }
    }
    public final class Square extends Rectangle
     {  public Square(double _side)
        {  super(_side, _side);
        }
    }
```

定义 final 类对该类自身没有什么影响,影响的是后面的类对它们的继承性。例如,还要定义一类特殊的圆——“同心圆”时,如果将其定义为:

```
class Concentric extends Circle{
      ⋮
}
```

此时,编译该类时会出现语法错误,其解决方法是:在定义 Circle 类时,不再声明为 final,或者让 Concentric 类不继承 Circle 类。

4.3 成员变量的声明

视频讲解

一个类的状态由它的成员变量给出。在类体中可以声明多个成员变量,表示具有多个属性。一般可以在声明成员方法之前声明类的成员变量(但并不要求必须这样做)。

4.3.1 成员变量声明的一般形式

最简单的成员变量声明的形式为:

```
type  成员变量名;
```

注意,一个类的成员变量的声明必须出现在类体中,而不是在方法体中。在方法体中声明的变量是局部变量。这里的 type 可以是基本类型,也可以是引用类型,特别是 Java 用户自定义的类。变量的类型决定了它可以容纳什么类型的值以及可以对它进行什么样的操作,特别是有些类型的变量在 Java 中已定义了一些标准的方法(操作)。例如,对于一个字符串变量 a,可以通过 a.length()方法来确定这个字符串的长度。当然,还需要在学习的过程中熟悉和掌握一些标准方法。

显然,在一个类中的各成员变量名不能同名,但是一个类的成员变量和成员方法名却可以相同。例如:

```
class Charclass{
    char aChar;
    char aChar()
     ⋮
}
```

这个简单的类声明了一个字符变量和与字符变量同名的返回一个字符的方法。尽管同名,但 Java 编译器能够对它们进行区分,因为方法名后面必须带有括号。

除了成员变量的名字和类型外,有时候还需要指出该变量的其他属性。下面是声明一个成员变量的一般的形式。

```
[可访问性修饰符][static][final]类型  变量名;
```

上述用方括号括起来的部分,表示是可选项,其含义分别如下。

- 可访问性修饰符:说明该变量的可访问属性,即定义该变量可被访问的范围。这些修饰符可为 public、protected 和 private。其含义在后面的访问控制部分将会更详细地介绍。
- static:说明该成员变量是一个类变量,以区分一般的实例变量。类变量是一个类所具有,而不是一个类的每个实例都具有的变量。
- final:说明一个常量。

下面就按成员变量声明的一般形式中各语法成分出现的顺序进行逐一讨论。

4.3.2 域修饰符

域即成员变量,表示类和对象的特征属性。域修饰符分为域的访问控制符和非访问控制符。

1. 成员变量的访问控制符

一个类作为整体对程序的其他部分可见,并不代表类的所有域和方法也同时对程序的其他部分可见。类的域和方法能否为所有其他类所访问,还要看内层的访问控制符,即成员变量和成员方法这个层次访问控制符。一个类可以通过对类成员的访问控制符来保护它们的成员变量和方法不受其他对象的访问或限制它们的可访问程度,允许或者不允许其他类型的对象通过引用来访问这些成员。也就是说,可以在声明类变量和方法的时候,使用访问修饰符来指定它们的保护措施。

Java 语言支持对成员变量和方法的 4 个访问等级:private、protected、public 以及默认修饰符(即不指定访问修饰符)。

表 4.1 给出了一个公共类,它的成员用第 1 列的访问修饰符时,在不同范围的类和对象是否有权访问它们。

表 4.1 公共类的成员访问修饰符的访问等级

访问修饰符	同一个类	同　包	不同包,子类	不同包,非子类
private	✓			
protected	✓	✓	✓	
public	✓	✓	✓	✓
默认(无修饰符)	✓	✓		

表 4.1 的第 2 列指出同一个类本身可以访问该类的任何成员;第 3 列指出同一个包内,仅不能访问私有成员;第 4 列指出不同包的子类除了可以访问父类的 public 成员外,还可以访问父类的 protected 成员;第 5 列指出不同包的非子类只能访问该类的公共成员。

下面详细说明表中的各种访问等级。

1) private

限制性最强的访问等级是 private。private 成员只能被它所定义的类访问。如果在类的外部访问 private 变量和方法将导致错误状态。

2) protected

protected 允许类本身、相同和不同包中子类以及在相同包中的其他类访问这个成员。因此,在允许类的子类和相同包中的类访问,而杜绝其他不相关类的访问的时候,可以使用

protected 访问等级。protected 修饰符将子类和相同包中的类看成是一个“家族”，protected 修饰的成员只让家族成员相互了解和访问，而不准这个“家族”之外的类和对象涉足。

3）public

最简单的访问修饰符是 public（公共的）。如果一个公共类的域和方法被声明为 public，那么在程序中的任何类中、任何包中都可访问它们。一般情况下，一个成员只有在外部对象使用后不会产生不良后果的时候，才声明为公共的。类中被设定为 public 的方法是这个类对外的接口部分，程序的其他部分通过调用它们达到与当前类交换信息、传递消息甚至影响当前类的作用，可以避免在类或对象的外部直接去操作当前这个类的数据。

4）包访问

如果一个类没有明显声明成员的访问修饰符，则说明它使用的是包访问级。这是一个默认的访问控制级别，即隐含地声明访问级别，不需要任何修饰符。这个访问级别允许在相同包中的类访问该成员。这个访问级别是假设在相同包中的类是互相信任的。

下面用一个简单明了的例子说明这 4 种访问级别。

【例 4.5】 4 种访问级别的访问范围的测试实例。

首先，定义一个类 A 包含 private、包可访问、protected 和 public 的成员变量各一个。再定义同一个包中的类 B，不同包中的类 C，以及在不同包中但它是 A 的子类 D。然后，分别在这些类中测试是否可以访问 A 类的这些变量。这些类的定义和所属的包如图 4.5 所示。

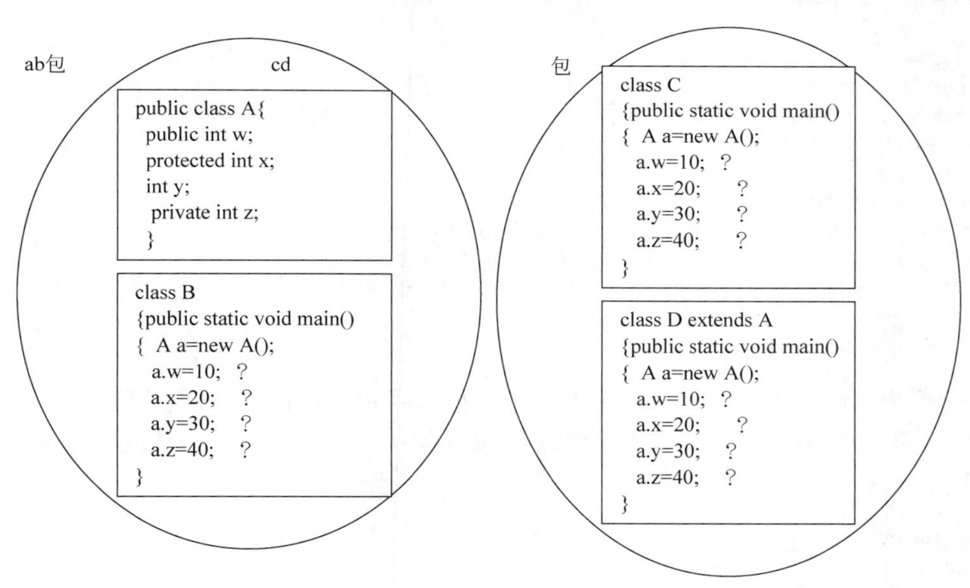

图 4.5 测试 4 种访问级别的访问范围的包和类的定义

实现图 4.5 所示的包和类的代码分别如下。这些代码都是可以验证的，为了简洁起见，我们将不能通过编译的语句用注释符号//进行注释，读者可以去掉注释，加以验证。

```
package ab;
public class A
{   public int w;
    protected int x;
        int y;
    private   int z;
```

```
    public static void main(String[ ] args)
    {   A a = new A();
        a.w = 10;
        a.x = 20;
        a.y = 30;
        a.z = 40;
    }
}
```

类A定义了4个访问级别的变量,在A类内部访问这些变量完全没有问题。下面再定义同一个包中的类B。

```
package ab;
class B
{     public static void main(String[ ] args)
    {   A a = new A();
        a.w = 10;
        a.x = 20;
        a.y = 30;
        a.z = 40;   //因为它是A的私有成员变量,因此不能在此访问
    }
}
```

下面在另一个包中再定义一个类C。

```
package cd;
import ab.A;
class C
{     public static void main(String[ ] args)
    {   A a = new A();
        a.w = 10;
//      a.x = 20;   //因为x是protected变量,此处不能访问
//      a.y = 30;   //因为y是包可访问的变量,此处不能访问
//      a.z = 40;   //因为z是包可访问的变量,此处不能访问
    }
}
```

在该类中,因为x是protected变量,C类不在A类所在的包中,也非子类关系,所以不能访问;y是包可访问的,A与C在不同的包,因此在C类中也不可访问;z是私有变量,更是不可访问。

```
package cd;
import ab.A;
class D extends A
{     public static void main(String[ ] args)
    {   A a = new A();
        a.w = 10;
//      a.x = 20;   //因为x是作为A的protected变量,此处不能访问
//      a.y = 30;   //因为y是包可访问的变量,此处不能访问
//      a.z = 40;   //因为z是包可访问的变量,此处不能访问
    }
}
```

此处读者可能感到奇怪,为什么访问的结果与A的非子类C的访问结果相同,也就是说,a.x在D中也不可访问。这是因为虽然x是protected变量,D类使用变量x时,使用的A类

的对象，这不是Java语法对protected类型变量访问的权限范围，所以不能使用。那么，一个父类的protected类型成员变量怎样才能被不在本包中的子类访问类？下面再给出一个E类就清楚了。

```
package cd;
import ab.A;
class E extends A
{    void accessMethod() {
        x = 66;                    //合法
    }

    public static void main(String[ ] args) {
      E a = new E();
       a.w = 10;
       a.x = 20;                   //合法
       a.y = 30;                   //因为 y 是包可访问的变量，此处不能访问
       a.z = 40;                   //因为 z 是包可访问的变量，此处不能访问
       a.accessMethod();
    }
}
```

编译该程序可以看出，此时语句a.x=20；不会产生编译问题，在E类的accessMethod()方法中直接使用变量x也不会产生任何问题。因为x是作为E类对象从A类继承过来的protected变量，此处才能访问。也就是父类的protected变量必须被子类继承后，作为子类对象的成员使用，而不是直接声明父类类型的对象，然后用父类对象去访问这些成员。

关于类成员的访问权限，还有一些细节问题需要讨论。例如，一个类不能访问其他类对象的private成员，但是同一个类的两个对象能否互相访问private成员呢？下面用具体的例子来进行解释。

【例4.6】 同一个类的两个对象互相访问private成员。

假如Alpha类包含了一个实例方法，它比较Alpha类的当前对象（由this所指示）以及该类的另外一个对象的privateVar变量：

```
class Alpha {
    private int privateVar;
    boolean isEqualTo(Alpha anotherAlpha) {
    if (this.privateVar == anotherAlpha.privateVar)
        return true;
    else
        return false;
    }
}
```

这是合法的，即在类中，该类的对象可以访问另一个同类型对象的private成员。这是因为访问限制只是在类别层次（不同类的所有实例）而不是在对象层次（同一个类的特定实例）上。可编写一个简单的程序验证一下。

为了便于验证，下面构造一个完整的可执行程序。

```
class Alpha {
private int privateVar;
Alpha(int _privateVar){                //构造方法
    privateVar = _privateVar;
```

```
    }
    boolean isEqualTo(Alpha anotherAlpha) {
        if (this.privateVar == anotherAlpha.privateVar)
            return true;
        else
            return false;
        }
    }
    public class Beta{
        public static void main(String args[]){
            Alpha a = new Alpha(1);
            Alpha b = new Alpha(2);
            System.out.println(a.isEqualTo(b));
        }
    }
```

该程序编译执行后输出 false。

程序的构造方法完成了对成员变量的初始化工作,关于构造方法后面还要详细地展开讨论。

2. 类变量修饰符 static

Java 类包括两种类型的成员变量:实例成员变量和类成员变量,简称为实例变量和类变量。当声明成员变量的时候,如果用 static 关键字进行修饰,则该变量是一个类变量。没有使用 static 关键字声明的变量是实例变量。例如,声明 MyClass 类中的实例变量 afloat、aInt 时,使用了如下形式:

```
class MyClass {
    float afloat;
    int  aInt;
}
```

声明了实例变量之后,每次创建类的一个新对象时,系统就会为该对象创建实例变量的副本,即该对象每个实例变量都有自己的存储空间,然后就可以通过对象名访问这些实例变量。

类变量跟实例变量的区别是,第一次调用类的时候,系统仅为类变量分配一次内存。不管该类要创建多少对象,所有对象共享该类的类变量。因此,可以通过类本身或者某个对象来访问类变量。

【例 4.7】 定义一个 AnIntegerNamedX 类,将它的成员变量 x 指定为一个类变量。

```
class AnIntegerNamedX {
    static int x;                    //使用了 static 关键字
    public int x() {
        return x;
    }
    public void setX(int newX) {
        x = newX;
    }
}
```

下面再编写一个类,它包含两种不同 AnIntegerNamedX 类型的对象,并且将 x 设置为不同的值,然后显示出来。

```
public class Compare_test{
    public static void main(String args[]){
        AnIntegerNamedX myX = new AnIntegerNamedX();
        AnIntegerNamedX anotherX = new AnIntegerNamedX();
        myX.setX(1);
        anotherX.x = 2;
        System.out.println("myX.x = " + myX.x());
        System.out.println("anotherX.x = " + anotherX.x());
    }
}
```

这里使用了两种方法访问 x：

- 使用 setX 来设置 myX 的 x 数值。
- 直接赋值给 anotherX.x。

再运行 Compare_test，其输出结果为：

```
myX.x = 2
anotherX.x = 2
```

从两个对象中输出 x，其结果相同，这是因为 x 是一个类变量，类变量只存储唯一版本，它被该类的所有对象所共享，包括 myX 和 anotherX。当在任何一个对象中调用 setX 的时候，也就改变了该类所有对象所共享的 x 的值。

为什么要用静态变量呢？下面来看一个简单的实例。

【例 4.8】 使用类变量的实例。

假如需要定义一个同心圆类。所谓同心圆类，就是一系列圆，它们的圆心相同，即它们共享一个圆心。很自然，在定义同心圆类的时候，应将圆心定义为同心圆类的静态成员变量，否则每个圆就有各自的圆心。该类的定义如下。

```
class ConcentricCircles
{   public static int x, y;
   public  int r;
}
```

再定义一个测试类，就可以看出这样定义的圆，无论如何修改，它们的圆心是相同的。

```
public class ConcentricCirclesTester
{  public static void main(String args[])
   {  ConcentricCircles t1 = new ConcentricCircles();
      ConcentricCircles t2 = new ConcentricCircles();
      t1.x += 100;
      t1.r =  50;
      t2.x += 200;
      t2.r =  150;
      System.out.println("Circle1: x = " + t1.x + ", y = " + t1.y + ", r = " + t1.r);
      System.out.println("Circle2: x = " + t2.x + ", y = " + t2.y + ", r = " + t2.r);
   }
}
```

该类的执行结果如图 4.6 所示。从该类的执行结果可以看出，一个数值型成员变量，如果没有给出其初始值，其值为 0。

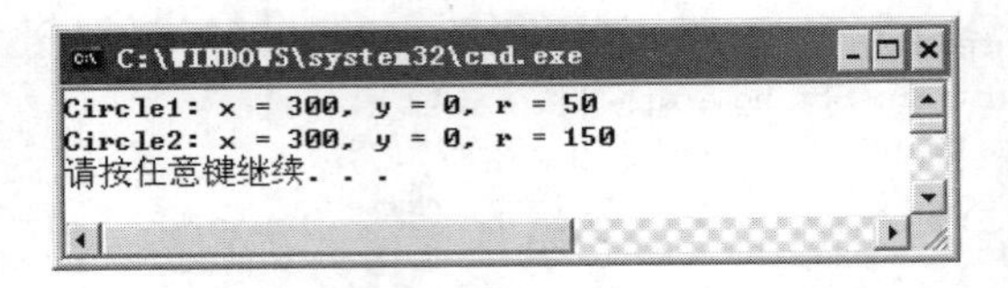

图 4.6　显示两个同心圆对象的成员变量

4.4　成员方法的声明与实现

视频讲解

成员方法是类的动态属性。对象的行为是由它的方法来实现的。一个对象可从通过调用另一个对象的成员方法来访问该对象。下面讨论如何为 Java 类编写方法。

4.4.1　方法声明的一般形式

在 Java 中,可以在类体中定义类的方法,用于实现该类的行为。与类一样,方法也有两个主要部分:方法首部声明和方法体。方法声明的基本形式为:

```
返回类型 方法名() {
    …                                   //方法体
}
```

方法首部的声明包括方法的修饰符、返回类型、方法名、圆括号及括号内的参数表,方法体中有实现方法行为的 Java 语句。图 4.7 给出了 Stack 类的 push 方法声明的各部分的说明。这个方法是一个进栈操作,它将一个 Object 作为参数,放置到堆栈的顶部然后返回它。

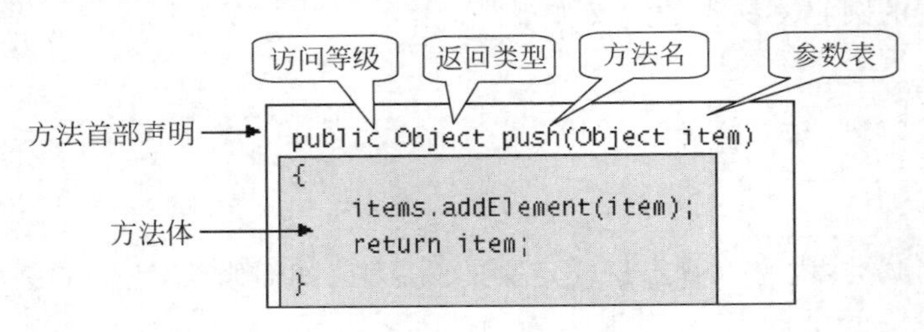

图 4.7　一个 push 方法的整体

方法声明的一般形式如下。

```
[可访问性修饰符] [abstract] [static] [final] [native][synchronize]
     返回类型 方法名(参数表) [throws 异常类名表]{ …… //方法体}
```

下面就按成员方法声明的一般形式中各语法成分出现的顺序进行逐一讨论。

4.4.2　方法修饰符

方法的修饰符也可以分为访问控制符和非访问控制符。成员方法的访问控制符与成员变量的访问修饰符的作用和用法几乎是一样的,所以在此不再详细讨论。下面讨论几种常用的非访问控制符修饰的方法。

1. 抽象方法

修饰符 abstract 修饰的抽象方法是一种仅含有方法声明部分,而没有方法体和具体的操作实现部分的方法。例如，下面声明的计费方式的方法 charge_Mode()就是抽象类 Telephone 中定义的一个抽象方法。

```
abstract void charge_Mode();
```

可见，abstract 修饰的方法只有方法声明部分，而没有方法体的定义。为什么在这里不定义方法的实现呢？因为 Telephone 类是从所有电话中抽象出来的公共特性集合，每种电话都有"计费方式"，但是每种电话都有各自的"计费方式"的具体方法，即具体的操作各不相同。所以，Telephone 的不同子类的 charge_Mode()方法虽然有相同的目的，称呼一样，但其方法体是各不相同的。

针对这种情况，可以为 Telephone 类定义一个没有方法体的抽象方法 charge_Mode()，至于方法体的具体实现(具体的收费方式)，则留到 Telephone 类的不同子类的定义中去完成。也就是说，各子类在继承了父类的抽象方法之后，再分别用不同的方法体重新定义 charge_Mode()，形成若干名字相同、返回值类型相同、参数列表相同、目的一致，但具体实现有一定差别的方法。

使用抽象方法的目的是，使 Telephone 类的所有子类对外都呈现一个相同外观(名字)的方法，并具有一个统一的接口(即参数)。这实质上是使这些子类有一个统一的外观和抽象行为。事实上，即使没有语法限制，为 abstract 方法编写方法体也是没有意义的，因为它的子类对这个 abstract 方法有互不相同的实现要求。因此，除了方法首部之外，不要求它们有其他公共点。所以，在电话类中就只能把 abstract 方法作为一个统一的接口，表明当前抽象类的所有子类都使用这个接口来实现其"计费方式"。

不难看出，定义 abstract 方法的一个突出的优点是可以隐藏具体的细节信息。在进行层次较高的类的设计时，不必过分关注各子类内部的具体状况，这就是面向对象程序设计方法中的一种重要的抽象手段。由于所有的子类使用的都是相同的方法声明部分，而方法的参数声明部分里实际包含了调用该方法的程序语句所需要了解的全部信息。所以，一个希望完成"计费"操作的语句，可以不必知道它调用的是哪一种版本的 charge_Mode()方法，而仅仅需要给当前对象的 charge_Mode()方法传送正确的参数值就足够了。

需要特别注意的是，所有的抽象方法都必须存在于抽象类之中。一个非抽象类中出现抽象方法是非法的。但反过来，抽象类却不一定只能拥有抽象方法，还可以包含非抽象的方法。另外还要注意，一个抽象类的子类如果不是抽象类，则它必须实现父类中的所有抽象，包括父类继承下来的抽象方法。这是一种"义务"。用类比的方法打一个比方，这叫作"父债子还"，如果一个类没有完成父类交给的事情(实现抽象方法)，就得转给自己的子类去还这笔"债"(实现抽象方法)。

2. 类方法与实例方法

一个类的方法与类的成员变量类似，有实例方法和类方法。用 static 修饰符修饰的方法，是属于整个类的类方法，简称为类方法，声明一个方法为 static 至少有 3 个概念需要注意：

- 调用这个方法时，应该使用类名作前缀，而不是使用某一个具体的对象名(尽管有的地方可以使用对象名来调用)。
- 非 static 的方法是属于某个对象的方法，在创建这个对象时，对象的方法在内存中拥有自己专用的代码段，而 static 方法是属于整个类的，它在内存中的代码段随着类的定义而装载，不被任何一个对象单独拥有。

- 由于static方法是属于整个类的,所以它不能操纵和处理属于某个对象的成员变量,只能处理属于整个类的成员变量,即static方法只能处理static域。

1) 类方法

当定义一个方法的时候,使用static关键字说明该方法的是类方法。当一个类被装载时,系统只为该类的类方法创建一个版本。这个版本被该类和该类的所有实例所共享。

为了指定方法为一个类方法,可以在方法声明的地方使用static关键字。现在再改变一下例4.7中的AnIntegerNamedX类,将它的成员变量x定义为实例变量,而访问x的两个方法定义为类方法。

```
class AnIntegerNamedX {
    int x;                          //实例变量
    static public int x() {
       return x;
    }
    static public void setX(int newX) {
        x = newX;
    }
}
```

现在编译这个修改过的类时就会报错,原因是类方法不能访问实例变量,除非该方法首先创建类的一个对象,并且通过该对象的实例方法来访问这个实例变量,再或者把这个实例变量改为类变量。

下面再修改一下,使x变量为一个类变量就可以通过编译了。

```
class AnIntegerNamedX {
    static int x;                   //类变量
    ⋮
}
```

实例成员和类成员之间的另外一个不同点是类成员可用类名来访问,不必通过创建类的对象来访问类成员,这里的成员可以是成员变量和成员方法。其形式为:

```
类名.类成员名
```

例如,在Compare_test类中可用如下方式直接使用类方法。

```
AnIntegerNamedX.setX(1);
System.out.println("AnIntegerNamedX.x = " + AnIntegerNamedX.x());
```

2) 实例方法

实例方法是没有使用static修饰的方法,实例方法可以对当前对象实例变量进行操作,而且可以访问类变量。

例4.7定义的类AnIntegerNamedX中有一个类变量x,有x()和setX()两个实例方法,该类的对象可以通过这两个实例方法来设置和查询x的数值。

如果把例4.7中AnIntegerNamedX定义的类变量x改为实例变量x,通过实例方法也可以设置和查询x的数值。

```
class AnIntegerNamedX {
    int x;                          //没有使用static关键字
    public int x() {
```

```
        return x;
    }
    public void setX(int newX) {
        x = newX;
    }
}
```

类的所有对象共享一个实例方法的相同实现，但各自有各自的运行环境。例如，AnIntegerNamedX 类的所有对象都共享方法 x()和 setX()的相同实现。但这里的方法 x()和 setX()使用的是各自对象的实例变量 x。那么，所有的对象共享 x()和 setX()的相同实现，会不会引起不同对象的实例变量之间的混淆呢？当然不会。在实例方法中，实例变量的名字都是引用当前对象自身的实例变量。因此，在方法 x()和 setX()中的 x 就等价于当前这个对象的 x，不会去引用别的对象的实例变量。将实例方法和操作它的对象联系在一起，保证每个对象可拥有不同的数据，但处理这些数据的方法仅一套，可被该类的所有对象共享。

再次运行 Compare_test 类的输出为：

```
myX.x = 1
anotherX.x = 2
```

分析改变过的 AnIntegerNamedX 类和 Compare_test 类不难看出：

- AnIntegerNamedX 外部的对象如果想访问 x，必须通过 AnIntegerNamedX 的一个特定实例对象来实现。
- x()方法和 setX()方法操作的是两个不同的 x 的副本：一个包含在 myX 对象中，另外一个包含在 anotherX 对象中。这是因为每个对象都有它自己的实例变量 x，并且每个实例变量可以有不同的值。

3. 最终方法

由 final 修饰符所修饰的方法是最终方法。最终方法是不能被当前类的子类重新定义的方法。在面向对象的程序设计中，一般情况下子类可以把从父类那里继承来的某个方法进行改写并重新定义，形成与父类方法同名、求解的问题相似但具体实现和功能却不尽相同的新的方法，这个过程称为覆盖。但是，如果类的某个方法被 final 修饰符所限定，则该类的子类就不能再重新定义这个方法，而仅能从父类那里原原本本地继承该方法。这样，就固定了这个方法所规定的具体操作，可以防止子类对父类的关键方法进行篡改，保证了程序的安全性和可靠性。

需要注意的是：所有被 private 修饰符限定为私有的方法(private 修饰符将在后面介绍)以及所有包含在 final 类中的方法，都被默认是 final 的。因为这些方法要么不可能被子类所继承，要么根本没有子类，这两种情况都不可能改写这个方法，自然而然地就是最终的方法。

【例 4.9】 带 final 修饰的方法类的举例。

在前面已经定义 Circle 类、Rectangle 类和 Square 类后，如果想限定其他人不再定义新的“计算矩形面积”和“计算周长”的方法，可以把这些类的 computeArea()和 computePerimeter()定义成 final。

```
public class Rectangle
{   protected double length, width;
      public Rectangle(double _length, double _width)
      {   length = _length;
```

```
        width = _width;
      }
      final public void computeArea()
      {  area = length * width; }
      final public void computePerimeter()
      {  perimeter = 2 * (length + width); }
  }
  public final class Circle
  {  protected double radius;
       public Circle(double _radius)
       {  name = "Circle";
          radius = _radius;
       }
       final public void computeArea()
       {  area = Math.PI * radius * radius; }
       final public void computePerimeter()
      {  perimeter = 2 * Math.PI * radius; }
  }
    public final class Square
    {  public Square(double _side)
       {  super(_side, _side);
        name = "Square";
       }
  }
```

修改这些类和方法的定义并没有影响现有的执行,它影响的是后面的类对它们的继承性。

4. 本地方法

native 修饰符一般用来声明用其他语言书写方法体的特殊方法,这里的其他语言包括 C、C++、FORTRAN、汇编语言等。由于 native 方法的方法体是使用其他语言在程序外部写成的,所以所有的 native 方法都没有方法体。

在 Java 程序里使用其他语言编写的模块作为类的方法,其目的主要有两个:充分利用已经存在的程序功能模块以避免重复工作和提高程序的执行效率。前一个目的是很显然的:在 Java 出现之前或之后都已存在功能丰富的程序库,使用 native 方法就可以利用这些程序模块;后一个目的是由于 Java 是解释型的语言,它的运行速度比较慢。在未经任何优化处理时,Java 程序的运行速度几乎是 C 程序的 1/20~1/15。这样,对于某些实时性比较强或执行效率要求比较高的场合,Java 程序也许不能满足需要,这时就可以利用 native 方法求助于其他运行速度较快的语言。

在 Java 程序中使用 native 方法时应该特别注意,由于 native 方法对应其他语言书写的模块是以非 Java 字节码的二进制代码形式嵌入 Java 程序的,而这种二进制代码通常只能运行在编译和生成它的平台之上,所以除非保证 native 方法引入的代码也是跨不同平台的,不然整个 Java 程序的跨平台性能可能因此受到限制或破坏。因此,当要考虑跨平台性时使用 native 方法应特别谨慎。

5. 同步方法

同步方法是用 synchronized 修饰的方法。如果 synchronized 修饰的方法是一个类方法(即 static 修饰的方法),那么在这个方法被调用执行前,将把系统类 Class 中对应当前类的对象加锁;如果 synchronized 修饰的是一个对象的实例方法(即未用 static 修饰的方法),则这个方法在被调用执行前,将把当前对象加锁。synchronized 修饰符主要用于多线程共存的程序中的协调和同步，保证这个 synchronized 方法不会被两个线程同时执行。详细的内容将在以后讨论线程的同步时介绍。

4.4.3 方法的返回类型

一个方法必须声明其返回类型，如果无返回值，则必须声明其返回类型为 void。

一个方法可以返回简单数据类型或任何引用类型的值。例如，在图 4.1 所示的 Stack 类中，isEmpty()方法返回一个布尔值，而 push()方法返回一个 Object 对象。

一个方法通过 return 语句返回，并将紧跟在 return 语句之后的返回值返回到调用该方法的地方。如果一个方法返回类型为 void，这个方法也可以包含一个 return 语句，只是在 return 语句之后不再带有返回值。当 return 语句带有返回值时，它与方法定义的返回类型的关系必须符合如下几种情况之一。

- 当方法声明的返回类型是基本数据类型时，返回值的数据类型必须与返回类型一致。
- 当方法声明的返回类型是一个类时，返回对象的数据类型必须是与方法声明的返回类相同的类或其子类。
- 当方法声明的返回类型是一个接口类型时，返回的对象所属的类必须实现这个接口。

返回值必须与返回类型匹配，这是一个基本原则，这一原则非常重要，可以类比到其他场合。例如，后面要讨论的方法定义时的参数(形式参数)，与方法调用时填入的参数值(实际参数)之间的匹配；在异常处理时，捕获到的异常对象与异常类型的匹配，都是遵循类似的原理。

下面的例子分别展示返回类型是基本类型和引用类型的情形。

【例 4.10】 实现并测试一个 Length 类中的单位换算方法。

设计一个 Length 类的换算方法，它应实现英尺(ft)与米(m)之间的换算。米与英尺之间的换算公式为：1m=3.2809ft，或者 1ft=1/3.2809m，因此可以得出如下换算方法。

换算一个 Length 对象的单位为英尺有以下两种情况。

- 如果 Length 对象的单位已经是英尺，不用换算。
- 如果 Length 对象的单位是米，用原来的长度值乘以 3.2809。

换算一个 Length 对象的单位为米也有以下两种情况。

- 如果 Length 对象的单位已经是米，不用换算。
- 如果 Length 对象的单位是英尺，用原来的长度值除以 3.2809。

该类需要一个能给成员变量赋值的构造方法，它应当有两个参数才能给两个成员变量赋值。

```
Length(double _value, String _scale)
{   value = _value;                    //长度值
    scale = _scale;                    //长度单位
}
```

换算方法需要检测当前成员变量值的单位，以决定是否有换算的必要，但无论换算与否，都要返回一个 Length 值。如果简单地编写这个方法，很自然写出如下方法。

```
double convertToFeet()
{   if (scale.equals("feet"))
              return value;            //;
        else
   return value * 3.2809;
}
```

该方法的功能是：如果没有转换，就返回它自己的value值，否则经过换算后再返回这个value值的3.2809倍。这样定义的convertToFeet()返回一个double类型，这属于以上讨论的第一种情况，即方法的返回类型与返回值是一致的。

这个方法有个问题是，它没有把转换过的值保存在对象中。因此，采用另一种实现方式：如果没有转换，可以通过用this关键字返回它自己，否则要构造一个新的Length对象，经过换算后再返回这个对象。由于返回类型是Length类型，这属于以上第二种情况。

完整的Length类的实现和测试的代码如下。

```
class Length
{   //成员变量
    double value = 0;
    String scale = "none";

    Length(double _value, String _scale)          //构造方法
    {  value = _value;
       scale = _scale;
    }
    Length  convertToFeet()
    {  if (scale.equals("feet"))
               return this;
           else
      return new Length(value * 3.2809, "feet");
    }
    Length convertToMeter()
    {  if (scale.equals("meter"))
           return this;
       else
           return new Length(value / 3.2809, "meter");
    }

    void showLength()
    {  System.out.println(value + " " + scale); }

    public static void main(String[] args)
    {
       Length l = new Length(1,"feet");
       l.convertToFeet();
       l.convertToMeter();
       l.showLength();
    }
}
```

该程序的执行结果如图4.8所示。分析一下，执行convertToFeet()返回其自身，再执行convertToMeter()就没有转换过来。

这并不是convertToMeter()方法有什么问题，而是使用引用对象时没有注意该方法产生的新的对象，而不是对原来对象进行更改，但程序没有保存convertToMeter()产生的新对象。因此，应该把引用指向新产生的对象。所以main方法中的后两条语句应该写成为：

```
l = l.convertToFeet();
l = l.convertToMeter();
```

此时，执行的结果如图4.9所示。

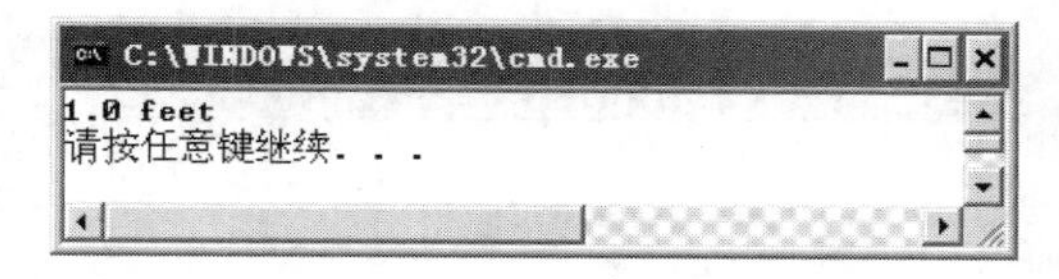

图 4.8　没有保存 convertToMeter()产生的对象的执行结果

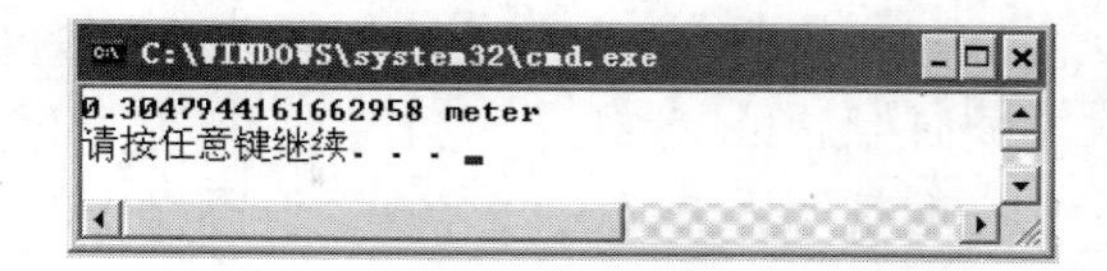

图 4.9　保存 convertToMeter()产生的对象的执行结果

4.4.4　方法名

方法名可以是任何合法的 Java 标识符,关于方法名有些特殊概念和机制必须加以探讨。

1. 方法的重载

Java 支持方法名重载,即多个方法可以共享一个名字。

【例 4.11】　假设有一个类需要用若干方法将多种输入的数据"加倍"后显示出来,如果不使用重载,这些方法可按如下方式实现。

```
public void doubleInt(int data) {
    System.out.println(2 * data);
}
public void doubleString(String data) {
    System.out.println(data + data);
}
```

使用重载,则以上两个方法都可以使用同一个方法名 doubleIt,表示"加倍"的概念,但对不同的输入数据,可以使用不同的参数。

```
public void doubleIt(int data) {
    System.out.println(2 * data);
}
public void doubleIt(String data) {
    System.out.println(data + data);
}
```

在采用重载的方法后,如果在另一个方法中调用 doubleIt(66),则编译选择 doubleIt 方法的第一个定义,显示 132;如果调用 doubleIt("Pizza"),则编译选择 doubleIt 方法的第二个定义,显示 PizzaPizza。编写一个测试重载的 doubleIt 方法的完整类如下。

```
class OverLoad
{   public static String doubleIt(String data) {  //返回一个 String 类型
        System.out.println(data + data);
        return data + data;
    }
    public static int doubleIt(int data) {          //返回一个 int 类型
        System.out.println(2 * data);
        return data + data;
    }
    public static void main(String[] args)
    {
        System.out.println("Hello World!" + doubleIt("pizza") + doubleIt(66));
    }
}
```

该程序的执行结果如图 4.10 所示。

从这个例子可以看出,重载的方法不一定要返回相同的数据类型。在上述重载的两个

doubleIt 方法中一个返回一个 String 类型，另一个返回一个 int 类型。

图 4.10 测试重载的 doubleIt 方法的执行结果

重载虽然表面上没有减少编写程序的工作量，但实际上重载使得程序的实现方式变得很简单。我们只需记住一个方法名，它就可以根据不同类型的输入选择该方法的不同版本。假如我们定义了如图 4.11 左边所示的重载方法 squ，则调用与重载的对应关系如图 4.11 所示。

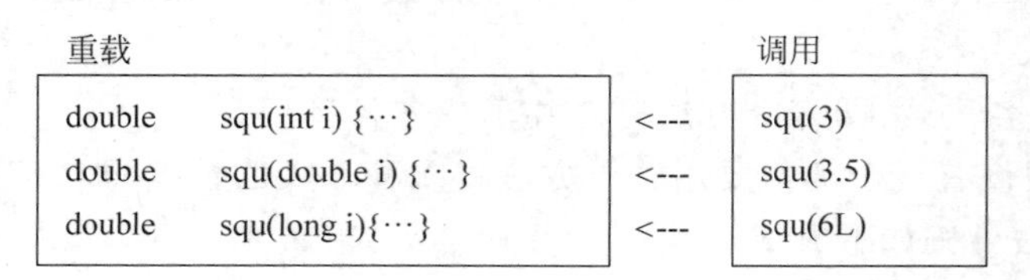

图 4.11 重载与调用的对应关系

2. 重载方法的参数必须有所区别

为了使 JVM 能够找到需要调用的重载方法的正确版本，重载方法的参数必须有所区别。这里所谓的区别可以是以下情形之一。

- 参数的类型不同。例如，上述的 doubleIt 方法的两个版本的参数的类型不一样。
- 参数的顺序不同。这里是指一个方法有多个不同类型参数的情况，改变参数的顺序也算是一种区分方法。
- 参数的个数不同。

【例 4.12】 计算平面和空间的距离的方法都可以使用一个方法名 distance，而计算公式分别是 $\sqrt{x^2+y^2}$ 和 $\sqrt{x^2+y^2+z^2}$，这样就需要用重载的方法定义。

```
public static double distance(double x, double y) {
    return Math.sqrt(x * x + y * y);
}
public static double distance(double x, double y, double z) {
    return Math.sqrt(x * x + y * y + z * z);
}
```

显然，这里方法的参数之间的区别是参数的个数不同。

4.4.5 方法的参数

前面讨论重载的方法时，已提到方法的参数必须有所区别。编写一个方法时，一般在方法名之后列出一个参数表来声明该方法所需要的若干参数和这些参数的类型。参数表由各个参数的类型及名字组成，各参数之间用逗号分开。在方法体中，可以直接使用这些参数名来引用参数的值。

视频讲解

1. 参数名

声明一个参数与声明一个成员变量一样，必须给出参数类型，并提供一个合法的 Java 标识符作为参数名，只是声明的位置必须是在参数表中。

一个参数是一个方法的变元，它与类的成员变量毫无关系，因此参数名可以和成员变量名相同。如果一个方法的参数名与成员变量名同名，则在这个方法中，参数隐藏了这个成员变量名，也就是说，在方法中出现的这个名字指的是参数名，而不是成员变量名。隐藏成员变量的参数常常用于构造方法(与类同名的方法)中初始化一个类。下面的例子中的 Circle 类就属于这种情况。

【例 4.13】 参数名和成员变量名相同的情况。

```
class Circle{
    int x, y, radius;
    public Circle(int x, int y, int radius){
        …
    }
}
```

Circle 类有 3 个成员变量：x,y 和 radius。在 Circle 类的构造方法中有 3 个参数，名字也是 x,y 和 radius。那么，在方法体中出现 x,y 和 radius 指的是参数名，而不是成员变量名。如果要访问这些同名的成员变量，必须通过"当前对象"指示符 this 来引用它。例如：

```
Class Circle{
    int x, y, radius;
    public Circle(int x, int y, int radius){
        this.x = x;
        this.y = y;
        this.radius = radius;
    }
}
```

带 this 前缀的为成员变量，这样，参数和成员变量便一目了然。

2. 参数的类型

在 Java 中，可以把任何有效数据类型的参数传递到方法中。在下面的方法中，要将一个 point 对象数组作为参数，初始化一个多边形 Polygon 对象，point 类代表平面上的一个点，即一个点的 x,y 坐标。

```
Polygon PolygonForm(point[] listofPoints){
    … }
```

对参数的处理，Java 与其他语言的不同之处是：Java 不允许把方法作为参数传递到方法中。但有一个变通的方法是：可以将对象作为参数，然后再调用这个对象的方法。

4.4.6 方法的参数传递

对于调用方法时输入该方法的参数，要明确如下基本概念。

(1) 调用不带参数的方法是在方法名后加一对空括号。

(2) 调用带参数方法是在方法名后的括号中加入一组与输入参数类型相同或兼容的表达式，表达式之间用逗号隔开。这里所谓兼容也是表达式的值与参数类型匹配，也要遵从 4.3.3 小节中方法的返回值与返回类型一样的关系。方法调用时是将所有的输入参数的表达式的值传给方法首部相应的变量，如图 4.12 所示。

(3) Java 的参数传递方式是传递值，也称为"值传递"。对于这种值传递方式要区分如下两种情况。

① 当参数变元是一个简单类型时，值传递意味着这个方法不能改变参数变元的值，即方

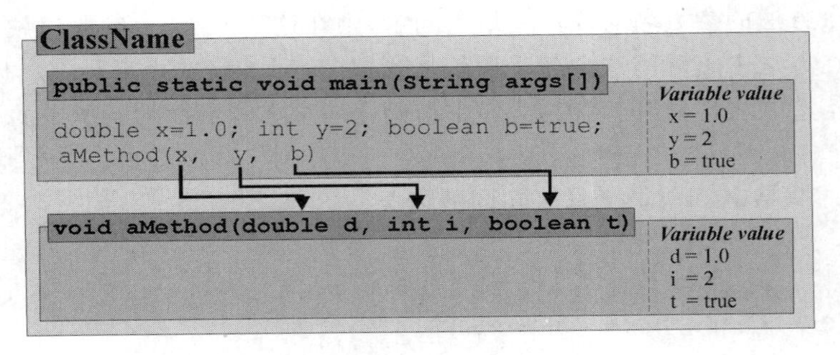

图 4.12 方法调用时参数的传递

法中变量所做的改变在方法外都是不可见的,也可以说不起作用。

② 当参数变元是一个引用类型时,值传递意味着这个方法不能改动这个对象的引用(指针),但是方法可以调用该对象的方法来修改该对象中可访问的变量。

方法可以通过引用类型的参数改变对象的状态,使其在方法外可见,为了弄清这一点,必须清楚在2.1.2小节中关于引用类型变量和基本变量之间的差别。

当引用变量作为方法的输入参数时,它的值同基本类型的变量一样被复制。如果在方法中试图改变引用变量的值,这种改变在外部是不可见的;但是它如果改变的是引用变量所指向对象的成员变量数据值,那么这种改变在外部是可见的。

【例 4.14】 使用引用型变量作方法的输入参数举例。

本例创建一个有两个方法的程序,一个是标准的main方法,另一个是changeStrings方法。main方法初始化两个对象,一个是String型,另一个是StringBuffer型,它们将作为changeStrings方法的输入参数。该方法将把一个字符串连接在两个字符串变量后面,然后查看该改变在main方法中是否可见。

实现这种测试的完整代码如下。

```
public class StringTester
{   public static void changeStrings(String s, StringBuffer sb)
    {   s += " by Definition";
        sb.append(" by Definition");
    }
    public static void main(String args[ ])
    {   String string = new String("Java");
        StringBuffer buffer = new StringBuffer("Java");
        changeStrings(string, buffer);
        System.out.println("String after method call: " + string);
        System.out.println("StringBuffer after method call: " + buffer);
    }
}
```

图4.13显示在main方法中声明和初始化这些变量,然后在changeStrings方法中作为输入参数调用它们。

图4.14中,在changeStrings方法中用+操作符把String类型变量s与字符串" by Definition"拼接起来;使用append方法将StringBuffer类型的变量sb与字符串" by Definition"拼接起来。

正如图4.13和图4.14所示,程序的输出是:

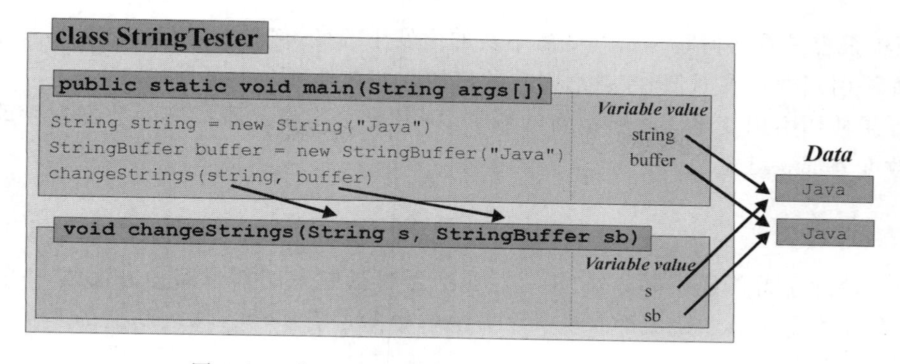

图 4.13　在 changeStrings 运行之前各变量的内容

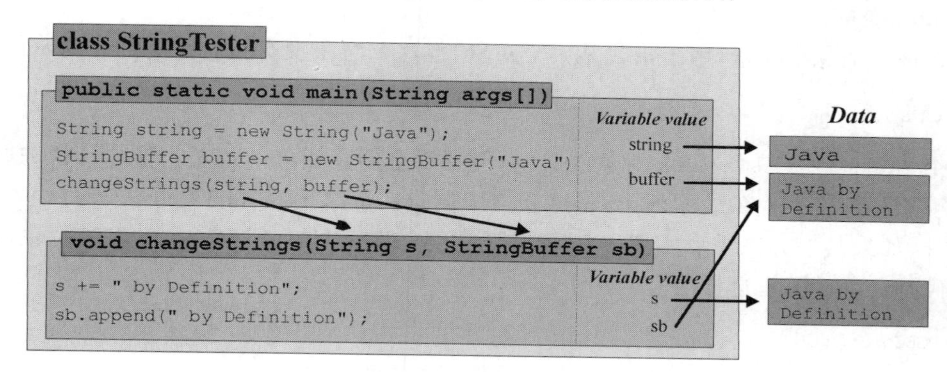

图 4.14　在 changeStrings 运行之后各变量的内容

```
C:\> java StringTester
String after method call: Java
StringBuffer after method call: Java by Definition
```

在方法 changeStrings 中，字符串"by Definition"和 s 拼接起来后，产生一个新字符串"Java by Definition"。于是变量 s 指向这个新字符串，这是由 String 类的性质决定的，即要改变一个 String 对象的值，就是创建一个新的字符串赋给它，但是这种改变只是发生在方法内部，在方法外部是不可见的，这是由“值传递”的性质决定的。

另一方面，变量 sb 使用 append 方法修改了所指向数据的内容，"by Definition"被加入其后，但是 sb 这个引用（指针）的值并未发生改变，因为 sb 和 buffer 仍然指向原来的地址，而它们指向的对象的值的改变是方法外可见的。

图 4.15 显示了一个引用类型变量作为方法的参数时，实际的引用类型的变量和方法的参数都是指向同一个对象。

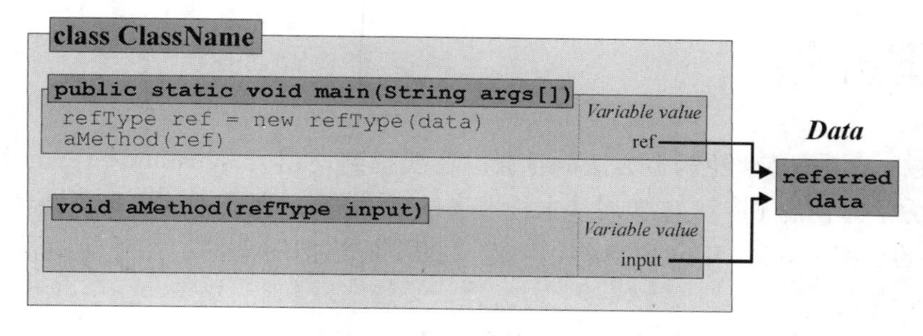

图 4.15　方法的参数为引用类型变量的使用方式

从图中很容易看出何时是引用变量本身的值发生改变,何时是其指向的数据发生改变。

- 如果引用变量在赋值号左边,则它的值的改变在外部是不可见的。
- 如果使用引用变量访问所指向的数据,则只要引用变量所指向的数据发生改变,这种改变外部是可见的。

4.4.7 方法体

一个方法除了首部说明部分外,用一对花括号{}括起来的部分即为方法体。一个方法的行为和功能是在方法体中完成的。在一个方法体中除了有实现方法的功能的基本语句外,还要注意下述变量的使用。

1. null 变量

null 是一个"空"变量,用于指代某一个对象,但这个对象没有相应的实例。例如:

```
Stack stack = null;
```

这个语句将创建一个 stack 对象的引用,但却没有创建相应的对象。换句话说,这个对象名没有引用任何实例对象。本质上讲,这相当于创建一个虚无的"影子"。

另外,如果某一方法需要由某一对象作为参数,但某个时刻还没有合适的对象,可以用 null 来代替。下面就是这样的一个例子:

```
getRGBColor(null);
```

2. this 变量

this 表示的是当前类的当前对象本身,更准确地说,this 代表了当前对象的一个引用。对象的引用可以理解为对象自身的一个别名,通过引用可以顺利地访问到该对象,包括访问、修改对象的成员变量、调用对象的方法。这一点类似 C/C++语言中的指针,但是对象的引用不能作为内存地址使用,它仅仅作为对象的名字使用。

一个对象可以有若干个引用,this 就是其中之一。利用 this 可调用当前对象的方法或使用当前对象的成员变量。例如,定义的一个 Circle 类的构造方法如下:

```
public Circle(int x, int y, int radius){
    this.x = x;
    this.y = y;
    this.radius = radius;
}
```

其中,有 this 前缀的 x 和 y 是当前对象的成员变量,而没有带 this 前缀的 x 和 y 是方法的参数。又例如,下面的 getBalance( )方法需要返回当前对象的成员变量 balance,可以利用 this 写成:

```
double getBalance() {
    return this.balance;
}
```

另外,在 5.4.1 小节讨论构造方法的重载时还要提到使用 this(parameterList)可以调用相应参数的构造方法。使用 this 变量调用基本构造方法时,必须出现在当前构造方法的第一行。

在更多的情况下,this 用来把当前正在定义的类的当前对象的引用作为方法的参数。

3. super 变量

super 表示的是当前对象的直接父类对象的引用。所谓直接父类是相对于当前对象的其他“祖先”类而言的。例如，假设类 A 派生出子类 B，B 类又派生出自己的子类 C，则 B 是 C 的直接父类，而 A 是 C 的祖先类。

super 的用法与 this 类似，需要注意的是，this 和 super 只能用来表示当前对象和当前对象的父对象的成员，而不能对其他类的对象的属性随意引用。

4. 局部变量

在方法体中，可以声明多个变量，它们在该方法内部使用。这样的变量以及方法的形参均被称为局部变量。

【例 4.15】 下面的方法声明了一个局部变量 i，它用于循环比较数组变元的每个元素。

```
Object findobjectInArray(Object obj, Object[] arrayofobjects ) {
    int  i;                                    //局部变量
    for (i = 0; i < arrayofobjects.length; i++) {
        if (arrayofobjects[i] == obj)
            return obj;
    }
    return null;
}
```

这个方法返回之后，变量 i 不再存在。

5. 变量的作用域

视频讲解

变量的作用域指的是一个程序区域，是可以访问该变量的程序块。一个块由一对花括号{ }定义。一个变量的作用域从定义它的地方开始，直到所在块的结束处为止。变量的作用域也决定了什么时候系统为该变量创建内存和清除内存。

在一个程序中声明的变量的作用域可以划分为以下 4 种类型：

- 成员变量的作用域；
- 局部变量的作用域；
- 方法参数的作用域；
- 异常处理参数的作用域。

图 4.16 分别描述了 4 种类型变量的作用域。

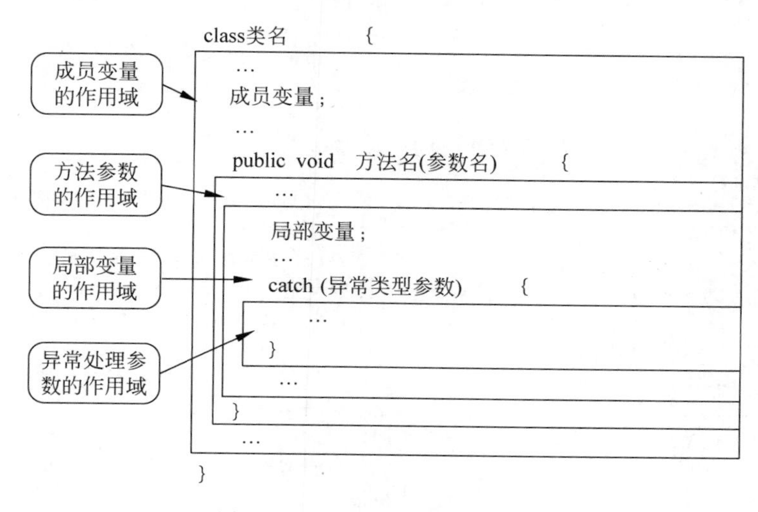

图 4.16 4 种类型变量的作用域

这4种类型变量的作用域可详细描述如下。

- 成员变量是类(或对象)的成员。成员变量在类中定义,而不是在任何方法或者构造方法中定义,所以成员变量的作用域是整个类。当成员变量被用在成员初始化表达式中的时候,需要在使用之前定义它。
- 局部变量在一个代码块中定义。局部变量的作用域是从声明它的地方开始直到定义的块结束为止。例如:

```
if ( … ) {
    int i = 18;
    …
}
System.out.println("The value of i = " + i);//错误
```

该程序的最后一行不能编译,因为局部变量i已经超出了作用域。

- 方法参数是方法或者构造方法的形式参数,用于传递值给方法和构造方法。方法参数的作用域是整个方法或者构造方法。
- 异常处理参数与参数很相似,差别在于异常处理参数是传递参数给异常处理方法,而方法参数是传递给方法或者构造方法。异常处理参数的作用域在紧跟着catch子句后的{}内。

【例4.16】 展示变量的作用域的例子。

下面构造一个用全部变量名命名为x的类,展示变量的作用域,其代码如下。

```
class X
{   static int x;                              //成员变量
    static int x(){                            //成员方法,与成员变量同名
       return x;
    }
    X(int x){                                  //构造方法
       this.x = x;
       System.out.println("初始化的成员变量为: " + this.x);
    };

    public static void main(String[ ] args)
    {
       { int x = 10;                           //局部变量,必须初始化
          System.out.println("局部变量 x = " + x);
       };
       System.out.println("现在成员变量 x = " + x);
       try{
          x = x/x();                           //x()返回0,因为成员变量还未赋值,默认值为0
                                               //此处将产生异常
       }catch (Exception x) {                  //catch的参数x为Exception类型的对象
            System.out.println("异常处理的参数x是 " + x.toString());
                                               //将catch的参数x用字符串显示出来
       }
     X x = new X(1);                           //创建X类的对象x,将x的成员变量x置为1
     x.x = 123;                                //将x的成员变量x置为123
     System.out.println("the object x = " + x);
                                               //将对象x作为字符串输出
     System.out.println("the member x = " + x.x);
                                               //将x的成员变量x输出
```

```
        }
    }
```

该类执行的结果如图 4.17 所示。

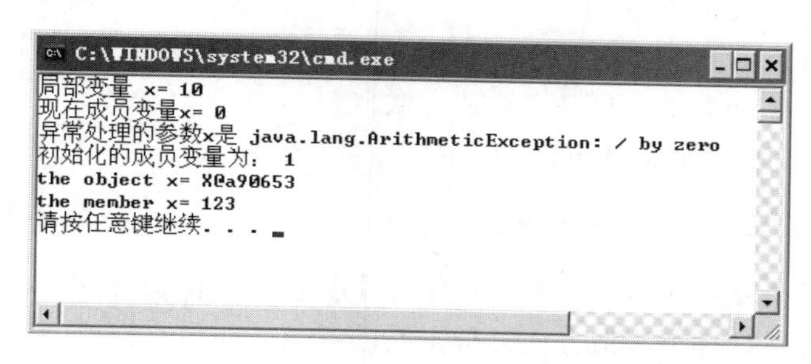

图 4.17　用全部变量名命名为 x 的类的执行结果

图中的第 3 行是将异常对象 x 用字符串显示出来，即调用 x 对象的 toString 方法将 x 转化为字符串再输出，结果为“java. lang. ArithmeticException: / by zero”；第 3 行是将 X 类的对象 x 用字符串显示出来，即调用 x 对象从 Object 类继承到的 toString 方法将 x 转化为字符串再输出，结果为“X@a90653”，其含义为 x 是 X 类的对象，该对象的伪地址是 a90653。所谓的伪地址是经过变换后的地址，即不是真实的地址。

4.5　对象的创建与撤销

Java 程序定义类的最终目的是使用它。定义了一个新的类之后，接下来就可以创建这个类的一个对象，对象是以类为模板创建的具体实例。要创建对象就要使用构造方法。

4.5.1　定义和使用构造方法

声明一个变量时可以同时用赋值语句为它赋初值，而一个对象可能包括若干成员变量，需要若干个赋值语句，把若干赋初值的语句组合成一个方法，以便在创建对象时一次性地同时执行，这个方法就是构造方法。创建一个对象时将调用这个构造方法完成对象的初始化工作。

所有的 Java 类都有构造方法，构造方法是与类同名的方法。创建对象的语句用 new 运算符开辟了新建对象的内存空间之后，将调用构造方法初始化这个新建对象。

构造方法的形式为：

```
[public]类名(参数表) {…}
```

【例 4.17】　分析 Student 类的构造方法。

以 Student 类为例，该类定义如下构造方法，初始化它的几个成员变量。

```
Student (String x, String y, String z){              //构造方法定义
        姓名 = x; 性别 = y; 学号 = z;
        System.out.println(姓名 + 性别 + 学号);
}
```

定义了构造方法之后，就可以用如下的语句创建并初始化 Student 类的对象：

```
Student card1 = new Student("张三","男", "2014034567");
```

```
Student card2 = new Student("李四", "女", "2013034666");
```

可见,构造方法定义了几个形式参数,创建对象的语句在调用构造方法时就应该提供几个类型顺序一致的实际参数,指明新建对象各成员变量的初始值。利用这种机制就可以创建不同初始特性的同类对象。

【例4.18】 为Stack类定义另一个构造方法。

前面已定义的Stack类的构造方法为:

```
public Stack() { items = new Vector(10); }
```

Java支持对构造方法的重载,这样一个类就可以有多个构造方法。下面是定义在Stack类中的另一个构造方法。这个构造方法是根据它的参数来初始化堆栈的大小。

```
public Stack(int initialSize) {
    items = new Vector(initialSize);
}
```

从上面可以看出,两个构造方法都有相同的名字,但是它们有不同的参数表。编译器会根据参数表中参数的数目以及类型区分这些构造方法,并决定要使用哪个构造方法初始化不同的对象。

下面的代码对于编译器是认识的,它使用了一个整型参数:

```
new Stack(100);
```

类似地,对于下面的代码编译器会选择没有参数的构造方法,即默认的构造方法:

```
new Stack();
```

4.5.2 构造方法的特殊性

构造方法是类的一种特殊方法,它的特殊性主要体现在如下几个方面。

- 构造方法的方法名与类名相同。
- 构造方法没有返回类型。
- 构造方法不能被static、final、abstract、synchronized、native等修饰符修饰。
- 构造方法不能像一般方法那样用“对象.”显式地直接调用,应该用new关键字调用构造方法为新对象初始化。

【例4.19】 对构造方法定义不当的例子。

下面给出的程序代码看起来对构造方法进行了定义,但实际定义的不是构造方法。

```
class ConstructorTest
{   int x;
    public void ConstructorTest(){
        x = 1;
    }
    public static void main(String[] args)
    {   ConstructorTest t = new ConstructorTest();
    System.out.println(t.x);
    }
}
```

编译这个程序看起来没有什么问题，为什么该类没有定义构造方法呢？因为执行这个程序时，显示的结果为 0。如果定义的 public void ConstructorTest()是构造方法的话，结果应该是 1。这是因为编译程序把 public void ConstructorTest()看成是一般方法，它确实没有语法错误，但它不是构造方法，因而成员变量 x 没有初始化，所以输出 0。该类中要定义构造方法的话，需把 public void ConstructorTest()中的 void 去掉。

另外还要注意，如果一个类只定义了有参数的构造方法，那么它就不存在默认的构造方法。例如，下列程序在没有定义构造方法时是对的。

```
class ConstructorTest
{   int x;
     public static void main(String[ ] args)
     {   ConstructorTest t = new ConstructorTest();
     System.out.println(t.x);
     }
}
```

但定义一个带参数的构造方法后，该程序就编译不能通过。

```
class ConstructorTest
{    int x;
     public  ConstructorTest(int y){
         x = y;
     }
     public static void main(String[ ] args)
     {    ConstructorTest t = new ConstructorTest();
     System.out.println(t.x);
     }
}
```

该程序的执行结果如图 4.18 所示。

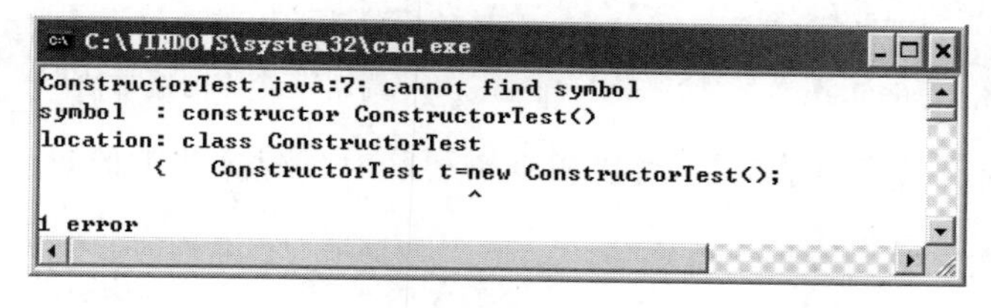

图 4.18　没有无参构造方法造成的错误

排除这个错误的方法是增加一个无参构造方法。

```
public  ConstructorTest(){}
```

或者在创建对象时使用带参数的构造方法，如：

```
ConstructorTest t = new ConstructorTest(66);
```

4.5.3　创建对象

本小节讨论如何利用构造方法创建类的对象并初始化。创建并使用对象的步骤如下。

1. 对象声明

像声明基本类型的变量一样，对象声明的一般形式为：

```
类名  对象名;
```

2. 为对象分配内存及初始化

分配内存及初始化形式如下：

```
对象名 = new 构造方法名([参数表]);
```

创建对象首先需说明新建对象所属的类，因而构造方法(Constructor)是与类同名的一种特殊方法；然后要说明新建对象的名字，即赋值号左边的对象名；赋值号右边的new是调用构造方法为新建对象开辟内存空间的运算符，这些内存空间保存对象的成员变量和成员方法。用new运算符开辟新建对象的内存之后，系统自动调用构造方法初始化该对象。若类中没有定义构造方法，系统会调用默认的构造方法。

【例4.20】 定义类并创建类的对象。

```
class Student{
    float hight, weight;
    String  姓名, 性别, 学号;                        //域变量定义
    Student(){}                                    //定义默认的构造方法
    Student (String x, String y, String z){        //定义带参数的构造方法
        姓名 = x; 性别 = y; 学号 = z;
        System.out.println(姓名 + 性别 + 学号);
    }
}
```

定义Student类之后，在方法或其他类中就可以创建这个类的对象，例如，可以用如下形式创建一个Student对象。

```
Student obj;
obj = new Student();
```

也可以将这两个语句合二为一：

```
Student obj = new Student();                       //调用默认的构造方法
```

对于Java平台定义好的系统类，可以根据需要随时创建这些类的对象。

```
String str = new String(" good ! ");               //调用String类的带参数的构造方法
```

3. 使用对象

使用对象的基本形式如下。

```
<对象名>.<域变量名>
<对象名>.<方法名>
```

【例4.21】 定义类、创建并使用对象。

```
class People{
    String head,foot,hand;
    void speak(String s) {
        System.out.println(s);
    }
}
public class One{
    public static void main(String args[])
```

```
        {   People  LiuBei = new  People();
            LiuBei.head = "big";
            LiuBei.hand = "long";
            LiuBei.foot = "short";            //用"."使用该对象的成员变量
            LiuBei.speak("I am a " + LiuBei.head + " head,
                      " + LiuBei.hand + " hand and " + LiuBei.foot +
                      " foot person." );      //用"."使用该对象的方法
        }
}
```

该程序的输出为：

```
I am a big head, long hand and short foot person.
```

People类中定义了3个成员变量和1个方法，于是在将来创建的每个具体对象的内存空间中都保存有该对象的3个成员变量和1个方法的引用，并由该方法来操纵自己的成员变量，这就是面向对象的特点之一——封装性的体现。要访问或调用一个对象的成员变量或方法需要首先创建这个对象，然后用运算符"."调用该对象的某个成员变量或方法。

编写类的时候，除非有必要，否则不需要提供构造方法，一般使用系统提供的默认的构造方法。当然，这个默认的构造方法除了建立一个空对象之外不会完成任何事情。因此，如果需要进行一些特别的初始化的时候，就需要为一个类编写一个或多个构造方法。

4.5.4 对象的撤销与清理

有些面向对象语言需要保持对所有对象进行跟踪，以便在对象不再使用时，将它从内存中清除。管理内存是一件既枯燥又易出错的工作。Java平台允许创建任意个对象（当然会受到系统资源的限制），而且当对象不再使用时自动被清除，这个过程就是所谓的"垃圾收集"。当对象不再有引用的时候，对象就会被作为垃圾收集的对象而清除。变量的引用通常在变量超出作用域的时候被清除。也可以通过设置变量为NULL来清除对象引用。这里要注意的是，程序中同一个对象可以有多个引用，对象的所有引用必须在对象被作为垃圾收集对象清除之前清除。

1. 垃圾收集器

Java有一个垃圾收集器，它周期性地将不再被引用的对象从内存中清除。这个垃圾收集器是自动执行的，它扫描对象的动态存储区并将引用的对象做标记，将没有引用的对象作为垃圾收集起来，定期地释放那些不再需要的对象所使用的内存空间。

我们也可以随时在Java程序中通过调用System的gc()方法来显式地运行垃圾收集程序。例如，在产生大量垃圾的代码之后或者在需要大量内存代码之前运行垃圾收集器。

2. 撤销方法finalize

在一个对象被垃圾收集器收集之前，垃圾收集器给对象一个机会来调用自己的finalize方法，将对象从内存中清除。这个过程就是所说的最后处理（即finalize）。绝大部分的程序员并不关心这个finalize方法的实现。但也有少数情况，程序员不得不执行finalize方法来完成一些特殊的工作去释放资源。

finalize方法是一个Object类的成员函数，它处在Java平台类分级结构的顶部，而且所有类都是它的子类。子类重载了finalize方法来完成对象的最后处理工作。在有特殊需要时，可用下列格式声明重载的finalize方法，进行特殊的善后工作。

```
protected void finalize[ ] throws Thrownable
```

如果编写了自己的finalize方法,它将自动覆盖超类中的finalize方法。它的工作过程一般是在自己的处理工作完成之后再调用超类的finalize方法。对于任何类,finalize可以完成包括关闭已打开的文件、确保不遗留任何保存过的信息等功能。

4.6 类的进一步说明

视频讲解

至此,除了“说明一个类的父类”和“说明一个类所实现的接口”两个语法点没有详细讨论外,已经从类的修饰到成员变量、成员方法的修饰等,把定义一个类的方方面面都讨论了,图4.19就是定义一个类的总体视图。

定义一个类,主要是讨论类及其成员的修饰符。修饰符分为访问控制符和非访问控制符。修饰符修饰的对象分为两个层次:一个是在类这个层次;一个是在类的内部修饰成员变量和成员方法这个层次。在类这个层次的修饰往往对成员层次的修饰有一定的影响。下面就从访问控制符和非访问控制符的角度来讨论修饰符。

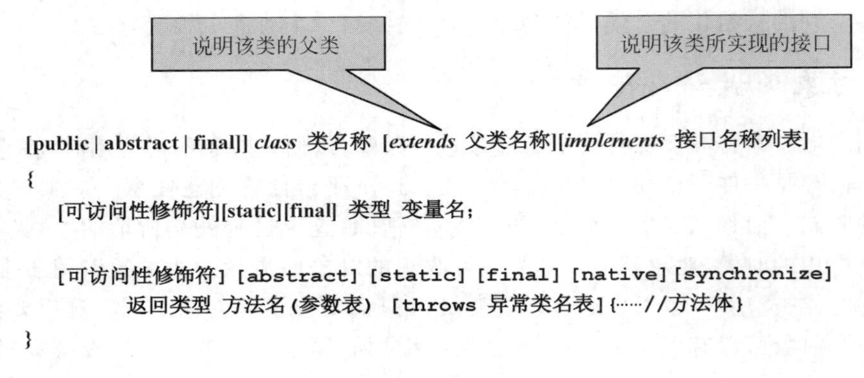

图4.19 定义一个类的总体视图

4.6.1 访问控制符

访问控制符是一组限定类、域或方法是否可以被程序内部和程序之外的部分访问和调用的修饰符。具体地说,类及其属性和方法的访问控制符规定了程序内的其他部分和程序之外其他部分是否有权访问和调用它们。

在讨论访问权限的时候,要涉及包的概念,包是类和接口的集合,即由多个类和接口组成一个程序包。

无论声明什么样的修饰符,一个类总能够访问和调用它自己的域和方法,但是这个类之外的其他部分能否访问这些域或方法,就要看该域和方法以及这个类的访问控制符了。

类的访问控制符只有一个public。域和方法的访问控制符有public、private、protected。另外还有一种没有使用任何访问控制符的情况,即默认情况。

下面从类和类的成员两个层面上讨论访问控制符。

1. 类的访问控制符 public

类的访问控制符 public 的详细介绍见 4.2.2 节。

类可以通过 4.7 节所述的包的概念组织在一起，处于同一个包中的类不需任何说明就可以互相访问和引用。对于在不同包中的类，一般来说，它们相互之间是不可见的，当然也就不可能互相引用。但是，当一个类被声明为 public 时，它就具有被其他包中的类访问的可能性，只要在程序中使用 import 语句引入 public 类，就可以访问和引用这个类。

2. 对类成员的访问控制符

对类成员的访问控制符的介绍详见 4.3.2 节。

3. 访问控制符小结

访问控制符是一组限定类、域或方法是否可被其他类访问的修饰符。

- 公共访问控制符(public)。
  - ➢ public 类：公共类，可被其他包中的类引入后访问。
  - ➢ public 方法：是类的接口，用于定义类中对外可用的功能方法。
  - ➢ public 域：可被所有访问该类的类访问。
- 默认访问控制符的类、域、方法：具包访问性(只能被同一个包中的类访问)。
- 私有访问控制符(private)：修饰域或方法，只能被该类自身所访问。
- 保护访问控制符(protected)：修饰域或方法，可被类自身、同一包中的类、任意包中该类的子类所访问。

一个类的成员方法和域可以在包之外被访问，即这个类是公共类。类、属性和方法的访问控制表及图示见图 4.20，其中就分别讨论了 public 类和非 public 类的成员的可访问性。

类 / 属性与方法	public	默认
public	A	B
protected	B+C	B
默认	B	B
private	D	D

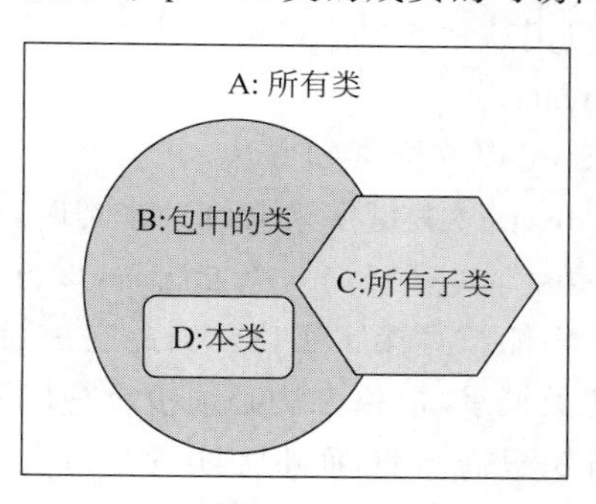

图 4.20　类、属性和方法的访问控制表及图示

4.6.2　非访问控制符

最常用的非访问控制符有 static、final 和 abstract。

1. static

使用 static 修饰的成员变量是静态域，它属于类的公共域，为该类所有对象所共享。它可看作是在类范围内的一种全局变量。静态域可由静态方法和实例方法所使用。

使用 static 关键字说明该方法的是类方法。类方法被所在类和该类的所有实例所共享。

这里要提及一下用来对静态域进行初始化的静态初始化器。其一般形式如下：

```
static { <赋值语句组> }
```

静态初始化器与构造方法都是用来完成初始化工作的,但两者有本质上的不同,它们之间的比较如表4.2所示。

表4.2 静态初始化器与构造方法

静态初始化器	构造方法
对类的静态域初始化	对新建的对象初始化
类进入内存时,系统调用执行	执行new后自动执行
属特殊语句(仅执行一次)	是一种特殊方法

2. final

至此,我们已讨论过final的3种使用方法。

- final在类之前,表示该类不能被继承。
- final在方法之前,防止该方法被覆盖。
- final在变量之前,定义一个常量。

用final修饰符说明常量时,需要说明常量的数据类型,并同时指出常量的具体值。通常说明为static,以便类的所有对象共享。

例如:

```
static final String area_code = "027";
```

在final的几种使用方法中,最常使用final限定词的情况是常数。一般,在类的开始位置声明final static类型的成员变量,因为static使得该变量只存在一个副本,final使得它不能改变,以后可以用这些变量名代替具体数值。

3. abstract

abstract可以修饰类和方法。

- 用abstract关键字来修饰一个类时,该类叫作抽象类。
- 用abstract来修饰一个方法时,该方法叫作抽象方法。

抽象类不能被直接实例化。因此它一般作为其他类的超类,与final类正好相反。抽象类必须被其他类继承,抽象方法必须被重写以实现具体意义。

抽象方法只需声明,而不需实现。包含抽象方法的类一定是抽象类,抽象类定义被所有子类共用的抽象方法,而实现细节由子类完成。

4.6.3 嵌套类

一个Java程序就是一个类的集合。这些类不管它们之间的继承关系或层次关系如何,在语法上它们是并列的,即图4.21(a)所示的结构。

为了恰当反映问题的实际背景,有时,需要多个类组合成一个更大的类来实现某一问题的求解。因此,Java语言可以在一个类中定义其他类,即Java可以定义一个类作为另一个类的一部分,这就是嵌套类。它的排列结构如图4.21(b)所示。Java内部的API中的类就是典型的嵌套类。

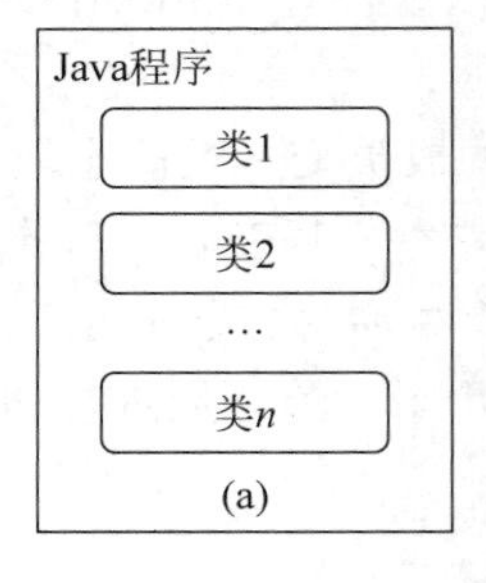

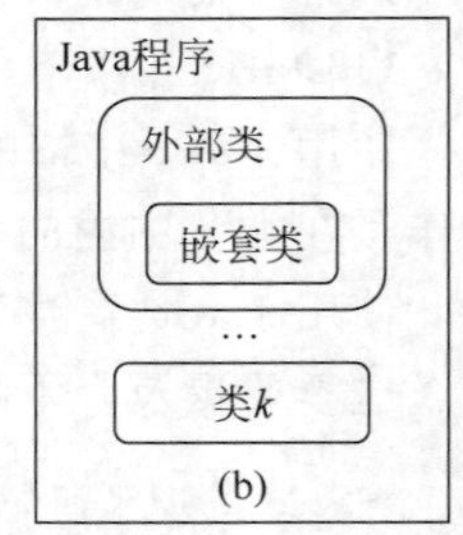

图4.21 类的两种排列结构

下面是一个典型的嵌套类的形式：

```
class EnclosingClass{
    …
    class ANestedClass
    { … }
}
```

当一个类只在另一个类中使用，也就是说不在其他地方使用，该类嵌入另一个类之后才有意义时，此时就应该使用嵌套类。

作为一个类的一个成员，嵌套类在这个类中有一个特权：它可以毫无限制地访问该类的成员，即使这些成员定义为 private。访问控制限制了对类外部成员的访问，而嵌套类是处在某个类中的，所以它就可以访问这个类的成员。

与其他的类一样，嵌套类也可以产生单独的字节码文件，其文件名为外部类名后加一个 $ 符号，再加上嵌套类名，还要加上. class 后缀名。例如，如上形式声明的嵌套类所产生的文件名为 class EnclosingClass $ ANestedClass. class。

像其他成员一样，嵌套类也可以声明为 static，此时的嵌套类称为 static 嵌套类。非 static 嵌套类称为内部类。下面给出一个内部类的例子。

```
class EnclosingClass{
    …
static class AStaticNestedClass                    //嵌套类
    {    …    }
class InnerClass                                   //内部类
    {    …    }
}
```

需要进一步指出的是，不仅是可以用 static 修饰一个类，但一个类作为另一个类的一个成员时，那么前面可以修饰一个成员变量的修饰符(public、protected、private、final、static)，现在也可以修饰这个类成员了，也就是说，这个类的地位相当于一个成员变量。

4.7 程　序　包

利用面向对象技术开发一个实际的系统时，通常需要定义许多类一起协同工作，为了更好地管理这些类，Java 中引入了包的概念。包是类和接口的集合，就像文件夹或目录把各种文件组织在一起，使硬盘保存的内容更清晰、更有条理一样，Java 中的包把多个同一类型的类组织在一起，使得程序功能清楚、结构分明。包的一个更重要的作用是可用于实现不同程序间类的重用。

如同目录是文件的松散的集合一样，包是类和接口的一种松散集合。一般并不要求处于同一个包中的类或者接口之间有明确的联系，如包含、继承等关系，但是由于同一包中的类在默认情况下可以互相访问，所以为了方便编程和管理，通常需要把相关的或在一起协同工作的类和接口放在一个包里。

Java平台将它的各种类汇集到功能包中。Java的类库被划分为若干个不同的包,每个包中都有若干个具有特定功能和相互关系的类和接口。所以包是组织系统类的单位,使类按功能、来源分为不同的集合,以便组织管理及使用。我们可以使用由系统提供的类库,这些类和接口都分别分布在不同的包中,我们也可以编写自己的类和接口,并将这些类和接口组织在自己创建的程序包中。下面先列出一些常用的Java包。

- java.lang包：基本语言类,程序运行时自动引入。
- java.io包：所有的输入输出类。
- java.util包：实用的数据类型类。
- java.awt包：构建图形用户界面(GUI)的类。
- java.awt.image包：处理和操纵网上图片的工具类。
- java.awt.peer包：实现与平台无关的GUI类。
- java.applet包：实现Java Applet的工具类。
- java.net包：实现网络功能的类。

要使用类库中的某个类,需要先从某个包中引入这个类,然后才能使用。使用类库中的类有以下3种形式。

- 继承系统类

例如：

```
public class MyApplet extents Applet                    //继承系统类
{… //使用继承的系统类}
```

- 直接创建系统类的对象

例如：

```
String str;                                             //创建系统类的对象
```

- 直接使用系统类

例如：

```
Math.pow(i,3);                                          //直接使用系统类
```

4.7.1 包的创建

为了使类更容易被查找和使用,并且能够避免名字冲突、控制访问,需要将相关的类和接口捆绑到包中。Java平台的类和接口就是根据各种功能捆绑在一起形成若干程序包：基本类是在java.lang包中,用于读和写的类在java.io包中等。用户也可以将自己编制的类和接口组成一个包。

在默认情况下,也就是用户没有声明包名,系统会为每一个.java源文件创建一个无名包,该.java文件中所定义的类都隶属于这个无名包,它们之间可以相互引用非private域或方法。但是由于这个包没有名字,所以它不能被其他包所引用,即无名包中的类不能被其他包中的类引用或重用。为了解决这个问题,可以创建有名字的包。

要建立一个包,需要使用package语句,而且它应该是整个.java文件的第一个语句。其格式为：

```
package 包名;
```

【例 4.22】 编写一系列的图形对象的类 Circles、Rectangles、Lines、Points 以及接口 Draggable,其功能是用户可以拖动鼠标移动这些图形对象。我们可以将它们置于一个包 graphicPackage 中。

```
package graphicPackage;                        //在 Graphic.java 中的文件的第一行
public abstract class Graphic {
    …
}
public class Circle extends Graphic implements Draggable {
    …
}
public class Rectangle extends Graphic implements Draggable {
    …
}
public interface Draggable {
    …
}
```

该程序的第一行创建了名为 graphicPackage 的包。这个包中的类在默认情况下可以互相访问。对于这样一个 Java 文件,编译器可以创建一个与包名相一致的目录,即 javac 在当前目录下创建目录/graphicPackage。

此外,如果使用点运算符“.”,还可以实现包之间的嵌套。例如,如果有如下 package 语句:

```
package myclasses.graphicPackage;
```

编译时,javac 将在当前目录下首先创建目录 myclasses,然后再在 myclasses 目录下创建 graphicPackage 目录,并且把编译后产生的相应的类文件放在这个目录中。

包语句的语法是很简单的,但应将哪些类和接口捆绑到一个包中呢?这里给出的依据如下。

- 使用者可以容易地确定哪些类和接口是相关的。
- 使用者知道从哪里可以找到与某个功能相关的类和接口。
- 类的名字不会与其他包中的名字冲突,因为每个包实际上创建了一个新的名字空间。
- 可以允许在同一个包中的类有默认的访问权限,对包外的类则有所限制。

我们可以按照这些原则组织一个包。

4.7.2 包的使用

将类和接口组织成包的目的是为了能够更有效地使用包中的类。要使用已编译好的包,必须使用 import 语句把这些包装载到用户的源代码文件中。包可以通过以下 3 种方法之一进行装载。

1. 装载整个包

可以直接利用 import 语句载入整个包。此时,整个包中的所有类都可以加载到当前程序之中,例如:

```
import graphicPackage.*;
```

这个语句必须位于源程序中的任何类和接口定义之前。有了这个语句,就可以在该源程序中的任何地方使用这个包中的类,如 Circle、Rectangle 等。

2. 装载一个类或接口

如果只需要某个包中的一个类或接口,这时可以只装入这个类或接口,而不需要装载整个

包。装载一个类或接口可使用语句:

```
import graphicPackage.Circle;
```

这个语句只载入 praphicPackage 包中的 Circle 类。

3. 直接使用包名作类名的前缀

如果没有使用 import 语句装载某个包,但又想使用它的某个类,可以直接在所需要的类名前加上包名作为前缀。例如,要声明 Rectangle 类的一个对象 rectG,可以使用语句:

```
graplicPackage.Rectangle rectG;
```

除了用 import 语句装载包之外,Java 的运行系统总是要装入默认的包(包括没有名字的包)供用户使用。例如,运行系统总是为用户自动装入 java.lang 包。有时,装入的不同包中不同的类可能有相同名字,在使用这些类时就必须排除二义性。排除二义性类名的方法很简单:就是在类名之前冠以包名作前缀。

例如,我们在例 4.20 的 graphicPackage 包中定义了一个 Rectangle 类,而 Java 平台中的 java.awt 包中也包含一个 Rectangle 类。如果 graphicPackage 和 java.awt 这两个包均被载入,那么,下面的两行代码行都具有二义性。

```
Rectangle rectG;
Rectangle rectA = new Rectangle();
```

在这种情况下,必须在类名之前冠以包名,以便准确地区分所需要的是哪一个包中的 Rectangle 类,以避免二义性。

例如:

```
graphicPackage.Rectangle rectG;
java.awt.Rectangle rectA = new java.awt.Rectangle();
```

4.7.3 带包语句的 Java 文件的编译和执行

一个 Java 文件带包语句 package 作为第一行后,此时对该文件的命名没有影响,即文件名还是应为某个类名,特别是该文件含有 public 类时,应以 public 类的类名作为源程序的文件名。但此时要注意,编译该源程序时要带选项-d,并在-d 之后跟一个目录名。该目录就是要存放编译出来的类文件的地方。例如,在图 4.3 中的编译命令为:

```
javac -d . A.java
```

javac 命令的选项“-d .”表示在当前目录下创建编译后的 class 文件。当执行编译命令 javac -d . A.java 时,编译程序发现包名 ab 后,立即创建相应的目录名 ab,然后将 A 的类文件 A.class 放到目录 ab 中。

而执行带有 main 方法的主类时,要把它的包名带上,相应的执行命令为:

```
java 包名.类名
```

当操作系统是 Windows 时,在命令行下也可以输入下列命令:

```
java 包名/类名
```

这里的包名也就是存放类文件的目录名。

4.8 小　　结

抽象和封装是面向对象程序设计的两个重要特点，而这两个特点主要体现在类和第 5 章要讨论的接口的定义及使用上。即我们如何定义一个类和接口，这就需要对现实世界进行抽象；而定义好了一个类就实现了封装。我们可以利用抽象技术将世界的各种事物抽象成各种类型的对象，然后利用封装性在一个对象内部处理这些事物。这里注意，虽然对象是类的实例，但在讨论面向对象的概念而没有涉及具体编程时，我们通常把类和对象混为一谈。

对于一个类，我们可以通过 IS(“是”什么)、HAS(“有”什么)和 DOES(“做”什么)3 个方面来定义。这 3 个方面分别指出了类的名字及性质、类的成员变量和成员方法。我们在“雕琢”一个类时，还必须很精细地刻画它的方方面面，如谁有权使用这个类就是一个方面。仅有权使用这个类还不够，还要说明是否有权使用它的成员变量和成员方法。所以，我们要在两个层次，即在类的层次和成员变量、成员方法的层次上定义它们的修饰符，指出其性质和访问权限。关于访问权限方面，本章的表 4.1 和图 4.8 给出了较详尽的说明。

学习 Java 语言在某种程度上就是在学习如何定义所需要的类，以及学会使用 Java 平台定义的类。Java 平台定义的这些类都分布在各个程序包中。Java 的程序包实现了对类的组织和包装。包的概念与操作系统中目录的概念很接近，在谈到包时，我们不妨用目录去理解它。

习　题　4

1. Java 程序使用的类分为哪两大类？什么是类库？

2. 如何定义方法？在面向对象程序设计中方法有什么作用？

3. 简述构造方法的功能和特点。下面的程序段是某学生为 Student 类编写的构造方法，请问有几处错误？

```
void Student(int no,String name) {
        studentNo = no;
        studentName = name;
        return no;
}
```

4. 定义一个表示学生的类 student，包括域：学号、姓名、性别、年龄；方法：获得学号、姓名、性别、年龄；修改年龄，并书写 Java 程序创建 student 类的对象及测试其方法的功能。

5. 扩充、修改程序：为第 4 题的 student 类定义构造方法初始化所有的域，增加一个方法 public String printInfo()，把 student 类对象的所有域信息组合成一个字符串，并在主类中创建学生对象及检验各方法的功能。

6. 什么是修饰符？修饰符有哪些种类？它们各有什么作用？

7. 什么是抽象类、嵌套类？引入它们的意义是什么？

8. 如何定义静态域？静态域有什么特点？

9. 什么是静态初始化器？它有什么特点？与构造方法有什么不同？

10. 为什么要定义静态方法？静态方法有什么特点？静态方法处理的域有什么要求？

11. 什么是抽象方法？如何定义、使用抽象方法？

12. 什么是访问控制符？有哪些访问控制符？哪些用来修饰类？哪些用来修饰域和方法？

13. 试述不同访问控制符的作用。

14. 包的作用是什么？如何在程序中引入已定义的类？使用已定义的用户类、系统类有哪些主要方式？

15. 假如要编写一个地址簿的程序，设计一个能存储姓名、E-mail地址，并能显示一个地址的Address类。

16. 假如生成一个包括长度(length)项的类，该类由两部分组成：数值和单位，可以使用不同的单位，如英寸、英尺，也可以使用厘米、米，设计一个能在英尺制和米制之间转换的Length类。

17. 为Length类添加set()和get()方法，允许用这些方法访问私有变量。

18. 创建一个包含private、public和protected变量的类。再创建一个包含标准main()方法的类，在类中实例化第一个类的对象，并访问该对象的成员。

19. 定义一个计算矩形面积、立方体和球体体积的类。该类完成计算的方法用静态方法实现。

20. 使用静态成员变量计算内存中的实例化的对象数目。

21. 创建一个Student类，它能存储和显示学生的姓名和GPA，考虑到GPA不一定知道，所以提供多种版本的构造方法来创建Student类的对象。

22. 下面应用程序的运行结果是(　　)。

```java
public class MyTest {
    int x = 30;
    public static void main(String args[]) {
        int x = 20;
        MyTest ta = new MyTest();
        ta.Method(x);
        System.out.println("The x value is " + x);
    }
    void Method(int y){
        int x = y * y;
    }
}
```

A. The x value is 20　　　　B. The x value is 30

C. The x value is 400　　　　D. The x value is 600

23. 编译并运行下面代码将发生的情况是(　　)。

```java
public class Test {
    public static void test() {
        this.print();
    }
    public static void print() {
        System.out.println("Test");
    }
    public static void main(String args []) {
        test();
```

```
    }
}
```

A. 运行时输出：Test

B. 运行时抛出例外，指出一个对象还没有被创建

C. 运行时不输出任何内容

D. 运行时抛出例外，指出 test 方法没有发现

E. 运行时抛出例外，指出变量 this 只能够在实例方法中使用

F. 编译出错，指出变量 this 不能出现在静态环境中

24. 下面代码中，字符串"Hi there"的输出情况是(　　)。

```
public class StaticTest {
  StaticTest(){
      System.out.println("Hi");
  }
  static {
      System.out.println("Hi there");
  }
  public void print() {
    System.out.println("Hello");
  }
  public static void main(String args []) {
    StaticTest st1 = new StaticTest();
    st1.print();
    StaticTest st2 = new StaticTest();
    st2.print();
  }
}
```

A. 从不输出

B. 每次创建实例时输出

C. 当类被装入 Java 虚拟机时输出

D. 当 static 方法被调用时输出

25. 给定以下类定义：

```
public class Test{
    public void amethod(int i, String s){}
    //Here
}
```

下面选项中，可以分别放置在上面的注释行处的是(　　)。(多选题)

A. public void amethod(String s, int i){}

B. public int amethod(int i, String s){}

C. public void amethod(int i, String mystring){}

D. public void amethod(int i, String s) {}

第5章　继承与多态

本章讨论面向对象程序设计另外两个最重要的特点：继承与多态。

继承是面向对象程序设计方法中实现软件重用的一种重要手段，通过继承可以更有效地组织程序结构，明确类之间的关系，并充分利用已有的类来创建新类，以完成更复杂的设计和开发。多态则可以统一多个相关类的对外接口，并在运行时根据不同的情况执行不同的操作，提高类的抽象度和灵活性。

5.1　子类、父类与继承机制

5.1.1　继承的概念

在面向对象技术中，继承是最为显著的一个特征。继承表示存在于面向对象程序中的两个类之间的一种关系。当一个类充当另一个类的子类，就自动拥有另一个类的所有非私有属性(域和方法)时，就称这两个类之间具有继承关系。被继承的类称为父类(或超类)，继承了父类的类称为子类。

在类的定义过程中，继承是一种由已有的类创建新类的机制。子类不仅可从父类中继承域和方法，而且可重定义及扩充新的内容。一般方法是：创建一个共有属性的父类，再创建具有特殊属性的子类。例如，将平面上的坐标点构成一个点类，则平面上的圆类可继承点类的所有属性，并以继承的坐标点为圆心，再自定义一个域为半径，完成圆上的各种操作，如图5.1所示。

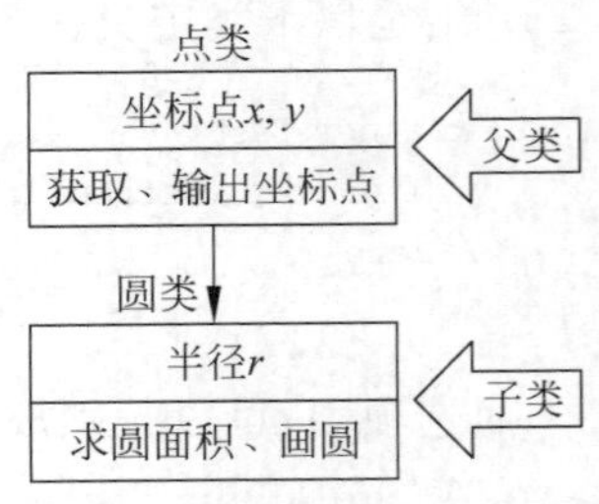

图5.1　“圆”类继承“点”类图示

一个父类可以同时拥有多个子类，此时该父类实际上是所有子类的公共域和方法的集合，而每一个子类则是对公共域和方法在功能、内涵方面的扩展和延伸。

父类、子类间的关系具有以下特性。

- 共享性，即子类可以共享父类的公共域和方法。
- 差异性，即子类和父类一定会存在某些差异，否则就应该是同一个类。
- 层次性，即由Java规定的单继承性，每个类都处于继承关系中的某一个层面。

以电话为例，图5.2列举了各种电话类的层次结构以及这些类的域和方法。

从图5.2中可以看出，面向对象的程序设计中这种继承关系符合人们通常的思维方式。它描述了一种分类关系：电话分为固定电话和移动电话两大类，固定电话可分为IP电话和普通电话等。其中，抽象的电话类是所有电话类的父类，它包含所有电话的公共属性。这些公共属性包括话费余额等数据属性，以及计费方式、查询余额等行为属性。将电话分类并具体化，就分别派生出两个子类：固定电话和移动电话。这两个子类一方面继承了父类电话的所有属性，即也拥有话费余额、计费方式、查询余额等属性，另一方面又专门定义了适合本身特殊需要的属性，如对于固定电话，应该有座机费属性，这些属性对移动电话不适合（这里设移动电话没有座机费）。从固定电话到IP电话和普通电话的继承遵循相同的原则。

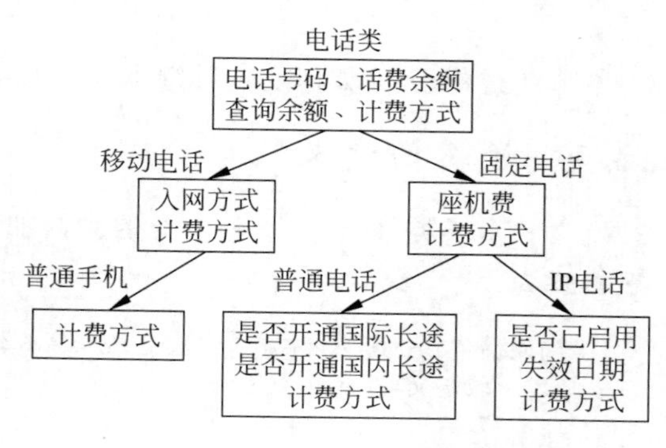

图5.2　电话及其子类的继承关系

采用面向对象的设计方法，可以仅在抽象的父类——电话类中定义电话号码、话费余额等公共属性，其多个子类则从父类那里继承这些属性。当公共属性发生修改时，只需要在父类中修改一次即可，这不但维护工作量可以大大减少，而且可以避免修改遗漏引起的不一致性。

继承的主要优点如下。

- 程序结构清晰。
- 编程量减少。
- 易于修改和维护。

一般面向对象程序设计语言中的继承分为：单继承和多继承。单继承采用树状结构，设计、实现容易；而多继承采用网状结构，设计、实现较复杂。

Java语言出于安全性和可靠性的考虑，仅提供了单继承机制，即Java程序中的每个类只允许有一个直接的父类，而Java多继承的功能则是通过接口机制来实现的。

5.1.2　类的层次

Java语言中类的单继承机制使得Java的类具有严格的层次结构。除Object类之外，每个类都有唯一的父类。这种性质使得类的层次结构形成了如图5.3所示的一种树状结构。Object类定义和实现了Java系统所需要的众多类的共同行为，它是所有类的父类，也即这个树状结构中的根类，所有的类都是由这个类继承、扩充而来的。这个Object类定义在java.lang包中。

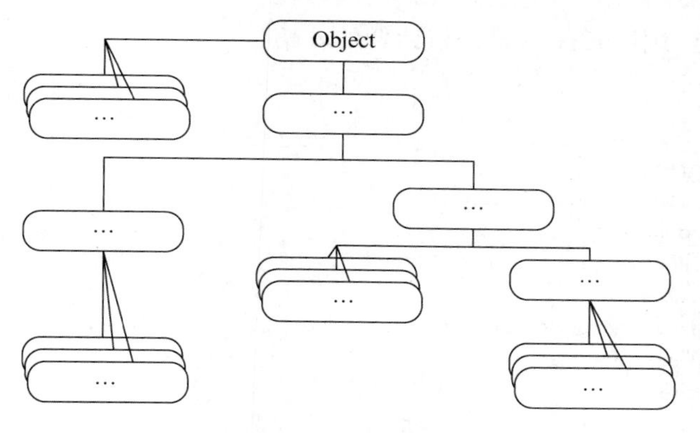

图5.3　Java语言中类的层次

5.2 继承的实现

本节要讨论Java如何实现其继承性以及继承机制中的一些细节问题。

5.2.1 子类的定义

定义一个子类,即在定义一个类的时候加上extends关键字,并在之后带上其父类名,其一般格式为:

```
[类的修饰符] class  <子类名> extends <父类名>{
    <域定义>;
    <方法定义>;
}
```

这和前面定义类的格式并没有什么区别,只是“extends <父类名>”不再是可选项。

【例5.1】 图5.1指出圆类继承点类,即先定义一个点类Point,然后由点类派生一个圆类Circle。其实现代码为:

```
class Point {
    int x, y;
    void setXY(int i, int j) {
        x = i; y = j;
    }
}
class Circle extends Point {
    double r;
    double area(){
        return 3.14 * r * r;
    }
}
```

在定义子类时用extends关键字指明新定义类的父类,就在两个类之间建立了继承关系。新定义的子类可以从父类那里继承所有非private的域和方法作为自己的属性。

【例5.2】 下面的程序实现图5.2中电话类的继承结构。为了代码简洁,而把注意力集中在我们要讨论的语法机制上,这里假设移动电话仅一种,电话的计费方式简化为:国内长途话费是市话费的3倍,国际长途话费是市话费的9倍。

```
import java.util. * ;
abstract class Telephone{
    long phoneNumber;
    final static double local_Call = 1;
    final static double distance_Call = 3;                //国内长途
    final static double international_Call = 9;           //国际长途
    double balance;
    abstract boolean charge_Mode(double call_Mode );      //抽象方法
    double getBalance() {
        return balance;
    }
}
class Mobile_Phone extends Telephone{
    String networkType;                                   //入网类型
```

```
    String getType() {
        return networkType;
    }
    boolean charge_Mode (double call_Mode) {
       if (balance > 0.6) {
          balance -= 0.6;                                     //移动电话为 1 分钟 0.6 元
          return true;                                        //可以打电话了
       } else return false;
    }

}

abstract class Fixed_Telephone extends Telephone{             //固定电话
       double monthFee;
}

class Ordinary_phone extends Fixed_Telephone {
    boolean longdistanceService;                              //国内长途服务是否开通
    boolean internationalService;                             //国际长途服务是否开通

    boolean charge_Mode(double call_Mode) {                   //call_Mode 为 1、3、9
       if (call_Mode == distance_Call
              &&! longdistanceService)return false;
                             //检查国内长途服务是否开通
       if (call_Mode == international_Call &&! internationalService)
           return false;
                             //检查国际长途服务是否开通
       if (balance > (0.2 * call_Mode)) {                     //0.2 是市话费
           balance -= (0.2 * call_Mode);                      //市话费乘以相应的倍数
           return true;
       } else  return  false;
    }
}

class IP_Phone extends Fixed_Telephone {                      //IP 电话
       boolean started;
       Calendar expireDate;
                        //Calendar 是系统类,其对象代表一个具体的日期
       boolean charge_Mode(double call_Mode) {

        if(!started) {
             started = true;
             expireDate = new GregorianCalendar();
                    //获得当前日期
             expireDate.set(Calendar.MONTH,expireDate.get(Calendar.MONTH) + 6);
                    //设置 6 个月后过期
        };
        if (balance > 0.3
            && expireDate.after(new GregorianCalendar())){
         //new GregorianCalendar()创建一个包含当前日期的 Calendar 类的对象
         //after()方法是 Calendar 类的方法,expireDate 在当前日期之后时
         //expireDate.after(new GregorianCalendar())返回 true;
              if (call_Mode > local_Call){
                  balance -= (0.1 * call_Mode + 0.2);
                     //用 IP 电话打国际长途和国内长途
```

```
                    //其中 0.2 是市话费
                return true;
            } else
                return false;                          //假定 IP 电话只打长途
        }else
            return false;
    }
}
```

例 5.2 定义了 5 个类，其中 Mobile_Phone 类和 Fixed_Phone 类是 Telephone 类派生的子类；IP_Phone 类和 Ordinary_phone 类是 Fixed_Phone 类派生的子类。

在这个程序中，只在 Telephone 类中定义了 phoneNumber、local_Call、distance_Call、international_Call、balance 这些域，但是在 Mobile_Phone、IP_Phone、Ordinary_phone 类中使用了 balance 域和其他域，它们使用的这些域都是从父类 Telephone 继承的。

另外，Telephone 类还定义了一个抽象方法 charge_Mode()，由于它的子类 Fixed_Telephone 也是抽象类，可以不实现这个抽象方法。而其他派生的 3 个电话类不是抽象类，因此，分别根据自己的具体情况来实现 charge_Mode()方法。例如，普通电话类 Ordinary_phone 的 charge_Mode()方法要检查国内长途和国际长途服务是否开通，然后按通话类别计费。IP_Phone 类的 charge_Mode()方法定义的话费最低，但是要加上市话费，并且必须在失效日期之前拨打电话。而且，这些非抽象类必须实现 charge_Mode()方法，否则编译时会出现错误。

现在检验一下这些类的定义是否可行，为此建立 IP 电话的测试类。在该类中建立一个 IP 电话的对象，再预置了 50 元话费；然后分别将 Telephone.international_Call 和 Telephone.distance_Call 作为参数调用 charge_Mode()方法，表示分别用 IP 电话打 1 分钟国际长途和用 IP 电话打 1 分钟国内长途。IP 电话的测试类的代码如下。

```
class IP_PhoneTest
{
    public static void main(String[ ] args)
    {
        IP_Phone ipp = new IP_Phone();
        ipp.balance = 50;
        ipp.charge_Mode(Telephone.international_Call);
                        //用 IP 电话打 1 分钟国际长途
        System.out.println("当前电话费的余额为" + ipp.balance);
        ipp.charge_Mode(Telephone.distance_Call);
                        //用 IP 电话打 1 分钟国内长途
        System.out.println("当前电话费的余额为" + ipp.balance);
    }
}
```

该测试类的执行结果如图 5.4 所示。

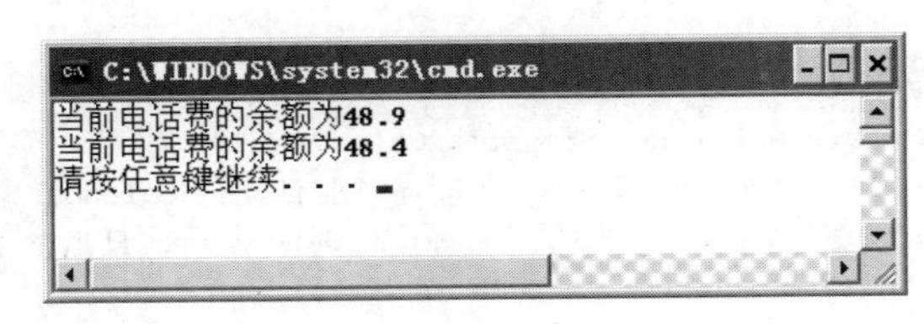

图 5.4　IP 电话的测试类的执行结果

5.2.2 域的继承与隐藏

1. 域的继承

子类可以继承父类的所有非私有域。例如各类电话类所包含的域分别为：

1）Telephone 类

```
long phoneNumber;
final static double local_Call;
final static double distance_Call;
final static double international_Call
double balance;                          //5 个基本域
```

2）Mobile_Phone 类

```
long phoneNumber;
      …
double balance;                          //来自继承父类 Telephone 的 5 个基本域
String  networkType;
```

3）Fixed_Phone 类

```
long phoneNumber;
      …
double balance;                          //来自继承父类 Telephone 的 5 个基本域
double monthFee;
```

4）IP_Phone 类

```
long phoneNumber;
      …
double balance;                          //来自继承父类 Fixed_Telephone 的 5 个基本域
double monthFee;                         //来自继承父类 Fixed_Telephone
boolearn started;
Date expireDate;
```

5）Ordinary_phone 类

```
long phoneNumber;
      …
double balance;                          //来自继承父类 Fixed_Telephone 的 5 个基本域
double monthFee;                         //来自继承父类 Fixed_Telephone
boolean longdistanceService;
boolean internationalService;
```

可见父类所有的非私有域实际是各子类都拥有的域。子类从父类继承域而不需要重复定义父类的域，其好处是简化程序，降低维护的工作量。

2. 域的隐藏

上面提到子类可以从父类继承域而不需要重复定义父类的域，子类还可以重新定义一个与从父类继承来的域变量完全相同的变量，这种方式称为域的隐藏。即子类中定义了与父类同名的域变量，就是子类变量对同名父类变量的隐藏。这里所谓的隐藏是指子类拥有了两个相同名字的变量，一个来自继承父类，另一个由自己定义。在这种情况下，当子类执行继承的父类方法时，处理的是父类的变量，而当子类执行它自己定义的方法时，所操作的就是它自定义的变量，而把来自继承父类的变量“隐藏”起来了。

【例 5.3】 下面是一个测试域的隐藏的程序，其类层次结构如图 5.5 所示。

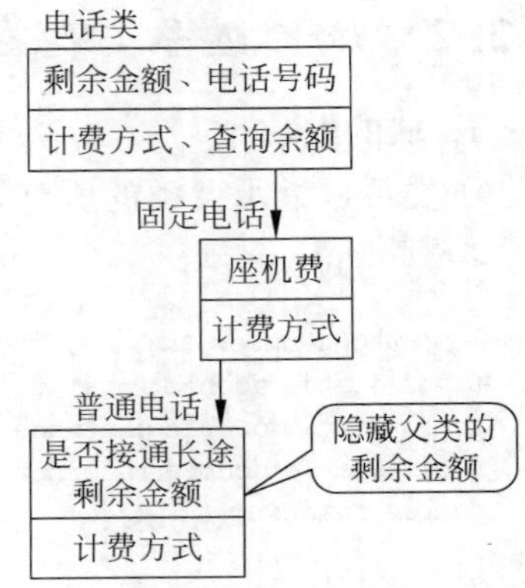

电话类
剩余金额、电话号码
计费方式、查询余额
固定电话
座机费
计费方式
普通电话
是否接通长途
剩余金额
计费方式
隐藏父类的剩余金额

图 5.5 含有域的隐藏的类层次图

实现图 5.5 中含有域的隐藏的类层次图的代码如下。

```
//HiddenFieldExample.java
abstract class Telephone{
    long phoneNumber;
    final static double local_Call = 1;
    final static double distance_Call = 3;
    final static double international_Call = 9;
    double balance;
    abstract boolean charge_Mode (double call_Mode);
    double getBalance() {
        return balance;
    }
}
class Mobile_Phone extends Telephone{
    String networkType;
    String getType() {
        return networkType;
    }
        boolean charge_Mode(double call_Mode) {
            if (balance > 0.6) {
                balance -= 0.6;
                return true;
            } else
                return false;
        }
}

abstract class Fixed_Telephone extends Telephone{
    double monthFee;
}

class Ordinary_phone extends Fixed_Telephone{
    boolean longdistanceService;
    boolean internationalService;
    double  balance;                    //隐藏父类的 balance
    boolean charge_Mode(double call_Mode) {
        if(call_Mode == distance_Call &&! longdistanceService)
            return false;
          if(call_Mode == international_Call &&! internationalService)
              return false;
                                        //检查国内长途和国际长途服务是否开通
          if(balance > (0.2 * call_Mode)) {
              balance -= (0.2 * call_Mode);
              return true;
          } else
              return  false;
    }
}

public class HiddenFieldExample{            //主类的定义
    public static void main(String args[]){
        Ordinary_phone  myfamilyphone = new Ordinary_phone();
        myfamilyphone.internationalService = true;
                //对象 myfamilyphone 有两个 balance 变量,
```

```
            //一个来自继承父类,另一个是自定义的
        myfamilyphone.balance = 50.0;
            //为 myfamilyphone 自定义的 balance 变量赋值
        System.out.println("父类被隐藏的金额为:"
                        + myfamilyphone.getBalance());
            //getBalance()方法返回的是 myfamilyphone 对象,
            //来自继承父类的 balance 的数值(没被赋值),其默认值是 0.0
        if (myfamilyphone.charge_Mode(Telephone.international_Call))
            //调用 myfamilyphone 对象的 charge_Mode()方法,
            //修改 myfamilyphone 对象自身的 balance 变量
        System.out.println("子类的剩余金额为: " + myfamilyphone.balance);
            //输出修改后 myfamilyphone 对象自定义的 balance 变量值
    }
}
```

这个程序的执行结果如图 5.6 所示。

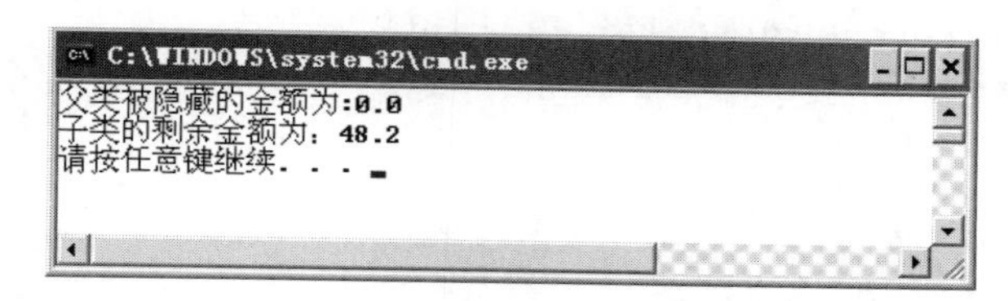

图 5.6　域的隐藏的测试结果

由于该程序在 Ordinary_phone 类中增加定义了一个与从父类那里继承来的变量完全相同的 balance 变量。这样修改后,Ordinary_phone 类中的域变为:

```
long phoneNumber;
    …
double balance;                    //来自继承父类 Fixed_Telephone 的 5 个基本域
double balance;                    //Ordinary_phone 类自定义的域
double monthFee;                   //来自继承父类 Fixed_Telephone
boolean longdistanceService;       //Ordinary_phone 类自定义的域
boolean internationalService;      //Ordinary_phone 类自定义的域
```

此时子类有两个同名变量 balance,一个来自继承父类,另一个由自己定义,当执行不同操作时,处理不同的变量。

5.2.3　方法的继承与覆盖

1. 方法的继承

父类的非私有方法作为类的非私有成员,可以被子类所继承。根据方法的继承关系,将例 5.3 中的电话类及其各子类所包含的方法列举如下。

1) Telephone 类

```
abstract boolean charge_Mode();
double getBalance();
```

2) Fixed_Telephone 类

```
abstract boolean charge_Mode();    //来自继承父类 Telephone
double getBalance();               //来自继承父类 Telephone
```

3) Ordinary_phone 类

```
double   getBelance();                     //来自继承父类 Fixed_Telephone
boolean  charge_Mode();
```

各个类的对象可以自由使用从父类继承的方法。

2. 方法的覆盖

方法的覆盖(Override)是指子类重新定义从父类继承的同名方法,此时父类的这个方法在子类中将不复存在。这是子类通过重新定义与父类同名的方法,实现自身的行为。

【例 5.4】 方法的覆盖程序举例。

```
import java.awt.*;
import java.applet.Applet;
class  aaa{
    double f(double x,double y) {
        return  x*y;
    }
}
class  bbb  extends  aaa{
    double f(double x, double y){          //覆盖父类的方法
        return  x+y;                       //如果注释掉本方法,则不存在覆盖
    }
}
public class OverrideExample extends Applet{
    bbb  obj;
    public void init(){
        obj = new bbb();
    }
    public void paint(Graphics g){
        g.drawString("the object is " + obj.toString(), 5,20);
        g.drawString("the program's output is " + obj.f(4,6), 5,40);
    }
}
```

在这个程序的 bbb 类中,由于覆盖了父类的方法,bbb 类的对象 obj 调用的是自定义的方法,其执行结果如图 5.7(a)所示。假如在这个程序的 bbb 类中将 f 方法注释掉,这个程序仍然可以执行,这时候的执行结果如图 5.7(b)所示。分析一下结果就不难看出它们各自执行的是哪个类的 f 方法。

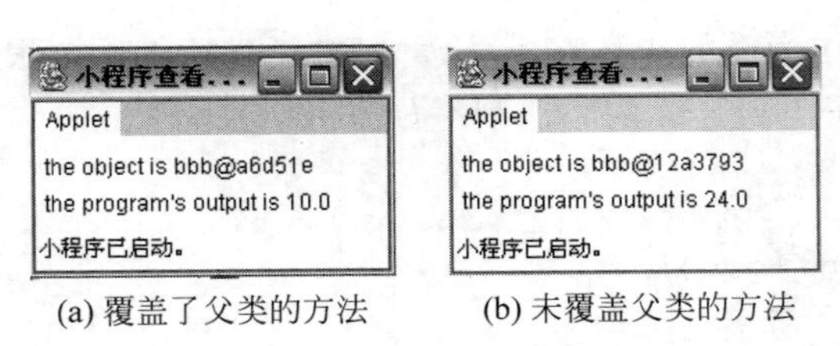

(a) 覆盖了父类的方法　　(b) 未覆盖父类的方法

图 5.7　方法的覆盖

方法的覆盖中需要注意的问题是:子类在重新定义父类已有的方法时,应保持与父类完全相同的方法头部声明,即应保持与父类有完全相同的方法名、返回类型和参数列表,否则就不是方法的覆盖,而是子类定义了自己的、与父类无关的方法,父类的方法仍然存在于子

类中。

方法的覆盖与域的隐藏的不同之处在于：子类隐藏父类的域只是使之不可见，父类的同名域在子类对象中仍然占有自己独立的内存空间；而子类方法对父类同名方法的覆盖将清除父类方法占用的内存空间，从而使父类方法在子类对象中不复存在。

域的隐藏和方法的覆盖的意义在于：通过隐藏域和覆盖方法可以把父类的状态和行为改为自身的状态和行为，对外统一名字与接口，又不失其继承性。

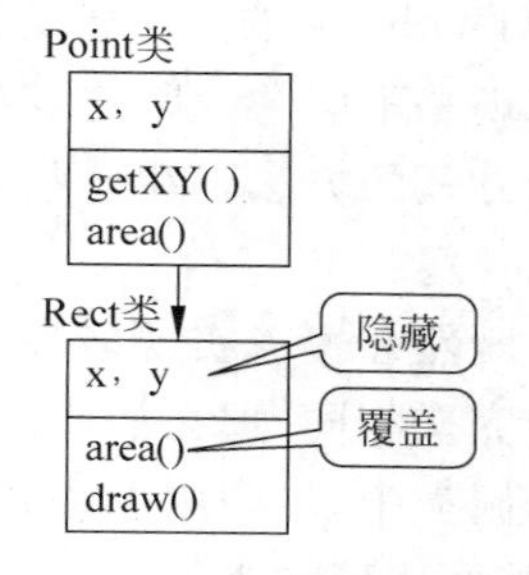

图 5.8　同时含有隐藏与覆盖的示意说明

图 5.8 进一步给出了同时含有域的隐藏和方法的覆盖的示意说明。假设在主类中，建立 Rect 类的对象 c，若有调用：

（1）c.area()，这是在使用 Rect 类的 area()操作自己的 x、y，求矩形面积。

（2）c.getXY()，这是在使用继承父类 Point 的 getXY()处理所继承父类的 x、y。

5.3　多　态　性

视频讲解

多态性是面向对象程序设计的又一个重要的技术和手段。多态性是指同名的不同方法在程序中共存，即为同一个方法定义几个版本，运行时根据不同情况执行不同的版本。调用者只需使用同一个方法名，系统会根据不同情况，调用相应的不同方法，从而实现不同的功能。多态性又被称为“一个名字，多个方法”。

5.3.1　多态性的概念

在面向过程的程序设计中，各函数是不能重名的，否则在用名字调用时就会产生歧义和错误。而在面向对象的程序设计中，有时却需要利用这样的“重名”现象来提高程序的抽象度和简洁性。

考查图 5.2 中的电话类的层次树，计费方式是所有电话都具有的操作，但不同的电话计费方式操作的具体实现是不同的。如果不允许这些目标和功能相同的操作使用同样的方法名字，就必须分别用多个不同名字的方法定义普通电话、IP 电话和移动电话类的计费方式。这样使用起来不方便，要记忆和区分多个方法的名字，继承的优势就不明显了。在面向对象的程序设计中，为了解决这个问题，引入了多态性的概念。

多态性的实现有以下两种。

1）覆盖实现多态性

通过子类对继承父类方法的重定义来实现。使用时注意：在子类重定义父类方法时，要求与父类中方法的原型（参数个数、类型、顺序）完全相同。

2）重载实现多态性

通过定义同一个类中的多个同名的不同方法来实现。编译时是根据参数（个数、类型、顺序）的不同来区分不同方法的。

5.3.2　覆盖实现多态性

第一种多态，即通过子类对父类方法的覆盖实现的多态。以图 5.2 中各类电话为例，

Telephone类有一个各子类共有的方法charge_Mode()代表计费方式的功能,根据继承的特点,Telephone的每个子类都将继承这个方法。但是,该方法的功能在不同种类的电话中其具体实现是不同的。因此,不同的子类可以重新定义、编写charge_Mode()的内容,以实现特定计费方式的方法。在这些子类中,虽然实现的方式不同,但却共享同一个方法名——charge_Mode()。

既然在覆盖实现多态性的方式中,子类重定义父类方法时,方法的名字、参数个数、类型、顺序完全相同,那么如何区别这些同名的不同方法呢?由于这些方法存在于一个类层次结构的不同类中,在调用方法时只需要指明调用哪个类(或对象)的方法,就很容易选择正确的版本,其调用形式为:

```
对象名.方法名(参数表)
类名.方法名(参数表)
```

例如,IP电话的计费,若建立IP_Phone类的对象my,其调用为:

```
my.charge_Mode();
```

假如charge_Mode()是一个类方法,则可以使用类名调用:

```
IP_Phone.charge_Mode();
```

运行时,系统会根据不同的调用者分辨所使用的是哪种类型的电话,并调用相应的具体计费方式的方法,从而实现计费方式功能的多态性。

【例5.5】 这个例子展示了使用父类对象和子类对象调用同名方法时,不同的调用结果。

```
import java.applet.*;
import java.awt.*;
class Area{
    double f(double r){
        return  3.14*r*r;
    }
    double g(double x,double y){
        return  0.5*x*y;
    }
}
class Circle extends Area{
    double f(double r){
        return  3.14*2.0*r;
    }
}
public class PolyMorphism_Example1 extends Applet{
    Area  obj;                          //父类对象
    Circle  cir;                        //子类对象
    public void init() {
        obj = new Area();
        cir = new Circle();
    }
    public void paint(Graphics g){
        g.drawString("圆面积: " + obj.f(5.0),5,20);
                //调用父类的方法 f 求圆面积
        g.drawString("圆周长: " + cir.f(5.0),5,40);
```

```
            //调用子类的方法 f 求圆周长
    g.drawString("三角形面积: " + cir.g(2.0,8.0),5,60);
            //调用所继承父类的方法 g 求三角形面积
  }
}
```

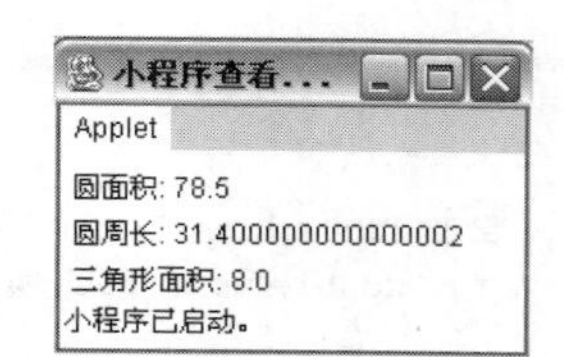

图 5.9 第一种多态的实例

PolyMorphism_Example1 类的执行结果如图 5.9 所示。

5.3.3 重载实现多态性

第二种多态性通过重载来实现,它是在同一个类中定义多个同名方法,这些方法同名的原因是具有相同的功能且目的相同,但在实现该功能的具体方式和细节方面则有所不同,因此需要定义多种不同的实现方法。例如,加法是属于一类操作,目的是把两个数通过"相加"变成一个数。但不同数加法的具体实现是不一样的,其中差别较大的有整数的加法、复数的加法和分数的加法。利用重载,可以给这些加法都取名为 add(x, y),然后再分别定义整数、复数和分数加法的具体实现。

由于重载发生在同一个类中,不能再用类名或对象名来区分不同的方法了,所以在重载中采用的区分方法是使用不同的形式参数表,包括形式参数的个数不同、类型不同或顺序的不同。例如,在加法中,整数加法的形参类型是整型,复数加法的形参类型是复数型。在具体实施加法时,尽管调用的是同一个方法名,但根据填入的参数的类型或者参量等的不同,系统可以确定调用哪一个加法函数来完成加法计算。这样,使用时只需用不同的参数调用 add(x,y),即可实现不同类型的加法运算。

如何实现重载在 4.4.4 小节中已有详细的叙述,下面补充一个实例。

【例 5.6】 普通电话的计费方式通常包括在节假日和晚上某个时间段打折,也就是说在普通电话类中就至少包含两种计费方式。因此,可定义两个同名的不同 charge_Mode()方法,不同情况下调用不同的方法。为了简单起见,设置一个布尔变量 discount_time,需要计费打折时 discount_time 为真。重载一个 charge_Mode()方法的程序如下。

```
abstract class Telephone{
    long phoneNumber;
    final static double local_Call = 1;
    final static double distance_Call = 3;
    final static double international_Call = 9;
    double balance;
    abstract boolean charge_Mode(double call_Mode);
    double getBalance() {
        return balance;
    }
}
class Mobile_Phone extends Telephone{
    String networkType;
    String getType() {
        return networkType;
    }
    boolean charge_Mode(double call_Mode) {
        if(balance > 0.6) {
            balance -= 0.6;
            return true;
        } else
            return false;
```

```
    }
}

abstract class Fixed_Telephone extends Telephone {
    double monthFee;
}

class Ordinary_phone extends Fixed_Telephone{
    boolean longdistanceService;
    boolean internationalService;
    boolean charge_Mode(double call_Mode) {
        if(call_Mode == distance_Call
            &&! longdistanceService) return false;
                //检查国内长途服务是否开通
        if(call_Mode == international_Call
            &&! internationalService)return false;
                //检查国际长途服务是否开通
        if(balance > (0.2 * call_Mode)) {
            balance -= (0.2 * call_Mode);
            return true;
        } else
            return  false;
    }
    boolean charge_Mode(double call_Mode, boolean discount_time ){
        if (discount_time)                              //如果是在打折的时间
            return  charge_Mode(call_Mode/2);           //收费减半
        else
            return  charge_Mode(call_Mode);             //正常时间的计费方式
        }
}

public  class  ReloadExample{                           //主类定义
    public static void main(String args[ ]){
        Ordinary_phone myOfficePhone = new Ordinary_phone();
        myOfficePhone.internationalService = true;
        myOfficePhone.balance = 500.0;
        if (myOfficePhone.charge_Mode(Telephone.international_Call,true))
                                                //调用第二个 charge_Mode 方法
            System.out.println("半价计费方式后剩余金额为: "
                + myOfficePhone.getBalance());
        if (myOfficePhone.charge_Mode(9))
                                                //调用第一个 charge_Mode 方法
            System.out.println("一般计费方式后剩余金额为: "
                + myOfficePhone.getBalance());
        }
}
```

程序运行结果如图 5.10 所示。

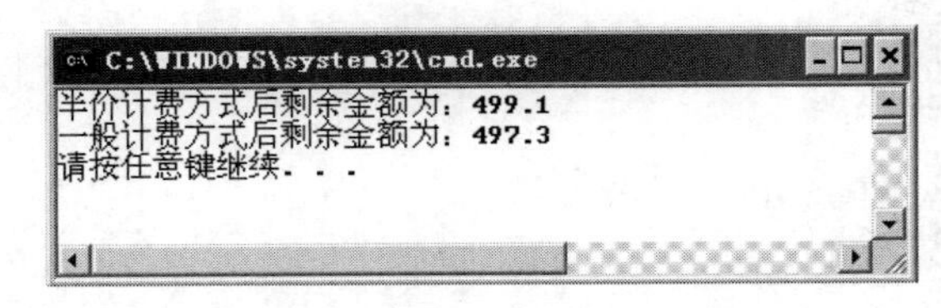

图 5.10　两种计费方式计费后的余额

图 5.10 中表明，用半价方式通话 1 分钟消耗话费 0.9 元，再用普通方式通话 1 分钟，消耗话费 1.8 元。仔细分析这个程序，我们会发现一个有趣的现象：在 Ordinary_phone 类中定义的 charge_Mode()方法实现了父类的同名抽象方法，接着又定义一个同名方法重载这个方法。

5.4 构造方法的继承与重载

因为构造方法的特殊性，所以我们在这里单独讨论它的继承与重载问题。

5.4.1 构造方法的重载

构造方法的重载是指同一个类中定义不同参数的多个构造方法，以完成不同情况下对象的初始化。例如，对于表示平面坐标中的点的 Point 类，可定义不同的构造方法创建不同的点对象。

```
Point();                                        //未初始化坐标
Point(x);                                       //初始化一个坐标
Point(x, y);                                    //初始化两个坐标
```

一个类的若干构造方法之间可以相互调用。当类中一个构造方法需要调用另一个构造方法时，可以使用关键字 this()，括号中可带也可不带参数，并且这个调用语句应该是该构造方法的第一个可执行语句。

【例 5.7】 前面没有定义 Ordinary_phone 类的构造方法，我们可以根据需要定义几个构造方法：

```
Ordinary_phone()                            //无参数的构造方法,对象的各域均置为默认初始值
       {  }
Ordinary_phone(boolean disService) {        //一个参数的构造方法
        this();                             //调自身的无参数的构造方法
        longdistanceService = disService;   //确定是否开通国内长途电话
}
Ordinary_phone(boolean disService, boolean intService) {
                                            //两个参数的构造方法
        this(disService);                   //调自身的带一个参数的构造方法
        internationalService  =  intService; //确定是否开通国际长途电话
}
Ordinary_phone(boolean disService, boolean intService, double b) {
                                            //3 个参数的构造方法
        this(disService, intService);       //调自身的带两个参数的构造方法
        balance = b;                        //设置话费金额
}
```

使用 this 关键字调用同类的其他构造方法，其优点是可以最大限度地提高对已有代码的利用程度，提高程序的抽象、封装程度，以及减少程序维护的工作量。

5.4.2 构造方法的继承

视频讲解

子类可以继承父类的构造方法，构造方法的继承遵循以下原则。

(1) 子类无条件地继承父类的无参数构造方法。

(2) 如果子类没有定义构造方法，则它将继承父类的无参数构造方法作为自己的构造方法；如果子类定义了构造方法，则在创建新对象时，将先执行

来自继承父类的无参数构造方法,然后再执行自己的构造方法。

(3) 对于父类的带参数构造方法,子类可以通过在自己的构造方法中使用 super 关键字来调用它,但这个调用语句必须是子类构造方法的第一个可执行语句。

下面将分别对这 3 个原则举例说明。

1. 若有子类,父类一定要有无参构造方法给子类继承

前面谈到,子类无条件地继承父类的无参数的构造方法。这时一个类若有子类,这个类一定要有无参构造方法给子类继承。

【例 5.8】 父类没有定义无参构造方法给子类继承。

下面这个类没有定义无参构造方法,因此在有子类继承时会出现问题。父类和子类的代码如下。

```
class A{
    public A(int a){
       System.out.println(" String a" + a );
    }
}
class B extends A{
    public B(){
     System.out.println(" String b");
    }
}
public class ConstructorInheritance{
    public static void main(String args[ ]){
       B b = new B();
    }
}
```

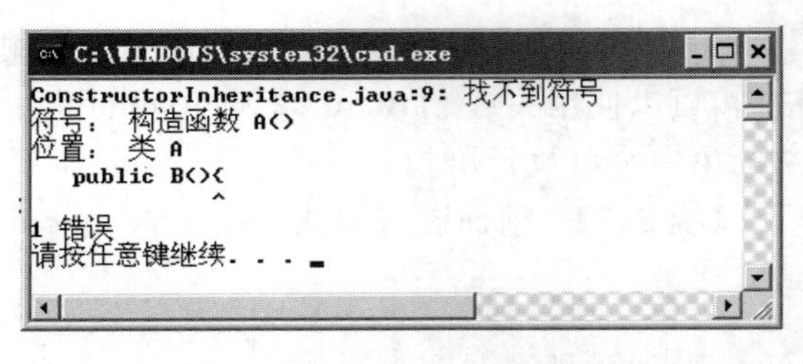

图 5.11 父类没有定义无参构造方法给子类继承时出现的编译错误

在编译这个程序时显示如图 5.11 所示的信息。

要消除这个错误,类 A 中必须增加一个无参构造方法。例如,增加如下构造方法就不再出现编译错误:

```
public A(){
     System.out.println(" String a");
}
```

此时,子类就可以无条件地继承父类的无参数的构造方法。

当然如果子类不使用无参构造方法,父类也可以没有无参构造方法。例如,下面的程序就是一个合法的程序。

```
class A{
    public A(int a){
       System.out.println(" String a" + a );
    }
}
class B extends A{
    public B(int a){
     super(a);
     System.out.println(" String b");
    }
}
```

这个程序主要是B类的构造方法中有super(a)语句,该语句的作用是调用父类的构造方法。假如以上程序没有这个语句,该程序也难以通过编译。下面还会进一步给出该语句的实例。

2. 父类与子类的构造方法的执行顺序

对于上面5.4.2小节中的第(2)点,下面给出一个简单示意性的例子。

【例5.9】 试分析下面程序的继承关系以及构造方法的调用顺序。我们是否可以先不看执行结果,分析构造方法的执行顺序是A()、B()、C()还是C()、B()、A()?

```
class A{
    public A(){
        System.out.println(" String a");
    }
}
class B extends A{
    public B(){
        System.out.println(" String b");
    }
}
class C extends B{
    public C(){
        System.out.println(" String c");
    }
}
public class ConstructorTest{
    public static void main(String args[]){
        C c = new C();
    }
}
```

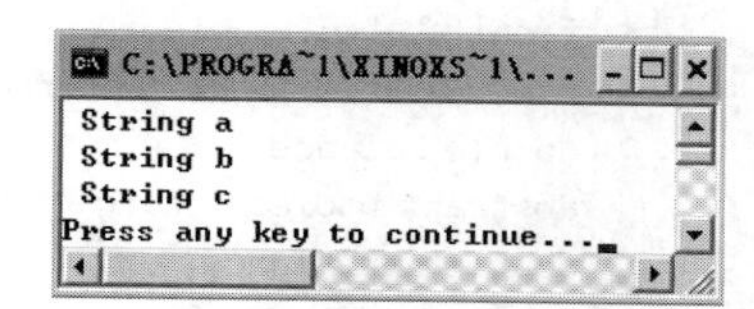

图5.12 有继承关系的类构造方法的执行顺序

ConstructorTest类的执行顺序如图5.12所示。

3. 在构造方法中super关键字的使用

super是表示父类对象的关键字,super表示当前对象的直接父类,代表当前父类对象的一个引用,其作用是利用super可使用父类对象的方法或域。

请看下面的例子,假设父类Fixed_Telephone有4个构造方法。

```
Fixed_Telephone()                          //无参数的构造方法,对象的各域均置为默认初始值
    { }
Fixed_Telephone(long pn) {
    phoneNumber = pn;                      //初始化电话号码
}
Fixed_ Telephone(long pn, double mf) {
    phoneNumber = pn;
    monthFee = mf;                         //初始化座机费
}
Fixed_Telephone(long pn, double mf, double b) {
    phoneNumber = pn;
    monthFee = mf;
    balance = b;                           //初始化电话费的话费余额
}
```

设计子类的构造方法可选择如下方式。

(1) 仅调用父类的无参数构造方法。

(2) 定义自己的一个(或多个)构造方法并调用父类的带参数的构造方法。

根据上述方法,子类 Ordinary_phone 的构造方法设计如下。

```
Ordinary_phone(long pn, double mf, boolean ds) {
    super(pn, mf);                          //调用父类两个参数的构造方法为继承的域赋初值
    longdistanceService = ds;               //用参数初始化自定义域
}
Ordinary_phone(long pn, double mf, double b, boolean ds){
    super(pn,mf, b);                        //调用父类3个参数的构造方法为继承的域赋初值
    longdistanceService = ds;               //用参数初始化自定义域
}
```

按照这种方式,我们可以很方便地定义各种构造方法。

5.4.3 重载和覆盖的综合举例

【例 5.10】 构造方法的继承与重载以及方法的覆盖的综合举例。

```
abstract class Telephone{
    long phoneNumber;
    final static double local_Call = 1;
    final static double distance_Call = 3;
    final static double international_Call = 9;
    double balance;
    abstract boolean charge_Mode(double call_Mode);
    double getBalance(){
        return balance;
        }
}
abstract class Fixed_Telephone extends Telephone{
    double monthFee;
    Fixed_Telephone()                                   //构造方法的重载
    {  }
    Fixed_Telephone(long pn) {
        this();
        phoneNumber = pn;
    }
    Fixed_Telephone(long pn, double mf) {
        this(pn);
        monthFee = mf;
    }
    Fixed_Telephone(long pn,double mf,double b) {
        this(pn,mf);
        balance = b;
    }
}
class Ordinary_phone extends Fixed_Telephone{
    boolean longdistanceService;
    boolean internationalService;
    Ordinary_phone(long pn,double mf,boolean a){
        super(pn, mf);
        longdistanceService = a;
```

```
    }
    Ordinary_phone(long pn,double mf,double b,boolean a){
        super(pn,mf, b);
        longdistanceService = a;
    }
    boolean charge_Mode(double call_Mode) {   //覆盖
        if (call_Mode == distance_Call
                        &&! longdistanceService) return false;
        if (call_Mode == international_Call
                    &&! internationalService) return false;
                                    //检查国内长途和国际长途服务是否开通
        if (balance > (0.2 * call_Mode)){
            balance -= (0.2 * call_Mode);
            return true;
        } else
            return  false;
        }
        boolean charge_Mode(double call_Mode, boolean discount_time){
            if (discount_time){                 //如果是在打折的时间
                return  charge_Mode(call_Mode/2);
            } else
                return  charge_Mode(call_Mode);   //正常时间的计费方式
        }

        double getBalanee(){                    //覆盖 Telephone 的对应方法
            if (balance > monthFee)
                return balance - monthFee;
            else
                return -1;
        }
        public String toString() {              //覆盖 Object 的对应方法
            String yn = longdistanceService ? "是":"否";
            return ( "电话号码为:" + phoneNumber
                    + "\n 每月座机费:" + monthFee
                    + "\n 剩余金额:" + balance
                    + "\n 可通国内长途:" + yn);
        }
    }
public class SumaryExample{                     //定义主类
    public static void main(String args[]){
        Ordinary_phone myHomePhone =
            new Ordinary_phone(87688888,25.0,100.0, true);
        System.out.println(myHomePhone.toString());
    }
}
```

本例中使用重载技术定义了 Fixed_TelephoneCsrd 类的 4 个构造方法；使用继承和重载技术定义了 Ordinary_phone 类的两个构造方法；使用覆盖技术在 Ordinary_phone 类中覆盖了父类的 getBalance()方法、charge_Mode()方法以及 Object 类的 toString()方法。主类中创建类的对象 myHomePhone 时使用了第二个构造方法，并对大部分的域都进行了初始化，图 5.13 输出了初始化后的结果。

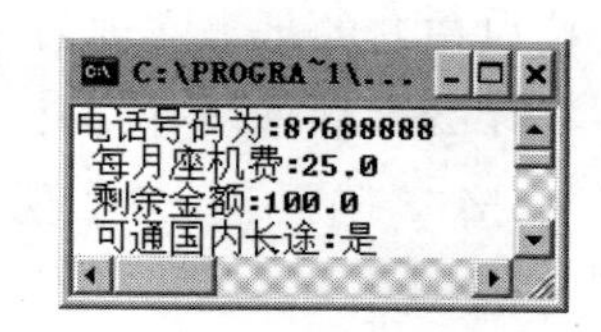

图 5.13 Ordinary_phone 类的一个对象的初始化后的结果

5.5 接 口

接口(interface)也有人翻译为界面,是用来实现类间达成共性和多重继承功能的一种结构,是相对独立的特定功能的属性集合。凡是需要实现这种特定功能的类,都可以继承并使用它。一个类只能直接继承一个父类,但可以同时实现若干接口。利用接口实际上就获得了多个特殊父类的属性,即实现了多重继承。

Java的接口是用来组织应用中的各种类和调节它们之间的相互关系的一种结构,在语法上与类有些相似。它定义了若干抽象方法和常量,形成一个属性集合,该属性集合通常对应了某一组功能。接口定义的仅是实现某特定功能的一组对外接口和规范,而这个功能的真正实现是在继承这个接口的各类中完成的。

5.5.1 接口与多继承

Java只支持单重继承,即一个类至多只能有一个直接父类。接口的主要作用就是可以帮助实现类似于类的多重继承的功能。所谓多重继承,是指一个子类可以有一个以上的直接父类,该子类可以继承它所有的直接父类的属性。某些面向对象的语言(如C++)提供多重继承的语法级支持。而在Java中,出于简化程序结构的考虑,不直接支持类间的多重继承。但在解决实际问题的过程中,往往又需要这种机制。

由于Java只直接支持单重继承,所以Java程序中的类层次结构是树状结构,这种树状结构在随着类结构树的生长,越是处在下层的子类,它的间接父类就越多,所以继承的域及方法也会越来越多,造成子类成员的膨胀、庞杂。

为了使Java程序的类层次结构更加合理,更符合实际问题的本质,可以把用于完成特定功能的若干属性(抽象方法和常量)组织成相对独立的属性集合,凡是需要实现这种特定功能的类,都可以继承这个属性集合并在类中使用它,这种属性集合就是接口。

需要特别说明的是,接口也可以认为是这些类之间行为的协议。但它只是定义了行为的协议,没有定义履行接口协议的具体方法。如果Java中的一个类要获取某一接口定义的功能,并不是通过直接继承这个接口中的属性和方法来实现的,因为接口中的属性都是没有方法体的抽象方法,接口定义的仅仅是实现某一特定功能的一组对外的协议和规范,并没有真正地实现这个功能。这些功能的真正实现是在继承这个接口的各个类中完成的,由这些类来具体定义接口中各抽象方法的方法体,以适合某些特定的行为。因而在Java中,通常把对接口功能的继承下来后具体实施的过程称为"实现"(implement)。

接口包含的是未实现的一些抽象的方法,它与抽象类有些相似。研究一下接口与抽象类到底有什么区别是很有意义的。它们之间存在以下的区别。

- 接口不能有任何实现了的方法,而抽象类可以。
- 接口不能有任何变量,而抽象类可以。
- 接口可以继承(实现)多个接口,但抽象类只能继承一个父类。
- 类有严格的层次结构,而接口不是类层次结构的一部分,没有联系的类可以实现相同的接口。

5.5.2 接口的定义

接口是由常量和抽象方法组成的特殊类。定义一个接口与定义一个类是类似的。接口的定义包括两个部分：接口声明和接口体。定义接口的一般格式如下。

```
[public] interface 接口名 [extends 父接口名表] {
    域类型   域名 = 常量值;                    //常量域声明
    返回值   方法名(参数表);                   //抽象方法声明
}
```

接口声明中有两个部分是必需的：interface 关键字和接口的名字。用 public 修饰的接口是公共接口，可以被所有的类和接口使用；没有 public 修饰符的接口则只能被同一个包中的其他类和接口使用。

像类之间可以继承一样，接口也具有继承性，子接口可继承父接口的所有属性和方法。但是，类只能继承一个父类，而接口可以继承多个父接口。在“父接口名表”中以逗号分隔所有的父接口名，这些接口可以被新的接口所继承。图 5.14 给出接口的一个实例，并给出了这个接口声明的各个部分的含义。

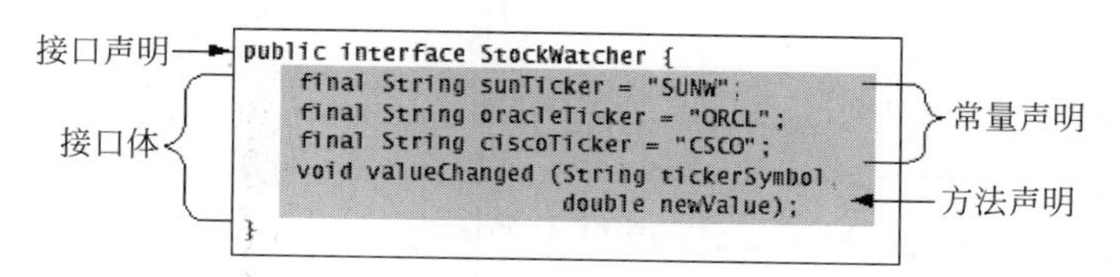

图 5.14 StockWatcher 接口的各个部分及其含义

该接口定义了 3 个常量，它们是所监视的股票代码。这个接口还定义了 valueChanged()方法。实现这个接口的类将为这个方法提供具体的实现。

因为所有定义在接口中的常量都默认为 public、static 和 final，所有定义在接口中的方法默认为 public 和 abstract，所以不需要用修饰符限定它们。

假如已经编写了一个 StockMonitor 类，这个类的功能是监督股票的价格。它可以执行一个方法让其他的对象注册，以便得到通知。该类允许其他的类调用它的 watchStock()方法，从而知道什么时候特定的股票的价格发生改变。

```
public class StockMonitor{
    public void watchStock(StockWatcher watcher,
                           String tickerSymbol, double delta)
    { … }
}
```

这个方法的第一个参数 watcher 为 StockWatcher 对象。watcher 对象所属的类必须实现 StockWatcher 接口。其他两个参数提供了股票的代码和观察改变的数目。当 StockMonitor 类检测到一个感兴趣的变化时，它就会调用 watcher 对象的 valueChanged()方法。watchStock()方法通过第一个参数的数据类型确保所有替代 watcher 参数的对象实现 valueChanged()方法。

通过使用接口类型作为参数，替代 watcher 参数的对象类可以是 Applet 或者 Thread 等各种类型的类。

5.5.3 接口的实现

为了使用接口,要编写实现接口的类。如果一个类实现一个接口,那么这个类就应提供在接口中定义的所有抽象方法的具体实现。

视频讲解

一个类可以根据定义在接口中的协议来实现接口。为了声明一个类来实现某一个接口,在类的声明中要包括一条 implements 语句。因为 Java 支持接口的多继承,一个类可以实现多个接口,因此可以在 implements 后面列出要实现的多个接口,这些接口以逗号分隔。

以下是一个 Applet 类,它实现 StockWatcher 接口。

```
public class StockApplet extends Applet implements StockWatcher{
    …
    public void valueChanged(String tickerSymbol, double newValue){
        if (tickerSymbol.equals(sunTicker))
            { … }
        else if (tickerSymbol.equals(oracleTicker))
            { … }
        else if (tickerSymbol.equals(ciscoTicker))
            { … }
    }
}
```

这个类引用了定义在 StockWatcher 接口中的常量,如 oracleTicker、sunTicker 等。因为实现接口的类继承了接口中定义的常量,所以可以使用一般的变量名字来引用常量,也可以用下面的语句的方式,在其他任何类中使用接口常量:

```
StockWatcher.sunTicker
```

StockApplet 实现 StockWatcher 接口,因此它应提供 valueChanged 方法的实现。当一个类实现一个接口中的抽象方法时,这个方法的名字和参数类型及数目必须与接口中的方法匹配。

下面归纳一下实现接口时应注意的问题。

(1) 在类的声明部分,用 implements 关键字声明该类将要实现哪些接口。

(2) 类在实现抽象方法时,必须用 public 修饰符。

(3) 除抽象类以外,在类的定义部分必须为接口中所有的抽象方法定义方法体,且方法首部应该与接口中的定义完全一致。

(4) 若实现某接口的类是 abstract 的抽象类,则它可以不实现该接口所有的方法。但是对于这个抽象类的任何一个非抽象子类,不允许存在未被实现的接口方法,即非抽象类中不能有抽象方法存在。

5.5.4 接口的使用

定义一个新的接口的时候,实际上是定义了一个新的引用数据类型。在可以使用其他类型的名字(如变量声明、方法参数等)的地方,都可以使用这个接口名。例如,前面在 StockMonitor 类中的 watchStock()方法中的第一个参数的数据类型为 StockWatcher 接口。只有实现 StockWatcher 接口的类对象可以替代 watcher 形参。

此外,应该注意:接口不能被覆盖,即不能有多个版本。假如想在 StockWatcher 中增加一个收集当前股票价格的方法，于是，试图定义一个新的版本：

```
public interface StockWatcher{
    final String sunTicker = "SUNW";
    final String oracleTicker = "ORCL";
    final String ciscoTicker = "CSCO";
    void valueChanged(String tickerSymbol,double newValue);
    void currentValue(String tickerSymbol,double newValue);
}
```

如果做了这个改变，实现老版本的 StockWatcher 接口的所有类的继承和实现关系都将中断，因为它们没有实现这个接口的所有方法。

为了达到以上增加一个方法的目的，可以创建新的接口来继承老接口。例如，可以创建一个 StockWatcher 的子接口 StockTracker：

```
public interface StockTracker extends StockWatcher{
    void currentValue(String tickerSymbol,double newValue);
}
```

这就可以避免了上面提及的问题。

5.5.5 接口的完整实例

上面给出的例子属于示意性的例子，对于说明某一个部分的语法机制很有作用。下面给出使用接口的一个完整实例。程序的讲解穿插在程序中的注解行中。

【例 5.11】 接口应用的完整实例。

```
//接口的声明
interface Speaker{
    public void speak();
    public void announce(String str);
}
//接口的实现
class Philosopher implements Speaker{
    private String philosophy;
    //初始化哲学家的哲理
    public Philosopher(String philosophy) {
        this.philosophy = philosophy;
    }
    //"唠叨"哲学家的哲理
    public void speak(){
         System.out.println(philosophy);
    }
    //发表一个宣言
    public void announce(String announcement){
         System.out.println(announcement);
    }
    //反复"唠叨"哲学家的哲理
    public void pontificate(){
        for (int count = 1; count <= 5; count++)
        System.out.println(philosophy);
    }
}
//接口的实现
```

```
class Dog implements Speaker{
    //发表狗的哲理
    public void speak (){
        System.out.println ("woof");
    }
    //发表狗的哲理和宣言
    public void announce (String announcement) {
        System.out.println ("woof: " + announcement);
    }
}
//演示使用一个接口多态性
class Talking{
    //初始化 Speaker 接口的一个引用
    //先后指向两个不同类的对象,调用它们的公共方法
    public static void main (String[] args) {
        Speaker current;
        current = new Dog();
        current.speak();

        current = new Philosopher("I think, therefore I am.");
        current.speak();

        ((Philosopher) current).pontificate();
    }
}
```

程序中声明了接口Speaker的一个引用current,用它先后指向两个不同的类对象,分别调用它们的公共方法speak(),这两次调用分别使用的是不同的方法体,因为这是由两个类提供了speak()方法的不同实现。在调用时,系统可以根据不同的对象找到正确的调用,这就是由接口实现的继承的多态性。前面我们在电话类及其子类看到抽象类的抽象方法charge_Mode()具有多态性,这个例子展示了接口也有类似的功能。

另外还要指出,在这个程序最后一行,不能直接用current.pontificate()进行调用,因为current属于Speaker类型,而通过Speaker接口只能请求到该接口所包含的方法的调用。因此,在上面的一个语句中可以通过current对象调用speak()方法,而在这里必须将current进行类型转换(cast),变成Philosopher的对象,再调用pontificate()方法(pontificate一词的意思是:装作教皇说话的样子)。上述程序的执行结果如图5.15所示。

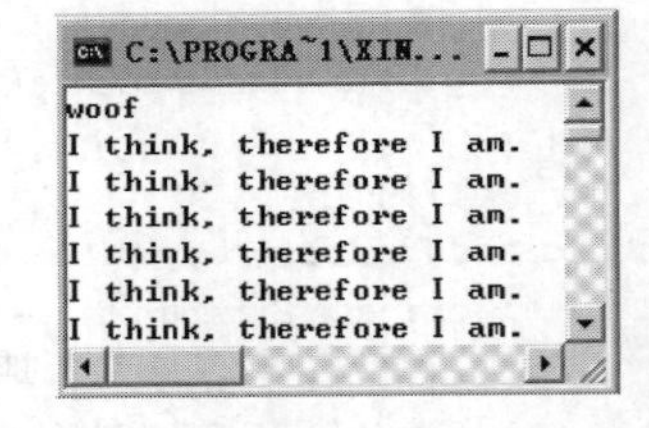

图5.15 完整地实现一个接口后的执行结果

5.6 利用抽象类、接口和Object类实现多态性下的计算

现在提出一个比较特别的应用,要计算大量的(如1000个)多种形状的面积之和,这些形状是随机产生的,即不知道什么时候产生什么样的形状。设定这样的条件是为了打消在已知图形的形状的情况下,使用一个一个地、按图形类别来计算面积的方式将结果进行累加的念头,也就是说必须用循环的方式进行处理。

视频讲解

下面讨论用抽象类、接口和Object类实现多种形状图形的面积累加。

5.6.1 用抽象类实现多种形状面积的累加

首先,定义 Shape、Rectangle、Circle 和 Square 类,要利用多态性,确保每种形状分别用不同的方法来计算它们的面积。因此,定义 Shape 类作为超类,该类包含抽象方法 computeArea,然后,在其子类中实现和覆盖这个方法,下面是这些类的实现。

```
public abstract class Shape
{  protected double area;
   public abstract void computeArea();
}

public class Rectangle extends Shape
{  protected double width, height;
   public Rectangle(double _width, double _height)
   {  width = _width;
      height = _height;
   }
   public void computeArea()
   {  area = width * height; }
}
public class Circle extends Shape
{  public Circle(double _radius)
   {  type = "Circle";
      radius = _radius;
   }
   public void computeArea()
   {  area = Math.PI * radius * radius; }
}
public class Square extends Rectangle
{  public Square(double _side)
   {  super(_side, _side);
   }
}
```

有了上面这些类,就很容易创建它们的实例,并利用多态性选择适当的方法来计算。下面再定义一个类 ShapeTestWithAbstract,该类的 main 方法中声明了 1000 个形状对象的 Shape 数组,然后循环 1000 次随机产生 1000 个平面图形对象,形状为圆、矩形或正方形。该类的代码如下。

```
public class ShapeTestWithAbstract
{  public static void main(String args[])
   {  Shape shapes[] = new Shape[1000];
      double total_area = 0.0;
      int k = 0;
      for (int i = 0; i < shapes.length; i = i + 1){
            k = (int)Math.ceil(Math.random() * 3);
            System.out.println("k is :" + k);
            switch(k) {
         case 1: shapes[i] = new Circle(Math.random() * 10);
                 break;
         case 2: shapes[i] = new Rectangle(Math.random() * 10, Math.random() * 10);
                 break;
         case 3: shapes[i] = new Square(Math.random() * 10);
                 break;
            }
```

```
        }
        for (int i = 0; i < shapes.length; i = i + 1) {
            shapes[i].computeArea();
              total_area += shapes[i].area;
        }
        System.out.println("Total area is :" + total_area);
    }
}
```

图 5.16 是将程序中的 1000 改成 10,即随机产生的 10 个形状对象,然后对面积累加的结果。

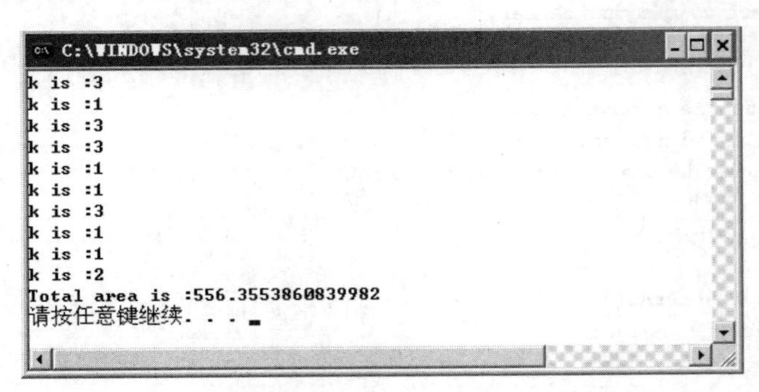

图 5.16　10 个随机产生的平面图形对象面积之和

ShapeTestWithAbstract 类中有两轮循环,第一轮循环随机产生的 k 取值 1、2 或 3,分别代表圆、矩形或正方形,然后在 case 语句中创建相应的 3 种对象。第二轮循环,对每个对象计算面积,然后累加面积。

5.6.2　用接口实现多种形状面积的累加

用接口的方式实现多种形状面积的累加,需要将用抽象类表示的 Shape 类改成接口。由于接口的语法定义要求,要把原来抽象类中的成员变量去掉,成员方法改成抽象方法。去掉成员变量后,没有存储单元保存面积,因此要将求图形面积的无返回类型 computeArea()方法改成返回一个 double 类型的抽象方法。所以,这个接口定义为:

视频讲解

```
public interface Shape2
{   public abstract double computeArea();
}
```

定义好了接口后,再要让原来的图形类由继承抽象类改为实现 Shape2 接口,因此这些图形类分别定义为:

```
public class Circle2 implements Shape2
{   protected double radius;
    public Circle2(double _radius) {
      radius = _radius;
    }
    public double computeArea()
    { return Math.PI * radius * radius; }
}

public class Rectangle2 implements Shape2
{   protected double width, height;
```

```
    public Rectangle2(double _width, double _height)
    {   width = _width;
        height = _height;
    }
    public double computeArea()
    {   return width * height; }
}

public class Square2 extends Rectangle2
{   public Square2(double _side)
    {   super(_side, _side);
    }
}
```

定义了图形类之后，再对原来的主类 ShapeTestWithAbstract 稍做修改，把抽象类数组类型改成接口数组类型，把对各对象的保存面积的成员变量的值的累加改成各对象的求面积的成员方法的返回值的累加。新的主类的代码如下。

```
public class ShapeTestWithInterface
{   public static void main(String args[])
    {   Shape2 shapes[] = new Shape2[10];                //接口类型的数组
        double total_area = 0.0;
        int k = 0;
        for (int i = 0; i < shapes.length; i = i + 1){
                k = (int)Math.ceil(Math.random() * 3);
                System.out.println("k is :" + k);
                switch(k) {
              case 1: shapes[i] = new Circle2(Math.random() * 10);
                      break;
              case 2: shapes[i] = new Rectangle2(Math.random() * 10, Math.random() * 10);
                      break;
              case 3: shapes[i] = new Square2(Math.random() * 10);
                      break;
                }
        }
        for (int i = 0; i < shapes.length; i = i + 1) {
                total_area += shapes[i].computeArea();
                                                         //求面积的方法的返回值的累加
        }
        System.out.println("Compute Aera With Interface,Total area is :" + total_area);
    }
}
```

该程序的执行结果如图 5.17 所示。

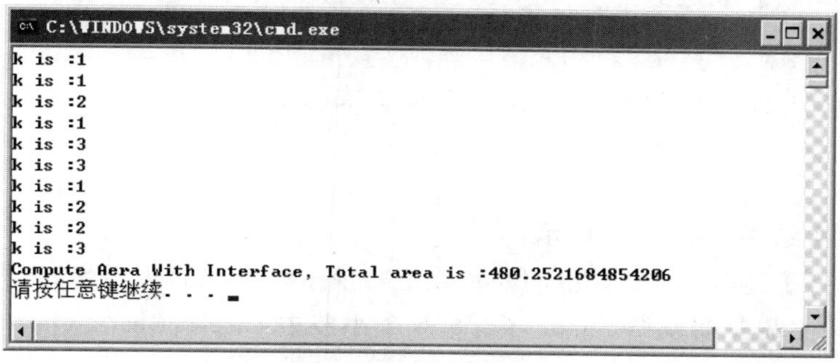

```
C:\WINDOWS\system32\cmd.exe
k is :1
k is :1
k is :2
k is :1
k is :3
k is :3
k is :1
k is :2
k is :2
k is :3
Compute Aera With Interface, Total area is :480.2521684854206
请按任意键继续. . .
```

图 5.17　用接口实现多种形状面积的累加的结果

5.6.3 用一个 Object 数组实现多种形状面积的累加

定义一个数组,它可以同时存储矩形、圆和正方形,这个想法看来似乎不可行。一个数组必须包含同种类型的元素,但矩形、圆和正方形是不同类型的对象。

视频讲解

如前所述,每个 Java 类都是由 Object 扩展而来的。因此,所有的类都属于 Object 类型,我们可以创建一个 Object 类型的数组来存储任何类型的对象,也就可以存储矩形、圆和正方形对象。反过来,对每个数组元素,在 instanceof 的帮助下能确定其原来的类型。下面的 ShapeTestWithObject 类中使用的还是 5.6.1 小节中定义的 Circle、Rectangle 和 Square 类。

```
public class ShapeTestWithObject
{  public static void main(String args[])
   {  Object shapes[] = new Object[1000];
      double total_area = 0.0;
      int k = 0;
      for (int i = 0; i < shapes.length; i = i + 1){
            k = (int)Math.ceil(Math.random() * 3);
         System.out.println("k is :" + k);
         switch (k) {
            case 1: shapes[i] = new Circle(Math.random() * 10);
                    break;
            case 2: shapes[i] = new Rectangle(Math.random() * 10, Math.random() * 10);
                    break;
            case 3: shapes[i] = new Square(Math.random() * 10);
                    break;
          }
      }
      for (int i = 0; i < shapes.length; i = i + 1) {
           if ((shapes[i]) instanceof Circle) {
                ((Circle)shapes[i]).computeArea(); //恢复原来的对象类型并求面积
                total_area += ((Circle)shapes[i]).area;
            }else if(shapes[i] instanceof Rectangle) {
           ((Rectangle)shapes[i]).computeArea();  //恢复原来的对象类型并求面积
                total_area += ((Rectangle)shapes[i]).area;
            }else if(shapes[i] instanceof Square) {
                ((Square)shapes[i]).computeArea();
                                               //恢复原来的对象类型并求面积
                total_area += ((Shape)shapes[i]).area;
            }
      }
      System.out.println("Total area is :" + total_area);
   }
}
```

该程序的执行结果如图 5.18 所示。

仔细分析一下上述程序,在使用 Object 数组实现多种形状面积累加时,类的设计可以更加简化,现在可以不需要抽象类 Shape 了。5.6.1 小节中 Circle、Rectangle 和 Square 类的定义可以按如下方式进行。

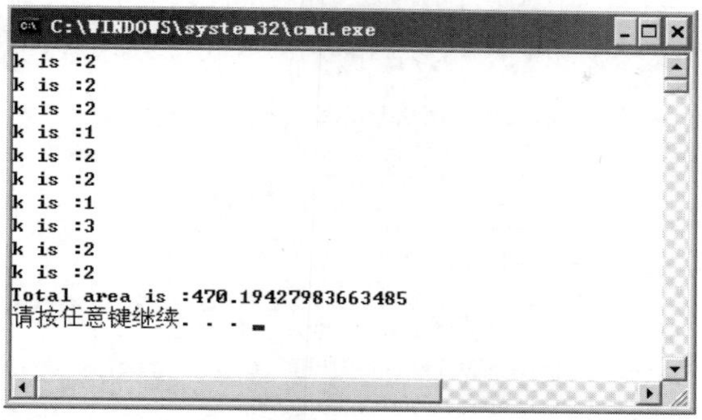

```
k is :2
k is :2
k is :2
k is :1
k is :2
k is :2
k is :1
k is :3
k is :2
k is :2
Total area is :470.19427983663485
请按任意键继续. . .
```

图 5.18　用一个 Object 数组实现多种形状面积累加的结果

```
public class Circle{ }                              //不需要 extends Shape
public class Rectangle{ }                           //不需要 extends Shape
public class Square extends Rectangle{ }
```

即 Circle 类和 Rectangle 类不再继承 Shape 类，ShapeTestWithObject 需要稍做修改，修改后的完整代码如下。

```
public class Rectangle
{   protected double width, height;
    public Rectangle(double _width, double _height)
    {   width = _width;
        height = _height;
    }
    public double computeArea()
    {   return width * height; }
}
public class Circle
{   protected double radius;
    public Circle(double _radius)
    {   radius = _radius;
    }
    public double computeArea()
    {   return Math.PI * radius * radius; }
}

public class Square extends Rectangle
{   public Square(double _side)
    {   super(_side, _side);
    }
}

public class ShapeTestWithObjectArray
{   public static void main(String args[])
    {   Object shapes[] = new Object[10];
        double total_area = 0.0;
        int k = 0;
        for (int i = 0; i < shapes.length; i = i + 1){
                k = (int)Math.ceil(Math.random() * 3);
         System.out.println("k is :" + k);
         switch (k) {
            case 1: shapes[i] = new Circle(Math.random() * 10);
```

```
                break;
            case 2: shapes[i] = new Rectangle(Math.random() * 10, Math.random() * 10);
                break;
            case 3: shapes[i] = new Square(Math.random() * 10);
                break;
          }
        }
        for (int i = 0; i < shapes.length; i = i + 1) {
            if ((shapes[i]) instanceof Circle) {
                        //恢复Circle对象类型并求面积
                total_area += ((Circle)shapes[i]).computeArea();
              }else if(shapes[i] instanceof Rectangle) {
                        //恢复Rectangle对象类型并求面积
                total_area += ((Rectangle)shapes[i]).computeArea();
              }else if(shapes[i] instanceof Square) {
                        //恢复Square对象类型并求面积
                total_area += ((Square)shapes[i]).computeArea();
              }
        }
        System.out.println("Total area is :" + total_area);
    }
}
```

该类的执行结果除了与图5.18中的数值不一样之外,其他方面是完全一样的。

5.7 小　结

继承是面向对象程序设计方法中的一种重要手段,通过继承一个子类可以拥有父类的非私有域和方法。继承不仅可以实现软件的重用,而且体现面向对象程序设计的另一个主要特征:多态。多态可以用两种方法实现:覆盖和重载。

实现覆盖时,对于重定义继承的方法,系统会根据调用该方法对象所属的类来决定选择调用哪个方法。对于子类创建的对象,如果子类重定义了父类的方法,则运行时系统调用子类的方法;如果子类未重定义而是继承了父类的方法,则运行时调用父类的方法。

重载是通过定义类中的多个同名的不同方法实现的。编译时可根据参数(个数、类型、顺序)的不同来区分不同的方法,以便调用时选择不同的操作。

接口也是实现多态的语法机制之一。接口的声明仅仅给出了抽象方法,而具体地实现接口所规定的功能则需要某个类为接口中的抽象方法定义实在的方法体,即实现这个接口。同定义的类一样,凡是可以使用其他类型名的地方都可以使用接口。由于一个类可以实现多个接口,所以它也是Java实现多继承的机制。

总之,继承机制带来了Java类的可重用性,而多态性给我们带来的好处是,可以为多个相关类提供对外统一的接口,提高类的抽象性和灵活性。

习　题　5

1. 什么是继承?继承的意义是什么?如何定义继承关系?

2. “子类的域和方法的数目一定大于等于父类的域和方法的数目”,这种说法是否正确?为什么?

3. 设有小学生、中学生、大学生类，为他们设计状态与行为。并利用第 4 章的学生类设计类的继承程序，分别创建这些学生对象并输出其信息。

4. 什么是域的隐藏？什么是方法的覆盖？方法的覆盖与域的隐藏有什么不同？方法的覆盖与方法的重载有什么不同？

5. 如何实现方法的覆盖？实现方法的覆盖应注意什么？

6. 什么是多态？面向对象程序设计为什么要引入多态的特性？使用多态有什么优点？

7. Java 程序如何实现多态？有哪些实现方式？

8. 解释 this 和 super 的意义和作用。

9. 什么是构造方法的重载？如何实现重载的构造方法之间的调用？

10. 构造方法的继承原则有哪些？继承方式下子类的构造方法如何设计？

11. 以第 4 章第 15 题中定义的 Address 类作为超类，定义一个子类，使它拥有另外一个成员变量来存储电话号码。

12. 下面的程序创建一个名为 SuperClass 的类，它的构造方法有一个 String 类型的参数。另一个名为 SubClass 的子类，它从 SuperClass 类扩展而来，也有一个参数为 String 类型的构造方法。如下的 Test 类在实例化 SubClass 的一个对象时，出现错误，试改正之。

```
public class SuperClass
{   public SuperClass(String msg)
    {   System.out.println("SuperClass constructor: " + msg); }
}
public class SubClass extends SuperClass
{   public SubClass()
    {   System.out.println("SubClass constructor"); }
}
public class Test
{   public static void main(String args[])
    {   SubClass descendent = new SubClass(); }
}
```

13. 用最终成员变量和抽象方法，为一个“Java 州立大学”的学生建立账单系统，州内外的学生收费不同，州内每学分收费 $ 750，州外为 $ 2000，每个学生的账单上有学校名称、学生姓名、信用卡使用的时间以及账单的总数。

14. 定义一个 Object 数组，它可以存储一个矩形、一个圆、一个双精度数或一个整数。

15. 创建一个称为 List 的类，它可存储任何类型的对象，并可以在任何时候增加或删除对象。

16. 定义一个接口 OneToN，在接口体中包含一个抽象方法 disp()。定义 Sum 和 Pro 类，并分别用不同代码实现 OneToN 中的 disp()方法，在 Sum 的方法中计算 1～n 的和，在 Pro 的方法中计算 1～n 的乘积。

17. 编写一个类使用第 16 题中的接口类型衍生的类。

18. 给定下面类定义：

```
class Test1 {
    float aMethod(float a, float b) { return a;}
}
class Test2 extends Test1 {
```

```
    //xxxx
}
```

请问下面方法中,可以加入类Test2中的注释行处的是(　　)。(多选题)

A. float aMethod(float b,float a){ return a;}

B. public int amethod(int a,int b) { return a;}

C. protected float aMethod(float p,float q){ return a;}

D. private float aMethod(float p,float q) { return a;}

19. 给定以下代码,下列选项中,能替换其中的注释行的是(　　)。

```
class A {
    A(int i) { }
}
public class B extends A {
    B() {
        // xxxxx
    }
    public static void main(String args[]) {
        B b = new B();
    }
}
```

A. super(100);　　B. this(100);　　C. super();　　D. this();

20. 编译、运行下面代码将发生(　　)。

```
class Base {}
class Sub extends Base {}
public class BaseToSub {
    public static void main(String argv[]) {
        Base b = new Base();
        Sub s = (Sub) b;
    }
}
```

A. 编译和运行都不会出错　　B. 编译出错

C. 运行时抛出例外

21. 考虑类定义:

```
class BaseWidget extends Object{
    String name = "BaseWidget";
    void speak() { System.out.println("I am a " + name); }
}
class TypeAWidget extends BaseWidget{
    TypeAWidget() { name = "TypeA"; }
}
```

基于以上类定义,下列代码片段中正确的是(　　)。

A. Object A = new BaseWidget(); A.speak();

B. BaseWidget B = new TypeAWidget(); B.speak();

C. TypeAWidget C = new BaseWidget(); C.speak();

第6章 Java的用户界面

本章我们将用面向对象的编程方法编写图形用户界面(GUI)的程序。在Java中,图形用户界面的各个基本元件(即构件)都定义成类,即这些构件在使用时都以对象的形式出现,一般包括菜单、输入区、按钮、对话框、窗口和面板等,这些构件类组成Java的抽象窗口工具包(Abstract Window Toolkit,AWT)。

AWT是图形用户界面的基础。虽然现在许多商用的Java开发环境都能够自动和很方便地生成图形界面,但我们仍然有必要掌握Java的图形用户界面程序的基本原理。这里包括Java的图形用户界面程序有哪些基本构件类,这些类是怎样的一个层次关系;在屏幕上如何摆放这些构件,怎样用这些基本的构件设计出很专业的图形界面;这些构件如何响应用户的行为,也就是如何响应用户事件:这就是所谓的事件驱动原理。如果我们没有掌握这些基本内容,那么在图形界面编程方面的水平将永远停留在做"表面文章"上。当然,熟悉这些基本原理后,再去使用那些图形界面生成工具,将会大大提高编程效率和质量,而使用更高级的图形界面程序包(如Swing、SWT)产生的界面效果也会更专业、更好。

6.1 图形用户界面概述

AWT是为了编制基于事件和窗口的Java应用程序和Applet而建立的。AWT包括标准的图形用户界面的要素,如窗口、对话框、构件、事件及处理接口、版面设计管理和异常处理等。

下面列出java.awt包所包含的接口和类,更新版本的JDK对这些接口和类在不断地改进和完善。

java.awt包中的部分接口:ActiveEvent、Adjustable、Composite、CompositeContext、ItemSelectable、LayoutManager、LayoutManager2、MenuContainer、Paint、PaintContext、PrintGraphics、Shape、Stroke、Transparency。

java.awt包中的部分类:AlphaComposite、AWTEvent、AWTEventMulticaster、AWTPermission、BasicStroke、BorderLayout、Button、Canvas、CardLayout、Checkbox、CheckboxGroup、CheckboxMenuItem、Choice、Color、Component、ComponentOrientation、Container、Cursor、Dialog、Dimension、Event、EventQueue、FileDialog、FlowLayout、Font、FontMetrics、Frame、GradientPaint、Graphics、Graphics2D、GraphicsConfigTemplate、GraphicsConfiguration、GraphicsDevice、GraphicsEnvironment、GridBagConstraints、GridBagLayout、GridLayout、Image、Insets、Label、List、MediaTracker、Menu、MenuBar、MenuComponent、MenuItem、MenuShortcut、Panel、Point、Polygon、PopupMenu、PrintJob、Rectangle、RenderingHints、RenderingHints. Key、Scrollbar、ScrollPane、SystemColor、TextArea、TextComponent、

TextField、TexturePaint、ToolKit、Window。

以上包含的构件太多,我们将其中最重要的类分成以下几个大类进行讨论。

- 基本的窗口类:Frame、Dialog。
- 基本的GUI构件类:Button、Label、TextField、TextArea。
- 基本的事件接口:ActionListener、WindowListener、MouseListener、KeyListener。
- 基本的版面控制:FlowLayout、BorderLayout、GridLayout、Panel。
- 基本的绘图类:Graphics、Canvas。

以上的类和接口的分类只是一个粗略划分,有的类可能同时属于不同的划分。例如,Panel类虽然是用作版面控制,但实际上它又是一个窗口类。Java API文档描述了这些类的使用方法、功能和限制。用户可以很方便地下载和查阅Java API文档。下面逐步介绍这些类和接口的基本用法。

6.2 基本的图形用户界面程序

下面要编写简单的图形用户界面程序,所谓的图形界面程序都将在窗口下运行,而为用户展示窗口的是Frame类。因此,首先介绍Frame类及其父类,从它的父类可以知道Frame拥有的属性和方法。

6.2.1 几个基本的容器类

所谓容器类,就是可以容纳其他构件的类。不难想象,图形界面首先是要有一个窗口作为载体,在这个载体上加入其他构件。那么,这个窗口就是一个容器,它可以容纳菜单条、按钮、列表这样的构件。Java中直接使用的窗口是Frame类。

1. Frame类

一个Frame是可以包括标题、菜单以及类似按钮和列表的图形用户界面构件,它是一个图形窗口,其外观依赖于所使用的操作系统。Frame包含在一个方框内,其大小可以伸缩。Frame在默认的情况下是不可见的。如果不再需要一个Frame时,应调用dispose方法撤销它。AWT对Frame类的定义的大致框架为:

```
public class Frame extends Window implements MenuContainer{
    public Frame()
    public Frame(String title)                          //重载的构造方法
    public String getTitle()
    public void setTitle(String title)
    public MenuBar getMenuBar()
    public void setMenuBar(MenuBar mb)                  //设置菜单条
    public void dispose()
}
```

下面编写一个简单程序,在main方法中使用上面列出的Frame的第二个构造方法建立和初始化一个对象,并给它赋予一个标题"My First Frame"。

```
import java.awt.Frame;
public class MyFrameTest{
    public static void main(String args[]){
        Frame myFrame = new Frame("My First Frame");
```

```
    }
}
```

这个程序的编译可以通过，但执行时没有显示任何窗口。这是因为 Frame 开始时默认在屏幕上是不可见的，为了显示窗口，需要将其状态从不可见改变为可见。但是在 Frame 的定义中没有一个方法可以改变它的可见性。然而，Frame 是 Window 的一个子类，可以继承其全部方法和域，在 Window 类的方法中可以找到我们所需要的方法。

2. Window 类

Window 类是一个没有边界和菜单的最高层的窗口，可以包含 AWT 的其他构件。初始化时，窗口是不可见的。AWT 将窗口定义为：

```
public class Window extends Container{
    public Window(Frame parent)
    public void pack()
    public void setVisible(boolean b)
    public void toFront()
    public void toBack()
    public void addWindowListener(WindowListener l)
    public void removeWindowListener(WindowListener l)
}
```

Window 类所有的方法都可以用于 Frame 类的对象。特别是这里的 setVisible(true)方法，从字面看，它可以使某个对象显示出来。究竟显示什么，我们不妨再看看 Window 的“出身”。由于 Window 类又继承了下面要介绍的 Container 类，这样再分析一下 Container 类，就知道它有哪些非私有方法和域被 Window 类和 Frame 类所继承了。

3. Container 类

Container 类即容器类，是一个可以包含和跟踪其他 AWT 构件的类。它提供了一些必要的功能，以供其子类共享。AWT 对 Container 类的定义为：

```
public abstract class Container extends Component{
    protected Container()
    public void add(Component comp)
    public void add(Component comp, Object constraints)
    public Insets getInsets()
    public void setLayout(LayoutManager mgr)
    public void validate()
    public Dimension getPreferredSize()
    public void paint(Graphics g)
}
```

Container 类有几个重要的方法，其中，add()方法是向容器加入其他构件；setLayout()方法用于设置布局，即在这个容器中如何摆放构件；paint()方法可绘制这个容器。另外，从继承性可知，Window 类和 Frame 类也是容器类，也可以具有这些方法，也可以容纳其他构件。

现在我们可以改进上面的程序。如果 Window 类的 setVisible()方法的参数设置为 true，其作用是显示整个窗口，由于 Frame 也属于 Window 类型，也拥有 setVisible()方法，因此，可以用它使一个 Frame 可见，也就是使窗口所包含的所有构件都可见。

【例 6.1】 下面用一个简单程序建立一个 Frame 对象，并使之可见。

```
import java.awt.Frame;
```

```
public class MyFrameTest{
    public static void main(String args[]){
        Frame myFrame = new Frame("My First Frame");
        myFrame. setVisible(true);                    //使一个 Frame 可见
    }
}
```


当这个程序执行时,会出现一个带标题的小窗口(见图6.1),它的外观是由操作系统平台所决定的。这个窗口可以伸缩,图6.1的右边的窗口就是左边窗口放大后的。该窗口包含标准的关闭按钮,但目前这个窗口还没有响应关闭按钮的能力,因此必须按Ctrl+C组合键关闭窗口。

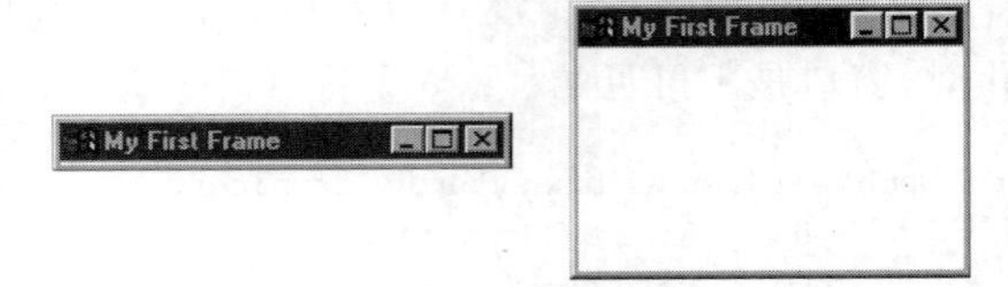

图6.1　一个Frame原来的形状和改变大小后的形状

由于Container又是继承Component类,所以,我们所定义的类的功能是沿着Frame、Window、Container和Component向上继承的。尽管Component类是一个抽象类,不能直接生成其对象,但从前面介绍的继承性可知,Frame是Component类的子类中的一员,它继承其超类的全部方法和功能,其继承关系见图6.2。

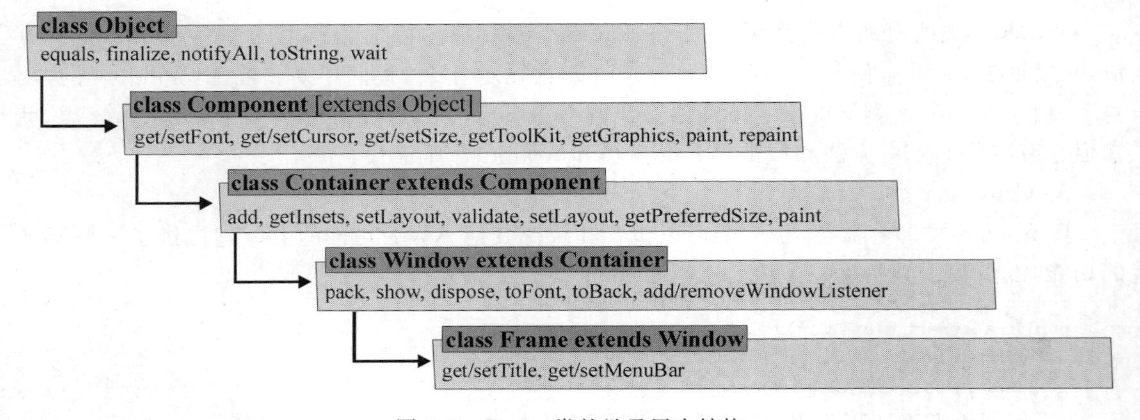

图6.2　Frame类的继承层次结构

例6.1给出的程序比较简单,一个基本的GUI程序应该在窗口上显示一些信息,使得用户知道程序正在执行,至少还要包含一个GUI的构件使得用户能够轻松地关闭程序。下面就讨论如何使用一些简单构件来满足这些要求。

6.2.2　一个简单的构件与事件的响应

大多数图形界面程序通过GUI构件与用户进行交互。其中,用得较多的是按钮,当用户单击一个按钮时,它就产生一个事件,该事件被一个监听者的特殊方法所接受,并采取相应的处理方法。下面要说明这种事件驱动程序设计的基本原理。

Button是最简单的GUI构件,下面我们首先看看Button类的定义,然后尝试增加一个按钮到一个Frame中,让用户使用按钮来关闭程序。

1. Button类

Button是一个定义外观像按钮的GUI类。AWT对它的定义是:

```
public class Button extends Component {
    public Button()
    public Button(String label)
    public String getLabel()
    public void setLabel(String label)
    public void addActionListener(ActionListener l)
    public void removeActionListener(ActionListener l)
}
```

【例 6.2】 构造一个类,该类为一个带有标题的 Frame,Frame 中包含一个 Quit 按钮,单击该按钮就退出程序。

要构造这样的类应扩展 Frame 类,并包含一个 Button 域。像大多数可执行的类一样,它有一个构造方法和一个可执行的 main()方法,其程序框架如图 6.3 所示。

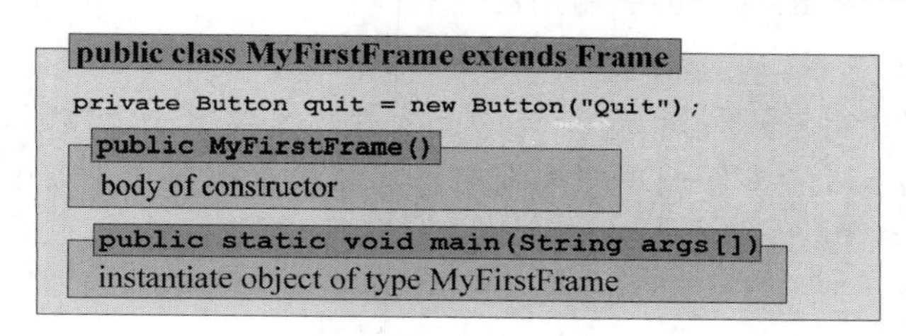

图 6.3　MyFirstFrame 类的程序框架

这个类的实现步骤为：在构造方法中使用从 Frame 中继承到的 add()方法将按钮添加到窗口中；在构造方法中再调用从 Frame 中继承的 setVisible()方法使得该窗口可见；在标准的 main()方法中建立该类的一个对象,于是在调用该构造方法初始化对象时,就可以自动初始化 Frame。

```
import java.awt.*;
public class MyFirstFrame extends Frame{
    private Button quit = new Button("Quit");          //定义一个按钮域
    public MyFirstFrame(){
        super("Test Window");
        add(quit);                                     //将按钮加入到 Frame 中
        pack();
        setVisible(true);
    }
    public static void main(String args[]){
        MyFirstFrame mft = new MyFirstFrame(); }
}
```

由于这个程序的 import 语句可以装载 java.awt 中所有需要使用的类(*可理解为一种通配符),于是编译程序可以从中选择所需要的类。在上面的程序中,增加了一个 pack()方法,它可以计算和重新确定构件在窗口中的大小,使得所有的构件在窗口中得到合理的安排。如图 6.4 所示,当这个程序执行时,一个包含带有 Quit 字样按钮的框架就会显示在屏幕上。但当单击按钮时,没有什么反应。这是由于仅在按钮上标有 Quit,并没有给它添加足够的机制使它产生相应的行为,要使它做出正确的响应需要如下 3 个步骤。

图 6.4　包含 Quit 按钮的 Frame

(1) 定义一个类,该类要继承一个动作监听接口,以便监督和处理一个按钮事件。

(2) 注册按钮的监听者,使得单击按钮产生一个事件后,被该类定义的监听者接受。

(3) 实现一个方法来说明如何处理这个按钮事件。

Java 提供了 ActionListener 接口将 GUI 构件产生的动作事件(如按钮产生的事件)与一个特定的事件响应方法联系起来,使之能够决定怎样响应某些事件。

2. ActionListener 接口

一个接口可以用来说明一些抽象的方法,然后由某个类来实现这些方法。ActionListener 是 java. awt. event 包中的一个接口,它定义了一个特定的事件处理方法 actionPerformed()。AWT 对这个接口的定义是:

```
public interface ActionListener extends EventListener {
    //说明抽象方法
    public abstract void actionPerformed(ActionEvent e)
}
```

【例 6.3】 本例介绍怎样利用 ActionListener 接口来监听一个按钮,然后说明这个按钮应该引起哪些事件。Java 中事件处理的详细的格式和步骤将在 6.4 节中描述。本例的程序如下。

```
import java.awt.*;
import java.awt.event.*;                        //装载改进类和接口以及事件类
public class MyFirstFrame extends Frame implements ActionListener{
                                                //这个类是一个 Frame 和 ActionListener 接口类型
    private Button quit = new Button("Quit");
                                                //将一个 GUI 构件作为一个域
    public MyFirstFrame()                       //在构造方法中初始化窗口
    {   super("Test Window");
        add(quit);
        pack();
        setVisible(true);
        quit.addActionListener(this);
    }  //将这个按钮注册为一个事件源,并将它与一个监听和处理事件接口关联起来,本例中这个接
口就是当前对象本身(this)
    public void actionPerformed(ActionEvent e)  //说明对事件如何处理
    {   dispose();
        System.exit(0);                         //退出程序,返回到操作系统
    }
    public static void main(String args[]) //程序的执行入口
    { MyFirstFrame mf = new MyFirstFrame();}
}
```

当这个类执行时,界面效果还是同图 6.4 显示的一样,会弹出一个包含标记为 Quit 按钮的小窗口,但现在单击这个按钮会引起窗口关闭、程序退出并清除它占有的所有资源。

这个例子虽然比较简单,但体现了一个基本的 GUI 组件上的动作事件处理的基本框架。一般对按钮这样的构件上的动作事件响应过程如图 6.5 所示。

分析这个例子,一个基本的按钮事件驱动程序可以按照下面的框架来编写。

(1) 从 java. awt 和 java. awt. event 中装载所有的类。

(2) 定义一个类扩展 Frame 并且实现 ActionListener 接口。

(3) 定义 GUI 构件,如 button 等,作为该类的域。

(4) 使用构造方法定义构件的布局,并用 buttonName. addActionListenerName(this)激

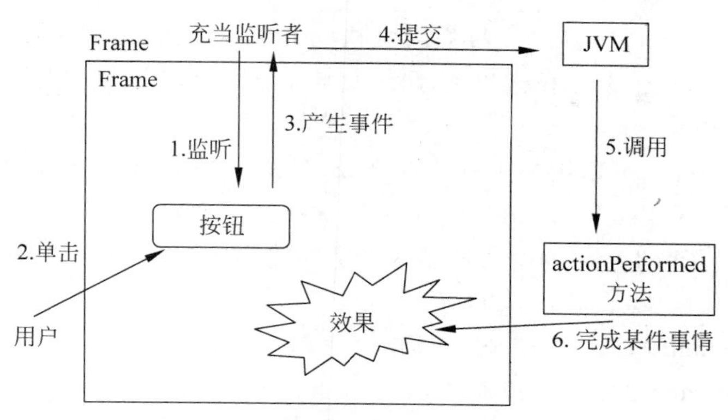

图 6.5 对按钮上的事件的响应过程

活按钮,并使用 pack()和 setVisible(true)使得 Frame 及其构件是可见的。

(5) 定义一个方法 public void actionPerformed(ActionEvent ae)来说明单击按钮后要采取的行动。

6.2.3 简单的 GUI 输入输出构件

在 AWT 包中,有些 GUI 构件能够方便地用于输入输出。下面介绍一部分这样的构件。

1. TextField 类

TextField 是对一行文本进行编辑的一个构件。它用来接收用户的输入或显示可编辑的文本输出。AWT 对它的定义为:

```
public class TextField extends TextComponent {
    public TextField()
    public TextField(String text)
    public TextField(int columns)
    public TextField(String text, int columns)
    public void addActionListener(ActionListener l)
    public void removeActionListener(ActionListener l)
}
```

由于 TextField 扩展了 TextComponent,所以对这个类的定义也应有所了解。

2. TextComponent 类

TextComponent 是一个允许创建、检索和修改文本的类。AWT 对这个类的定义为:

```
public class TextComponent extends Component{
    public void setText(String t)
    public String getText()
    public boolean isEditable()
    public void setEditable(boolean b)
    public String getSelectedText()
    public void select(int selStart, int selEnd)
    public void setCaretPosition(int position)
    public int getCaretPosition()
    public void addTextListener(TextListener l)
    public void removeTextListener(TextListener l)
}
```

下面是一个基于 Frame 并包含按钮和文本域的程序。

【例 6.4】 编写一个程序包含有两个按钮和一个文本输出区,其中一个按钮引起程序退出,另一个按钮在输出区显示文本,而且每次当第二个按钮被单击时交替地显示两种文本。

视频讲解

我们可以用第 4 章的术语 IS、HAS 和 DOES 来定义这个类的轮廓。

- IS: Frame 和 ActionListener。
- HAS: 两个按钮和一个文本输出区,并需要一个 boolean 变量来决定显示哪个字符串。
- DOES: 用 main() 方法使这个程序可执行,用构造方法进行初始化,并用 actionPerformed()处理按钮事件。

这个类的框架如图 6.6 所示。

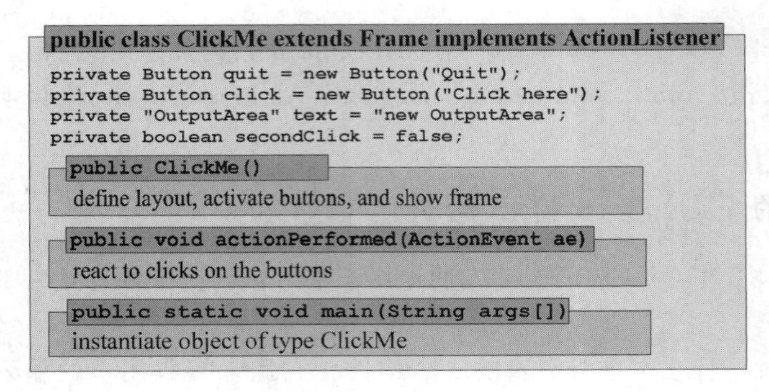

图 6.6 ClickMe 类框架

前面讨论了该程序所需要的 Frame、Button 和 TextField 类,但仍存在以下两个问题。

(1) 如何在构造方法中定义在一个窗口内放置两个按钮和一个文本域。我们先使用 setLayout(new FlowLayout())语句将所有的构件排列在一行。

(2) actionPerformed()方法需要对单击 quit 或 click 按钮的动作都能够做出响应,所以 actionPerformed()需要找出内部接收的事件源。因为按钮产生的是 ActionEvent 事件,所以现在使用 ActionEvent 类的 getSource()方法,该方法返回一个事件源(即产生事件的对象)。

现在可以按照上面描述的轮廓创建一个完整的类。

```
import java.awt.*;
import java.awt.event.*;
public class ClickMe extends Frame implements ActionListener{
    //定义域
    private Button quit = new Button("Quit");
    private Button click = new Button("Click here");
    private TextField text = new TextField(10);
    private boolean secondClick = false;
    //定义构造方法
    public ClickMe(){
        super("Click Example");
        setLayout(new FlowLayout());
        add(quit);  add(click);
        click.addActionListener(this);
        quit.addActionListener(this);
        add(text);
        pack();  setVisible(true);
    }
```

```
    //定义响应事件的方法
    public void actionPerformed(ActionEvent e)
    {   if (e.getSource() == quit)
            System.exit(0);
        else if (e.getSource() == click)
        {   if (secondClick)
                text.setText("not again !");
            else
                text.setText("Uh, it tickles");
            secondClick = !secondClick;
        }
    }
    public static void main(String args[])
    {   ClickMe myFrame = new ClickMe(); }
}
```

以上程序中的 actionPerformed()方法使用 e.getSource()检查两个按钮中的哪一个被单击。如果 quit 按钮被单击，则程序退出；否则交替显示两种文本，并将布尔变量 secondClick 置为相反的值。程序的执行过程如图 6.7 所示。

(a) 单击一次　　(b) 单击两次

图 6.7　ClickMe 类

6.3　事 件 处 理

具有图形用户界面的程序必须解决的一个问题是用户的输入并不是顺序的。一个非 GUI 程序执行到某个输入语句时，一般会出现一个提示，然后等待用户输入。而一个图形用户界面的程序可包含按钮、菜单、文本输入区等，用户可以在任何时间选择任何一种输入形式，或激活程序，或放大缩小窗口，或使其他窗口成为当前窗口。由于不知道用户会选择哪种动作，所以程序必须针对每种事件采取相应的响应方法。

6.3.1　基本事件

在所有基于 GUI 的程序中，其核心是事件。事件是可视化构件或用户接口构件产生的信息，Java 类通过使用特殊的方法能够对它做出反应。所有的事件保存在系统级的事件队列中，可由事件响应方法对它们进行检索并做出响应。事件分为如下两种类型。

- 低级事件：表示低级输入或在屏幕上的可视构件窗口系统事件，这些事件描述为 ComponentEvent、FocusEvent、InputEvent、KeyEvent、MouseEvent、ContainerEvent 或 WindowEvent 等事件类。
- 语义事件：包括接口构件产生的用户定义的信息，这些事件描述为 ActionEvent、AdjustmentEvent、ItemEvent 和 TextEvent 等事件类。

6.3.2　Java 中的事件处理

在 Java 中，各种事件表示为一个具有层次结构的事件类和接口，它们描述了对特定事件响应的方法，而这些完成事件处理的类必须实现一个或多个接口以及接口中定义的方法。

1. Java的事件类型

每个事件源可以产生多个特定类型的事件,这些事件进入系统级事件队列。构件可以将这些事件与Java虚拟机的事件监听接口关联,即由这些接口监听该构件上产生的事件,并且必须实现该接口特定的方法来响应事件源产生的事件。构件只有经过注册事件监听接口(即用add()方法与事件监听接口关联),它产生的事件才能传给Java虚拟机。

所有的事件可以定义为java.util.EventObject的子类,并可继承方法:

```
public Object getSource()
```

该方法获取一个特定的事件源。

最常用的事件类都在java.awt.event包中定义,获取这些事件特征的方法如表6.1所示。

表6.1 最常用的事件类型及其方法

事件类型	获取事件特征的方法
ActionEvent	public String getActionCommand()
InputEvent	public boolean isShiftDown() public boolean isControlDown() public boolean isAltDown() public long getWhen() public void consume()
ItemEvent	public Object getItem() public int getStateChange()
KeyEvent	public int getKeyCode() public char getKeyChar()
MouseEvent	public int getX() public int getY() public Point getPoint() public int getClickCount()
WindowEvent	public Window getWindow()
FocusEvent,ComponentEvent,ContainerEvent,TextEvent	没有特别典型的方法

2. 事件监听器(Event Listener)

事件是由事件监听器处理的。Java提供了抽象的响应特定事件的"事件监听器",它们在java.awt.event包中被定义为接口,每个构件可以通过调用addXxxListener(XxxListener l)方法使某个事件监听器来监听某个事件源。

表6.2列出了常用的事件监听器接口及其包含的抽象方法,这些抽象方法用于处理监听到的相应事件。

表6.2 事件监听器及其抽象方法[(L)=低级事件,(S)=语义事件]

接口	包含的方法
ActionListener(S)	ActionPerformed
ItemListener(S)	ItemStateChanged
WindowListener(L)	windowClosing, windowOpened, windowIconified, windowDeiconified, windowClosed,windowActivated,windowDeactivated
ComponentListener(L)	ComponentMoved,componentHidden,componentResized,componentShown

续表

接　　口	包含的方法
AdjustmentListener(S)	AdjustmentValueChanged
MouseMotionListener(L)	mouseDragged, mouseMoved
MouseListener(L)	mousePressed, mouseReleased, mouseEntered, mouseExited, mouseClicked
KeyListener(L)	keyPressed, keyReleased, keyTyped
FocusListener(L)	focusGained, focusLost
ContainerListener(L)	componentAdded, componentRemoved
TextListener(S)	TextValueChanged

下面的例子展示了如何处理 WindowEvent、MouseEvent 和 KeyEvent 等事件。

【例 6.5】 编制一个包含有 Frame 的程序，它通过打印简单的字符串表示对 WindowEvent、MouseEvent 和 KeyEvent 等事件的处理。

视频讲解

这个程序要处理 WindowEvent、MouseEvent 和 KeyEvent 事件，就需要实现 MouseListener、KeyListener 和 WindowListener 接口，而且必须覆盖表 6.2 中列出的这几个接口所对应的方法，还必须为要处理的每个事件源注册相应的事件监听接口。

```
import java.awt.*;
import java.awt.event.*;
public class MultipleEventTester extends Frame
    implements WindowListener, MouseListener, KeyListener{
    public MultipleEventTester(){          //构造方法
        addWindowListener(this);
        addMouseListener(this);
        addKeyListener(this);
        setSize(200,200);
        setVisible(true);
    }
    //窗口事件处理方法
    public void windowClosing(WindowEvent we)
    {  System.exit(0); }
    public void windowOpened(WindowEvent we)
    {  System.out.println("Window opened "); }
    public void windowIconified(WindowEvent we)
    {  System.out.println("Window iconified " + we); }
    public void windowDeiconified(WindowEvent we)
    {  System.out.println("Window deiconified " + we); }
    public void windowClosed(WindowEvent we)
    {  System.out.println("Window closed " + we); }
    public void windowActivated(WindowEvent we)
    {  System.out.println("Window activated " + we); }
    public void windowDeactivated(WindowEvent we)
    {  System.out.println("Window deactivated " + we); }
    //鼠标事件处理方法
    public void mousePressed(MouseEvent me)
    {  System.out.println("Mouse pressed " + me); }
    public void mouseReleased(MouseEvent me)
    {  System.out.println("Mouse released " + me); }
    public void mouseEntered(MouseEvent me)
    {  System.out.println("Mouse entered " + me); }
    public void mouseExited(MouseEvent me)
```

```
    {  System.out.println("Mouse exited " + me); }
    public void mouseClicked(MouseEvent me)
    {  System.out.println("Mouse clicked " + me); }
    //键盘事件处理方法
    public void keyPressed(KeyEvent ke)
    {  System.out.println("key pressed " + ke); }
    public void keyReleased(KeyEvent ke)
    {  System.out.println("key released " + ke); }
    public void keyTyped(KeyEvent ke)
    {  System.out.println("key typed " + ke); }
    public static void main(String args[])
    {  MultipleEventTester p = new MultipleEventTester(); }
}
```

当这个程序执行时,我们可以尝试以下各种事件:动动鼠标、点点窗口、敲敲键盘,然后观察屏幕上会出现什么信息。

下面讨论如何将事件分开进行处理。

【例 6.6】 下面的程序要构造3个类:第一个负责显示窗口;第二个负责处理键盘事件,把接收的字符打印出来,并且当接收到字符q时退出程序;第三个负责处理窗口事件,单击窗口的"关闭"按钮则退出程序。

在程序实现时,第一个类扩展Frame,并在Frame类中注册另外两个类作为事件监听器;第二个类实现KeyListener接口;第三个类实现WindowListener接口。

```
import java.awt.*;
import java.awt.event.*;
public class SeperateListenersTest extends Frame{
    private KeyEventHandler keyListener = new KeyEventHandler();
    private WindowCloser windowListener = new WindowCloser();
    //初始化下面编写的两个类的对象,它们同时也是接口类型
    public SeperateListenersTest(){
        addKeyListener(keyListener);                    //注册监听键盘的接口
        addWindowListener(windowListener);              //注册监听窗口的接口
        setSize(200,200);
        setVisible(true);
    }
    public static void main(String args[])
    {  SeperateListenersTest p = new SeperateListenersTest(); }
}
```

该类中的addKeyListener()方法注册了对键盘的监听器,这个监听器可以接收键盘产生的事件;addWindowListener()方法增加了对窗口的监听器,这个监听器可以接收窗口产生的事件。下面的两个类实现KeyListener接口和WindowListener接口以及相应的事件处理方法。

```
public class KeyEventHandler implements KeyListener{      //监听 key
    public void keyPressed(KeyEvent ke) {
        if (ke.getKeyChar() == 'q')
            System.exit(0);
    }
    public void keyReleased(KeyEvent ke)
    { }
    public void keyTyped(KeyEvent ke)
```

```
    {  System.out.println("Key Listener: Key pressed: " +
                          ke.getKeyChar());}
}

public class WindowCloser implements WindowListener{        //监听 window
    public void windowClosing(WindowEvent we)
    {  System.exit(0); }
    public void windowOpened(WindowEvent we) { }
    public void windowIconified(WindowEvent we) { }
    public void windowDeiconified(WindowEvent we) { }
    public void windowClosed(WindowEvent we) { }
    public void windowActivated(WindowEvent we) { }
    public void windowDeactivated(WindowEvent we) { }
}
```

当执行 SeperateListenersTest 类时，可显示每个输入的字符。如果用户输入"q"，KeyEventListener 就会做出退出程序的响应；如果单击窗口的"关闭"按钮，WindowCloser 也会做出退出程序的响应，其执行效果如图 6.8 所示。

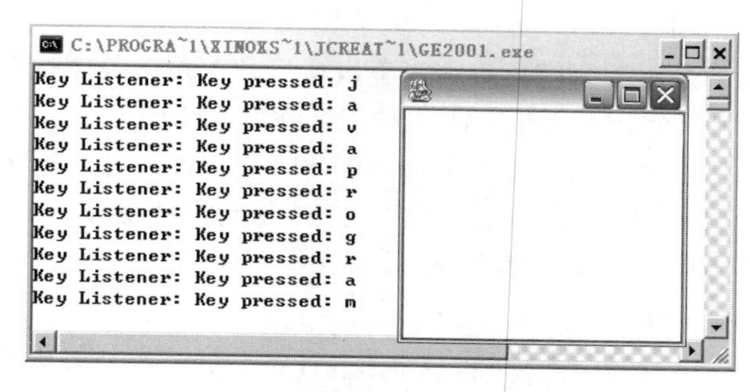

图 6.8　SeperateListenersTest 类的执行效果

3. 适配器类(Adapters)

当一个类实现某一个接口，如 WindowListener 时，即使我们只对其中的一两个方法感兴趣，也必须实现该接口所声明的 7 个方法，这是实现一个接口的基本约定。Java 提供了一个使用事件监听器的简便方法，即使用适配器和内部类，可以仅实现我们所需要的方法(即不需要的方法可以不实现)。

Java 提供了若干适配器类，它可以作为事件监听器的超类使用。扩展的适配器类允许只覆盖想要使用的特定方法，而其他不想使用的方法则采用默认的方式实现，一般这样的方法都是空方法。

Java 提供的适配器类有 ComponentAdapter、ContainerAdapter、FocusAdapter、KeyAdapter、MouseAdapter、MoseMotionAdapter 和 WindowAdapter，这些类均可被继承作为事件监听器。

【例 6.7】 本例通过适配器类处理事件。该程序使用适配器类作为窗口事件的监听器，用户单击窗口的标准关闭按钮时程序退出。下面编写的这个继承 Frame 的类没有去实现 WindowListener 接口，而是将一个 WindowCloser 类型的监听器作为它的一个域，并使用 addWindowListener 注册窗口监听器。

```
import java.awt.*;
import java.awt.event.*;
```

```
public class ProgramWithAdapterListener extends Frame{
    private WindowCloser listener = new WindowCloser();
    public ProgramWithAdapterListener(){
        addWindowListener(listener);
        setSize(200,200);
        setVisible(true);
    }
    public static void main(String args[])
    {   ProgramWithAdapterListener p
          = new ProgramWithAdapterListener(); }
}
```

下面的WindowCloser类继承了适配器类WindowAdapter，并只覆盖了windowClosing()方法。

```
public class WindowCloser extends WindowAdapter{
    public void windowClosing(WindowEvent we)
    {   System.exit(0); }
}
```

这个程序执行时，会显示一个空窗口。当单击窗口右上角的关闭按钮时窗口会关闭，因为WindowCloser类的windowClosing()方法会对该事件做出响应。

WindowCloser类可以用于任何基于Frame的程序，以激活它的标准关闭按钮。但是，这个类在有些情况下是不合适的，例如，在关闭窗口前要执行某些操作。一个更灵活的方法是使用内部类，把它直接嵌入需要对事件做出处理的类中。

4. 使用内部类处理事件

内部类是定义在另一个类中的类，可以直接访问它所在类中的所有域和方法。要定义一个内部类，必须声明一个class类型的域，并编写内部类的类体。定义一个内部类的语法为：

```
[modifier] class EnclosingClass [extends Class]  [implements Interface]
{                                                       //域的声明
   [modifier] class InnerClassName [extends Class]
                                          [implements Interface]
   {              /* 定义内部类,带有类名、域和方法 */ }
       ...                                              //被嵌入类中的其他域和方法
}
```

初始化一个匿名内部类可以使用new关键字，后面跟一个class类型作为一个方法的输入参数：

```
someMethod(new ClassType([constructorInputList]) {
          /* 定义的内部类,只包括域和方法 */
})
```

【例6.8】 重新实现例6.7，先用有名字的内部类实现窗口事件监听器，然后用匿名内部类实现。

使用冠名的内部类，我们可以把WindowCloser的代码移到ProgramWithAdapterListener内部，然后添加一个WindowCloser的实例作为窗口监听器，其实现代码如下：

```
import java.awt.*;
```

```
import java.awt.event. * ;
public class ProgramWithNamedListener extends Frame{
                                                        //内部类作为这个类的一个域
    private class InnerWindowCloser extends WindowAdapter{
        public void windowClosing(WindowEvent we)
        {   System.exit(0); }
    }                                                   //该内部类为一个适配器
    public ProgramWithNamedListener(){
        addWindowListener(new InnerWindowCloser());     //在构造方法中
        setSize(200,200);                               //初始化适配器类来监听窗口
        setVisible(true);
    }
    public static void main(String args[ ]){
        ProgramWithNamedListener p = new ProgramWithNamedListener();
    }
}
```

若使用匿名内部类，则在 new 关键字后使用 WindowAdapter 作为构造方法名，再直接使用前面 InnerWindowCloser 类的定义体，然后将 new 出来的整个内部类对象作为 addWindowListener 方法的输入参数，此时，没有指定这个内部类的名字，也没有给出这个内部类对象的名字。

```
import java.awt. * ;
import java.awt.event. * ;
public class ProgramWithAnonymousListener extends Frame{
            //构造方法
    public ProgramWithAnonymousListener(){
        addWindowListener(new WindowAdapter()
            //new 关键字内部类的父类名称
        {   public void windowClosing(WindowEvent we)
            {   System.exit(0); }
        });     //整体作为 addWindowListener 方法的输入参数
        setSize(200,200);
        setVisible(true);
    }
    public static void main(String args[ ]){
        ProgramWithAnonymousListener p
            = new ProgramWithAnonymousListener();
    }
}
```

该程序展示了运用内部类的一般编程技巧，通常用来定义一个只在此处处理事件的类，或者代码比较短并且只限于某一个类中使用的类。匿名内部类很容易定义，但是它在被嵌入类的内部不能重用，而且匿名类没有构造方法。有名内部类要更灵活些，它在被嵌入类的内部可重用。因此，一般应尽量使用有名内部类。

当在内部类中访问被嵌入类的成员时，为了清晰起见，最好使用 EnclosingClassName . this 这种形式。例如：

```
public class EnclosingClass{
    private int x;                                  //被嵌入类中的成员
    private class InnerClassName{
        int y;                                      //内部类中的成员
        void innerMethod(){
```

```
            EnclosingClass.this.x = 10;              //访问被嵌入类中的成员
            y = 10;                                  //访问内部类中的成员
        }
    }
}
```


5. 自定义事件

ActionEvent 类表示一个语义事件,它标志着一个动作已经发生。该类包括一个事件上下文的字符串和一个产生该事件的对象。AWT 对它的定义是:

```
public class ActionEvent extends AWTEvent{
    //选出的部分域
    public static final int ACTION_PERFORMED
    public ActionEvent(Object source, int id, String command)  //构造方法
    //其他方法
    public String getActionCommand()
    public int getModifiers()
}
```

使用如下声明可以产生一个新的 action 事件:

```
new ActionEvent(eventSource, ActionEvent.ACTION_PERFORMED,
                "Description")
```

要通知监听器,可以使用如下规则。

- 使用一个 ActionListener 类型的 listener 域变量存储监听器的引用。
- 提供 addActionListener()方法初始化 listener 域。
- 使用上面介绍的语法创建一个 action 事件,然后调用 listener 的 performAction()方法。

但是这个规则比较简单,因为新产生的事件只能传递到一个注册了的 listener。通常这个事件应该传递到使用该类注册的所有监听器,但是这个类一次只能注册一个监听器。因此,需要一种机制跟踪所有注册的监听器,并且把事件依次传递给它们。这种机制就是由 AWTEventMulticaster 类实现的。

AWTEventMulticaster 类管理一个由事件监听器链构成的结构,并且将事件发送到所有的监听器。在事件发送的操作过程中,可以添加或删除监听器。该类实现了 ActionListener、FocusListener、ItemListener、KeyListener、MouseListener、MouseMotionListener、WindowListener 和 TextListener 等接口,并且包含来自这些监听器的所有方法以及如下两个方法。

```
public static XXXListener add(XXXListener lis, XXXListener
                              newListener);
public static XXXListener remove(XXXListener l, XXXListener
                              oldListener);
```

XXXListener 代表要实现的监听器。add()方法把 newListener 添加到 lis 上,然后返回这个组合的监听器。remove()方法把 oldListener 从 lis 上移走,然后返回这个削减了的监听器。

无论什么时候想创建一个能触发自己的 action 事件的组件,都可以使用这个类。其使用规则如下。

- 定义一个 ActionEvent 类型的 listener 变量,并初始化为 null。

- 实现方法 public void addActionListener(ActionListener newListener)，并且使用静态方法 AWTEventMulticaster. add()把 newListener 附加到 listener 上。
- 实现方法 public void removeActionListener(ActionListener oldListener)，并且使用静态方法 AWTEventMulticaster. remove()将 oldListener 从 listener 上移走。
- 实例化一个新的 ActionEvent 对象 newEvent。如果 listener 不为 null，则调用 listener. actionPerformed(newEvent)。

调用 listener. actionPerformed()会使 AWTEventMulticaster 类把新产生的事件传递给所有注册的多个 action 监听器。下面我们看看使用 AWTEventMulticaster 的一个实例。

【例 6.9】 创建一个机制，使一个构件(如 Button)被单击后自动产生一个动作事件。不仅如此，还要创建一个与之相关的类(或接口)，它能够不经过用户交互(即不单击按钮)，就可引发一个动作事件，但仍然保留一个按钮的标准功能(即单击按钮也可以触发事件)。

按照这个要求可以创建一个类，它含有一个方法将一个特定变量的值减少，当这个值到达零后，自动产生一个与按钮被单击的事件一样的动作事件。于是，在这个类的构造方法中初始化一个整数 maxCount，这个类的 startCounting()方法从这个数开始减少，并且将一个 source 对象作为事件源。按照我们刚才介绍的产生事件的规则，这个类使用一个 AWTEventMulticaster 类以及它的 addActionListener()和 removeActionListener()方法。当开始调用 startCounting()方法时，立即开始倒计数。当倒计数达到零时，立即产生一个动作事件 source。

```
import java.awt. * ;
import java.awt.event. * ;
public class CountDown{
    ActionListener listener = null;
    Object source = null;
    int maxCount = 10;
    public CountDown(Object _source, int _maxCount) {
        maxCount = _maxCount;
        source = _source;
    }
    public void addActionListener(ActionListener newListener)
    {   listener = AWTEventMulticaster.add(listener,newListener); }
    public void removeActionListener(ActionListener oldListener)
    {   listener = AWTEventMulticaster.remove(listener,oldListener); }
    public void startCounting()                              //倒计数方法
    {   if (listener != null)
        {   for (int i = maxCount; i >= 0; i-- )
              System.out.println("i: " + i);
              System.out.println("Done. Generating event now …");
              listener.actionPerformed(new ActionEvent(source,
                  ActionEvent.ACTION_PERFORMED, "CountDown"));
                  //ActionEvent.ACTION_PERFORMED 是该事件的 ID
                  //"CountDown"是该事件的"命令名"
        }
    }
}
```

为了看清这个类的工作情况，我们创建了一个类扩展 Frame，该类包含按钮 Show、Start 以及一个文本域。按钮 Show 作为构造方法 CountDown()的输入。如果 Show 是一个事件源，actionPerformed()方法将显示一条消息；当 Start 是一个事件源时，启动 CountDown 的

startCounting()方法,在 startCounting()计数到零之后,就像 Show 按钮被单击了一样,产生一个事件。于是 actionPerformed()执行,它认为现在事件 e 就是 Show 按钮已经被单击。只不过这时 e.getActionCommand()获得该事件的"命令名"是 CountDown。

```
import java.awt.*;
import java.awt.event.*;
public class CountDownTester extends Frame implements ActionListener{
    private Button start = new Button("Start");
    private Button show = new Button("Show");
    private TextField display = new TextField(25);
    private CountDown count = new CountDown(show,25);
    private class WindowCloser extends WindowAdapter{
        public void windowClosing(WindowEvent we)
        {  System.exit(0); }
    }
    public CountDownTester(){
        super("CountDown Tester");                          //显示标题
        setLayout(new FlowLayout());
        add(start);
        add(show);
        add(display);
        show.addActionListener(this);
        start.addActionListener(this);
        count.addActionListener(this);
        addWindowListener(new WindowCloser());
        pack(); setVisible(true);
    }
    public void actionPerformed(ActionEvent e)
    {   if (e.getSource() == start)
            count.startCounting();
        else if (e.getSource() == show)
            display.setText("Event came from: " + e.getActionCommand());
    }
    public static void main(String args[])
    {  CountDownTester c = new CountDownTester(); }
}
```

图 6.9(a)显示单击 Show 按钮后产生的信息。当单击 Start 按钮后 CountDown 类开始计数,然后产生一个 ActionEvent 事件,它的事件源是 Show 按钮,产生的信息如图 6.9(b)所示。

(a) 单击Show按钮后的结果　　(b) 单击Start按钮后的结果

图 6.9　单击 Show 按钮和 Start 按钮后的结果

在以上程序中的 GetActionCommand()方法揭示了真正的事件源,当 getSource 返回的事件源等于 Show 时是直接把消息也显示出来。上面的结果说明 Show 按钮可以被单击激活,也可以被 CountDown 对象激活。这种不需要用户干预来产生一个事件的想法,可以用于建立一个与某个构件相联系的计时器,如果用户在特定的一段时间内没有做任何事情,则认为这个构件自动被激活。

视频讲解

6. 构件、事件、事件监听器之间的关系

作为总结,表 6.3 列出了一些经常使用的事件类和产生这些事件的构件,以及捕获这些事件的监听器并说明了处理这些事件的方法。

表 6.3 Java 事件及其监听器[(L) =低级事件,(S) =语义事件]

事 件	产生该事件的构件	事件监听接口
ActionEvent(S)	Button,List,MenuItem,TextField	ActionListener
ItemEvent(S)	Choice,Checkbox,CheckboxMenuItem,List	ItemListener
WindowEvent(L)	Dialog,Frame	WindowListener
ComponentEvent(L)	Dialog,Frame	ComponentListener
AdjustmentEvent(S)	Scrollbar,ScrollPane	AdjustmentListener
MouseEvent(L)	Canvas,Dialog,Frame,Panel,Window	MouseMotionListener
MouseEvent(L)	Canvas,Dialog,Frame,Panel,Window	MouseListener
KeyEvent(L)	Component	KeyListener
FocusEvent(L)	Component	FocusListener
ContainerEvent(L)	Container	ContainerListener
TextEvent(S)	TextComponent	TextListener
InputEvent(L)	Component	all component input-event listeners

简单分析一下表 6.1、表 6.2 和表 6.3 就可以发现,用数据库中的连接(join)方法可将它们合并成一个大表,这个表中的各列如表 6.4 所示,该表仅给出两个实例。

表 6.4 将表 6.1、表 6.2、表 6.3 连接后形成的表

事件类	获取事件特征的方法	产生该事件的构件	事件的监听接口	处理事件的方法
ActionEvent(s) //动作事件类	public String getActionCommand() //返回与该动作相关联的命令	Button, List, MenuItem, TextField	ActionListener //该接口监听所有的动作事件	actionPerform() //监听到动作产生时,执行该方法
MouseEvent(L) //鼠标事件类	public int getX() public int getY() public Point getPoint() public int getClickCount() //获取鼠标的坐标和单击次数	Canvas, Dialog, Frame, Panel, Window	MouseListener //该接口监听鼠标事件	mousePressed, mouseReleased, mouseEntered, mouseExited, mouseClicked //鼠标按下、松开、进入、单击时要进行的处理

6.4 GUI 构件和布局管理

到目前为止,我们都是用默认的 FlowLayout 布局将 GUI 构件安排在一行。这一节我们将讨论多种布局,并且介绍 Label、List、TextArea 等构件在一个界面中如何由布局管理器来管理。

6.4.1 布局管理器、面板和标签

Java可以在不同的操作系统平台上运行,在这些平台上构件的外观略有不同。当用户选择一个构件(如按钮)时,JVM把这个请求发给底层操作系统,操作系统把标准按钮提供给JVM,JVM再将相应的图标作为按钮类的表示提供给用户。由于按钮等构件在不同的操作系统下有不同的尺寸大小,所以规定其位置的绝对坐标并没有意义。因此,Java使用布局管理器来管理版面布局。布局管理器按照布局说明,选择构件的最佳位置,保证布局的总体外观在不同的操作系统下与Java程序的描述保持一致。

视频讲解

1. 布局管理器

一个布局管理器(LayoutManager)确定各构件在显示区域内的布局、相对大小和相对位置。布局管理器在AWT中定义为接口,Java提供了多个类来实现它。最基本的类有5个,分别为FlowLayout、GridLayout、BorderLayout、CardLayout和GridBagLayout。

- FlowLayout:按照构件的顺序,用add()方法将构件从左至右加到一行中。每一个构件按照需要占据一定的空间,当一行放不下时再换行,每行构件均居中排列。
- GridLayout:将构件放在一个多行多列的表格中。表格中每个单元格大小相同,单元格的大小由最大的构件决定,add()方法逐行地、从左至右地将构件加入到布局的每个单元格中。
- BorderLayout:有5个区域来放置构件,分别标记为North、South、East、West和Center。用add()方法加入每个构件时,要用5个区域标记之一来指定构件放到哪个区域。
- CardLayout:这种布局包含若干卡片,在某一时刻只有一个卡片是可见的,而且每一个卡片显示的内容可用自己的布局来管理。
- GridBagLayout:提供具有不同大小的行和列来放置构件,每个单元可有不同的大小。

在上面几个布局中,GridBagLayout看起来似乎是最灵活的布局,但它也是最难使用的;CardLayout也是不常用的特殊布局;前3个布局应用较广,将它们组合起来可以构造出非常精彩的布局。

一个布局管理器可以通过一个构件的getPreferredSize方法来获取一个构件的最合适的大小,并按构件的规格和要求来确定它的位置。下面用一个实例来说明布局的使用效果。

【例6.10】 用3种布局FlowLayout、GridLayout和BorderLayout构造一个包含5个按钮的程序。然后检验当窗口的大小发生变化时,这些布局是怎样工作的。这个例子实际上是要构造出具有3种不同版本的程序。这些程序的执行效果如图6.10所示。

```
import java.awt. * ;
public class ShowFlow extends Frame{
    public ShowFlow(){
        super("FlowLayout example");
        setLayout(new FlowLayout());
        add(new Button("Button 1"));
        add(new Button("Button 2"));
        add(new Button("Button 3"));
        add(new Button("Button 4"));
        add(new Button("Button 5"));
        addWindowListener(new
                    WindowCloser());
```

```
        pack(); setVisible(true);
    }
    public static void main(String args[])
    {   ShowFlow fl = new ShowFlow(); }
}
import java.awt. * ;
public class ShowGrid extends Frame{
    public ShowGrid(){
        super("GridLayout example");
        setLayout(new GridLayout(2,3));
        add(new Button("Button 1"));
        add(new Button("Button 2"));
        add(new Button("Button 3"));
        add(new Button("Button 4"));
        add(new Button("Button 5"));
        addWindowListener(new
                        WindowCloser());
        pack(); setVisible(true);
    }
    public static void main(String args[])
    {   ShowGrid gl = new ShowGrid(); }
}
import java.awt. * ;
public class ShowBorder extends Frame{
    public ShowBorder(){
        super("BorderLayout example");
        setLayout(new BorderLayout());
        add("East", new Button("东"));
        add("West", new Button("西"));
        add("North", new Button("北"));
        add("South", new Button("南"));
        add("Center", new Button("中"));
        addWindowListener(new
                        WindowCloser());
        pack(); setVisible(true);
    }
    public static void main(String args[])
    {   ShowBorder bl = new ShowBorder(); }
}
```

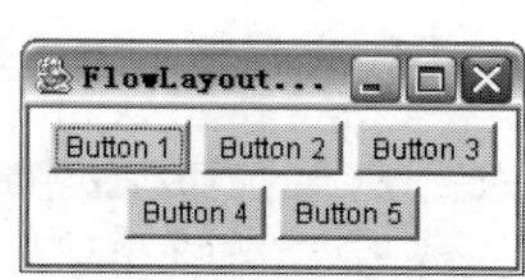

(a) FlowLayout的使用效果

这些按钮排成一行，如果窗口比较宽，则该行处在正中央。如果窗口比较窄，则要换行。如果窗口太小，则有些按钮看不见

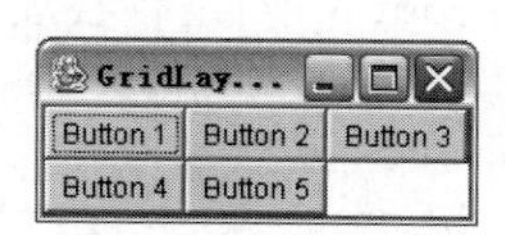

(b) GridLayout的使用效果

这些按钮放置在一个2行3列的表格中，所有的按钮具有相同的大小。表格有6个单元格，但只有5个按钮，所以最后一个单元格是空的。如果窗口改变到很小，按钮上的标记将不显示，但所有的按钮仍然是可见的

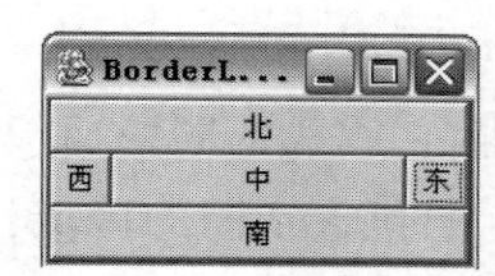

(c) BorderLayout的使用效果

4个按钮按照指定的位置安排在布局上，第5个在中央。如果窗口太小，则在中央的按钮变小，在它周围的按钮也随之变化

图 6.10　程序的执行效果

在以上每个程序中,首先定义一个布局管理器,然后在这个布局上增加 5 个按钮,并使它们是可见的。为了正常关闭这个框架,这里的程序需要增加例 6.9 中的 WindowCloser 类作为窗口事件的监听器。

单独依靠这 3 个布局可能不足以产生人们所期待的 GUI 程序的外观,但是借助于面板(Panel)类的帮助,再利用这些布局,就可以产生极为专业的外观效果。

2. 标签类(Label)

Label 是一个单行非编辑文本构件,它用于在一个版面中提供简单的信息描述。标签可以被修改,AWT 对标签的定义是:

```
public class Label extends Component{
    public static final int LEFT, CENTER, RIGHT
    public Label()
    public Label(String text)
    public Label(String text, int alignment)
    public String getText()
    public void setText(String text)
}
```

这样的标签一旦定义就不允许再编辑它。

任何仅用于显示的文本(如标签、出错信息提示等)都应该定义为常量,这种文本在程序开发中易于被修改。窗口的背景颜色、字体和其他可视构件都可定义为常量,这样可以迅速地统一改变程序的外观。有时可以考虑单独使用一个类 Contants,它包含程序所有要用到的常数、色彩、字体等,并定义为 static final 域。

3. 面板类(Panel)

一个面板是一个可容纳其他构件的类属容器(generic container)。一个面板可以享有自己的布局管理器,并且不同的面板可以使用另一个布局管理器将它们组合在一起,并容纳在一个 Frame、Applet 中或其他面板之中。面板类扩展 Container 类并且继承它的所有方法。其中 SetLayout()和 add()是最常用的方法。

为了构造复杂的布局,可以创建一个或多个面板,并定义它们的布局管理器,然后按照不同的布局把构件加入这些面板中,最后这些面板又可作为构件并按照一个总的布局来安排。下面就考虑一个较为复杂的布局。

【例 6.11】 现在考虑图 6.11 所示的程序界面,试分析它可以使用哪些布局(仅使用了 GridLayout、BorderLayout 和 FlowLayout 3 种)进行管理,分析中不要忘记整个窗口也有一个布局管理器,它放置不同的面板。

这个框架包含不同的区域:

- 字符串 Pizzeria Juno。
- 标签 Sizes、Styles 和 Toppings 占有相同大小的空间,这是一个 GridLayout。
- 3 个表(List)包含不同的选择项,但具有相同的大小,也意味着是一个 GridLayout。
- 输出区包含了详细订单和价格。
- 底部有两个标签和两个按钮安排在一排,说明这是一个 FlowLayout。

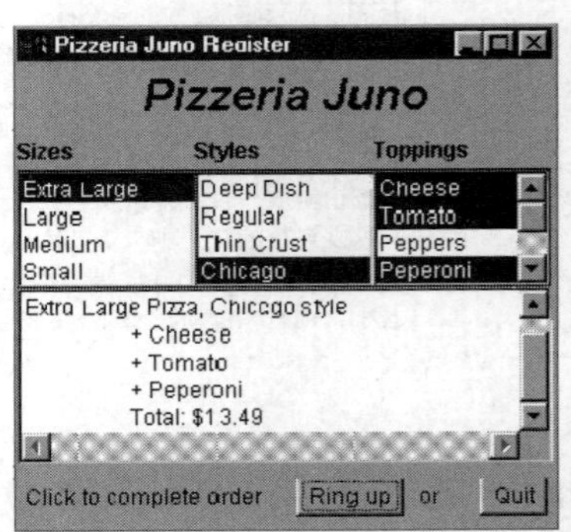

图 6.11　布局样例图示

图 6.12 显示了这些构件怎样组合成各种布局的面板。

这里的构件有：

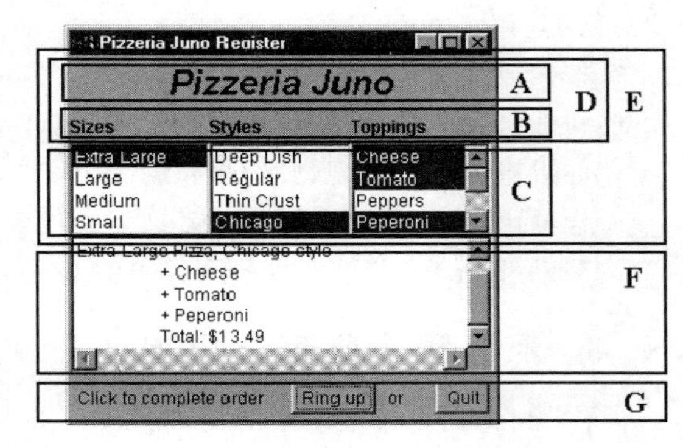

图 6.12 构件面板的组合

- A＝单个构件(标签)。
- B＝GridLayout。
- C＝GridLayout。
- D＝A 和 B 构成的 BorderLayout。
- E＝C 和 D 构成的 BorderLayout。
- F＝单个构件。
- 整个框架(Frame)＝E、F、G 构成的 BorderLayout。

完成该布局的一个可选方案是：将 E 定义为由 A、B、C 构成的一个 BorderLayout，从而省略掉 D 这个 BorderLayout。

这里说明一下为什么要用这几种布局：标题(A 表示)和标签 Sizes、Styles 及 Toppings(B 表示)安排在两行的大小不同，这说明是用 Boderlayout 将它们组合在一起(D 框表示)。C 和 D 的大小又不一样，所以，这又是用另一个 BorderLayout 将这些构件组合在一起(用 E 表示)。现在有 3 个构件：最上层是 E，中间为 F，底部为 G。这些部分可以再由一个 BorderLayout 来管理，这就是最后的整个窗口的布局。

下面考虑用面板类组合布局。

【例 6.12】 创建一个 Frame，它包含排成两行两列的 4 个文本域。这个 Frame 使用构造方法来设置构件的布局，文本域按照 GridLayout 布局来安排，按钮使用 FlowLayout 布局管理器来安排。第 3 个布局使用 BorderLayout，将包含按钮的面板放置在 North 区域，而文本域放置在 Center 区域，其实现程序如下，运行结果如图 6.13 所示。

```
import java.awt.*;
    class TextFiled_Button extends Frame{
        TextFiled_Button(){
        Panel buttons = new Panel();
        buttons.setLayout(new FlowLayout());
        buttons.add(new Button("确定"));
        buttons.add(new Button("取消"));
        Panel textGrid = new Panel();
        textGrid.setLayout(new GridLayout(2,2));
        for (int i = 0; i < 4; i++)
            textGrid.add(new TextField(4));
        setLayout(new BorderLayout());
        add("North",buttons);
        add("South",textGrid);
        pack();   setVisible(true);
    };
}
```

图 6.13 用面板组合 3 个布局管理

这个程序仅为了演示如何用 Panel 来组合界面，没有设置窗口的关闭功能，读者可以自己练习把 WindowCloser 类加入程序中，并练习用 Panel 和 3 种基本的布局管理器来实现例 6.11 讨论的界面。

开发一个程序很重要的方面是有一个清晰、明朗、符合标准并且很吸引人的界面。如果增加特殊的面板及代码能够改善程序的外观,则应在这方面多下工夫。这里有几个用于设计"标准窗口"的建议。

- 按钮放在一行,并居中。
- 一般将确定(OK)按钮放在左边,取消(Cancel)按钮放在右边。
- 如果有菜单条出现,则至少包含"文件""编辑"和"帮助"等子菜单,文件子菜单至少包含退出(Exit)命令,编辑子菜单至少包含剪切(cut)、复制(copy)和粘贴(Paste)命令,帮助(help)子菜单至少包含关于(About)命令等。

6.4.2 带滚动条的两个构件

本小节讨论两个带滚动条的构件:List 和 TextArea,它们都是非常"聪明"的构件,知道如何增加滚动条和如何控制滚动条以及处理在这些构件之上的编辑动作。

1. List

List 是一个由顺序排列的项组成的列表,它有一个垂直的滚动条,由用户控制上下滚动。当用户在 List 对象的某一项上单击时,可以产生一个动作事件,也可能选择多项产生动作事件。List 类包含很多非常有用的方法,表 6.5 列出了部分方法。

表 6.5 List 的定义和方法

类定义	extends Component implements ItemSelectable
构造方法	public List() public List(int rows) public List(int rows,boolean multipleMode)
选出的部分方法	public void add(String item) public void add(String item,int index) public void replaceItem(String newValue,int index) public void remove(int position) public void removeAll() public int getItemCount() public String getItem(int index) public String getSelectedItem() public String[] getSelectItems() public int getSelectedIndex() public int[] getSelectedIndexes() public void select(int index) public void addItemListener(ItemListener l) public void removeItemListener(ItemListener l) public void addActionListener(ActionListener l) public void removeActionListener(ActionListener l)

视频讲解

下面给出一个使用 List 和 TextField 的实例。

【例 6.13】 创建一个工作事项表,它允许输入工作事项到表中,也可以增加或删除某个工作事项,或通过上下移动某一项来改变其优先级。

要满足上述要求,需要一个文本域(TextField)输入新的工作事项,需要一个表(List)保存工作事项。若需要增加和删除工作事项,则要使用两个按钮引发这个动作。此外,还需要在工作表中上下移动某个事项,因此还需要两个按钮。于是,用面向对象的方法分析这个类,其大体构架如下。

- IS:该类扩展 Frame 实现 Actionlistener。
- HAS:1 个 TextField 域、1 个 List 域和 4 个 Button 域,外加两个 Label 用于提示用户。
- DOSE:actionPerformed()方法解释单击各按钮应采取的动作;标准的 main()方法使得该类能够执行;handleAdd()、handleDel()、handleDecPriority()和 handleIncPriority()方法相应地处理工作事项的增减和优先级的增减。

在类的实现过程中,首先实现程序界面,然后实现程序功能。程序框架如下。

```
import java.awt.*;
import java.awt.event.*;
public class TaskList extends Frame implements ActionListener{
    private Button add = new Button("增加");
    private Button del = new Button("删除");
    private Button up = new Button("增加优先级");
    private Button down = new Button("降低优先级");
    private List list = new List();
    private TextField taskInput = new TextField();
    private Label priorityLabel = new Label("改变优先级");
    private Label taskLabel = new Label("工作事项:");
    private class WindowCloser extends WindowAdapter
    {  public void windowClosing(WindowEvent we)
        {  System.exit(0); }
    }
    public TaskList()
    {  … //构造方法定义布局和激活按钮 }
    public void actionPerformed(ActionEvent ae)
    {  …//单击按钮后的反应 }
    public static void main(String args[])
    {  TaskList tl = new TaskList(); }
}
```

下面继续细化这个程序。

(1) 创建一个布局,定义一个私有方法 setup()来创建布局。其步骤如下。

① 将“增加”和“删除”按钮安置在窗口的底部最后一行。

② 将文本行和标签放置在窗口的上部。

③ 将当前工作事项表放在窗口的中央。

④ 将改变优先级的按钮放在事项表和输入区之间。

setup()方法的代码为:

```
private void setup(){
    Panel buttons = new Panel();                    //按钮面板
    buttons.setLayout(new FlowLayout());
    buttons.add(add); buttons.add(del);
    Panel priorities = new Panel();                 //设置优先级面板
    priorities.setLayout(new FlowLayout());
    priorities.add(up); priorities.add(priorityLabel);
        priorities.add(down);
    Panel input = new Panel();                      //输入面板
```

```
        input.setLayout(new BorderLayout());
        input.add("West", taskLabel); input.add("Center", taskInput);
        Panel top = new Panel();                    //输入和优先级面板构成一个大的面板
        top.setLayout(new GridLayout(2,1));
        top.add(input); top.add(priorities);
        setLayout(new BorderLayout());
        add("Center", list); add("South", buttons); add("North", top);
    }
```

setup()方法在 TaskList 的构造方法中被调用,构造方法激活按钮,加载监听器,并显示框架,程序的外观如图 6.14 所示。

```
public TaskList()
{   super(""工作事项表"");
    setup();
    add.addActionListener(this);
    del.addActionListener(this);
    up.addActionListener(this);
    down.addActionListener(this);
    addWindowListener(new WindowCloser());
    pack();
    setVisible(true);
}
```

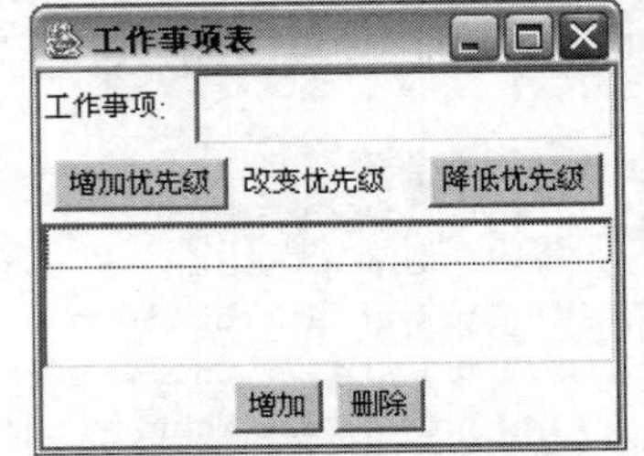

图 6.14 TaskList 程序的布局

(2) 功能实现。要确定当如下情况出现时,应采取的措施。

① 如果用户单击“增加”按钮,则文本行的一个字符串作为一个新的工作事项加入到工作事项表的尾部。

② 如果用户单击“删除”按钮,则选中的高亮度表项将从工作事项表中删除。

③ 如果用户单击“增加优先级”或“降低优先级”按钮,则高亮度的表项在列表中向上或向下移动一个位置。

actionPerformed()方法中包括 4 个动作的处理方法,并检查调用这些处理方法是否满足。

```
public void actionPerformed(ActionEvent ae) {
    if ((ae.getSource() == add) && (!taskInput.getText().equals("  ")))
        handleAdd(taskInput.getText().trim());
    else if ((ae.getSource() == del) && (list.getSelectedIndex() >= 0))
        handleDel(list.getSelectedIndex());
    else if ((ae.getSource() == up) && (list.getSelectedIndex() > 0))
        handleIncPriority(list.getSelectedIndex());
    else if ((ae.getSource() == down) && (list.getSelectedIndex() >= 0))
        handleDecPriority(list.getSelectedIndex());
    taskInput.requestFocus();
}
```

在一个动作处理方法的最后,调用了 taskInput.requestFocus()方法。该方法用于将光标放置在文本输入行中,不需要用户手动定位光标就可以输入新的工作事项。剩下的是要实现各种处理的方法,其中使用了 List 类中的方法对表项进行处理。

```
private void handleAdd(String newTask)
{
    list.add(newTask);
    list.select
        (list.getItemCount() - 1);
```

```
private void handleDel(int pos)
{   list.remove(pos);
    list.select(pos);
}
```

```java
        taskInput.setText("");
    }
    private void handleIncPriority
        (int pos) {
        String item = list.getItem(pos);
        list.remove(pos);
        list.add(item,pos - 1);
        list.select(pos - 1);
    }
```

```java
    private void handleDecPriority
        (int pos) {
        if (pos <
            list.getItemCount() - 1) {
            String item =
                list.getItem(pos);
            list.remove(pos);
            list.add(item,pos + 1);
            list.select(pos + 1);
        }
    }
```

为了增加程序的常规编辑功能,激活这个 List。这样,双击 List 的某个表项时,这个表项就被复制到文本行。该程序还可以删除旧的表项、增加新的表项或修改表项。激活 List 是在构造方法的最后一行完成的。这一行的代码为:

```java
list.addActionListener(this);
```

在 actionPerformed()方法中,再在最后一个 if 语句增加一个 else if 子句。

```java
else if (ae.getSource() == list)
taskInput.setText(list.getSelectedItem());
```

图 6.15 显示了具有多个工作事项的程序结果。

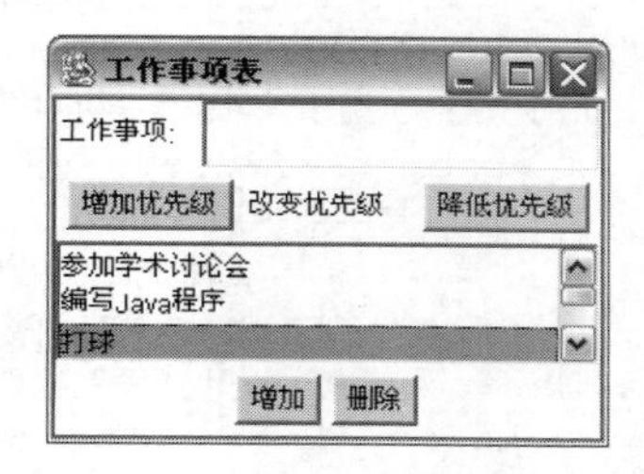

图 6.15 工作事项表

最后要讨论的一个基本 GUI 构件是 TextArea,它可以包含多行可编辑或不可编辑的文本,而且还包含水平和垂直的滚动条。

2. TextArea 类

一个 TextArea 提供了可编辑和不可编辑的文本空间,可以用于输入或输出多行文本。它拥有自己的水平和垂直的滚动条,并有特别的控制符来控制文本的格式。例如,\n 表示插入一个新的行,\t 表示插入一个 Tab 字符。TextTArea 类扩展 TextComponent 类,并且从这个类继承方法和域。AWT 对这个类的定义如下。

```java
public class TextArea extends TextComponent{
    public TextArea()
    public TextArea(String text)
    public TextArea(int rows, int columns)
    public TextArea(String text, int rows, int cols)
    public void append(String str)
    public void insert(String str, int pos)
    public void replaceRange(String str, int start, int end)
}
```

通过下面的例子,可以了解文本区(TextArea)类的基本功能以及如何使用它。

【例 6.14】 构造一个程序,包含一个文本行、两个按钮和一个文本区。当用户单击第一个按钮时,将文本行的字符串增加到文本区;单击第二个按钮时,不仅增加字符串,而且增加一个换行字符。

定义这个类要扩展 Frame 类,并实现 ActionListener 接口。它需要 4 个域:两个按钮域,一个文本行域和一个文本区域。设置布局时将两个按钮和文本行放在文本区之上。

```
import java.awt. * ;
import java.awt.event. * ;
public class TextAreaTest extends Frame implements ActionListener{
    private TextField input = new TextField();
    private TextArea  output = new TextArea();
    private Button add = new Button("Add");
    private Button addLn = new Button("Add + Return");
    private class WindowCloser extends WindowAdapter{
        public void windowClosing(WindowEvent we) {
            System.exit(0); }
    }
    public TextAreaTest(){
        super("TextAreaTest");
        setup();
        add.addActionListener(this);
        addLn.addActionListener(this);
        addWindowListener(new WindowCloser());
        pack(); setVisible(true);
    }
    public void actionPerformed(ActionEvent e) {
        if (e.getSource() == add)
            output.append(input.getText());
        else if (e.getSource() == addLn)
            output.append("\n" + input.getText());
    }
    private void setup(){
        Panel top = new Panel();
        top.setLayout(new BorderLayout());
        top.add("West", add); top.add("Center", input);
        top.add("East", addLn);
        setLayout(new BorderLayout());
        add("North", top); add("Center", output);
    }
    public static void main(String args[ ])
    {  TextAreaTest tat = new TextAreaTest(); }
}
```

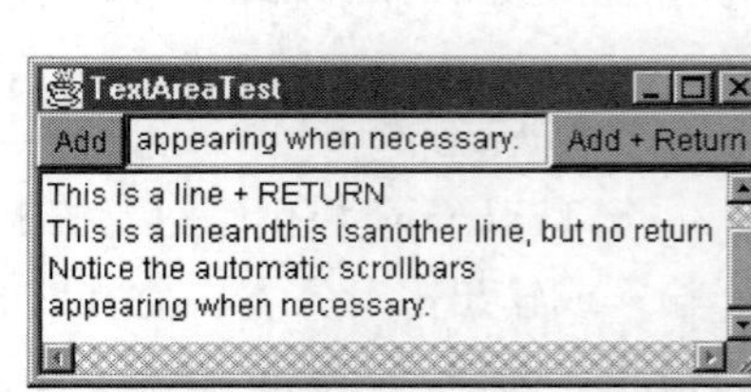

图 6.16　使用 TextArea 的简单例子

这个程序的执行结果如图 6.16 所示。

6.5　菜单和对话框

到目前为止,一个程序仅用了一个窗口,但对一个大程序而言,通常需要多个窗口、多个对话框、使用不同的字体、使用菜单条和菜单等。本节将解释如何在一个框架上增加菜单,以及如何使用窗口。

6.5.1　Menu、MenuBar 和 MenuItem 类

一个菜单(menu)由多个菜单项组成,选择一个菜单项就可以引起一个动作事件。多个菜单又可以组合成一个新的菜单,增加在最顶层框架窗口上,一般的窗口都要创建菜单条、多个菜单和多个菜单项。

- 一个菜单条(MenuBar)可通过 Frame 的 setMenuBar()方法加入到一个 Frame 中。一

个菜单条可以包含任意多个菜单对象，菜单对象通过 Add()方法添加到菜单条中。

- 一个菜单(Menu)是菜单项的集合，并具有一个标题，这个标题出现在菜单上，当单击这个标题时，其菜单项(MenuItem)立即弹出。使用它自身的 add()方法可以添加菜单项。
- 菜单项在菜单中表示一个选项，并且可以注册一个动作监听器(ActionListener)接口，以响应用户的单击并产生动作事件。

表 6.6 归纳了 MenuBar、Menu、MenuItem 的构造方法，使用这些构造方法可以创建各种不同的菜单条、菜单和菜单项对象。

表 6.6　与 Menu 相关的构造方法

类	构造方法
public class MenuBar extends MenuComponent implements MenuContainer	public MenuBar() public Menu add(Menu m) public void remove(MenuComponent mc)
public class Menu extends MenuItem implements MenuContainer	public Menu() public Menu(String label) public MenuItem add(MenuItem mi) public void addSeparator() public void remove(MenuComponent mc)
public class MenuItem extends MenuComponent	public MenuItem() public MenuItem(String label) public String getLabel() public void setLabel(String label) public boolean isEnabled() public void setEnabled(boolean b) public void addActionListener(ActionListener l) public void removeActionListener(ActionListener l)
public class CheckboxMenuItem extends MenuItem implements ItemSelectable	public CheckboxMenuItem(String label) public CheckboxMenuItem(String label, boolean state) public boolean getState() public void setState(boolean newState)

【例 6.15】 构造一个具有标准的菜单条的独立应用程序，包含菜单 File 和 Edit。这个菜单下又包含常规的菜单项。File 菜单包含的菜单项为 New、Open 和 Exit；Edit 菜单包含的菜单项为 Cut、Copy 和 Paste。所有的菜单项表示为类的域。除了 File 和 Exit 菜单项外，其他所有的菜单项的功能都暂时被关闭。程序运行结果如图 6.17 所示。

```
import java.awt.*;
import java.awt.event.*;
public class MenuTest extends Frame implements ActionListener{
    private MenuItem fileNew = new MenuItem("New");
    private MenuItem fileOpen = new MenuItem("Open");
    private MenuItem fileExit = new MenuItem("Exit");
    private MenuItem editCut = new MenuItem("Cut");
    private MenuItem editCopy = new MenuItem("Copy");
```

```
        private MenuItem editPaste = new MenuItem("Paste");
        public MenuTest(){
            super("Menu Test Program");
            Menu file = new Menu("File");
            file.add(fileNew);     fileNew.setEnabled(false);
            file.add(fileOpen);   fileOpen.setEnabled(false);
            file.addSeparator();
            file.add(fileExit);     fileExit.setEnabled(true);
            Menu edit = new Menu("Edit");
            edit.add(editCut);     editCut.setEnabled(false);
            edit.add(editCopy);   editCopy.setEnabled(false);
            edit.add(editPaste);   editPaste.setEnabled(false);
            MenuBar bar = new MenuBar();
            bar.add(file);
            bar.add(edit);
            setMenuBar(bar);
            fileExit.addActionListener(this);
            setSize(100, 100);
            setVisible(true);
        }
        public void actionPerformed(ActionEvent e) {
            if (e.getSource() == fileExit)
                System.exit(0);
        }
        public static void main(String args[])
        {  MenuTest f = new MenuTest(); }
}
```

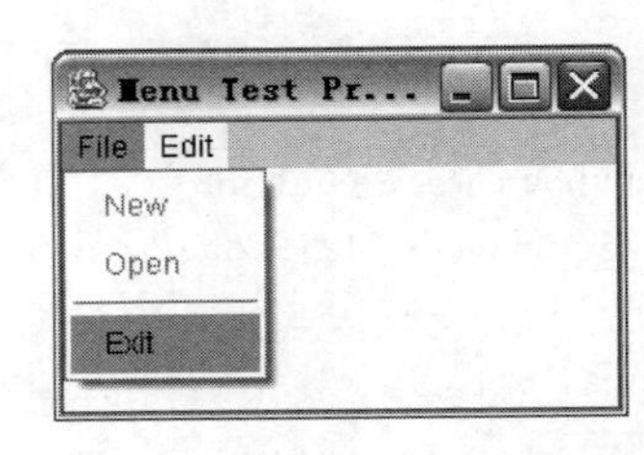

图6.17　选择了File选项的菜单

菜单与按钮有点类似,两者都可以产生动作事件。这两个构件几乎是所有GUI程序都拥有的标准构件。除菜单之外,许多程序还需要对话框。对话框一般用于显示提示信息、确认信息或获得用户输入。

6.5.2　对话框

对话框(Dialog)是一个Frame或另一个对话框拥有的窗口,如果它的父窗口消失,它也随之撤销。对话框扩充Window类,因而继承了Window的show和pack等方法。有以下两种类型的对话框窗口。

- 模态对话框(Modal Dialog):这种对话框阻塞它的父对象的输入,并且必须在它的父对象再次获得输入之前,被关闭或自动消失。
- 非模态对话框(Non-Modal Dialog):这种对象框并不阻塞父对象的输入,它可以与父对象并存。除非特别声明,一般的对话框是非模态的。

一个对话框类使用表6.7的4种构造方法进行初始化。

有些程序常常在完成某个动作之前要求用户给予确认,以免误操作。例如,在删除一个文件之前,要求用户确认一下是否真正想删除,在断开与Internet的连接时,也需要用户确认。因此,在具体应用中可以灵活地使用ConfirmDialog类,根据不同的情况进行调整。ConfirmDialog类是模态的,故它需要用户在进行后续动作之前做出选择。

表 6.7　Dialog 类的构造方法及其含义

构造方法	含义
Public Dialog(Type parent)	一个新的以 parent 为父类的非模态对话框,parent 的类型可以为 Frame 或 Dialog
public Dialog(Type parent,boolean modal)	一个新的以 parent 为父类的非模态或模态对话框,parent 的类型可以为 Frame 或 Dialog
public Dialog(Type parent,String title)	一个新的以 parent 为父类、以 title 为标题的非模态对话框,parent 的类型可以为 Frame 或 Dialog
public Dialog(Type parent,String title,boolean modal)	一个新的以 parent 为父类、以 title 为标题的非模态或模态对话框,parent 的类型可以为 Frame 或 Dialog

【例 6.16】 对例 6.15 的程序增加一个简单的对话框,使用户在退出程序前必须经过确认。

使用对话框类应能够根据不同情况给出不同的标题和不同的提问,而且需要一种方式把用户的选择反馈到它的父对象。该程序使用一个标签来显示给用户的提问,还使用了一个 OK 按钮和一个 Cancel 按钮。如果 OK 按钮被单击,就有一个公共布尔变量域被置为 true,否则置为 false。这两种情况都可使对话框消失,让程序可以继续执行。该程序在构造方法中设置对话框的标签和标题,并用 this 引用来使用重载的另一个构造方法创建退出时的确认对话框。

由于对话框扩展 Window 类,所以它带有“关闭”按钮。我们为窗口增加一个窗口监听器,于是单击窗口的“关闭”按钮就等价于单击 Cancel 按钮。

```
import java.awt.*;
import java.awt.event.*;
public class ConfirmDialog extends Dialog implements ActionListener{
    private Button okay = new Button("Ok");
    private Button cancel = new Button("Cancel");
    private Label  label = new Label("Are you sure?",Label.CENTER);
    public  boolean isOkay = false;
    private class WindowCloser extends WindowAdapter{
        public void windowClosing(WindowEvent we) {
            ConfirmDialog.this.isOkay = false;
            ConfirmDialog.this.hide();
        }
    }
    public ConfirmDialog(Frame parent) {
        this(parent, "Please confirm", "Are you sure?"); }
    public ConfirmDialog(Frame parent, String title, String question){
        super(parent, title, true);
        label.setText(question);
        setup();
        okay.addActionListener(this);
        cancel.addActionListener(this);
        addWindowListener(new WindowCloser());
        setResizable(false);
        pack(); setVisible(true);
    }
    private void setup(){
        Panel buttons = new Panel();
```

```
            buttons.setLayout(new FlowLayout());
            buttons.add(okay); buttons.add(cancel);
            setLayout(new BorderLayout());
            add("Center", label);  add("South", buttons);
        }
        public void actionPerformed(ActionEvent ae) {
            isOkay = (ae.getSource() == okay);
            hide();
        }
    }
```

现在修改例 6.15 的程序 MenuTest,使得当 Exit 菜单项被选中时,弹出一个恰当的 ConfirmDialog 对话框,并且只有单击 OK 按钮时才退出程序。在下面的程序中,改变的部分很少,且用粗体表示出来。

```
public class MenuTest extends Frame implements ActionListener{
    public void actionPerformed(ActionEvent e) {
        if (e.getSource() == fileExit) {
        ConfirmDialog exit = new ConfirmDialog(this, "Confirm Exit",
                                  "Do you really want to exit?");
            if (exit.isOkay)
                System.exit(0);
        }
    }
}
```

程序运行结果如图 6.18 所示。

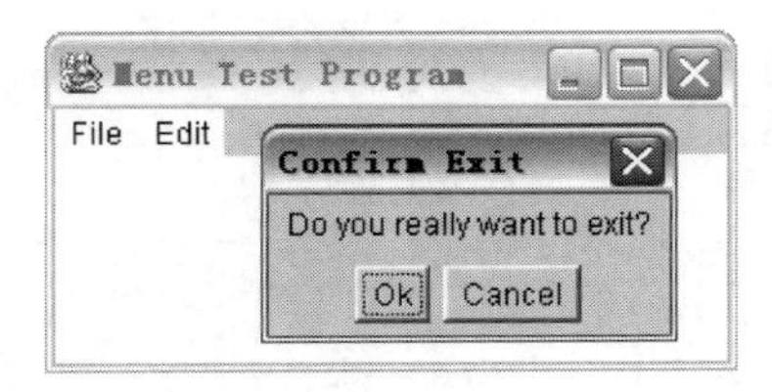

图 6.18　选择 Exit 时的对话框

6.6　图形与图形的绘制

本节将讲述如何创建绘制图形。任何扩展 java.awt.Component 的类都可以使用 Graphics 类提供的绘图方法画线条、矩形、圆形等图形。该方法为:

```
public void paint(Graphics g)
```

由于 Frame 类扩展 Component 类,我们可以在 Frame 中覆盖所继承的 paint()方法。

另一种很受欢迎的绘图方法是创建一个单独的类,这个类扩展 Canvas 类,并且覆盖 paint()方法。

6.6.1　Graphics 类

Graphics 是一个抽象类,可用于在一个可视构件内绘图。一个 Graphics 对象包含了绘图必须的信息，包括坐标、色彩、字体和剪贴板区以及基本的绘图方法。绘图在一个二维整数坐标系中进行，该坐标的原点在构件的左上角。*X* 轴在水平方向从左至右增长，*Y* 轴垂直向下增长，如图 6.19 所示。

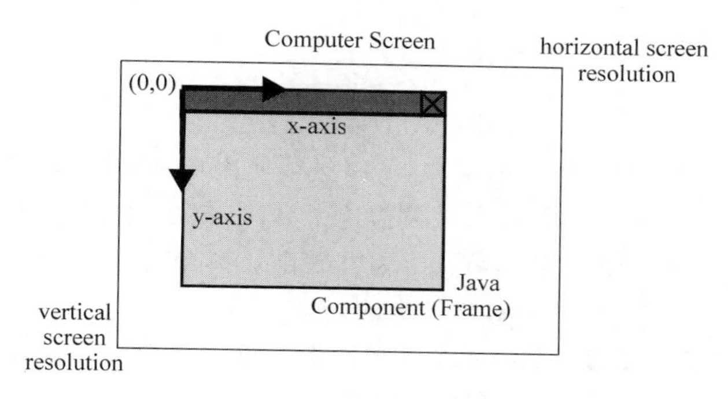

图 6.19 一个构件在计算机屏幕内的坐标系统

由于 Graphics 是一个抽象类，不能直接初始化 Graphics 对象，只能从现有的图形对象或使用 Component 的 getGraphics()方法得到 Graphics 对象。Graphics 类包含了大量的绘图方法，如表 6.8 和表 6.9 所示。

表 6.8 Graphics 类的 set/get 方法

set/get 方法	功　能
public abstract Color getColor()	获得当前图形的色彩
public abstract void setColor(Color c)	设置当前图形的色彩
public abstract Font getFont()	获得当前图形的字体
public abstract void setFont(Font font)	设置当前图形的字体
public FontMetrics getFontMetrics()	获得字体的大小信息

表 6.9 Graphics 类的各种绘图方法

方　法	功　能
drawLine(int x1,int y1,int x2,int y2)	一根从(x1,y1)到(x2,y2)的直线
drawRect(int x,int y,int width,int height)	一个顶点在(x,y)并以 width 为宽度、height 为高度的矩形
draw3DRect(int x,int y,int width,int height,boolean raised)	突出或凹进的三维矩形
drawOval(int x,int y,int width,int height)	在一个顶点在(x,y)并以 width 为宽度、height 为高度的矩形内画一个椭圆
drawArc(int x,int y,int width,int height,int start,int arc)	在一个顶点在(x,y)并以 width 为宽度、height 为高度的矩形内从 start 到 start+arc 的角度内画弧
drawPolyline(int x[],int y[],int nPoints)	画一个连接(x[0],y[0]),(x[1],y[1]),…的连线
drawPolygon(Polygon p)	画一个封闭的多边形
drawString(String str,int x,int y)	从(x,y)处开始写一个串
ClearRect(int x,int y,int width,int height)	用背景颜色填充一个矩形
drawImage(Image img,int x,int y,ImageObserver observer)	从(x,y)处开始显示一个图像，并通知观察器显示进展
drawImage(Image img,int x,int y,int width,int height,ImageObserver observer)	从(x,y)处开始显示一个宽度为 width、高度为 height 的图像并通知观察器显示进展

对Graphics类可以使用表6.8所示的get/set方法控制绘图的色彩和使用不同字体。

draw3DRect()、drawArc()、drawOval()、drawPolygon()和drawRect()方法可用于画出图形轮廓,相应地,fill3DRect()、fillArc()、fillOval()、fillPolygon()和fillRect()方法则可画出带立体感的填充图形。

6.6.2 简单绘图

由于不能直接初始化一个Graphics对象,所以必须使用现有的图形对象进行绘图。paint()方法将Graphics对象作为输入参数。如果覆盖这个方法,就必须使用这个Graphics对象的方法来完成绘图工作。Graphics类缺乏某些方法,例如缺少改变线条粗细的方法,也缺少填充某些对象的方法。

视频讲解

【例6.17】 绘制一个简单图形。首先创建一个类扩充框架(Frame),并覆盖所继承的paint()方法,在这个方法中使用Graphics对象的setColor()方法及其常量改变图形的颜色。对于色彩方法的控制,Java还提供了访问依赖于平台颜色模式的SystemColor类。

```
import java.awt.*;
import java.awt.event.*;
public class GraphicsTest extends Frame{
    private class WindowCloser extends WindowAdapter{
        public void windowClosing(WindowEvent we) {
            System.exit(0); }
    }
    public GraphicsTest(){
        super("Graphics Test");
        setSize(400,400); setVisible(true);
        addWindowListener(new WindowCloser());
    }
    public void paint(Graphics g) {
        g.setColor(Color.black);  g.drawOval(10,40,30,40);
        g.setColor(Color.red);    g.drawRect(40,60,50,60);
        g.setColor(Color.blue);   g.drawString("珞珈山水",80,50);
        g.setColor(Color.green);  g.fillOval(120,80,40,40);
                                          //画出填充的圆
        g.setColor(Color.pink);   g.fillArc(30,120,70,70,60,120);
                                          //画出填充的扇形
        g.setColor(Color.gray);   g.fill3DRect(90,120,30,30,true);
                                          //ture表示有突出感
        g.setColor(Color.black);
        g.drawOval(120,80,40,40);         //画出圆的轮廓
        g.drawArc(30,120,70,70,60,120);   //画出填充的扇形的轮廓
    }
    public static void main(String args[])
    {  GraphicsTest gt = new GraphicsTest(); }
}
```

执行这个程序的结果如图6.20所示。

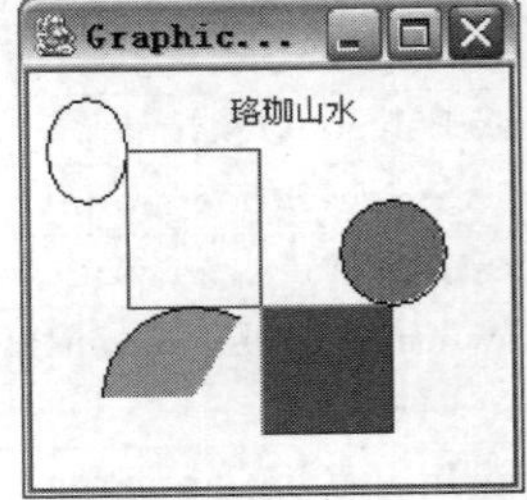

图6.20 简单的绘图

下面的例子可以实现简单的动画,现在的方式是“手动”,即单击鼠标后移动,其实其他动画的原理也是基本类似的。

【例6.18】 构造一个程序,它在一个窗口描绘出一个小鸟的图标,然后用几个按钮控制这个图标上、下、左、右移动。

实现这一功能的类可以扩展 Frame 类。按一般习惯，把按钮放在窗口的最后一行。绘图用 paint()方法完成。为了使得图标移动，必须在不同的 x、y 坐标上不断画出这个图标。程序实现时，x、y 坐标被定义为两个域，可使用 moveUp()、moveDown()、moveLeft()、moveRight()等方法改变这两个域，也就改变了图标的位置。当然，首先必须激活相应的按钮，并且在 actionPerformed()方法中调用不同的移动方法，以下是程序的第一个步骤。

```
import java.awt.*;
import java.awt.event.*;
public class MoveBird extends Frame implements ActionListener{
    private final int WIDTH = 30,HEIGHT = 20,INC = 4;
    private Button left = new Button("Left");
    private Button right = new Button("Right");
    private Button up = new Button("Up");
    private Button down = new Button("Down");
    private int x = 50,y = 50;
    Image bird = Toolkit.getDefaultToolkit().getImage("bird.jpg");
          //建立一个 Image 对象,供 drawImage()方法调用
    public MoveBird(){
        super("Moving Bird");
        setup();
        left.addActionListener(this);  right.addActionListener(this);
        up.addActionListener(this);  down.addActionListener(this);
        setSize(400,400); setVisible(true);
    }
    private void setup(){
        Panel buttons = new Panel();
        buttons.setLayout(new FlowLayout());
        buttons.add(up); buttons.add(down);
        buttons.add(left); buttons.add(right);
        setLayout(new BorderLayout());
        add("South",buttons);
    }
    public void paint(Graphics g)
    { g.drawImage(bird,x,y,39,46,this);}      //显示图标
    public void moveUp()
    {  y -= INC; }
    public void moveDown()
    {  y += INC; }
    public void moveLeft()
    {  x -= INC; }
    public void moveRight()
    {  x += INC; }
    public void actionPerformed(ActionEvent e) {
        if (e.getSource() == up)
            moveUp();
        else if (e.getSource() == down)
            moveDown();
        else if (e.getSource() == left)
            moveLeft();
        else if (e.getSource() == right)
            moveRight();
    }
    public static void main(String args[])
    {  MoveBird mb = new MoveBird(); }
}
```

程序中在建立一个Image对象时,使用了Toolkit类的getDefaultToolkit()方法和getImage()方法,Toolkit类是AWT包中的一个抽象超类。Toolkit的子类用于将各种构件与本地工具包(native toolkit)的具体实现绑定在一起。getDefaultToolkit()方法获取默认的Toolkit,然后用getImage()方法将bird.jpg文件建立一个Image对象。

这个程序开始执行时在初始位置绘出图标,但单击按钮时并不能移动图标,图标只是在改变窗口大小时发生变动。这是因为只有调用paint()方法才能在新的位置重新绘制图标,而只有当构造一个新的Frame或改变一个Frame的大小时,paint()方法才被自动调用,但单击按钮却没有调用它。这里需要调用继承的repaint()方法作为对单击按钮的响应,调用方法repaint()的语句增加在actionPerformed方法的最后一行。

```
public void actionPerformed(ActionEvent e) {
    if (e.getSource() == up)
        moveUp();
    else if (e.getSource() == down)
        moveDown();
    else if (e.getSource() == left)
        moveLeft();
    else if (e.getSource() == right)
        moveRight();
    repaint();
}
```

图6.21 移动的小鸟

现在单击任何一个按钮时,都会使图标移动,见图6.21。

改变窗口,paint()方法会自动调用,而使用repaint()方法也会间接调用paint()方法。这里实际涉及Component类包含的3个绘图方法及其调用关系。

- public void repaint():完成对update()方法的调用。
- public void update(Graphics g):清理绘图区域并调用paint()方法。
- public void paint(Graphics g):生成图形(Graphics)对象。

为了在各种情况下绘制图形,往往需要用各种代码来覆盖paint()方法,如果需要更新图形,则要调用repaint()方法。当窗口每次更新时,如窗口改变大小,也自动调用repaint()方法。通常不覆盖repaint()方法,可以覆盖update()方法来规定怎样清除绘图区,如定义背景颜色,但在覆盖代码中必须包含paint()方法。

如果不覆盖一个Frame的paint()方法,则更为方便的方法是使用Canvas构件,在这个构件中包含特殊的绘图方法。

6.6.3 Canvas

如果绘图工作是在一个Frame或Applet的paint()方法内进行,它就有可能与其他GUI构件重叠。因为所有构件,包括paint方法中的Graphics对象,其坐标系统都起始于窗口的左上角。例如,一个包含有"关闭"按钮和标题行的Frame,标题行覆盖绘图区顶部的一条带区,这个区域内的任何坐标都被覆盖。使用Canvas的绘图方法并不是直接写入一个Frame(或Applet),而是写入Canvas。

Canvas是一个具有自己的坐标系统的构件(见图6.22),使用布局管理器可以确定它在其他构件的位置,并且可以用自身的布局管理器来进行版面布局。Canvas扩展Component类,继承了它的paint(Graphics g)、update(Graphics g)以及repaint()方法。当Canvas需要更新时，自动调用 repaint()方法。repaint()方法也可以直接在绘图程序中调用 update()方法，该方法清除绘图区，并调用了 paint()方法。paint()方法也可以被所需要的绘图代码覆盖。

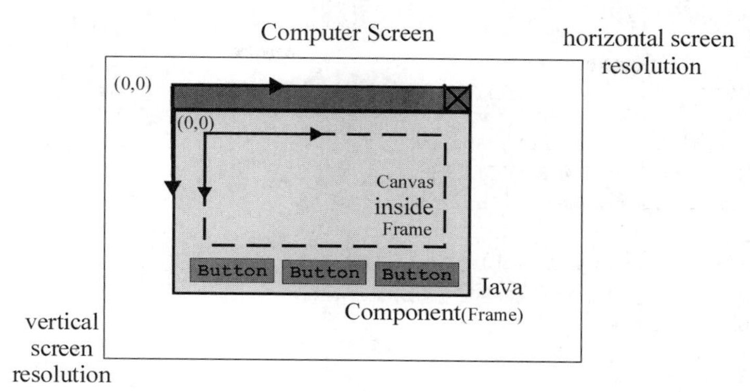

图 6.22　一个 Canvas 嵌入在 Frame 中并有自己的坐标系统

【例 6.19】 使用 Canvas 对图形进行定位。创建一个 Applet，它使用 FlowLayout 布局在一个面板内包含了一个按钮。再创建一个面板，用 North 参数将这个 Applet 置于上方，然后覆盖 Applet 的 paint()方法，使它从上至下每隔 12 个像素写一个字符串。观察程序的效果后，再使用 Canvas 将图形置于 Applet 的中央，如图 6.23 和图 6.24 所示。

```
import java.applet.*;
import java.awt.*;
public class DrawNoCanvas extends Applet{
    private Button draw = new Button("Draw");
    public void init(){
        Panel buttons = new Panel();
        buttons.setLayout(new FlowLayout());
        buttons.add(draw);
        setLayout(new BorderLayout());
        add("North",buttons);
    }
    public void paint(Graphics g) {
       for (int i = 12; i < getSize().height;
                i += 12)
          g.drawString("y location: " + i, 10, i);
    }
}
```

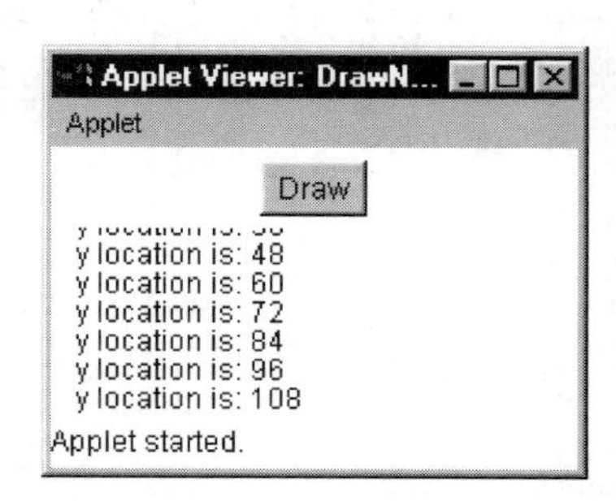

图 6.23　没有使用 Canvas 的绘图

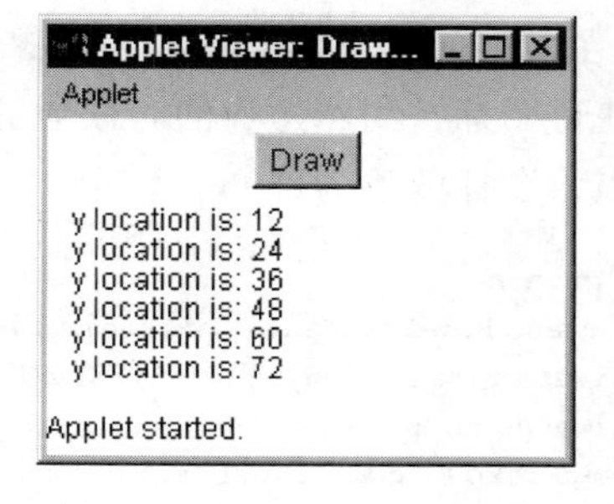

图 6.24　使用 Canvas 绘图

从图 6.22 可以看出,按钮所在的面板遮住了所写的几行字符串。所以需要改写这个类,将书写字符串的代码移到新的扩展 Canvas 的类中,再将这个 Canvas 加入到 Applet 作为一个域,并用布局管理器进行定位。这样,这些字符串就不会被其他构件所覆盖。

```
import java.applet. * ;
import java.awt. * ;
public class DrawWithCanvas extends Applet
{   private Button draw = new Button("Draw");
    private DrawCanvas drawing = new DrawCanvas();
    public void init(){
        Panel buttons = new Panel();
        buttons.setLayout(new FlowLayout());
        buttons.add(draw);
        setLayout(new BorderLayout());
        add("North",buttons);
        add("Center", drawing);
    }
}
public class DrawCanvas extends Canvas{
    public void paint(Graphics g) {
        for (int i = 12; i < getSize().height; i += 12)
            g.drawString("y location: " + i, 10,i);
    }
}
```

为了创建一个 Graphics 对象,首先创建一个类扩展 Canvas 并且覆盖 paint()方法,再将这个类作为一个域加入到类似 Frame 或 Applet 的类中,用布局管理器对其进行定位,就可以在 paint 方法的参数 Graphics 对象上进行绘图。这个类需要完成如下工作。

(1) Frame(或 Applet)作为控制者,确定所有构件的位置,处理用户的输入,并处理与其他对象的交互。

(2) 用 Canvas 处理绘图,它的最重要的方法是 paint(),该方法可以被覆盖。在必要的时候,也可以由控制者调用 repaint()方法。同时,还可以自己定义一些辅助的方法帮助绘图。

【例 6.20】 改进例 6.18 的程序,增加一个 Canvas 到移动图标程序,使得绘图在一个 Canvas 内进行,并且图标在碰到边界时能够自动回头。

实现新的功能的类包含域 x 和 y 以及方法 moveUp()、moveDown()、moveLeft()、moveRight()负责处理绘图。actionPerformed()方法响应按钮事件,调用上、下、左、右移动的方法,再调用 repaint()方法来刷新图像。

为了将这些任务分开,某些域和处理绘图的方法将被移到一个新的类,这个类扩展 Canvas,并在 Frame 类中调用它的方法来对用户的输入做出响应,同时进一步扩充不同的"移动"方法,使得图标在到达边界的时候能够朝着另一个方向移动。

负责描绘图标的类为:

```
import java.awt. * ;
public class MoveBirdCanvas extends Canvas{
    private final int WIDTH = 30,HEIGHT = 20,INC = 4;
    private int x = 50,y = 50;
    Image bird = Toolkit.getDefaultToolkit().getImage("bird.jpg");
    public void paint(Graphics g) {
        g.drawImage(bird,x,y,39,46,this);    //显示图标
```

```
        g.drawRect(0,0,getSize().width - 1,getSize().height - 1);
                                                  //为 Canvas 增加了边界
    }
    public void moveUp(){
        if (y > 0)
            y -= INC;
        else
           y = getSize().height - INC;
    }
    public void moveDown(){
        if (y < getSize().height - INC)
            y += INC;
        else
            y = 0;
    }
    public void moveLeft(){
        if (x > 0)
            x -= INC;
        else
           x = getSize().width - INC;
    }
    public void moveRight(){
        if (x < getSize().width - INC)
            x += INC;
        else
           x = 0;
    }
}
```

每个“移动”方法都要检查图标是否接近边界，如果是，则改变坐标，使得图标向相反方向移动。修改了的 paint()方法还为 Canvas 增加了边界。

下面定义的控制类扩展了 Frame 类并将 MoveBirdCanvas 作为一个域，控制类定义了布局，并将 Canvas 加入到这个布局中，然后在 actionPerformed()方法中调用 Canvas 中的方法处理绘图。

```
import java.awt.*;
import java.awt.event.*;
public class MoveBirdWithCanvas extends Frame implements
    ActionListener{
    private Button left = new Button("Left");
    private Button right = new Button("Right");
    private Button up = new Button("Up");
    private Button down = new Button("Down");
    public MoveBirdCanvas drawing = new MoveBirdCanvas();
    public MoveBirdWithCanvas(){
        super("Moving Bird");
        setup();
        left.addActionListener(this);   right.addActionListener(this);
        up.addActionListener(this);   down.addActionListener(this);
        setSize(400,400); setVisible(true);
    }
    private void setup(){
        Panel buttons = new Panel();
        buttons.setLayout(new FlowLayout());
```

```
        buttons.add(up);   buttons.add(down);
        buttons.add(left);  buttons.add(right);
        setLayout(new BorderLayout());
        add("South", buttons);
        add("Center", drawing);
    }
    public void actionPerformed(ActionEvent e) {
        if (e.getSource() == up)
            drawing.moveUp();
        else if (e.getSource() == down)
            drawing.moveDown();
        else if (e.getSource() == left)
            drawing.moveLeft();
        else if (e.getSource() == right)
            drawing.moveRight();
        drawing.repaint();
    }
    public static void main(String args[])
    {  MoveBirdWithCanvas mb = new MoveBirdWithCanvas(); }
}
```

该程序执行后的效果与图 6.20 几乎相同,这里不再重复。

Canvas 类还有一个优点是它的绘图方法可作为重用对象,用于其他程序之中。下面给出一个可重用的绘图类例子。

【例 6.21】 创建一个 StopSign 类,它可以画出一个雪人作为 stop 标志,以供其他类使用。并通过将 stop 标志加入到例 6.16 的 ConfirmDialog 对话框中来测试 StopSign 类。一个 stop 标志如图 6.25 所示。

StopSign 类包含有图形,因此扩展了 Canvas 类,并使用另一个常数定义多边形的颜色。paint()方法使用 Graphics 类的几种绘图方法来绘制雪人图形,特别是使用了 setColor()方法和 Color 类提供的色彩进行绘图。

图 6.25 雪人标志

这里没有使用其他 GUI 构件和布局管理器,这意味着该类并不知道它的最佳大小,因而必须覆盖 Component 中的 getPreferredSize()方法,这个方法在布局管理器对构件定位时被自动调用,并返回所定义的类所需要的画板的最佳尺寸。

一个扩展 Component 的类可以继承 getPreferredSize()方法,这个方法由布局管理器调用后可获得该构件的最佳大小。如果这个类自身使用布局管理器来增加一个构件,则 getPreferredSize()方法自动调整位置,使得所有的构件都得到合理的安排。如果需要特别说明构件的大小,则需要覆盖下述方法。

```
public Dimension getPreferredSize()
```

一般来说,继承 Canvas 的类都应该覆盖 getPreferredSize()方法。

```
import java.awt.*;
public class StopSign extends Canvas{
    public StopSign(){
        super();
        setBackground(Color.cyan);                              //设置背景颜色
```

```
    }
    public Dimension getPreferredSize()
   {  return new Dimension(120,140); }
    public void paint(Graphics g) {
        final int MID = 60;
        final int TOP = 20;

        g.setColor(Color.blue);
        g.fillRect(0, 175, 300, 50);                          //背景

        g.setColor(Color.yellow);
        g.fillOval(-20, -20, 40, 40);                         //太阳

        g.setColor(Color.white);
        g.fillOval(MID-20, TOP, 40, 40);                      //头
        g.fillOval(MID-35, TOP+35, 70, 50);                   //上躯干
        g.fillOval(MID-50, TOP+80, 100, 60);                  //下躯干

        g.setColor(Color.black);
        g.fillOval(MID-10, TOP+10, 5, 5);                     //左眼
        g.fillOval(MID+5, TOP+10, 5, 5);                      //右眼

        g.drawArc(MID-10, TOP+20, 20, 10, 190, 160);          //笑容

        g.drawLine(MID-25, TOP+60, MID-50, TOP+30);           //左手背
        g.drawLine(MID+25, TOP+60, MID+55, TOP+30);           //右手背

        g.drawLine(MID-20, TOP+5, MID+20, TOP+5);             //帽子的边沿
        g.fillRect(MID-15, TOP-20, 30, 25);                   //帽顶
    }
}
```

要用到的绘图方法都包含在这个类中，所以只要将这个类存放在要使用它的那个类的同一个目录中，即可使用。它可以作为一个域加入到一个类中，并可像其他 GUI 构件一样用布局管理器来进行定位。下面就是对例 6.16 中的 ConfirmDialog 类的修改，修改的地方用斜体标出，含 StopSign 的确认框如图 6.26 所示。

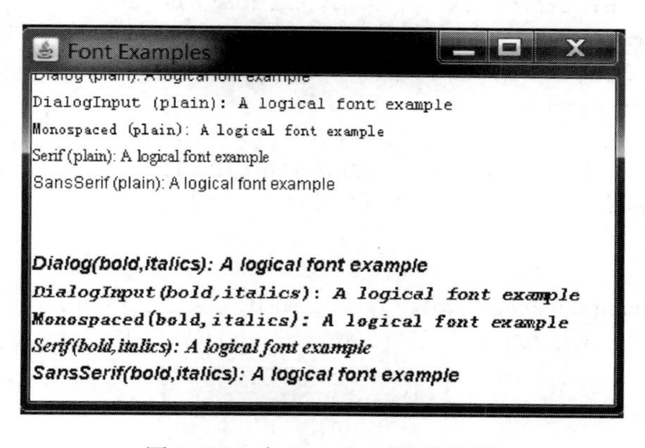

图 6.26　含 StopSign 的确认框

```
public class ConfirmDialog extends Dialog
            implements ActionListener{
```

```
    //其他域同前例
    private StopSign stop = new StopSign();
    //其他方法同前例
    private void setup()
    {
        add("West", stop);                                      //增加此行
    }
    public void actionPerformed(ActionEvent ae)
    {  //同例6.16}
}
```

下面介绍Java对字体的支持。字体是高度依赖于平台的。Java提供了多种方法获得安装在特殊系统中的字体。由于篇幅的限制,下面仅介绍逻辑字体。

6.6.4 Font类

Font(字体)类定义了各种字体。字体分为物理字体、依赖系统的字体、逻辑字体和平台独立的字体。JVM自动用物理字体代替逻辑字体名Dialog、DialogInput、Monospaced、Serif和SansSerif。构造一个Font对象的语法为:

```
Font myFont = new Font(String name, int style, int size)
```

其中,name为逻辑字体名,style是Font.PLAIN、Font.BOLD或Font.ITALIC的组合,size是字体的大小。使用setFont()方法可为每个扩展Component以及Graphics的类定义字体。

【例6.22】 编写一个程序创建不同风格和大小的逻辑字体。

这个程序扩展Frame类,定义一个存放逻辑字体名的数组,并覆盖了paint()方法以便用这些逻辑字体书写文本。其输出显示在图6.27中。

```
import java.awt.*;
import java.awt.event.*;
public class FontExample extends Frame{
    private static final String[] FONTS =
        {"Dialog", "DialogInput", "Monospaced", "Serif", "SansSerif"};
    private static final String TEXT = "A logical font example";
    public FontExample()
    {  super("Font Examples"); setSize(300, 300); setVisible(true); }
    public void paint(Graphics g) {
        for (int i = 0; i < FONTS.length; i++){
            g.setFont(new Font(FONTS[i],Font.PLAIN,12));
            g.drawString(FONTS[i] + " (plain): " + TEXT, 10, 20 * i + 40);
        }
        for (int i = 0; i < FONTS.length; i++){
            g.setFont(new Font(FONTS[i],Font.BOLD + Font.ITALIC, 14));
            g.drawString(FONTS[i] + "(bold,italics): "
                         + TEXT,10,20 * i + 180);
        }
    }
    public static void main(String args[])
    {  FontExample fe = new FontExample(); }
}
```

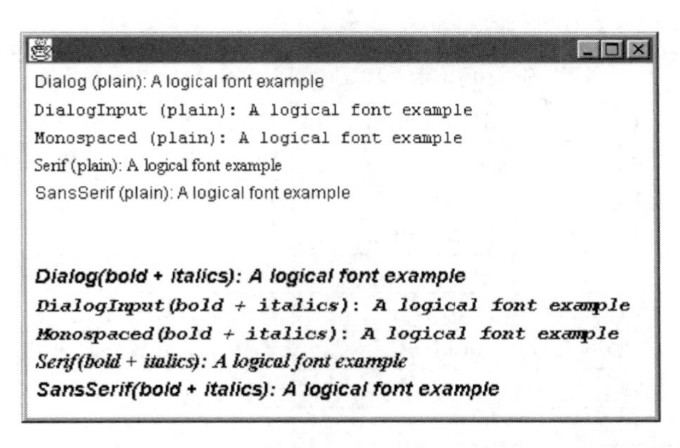

图 6.27　用不同的字体和风格显示字符串

6.7　从 AWT 到 Swing 的转换

从 Java 1.2 版开始，Sun 向它的 JDK 中加入了一个封装了很多类的 Swing 包。Swing 是更灵活、更强大的 AWT 的版本。Swing 中的类可以让程序员根据不同的操作系统选择不同的外观。不管程序运行在何种操作系统上，Swing 允许用户随时改变程序的外观，使它看起来更像一个标准的 Windows 程序、Macintosh 程序或是 UNIX 程序，也可以选择独特的"Java 样式"的外观，这是基于 Swing 的程序和 Applets 的默认外观。

将已有的基于 AWT 的程序转换成等价的 Swing 程序是相当简单的。显然，在转换过程中附加的特点也会被加入到要转换的"旧的"基于 AWT 的程序中，使这些程序立刻就变得美观起来。本节将简单地介绍该转换过程的一些必要步骤。

我们把 AWT 类分成两部分。一部分可以安全地混合入 Swing 类（见表 6.10）；另一部分要用 Swing 的等价类对其进行替换（见表 6.11）。

表 6.10　可以与 Swing 安全共存的 AWT 组件

类　型	特　殊　类
所有现有的布局管理器	BorderLayout，CardLayout，FlowLayout，GridBagLayout 和 GridLayout
java.awt.event 包中的所有的事件、监听器和适配器	ActionEvent，ActionListener，WindowEvent，WindowListener，WindowAdapter 等
所有非 GUI 存储容器	Dimension，Insets，Point，Polygon 和 Rectangle
提供访问系统资源的类	Color，Cursor，Font，FontMetrics，SystemColor 和 Toolkit
与图形和图像相关的类	Graphics，Graphics2D，Image，MediaTracker

表 6.11　AWT 类和 Swing 相对应的组件

AWT 组件	Swing 组件	备　注
Applet	JApplet	不使用 add()方法而使用 getContentPane().add；JApplet 是 javax.swing 包的一部分
Button	JButton	代码兼容
Canvas	JPanel 或 JLabel	用 paintComponent 取代 paint()，JPanel 和 JLabel 已经有了双缓冲

续表

AWT组件	Swing组件	备　注
Checkbox	JCheckBox 或 JRadioButton	代码兼容(注意拼写差异)
CheckboxGroup	取代 ButtonGroup	ButtonGroup 可以组合检查框,单选按钮和按钮
CheckboxMenuItem	JCheckboxMenuItem 或 JRadioButtonMenuItem	代码兼容(注意拼写差异)
Choice	JComboBox	项目的加入不同
Component	JComponent	一般不直接使用
Dialog	JDialog or,JOptionPane	不使用 add 方法而使用 getContentPane(). add
FileDialog	JFileChooser	不同
Frame	JFrame	不使用 add 方法而使用 getContentPane(). add
Label	JLabel	代码兼容
List	JList	列表需要独立的 scroll pane 和数据模型
Menu,MenuBar,MenuItem,PopupMenu	JMenu,JMenuBar,JMenuItem,JPopupMenu,JSeparator 和 JPopupMenu. Separator	代码兼容,但是 separators 是独立的类,不是成员变量
Panel	JPanel	代码兼容
Scrollbar	JScrollBar 或 Jslider 或 JProgressBar	取决于所使用的类
ScrollPane	JScrollPane	代码兼容
TextArea	JTextArea	必须手工加载 scrollbars,事件监听器不同
TextComponent	JTextComponent	不直接使用
TextField	JTextField	代码兼容
Window	JWindow	代码兼容,不常用

注意 Swing 提供了 JSplitPane 和 JTabbedPane,它们可以方便地取代某些布局,并且向程序添加一些额外的功能。

用相应的 Swing 组件取代 AWT 组件之后,新程序的性能可能会立即大大增强,一般会获得如下好处。

- 给一些 Swing 组件加上边框和标题框。
- 给一些 Swing 组件加上工具提示(ToolTips)。
- 给一些按钮和标签加上图像。
- 在使用弹出菜单时可以很容易检测出鼠标右击和双击。
- 在警告对话框中加入信息。

虽然该转换不是自动进行的,但并不困难。将基于 AWT 的程序转换成基于 Swing 的程序一般遵循以下步骤。

(1) 将源代码备份后删除所有的类文件(. class)。

(2) 删除 java. awt. * 、java. applet. * 或 java. applet. Applet,删除 import java. awt. event. * ,然后加上 import javax. swing. * 。

(3) 将表 6.11 中所有描述的 AWT GUI 组件转换成相应的 Swing 组件。通常,要在类名前加上字母 J。

(4) 将 List 替换成 JList,并与 model 和 scroll pane 关联起来。

(5) 将 TextArea 替换成 JTextArea,并与 scroll pane 关联起来;将所有的 TextListener

用 DocumentListener 替换。

(6) 必须将定制绘图或扩展 Canvas 的类转换成 JPanel。

(7) 对于 JFrame、JDialog 和 JApplet，需将如下代码：

```
setLayout(manager);add(component)
```

替换成：

```
getContentPane().setLayout(manager);
getContentPane().add(component)
```

(8) 逐个导入表 6.10 描述的特殊的 AWT 类，它们可以和 Swing 安全共存。

(9) 用 javac-deprication Source.java 命令编译新生成的类，然后用 Java API 解决不同命名和一些取消了的方法等问题。加入一些类似图像按钮和工具提示(tooltips)，清除冗余代码，弄清 Swing 的附加组件加入和改进的功能，测试程序。

6.8 小　　结

一个漂亮的程序外观不仅是一个软件程序很重要的“第一印象”，而且也是体现一个软件使用方便、功能强大的重要方面。现在大多数桌面软件都使用图形用户界面，所以一定要掌握这门技术。

学习 GUI 编程分为 3 个层面：第一个层面是要熟悉 Java 的图形用户界面基本构件，即有哪些基本构件类，它们的层次关系及使用方法。本章我们熟悉的构件有 Windows、Frame、Menubar、Menu、MenuItem、Button、Label、TextField、Textarea、List、Font、Color、Graphics、Convas 等；第二个层面是要掌握如何进行布局设计，我们已详细讨论了 3 种基本布局：FlowLayout、GridLayout、BorderLayout，从本章的内容可以看出用这 3 种基本布局可以设计出很专业的图形界面；第三个层面是掌握事件驱动原理，使这些构件领会编程的意图。本章的表 6.4 给出了哪些事件类，该类有哪些获取事件特征的方法，有哪些构件能够产生该事件，哪种接口监听这个事件，监听到事件后交给哪些方法处理。

掌握本章的内容，就可以继续发掘 Java 更强大的 GUI 工具包 Swing，其中有与 AWT 中的类相对应的基本构件类以及更为专业的 GUI 界面的设计方法。我们完全有能力自学这个包中的全部内容。

习　题　6

1. 图形界面中所要用的基本类可划分为几种基本类型？它们各自的作用是什么？

2. 为什么说 Frame 是非常重要的容器？程序中如何使用 Frame 类？

3. 什么是事件源？什么是监听者？Java 的图形用户界面中，谁可以充当事件源？谁可以充当监听者？简述 Java 的事件处理机制。

4. 动作事件的事件源可以有哪些？如何响应动作事件？

5. 常用的菜单有哪些类？是不是任何容器都可以使用菜单？简述实现菜单的编程步骤。

6. 什么是容器的布局？试列举并简述 Java 中常用的几种简单布局策略。

7. 编写程序,包含3个标签,其背景分别为红、黄、蓝3种颜色。

8. 编写图形界面的独立应用程序,该程序包含一个菜单,选择这个菜单的"退出"命令可以关闭独立应用程序的窗口并结束程序。

9. 编写程序,包括一个标签、一个文本框和一个按钮,当用户单击按钮时,程序把文本框中的内容复制到标签中。

10. 编写一个Applet响应鼠标事件,用户可以通过拖动鼠标在Applet中画出矩形,并在状态条中显示鼠标当前的位置。

11. 使用一个Canvas及其上的字符串来显示各选择组件确定的显示效果。

12. 设计一个加法计算器,其中要使用按钮、文本域、布局管理者和标签等构件。

13. 根据本章所介绍的内容编程:设计一个简单的文字编辑器。

14. 下列选项中,事件(　　)表明在一个java.awt.Component构件之上有一个按键按下。

A. KeyEvent　　B. KeyDownEvent

C. KeyPressEvent　　D. KeyTypedEvent

E. KeyPressedEvent

15. 下列选项中,(　　)创建一个监听类,当鼠标移动时,它可以接收事件。

A. 通过继承(extends)MouseListener接口

B. 通过实现(implements)MouseListener接口

C. 通过继承(extends)MouseMotionListener接口

D. 通过实现(implements)MouseMotionListener接口

E. 通过继承(extends)MouseMotionListener接口或继承(extend)MouseListener接口

F. 通过实现(implements)MouseMotionListener接口或实现(implements)MouseListener接口

16. 下述语句为真的是(　　)。(多选题)

A. 一个gridlayout布局管理器可以将多个构件定位在多行或多列上

B. 一个borderLayout布局管理器的North位置是放置一个Frame的菜单条的恰当位置

C. 构件在一个gridlayout布局管理器中可以改变单元的大小,可以在单元格中居中摆放

D. 一个borderlayout布局管理器用于定位一个构件时,当容器改变大小时可以保持该构件的大小不变

17. 下述语句为真的是(　　)。(多选题)

A. 一个FlowLayout定位的构件在容器发生改变时,可以在水平方向上改变大小

B. 一个GridLayout定位的构件在容器发生改变时,可以保持构件的大小不变

C. 一个BorderLayout定位的构件在容器发生改变时,可以保持构件的大小不变

D. GridLayout定位的构件,可以以网格状保持单元格大小一致

18. 阅读下列程序:

```
import java.awt.*;
```

```
public class Test extends Frame{
  public Test(){
    add(new Label("Hello"));
    add(new TextField("Hello"));
    add(new Button("Hello"));     //第 6 行
    pack();
setVisible(true);
}
  public static void main(String[] args){
new Test();
  }
}
```

该程序的运行结果是(　　)。

A. 代码编译不通过

B. 显示一个窗口，仅包含一个按钮

C. 在第 6 行抛出一个 IllegalArgumentException 异常

D. 出现一个空窗口

19. 容器被重新设置大小后，布局管理器(　　)的容器中的组件大小不随容器大小的变化而改变。

A. CardLayout　　B. FlowLayout

C. BorderLayout　　D. GridLayout

20. 假定有一个动作事件(ActionEvent)，方法(　　)可以判别出产生事件的构件。

A. public Class getClasses()

B. public Object getSource()

C. public EventObject getSource()

D. public Component getTarget()

E. public Component getComponent()

F. public Component getTargetComponent()

21. 下列选项中，可以充当 Java 事件源的有(　　)。(多选题)

A. 键盘　　B. 鼠标　　C. Frame 容器

D. Label 组件　　E. Applet 容器

22. 哪个布局管理器使用的是组件的最佳尺寸(preferred size)?

23. 阅读下列程序：

```
import java.awt.*;
public class X1 extends Frame {
  public static void main(String []args){
      X1 x = new X1 ();
      x.pack();
      x.setVisible(true);
  }

  public X1(){
      setLayout(new GridLayout (2,2));
```

```
        Panel p1 = new Panel();
        add(p1);
        Button b1 = new Button ("One");
        p1.add(b1);

        Panel p2 = new Panel();
        add(p2);
        Button b2 = new Button ("Two");
        p2.add(b2);

       Button b3 = new Button ("Three");
        add(b3);

        Button b4 = new Button ("Four");
        add(b4);
        }
}
```

下述选项中,成立的是(　　)。(多选题)

A. 如果Frame的高度改变了,所有的按钮的高度也随之改变

B. 如果Frame的宽度改变了,所有的按钮的宽度也随之改变

C. 即使Frame的大小改变了,带有标签One的按钮是不变的

D. 如果Frame的大小改变了,带有标签Three的按钮都会改变的

第7章 流和文件

I/O是计算机的最基本操作,每种计算机语言必须要有处理I/O方法,因为许多程序需要读写数据。为此,Java提供了丰富的I/O流类来处理I/O操作。流是Java中最重要的角色之一,它的重要作用是将本来非常复杂的I/O处理都封装到流中进行处理,用户只需将需要的I/O设备与相应的流进行关联就可以了,然后在流对象之上进行标准的输入输出操作。在前面的章节中已有若干读写数据的例子,实际上这些例子都是从"流"读取和向"流"写入数据。

Java语言的java.io包提供了多个用于与各种I/O设备交换信息的类。其中,文件系统是一种常用的I/O设备,而标准输入设备System.in是键盘,标准输出设备System.out是终端或监视器。I/O设备很多,如存储介质、网络和打印设备等,实际上,Java都把它们抽象成I/O流。此外,为了输入输出的效率和使用方便,Java还提供了缓冲流、过滤流、管道流和字符标记等I/O类。

7.1 I/O流概述

流是一种很常见的输入输出方式,它是一个比文件所包含的范围更广的概念。流是一个流动的数据序列。流可分为输入流和输出流。

输入流将外部数据引入计算机中,输入流同数据源相连,用来从数据源中读取数据。例如,从网络中读取信息,从扫描仪中读取图像信息等。图7.1表示从数据源到I/O类的输入流。

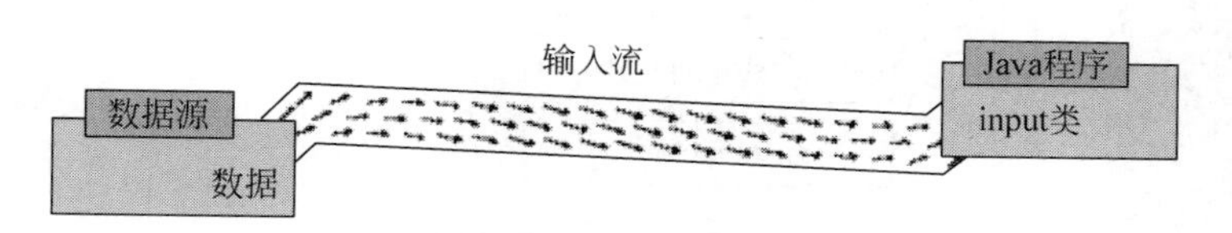

图7.1 从数据源到I/O类的输入流

同输出流相连的java.io类能向流中插入字节,流将字节送到数据接收器。输出流将数据引导到外部设备,例如向网络中发送信息,在屏幕上显示图像和文件内容等。图7.2表示从I/O类到数据接收器的输出流,同数据接收器相连的流用来向接收器中写入数据。

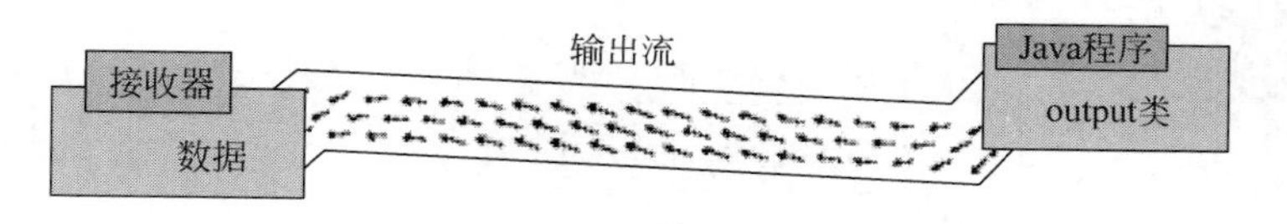

图7.2 从I/O类到数据接收器的输出流

流的最大特点是数据的获取和发送均按照数据序列顺序进行：每一个数据都必须等待排在它前面的数据读入或送出之后才能被读写，而不能够随意选择输入输出的位置。磁带机是实现流式输入输出的较典型设备。可以将"流"看作数据从一种设备流向另一种设备的过程，也可以看作是一个连续的字节块。从概念上讲，流的一端可以和数据源或数据接收器相连，另一端可以认为与 java.io 包中的类相连。

流序列中的数据既可以是未经加工的原始二进制数据，也可以是经过一定编码处理后符合某种格式规定的特定数据，如字符流序列、数字流序列等。包含数据的性质和格式不同，数据流动方向(输入或输出)不同，流的属性和处理方法也就不同。

在 Java 中，流都是用类来表示的，在 Java 的输入输出类库中，有各种不同的流类来分别处理这些不同性质的输入输出流，因此，所有的输入和输出流类都可以在 java.io 包中找到。

7.1.1 从类的层次看 I/O 流

本小节从类的层次来分析 I/O 流，对后面不再介绍的某些流会给出略微详细的介绍，而对于在后面还要详细介绍的类在此只做简单介绍。

在 java.io 包中包含子类较多的有"四大家族"，它们分别是 InputStream 类、OutputStream 类、Reader 类和 Writer 类。图 7.3 和图 7.4 分别表示 java.io 包中的输入流类 InputStream 和输出流类 OutputStream 的层次结构。Reader 类和 Writer 类也有类似的结构，图 7.5 和图 7.6 分别展示了它们的层次结构。InputStream、OutputStream 与 Reader、Writer 的结构相似，且 InputStream、OutputStream 更为基础一些，因此本小节较多地介绍 InputStream、OutputStream 类及其子类。

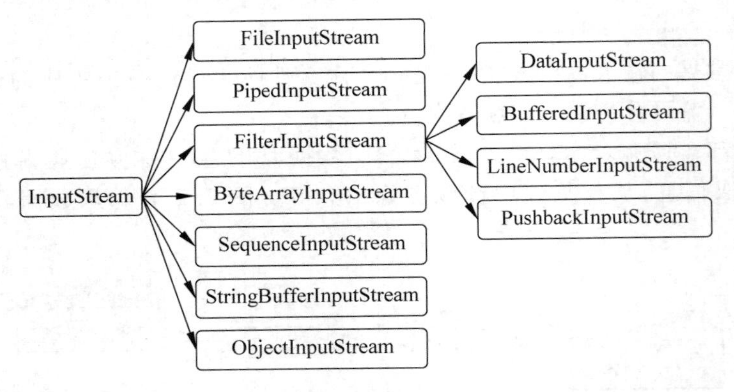

图 7.3　java.io 包中字节输入流 InputStream 的类层次

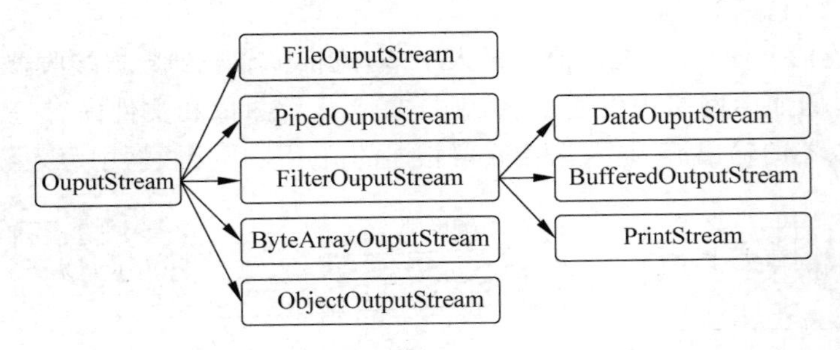

图 7.4　java.io 包中的字节输出流 OutputStream 的类层次

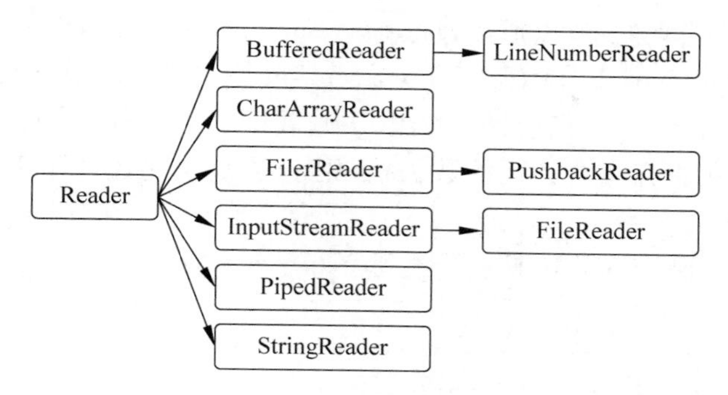

图 7.5 java.io 包中的字符输入流 Reader 的类层次

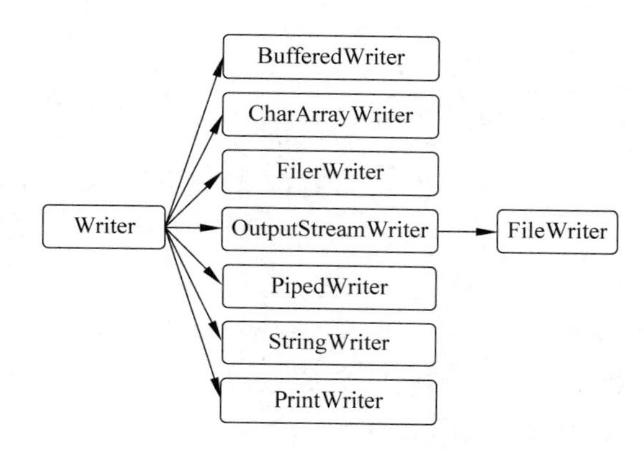

图 7.6 java.io 包中的字符输出流 Writer 的类层次

InputStream 和 OutputStream 类均为抽象类，也就是说不能用它们创建实例对象，必须子类化之后才能建立对象。

InputStream 继承 Object 类。如图 7.3 所示，InputStream 有 7 个类直接继承它，其中一个子类 FilterInputStream 本身又是一个具有 4 个子类的抽象类。

OutputStream 也是直接继承 Object 类。如图 7.4 所示，OutputStream 有 5 个类直接继承它，OutputStream 的一个子类 FilterOutputSteam 本身又是一个具有 3 个子类的抽象类。

1. I/O 流的基础类

I/O 流的基础类是指 java.io 包中的根类，即这些类都是 Object 类的直接子类。这些类除了前面说的"四大家族"外，还有 File 类、RandomAccessFile 类、StreamTokenizer 类等。这里主要对"四大家族"进行介绍。

1) InputStream 类

InputStream 类是以字节为单位的输入流。数据来源可以是键盘，也可以是诸如 Internet 这样的网络环境。这个类可作为许多输入类的基类。InputStream 是一个抽象类，因此不能建立它的实例，相反用户必须使用其子类。注意，大多数输入方法都抛出了 IOException 异常，因此如果程序中调用了这些输入方法，就必须捕获和处理 IOException 异常。

InputStream 类的主要方法是 read()，read()方法有以下 3 种版本。

(1) public abstract int read( ) throw IOException 该方法从流中读入一个字节，并将该字节作为一个整数返回，若没有数据则返回－1。在 Java 中，不能直接把一个整数转换为字符，因为 Java 的整数为 32 位，而字符则为 16 位。还需注意的是，该方法一般是通过

InputStream的子类来实现的,所以通常通过System.io.read()来调用。

(2) public int read(byte b[]) throw IOException 该方法以一字节型数组作为参数,可用于一次读取多个字节,读入字节直接放入数组b中,并返回读取的字节数。使用该方法必须保证数组有足够的大小来保存所要读入的数据,否则Java就会抛出一个IOException。下面是一个很有意思的例子。

【例7.1】 巧妙实现从ASCII码字符集到Unicode字符集之间的转换。

```
import java.io.*;
class Input{
    public static void main(String args[]) throws IOException{
        byte buf[] = new byte[20];
        try{
            System.in.read( buf );
        }catch(IOException e){
            System.out.println(e.toSting())
        }
        String str = new String (buf,0);          //把一个字节型数组转换成字符串数组
        System.out.println(str);
    }
}
```

上述代码中有注释的语句行的作用是把一个字节型数组换成字符串数组。转换过程中以第二个参数作为字符串数组中每个元素的高8位(均为0)。实际上,这个程序实现了从ASCII码字符集到Unicode字符集之间的转换。

(3) public int read(byte b[],int off,int len)该方法类似于上一种read方法,不同的是设置了偏移量(off)。这里的偏移量指的是可以从字节型数组的第off个位置起,读取len个字节。这个方法还可以用于防止数组越界,其用法是:把偏移off设置为0,len设成数组长度。这样,既可填充整个数组,又能保证不会越界。例如,例7.1的读入语句可改为:

```
System.in.read(buf, 0, 20);
```

InputStream类的常用方法还有如下几个。

- public long skip(long n) throws IOException:跳过指定的字节数。
- public int available() throws IOException:返回当前流中可用字节数。
- public void close():关闭当前流对象。
- public Synchronized void mark(int readlimit):在流中标记一个位置。
- public Synchronized void reset() throws IOException:返回流中放标记的位置。
- public boolean markSupport():返回一个表示流是否支持标记和复位操作的布尔值。

一个输入流在创建时自动打开,使用完毕后可以用close( )方法显式地关闭,或者在对象不再被引用时,被垃圾收集器隐式地关闭。

使用InputStream有如下几点值得注意。

(1) 当程序中调用InputStream请求输入时,所调用的方法就处在等待状态,这种状态属于"堵塞"。例如,当程序运行到System.in.read()的时候就等待用户输入,直到用户输入一个Enter键为止。

(2) InputStream类操作的是字节数据,不是字符。ASCII字符和字节数据对应为8位数据,Java的字符为16位数据,Unicode字符集对应的是16位字节数据,Java的整数为32位。

这样，利用 InputStream 类来接收键盘字符将接收不到字符的高位信息。

(3) 流是通过−1 来标记结束的。因此，必须用整数作为返回的输入值才可以捕捉到流的结束。否则，如果使用的是相当于无符号整数的字符来保存，则无法确认流何时结束。

2) OutputStream 类

OutputStream 是与 InputStream 相对应的输出流类，它具有所有输出流的基本功能。由于 OutputStream 实现输出流的许多方法与 InputStream 流的方法相对应，下面仅简单列出与输入流类相对应的方法。

- public abstract void write(int b) throws IOException：向流中写入一个字节。
- public void write(byte b[]) throws IOException：向流中写入一个字节数组。
- public void write(byte b[],int off,int len) throws IOException：在从数组中的第 off 个位置开始的 len 个位置上写入数据。
- public void flush() throws IOException：清空流并强制将缓冲区中所有数据写入流中。
- public void close() throws IOException：关闭流对象。

使用过程中要注意，OutputStream 是抽象类，不能直接建立它的实例，但可以使用如下语句建立输出流对象：

```
OutputStream os = new FileOutputStream("test.dat");
```

3) Reader 类和 Writer 类

由于 Java 采用 16 位的 Unicode 字符，因此需要基于字符的输入输出操作。从 Java 1.1 开始，加入了专门处理字符流的抽象类 Reader 类和 Writer 类。从类的层次来看，Reader 类和 Writer 类与 InputStream 类和 OutputStream 类处在同一个类层，并有许多类似的方法，也有很多类似的子类，它们用来对具体的字符流对象进行 I/O 操作。

2. 标准的 I/O 流

下面介绍标准的 I/O 流的使用方法。在 Java 语言中，键盘用 stdin 表示，监视器用 stdout 表示。它们均被封装在 System 类的类变量 in 和 out 中，对应于系统调用 System.in 和 System.out。还有一个 System.err 称为标准错误信息输出流。事实上，类变量 in 和 out 以及 err 分别属于类 InputStream 和 PrintStream。在 System 类中用如下方式声明为 3 个类变量。

```
public static InputStream in
public static PrintStream out
public static PrintStream err
```

其中，PrintStream 是一个格式化的输出流，它含有如下形式的 write()方法。

```
public void write(int b)
public void write(byte b[], int off, int len)
```

除了 write()方法外，PrintStream 还有两个主要方法：print()和 println()。前面已按如下形式用过这两个方法。

```
System.out.println("Hello China!");
System.out.print("x =", x );
```

这两个方法的主要差别是：print()方法是先把字符保存在缓冲区，然后当遇到换行符\n 时再显示到屏幕上；而 println()则是直接显示字符。

print()方法的标准使用方式有以下 7 种。

```
public void print(Object obj)                //写入一个 Object 对象
public void print(char c)                    //写入一个字符值
public void print(int i)                     //写入一个整型值
public void print(long l)                    //写入一个长整型值
public void print(float f)                   //写入一个浮点值
public void print(double d)                  //写入一个双字长浮点值
public void print(boolean b)                 //写入一个布尔值
```

此外，println()方法还有如下一种不带任何参数的形式：

```
public void println();
```

调用它将显示一个换行符。

下面简单介绍一些非抽象类，它们是直接从 InputStream 和 OutputStream 子类化得到的。

3. 管道流

管道流 PipedInputStream 和 PipedOutputStream 用于线程之间的通信。一个 PipedInputStream 必须连接一个 PipedOutputStrem，而且一个 PipedOutputStream 也必须连接一个 PipedInputStream。这两个类用于实现与 UNIX 中的管道相似的功能。PipedInputStream 实现管道的输入端，而 PipedOutputStream 用于实现管道的输出端。

PipedInputStream 类从管道中读取数据时，这个管道数据是由 PipedOutputStream 类写入的。因此，在使用 PipedInputStream 类之前，必须将它连接到 PipedOutputStream 类。可以在实例化 PipedInputStream 类时建立这个连接，或者调用 Connect()方法建立连接。PipedInputStream 中包含用于读数据的低层方法，同时也提供了读数据的高层接口。

【例 7.2】 一个使用管道流的例子。

```
PipedInputStream pis = PipedInputstream();
PipedOutputStream pos = PipedOutputStream(pis);
//一个生产者线程用 pos 进行写
for (;;){
    int x;
    pos.write(x);
}
//对应的消费者线程从 pis 中读
for (;;){
    int x;
    x = pis.read();
}
```

4. SequenceInputStream 类

SequenceInputStream 类是 InputStream 类的一个子类。使用这个类可以将两个独立的流合并为一个逻辑流。

合并后的流中的数据按照在各个流中指定的顺序读出。第一个流结束时，使用无缝连接的方式开始从第二个流中读取数据。

【例 7.3】 使用类 SequenceInputStream 的例子。

这里首先使用 FileInputStream 类的构造方法建立以"file1.dat"和"file2.dat"作为输入的文件输入流对象 is1 和 is2，由于 FileInputStream 是 InputStream 的子类，因此 is1 和 is2 都属于 InputStream 类型；然后用 SequenceInputStream 类的构造方法将两个 InputStream 的对象合并成一个 SequenceInputStream 对象。至此，从 sis 中读取数据就像是按顺序从两个 InputStream 流中读取数据一样。

```
InputStream is1 = new FileInputStream("file1.dat");
InputStream is2 = new FileInputStream("file2.dat");
SequenceInputStream sis = new SequenceInputStream(is1,is2);
    //合并两个流
for(;;) {
    int data = sis.read();
    if (data == -1) break;
}
```

5. 过滤流

从图 7.3 和图 7.4 可以看出，过滤流 FilterInputStream 和 FilterOutputStream 分别是 InputStream 和 OutputStream 的子类，而且它们也都是抽象类。FilterInputStream 类和 FilterOutputStream 类都重写了其超类 InputStream 和 OutputStream 的方法。

FilterInputStream 和 FilterOutputStream 为读/写处理数据的过滤流定义了接口。它的子类则进一步实现它的接口和方法。这些子类如下。

1) DataInputStream 和 DataOutputStream

使用与机器无关的格式读/写 Java 的简单数据类型，在一般的输入输出和网络通信中使用较多。

2) BufferedInputStream 和 BufferedOutputStream

用于增加其他的流的功能。在读/写过程中设置缓冲数据，以减少需要访问数据源的次数。而且，这两个流类支持 mark()和 reset()方法。缓冲流一般比同一类的非缓冲流更有效，可以加速读/写过程。

3) LineNumberInputStream 类

带行号的输入流。LineNumberInputStream 类用于记录输入流中的行号。行号在 mark 和 reset 操作中记录。可以用 getLineNumber()获得当前行的行号，而 setLineNumber()可以用于设置当前行的行号。改变某一行的行号后，其后的行就从这个新的行号开始重新编号。LineNumberInputStream 类是 FilterInputStream 类的子类。

4) PushbackInputStream 类

以字节为单位的输入流。其作用也是为其他流增加功能，它能够支持退回一个字节(push back)或复位(reset)操作。PushbackInputStream 类还可以利用其 unread()方法，可以将一个字节送回输入流中。送回 InputStream 中的这个字符可以在下一次调用 read()时被读出。PushbackInputStream 类可用于实现"先行一步"的功能，它返回下一个要读出的字符。编写用于输入分析的程序时，这个功能很有用。

过滤流还包括 PrintStream，这个流已在标准的 I/O 流中做过介绍。

6. 其他I/O类和接口

下面的3个流只做简单介绍,后面将给出详细的实例。

- ByteArrayInputStrem 和 ByteArrayOutputStream:对存储中的字节型数组读写数据。
- StringBufferInputStream:允许程序将一个StringBuffer用作输入流,并使用ByteArrayInputStream从中读取数据。
- FileInputStream 和 FileOutputStream:对本地文件系统上的文件读写数据。

java.io包顶层除了图7.3～图7.6所示的4个类及其子类外,还包括其他一些独立的I/O流类。下面给出几个java.io包常用的类和接口。

1) File类

File类代表一个操作系统文件,其功能十分强大。利用File类可以为操作系统文件创建一个File对象(目录或文件),也可以访问指定文件的所有属性,包括它的完整的路径名称、长度、文件的最后修改时间,还可以建立目录和改变文件名称。

2) RandomAccessFile类

RandomAccessFile类代表一个随机访问文件,通过构造RandomAccessFile类,可以对文件进行任何操作。

3) StreamTokenizer类

StreamTokenizer类把一个流的内容划分成token,一次可以读写一个token。token是文本分析算法可识别的最小的单位(如单词、符号等)。一个StreamTokenizer对象可用于分析任何文本文件。它可以识别标识符、数、引号包围的字符串以及各种注释形式。

4) DataInput和DataOutput

这两个接口说明,可以使用与机器无关的数据格式读/写简单数据类型的输入和输出流。DataInputStream、DataOutputStream和RandomAccessFile实现这两个接口。

5) FilenameFilter

它是针对文件名的过滤性接口。File类中的list()方法可使用FilenameFilter来确定一个目录的哪些文件需要列出,哪些文件将被排除。也可以通过FilenameFilter实现文件的匹配查找,如abc.*等。

7.1.2 从处理的对象看I/O流

图7.7～图7.9是按I/O流处理的(或流动的)对象的级别对Java流类进行的分组。

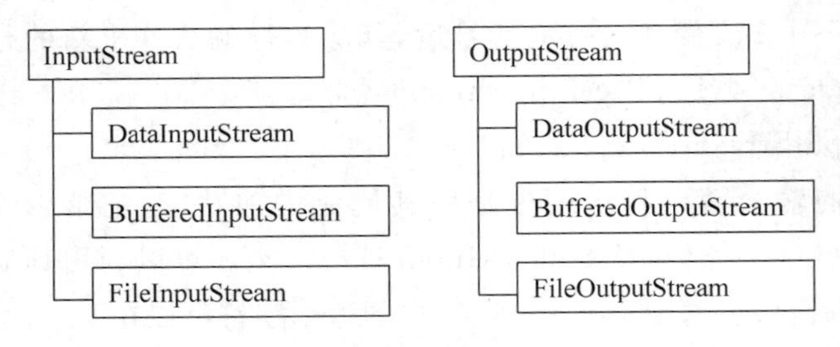

图7.7 字节级输入输出流类

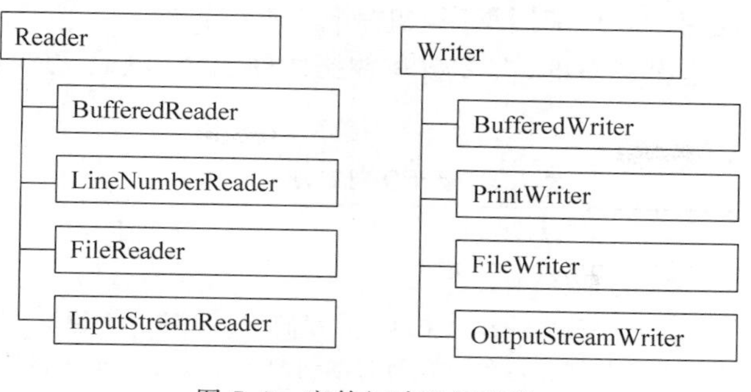

图 7.8　字符级读和写流类

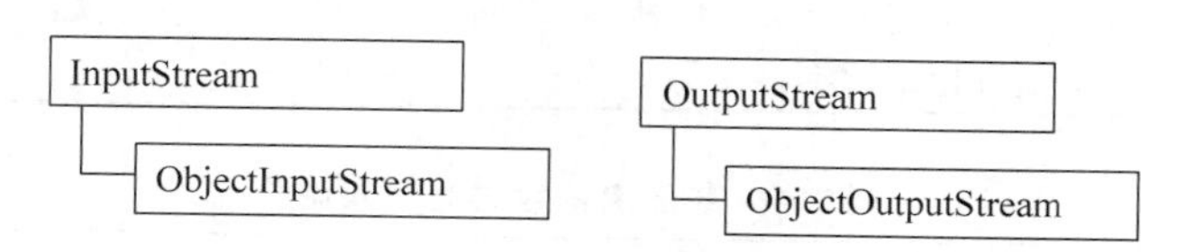

图 7.9　对象级输入输出流类

下面简单讨论一下这几种流的用途，后面还会详细介绍。

1. 字节级 I/O 流

Java 提供几种传输字节的类。这些类还拥有多种方法用于在 Java 程序中存取字节及 Java 的基本数据类型。

I/O 流类的应用一般是成对的，每个写数据的输出类一般都有一个与之相对应的读数据的输入类。

表 7.1 是字节级数据的基本输出类。

表 7.1　写字节级数据到流中的类

类　名	基本描述
OutputStream	输出字节流的抽象类，可作为其他字节输出流类的超类
BufferedOutputStream	增加输出流的缓冲功能。数据首先写入一个内部缓冲，如果缓冲已满则写入流中。关闭流或者调用 flush 方法都可将缓冲区的数据写入输出流
DataOutputStream	写 Java 的基本数据类型到一个低层的输出流中
FileOutputStream	写数据到一个文件中或到一个文件描述设备中

表 7.2 是读取字节级数据的基本类。

表 7.2　从流中读字节级数据的类

类　名	API　描　述
InputStream	输入字节流的抽象类，它可作为其他类的超类
BufferedInputStream	增加一个输入流的缓冲功能
DataInputStream	让应用程序以与机器无关的方式从低层输入流中读 Java 的基本数据类型
FileInputStream	从文件系统中的一个文件获取输入字节

2. 字符级 I/O 流

Java 拥有几个有用的类来读写基于字符的数据。这种数据比字节级的数据更为单一化、标准化，所以字符级输入类也能读取和解释标准的文本编辑器编辑的数据。反过来，字符级输出流类写入的数据也能用于其他应用程序，如标准文本编辑器。

这些类的应用一般也是成对的，大多数写数据的输出类(见表7.3)都有相应的读数据的输入类(见表7.4)。

表7.3 基于字符数据的输出流

类 名	API 描 述
Writer	写字符流的抽象类
BufferedWriter	经过字符缓冲写文本到一个字符输出流中
PrintWriter	打印格式化对象内容到文本输出流中。这个类中的方法并不抛出I/O异常，但客户可以用checkError方法来检查是否出错
OutputStreamWriter	从字符流到字节流的桥梁：它能将字符转化为字节，然后将字节写入流
FileWriter	能方便地写字符文件

表7.4 基于字符数据的输入流

类 名	API 描 述
Reader	读字符流的抽象类
BufferedReader	从字符输入流中读文本，可在必要时缓冲字符
LineNumberReader	一个能记录行数的缓冲字符输入流
InputStreamReader	从字节流到字符流的桥梁：它能读字节并把它们转化成字符
FileReader	能方便地读字符文件

3. 对象级I/O流

Java作为专门的面向对象的语言，也提供将整个对象写入一个流中和从流中读取对象的功能。这种方法也适用于网络连接。通过对象流来传输的对象必须实现序列化(Serializable)的接口，这个接口也在java.io包中，该接口实际上并不包含任何方法。实现这个接口的目的实际上是接受序列化。一个对象只有实现了序列化，它才能通过对象流来进行传输。

如同前面所述的类一样，对象输入输出类也是成对出现的。表7.5和表7.6分别描述了向流中写入对象和从流中读取对象的两个类。

表7.5 向流中写入对象的类

类 名	API 描 述
ObjectOutputStream	将Java对象和基本数据类型写入一个输出流中。WriteObject()方法用来写一个对象到流中。必须以写入时同样的类型和同样的顺序从相应的ObjectInputStream中读回对象

表7.6 从流中读取对象的类

类 名	API 描 述
ObjectInputStream	读取以前使用ObjectOutputStream写入的对象。ReadObject()方法用来从流中读一个对象，读取后要使用Java的类型转换来获得原来的对象的类型

7.2 保存和读取字节级数据

这一节讨论怎样保存和读取Java所支持的基本数据类型。

7.2.1 保存字节级数据

视频讲解

【例 7.4】 创建一个简单的程序,按照双精度浮点型、整型、布尔型、字符型和字符串型的顺序存储数据到一个名为 sample.dat 的文件中。

在创建这个程序之前,至少需要知道以下两件事。

- 用什么方法把这些基本数据类型写到一个流中?
- 怎样把一个流与一个文件联系起来,然后将数据写到文件中?

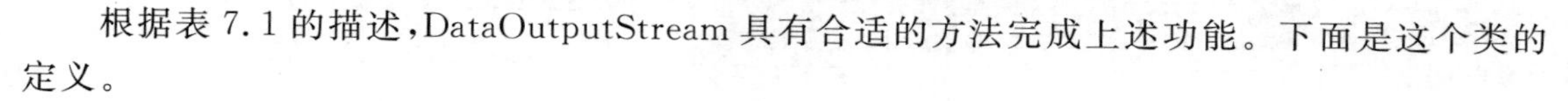
根据表 7.1 的描述,DataOutputStream 具有合适的方法完成上述功能。下面是这个类的定义。

1. DataOutputStream 类

通过 DataOutputStream 类向输出流中写一个 Java 的基本数据类型,所写数据的方式是跨平台的,即与具体操作系统无关,都能用 DataInputStream 类读取。Java API 对 DataOutputStream 类的定义如下:

```
public class DataOutputStream extends FilterOutputStream implements
    DataOutput{
  //构造方法
  public DataOutputStream(OutputStream out)
  //成员方法
  public final void writeBoolean(boolean v) throws IOException
  public final void writeByte(int v) throws IOException
  public final void writeChar(int v) throws IOException
  public final void writeInt(int v) throws IOException
  public final void writeDouble(double v) throws IOException
  public final void writeBytes(String s) throws IOException
  public final void writeUTF(String str) throws IOException
}
```

注意:writeUTF()方法写的是一个采用 UTF-8 编码的字符串,这将使字符串格式独立于平台。

这些方法看起来很容易使用,但在使用这些方法之前,必须创建一个 OutputStream 对象作为一个 DataOutputStream 类的构造方法的输入参数,以便创建一个 DataOutputStream 对象。如果创建的 DataOutputStream 对象是输出数据到文件中,那么作为参数的这个 OutputStream 对象一般应该是 FileOutputStream 对象。接下来介绍 FileOutputStream 类的定义。

2. FileOutputStream 类

FileOutputStream 类是从 OutputStream 类所派生出来的简单输出类,它可以简单地向文件中写入数据。它的构造方法有以下 3 种形式。

- FileOutputStream(String filename)
- FileOutputStream(File file)
- FileOutputStream(FileDescriptor fd)

其中,各参数的含义分别如下。

- String filename——指定的文件名,包括路径。
- File file——指定的文件对象。
- FileDescriptor fd——指定的文件描述。

注意：如果用一个已存在的文件名创建一个FileOutputStream对象，则这个文件将在无任何警告的情况下被一个空文件所覆盖。后面将会提到如何使用File或FileDialog类提供的方法来确保不会偶然发生删除重要文件的失误。

如图7.10所示，我们能用FileOutputStream类创建一个输出流的实例来连接一个输出文件，并用它作为一个DataOutputStream对象的输入，这样就可以使用它提供的方法输出各种类型的数据。

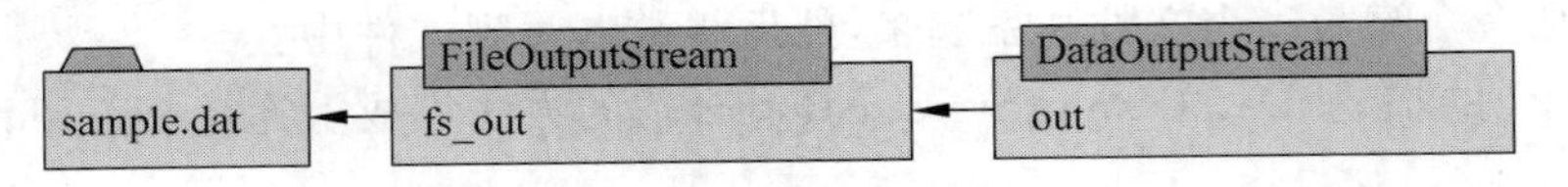

图7.10　一个DataOutputStream对象及其内部流和文件

现在回到要实现的例子中，这里使用一个字符串表示文件名，并将它作为FileOutputStream类的构造方法的参数来初始化一个对象。以下是SimpleOutputTest类的代码。

```
import java.io.*;
public class SimpleOutputTest{
    public static void main(String args[]){
        double Pi = 3.1415;
        int i = 10;
        boolean okay = true;
        char cc = 'J';
        String s = "Java C Pascal";
        try{
            FileOutputStream fs_out
                = new FileOutputStream("sample.dat");
            DataOutputStream out = new DataOutputStream(fs_out);
            out.writeDouble(Pi);
            out.writeInt(i);
            out.writeBoolean(okay);
            out.writeChar(cc);
            out.writeUTF(s);
            out.close();
        } catch(FileNotFoundException fe) {
            System.err.println(fe);
        }catch(IOException ioe) {
            System.out.println(ioe);
        }
    }
}
```

当程序执行时，没有显示任何内容(除非在文件创建时出错)。但名为sample.dat的文件已被创建，并保存了相应的数据。

7.2.2　读取字节级数据

7.2.1小节我们创建了sample.dat这个数据文件，如果试图用其他程序打开这个数据文件，例如用一个纯文本编辑器打开，并不能直接读懂数据。这种格式只能用DataInputStream类读取后才能看清楚。

视频讲解

【例7.5】 创建一个简单的程序按照双精度浮点型、整型、布尔型、字符型和字符串型的顺序从sample.dat文件中读取数据。如例7.4所示，文件中的数据是用 DataOutputStream 对象创建的。

我们已经知道如何通过输出流向一个文件写数据。现在要研究怎样通过输入流类从文件中读取数据,并且了解读取各种不同数据类型的相应方法。这些方法与 DataOutputStream 类中的方法是对应的,下面我们就来了解 DataInputStream 类。

1. DataInputStream 类

这个类通过与机器无关的方式从一个输入流中读 Java 的基本数据类型,所读数据应是由 DataOutputStream 对象所写入的。在 Java API 中 DataInputStream 类的定义为:

```
public class DataInputStream extends FilterInputStream implements
    DataInput{
    //构造方法
    public DataInputStream(InputStream in)
    //成员方法
    public final int skipBytes(int n) throws IOException
    public final boolean readBoolean() throws EOFException,
        IOException
    public final byte readByte() throws EOFException, IOException
    public final char readChar() throws EOFException, IOException
    public final int readInt() throws EOFException, IOException
    public final double readDouble() throws EOFException, IOException
    public final String readUTF() throws EOFException, IOException
}
```

在以上的各种 read 方法中,如果超过流的尾部读取数据,将产生一个 EOFException 异常。

与 DataOutputStream 类似,DataInputStream 的构造方法需要一个低层的输入流 InputStream 对象作为参数,FileInputStream 可以提供这个流对象。

2. FileInputStream 类

FileInputStream 类是从 InputStream 类中派生出来的简单输入流类,它可以处理简单的文件输入操作,其构造方法有以下 3 种形式。

- FileInputStream(String filename)
- FileInputStream(File file)
- FileInputStream(FileDescriptor fd)

这 3 个构造方法的参数的含义同 FileOutputStream 的构造方法的参数含义是一样的。

现在按图 7.11 所示的方式,建立一个 FileInputStream 对象作为 DataInputStream 的输入参数,并从例 7.4 创建的 sample.dat 数据文件中读取数据。这个类取名为 SimpleInputTest,代码如下。

```
import java.io.*;
public class SimpleInputTest{
    public static void main(String args[]){
        try{
            FileInputStream fs_in = new FileInputStream("sample.dat");
            DataInputStream in = new DataInputStream(fs_in);
            double Pi = in.readDouble();
            int i = in.readInt();
            boolean okay = in.readBoolean();
```

```
                char cc = in.readChar();
                String s = in.readUTF();
                in.close();
                System.out.println("Pi = " + Pi + ", i = " + i);
                System.out.println("okay = " + okay + ", cc = " + cc);
                System.out.println("s = " + s);
            } catch(FileNotFoundException fnfe) {
                System.err.println(fnfe);
            }catch(IOException ioe) {
                System.err.println(ioe);
            }
        }
    }
```

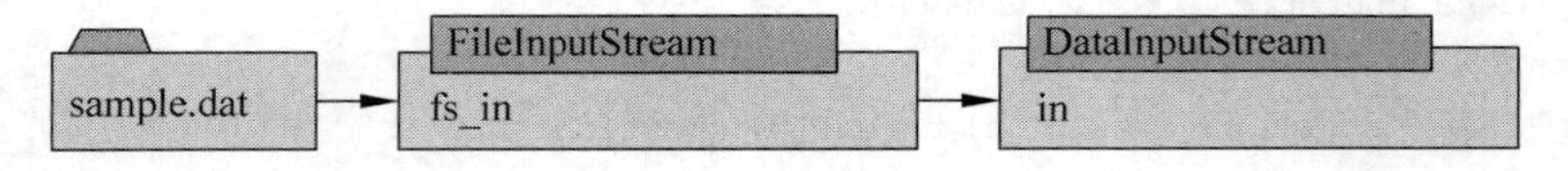

图 7.11　使用 DataInputStream 流读取数据的过程

当这个程序执行的时候,它按照图 7.11 所示的过程,从数据文件中读取原始的值,并把它们写到标准的输出(屏幕)上。既然是用一个 DataOutputStream 对象创建的文件,DataInputStream 对象就能按顺序读取相应类型的数据。如果没有什么异常发生,程序将正常结束。

一个 DataOutputStream 对象创建的数据文件是独立于操作系统的。这就意味着在一个操作平台(如 Windows 平台)上用 DataOutputStream 写入的数据能作为一个二进制文件被复制到另一个系统(如 Macintosh 平台)下,在这个系统下的 Java 程序能用 DataInputStream 正确地读出。

下面给出两个文件处理的例子。

【例 7.6】 在下面的程序中,将读取一个文本文件,并将其显示到屏幕上。

```
import java.io.*;
class FileInput{
    public static void main(String args[]){
        byte buffer[] = new byte[2056];
        try{
            FileInputStream fileInput
                = new FileInputStream("c:\\windows\\test.txt");
            int bytes = fileInput.read(buffer,0,2056);
            String str = new String(buffer,0,0,bytes);
            System.out.println(str);
        }catch(Exception e) {
            System.out.println(e.toString());
        }
    }
}
```

【例 7.7】 本例将编写一个简单的文本文件复制程序,用户首先输入需要复制的文件夹名称和路径,然后再输入新的文件名称和路径,并进行复制,复制完成后将旧文件和新文件的内容显示在屏幕上。

```
import java.io.*;
```

```
class Txtcopy{
    public static void main(String args[]){
        byte[] b1 = new byte[255];
        byte[] b2 = new byte[255];
        byte[] b3 = new byte[2056];
        byte[] b4 = new byte[2056];
        try{
            System.out.println("请输入源文件名称:\n");
            System.in.read(b1, 0, 255);
            System.out.println("\n请输入目的文件名称:\n");
            System.in.read(b2, 0, 255);
            String sourceName = new String(b1, 0);
            String desName = new String(b2, 0);
            FileInputStream fileInput = new FileInputStream(sourceName);
            Int bytes1 = fileInput.read(b3, 0, 2056);
            String sourceFile = new String(b3, 0, 0, bytes1);
            FileOutputStream file Output = new FileOutputStream(desName);
            FileOutput.write(b3, 0, bytes1);
            fileInput = new FileInputStream(desName);
            int bytes2 = fileInput.read(b4, 0, 2056);
            String desFile = new String(b4, 0, 0, bytes2);
            System.out.println("\n源文件内容为:\n");
            System.out.println(sourceFile);
            System.out.println("\n目的文件内容为:\n");
            System.out.println(desFile);
            }catch(Exception e) {
            System.out.println(e.toString());
        }
    }
}
```

7.2.3 运用缓冲流改善效率

视频讲解

缓冲流是一个增加了内部缓存的流。当一个简单的写请求产生后,数据并不马上写到所连接的输出流和文件中,而是写入高速缓存。当缓存写满或关闭流时,再一次性地从缓存中写入输出流或文件中。这样可以减少实际写请求的次数,以此提高将数据写入文件中的效率。类似地,从一个带有缓存的输入流读数据,也可先把缓存读满,随后的读请求直接从缓存中而不是从文件中读取,这种方式大大提高了读取数据的效率。

下面介绍的就是带有缓存的输出和输入流。

1. BufferedOutputStream 类

BufferedOutputStream 类增强了批量数据输出到另一个输出流的能力。当关闭流时,如果缓存未满,就强迫将数据压入输出流中,所有关于输出流操作的方法都是自动进行缓冲的。

```
public class BufferedOutputStream extends FilterOutputStream{
    //构造方法
    public BufferedOutputStream(OutputStream out)
    //成员方法
    public void flush() throws IOException
}
```

BufferedOutputStream 的工作方式如图 7.12 所示。

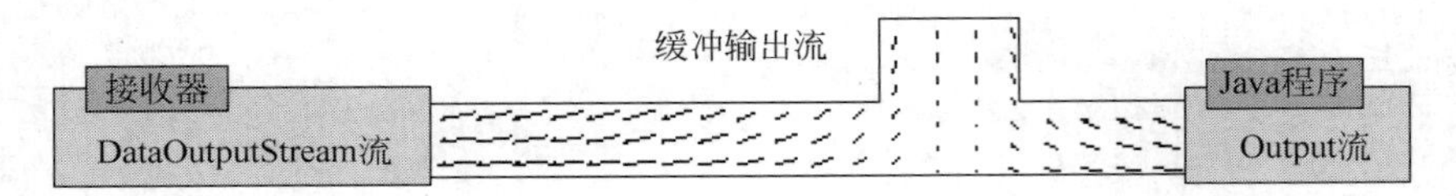

图 7.12　BufferedOutputStream 的工作方式

2. BufferedInputStream 类

BufferedInputStream 类增强了批量数据输入到另一个输入流的能力。当读取或跳过流中的字节时，与输入流相连的内部缓存必要时会从文件中再填充数据。所有与输入流操作相关的方法都是自动采用缓冲的方式进行的。

```
public class BufferedInputStream extends FilterInputStream{
    //构造方法
    public BufferedInputStream(InputStream in)
}
```

BufferedInputStream 与 BufferedOutputStream 也有类似的功能。

【例 7.8】 创建一个程序，写 100 000 个随机双精度型的数到一个文件中，同时测试运用缓冲和非缓冲技术进行这种操作所需要的时间。再做同样的试验来测试读 100 000 个双精度型数的操作。

程序中写双精度数到磁盘中的操作代码和以前的一样。在开始写操作之前，先获取当前的时间，再将它同操作结束后的时间作比较，以此来断定各个操作分别用了多长时间。使用FileOutputStream、DataOutputStream 向数据文件写入数据的方式如图 7.10 所示。其实现代码如下所示。

```
import java.io.*;
public class WriteUnbufferedTest{
    public static void main(String args[]){
        try{
            long start = System.currentTimeMillis();
            FileOutputStream fs_out
                = new FileOutputStream("sample.dat");
            DataOutputStream out = new DataOutputStream(fs_out);
            for (int i = 0; i < 100000; i++)
                out.writeDouble(Math.random());
            out.close();
            long stop = System.currentTimeMillis();
            System.out.println("Time passed: " + (stop - start));
        } catch(IOException ioe) {
            System.out.println(ioe);
        }
    }
}
```

在一般的 Windows 系统中运行这个例子，写所有的数据(800 000 个字节)用了 17 300 毫秒或者说刚过 17 秒。

创建一个带缓冲版本的这个程序很简单，只需在将文件输出流与数据输出流相连之前，把它“包装”到一个缓冲输出流中。其过程如图 7.13 所示。

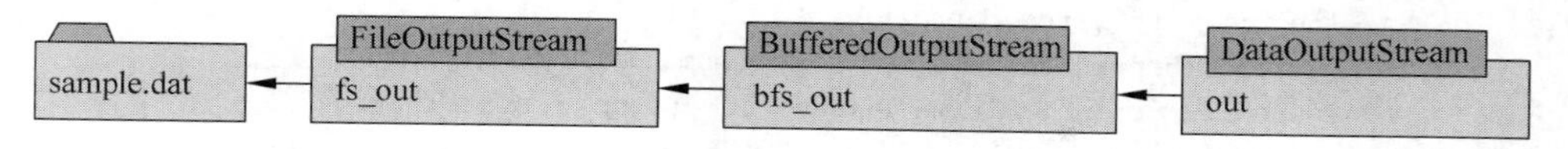

图 7.13　DataOutputStream 带有 BufferedOutputStream 流的工作方式

修改后的代码如下所示，修改部分用粗体给出。

```
import java.io.*;
public class WriteBufferedTest{
    public static void main(String args[]){
        try{
            long start = System.currentTimeMillis();
            FileOutputStream fs_out
                = new FileOutputStream("sample.dat");
            BufferedOutputStream bfs_out
                = new BufferedOutputStream(fs_out);
            DataOutputStream out = new DataOutputStream(bfs_out);
            for (int i = 0; i < 100000; i++)
                out.writeDouble(Math.random());
            out.close();
            long stop = System.currentTimeMillis();
            System.out.println("Time passed: " + (stop - start));
        }catch(IOException ioe) {
            System.out.println(ioe);
        }
    }
}
```

实际上我们不需要与上述程序中的 fs_out 和 bfs_out 打交道。它们仅仅实现一个在 sample.dat 文件与 DataOutputStream 对象之间的缓冲流，所以也可以用以下的简单方式来打开一个具有缓冲流的 DataOutputStream 对象。

```
DataOutputStream out = new DataOutputStream(new BufferedOutputStream(
                    new FileOutputStream("sample.dat")));
```

当这个程序在同前一个版本的程序同样的系统下执行时，用了 830 毫秒。也就是说，无缓冲的版本需用 17 秒执行完，而缓冲的版本只需不到 1 秒。这个改进确实很有意义，所以在多数情况下应该使用缓冲技术。

接下来，比较读取数据的情况，先不用缓冲技术，然后再用缓冲技术。第一个版本是直接使用一个 DataInputStream 对象。使用 FileInputStream、DataInputStream 从数据文件读取数据的过程如图 7.11 所示。其实现代码如下所示。

```
import java.io.*;
public class ReadUnbufferedTest{
    public static void main(String args[]){
        double sum = 0;
        try{
            long start = System.currentTimeMillis();
            FileInputStream fs_in = new FileInputStream("sample.dat");
            DataInputStream in = new DataInputStream(fs_in);
            for (int i = 0; i < 100000; i++)
                sum += in.readDouble();
            in.close();
```

```
            long stop = System.currentTimeMillis();
            System.out.println("Average: " + (sum / 100000));
            System.out.println("Time passed: " + (stop - start));
        } catch(IOException ioe) {
            System.out.println(ioe);
        }
    }
}
```

这个版本在一个 Windows 系统中执行用了大约 15s。接下来将它与缓冲的输入流比较，这个缓冲输入流同缓冲输出流类似。图 7.14 给出了使用 FileInputStream 并采用了 BufferedInputStream 作为 DataInputStream 的输入读取数据的过程。其实现类 ReadBufferedTest 的代码如下所示。

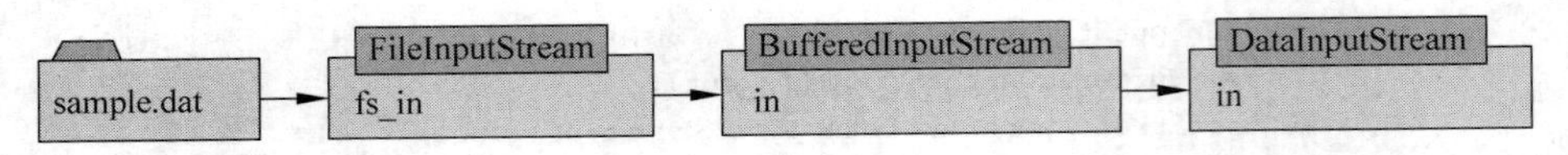

图 7.14 采用了 BufferedInputStream 的 DataInputStream 读取数据的过程

```
import java.io.*;
public class ReadBufferedTest{
    public static void main(String args[]){
        double sum = 0;
        try{
            long start = System.currentTimeMillis();
            FileInputStream fs_in = new FileInputStream("sample.dat");
            BufferedInputStream bfs_in = new BufferedInputStream(fs_in);
            DataInputStream in = new DataInputStream(bfs_in);
            for (int i = 0; i < 100000; i++)
                sum += in.readDouble();
            in.close();
            long stop = System.currentTimeMillis();
            System.out.println("Average: " + (sum / 100000));
            System.out.println("Time passed: " + (stop - start));
        }catch(IOException ioe) {
            System.out.println(ioe);
        }
    }
}
```

当这个缓冲版本的程序与前面的非缓冲版本在同一个系统中执行时，完成整个操作只用了不到 1s 的时间。这种改善效果很显著，读取数据的时间几乎可以忽略，所以在大数据量输入的时候也应该采用缓冲流。

7.2.4 文件操作

我们现在知道怎样通过流来对文件输入输出数据，但不知道文件操作的详细方法。例如，如何确定文件的大小、创建的时间、文件位于哪个目录等；还有一些重要的操作也需要掌握，如重新命名文件、删除文件或复制文件；还需要知道一个文件是否已经存在，以及怎样防止将一个已存在的文件意外地覆盖等。

1. File 类

在 Java 语言中，File 类提供了描述文件和目录的一种方法。File 类也在 java.io 包中，但它不是 InputStream 或者 OutputStream 的子类，因为它不负责数据的输入输出，而是专门用来管理磁盘文件和目录。

File 类用来代表一个文件、一个目录名或一个目录名和文件的组合。它所用到的文件名是高度系统相关的，但是 File 类提供方便的方法可以以独立于系统的方式访问和操作文件。Java API 按如下方式定义 File 类。

```
public class File extends Object implements Serializable, Comparable{
    public File(String pathname)                    //构造方法
    …
    public static final String separator            //成员变量
    …                                               //成员方法
}
```

这个类实际上隐藏了大量的与系统相关的复杂因素和细节。例如，在 Windows 系统中目录名和文件名被字符\分开，在 UNIX 系统中用分隔符/，而在 Macintosh 计算机中用:分隔。无论是哪个系统，在 Java 程序中，可以使用 File. separator 作为分隔符。这个字符串包含单个字符，它在当前的 Java 虚拟机所处的操作系统下总是正确的分隔符。File 类中还有许多其他有效的方法，这些方法也有极大的系统相关性。我们可以参考 Java API 获得其他有关细节。

2. 创建 File 类的对象

创建 File 类对象时需指明它所对应的文件或目录名。为了便于建立 File 对象，File 类共提供了如下 3 个不同的构造方法，以不同的参数形式灵活地接收文件和目录名信息。

1) File(String path)

这个构造方法的字符串参数 path 指明了新创建的 File 对象对应的磁盘文件或目录名及其路径名。这里的 path 可以是：

- 带绝对路径的文件名，如 C:\myProgram\Sample. java，表示 C 盘下 myProgram 子目录中的文件 Sample. java。
- 带相对路径的文件名，如\myProgram\Sample. java，表示运行该程序的当前目录下的子目录 myProgram 中的文件 Sample. java。一般来说，为保证程序的可移植性，最好使用相对路径。
- 磁盘上的某个目录，如 c:\myProgram\Java 或 myProgram\Java。

下面是用该构造方法创建 File 对象的例子。

```
File f1 = new File (" c:\myProgram\Java");
String s = "myProgram\Java";
File f2 = new File(s);
File f3 = new File("testfile.dat");
```

2) File(String path,String name)

第二个构造方法有两个参数，path 表示所对应的文件或目录的绝对或相对路径，name 表示文件或目录名。将路径与名称分开的好处是相同路径的文件或目录可共享同一个路径字符串，这样管理和修改都较方便。例如：

```
File f4 = new File("\docs", "file.dat");
```

3) File(File dir,String name)

第三个构造方法使用另一个已有的File对象作为第一个参数,表示文件或目录的路径,第二个字符串参数表示文件或目录名。例如:

```
String sdir = "myProgram" + System.dirSep + "Java";
String sfile = "FileIO.data";
File Fdir = new File (sdir);
File Ffile = new File (Fdir, sfile);
```

3. 获取文件或目录属性

一个对应于文件或目录的File对象一经创建,就可以通过调用它的方法来获得文件或目录的属性。其中,较常用的方法如下。

- 判断文件或目录是否存在

"public boolean exists( );":若文件或目录存在,则返回true,否则返回false。

- 判断是文件还是目录

"public boolean isFile( );":若对象代表有效文件,则返回true。

"public boolean isDirectory( );":若对象代表有效目录,则返回true。

- 获取文件或目录名称与路径

"public String getName( );":返回文件名或目录名。

"public String getPath( );":返回文件或目录的路径。

- 获取文件的长度

"public long length( );":返回文件的字节数。

- 获取文件读写属性

"public boolean canRead( );":若文件为可读文件,则返回true,否则返回false。

"public boolean canWrite( );":若文件为可写文件,则返回true,否则返回false。

- 列出目录中的文件

"public String[] list( );":将目录中所有文件名保存在字符串数组中返回。

- 比较两个文件或目录

"public boolean equals(File f);":若两个File对象相同,则返回true。

以上许多方法是通过调用Java环境所驻留的底层操作系统和操作平台的内部方法实现的。

4. 文件或目录操作

File类中还定义了一些对文件或目录进行管理、操作的方法,常用的方法如下。

- 重命名文件

"public boolean renameTo(File newFile);":将File对象的文件名重命名成newFile对应的文件名。

- 删除文件

"public void delete( );":删除当前文件。

- 创建目录

"public boolean mkdir( );":创建当前目录的子目录。

【例7.9】 创建一个SafeCopy程序来复制一个文件。这个程序可以在命令行中接收源文件名和目标文件名。只有当目标文件不存在时,程序才将源文件复制到现在要创建的目标文件中，即不覆盖原来已存在的文件。

原理上，这个程序很简单：首先创建 DataInputStream 和 DataOutputStream 对象，然后复制源文件的每个字节到目标文件中。我们可以在创建一个输入流或输出流之前，用 File 类提供的方法来检查一下文件是否存在。下面的 SafeCopy 类就是使用了这种方法，其程序代码如下。

```
import java.io.*;
public class SafeCopy{
    public static void copyFile(DataInputStream in,
                                DataOutputStream out) throws IOException{
        try{
            while (true)
                out.writeByte(in.readByte());
        } catch(EOFException eof) {
            return;
        }
    }
    public static void main(String args[]){
        if (args.length != 2)
            System.out.println("Usage: java Copy sourceFile
                                targetFile");
        else{
            String inFileName = args[0], outFileName = args[1];
            File inFile = new File(inFileName);
            File outFile = new File(outFileName);
            if (!inFile.exists())
                System.out.println(inFileName + " does not exist.");
            else if (outFile.exists())
                System.out.println(outFileName + " already exists.");
            else{
                try{
                    DataInputStream in = new DataInputStream(
                        new BufferedInputStream(
                        new FileInputStream(inFileName)));
                    DataOutputStream out = new DataOutputStream(
                        new BufferedOutputStream(
                        new FileOutputStream(outFileName)));
                    copyFile(in, out);
                    in.close();
                    out.close();
                }catch(IOException ioe) {
                    System.out.println("Unknown error: " + ioe);
                }
            }
        }
    }
}
```

这个程序首先检查命令输入行是否带有两个参数，然后检查源文件及目标文件是否存在。如果一切正常，就创建缓冲输入输出流，然后由 copyFile()方法执行实际的复制工作。注意，copyFile()方法使用 readByte()和 writeByte()将输入文件中的每个字节逐个复制到输出文件，所以，要用缓冲流来改善程序的效率，如果不使用缓冲流速度就会很慢。

实际上，File 类也能用来获取一个目录中所有文件的信息，可以用它来代替 DOS 的 dir 命令或UNIX的ls命令。下面就是这样的一个实例。

【例7.10】 写一个程序来显示在程序的命令行中指定的目录中所有的文件和目录,包括文件大小以及是文件还是目录类型。按字母排序显示,并且目录在文件之前显示。

在下面Dir类中,File类是一个很关键的类。它的isDirectory()方法能确定所给的路径是文件还是目录;listFiles()方法将返回一个目录中所有的文件和目录;length()方法将返回文件大小。有了这些方法,就很容易对文件进行操作,下面是显示一个目录下的文件的程序代码。

```
import java.io.*;
public class Dir{
    private static void showDirInfo(File list[]){
        for (int i = 0; i < list.length; i++){
            if (list[i].isDirectory())
                System.out.print("DIRECTORY");
            else
                System.out.print(list[i].length() + " bytes");
            System.out.println("\t" + list[i]);
        }
    }
    public static void main(String args[]){
        File path = new File(System.getProperty("user.dir"));
        if (args.length > 0)
            path = new File(args[0]);
        if (path.exists() && path.isDirectory())
            showDirInfo(path.listFiles());
        else
            System.out.println("Path not found or not directory");
    }
}
```

该程序中有一个技巧就是使用System.getProperty("user.dir")来确保:如果用户没有提供目录,则使用当前的目录。但是该程序还没有对所显示的文件排序,使用Java的系统类拥有的排序机制来增加这个功能是很简单的,可以在用showDirInfo()方法显示信息之前,首先对文件对象队列进行排序。那么就需要创建一个比较的方法对两个文件对象进行比较。而Arrays类的sort()方法可对文件对象队列排序,这种比较方法规定目录比文件要“小”。以下是可以对文件排序类FileNameSorter的代码。

```
import java.util.*;
import java.io.File;
public class FileNameSorter implements Comparator{
    public int compare(Object o1, Object o2) {
        File f1 = (File)o1; File f2 = (File)o2;
        if (f1.isDirectory()){
            if (f2.isDirectory())
                return f1.getName().compareTo(f2.getName());
            else
                return -1;
        } else{
            if (f2.isDirectory())
                return 1;
            else
```

```
                return f1.getName().compareTo(f2.getName());
            }
        }
        public boolean equals(Object o1, Object o2) {
            return ((File)o1).getName().equals(((File)o2).getName());
        }
    }
```

现在可以增加排序功能到目录显示类中,其方法是在 showDirInfo 方法的首行加一行代码使得文件和目录按照 FileNameSorter 类中指定的标准排序。

```
import java.io.*;
import java.util.*;
public class Dir{
    private static void showDirInfo(File list[]){
      Arrays.sort(list, new FileNameSorter());
      /* 其余不变 */
    }
    public static void main(String args[])
    { /* 不变 */ }
}
```

图 7.15 显示了 JDK 目录中的文件和子目录,这正是 Dir 类需要实现的功能。

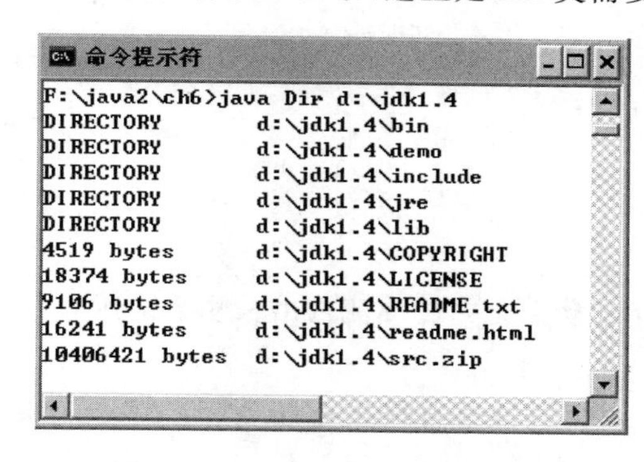

图 7.15 Dir 类所提供的显示功能

7.3 保存和读取字符数据

到目前为止,要在 Java 程序间传递基本的数据类型已经不是什么难事了。然而在很多情况下,我们只希望创建基于字符的数据文件,可以用文本编辑器直接读取。

下面讨论 Java 提供的 Reader 类和 Writer 类。它们都是抽象类,不能直接创建对象。而它们的子类 FileReader、BufferedReader、FileWriter、BufferedWriter 和 PrintWriter 对我们则更具有实用价值。

7.3.1 保存字符数据

视频讲解

下面先讨论怎样把字符流写到文件中,它可以使用以下 3 个类来实现。

1. BufferedWriter 类

BufferedWriter 类用来创建一个字符缓冲输出流,它主要为其他类(如

PrintWriter类)提供一个字符输入流,Java API给出BufferWriter类的定义如下。

```
public class BufferedWriter extends Writer {
    public BufferedWriter(Writer out)
    public void write(int c) throws IOException
    public void newLine() throws IOException
    public void flush() throws IOException
    public void close() throws IOException
}
```

该类只提供以字符的形式来写数据的方法,但是它可以连接PrintWriter类来提高输出效率。

2. PrintWriter类

PrintWriter类为格式化字符流提供了一些实用方法,虽然PrintWriter类能单独使用,但是它最好还是能与BufferedWriter连接使用,可以提高流的效率。该类的方法没有抛出任何异常,而是使用checkError()方法来检查在调用该方法之前是否出现了错误。Java API对PrintWriter类的定义如下。

```
public class PrintWriter extends Writer{
    public PrintWriter(Writer out)
    public PrintWriter(Writer out, boolean autoFlush)
    public void flush()
    public void close()
    public boolean checkError()
    protected void setError()
    //输出各种类型数据的print()和println()方法
    public void println()
}
```

下面要讨论的FileWriter类可通过输出流输出一些字符到一个文件中。

3. FileWriter类

FileWriter类把字符文件与其他字符输出流连接起来,Java API对FileWriter类的定义如下。

```
public class FileWriter extends OutputStreamWriter{
    //部分构造方法
    public FileWriter(File file) throws IOException
    public FileWriter(String fileName) throws IOException
    public FileWriter(String fileName, boolean append) throws IOException
}
```

注意到FileWriter类扩展OutputStreamWriter类,而OutputStreamWriter类扩展Writer类,因此FileWriter类的对象也属于Writer类的对象。

还需特别注意,FileWriter类会毫无提示地删除一个已存在的文件,所以,也要通过File和FileDialg类提供的方法,确保不会意外地删除用户的重要文件。

通常,FileWriter、BufferedWriter和PrintWriter这3个类按图7.16所示的方式一起使用,创建基于字符的输出流与文件连接,然后通过PrintWriter类所提供的功能强大的方法来写数据文件。

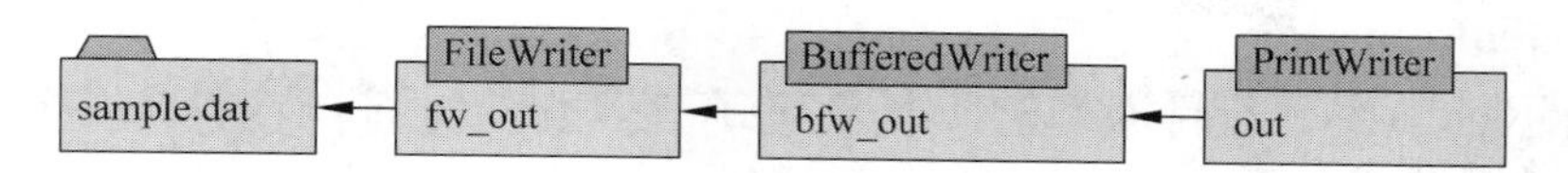

图 7.16　FileWriter、BufferedWriter 和 PrintWriter 之间的关联关系

【例 7.11】 创建一个类，使用 PrintWriter 向输出文件中写入双精度、整数、字符、boolean 和 String 类型的值各一个。然后用标准的文本编辑器打开该文件，观察通过文本编辑器是否能正确显示该文件，如果用 DataOutputStream 代替 PrintWriter 是否仍然可读。

我们可以对照例 7.4 的代码，使用 PrintWriter 类创建一个输出文件。

```
import java.io.*;
public class SimpleCharOutputTest{
    public static void main(String args[]){
        double Pi = 3.1415;
        int i = 10;
        boolean okay = true;
        char cc = 'J';
        String s = "Java C Pascal";
        try{
            FileWriter fw = new FileWriter("sample-char.dat");
            PrintWriter out = new PrintWriter(new BufferedWriter(fw));
            out.println(Pi);
            out.println(i);
            out.println(okay);
            out.println(cc);
            out.println(s);
            out.close();
            if (out.checkError())
                System.out.println("An error has occured during
                                            output.");
        }catch(IOException ioe) {
            System.out.println("Error while opening the file.");
        }
    }
}
```

程序执行后，创建名为 sample-char.dat 的数据文件。通过标准的文本编辑器可以打开该文件。图 7.17 显示出通过“记事本”打开该文件的界面。

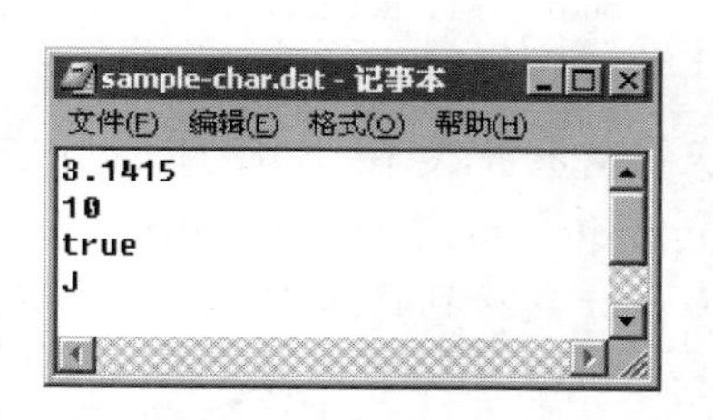

图 7.17　通过“记事本”打开 sample-char.dat 文件的界面

这些数据是可以读懂的，因为它是通过基于字符流创建的。如果我们执行例 7.4 中的 SimpleOutputTest，使用 DataOutputStream 代替 PrintWriter，用“记事本”打开所写的数据文件时结果将无法读懂。

7.3.2　读取字符数据

视频讲解

读写字符数据的基本输入输出类是 BufferedReader 和 PrintWriter，它们与 FileReader 和 FileWriter 协作可以完成字符数据的读写操作。

下面讨论读取字符数据的基本输入类。

1. BufferedReader 类

BufferedReader 从字符输入流中读取文本,在必要时将字符存入缓存。BufferedReader 在 Java API 中的定义如下。

```
public class BufferedReader extends Reader{
    public BufferedReader(Reader in)
    public String readLine() throws IOException
}
```

只要文字中含有换行符('\n')、回车符('\r')或是回车换行,则认为是一行文本的结束。如果在流中没有这些符号,则 readLine 方法返回 null,但并不抛出一个异常。

文本保存在硬盘或其他存储介质上时,具体的文本行结束符依操作系统而定,有些操作系统以换行符结束,有些则以回车符和换行符结束。例如,下面是一个有两行文字的文本。

```
this is the first line
this is another line
```

第一行在 UNIX 操作系统存储为:

```
this is the first line\n
```

而在 Windows(DOS)系统中则是:

```
this is the first line\r\n
```

这将导致不同平台之间的文本文件的处理变得有点复杂,但是幸好在大多数情况下 Java 会自动处理这些问题。

在使用 BufferReader 前,我们还需要知道怎样创建输入流的"中间流"FileReader 类。

2. FileReader 类

FileReader 类可以非常方便地将一个文件连接到其他需要以 Reader 作为输入参数的类上,在 Java API 中给出 FileReader 的定义如下。

```
public class FileReader extends InputStreamReader{
    public FileReader(String fileName) throws FileNotFoundException
    public FileReader(File file) throws FileNotFoundException
}
```

FileReader 类在 BufferReader 流与实际的数据文件之间起到连接的作用,就像 FileInputstream 与 DataInputStream 之间的关系一样。图 7.18 给出了 BufferedReader 通过 FileReader 连接到具体文件的示意图。

图 7.18　FileReader 在 BufferReader 流和实际的数据文件之间充当中间流

下面我们将创建一个实用的编辑器程序,它无须改变就能在不同的操作系统平台上编译后使用,从这一点上看,它要比其他语言编写的程序略胜一筹。

【例 7.12】 创建一个简单的纯文本文件显示工具,它能在一个具有滚动条的窗口里面查看文本文件。

该程序应当扩展 Frame 类，并含有一个文件菜单系统。通过菜单可以打开文件和退出程序，当选择“打开”命令时应当弹出一个标准的“打开文件”对话框，以便用户选择要打开的文本文件，选择“退出”命令将关闭程序。

这里有 3 个前面没有遇到过的问题。

- 怎样打开一个纯文本文件，并读取里面的数据？
- 在不知道文件中包含多少行文本的情况下，如何读取文件？
- 怎样创建一个标准的“打开文件”对话框？

在创建一个完整的程序前，我们讨论一下如何解决这 3 个问题。

读取一个纯文本文件是比较简单的，上面的 FileReader 类就是一个将具体文件连接到 Reader 类的数据流，BufferedReader 提供从文本读取一行文字的 readLine()方法，假如要打开一个名为 fileName(已经包含路径)的文件，可以使用如下方式。

```
BufferedReader reader = new BufferedReader(new FileReader(fileName));
```

创建一个输入流，为从流中读取字符做好准备。然后，readLine()方法可以从文本文件中一行行地读出文本，遇到文件尾后返回 null。下面就是从文件中读取文本的程序段。

```
String line;
try{
    while ((line = reader.readLine()) != null)
      //根据所读取的一行文本进行操作
} catch(IOException ioe) {
    System.out.println(ioe);
}
```

还有一个要解决的问题是创建一个标准的“打开文件”对话框。在 java.awt 包中，FileDialog 类适合完成这个任务。

3. FileDialog 类

FileDialog 类中有标准的“文件|打开”或“文件|保存”对话框，可以通过它们选择文件来读/写。该对话框是模态对话框，一旦通过 setVisible()或 show()方法将它显示出来后，只有选择一个文件或者单击“取消”按钮才能使它消失，Java API 中该类的定义为：

```
public class FileDialog extends Dialog{
    //构造方法
    public FileDialog(Frame parent, String title)
    public FileDialog(Frame parent, String title, int mode)
    //成员变量
    public static final int LOAD
    public static final int SAVE
    //成员方法
    public String getDirectory()
    public void setDirectory(String dir)
    public String getFile()
    public void setFile(String file)
    public FilenameFilter getFilenameFilter()
    public void setFilenameFilter(FilenameFilter filter)
}
```

该对话框含有 Open 按钮和 Cancel 按钮，如果用户单击 Cancel 按钮，则 getFile()方法将返回 null；如果该对话框的创建模式为 SAVE，则在覆盖一个已有文件前必须经过用户的确认。

因此,可以通过检查 getFile()返回的是否为 null,来判断用户单击了 Open 按钮还是 Cancel 按钮。而且可以通过使用 File 类的 exists()方法检查文件是否存在。图 7.19 显示了一个在 Windows 下的标准的 Open File 对话框。

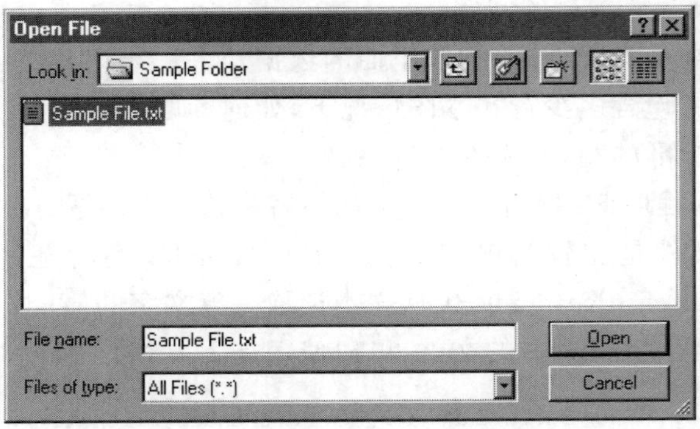

图 7.19　标准的 Open File 对话框

在创建的对话框为 SAVE 模式的情况下,如果用户选择了一个已经存在的文件名,系统会自动询问用户是否覆盖已经存在的文件。同样在用户选择取消的情况下,getFile()会返回 null,而且在没有相同的文件名或用户已经选择了覆盖的情况下也返回 null。在 Windows 下保存一个文件也有与图 7.17 类似的标准 Open File 对话框。

现在已经具备创建整个程序的条件了。这里还要用到 6.5 节中 Menu、MenuBar 以及 MenuItem 类来创建菜单条和菜单项。

```
import java.awt. * ;
import java.awt.event. * ;
import java.io. * ;
public class TextViewer extends Frame implements ActionListener{
    private Menu fileMenu = new Menu("File");
    private MenuItem fileOpen = new MenuItem("Open");
    private MenuItem fileExit = new MenuItem("Exit");
    private TextArea text = new TextArea();
    public TextViewer(){
        super("Text Viewer");
        fileMenu.add(fileOpen); fileOpen.addActionListener(this);
        fileMenu.addSeparator();
        fileMenu.add(fileExit); fileExit.addActionListener(this);
        MenuBar menu = new MenuBar();
        menu.add(fileMenu);
        setMenuBar(menu);
        setLayout(new BorderLayout());
        add("Center", text);
        text.setEditable(false);                    //标记该文本区不可编辑
        setSize(400,400);
        setVisible(true);
    }
    public void readFile(String file) {
        text.setText("");
        try{
            BufferedReader in = new BufferedReader(new FileReader(file));
```

```
            String line;
            while ((line = in.readLine()) != null)
                text.append(line + "\n");
            in.close();
            text.setCaretPosition(0);
        } catch(IOException ioe) {
            System.err.println(ioe);
        }
    }
    public void actionPerformed(ActionEvent ae) {
        if (ae.getSource() == fileExit)
            System.exit(0);
        else if (ae.getSource() == fileOpen) {
            FileDialog fd = new FileDialog(this,
                "Open File",FileDialog.LOAD);
            fd.setVisible(true);
            if (fd.getFile() != null) {
                File file = new File(fd.getDirectory() + fd.getFile());
                if (file.exists())
                    readFile(file.toString());
                else
                    text.setText("File name: " + file + " invalid.");
            }
            fd.dispose();
        }
    }
    public static void main(String args[]){
        TextViewer editor = new TextViewer();
    }
}
```

这里的窗口结构是比较简单的。因为我们不让用户修改文件，所以在此要标记 TextArea 为不可编辑。readFile()每次从文件中读取一行文本，然后添加到 TextArea 的对象中。当所有的文本都读到 TextArea 中以后，要把光标放到 TextArea 的头部。在 actionPerformed()方法中，当用户选择打开文件的时候，创建一个模式为 LOAD 的标准 FileDialog 对话框，根据该对话框中选定的文件，通过 getFile()和 getDirectory()方法构造一个完整的文件名，最后在该文件存在的情况下，用 readFile()读取文件中的文本。图 7.20 显示了读取的该程序自身的源代码文件。

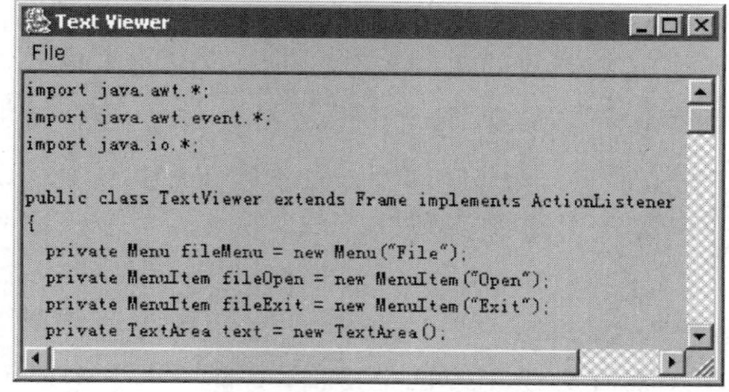

图 7.20　一个简单的纯文本文件显示工具

7.4 保存和读取对象数据

到目前为止,我们讨论了保存和读取基本数据类型和字符串的类。如果要保存和读取整个对象,则需要创建一些存储对象成员变量和读取成员变量的方法,而且对象中的成员变量最好能够自动地被保存和读取。Java 可以支持将对象作为一个整体通过流进行传输和存储,但必须将 ObjectInputStream 和 ObjectOutputStream 两个类与接口 Serializable 结合起来使用才能保证有效地存储和读取对象。

7.4.1 保存对象数据

首先,要有一个存储对象的输出流,在 java.io 中就有这样一个类 ObjectOutputStream。

视频讲解

1. ObjectOutputStream 类

ObjectOutputStream 类用于将原始数据类型以及整个对象写入一个流中。如果我们要存储包含这类信息的文件,首先必须建立对象的类型,为了能够将该类型对象写入 ObjectOutputStream 中,这些对象所属的类在定义时必须实现 Serializable 接口。写入一个对象的默认的机制是写入这个对象的类、类的签名和所有非瞬态及非静态域的值。Java API 对 ObjectOutputStream 类的定义为:

```
public class ObjectOutputStream extends OutputStream
    implements ObjectOutput,ObjectStreamConstants{
    public ObjectOutputStream(OutputStream out) throws IOException
    public final void writeObject(Object obj) throws IOException
    public void close() throws IOException
    public void writeBoolean(boolean data) throws IOException
    public void writeByte(int data) throws IOException
    public void writeChar(int data) throws IOException
    public void writeInt(int data) throws IOException
    public void writeDouble(double data) throws IOException
    public void writeChars(String data) throws IOException
    public void writeUTF(String data) throws IOException
}
```

正如前面提到的,要写入对象到一个 ObjectOutputStream 类,定义这些对象的类必须实现 Serializable 接口,庆幸的是这个接口非常简单。

2. Serializable 接口

序列化一个对象是一个非常方便的机制,它也简化了流的传输。需要序列化的类必须实现 Serializable 接口,我们使某个类实现 Serializable 接口的目的不仅是使这个类的对象可以写入 ObjectOutputStream 流中,而且可以通过 ObjectOutputStream 流读取这些对象。这个接口非常简单,因为它不包含任何需要实现的方法。并且,一个已序列化类的子类也是序列化的。

许多 Java 类已实现了 Serializable 接口,如 Java 实用程序包中的 Date 类。其他一些类,特别是用户自定义的一些类都有必要实现这个接口,一旦一个类实现了序列化,它所产生的对象就可以写入到一个输出流中。

【例 7.13】 编写一个简单的程序,保存一个整数、日期和地址对象到一个 ObjectOutputStream 流中。

该程序的第一个任务是保证 Address 类序列化,因而必须使这个类实现 Serializable 接口。Address 类的代码如下。

```
import java.io.*;
public class Address implements Serializable{
    protected String first, email;
    public Address()
    { first = email = ""; }
    public Address(String _first, String _email) {
        first = _first;
        email = _email;
    }
    public String toString()
    { return first + " (" + email + ")"; }
}
```

要存储对象数据,还需要建立一个 ObjectOutputStream 对象:

```
ObjectOutputStream out = new ObjectOutputStream (
                          new FileOutputStream("sample.dat"));
```

然后,只要简单地使用 ObjectOutputStream 类中的 writeObject()方法,就可以写入一个对象,例如:

```
Address address = new Address("fxzhu", "fxzhu@x.y");
out.writeObject(address);
```

根据 Date 类的定义,它是已序列化的,所以我们要写入到流中的所有对象都已序列化,因而可以编写如下的 SerialWriteTest 类。

```
import java.io.*;
import java.util.*;
public class SerialWriteTest{
    public static void main(String args[]){
        try{
            ObjectOutputStream out = new ObjectOutputStream(
                new FileOutputStream("sample.dat"));
            int i = 10;
            Date now = new Date();
            Address address = new Address("fxzhu", "fxzhu@x.y");
            out.writeInt(i);
            out.writeObject(now);
            out.writeObject(address);
            out.close();
        }catch(IOException ioe) {
            System.out.println(ioe);
        }
    }
}
```

当这个类执行时,它创建一个包含了恢复对象(即将对象进行反序列化(deserialize))信息的 sample.dat 数据文件。要知道这个程序是否正确地存储数据,最好的办法还是看是否能够成功地读出所保存的对象数据。

7.4.2 读取对象数据

像一般的输入输出流一样,对象流也是成对出现的。对于前面的对象输出流ObjectOutputStream,对应的对象输入流为ObjectInputStream类。

视频讲解

ObjectInputStream类用于读出一个ObjectOutputStream流写入的初始类型数据以及整个对象。只有支持Serializable接口的对象才可以从这个流中读出。在恢复对象的类型过程中还应使用Java的类型转换(type cast)功能。

Java API对ObjecOutputStream类的定义为:

```
public class ObjectInputStream extends InputStream implements
    ObjectInput, ObjectStreamConstants{
    public ObjectInputStream(InputStream in) throws IOException,
        StreamCorruptedException;
    public final Object readObject() throws OptionalDataException,
        ClassNotFoundException, IOException;
    public void close() throws IOException;
    public boolean readBoolean() throws IOException;
    public byte readByte() throws IOException;
    public char readChar()throws IOException;
    public int readInt() throws IOException;
    public double readDouble() throws IOException;
    public String readUTF() throws IOException;
}
```

当我们从一个文件中读取信息时,必须首先装载这个类;其次创建这个类型的一个空对象;然后用存储在文件中的对象数据填充这个空对象。

下面通过例子来说明如何读取对象文件。

【例7.14】 编写一个简单的程序,从一个ObjectInputStream流中读取对象。

首先,创建一个ObjectInputStream类的对象,该对象通过FileInputStream流中数据文件sample.dat读取数据。

```
ObjectInputStream in = new ObjectInputStream(new FileInputStream
                        ("sample.dat"));
```

然后,使用readObject()方法以对象被写入的次序读取这些对象,同时还要使用Java的类型转换机制,恢复对象的类型。对象输入流还提供了读基本类型的方法,例如,我们可以使用readInt()方法读一个整数。这些读语句的例子有:

```
int i = in.readInt();
Date date = (Date)in.readObject();
Address address = (Address)in.readObject();
```

为了重建反序列化得到的对象,readObject()方法可能抛出多个异常。其中,只有IOException和ClassNotFoundException异常是必须捕获的。

下面编写SerialReadTest类来测试例7.13是否将对象数据成功地写入到数据文件sample.dat中。也就是说,如果成功地写入,则现在就可以成功地读取。

```
import java.io.*;
import java.util.*;
```

```
public class SerialReadTest{
    public static void main(String args[]){
        try{
            ObjectInputStream in = new ObjectInputStream(
                                    new FileInputStream("sample.dat"));
            int i = in.readInt();
            Date date = (Date)in.readObject();
            Address address = (Address)in.readObject();
            in.close();
            System.out.println("Integer: " + i);
            System.out.println("Date: " + date);
            System.out.println("Address: " + address);
        }catch(ClassNotFoundException cnfe) {
            System.out.println(cnfe);
        }catch(IOException ioe) {
            System.out.println(ioe);
        }
    }
}
```

这个类可以按原来存入时的方式读出存储数据。读出的数据和对象如图 7.21 所示。

从上面的例子中不难看出，读取存储对象时，必须小心地保证它们在被存储时对象的个数、顺序以及它们的类型保持不变。每次对 readObject()的调用，都要读入 Object 类型的一个对象。然后，要把它转换成它的正确类型。

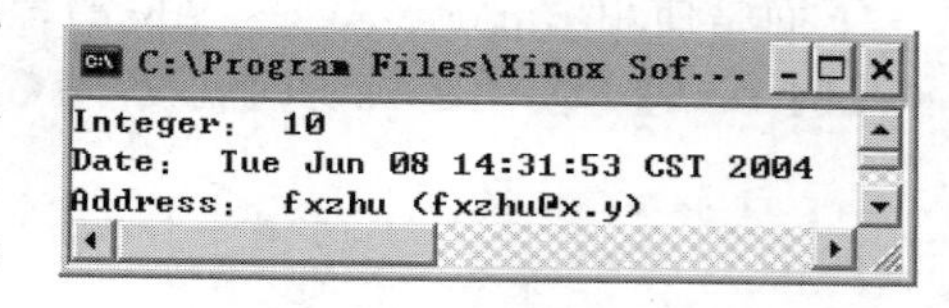

图 7.21 从 ObjectInputStream 流中读取对象

如果不需要准确类型，或者忘记了它的类型，那么，可以把它转换成该类的任何层次上的父类，甚至保留它作为 Java 的 Object 类型。如果需要动态地了解这些对象的类型，可以使用 getClass()方法。如果要读/写一些基本类型，可以使用诸如 readInt()/writeInt()或者 readDouble()/writeDouble()这样的方法，对象流从它们的超类继承这些方法。

注意，SerialReadTest 类之所以可以按照所期待的方式运行，是因为我们知道原来所存的对象类型和基本的数据类型以及它们的顺序。如果没有这些信息，试图从 sample.dat 中读取数据是十分困难的，因为该文件中没有包含这些信息。

7.5 随机流访问

本章还有一种非常“另类”的流还没有讨论：RandomAccessFile。这个类的实例能支持同时读写操作，并且可以不按顺序读/写。

一个随机存取文件流好比存储在文件系统中的一个大“数组”。该“数组”有一个文件指针，输入操作从该指针所指示的地方开始读取数据，每读一个字节，指针后移一个字节。如果一个随机存取文件以读/写方式创建，也可对其进行输出(写)操作。输出操作也从文件指针所指的地方开始写字节，并将指针置于所写字节之后。当输出操作超过了“数组”的末尾将导致文件的扩大。文件指针可用 getFilePointer()方法读取，用 seek()方法设置。

对该类的所有读操作，如果还没有读完指定的字节数，但文件指针已指向了文件末尾，将会抛出一个 EOFException(IOException 的一个子类)异常；如果是由于其他原因不能读，将会抛出一个IOException而不是EOFException；特别是，如果文件关闭后再进行读/写操作，也会抛出一个IOException。

此外，使用RandomAccessFile除了可以读/写文件中任意位置的字节外，还可以读/写文本和Java的基本数据类型。

随机流RandomAccessFile类有以下两个构造方法。

- RandomAccessFile(String filename,String mode)

在第一个构造方法中，filename为指定的文件名，mode为操作方式，说明该文件是r或rw，即是“只读”还是“读写”的，如果不是这两种情况，就会产生一个Illegal Argument Exception异常。

- RandomAccessFile(File file,String mode)

在第二个构造方法中，file为指定的文件对象。但用户必须有相应的对这个文件的访问权限。例如，执行读操作至少要有读权限，而执行通常的修改操作必须要使用“读写”方式。

由于RandomAccessFile类并不是单纯的输入或输出流，因此它不是InputStream、OutputStream类的子类。RandomAccessFile直接继承了Object类，并实现了DataInput和DataOutput接口。这就要求该类实现在这两个接口描述的方法。

下面是使用RandomAccessFile的程序实例。

【例7.15】 使用随机访问流读/写数据。

```
import java.io.*;
public class RafDemo1{
    public static void main(String args[]) throws IOException{
        RandomAccessFile raf = new RandomAccessFile("random.txt","rw");
        raf.writeBoolean(true);
        raf.writeInt(168168);
        raf.writeChar('i');
        raf.writeDouble(168.168);
        raf.seek(1);
        System.out.println(raf.readInt());
        System.out.println(raf.readChar());
        System.out.println(raf.readDouble());
        raf.seek(0);
        System.out.println(raf.readBoolean());
        raf.close();
    }
}
```

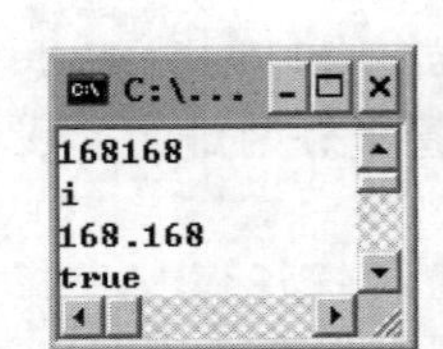

图7.22 程序RafDemo1读/写随机流的输出结果

程序的输出结果如图7.22所示。

【例7.16】 显示指定文本文件最后n个字符。文本文件名和数字n用命令行参数的方式提供。

```
import java.io.*;
class RafDemo2{
    public static void main(String args[]) {
        try {
            RandomAccessFile raf = new RandomAccessFile(args[0],"r");
            long count = Long.valueOf(args[1]).longValue();
            long position = raf.length();
            position -= count;
            if(position<0) position = 0;
```

```
                raf.seek(position);
                while(true) {
                    try {
                        byte b = raf.readByte();
                        System.out.print((char)b);
                    }catch(EOFException eofe) {
                        break;
                        }
                }
            }catch(Exception e) {
                e.printStackTrace();
            }
        }
    }
```

编译后，程序的执行命令和结果如图 7.23 所示。

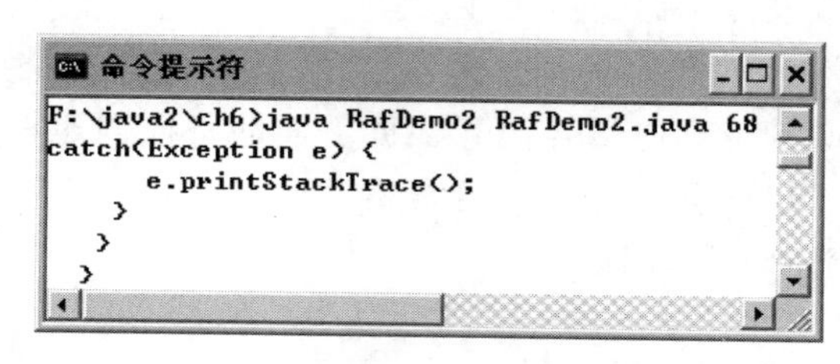

图 7.23　程序 RafDemo2 利用随机流读取自身的最后 68 个字符

7.6　小　　结

流是 Java 中最重要的概念之一，它不仅是包括文件处理在内的输入输出处理的基础，同时也是网络通信和 Java 与数据库连接的基础。

本章首先对 java.io 包，从类的层次讨论了 Java 的输入输出流。在这个包的顶层有 InputStream 和 OutputStream 类、Reader 和 Writer 类、File 类、RandomAccessFile 类、StreamTokenizer 类以及 DataInput、DataOutput、FilenameFilter 3 个接口。其中以 InputStream 和 OutputStream 类、Reader 和 Writer 类的子类最为丰富，故称为"四大家族"。因此，从处理功能看 Java 的输入输出流时，主要是讨论它们的子类。所谓输入输出流的处理功能的划分，是指它们的处理对象是字节级、字符级还是对象级，字节级的输入输出包括基本类型的输入输出。本章基本是按功能来讨论这些流的。

本章最后讨论了随机访问流，这是一个很灵活的流，它可以不按顺序进行访问。这是它与 Java 其他 I/O 流的最大区别。

习　题　7

1. 简述 Java 流的概念、特点及表示。

2. 编写一个用于简单用户输入的 Console 类，用户可以在 DOS 界面输入各种基本数据类型。

3. 描述 Java.io 包中输入流/输出流的类层次结构。

4. 说明过滤流的概念及作用。如何实现过滤器输入/输出流类的读/写方法的传递？

5. 如何通过InputStream、OutputStream和PrintStream类实现键盘输入和屏幕输出？

6. 简述File类在文件与目录管理中的作用与使用方法。

7. 利用文件输入/输出流类编程实现一个文本文件的显示与复制。

8. 试述过滤流与管道流的区别。

9. 编写程序，保存一个文本对象并检索该对象数据。

10. 编写一个程序，显示程序命令行指定的目录中所有的文件和目录，包括文件大小以及是文件还是目录类型。按字母排序显示，并且目录在文件之前显示。

11. 编写一个程序，使用一个数据输出流写两个整数到一个文件中。然后打开这个文件，尝试以浮点值的方式读取这个数据，是否可以正常工作。

12. 编写一个类似Windows记事本的简单程序，该程序能够创建新文件、读取已经存在的文件、查看和修改文本以及保存为文本文件。

13. 设计一个处理两种类型地址的地址簿的程序：一种类型存储姓名和E-mail地址；另一种类型存储姓名、E-mail地址和电话号码。根据下面的特征创建一个简单的AddressBook程序。

- 每一种类型都能添加随机地址。
- 可以在列表中显示地址。
- 可以清理所有的地址。
- 可以保存和读取当前列表的地址。

14. 使用第2题的Console类创建一个从用户获得字符串的Java程序。根据命令行参数，该程序把字符串写入到不同的地方。如果命令行参数给出了一个文件名，则输出到这个文件，否则输出到屏幕。当用户输入quit时退出程序。

15. 编写一个程序，求2～200的素数，并将结果保存在prime. dat文件中。

16. 编写一个程序，检查C盘根目录下的autoexec. bat文件是否存在，若存在，则显示该文件的内容；若不存在，则给出相应的信息。

17. 编写一个程序，输入6个学生的信息(学号、姓名、3门课程的成绩)，统计学生的总分，然后将学生的信息和统计结果存入二进制文件student. dat中。

18. 从第17题的student. dat文件中读取数据，寻找平均成绩最高的学生并打印该学生的信息。

19. 下列选项中，能够构造一个BufferedInputStream流的是(　　)。

A. New BufferedInputStream("in. txt");

B. New BufferedInputStream(new File("in. txt"));

C. New BufferedInputStream(new Writer("in. txt"));

D. New BufferedInputStream(new Writer("in. txt"));

E. New BufferedInputStream(new InputStream("in. txt"));

F. New BufferedInputStream(new FileInputStream("in. txt"));

20. 下列选项中，(　　)可以用于字符输出。

A. java. io. OutputStream　　　　B. java. io. OutputStreamWriter

C. java. io. EncodeOutputStream　　　　D. java. io. EncodeWriter

E. java. io. BufferedOutputStream

21. 下列选项中,(　　)可以确定 prefs 是一个目录或文件。

A. Boolean exists=Directory. exists ("prefs");

B. Boolean exists=(new File("prefs")). isDir();

C. Boolean exists=(new Directory("prefs")). exists();

D. Boolean exists=(new File("prefs")). isDirectory();

22. 下列选项中,(　　)能够将文本"<end>"加到文件 file. txt 的末尾。

A. OutputStream out= new FileOutputStream ("file. txt");
　Out. writeBytes ("<end>/n");

B. OutputStream os= new FileOutputStream ("file. txt", true);
　DataOutputStream out = new DataOutputStream(os);
　out. writeBytes ("<end>/n");

C. OutputStream os= new FileOutputStream ("file. txt");
　DataOutputStream out = new DataOutputStream(os);
　out. writeBytes ("<end>/n");

D. OutputStream os= new OutputStream ("file. txt", true);
　DataOutputStream out = new DataOutputStream(os);
　out. writeBytes ("<end>/n");

23. 阅读下列程序。

```
//第一行
public class Foo{
public static void main(String[ ] args){
PrintWriter out = new PrintWriter(new java.io.OutputStreamWriter(System.out),true);
out.println("Hello");
      }
}
```

在标记为"第一行"的地方加入语句(　　)可以使这个程序能够编译和执行。

A. import java. io. PrintWriter　　　　B. include java. io. PrintWriter

C. import java. io. OutputStreamWriter　　D. include java. io. OutputStreamWriter

24. 假定有程序段:

```
import java.io. * ;
public class Foo1{
public static void main(String[ ] args){
  try {
    File f = new File("file.txt");
    OutputStream out = new FileOutputStream(f, true);
    int a = 38;        //ASCII 码 38 = "&"
    out.write(a);
    out.close();
  }catch (IOException e){}
 }
}
```

其中,file. txt 包含的是 ASCII 码的文本文件,该程序的执行结果是(　　)。

A. 程序不能编译
B. 程序运行后文件没有变化
C. 程序运行后文件增加了一个字符
D. 程序运行后抛出异常因为文件没有关闭

25. 下列选项中,(   )能够获得文件 file. txt 的父目录名。

A. String name=File. getParentName("file. txt");
B. String name=(new File("file. txt")). getParent();
C. String name=(new File("file. txt")). getParentName();
D. String name=(new File("file. txt")). getParentFile();
E. Directory dir=(new File("file. txt")). getParentDir();
   String name=dir. getName();

26. 要读一个较大的文件,下列创建对象的方法中,(   )是最合适的。

A. new FileInputStreame (“myfile”);
B. new InputStreameReader (new FileInputStreame (“myfile”));
C. new BufferedReader(new InputStreameReader (new FileInputStreame (“myfile”)));
D. new RandomAccessFile raf= new RandomAccessFile (new File(“myfile”,”rw”));

第8章 多线程与异常处理

本章将介绍多线程和如何使用多线程进行程序设计。多线程程序设计有一定的复杂性，这里将把目标集中在多线程的一些基本概念和使用方法上。本章的最后将介绍 Java 语言的另一大特色——异常处理。

8.1 多线程的基本概念

8.1.1 多任务

多任务是计算机操作系统同时运行几个程序或任务的能力。严格地讲，一个单 CPU 计算机在任何给定的时刻只能执行一个任务，然而操作系统可以很快地在各个程序之间进行切换，这样看起来就好像计算机在同时执行多个程序。

现在流行的操作系统如 Windows 系列、Macintosh System 系列以及 UNIX 系列都以透明方式自动支持多任务。也就是说，一个用户可以简单地启动一个或多个程序，而这些程序看起来都像在同时执行，用户并不需要确切地了解计算机当前正在执行哪个程序。例如，一个用户在使用 Web 浏览器下载大量视频的同时，又可以同时完成邮件的录入，同时还可以欣赏音乐。

我们可以把这种并发执行多个任务的想法向前推进一步：为什么不能让一个程序具备同时执行不同任务的能力呢？这种能力就叫作多线程，并且这种能力已嵌入到各种流行的程序设计语言之中。

8.1.2 线程与多线程

线程是指进程中单一顺序的执行流，又称为轻量级进程。线程共享相同的地址空间并共同构成一个进程。线程间的通信非常简单而有效，上下文切换非常快并且是整个大程序的一部分切换。线程可以彼此独立执行，一个程序可以同时使用多个线程来完成不同的任务。一般用户在使用多线程时并不考虑底层处理的详细细节。例如：

- 现在流行的流媒体技术可以一边下载数据，一边播放流媒体数据。这是因为流媒体播放器有一个线程在下载数据，并且通知另一个线程播放已经到达的多媒体数据。
- Word 编辑器能够实时检查拼写错误，即当用户输入字符时，该编辑器能够立即自动分析文本和标出错误的单词。这是有一个线程在接收键盘输入并以适当格式显示在屏幕上，而另一个线程在“读入”输入的文本，分析并标记出错误的部分。

多线程程序是指一个程序中包含多个执行流，它是一种实现并发机制的有效手段。从逻辑的观点看，多线程意味着一个程序的多个语句块同时执行。但是多线程并不等于多次启动一个程序,操作系统也不把每个线程当作独立的进程来对待。

多线程可以增进程序的交互性,提供更好的GUI和更好的服务器功能。

例如,在传统的单线程环境下,用户必须等待完成某些任务后才能进行下一个任务,即使大部分时间空闲,也只能按部就班地工作,而多线程则可以避免用户不必要的等待。

又如,传统的并发服务器是基于多进程机制的,每个客户需要一个进程,而进程的数目是受操作系统限制的。基于多线程的并发服务器可以具有较多的线程,每个客户对应一个线程,多个线程可以并发执行。

简言之,多任务是由操作系统控制同时执行的多个程序。多线程是在一个程序中或者由一个程序控制同时执行的多个线程。如果很好地利用线程,可以大大简化应用程序的设计,提高程序的质量和执行效率。

8.1.3 Java对多线程的支持

Java对创建多线程程序设计提供广泛的支持,它能够很好地与底层操作系统打交道而无须用户的干预。Java的多线程定义成类,并且程序具有执行和管理多个线程的能力,每个执行线程可独立执行或与其他线程同步执行。这个类可以对它的线程进行控制,可以确定哪个线程具有较高的优先级;哪个线程具有访问其他类的资源的权限;哪个线程应该执行,哪个线程应该“休眠”等。线程的执行都是由拥有这个线程的类或几个类来控制的。

Java是基于操作系统级的多线程环境设计的,JVM依靠多线程来执行多任务,并且所有类库在设计时都考虑到多线程机制。

这一章我们将可以看到Java的多线程机制能够很方便地创建和运行多个独立的线程的程序,并且还可以创建多个同步线程,实现多个任务的同步执行,这一机制对于实现资源共享、防止“死锁”现象的出现极为有用。基于线程的程序还可以用于声音播放、图片显示和图像处理的并行执行。

8.1.4 线程的状态

Java中有一个Thread类用于实例化一个新的线程,它带有多个方法控制线程的状态和优先级,也有若干常量表示状态和优先级。线程从产生到消失,可分为Newborn、Runnable、Running、Blocked和Dead共5个状态。

1. Newborn状态

Newborn是线程已被创建但未开始执行的一个特殊状态。此时线程对象可通过start()方法启动,产生运行这个线程所需的系统资源,并调用Thread类的run()方法,这样就使得该线程处于可运行状态,即Runnable状态。

2. Runnable状态

Runnable是线程处在就绪状态,表示一个线程正在等待处理器资源,随时可被调用执行。处于就绪状态的线程被放到一个队列中等待执行。至于何时可真正执行,取决于线程的优先级以及处在等待队列中的相对位置。如果线程的优先级相同,将遵循“先来先服务”的调度原则。如果某些线程具有较高优先级,这些较高优先级线程一旦进入就绪状态,将抢占当前正在执行的线程的处理器资源,这时当前线程只能重新在等待队列寻找自己的位置,休眠一段时间,等待这些具有较高优先级的线程执行完自己的任务之后,被某一事件唤醒。一旦被唤醒,这些线程就又开始抢占处理器资源。

优先级高的线程通常用来执行一些关键性的或紧急的任务，如系统事件和相应的屏幕显示。低优先级线程往往需等待较长的时间才有机会运行。由于系统本身无法中止高优先级线程的执行，因此，如果程序中用到了优先级较高的线程对象，那么最好经常让这些线程自行放弃对处理器资源的控制权。例如，使用 sleep()方法，使其休眠一段时间，以便其他线程能够有机会运行。

3. Running 状态

Running 是线程正在运行的状态，表示线程已经拥有了对处理器的控制权，其代码正在运行。Thread 类有一个 isAlive()方法判断线程目前是否正在执行状态中。除非运行过程的控制权被另一优先级更高的线程抢占或主动放弃控制权，否则这个线程将一直持续到 run()方法运行完毕。run()方法完成时，线程也就自然消失。

一个线程在以下情形下将释放对处理器的控制权，进入非运行状态。

(1) 主动或被动地释放对处理器资源的控制权。此时，该线程再次进入等待队列，等待其他高优先级或同等优先级的线程执行完毕。

(2) 线程调用了 yield()方法或 sleep()方法。sleep()方法中的参数为休眠时间，当这个时间过后，线程即为可运行的。线程调用 sleep()方法后，不但给同优先级的线程一个可执行的机会，对于低优先级的线程，同样也有机会获得执行。但 yield()方法，只给相同优先级的线程可执行的机会。如果当前系统中没有同优先级的线程，那么对 yield()方法的调用不会产生任何效果，当前线程继续执行。

(3) 线程被挂起，即调用了 suspend()方法。该线程必须由其他线程调用 resume()方法来恢复执行。suspend()方法和 resume()方法已经在 JDK2 中建议不再使用。但可以用 wait()和 notify()达到同样的控制效果。

(4) 为等候一个条件变量，线程调用了 wait()方法。如果要停止等待的话，需要包含该条件变量的对象调用 notify()方法或 notifyAll()方法。

(5) 输入输出流中发生线程阻塞。由于当前线程进行 I/O 访问、外存读/写、等待用户输入等操作，导致线程阻塞。阻塞消失后，特定的 I/O 指令将结束这种不可运行状态。

4. Blocked 状态

Blocked 为线程的阻塞状态。线程如果处于这个状态，那么线程将无法进入就绪队列。处于阻塞状态的线程通常必须由某些事件唤醒。至于是何种事件，则取决于阻塞发生的原因。例如，处于休眠中的线程必须被阻塞固定一段时间后才能被唤醒；被挂起或处于消息等待状态的线程则必须由一外来事件唤醒。

5. Dead 状态

Dead 为死亡或终止状态，表示线程已退出运行状态，不可能再进入就绪队列。其原因可能是线程已执行完毕(正常结束)，也可能是该线程被另一线程强行中断，即线程自然终止或是被停止。自然终止是当 run()方法结束后，该线程就自然消失。调用 stop()方法可以强行停止当前线程。这个方法已在 JDK2 中建议不再使用，应当避免使用。如果需要线程死亡，则可以进行适当的编码，触发线程提前结束 run()方法，自行消亡。

简单归纳一下，一个线程的生命周期一般经过如下步骤。

(1) 一个线程通过 new 操作实例化后，进入 Newborn 状态。

(2) 通过调用 start()方法进入 Runnable 状态，一个处在 Runnable 状态的线程将被调用执行，执行该线程相应的 run()方法中的代码。

(3) 通过调用线程的 sleep()方法或 wait()方法(从 Object 类继承的),这个线程进入 Blocked 状态。一个线程可自行完成阻塞操作。

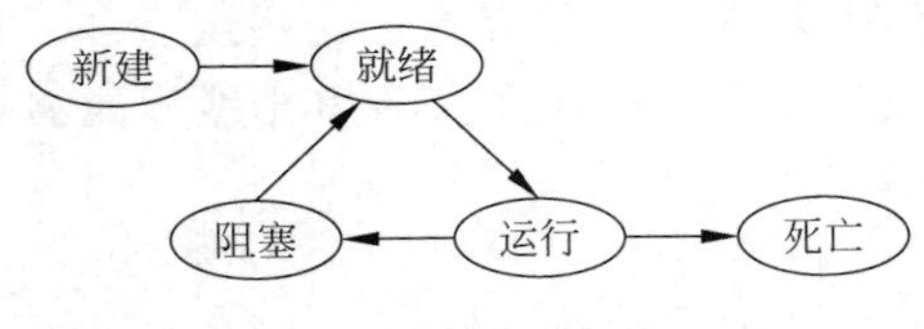

图 8.1 一个线程的生命周期

(4) 当 run()方法执行完毕,或者有一个异常产生,或者执行 System.exit()方法,则一个线程就进入 Dead 状态。

一个线程的生命周期如图 8.1 所示。

当一个线程刚刚被创建,只能用 start()方法对它进行调用,若调用其他方法则会引起非法状态处理。同样,对于任何状态,如果所调用的方法与当前状态不符,都会引起非法状态处理。

8.1.5 线程的优先级

Java 提供一个线程调度程序来监控启动后进入就绪状态的所有线程。线程调度程序按照线程的优先级决定应调度哪些线程开始执行。具有高优先级的线程会在较低优先级的线程之前得到执行。同时,线程的调度又是抢先式的,如果在当前线程的执行过程中,一个具有更高优先级的线程进入就绪状态,则这个更高优先级的线程将立即被调度执行。

在抢先式的调度策略下,执行方式又分为时间片方式和非时间片方式(独占式)。

在时间片方式下,当前活动线程执行完当前时间片后,如果有处于就绪状态的其他相同优先级的线程,系统会将执行权交给其他就绪态的同优先级线程,当前活动线程转入等待执行队列,等待下一个时间片的调度。一般情况下,这些转入等待的线程将加入等待队列的末尾。

在独占方式下,当前活动线程一旦获得执行权,将一直执行下去,直到执行完毕或由于某种原因主动放弃执行权,再或者是有一处于就绪状态的高优先级的线程来抢占执行权。

线程的优先级用数字表示,范围为 1~10,用 Thread 类中的常量表示即为 Thread.MIN_PRIORITY~Thread.MAX_PRIORITY。一个线程的默认优先级是 5,即 Thread.NORMAL_PRIORITY。可以通过 Thread 类的 getPriority()方法获得线程的优先级,同时也可以通过 setPriority()方法在线程被创建之后的任意时间改变线程的优先级。

8.2 线程的使用方法

在 Java 语言中,可采用以下两种方式产生线程。

- 通过继承 Thread 类构造线程。Java 定义了一个直接从根类 Object 中派生的 Thread 类。所有从这个类派生的子类或间接子类,均为线程。
- 实现一个 Runnable 接口。

8.2.1 通过继承 Thread 类构造线程

我们可以通过继承 Thread 类建立它的一个子类、并覆盖其方法来构造线程类。在这种方式中,需要作为一个线程执行的类只能通过 extends 关键字来继承单一的父类。

视频讲解

1. 线程的创建与启动

实例化 Thread 类可以创建一个新的线程对象。使用该类的方法,可以改变线程的优先级和线程的状态。

要创建并执行一个线程,需完成下列步骤。

(1) 创建一个类扩展(extends)Thread 类。

(2) 用要在这个线程中执行的代码覆盖 Thread 类的 run()方法。

(3) 用关键字 new 创建所定义的线程类的一个对象。

(4) 调用该对象的 start()方法启动线程。

线程启动后自动执行 run()方法,执行完毕后进入终止状态。

视频讲解

【例 8.1】 创建一个 Thread 类的子类,显示 1~8 这 8 个数字来模拟数数,然后在另一个类中建立这个 Thread 类的 3 个对象表示有 3 人在数数,以测试这个类,观察其执行时会发生什么现象。

实现这个类除了要扩展 Thread 类外,还要覆盖 run()方法。其程序为:

```
public class CountingThread extends Thread{
    public void run(){
        System.out.println();
        System.out.println("子线程" + this + "开始");
        for (int i = 0; i < 8; i++)
           System.out.print(this.getName() + ".i = " + (i + 1) + "\t");
        System.out.println();
        System.out.println("子线程" + this + "结束");
    }
}
```

下面构造另一个类,在它的 main()方法中创建并启动 3 个 CountingThread 对象。

```
public class ThreadTest{
   public static void main(String args[]){
      System.out.println("主线程开始");
      CountingThread thread1 = new CountingThread();
      thread1.start();
      CountingThread thread2 = new CountingThread();
      thread2.start();
      CountingThread thread3 = new CountingThread();
      thread3.start();
      System.out.println("主线程结束");
    }
}
```

在编译这个 Thread 类后,每次执行它时可能产生不同的结果,因为它没有准确地控制什么时候执行哪个线程。读者可以改变显示的数字的数目并多次执行这个程序,以观察其效果。

这个例子说明 3 个线程在相互独立地执行。实际不止 3 个线程,至少有 4 个线程:3 个线程是在 main()方法中创建的;还有一个线程在运行 main()方法,它负责启动这 3 个线程,我们把这个线程标记为主线程。

在 ThreadTest 的某次特定执行中,可能会产生如图 8.2 所示的结果。

(1) main()方法启动后,建立第 1 个线程实例 Thread-0 并启动,然后在另外两个线程获得执行之前完成自己的工作。

(2) 第 1 个线程数到 3 个数后,第 2 个线程 Thread-1 启动。

(3) 第 1、第 2 个线程交替数数,第 1 个线程数到 8 时第 3 个线程启动。

(4) 第 3 个线程数到 8 后结束,第 1 个线程也紧接着结束。

(5) 第2个线程数到8后结束。

图8.2中的Thread[Thread-0, 5, main]是println方法显示线程对象this的结果。最前面的Thread表示该对象是Thread类的对象,Thread-0是线程的名字,5是优先级,main是该线程的父线程的名字。

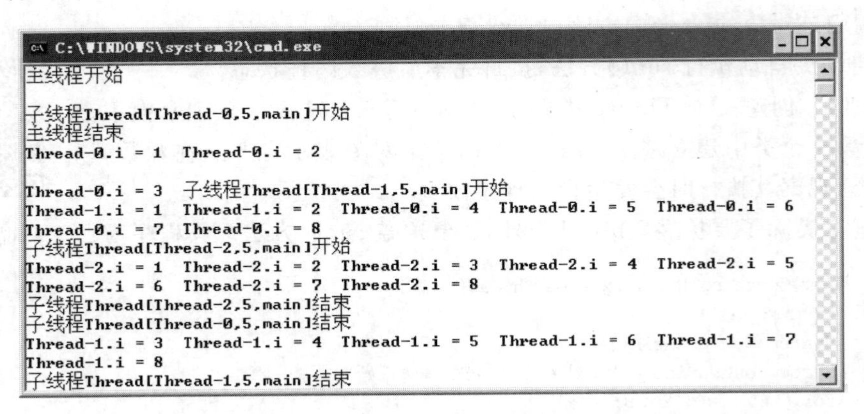

图8.2 一个Thread类的3个对象的执行结果

这个例子说明了以下几个事实。

(1) 创建独立执行的线程比较容易,Java JVM负责处理了大部分细节。

(2) 无法准确知道线程在什么时间开始执行,因为这是由操作系统来确定的。

(3) 线程间的执行是相互独立的(这个例子模拟3个人独立数数)。

(4) 线程独立于启动它的线程(或程序)。

2. 线程的暂停和恢复

在Java中有几种方法可以暂时停止一个线程的执行,在适当的时候再恢复其执行。

1) sleep()方法

sleep()方法是Thread类中的方法,它指定线程休眠一段时间。通常线程休眠到指定的时间后,不会立刻进入执行状态,而只是可以参与调度执行。这是因为当前线程正在运行,不会立刻放弃处理机,除非这时有优先级很高的线程参与调度,或者是当前线程主动退出,给予其他线程执行的机会。时间片方式调度最适合在一定时间内完成一个动作的线程。为了达到这种定期调度的目的,线程run()方法的主循环中应包含一个带有时间参数的sleep()调用。这个调用确保循环体以固定时间间隔周期性地执行。

2) yield()方法

yield()方法也是Thread类中的方法,作用是暂时中止当前正在执行的线程对象的运行。若存在其他同优先级线程,则将CPU使用权交给下一个同优先级线程。如果当前不存在其他同优先级线程,则这个要被中断的线程继续执行。显然这个方法可以保证CPU不会空闲,而sleep()方法则有可能浪费CPU时间。例如,所有合作线程都在等待,则CPU什么也不做。

3) wait()方法和notify()方法

这两个方法是在Object类中声明的方法。wait()方法使线程进入等待状态,直到被另一线程唤醒。notify()方法把线程状态的变化通知并唤醒另一等待线程。

由于这些方法都是Thread类或Thread的父类的方法,所以,需要时可以在一个线程对象中自由地调用它们。

3. 使用线程的一些技巧

一旦一个线程处在 Running 状态，没有外部影响（如高优先级进入）它就会连续地执行，直到 run()方法结束。Thread 类的早期版本中有一个 stop()方法，可以随时中止线程的运行。由于 stop()方法在 JDK 的较新的版本中已建议不再使用，因此要使用一些技巧来实现这一手段。在必要时，可按如下步骤来实现一种简单的机制，以便在任何时候都能够中止线程的执行。

(1) 编写一个类扩展 Thread 类。

(2) 增加一个布尔变量 running 到这个 Thread 类中，并初始化为 false。

(3) 覆盖 start()方法，首先将 running 置为 true，然后调用 super. start()方法。

(4) 提供一个公用(public)方法 halt()，它将 running 变量置为 false。

(5) 在 run()方法中使用类似下面的 while 循环。

```
public void run(){
   while (running)
    { /* 线程要执行的代码 */ }
}
```

如果这样一个线程的 halt()方法被调用，就会将 running 变量设置为假，因而引起 run()方法中止执行，从而结束该线程。

【例 8.2】 编写一个多线程程序的实例，它的功能是模拟一个笼子内有 20 只鸟在里面移动，每只鸟是一个扩展 Thread 的类，用一张鸟的图片表示，它负责控制自身的移动(第 6 章讨论过动画的实现)。

视频讲解

实现这个“笼子”的是一个扩展 Frame 的类，即有边框的窗口。它包含 3 个按钮，用于启动、停止“鸟”移动和退出程序。“鸟”在碰到“笼子”(窗口)的边缘时应返回来，这样就不会离开笼子。“鸟”在初始化时，可随机放置在“笼子”的任何地方。

首先，从“鸟”类开始，可按如下步骤实现它。

(1) 这个类扩展 Thread，这样就可独立执行自己的线程。

(2) 按上述线程设计的技巧，使得“鸟”类可在任何时刻停止执行。

(3) 设置两个域 x、y，作为鸟的当前坐标。

(4) 为了重新移动“鸟”到一个新的 x、y 坐标，设计一个方法重新计算它的坐标，使它产生移动效果。

(5) 由于有多个同时移动的“鸟”，所以在每个线程的 run()方法中应该调用 sleep()方法，这样就可以让出时间使操作系统去移动其他的鸟。

(6) 为了保证“鸟”在碰到“笼子”的边缘时返回来，我们需要知道笼子的大小，因而要在构造方法中将一个笼子 Cage 类的对象作为参数，以便把笼子的大小传递过来。

下面是“鸟”这个类的代码。

```
import java.awt.*;
import java.awt.event.*;
public class Bird extends Thread{
    private int xdir = 2*(1 - 2*(int)Math.round(Math.random()));
    private int ydir = 2*(1 - 2*(int)Math.round(Math.random()));
    private boolean running = false;
    private Cage cage = null;
    protected int x,y;
```

```
    Image bird = Toolkit.getDefaultToolkit().getImage("bird.jpg");
    public Bird(Cage _cage, int _x, int _y)
    { cage = _cage;
        x = _x;
        y = _y;
        start();
    }
    public void start()
    { running = true;
        super.start();
    }
    public void halt(){
        running = false;
    }
    public void run(){
        while (running) {
            move();
            try {
                sleep(120);
            } catch (InterruptedException ie) {
                System.err.println("Thread interrupted");
            }
            cage.repaint();
        }
    }
    private void move(){
        x += xdir;
        y += ydir;
        if (x > cage.getSize().width) {
            x = cage.getSize().width;
            xdir *= (-1);
        }
        if  (x < 0) xdir *= (-1);
        if (y > cage.getSize().height) {
            y = cage.getSize().height;
            ydir *= (-1);
        }
        if (y < 0)  ydir *= (-1);
    }
    public void draw(Graphics g) {
        g.drawImage(bird,x,y,30,40,cage);
    }
}
```

按照前面所描述的使线程中止的技巧,在 run()方法中应包含一个 while 循环,可以通过 halt()方法改变 running 变量为假值来控制这个循环。在构造方法中,将鸟的位置坐标的初始值传给一个对象;“鸟”在“笼子”边缘返回也可以使用一种直接的方式:直接改变鸟的坐标的当前值。于是,如果检查“鸟”超出了“笼子”的范围,则要使得“鸟”朝相反方向运动,也就是要改变相应移动方向的坐标增量的符号。

这里还使用了一点小技巧,就是随机选择移动坐标增量 xdir 和 ydir 的初始值,该值可以为 2 或-2,实现这个小技巧的步骤如下。

(1) 用 Math.random()返回 0.0~1.0 的一个实数。

(2) Math.round(Math.random())返回 0 或 1。

(3) 2 * (int)Math.round(Math.random())返回 0 或 2。

(4) 1－2 * (int)Math.round(Math.random())返回－1 或 1。

(5) 2 * (1－2 * (int)Math.round(Math.random()))返回－2 或 2。

下面再来分析一下如何实现 Cage 类。

- 该类需要 Quit、Start 和 Stop 这 3 个按钮域，此外，需要使用一个数组存储 20 个鸟对象的引用。
- 在构造方法中进行布局设计，使得 Frame 为 300 像素×300 像素的可见窗口，然后随机初始化每只鸟所处的位置。
- 在 actionPerformed()方法中进行监测，当相应的按钮被单击后，循环调用鸟数组的 start()和 halt()方法。

如果 start 按钮被单击，则在初始化新"鸟"之前，必须保证所有的当前线程通过调用自身的 halt()方法而自行结束。特别是，当初始化一组新"鸟"时，使用的是每只鸟的当前位置的坐标，这样即使是初始化一组全新的鸟对象，但看起来就像每只鸟在它停止的位置上又恢复运动。

```
import java.awt.*;
import java.awt.event.*;
public class Cage extends Frame implements ActionListener{
    private Button quit = new Button("Quit");
    private Button start = new Button("Start");
    private Button stop = new Button("Stop");
    private Bird birds[] = new Bird[20];
    Image bird = Toolkit.getDefaultToolkit().getImage("bird.jpg");
    public Cage(){
        super("Cage with Birds");
        setLayout(new FlowLayout());
        add(quit);quit.addActionListener(this);
        add(start);start.addActionListener(this);
        add(stop);stop.addActionListener(this);
        validate();setSize(300,300);
        setVisible(true);
        for (int i = 0; i < birds.length; i++){
            int x = (int)(getSize().width * Math.random());
            int y = (int)(getSize().height * Math.random());
            birds[i] = new Bird(this, x, y);
        }
    }
    public void actionPerformed(ActionEvent ae) {
        if (ae.getSource() == stop)
            for (int i = 0; i < birds.length; i++)
                birds[i].halt();
        if (ae.getSource() == start)
            for (int i = 0; i < birds.length; i++){
                birds[i].halt();
                birds[i] = new Bird(this, birds[i].x, birds[i].y);
            }
        if (ae.getSource() == quit)
            System.exit(0);
    }
    public void paint(Graphics g) {
        for (int i = 0; i < birds.length; i++)
            if (birds[i] != null)
```

```
                birds[i].draw(g);
        }
        public static void main(String args[])
        { Cage table = new Cage();}
    }
```

下面需要解决这些鸟如何显示在屏幕上的问题,每只鸟应当自己独立来显示自身图像,但是没有一个图形对象可供绘图。这里的解决方案是从 Cage 的 paint()方法中传递一个图形对象到每个“鸟”类的绘图(draw)方法中,在那里画出鸟的图像。因此,Cage 的 paint()方法为:

```
public void paint(Graphics g) {
    for (int i = 0; i < birds.length; i++)
        if (birds[i] != null)
            birds[i].draw(g);
}
```

在 Bird 类中相应的 draw()方法也非常简单,只是在当前的(x,y)坐标下画出一个 Image 对象,因而在 Bird 类中要加入下述方法:

```
public void draw(Graphics g) {
    g.drawImage(bird, x, y, 30, 40, cage);
}
```

但是,这个程序并不能很好地工作。这些鸟都可以独立地运行,并且它们的 run()方法在启动后会不断地改变鸟的坐标。然而,真正的完成绘图的方法是 Cage 类的 paint()方法,而这个方法仅在 Frame 需要更新的时候才被调用。于是,要保证鸟在改变坐标时,通过在 Bird 的 run()方法中调用 Cage 的 repaint()方法,因此一个修改了的新方法包含了下面程序的最后一行:

```
public void run(){
    while (true) {
        move();
        try{
            sleep(120);
        }catch(InterruptedException ie) {
            System.err.println("Thread interrupted");
        }
        cage.repaint();
    }
}
```

Cage 类是主类,其执行的主要过程如下。

(1) 单击 Start 按钮后,每个 Bird 开始执行它自己的 run()方法。

(2) 每个 Bird 类的 run()方法不停地计算它的新坐标,休眠 120ms 后,再调用 Cage 类的 repaint()方法。

(3) repaint()方法的调用导致了图像更新在新的位置,从而产生鸟移动的感觉。

其执行效果如图 8.3 所示。

图 8.3　在一个笼子内移动的鸟
(每只鸟都是一个独立执行的线程)

现在我们已经有了使用 Thread 的基本概念,可以扩展 Thread 类来产生线程程序,但这并不是唯一的途径。实际上,有很多程序需要以线程的方式执行,因此需要覆盖 run()方法,但这些类又有可能必须扩展 Frame 或 Applet,而我们知道 Java 不支持多继承,也就是说不能再继承 Thread 类了。因此,Java 又提供了一个称为 Runnable 的接口,使得任何类不用扩展 Thread 类也可以产生附加线程。

8.2.2 通过实现 Runnable 接口构造线程

实现 Runnable 接口是在程序中使用线程的另一种方法。在许多情况下,一个类已经扩展了 Frame 或 Applet,由于单继承性,这样的类就不能再继承 Thread。Runnable 接口为一个类提供了一种手段,无须扩展 Thread 类就可以创建一个新的线程。从而克服了单一继承方式所造成的限制。

在 Java API 中,Runnable 接口只包含一个抽象方法,其定义如下。

```
public interface Runnable{
    public abstract void run();
}
```

所有实现了 Runnable 接口的类的对象都能以线程方式执行。这种使用 Runnable 接口构造线程的方法是要在一个类中实现 public void run()方法,并且在这个类中定义一个 Thread 类型的域。当调用 Thread 的构造方法实例化一个线程对象时,要将定义的这个类的自身的对象(this)作为参数,因为 Thread 类的构造方法要求将一个 Runnable 接口类型的对象作为参数,这样就将这个接口的 run()方法与所声明的 Thread 对象绑定在一起,也就可以用这个对象的 start()方法和 sleep()方法来控制这个线程。

实现 Runnable 接口的类的一种常用的框架为:

```
[modifier] class ClassName [extends SuperClassName]
                                implements Runnable [, OtherInterfaceList]
    {  //域,构造方法和其他方法
        Thread threadobj;
        SomeMethod{
            threadobj = new Thread(this);
        }
        public void run()
        {  /* run 方法的代码 */}
    }
```

使用 Runnable 接口,一个类可以避免由于继承了 Thread 类,而不能继承另一个类。即使一个类不需要继承其他的类,但很多人还是习惯使用 Runnable 接口实现线程。

【例 8.3】 创建一个程序,用实现 Runnable 接口的方法完成每秒显示当前时间。

在 Java 的 java.util 包中有一个 Date 类,实例化一个新的 Date 对象可得到当前时间,再用 toString()方法可将其变成字符串。下面要确定是否需要一个线程来完成这个任务。如果需要,要考虑是需要扩展 Thread 类还是使用 Runnable 接口。

要求每秒显示一次时间,线程是完成这个任务最好的角色。我们可以每秒唤醒一次线程,并且就在这一瞬间显示出时间,这只要在 run()方法中调用 System.out.println()就可以完成,然后休眠,让出 CPU,因而,用线程实现是必要的。由于假如要是窗口显示的话,该类就要继承 Frame 类,因此,可以选择使用 Runnable 接口来实现。下面还是在控制台显示时间,读者可以改成在图形界面的窗口中显示时间。

```
import java.util.Date;
public class ShowSeconds implements Runnable{
    private Thread clocker = null;
    private Date now = new Date();
    public ShowSeconds(){
        clocker = new Thread(this);
        clocker.start();
    }
    public void run(){
        while (true) {
            now = new Date();
            System.out.println(now);
            try{
                clocker.sleep(1000);
            }catch(InterruptedException ie) {
                System.err.println("Thread error: " + ie);
            }
        }
    }
    public static void main(String args[]){
        ShowSeconds time = new ShowSeconds();
    }
}
```

clocker 线程通过 Thread 类构造方法对得到的对象进行初始化,并将 ShowSeconds 类当前对象(this)作为参数。该参数将 clocker 线程的 run()方法与 ShowSeconds 类实现 runnable 接口的 run()方法绑定在一起,因而,当线程启动后,ShowSeconds 类的 run()方法就开始执行。

在 main()方法中,我们已经建立了 ShowSeconds 的一个对象,如果想将一个线程与 ShowSeconds 的 run()方法联系在一起,则需要使用 this 将这个类本身传递给该线程的构造方法。所以,在上面的程序第 6 行的 Thread(this)非常重要。

在上面这段程序中,该方法包含一个无限循环,却没有提供任何机制来中止线程,所以它是一个真正的无限循环。这当然不是一个好的程序。所以当使用多个线程时,必须保证所有已实例化和已启动的线程在必要的时候能够停止,否则,这些线程可能白白消耗系统资源而没有做任何有益的事情。

实现 Runnable 接口的类,常常需要使用如下程序框架。

```
public class ClassName extends SuperClass implements Runnable{
    private Thread threadName = null;
    //该类的域和方法
    //一般包含如下 start()方法用于启动线程
    public void start(){
        if (threadName == null) {
            threadName = new Thread(this);
            threadName.start();
        }
    }

    public void stop()
    {  threadName = null; }
```

```
    public void run(){
        Thread currentThread = Thread.currentThread();
        while (threadName == currentThread) {
          /* 有适当的代码调用 threadName.sleep(sleepTime)
              或 threadName.yield() */
          }
    }
}
```

上面的 start()方法和 stop()方法并不是自动被调用的，它们仅提供一种很方便的手段启动和终止线程。

8.3 线程的同步

当通过线程类创建一个类后，所有由这个类创建的线程可以对这个类的域和方法有完全的访问权限，或者对这个线程所引用的任何类的公用域和方法有访问权限。对于使用单线程的类，这不会引起多大的问题，但对使用多线程的类，却可能引起严重的问题。

8.3.1 使用多线程不当造成的数据崩溃

多线程使用不当，则有可能造成数据崩溃。例如，两个线程都要访问同一个整数域，一个线程读取这个域的值并在这个值的基础上完成某些操作，而就在此时，另一个线程改变了这个整数值，但第一个线程并不知道，这就可能造成数据崩溃。

【例 8.4】 使用快线程和慢线程造成数据崩溃的一个例子。

创建一个类，它包含一个具有随机值的正整数域 number 和一个 performWork()方法，该方法完成两个任务：一个“慢”任务和一个“快”任务。完成这两个任务中的哪一个任务取决于 performWork()方法的输入参数。完成这些任务并不是直接调用这个方法，而是建立两个线程对象：一个“快”线程，一个“慢”线程，它们轮番调用 performWork()。

(1) “慢”线程调用 performWork 并显示一个随机数，然后让这个线程休眠两秒，以模拟一个需要较长时间才能完成的任务，最后再次显示这个 number。

(2) “快”线程在 performWork 中将 number 修改为－1，没用延时，以模拟一个能够很快完成的任务。

按以上要求，我们定义一个 CorruptedData 类，然后再建立“快”和“慢”两个线程对象作为它的成员变量，并将对这个类自身的引用(this)传递这两个线程，以保证它们能够访问该类的 performWork()方法，同时也将两种任务方式作为参数传递给线程。

```
public class CorruptedData{
    protected static int DISPLAY = 1, CHANGE = 2;
    private WorkThread slowWorker = null;
    private WorkThread fastWorker = null;
    private int number = 0;

    public CorruptedData(){
        number = (int)(10 * Math.random());
        slowWorker = new WorkThread(this, DISPLAY);
        fastWorker = new WorkThread(this, CHANGE);
    }
```

```
    public void performWork(int type) {
        if (type == DISPLAY) {
            System.out.println("Number before sleeping: " + number);
            try{
                slowWorker.sleep(2000);
            } catch(InterruptedException ie) {
                System.err.println("Error: " + ie);
                }
                System.out.println("Number after waking up: " + number);
        }
        if (type == CHANGE)
             number = -1;
    }
    public static void main(String args[])
    {  CorruptedData cd = new CorruptedData(); }
}
```

注意,我们仅能在构造方法中建立线程对象,并不能在 main()方法中建立对象或进行域定义,因为它们包含了对 this 的引用,而在 static main()方法中这是不能使用的。

下面要实现一个线程类 WorkThread,其步骤为:①定义两个域存放要完成的任务的类型和对主类(CorruptedData)的引用;②启动线程;③在 run()方法中用适当的参数调用主类的 performWork()方法。其代码如下。

```
public class WorkThread extends Thread{
    private CorruptedData data = null;
    private int work = 0;
    public WorkThread(CorruptedData _data, int _work) {
        data = _data;
        work = _work;
        start();
    }
    public void run(){
        data.performWork(work);
    }
}
```

当编译并且执行 CorruptedData 类后,其输出结果如图 8.4 所示。

这是由于这个程序启动后,建立两个线程对象,“慢”线程打印出 number 的值后,休眠两秒。当它“醒来”之后,又打印出这个值,但不知不觉地这个值变成了−1。因为当“慢”线程在休眠时,第二个线程“偷偷地”改变了 number 值,但第一个线程仍然假定还是以前的 number 值,因而产生了意外的结果。

图 8.4 使用快线程和慢线程造成的数据崩溃

以上这个例子多少有点“虚构”的感觉,但以下描述的银行账户数据崩溃则是一个较为接近实际地模拟了多线程并发访问公用数据的例子。

视频讲解

【例 8.5】 模拟银行账户的金额离奇蒸发的例子。

建立一个银行(Bank)类,它包含 8 个储蓄账号。每个账号最初有 10 万元余额。Bank 类包含一个转账的 transfer 方法,可以将钱从一个储蓄账号转到其他账号。从储蓄账户取钱再转到其他账户应该是要花费一定时间的操作。Bank 类还有一个 showAccounts()方法显示所有账户的总金额。Bank 类创建 8 个线程对象模拟 8 个客户。这些客户线程使用 Bank 的 transfer()方法不断从他们的账号中转出一定数目(随机数目,但不超过 1000 元)的钱到该银行内其他随机选定的账号。

构造这样一个银行类,应该包含一个整型数组域代表银行账号、一个数组域代表客户线程,还需要一个域保存所完成的转账次数。然后在构造方法中,初始化银行账号和客户线程。该类的 transfer()方法需要 3 个输入参数:从中取钱的账号、存钱的账号和转账的金额。在转账之前要检查相应账号是否有足够的资金。为了模拟转账所要花费的时间,这里调用 Thread 类的 sleep()方法来延长时间。

这个程序在一个 Frame 中执行,并设置按钮来重新进行计算和显示各账号的储蓄总额。下面是 Bank 类中重要方法的轮廓,其中不包含实现图形界面的代码。

```
import java.awt.*;
import java.awt.event.*;
public class Bank{
    protected final static int NUM_ACCOUNTS = 8;
    private   final static int WASTE_TIME   = 1;
    private int accounts[] = new int[NUM_ACCOUNTS];
    private Customer customer[] = new Customer[NUM_ACCOUNTS];
    private int counter = 0;
    public Bank(){
        for (int i = 0; i < accounts.length; i++)
            accounts[i] = 100000;
        start();  //是普通类的方法,并非线程的 start()方法
    }
    public void transfer(int from, int into, int amount) {
        if ((accounts[from] >= amount) && (from != into)) {
            int newAmountFrom = accounts[from] - amount;
            int newAmountTo = accounts[into] + amount;
            wasteSomeTime();
            accounts[from] = newAmountFrom;
            accounts[into] = newAmountTo;
        }
    }
    private void start(){
        stop();
        for (int i = 0; i < accounts.length; i++)
            customer[i] = new Customer(i, this);
    }
    private void stop(){
        for (int i = 0; i < accounts.length; i++)
            if (customer[i] != null)
                customer[i].halt();
    }
    private void wasteSomeTime(){
        try{
            Thread.sleep(WASTE_TIME);
        }catch(InterruptedException ie) {
            System.err.println("Error: " + ie);
        }
    }
    private void showAccounts()
```

```
    { /* shows account information for all accounts */ }
    public static void main(String args[])
    { Bank bank = new Bank(); }
}
```


这个程序中最重要的方法是 transfer()。它检验 from 账号上是否有足够的资金以及 from 账号是否与 into 账号相同,然后在转账之后计算新的余额,但要在完成调整金额之前给予一定的延时。这也是本例要展示的问题所在。

下面再看看 Customer 类的实现,它扩展 Thread 类,并且按照前面给出的使用线程的方法,建立了在任何时刻都可以中止线程的机制。该类除了一个布尔域 running 之外,还需要两个域:一个引用 Bank 对象,另一个存放相应客户的标识(id)。当启动线程之后,在 run()方法中产生一个随机值,作为转账的金额,转到其他账户上。

```
public class Customer extends Thread{
    private Bank bank = null;
    private int id = -1;
    private boolean running = false;
    public Customer(int _id, Bank _bank) {
        bank = _bank;
        id = _id;
        start();
    }
    public void start(){
        running = true;
        super.start();
    }
    public void halt()
    { running = false; }
    public void run(){
        while (running) {
            int into = (int)(Bank.NUM_ACCOUNTS * Math.random());
            int amount = (int)(1000 * Math.random());
            bank.transfer(id, into, amount);
            yield();
        }
    }
}
```

注意,这个线程程序还很“友好”,因为它在 run()方法中调用了 yield()方法暂时让出 CPU,让其他线程能够工作。

目前为止,还没有实现 showAccounts(),因而还不能得到任何关于账号的信息,要在如下步骤中增加一些适当的 GUI 组件到 Bank 类之后,再考虑这个问题。

首先,改变类的定义,让它扩展 Frame 且实现 ActionListener 接口:

```
public class Bank extends Frame implements ActionListener
```

下一步,增加按钮、状态标签和一个显示区域作为类的域。

```
private Label status = new Label("Transfers Completed: 0");
private TextArea display = new TextArea();
private Button show = new Button("Show Accounts");
private Button start = new Button("Restart");
private Button stop = new Button("Stop");
```

然后，再修改构造方法，适当布局这些构件。如果用户单击右上方的标准"关闭"按钮，则使用内部的匿名类关闭窗口。修改后的构造方法为：

```
public Bank(){
    super("Mystery Money");
    Panel buttons = new Panel(); buttons.setLayout(new FlowLayout());
    buttons.add(show); show.addActionListener(this);
    buttons.add(start); start.addActionListener(this);
    buttons.add(stop); stop.addActionListener(this);
    setLayout(new BorderLayout());
    add("North",status); add("South", buttons); add("Center", display);
    for (int i = 0; i < accounts.length; i++)
        accounts[i] = 100000;
    start();
    validate(); setSize(300, 300); setVisible(true);
    addWindowListener(new WindowAdapter()
        { public void windowClosing(WindowEvent we)
            {   System.exit(0); }
        });
}
```

再在 transfer()方法中增加一行显示转账的数目。

```
status.setText("Transfers completed: " + counter++);
```

下面实现 showAccounts()方法，并在 display 文本区显示它的信息。

```
private void showAccounts(){
    int sum = 0;
    for (int i = 0; i < accounts.length; i++){
        sum += accounts[i];
        display.append("\nAccount " + i + ": $" + accounts[i]);
    }
    display.append("\nTotal Amount:      $" + sum);
    display.append("\nTotal Transfers: " + counter + "\n");
}
```

最后，增加一个 actionPerformed()方法，响应按钮的单击事件。

```
public void actionPerformed(ActionEvent ae) {
    if (ae.getSource() == show)
        showAccounts();
    else if (ae.getSource() == start)
        start();
    else if (ae.getSource() == stop)
        stop();
}
```

在执行这个类之后，让我们先看看这个"银行"的业务活动：开始时，8 个账号都有 10 万元，储户仅仅从自己账号上将钱转到这 8 个账号之内的任一账号上。因而不管多少次转账，这些账号上的总金额应该总是保持 80 万元，然而在这个程序执行一段时间之后，单击 Stop 按钮和 Show Accounts 按钮，我们会发现类似图 8.5 显示的输出。

图 8.5　在共享的银行数据之上执行客户线程

图8.5表明在共享的银行数据之上执行客户线程,仅在2472次转账之后,总金额不可思议地降到733152,账号上的钱神秘消失了许多,这是不应该发生的。而且,如果再单击Restart按钮继续运行一段时间后,又单击Stop和Show Accounts按钮,还会有更多的钱消失。显然,这个程序就不能在银行运行下去了。

为什么钱就像蒸发了一样呢?让我们置身于实际运行环境中考查一下:假设客户1的账号上当前有5万元,他想取出500元转到其他账号,客户1到银行查询账号上的余额,银行职员说:账上有5万元。客户1要进行转账,银行职员计算出新的余额应该是45500元,并且把500元转到其他账号上。但在这个职员要修改实际金额的时候,他接到一个电话耽误了一会儿时间(由wasteSomeTime()方法模拟,延时1秒)。但是就在这段时间内,另外一个客户可能转账进来,例如转200元到客户1的账号上。客户1的账号现在应该有45700元。然而,银行职员回到自己的工作上来时,仍按照1秒钟前的数字计算,将它的余额置为45500元,这200元就这样消失了。

类似的误操作也会经常在完成文件输入/输出操作时发生。为了防止这种错误的发生,Java提供了一种简单而又强大的同步机制。

8.3.2 同步线程

同步线程的使用,主要在于一个进程中多个线程的协同工作。线程的同步用于保护线程共享数据,控制和切换线程的执行,保证内存的一致性,所以线程的同步很重要。

1. synchronized 方法

Java的多线程机制中提供了关键字synchronized来说明同步方法。一个类中任何方法都可以定义为synchronized方法以防止多线程的数据崩溃。当某个对象用synchronized修饰时,表明该对象在任一时刻只能由一个线程访问。当一个线程进入synchronized方法后,能保证在任何其他线程访问这个方法之前完成自己的执行。如果某一个线程试图访问一个已经启动的synchronized方法,则这个线程必须等待,直到已启动线程执行完毕,再释放这个synchronized方法。

声明synchronized方法的一般格式为:

```
[modifier] synchronized returnType methodName([parameterList])
    { /* 方法体 */ }
```

synchronized关键字除了可以放在方法声明中表示整个方法为同步方法外,还可以放在一段代码的前面限制它的执行,如:

```
[modifier] returnType methodName([parameterList])
    synchronized(this){ /* some codes */ }
```

另外,如果synchronized用在类声明中,则表明该类中的所有方法都是synchronized的。

【例8.6】 在例8.4中曾使用“慢”线程和“快”线程,本例将使用同步方法防止“慢”线程和“快”线程造成的数据崩溃。

我们要做的修改是仅将performWork方法前加上synchronized,也就是将该方法修饰为同步方法。

```
public synchronized void performWork(int type) {
/* public void performWork(int type) { */
```

```
    if (type == DISPLAY) {
        System.out.println("Number before sleeping: " + number);
        try{
            slowWorker.sleep(2000);
        }catch(InterruptedException ie) {
            System.err.println("Error: " + ie);
        }
        System.out.println("Number after waking up: " + number);
    }
    if (type == CHANGE)
        number = -1;
}
```

现在再执行这个类,输出结果如图 8.6 所示。

performWork()方法在设计为 synchronized 方法后,第一个线程启动它执行时,就不允许第二个线程打断第一个线程,等到第一个线程完成后,第二个线程才能将 number 置为−1。

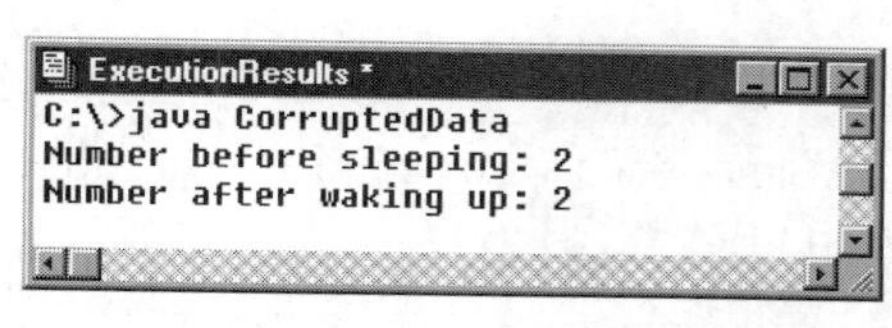

图 8.6　使用同步方法防止线程的数据崩溃

使用 synchronized 机制实现银行账号的同步操作模拟,同样可以防止 bank 类的数据崩溃。

【例 8.7】　使用 synchronized 机制,避免银行账户的金额被奇怪蒸发。

现在仍然是对例 8.5 中的程序做一个简单的修改,就能够保证银行数据的完整性,当一个客户线程正在完成处理时,不允许其他线程改变任何账号的金额。因此,将例 8.5 中的 transfer()方法改造为 synchronized 方法:

```
public synchronized void transfer(int from, int into, int amount)
```

现在可以完成任意次转账而不会出现差错。在任何时刻,一个线程想使用这个方法进行转账,必须等待当前执行转账方法的线程完成之后才能进行,因而保证了银行账户的完整性。我们可以验证这个例子修改后的情况。图 8.7 表明在完成 20 万次转账业务后,总金额仍然为 80 万元。

Mystery Money
Transfers completed: 200286
Account 0: $5764
Account 1: $52358
Account 2: $105684
Account 3: $93193
Account 4: $83446
Account 5: $268835
Account 6: $79086
Account 7: $111634
Total Amount: $800000
Total Transfers: 200287
Show Accounts　Restart　Stop

图 8.7　使用同步方法在共享的银行数据执行客户线程

2. 管程

在 Java 中,运行环境使用管程(Monitor)解决线程同步的问题。能够拒绝访问和允许访问某个线程的一个对象称为管程。任何包含一个或多个同步线程的对象就是一个管程。Java 为每一个拥有 synchronized 方法的实例对象提供了一个唯一的管程(互斥锁)。为了完成分配资源的功能,线程必须调用管程入口或拥有互斥锁。管程入口就是 synchronized 方法入口。当调用同步方法时,该线程就获得了该管程。

管程实行严格的互斥,在同一时刻,只允许一个线程进入。如果调用管程入口的线程发现资源已被分配,管程中的这个线程将调用等待操作 wait()。进入 wait()后,该线程放弃管程的拥有权,在管程外面等待,以便其他线程进入管程。如果一个占用资源的线程要将资源归还给系统,则该线程需调用一个通知操作 notify(),通知系统允许其中一个正在等待的线程获得管程并得到资源。

在 Java 中还提供了用来编写需同步执行的线程的两个方法：wait()和 notify()。此外还有 notifyAll()，它通知所有等待的线程，使它们竞争管程(互斥锁)，其结果是其中一个获得管程(互斥锁)，其余返回等待状态。

3. wait()方法、notify()方法与死锁

同步机制虽然很方便，但可能导致死锁，死锁是发生在线程之间相互阻塞的现象，这种现象会使同步线程相互等待，以致它们都不能继续执行。

在解决死锁问题之前，我们先研究一下控制线程同时也是造成死锁问题的两种重要的方法：wait()方法和 notify()方法。

Java 中的每个类都是由基本类 Object 扩展而来的，因而每个类都可以从那里继承 wait()方法和 notify()方法，这两种方法都可以在 synchronized 方法中调用。

wait()方法的定义是：

```
public final void wait() throws InterruptedException
```

该方法引起线程释放它对管程的拥有权而处于等待状态，直到被另一个线程唤醒。唤醒后该线程重新获得管程的拥有权并继续执行。如果一个线程没有被任何线程唤醒，则它将永远等待下去。

notify()方法的定义是：

```
public final native void notify()
```

该方法通知一个等待的线程：某个对象的状态已经改变，等待的线程有机会重新获得线程的管程的拥有权。

在完成同步过程中，也可不必调用 wait()方法和 notify()方法。但如果调用了 wait()方法，就必须保证有一个匹配的 notify()方法被调用。否则这个等待的线程将无休止地等待下去。因此，wait()方法和 notify()方法使用不当就可能造成死锁。下面就是死锁的一个例子。

【例 8.8】 以例 8.5 的 Bank 类和 Customer 类为背景，展示死锁发生的情形。

下面有两个类，一个扩展 Thread，另一个类包含调用 wait()方法和 notify()方法。执行 DeadLock 类，观察会发生什么现象。

```
import java.awt.*;
import java.awt.event.*;
public class DeadLock extends Frame{
    protected static final String[] NAMES = {"A","B"};
    private int accounts[] = {1000, 1000};
    private TextArea info = new TextArea(5,40);
    private TextArea status = new TextArea(5,40);
    public DeadLock(){
        super("Deadly DeadLock");
        setLayout(new GridLayout(2,1));
        add(makePanel(info, "Accounts"));
        add(makePanel(status,"Threads"));
        validate(); pack(); show();
        DeadLockThread A = new DeadLockThread(0, this, status);
        DeadLockThread B = new DeadLockThread(1, this, status);
        addWindowListener(new WindowAdapter()
            {  public void windowClosing(WindowEvent we)
                {  System.exit(0); }
```

```java
        });
    }
    public synchronized void transfer(int from, int into, int amount{)
        info.append("\nAccount A: $ " + accounts[0]);
        info.append("\tAccount B: $ " + accounts[1]);
        info.append("\n => $ " + amount + " from " + NAMES[from] +
                    " to " + NAMES[into]);
        while (accounts[from] < amount) {
            try{
                wait();
            }catch(InterruptedException ie) {
                System.err.println("Error: " + ie);
            }
        }
        accounts[from] -= amount;
        accounts[into] += amount;
        notify();
    }
    private Panel makePanel(TextArea text, String title) {
        Panel p = new Panel();
        p.setLayout(new BorderLayout());
        p.add("North", new Label(title)); p.add("Center", text);
        return p;
    }
    public static void main(String args[])
    {  DeadLock bank = new DeadLock(); }
}

import java.awt.TextArea;
public class DeadLockThread extends Thread{
    private DeadLock bank;
    private int  id;
    private TextArea display;
    public DeadLockThread(int _id, DeadLock _bank, TextArea _display){
        bank = _bank;
        id = _id;
        display = _display;
        start();
    }
    public void run(){
        while (true) {
            int amount = (int)(1500 * Math.random());
            display.append("\nThread " + DeadLock.NAMES[id] + " sends $ "
                            + amount + " into " + DeadLock.NAMES[(1 - id)]);
            try{
                sleep(20);
            } catch (InterruptedException ie) {
                System.err.println("Interrupted");
            }
            bank.transfer(id, 1 - id, amount);
        }
    }
}
```

这两个类编译好之后，执行 DeadLock 就开始在两个账号之间转账。然而在短时间运行后,程序开始挂起——没有输出产生,也没有错误信息显示,程序完全停止了工作。这就表明某种异常的情况发生了,如图8.8所示。

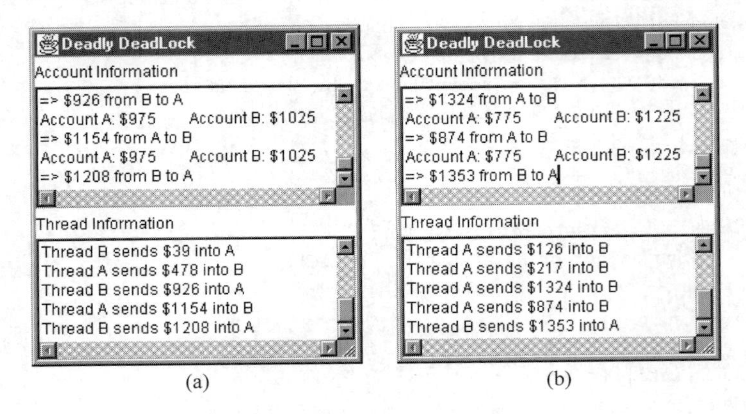

图8.8 两个DeadLock类的执行被挂起的情况

下面分析图8.8(a)所示的情况下,程序遇到了什么问题。图8.8(b)的分析类似。

(1) 在程序挂起之前,账号A有975元,账号B有1025元。

(2) 线程A要转1154元到账号B。

(3) 账号A没有足够资金,所以等待通知(notify)情况发生变化。

(4) 现在线程B要转账1208元到账号A。

(5) 账号B也没有足够资金,所以B也必须等待。

每个线程都在等待其他线程通知(notify)账号状态发生变化,这种相互等待导致程序接近停止。对于死锁的出现,Java虚拟机无能为力,处于死锁的线程只能无止境地等待下去。

从原理上讲,死锁是易于打破的。例如,允许A转账,这样它的账上余额为-179元。账号B的余额则为2179元,现在账号有足够的资金转走1208元,这样账户A的余额又为1029元,B的账上剩余971元,但可惜的是,程序并不允许出现负数余额,银行的规则也是这样。

从上面的讨论可以看出,死锁是在特定应用程序中所有的线程处在等待状态,并且相互等待其他线程唤醒。Java虚拟机无法解决死锁问题。解决死锁的任务完全落在程序员身上,程序员必须保证在他的代码结构中不会产生死锁。

下面我们就讨论一下如何解决本例的死锁问题。允许出现负的余额就可以解决这个问题。但这是银行所不愿看到的,所以需要别的解决办法。

死锁之所以会出现,是因为每个线程允许转账的值是介于0到1500元之间的随机值。最初,每个账户有1000元,因为总数是2000元。如果限制每个线程在转账时的最大值小于1000元,死锁就不会发生:两个账户的总数是2000元,两个账户的余额也总是为正数(因为这由transfer方法实现)。这意味着在任何时候,两个账户中总有一个余额有1000元以上。于是,两个线程中总有一个能从账户上把少于1000元的钱转到另一个账户上,于是两个线程中的一个总能改变账户的状态,并调用notify去唤醒正在等待的线程。

我们按照上述方法相应地修改DeadLockThread程序,并重新运行DeadLock。这时,该程序可以持续不断地转账而不会发生死锁情况,直到退出程序。

再回顾一下,在例8.5最开始的Bank/Customer程序为什么没有发生死锁,因为在那个类中,设置的最大转账额为1000元。由于有8个账户,每个账户最开始有100 000元,那么这些账户中至少有一个账户有100 000元或更多。对应于这个账户的线程最终会打破和其他线程之间的死锁。更重要的是,在前面那个例子中,我们没有让线程进入等待状态。相反的,如果账上资金不够,就不会发出转账请求。因此,从原则上讲,在那个类中不会有死锁发生。

8.4 异常处理

由于Java程序常常在网络环境中运行,安全成为首先要考虑的重要因素之一。为了能够及时有效地处理程序中的运行错误,Java中引入了异常和异常类,并提供了丰富的处理错误与异常的措施。作为面向对象的语言,Java的异常类与Java的其他语言成分一样都是面向对象规范的一部分。

8.4.1 Java的出错类型

Java把程序不能正常执行的情况分为两类:错误和异常。错误和异常情况是不同的两种情况。错误(Error)通常是指程序本身存在的非法的情形,这些情形常常是因为代码存在的逻辑问题而引起的。而且,编程人员可以通过对程序进行更仔细地检查,把这种错误尽可能减少。从理论上讲,错误是可以避免的。

异常(Exception,又称为例外)则表示一种"非同寻常"的情况。这种情况通常是不可预测的。常见的异常情况包括运行时内存不足、找不到所需的文件等。

在这两种错误类型中,由于错误(Error)的排除更多依赖编程人员的编程熟练程度,而异常的出现难以预见,又必须在程序中处理,所以Java更多地侧重于异常处理,把异常定义为特殊的运行错误对象,并建立了特定的运行错误处理机制。

Java中定义了很多异常类。每个异常类都代表了一种或多种运行错误,异常类中包含了该运行的错误信息和处理错误的方法等内容。每当Java程序运行过程中发生一个可识别的运行错误时,即产生一个异常。Java采取"抛出-捕获"的方式,一旦一个异常现象产生了,Runtime环境和应用程序抛出各种标准类型和自定义的异常,系统就可以捕获这些异常,并且有相应的机制来处理它,确保不会产生死机、死循环或其他对操作系统和运行环境的损害,从而保证了整个程序运行的安全性。这就是所谓的Java的异常处理机制。

1. 异常类的定义及层次结构

Java的异常类都对应一种特定的运行错误。每个异常都是java.lang包中Throwable类或其子类的实例对象。也只有Throwable类或其子类的对象才能被Java的错误处理机制处理。Java API对Throwable的定义是:

```
public class Throwable extends Object{
    //构造方法
    public Throwable()
    public Throwable(String message)
    //部分方法
    public String getMessage()
    public String toString()
    public void printStackTrace()
}
```

Throwable的分类层次和继承结构如图8.9所示。

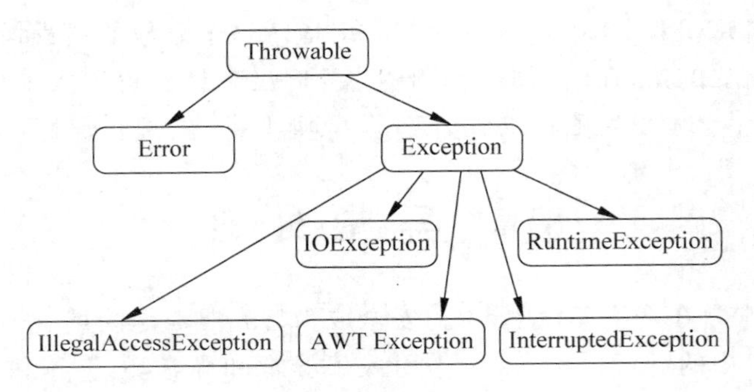

图 8.9 Exception类的层次结构

从图8.9中可以看出，Throwable类派生了两个子类：Exception和Error。其中，Error类描述内部错误，它由系统保留，程序不能抛出这种类型的对象，Error类的对象不可捕获、不可恢复，出错时所能做的事情就是系统通知用户并终止程序；而Exception类则可供程序使用，即可捕获、可恢复。

从图8.9中还可以看出，Java把各种异常类分门别类进行定义，所有的异常类都是系统类库中的Exception类的子类。

Exception类同其他的类一样，有自己的方法和属性，并且它从父类Throwable中还继承了若干方法，其中常用的方法有：

1) public String toString()

这里的toString()方法覆盖了Object类的toString()方法，以特定的方式返回描述当前Exception类信息的字符串。

2) public void printStackTrace()

printStackTrace()方法没有返回值，它的功能是输出(一般是在屏幕上)当前异常对象堆栈使用的轨迹，即程序先后调用执行了哪些对象，或类的哪些方法在运行过程中产生了这个异常对象。

2. Java异常类的划分

Exception类有若干子类，每一个子类代表了程序在运行时候的一种特定的错误。这些异常类如果按照定义者划分，可以分为：

- 系统定义的异常类；
- 用户自定义的异常类。

如果按处理方式来划分，可以分为：

- 运行时异常(RuntimeException)；
- 非运行时异常。

当然这种分类是交叉的，即系统定义的运行异常和用户定义的异常类都分别包含运行时异常和非运行时异常。

1) 系统定义的运行异常

系统定义的运行异常类是Java平台事先定义好并包含在Java类库中的。这些异常通常对应的系统运行错误，是一些典型的、经常可能出现的系统错误。

系统定义的运行异常类虽然都是Exception的子类，但它们因为出现的情况不一样，因而出现在不同的Java包中。表8.1列出了一些比较常见的包含在java.lang中的异常。这些异常基本上都是可以防止的，因为它们中的大多数都继承了 RuntimeException 类，即属于运行时异常。

表 8.1 包含在 java.lang 中的异常

异 常 类	异常类的含义
ArithmeticException	算术运算时发生的异常
ArrayIndexOutOfBoundsException	使用非法下标访问数组
ArrayStoreException	企图把一个错误类型的对象存入一个数组中
ClassCastException	试图将一个对象转换成并非它的子类的实例
IllegalArgumentException	传递了一个错误的参数给某个方法
IllegalThreadStateException	对于被要求的操作，线程没有处在一个合适的状态
InterruptedException	一个线程正在等待、休眠或者暂停了很长时间，而另一个线程使用 Thread 类的中断方法中断了它
NoSuchFieldException	表明类中没有这个特定名字的域
NoSuchMethodException	没有发现某个特定的方法
NullPointerException	当需要引用一个对象时，应用程序试图使用空对象
NumberFormatException	试图把一个不合法的字符串转换成数值类型
SecurityException	表明违反安全规则
StringIndexOutOfBoundsException	字符串的下标值为负，或大于等于字符串的长度

java.awt 包也包含一些异常类，但这些异常很少发生，见表 8.2。

表 8.2 包 java.awt 中的异常

异 常 类	异常类的含义
AWTException	一个抽象窗口工具集异常出现
IllegalComponentStateException	对于要求的操作，AWT 组件没有处于一个合适的状态

表 8.3 中的异常与 I/O 操作有关，通常发生在从磁盘或者连接的网络上读取数据的时候。一般无法防止它们发生，但可以阻止它们产生更大的破坏。

表 8.3 包 java.io 中的异常

异 常 类	异常类的含义
EOFException	在读取数据时，指针已到达文件或流的尾部。通常数据输入流使用这种异常，而其他的输入流一般在到达流的尾部时返回一个特殊的值
FileNotFoundException	文件无法找到
IOException	某种类型的 I/O 异常发生
InterruptedIOException	I/O 操作被中断

在 java.net 包中还有一些与网络编程有关的异常，见表 8.4。

表 8.4 包 java.net 中的异常

异 常 类	异常类的含义
ConnectException	当试图连接远程地址或端口时，连接请求被拒绝
MalformedURLException	创建了一个不正确的 URL 地址
NoRouteToHostException	当试图连接远程地址或端口时，无法到达远程主机

续表

异 常 类	异常类的含义
ProtocolException	一些基本的协议错误,例如 TCP 错误
UnknownHostException	主机的 IP 地址无法确定
UnknownServiceException	出现不明服务异常

由于定义了相应的异常类,程序即使产生某些致命的错误(如引用空对象等),系统也会自动产生一个对应的异常对象,用于处理和控制这个错误,避免其蔓延或产生更大的问题。

【例 8.9】 运行过程中产生系统定义的异常以及异常信息的显示。

```
class ExceptionDemo{
    public static void main(String[] args){
        String s = "123.456";
        methodA(s);
    }
    static void methodA(String s){
        Integer i = new Integer(s);
        System.out.println(i);
    }
}
```

程序运行的结果如下:

```
java.lang.NumberFormatException: For input string: "123.456"
    at java.lang.NumberFormatException.forInputString(
        NumberFormatException.java:48)
    at java.lang.Integer.parseInt(Integer.java:435)
    at java.lang.Integer.<init>(Integer.java:567)
    at ExceptionDemo.methodA(ExceptionDemo.java:7)
    at ExceptionDemo.main(ExceptionDemo.java:4)
Exception in thread "main"
```

该程序的运行结果说明,程序运行时产生一个 NumberFormatException 数值格式异常。在用 Integer 的构造方法将一个字符串转换为 Integer 数据时,因为参数字符串格式不对,所以产生了这个运行时异常。Java 系统(即系统调用方法 printStackTrace())将调用堆栈的轨迹打印了出来。输出的第一行信息是 toString()方法输出的结果,它对这个异常对象进行简单的说明。其余各行显示的信息表示了异常产生过程中调用的方法,最后是在调用 Integer.parseInt()方法时产生的异常,调用该方法的出发点在 main()方法中。

2) 用户自定义的异常

系统定义的异常主要用来处理系统可能出现的较常见的运行错误,如果预计在某类操作中可能产生一个问题,该问题不适合用任何标准的异常情况来描述,此时就需要编程人员根据程序的特殊逻辑,在用户程序里创建(自定义)一个异常情况类,这个类可以从 Exception 类或它的子类衍生出来。这种用户自定义的异常类和异常对象主要用来处理用户程序中特定逻辑上的运行错误。

例如,在图 4.1 中定义了"出栈(pop)"方法。在这个方法里,就包含一个栈为空时而又要进行"出栈"操作的异常处理,这就是一个用户定义的程序异常 EmptyStackException,专门处理上述"从空栈中出栈"的逻辑错误。

用户自定义异常用来处理程序中可能产生的逻辑错误使得这种错误能够被系统及时识别

并处理,而不致扩散产生更大的影响,从而使用户程序有更好的容错性,更为强壮,并能使整个系统更加安全稳定。

创建自定义异常时,一般需要完成如下工作。

(1) 声明一个新的异常类,扩展 Exception 类或其他某个已经存在的系统异常类或其他用户异常类。

(2) 为新的异常类定义属性和方法,或重载父类的属性和方法,使这些属性和方法能够体现该类所对应的错误的信息,特别是所有扩展 Throwable 的类一般都应覆盖它的两个构造方法。惯用的做法是同时给出一个默认的构造方法和一个包含详细信息的构造方法。下面是一个典型的自定义异常类。

【例 8.10】 自定义一个完整的异常类。

视频讲解

```
public class OutOfRangeException extends Exception{
        public OutOfRangeException(){};
        public OutOfRangeException(Sting s){
            super(s);
        }
}
```

只有定义的类是一个异常类,即继承了 Throwable 的类或它的子类的类,系统才能够抛出并识别相应的运行错误,及时地控制和处理这些运行错误,所以定义足够多的异常类是构建一个稳定完善的应用系统的重要基础之一。

3) 运行时异常

Exception 有一个直接子类 RuntimeException,它就是 Java 平台定义的运行时异常。运行时异常是 Java 运行时系统在程序运行中检测到的,可能在程序的任何部分发生,因为这类异常很普遍,而且数量可能较多,全部处理工作量很大,有可能影响程序的可读性及执行效率。因此,Java 编译器允许程序不对运行时异常进行捕获和处理,而将它交给默认的异常处理程序或根本不做任何处理,一旦这种异常产生,由 Java 虚拟机终止程序的执行,并在屏幕上输出异常的内容以及异常的发生位置。如例 8.9 就是这种情况。当然,在必要的时候,也可以声明、抛出、捕获运行时异常。

常见的运行时异常有:

- ArithmeticException
- ArrayIndexOutOfBoundException
- ArrayStoreException
- ClassCastException
- IllegalArgumentException
- IllegalThreadStateException
- IndexOutOfBoundException
- NegativeArraySizeException
- NullPointerException
- NumberFormatException
- SecurityException
- StringIndexOutOfBoundException

不难看出,这些类大部分都包含在表 8.1 中,从该表中可以查看到它们所代表的异常。还要指出的是,如果用户定义的异常类继承了 RuntimeException 类,则这个异常类也是 RuntimeException 类。这时,Java 编译器也可以确定是否在程序中捕获这个异常。

4) 非运行时异常

除 RuntimeException 类及其子类之外的异常类都是非运行时异常。Java 编译器要求 Java 程序必须捕获所有非运行时的异常,如 FileNotFoundException、IOException 等。因为对于这类异常,如果程序不进行处理,可能会带来意想不到的结果。因此,如果这样一类异常在程序中可能抛出而没有捕获时,编译时该程序将不能通过。

8.4.2 异常的抛出

Java 应用程序在运行时如果出现了一个可识别的错误,就会产生一个与该错误相对应的异常类的对象。这个对象包含了异常的类型和错误出现时程序所处的状态信息,该异常对象首先被交给 Java 虚拟机,由虚拟机来寻找具体的异常处理者。在 Java 中把产生异常对象并将其交给 Java 虚拟机的过程称为抛出异常。

异常类不同,抛出异常的方法也不同,可以分为:

(1) 系统自动抛出的异常。

(2) 语句抛出的异常。

所有的系统定义的运行异常都可以由系统自动抛出。例如,以非法的算术操作引发的算术异常,这时系统抛出已定义好的异常类 ArithmeticException 的对象。前面列出的例 8.9 中抛出的异常属于系统自动抛出的异常。

语句抛出的异常是借助 throw 语句定义何种情况产生这种异常。用户程序自定义的异常不可能依靠系统自动抛出,必须使用 throw 语句抛出这个异常类的新对象。系统定义的运行异常也可以由 throw 语句抛出。用 throw 语句抛出异常对象的一般过程为:

(1) 指定或定义一个合适的异常情况类。

(2) 产生这个类的一个对象。

(3) 抛出它。

例如:

```
EOFException e = new EOFException();
throw e;
```

对异常的抛出有两种方式:直接抛出(throw)和间接抛出(throws)。

1. 直接抛出异常

直接抛出方式是直接利用 throw 语句将异常抛出。在一个 Java 程序中,直接抛出异常的格式为:

```
throw newExceptionObject;
```

利用 throw 语句抛出一个异常后,程序执行流程将直接寻找一个捕获语句(catch)并进行匹配执行相应的异常处理程序,其后的所有语句都将被忽略。

【例 8.11】 设计自己的异常类,从键盘输入一个 double 类型的数,若不小于 0.0,则输出它的平方根,若小于 0.0,则输出提示信息“输入错误”。

```
import java.io. * ;
class MyException extends Exception{
```

```
    void test(double x) throws MyException{
        if(x<0.0) throw new MyException();          //条件成立时,执行 throw 语句
        else System.out.println(Math.sqrt(x));
    }
    public static void main(String args[]) throws IOException{
        MyException n = new MyException();
        try{
            System.out.print("求输入实数的平方根.请输入一个实数:");
            BufferedReader br =
                new BufferedReader(new InputStreamReader(System.in));
            String s = br.readLine();
            n.test(Double.parseDouble(s));
        }catch(MyException e){
            System.out.println("输入错误!");
        }
    }
}
```

程序的两次运行结果如图 8.10 所示。

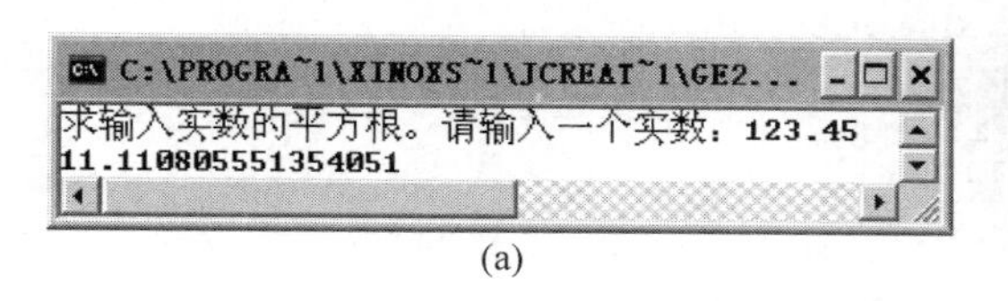

(a)

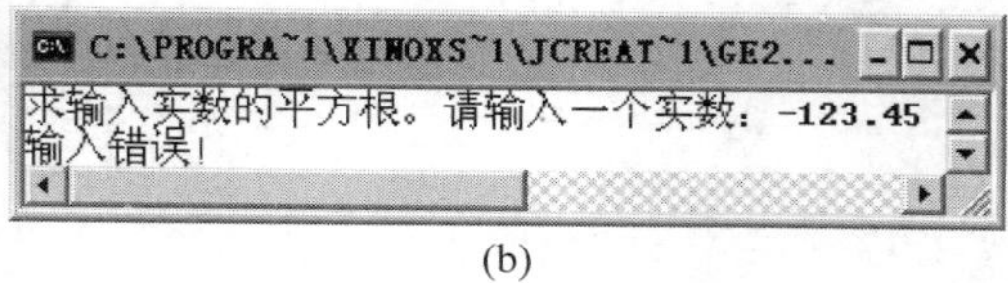

(b)

图 8.10　MyException 类的两次运行结果

在这个程序中,定义的异常类通过 extends 子句继承了 Exception 异常类。在 test()方法中,用 throw 语句指定了可能抛出的异常,该语句在参数小于 0 时被执行,产生并抛出异常。

值得注意的是,在一个方法定义中如果采用了 throw 语句直接抛出异常,则该方法在发生异常的情况下可能没有返回值。上面的例子就属于这种情况。

从上面的例 8.11 也可以看出:由于系统不能识别用户自定义的异常,所以需要编程人员在程序中的合适位置创建自定义异常的对象,并利用 throw 语句将这个新异常对象抛出。

2. 间接抛出异常

在 Java 程序中,可以在方法的定义中利用 throws 关键字声明异常类型而间接抛出异常,也就是说,当 Java 程序中方法本身对其中出现的异常并不关心或不方便处理时,可以不在方法实现中直接捕获有关异常并进行处理,而是在方法定义的时候通过 throws 关键字,将异常抛给上层的调用处理。其形式如下:

```
public void myMethod2() throws myException1, [myException2, … ] {
    …
}
```

即 throws 后可带多个异常,也就是说,myMethod2()方法体内可产生多个异常。这种抛出方式,抛出和处理的关系如图 8.11 所示,即不立即处理抛出的异常,而是交给上层调用的方法进行处理。

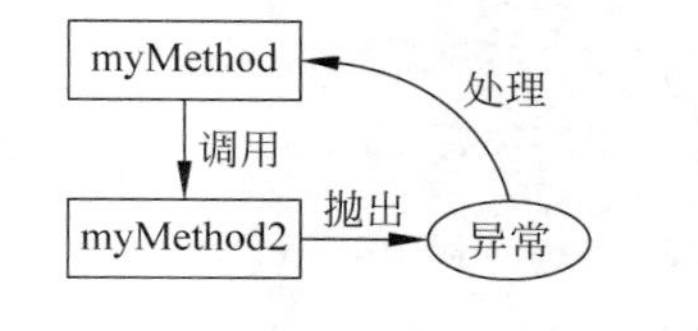

图 8.11　间接抛出异常的处理方式

因此,在上层调用该方法时,必须捕获有关异常,否则编译时将会出错。例如,调用方法 myMethod2()时,必须按如下方式进行。

```
try{
    myMethod2
}catch (MyException1 e1){
    …
}catch(My Exception2 e2){
    …
}
```

【例 8.12】 带有间接抛出异常的类。

```
import OutOfRangeException;                              //装载例 8.10 所定义的异常类
import java. io. * ;
public class CreatingExceptions{
    private static BufferedReader in = new BufferedReader
        (new InputStreamReader(System. in));
    public static void main(String[ ] args) throws OutOfRangeException{
        final int MIN = 25, MAX = 40;
        int value;
        OutOfRangeException problem =
            new OutOfRangeException("Input value is out of range.");
            //创建一个异常对象并可能抛出它
        System. out. print("Enter an integer value between " + MIN +
                            " and " + MAX + ", inclusive: ");
        try{
            value = Integer. parseInt(in. readLine());
        }catch(Exception exception) {
            System. out. println("Error reading int data, MIN_VALUE value
                                  returned. ");
            value = Integer. MIN_VALUE;
         }
           //确定该异常是否抛出
        if (value < MIN || value > MAX)
            throw problem;                              //直接抛出
        System. out. println("End of main method. ");
                //may never reach this place
    }
}
```

这个例子有两个特征，一是它利用了自定义的异常类 OutOfRangeException，一旦程序执行违背了所定义的逻辑就抛出这个异常；二是在抛出异常的方法声明中，利用 throws 关键字声明了 OutOfRangeException 异常的间接抛出，这样若是在其他地方使用到这个类的对象，也可以捕获这个异常。

使用 throw 语句抛出异常时应注意如下两个问题。

(1) 一般这种抛出异常的语句应该被定义为在满足一定条件时执行，例如把 throw 语句放在 if 语句的条件分支中，只有当条件得到满足，即用户定义的逻辑错误发生时才抛出。例如，上例中的条件(value < MIN || value > MAX)满足时，抛出异常。

(2) 含有 throw 语句的方法。应该在方法头定义中增加如下部分。

```
throws 异常类名列表
```

这样做主要是为了通知所有要调用此方法的方法：由于该方法包含抛出异常，所以要准备接受和处理它在运行过程中可能会抛出的异常。如果方法中抛出的异常不止一种,方法头的异常类名表中列出的异常也不止一个,应该包含所有可能产生的异常。例如,在上面的myMethod2()中包含的异常可能有myException1和myException2。

8.4.3 异常的捕获与处理

当一个异常被抛出时,应该有专门的语句来识别这个被抛出的异常对象,这个过程被称为捕获异常。当一个异常类的对象被抛出后,用户程序就会发生流程的跳转,系统中止当前的流程而跳转至专门与这个异常对象匹配的异常处理语句块,或直接跳出当前程序和Java虚拟机,退回到操作系统。专门与这个异常对象匹配的过程称为异常的捕获。

异常的捕获和处理语句是同时定义的。在Java程序里,异常对象是依靠try/catch语句来捕获和处理的。

1. try/catch 语句

try/catch 异常处理语句分为try语句块和catch语句块,其格式如下:

```
try{
    … //try 语句块,可能产生异常的多个语句
}catch(异常类型 参数){
    … //catch 语句块,对异常进行处理
}
```

一般将可能产生异常情况的语句放在try块中,这个try语句块用来启动Java的异常处理机制。凡是可能抛出异常的语句,包括自动抛出异常的语句、throw语句和可能抛出异常的方法的调用语句,都应该包含在这个try语句块中。然后在catch块负责对产生的异常对象进行识别,一旦该异常对象与catch子句中的异常类型匹配,catch之后的语句块就对异常进行处理。

Java语言还规定,每个catch语句块都应该与一个try语句块相对应。

【例 8.13】 捕获除数为零的异常,并显示相应信息。

```
class ArithmeticExceptionDemo{
    public static void main(String args[ ]) {
        int zero,aInt;
        try {//监视可能产生异常的代码块
            zero = 0;
            aInt = 68/zero;
            System.out.println("本字符串将不显示.");
        }catch (ArithmeticException e) {          //捕获 divide - by - zero 错误
            System.out.println("产生用零除错误.");
        }
        System.out.println("在捕获语句后执行的一个语句.");
    }
}
```

该程序的执行结果如图8.12所示。

图 8.12 捕获 divide-by-zero 错误的执行结果

这个程序的try块中包含了可能抛出ArithmeticException异常的语句,catch块则专门用来捕获这类异常,catch语句块紧跟在try语句块的后面。当try语句块中的某条语句在执行时产生了一个异常,此时被启动的异常处理机制会自动

捕获它,然后流程自动跳过异常引发点后面的所有尚未执行的语句。在以上程序中的语句:

```
System.out.println("本字符串将不显示。");
```


就并没有执行,而产生的异常对象正好属于ArithmeticException类型,所以转至catch之后的语句块,执行catch块中的语句。从执行的结果还可以看出,异常被捕获并执行完catch块中的语句后,继续执行catch块之后的语句:

```
System.out.println("在捕获语句后执行的一个语句.");
```

在try/catch语句中,如果没有异常发生或异常产生后没有被捕获,则跳过catch块。

2. 多异常的捕获和处理

catch块紧跟在try块的后面,用来捕获try块可能产生的异常。一个catch语句块通常只能用一种方式来处理它所捕获的异常,而实际上一个try块可能产生多种不同的异常。如果希望能采取不同的方法来处理这些不同的异常,就需要使用多异常处理机制来应对多种异常。

多异常处理是通过在一个try块后面定义若干catch块来实现的,每个catch块用来接收和处理一种特定类型的异常对象。

要想分别处理try块中不同的异常对象,首先要求不同的catch块能够捕获不同的异常对象,并能判断一个异常对象是否应该由某个catch块来处理。这种判断功能是通过JVM在catch语句中查找异常对象参数是否与该异常类型相匹配来实现的。在这种情况下,一个try块后面可能会跟着若干catch块,每个catch块都有一个异常类型作为参数。当try块抛出一个异常时,程序的流程首先转向第一个catch块,并检查当前异常对象是否与这个catch块的异常参数相匹配。满足下面3个条件中的任何一个,异常对象将被相应的catch块所捕获。

- 异常对象与参数属于相同类型的异常类。
- 异常对象属于参数异常类型的子类。
- 参数是一个接口,异常对象实现了参数所定义的接口。

如果try块产生的异常对象被第一个catch块所接收,则程序的流程将直接跳转到这个catch语句块中,该语句块执行完毕后就退出整个try/catch块,执行try/catch块之后的语句。而try块中尚未执行的语句和其他未捕获到异常的catch块将被忽略;如果try块产生的异常对象与第一个catch块不匹配,系统将自动转到第二个catch块进行匹配,如果第二个仍不匹配,就转向第三个……直到找到一个可以接收该异常对象的catch块。如果所有的catch块都不能与当前的异常对象匹配,则就表明当前方法不能捕获这个异常对象,程序流程将返回到调用该方法的上一层方法。如果各层所有的方法直至main()方法中都找不到合适的catch块匹配,则由Java运行系统来处理这个异常对象。此时,通常会中止程序的执行,退出虚拟机返回操作系统,并显示相关的异常信息。

如果try块中所有语句的执行都没有引发异常,则所有的catch块都会被忽略而不予执行。

【例8.14】 带有多个catch子句的try语句。

```
class Multi_catch_Demo {
    public static void main(String args[]) {
        try {
            int a = args.length;
            System.out.println("a = " + a);
            int b = 66/a;
```

```
            int c[ ] = {1};
            c[4] = 88;
        }catch(ArithmeticException e) {                //捕获算术运算异常
            System.out.println("Divide by 0:" + e.toString());
        }catch(ArrayIndexOutOfBoundsException e){
                                                       //捕获数组下标越界异常
          System.out.println("Array index out of bound:" + e.toString());
        }
          System.out.println("在 try/catch 语句后执行的一个语句。");
    }
}
```

该程序的执行结果如图 8.13 所示。

图 8.13　带有多个 catch 子句的异常捕获

在设计多个 catch 块处理不同的异常时，一般应注意如下问题。

- catch 块中的语句应根据异常的不同而采取不同的处理方法，通常的操作是打印异常和与该异常相关的信息，包括异常名称和产生异常的方法名等。
- 由于异常对象与 catch 块的匹配是按照 catch 块的先后排列顺序进行的，所以要处理多异常时应注意认真设计各 catch 块的排列顺序。一般地，处理较具体和比较特殊异常的 catch 块应放在前面，而可与多种异常相匹配的 catch 块（在异常类中层次比较高，如 Exception 类）应放在较后的位置，即从特殊到一般。

若 catch 块之间的异常类型之间有继承关系，此时如果将包含一般的（即继承关系中层次较高的类或父类）异常类型的 catch 块放到了前面，特殊的（即匹配范围窄的类或子类）异常类型的 catch 块放到了后面，编译系统会指出下列错误：

```
… : catch not reached.
```

这是提示后面的 catch 子句根本不会被执行，因为它能捕获的异常已经被前面的 catch 子句捕获了。

8.4.4　try…catch…finally 语句

还有一种类型的异常捕获与处理语句是 try…catch…finally 语句，其中的 finally 子句只用来控制从 try…catch 语句转移执行顺序前的一些必要的善后工作，这些工作典型的是关闭文件或释放其他有关系统资源等操作。finally 语句是一种强制的、无条件执行的语句，即无论在程序中是否出现异常，无论出现哪一种异常，也不管 try 代码块中是否包含有 break、continue、return 或者 throw 语句，都必须执行 finally 块中所包含的语句。

finally 语句紧接着 try…catch 结构中的最后一个 catch 块，其形式如下。

```
try{
        …
}catch(Exception1 e1){
        …
```

```
    }catch(Exception2 e2){
        …
    } finally{
        …
    }
```

在这种类型的异常处理语句中，出现和未出现异常的情况下都要执行的代码可以放到finally子句中。加入了finally子句后有以下三种执行情况。

- 没有抛出异常情况，执行try块后，再执行finally块。
- 代码抛出在catch子句中捕获的一个异常情况。这时，Java执行try语句中直到这个异常情况被抛出为止的所有代码，跳过try语句块中剩余的代码；然后执行匹配的catch块中的代码和finally子句中的代码。
- 代码抛出了一个在catch子句中没有捕获到的异常情况。这时，Java执行try语句块中直到这个异常情况被抛出为止的所有代码，跳过try语句块中剩余的代码；然后执行finally子句中的代码，并把这个异常情况抛回到这个方法的调用者。

【例8.15】 带有finally子句的try语句。

```
class Finally_Demo{
    public static void main(String args[]) {
        try{
            int x = 0;
            int y = 20;
            int z = y/x;
            System.out.println("y/x 的值是:" + z);
        }catch(ArithmeticException e){
            System.out.println("捕获到算术异常: " + e);
        }finally{
            System.out.println("执行到 finally 块内!");
            try{
                String name = null;
                if(name.equals("王老三")){
                        //字符串比较,判断 name 是否为"王老三"
                    System.out.println("我的名字叫王老三.");
                }
            }catch(Exception e){
                System.out.println("又捕获到另一个异常: " + e);
            }finally{
                System.out.println("执行到内层的 finally 块内!");
            }
        }
    }
}
```

该程序的执行结果如图8.14所示。

```
C:\Program Files\Xinox Software\JCreator Pro\G...
捕获到算术异常: java.lang.ArithmeticException: / by zero
执行到finally块内!
又捕获到另一个异常: java.lang.NullPointerException
执行到内层的finally块内!
```

图8.14 带有finally子句的程序的执行结果

在 Java 语句中，try-catch-finally 语句允许嵌套。例 8.15 中就是将内层的一个 try 嵌套在外层的 finally 块内。在程序执行到外层的 try 程序块时，由于分母为零而产生了算术异常，所以程序转移到第一个 catch 块。该 catch 捕获了这个算术异常，并进行了处理，之后再转向必须执行的外层的 finally 程序块。因为在该 finally 块内又产生空指针异常(一个 null 字符串和字符串"王老三"进行比较)，所以内层 catch 子句又捕获到 NullPointerException 异常，最后程序转移到内层的 finally 程序块。

finally 块还可以和 break、continue 以及 return 等流程控制语句一起使用。try 程序块中即使出现了上述这些转向的语句时，程序还是必须先执行 finally 程序块，才能最终离开 try 程序块。

【例 8.16】 同时有 break 语句和 finally 子句时的执行情况。

```
class FinallyWithBreakDemo{
    public static void main(String args[]) {
        for(;; )
            try{
                System.out.println("即将被 break 中断,要退出循环了!");
                break;
            }finally{
                System.out.println("但是 finally 块总要被执行到!");
        }
    }
}
```

该程序的执行结果如图 8.15 所示。

图 8.15 同时有 finally 子句和 break 语句的程序的执行结果

8.5 小　　结

Java 的多线程和异常处理机制都是 Java 最具特色之处。

在 Java 中实现线程有两种方法：实现 Runnable 接口和继承 Thread 类。线程由新生、就绪、运行、阻塞和死亡 5 个状态组成。线程在创建之后，由 start()方法启动线程后仍处于就绪状态，当线程取得 CPU 的使用权时，该方法调用该线程的 run()方法，run()方法包含线程要完成任务的核心代码，此时为执行状态。当 run()方法的执行被其他线程中断时，或当线程执行 sleep()方法或 wait()方法时进入阻塞状态；run()方法执行完毕后进入死亡状态。当两个或多个线程竞争资源时，需要用同步的方法协调资源，即要使用 synchronized 关键字修饰方法，控制对共享资源的访问。有时候还需要 wait()方法和 notify()方法在多线程之间起协调作用，但使用这一对方法又可能出现死锁问题，而这个问题完全依靠程序员的智慧来解决。

Java 中一个程序不能正常执行都可以归为异常。Java 还是用面向对象的方法来处理这个问题，用异常类来描述各种异常情况。Java 为运行自己所定义的程序包可能出现的异常定义了若干异常类，这就是所谓的系统异常类，同时也让用户程序自己继承 Throwable 或 Exception 类来定义所需要的异常类，这就是所谓的自定义异常类。有了这两种异常类，一个

Java程序就可以自动抛出和用throw语句抛出异常。一旦有异常抛出,Java虚拟机就要找到符合该异常类的异常处理程序,这些程序就是Java的捕获机制中的catch语句块,异常就是交给这部分程序去处理的。

习　题　8

1. Java为什么要引入线程机制?线程、程序和进程之间的关系是怎样的?

2. 线程有哪几种基本状态?试描述它们之间的转换图。

3. Runnable接口中包括哪些抽象方法?Thread类有哪些主要域和方法?

4. 创建线程有几种方式?为什么有时候必须采用其中一种方式?试写出使用这种方式创建线程的一般模式。

5. 试用线程的方法编写一个读写文件的应用程序,允许多个读者同时读文件,仅允许一个读者写文件。

6. 创建一个double stringToDouble(String number)方法,试图把输入的字符串转换成double型的数值,在可能会出现问题时抛出一个异常。采用适当的捕获机制来捕获异常。

7. 模拟一个电子时钟,它可以在任何时候被启动或者停止,并可独立地运行。这个类称为Clock类,它继承Label类。这个类有一个Thread类型的clocker域,以及start()方法、stop()方法和run()方法。在run()方法的while循环中,每隔1秒就把系统时间显示为label文本。构造方法初始化时,把label设为系统的当前时间。

8. 创建一个可重用的Ticker Tape类,它可以从右到左缓慢移动显示的文本。然后创建一个applet,和前面的Clock类一起来测试这个类。

9. 异常(Exception)和错误(Error)有什么不同?Java如何处理它们?

10. 简述Java的异常处理机制,并与传统的异常处理机制进行比较。

11. 试述throw语句与throws关键字之间的差别。

12. 举例说明try语句块是如何处理多种异常情况的。

13. 试述finally代码段的功能及特性。

14. 什么是系统定义的异常?用户程序为什么要自定义异常?用户程序如何定义异常?

15. 系统异常如何抛出?如何抛出用户自定义的异常?

16. Java程序如何处理被抛出的异常?如何处理多种异常?

17. 创建一个DoubleField类,它类似于TextField,但它把输入框中的字符串作为double类型的值返回;若字符串不能表示一个double类型值,它将返回一个默认值。可以把这种输入框用于具有某种复杂功能的applet中,使它继承TextField类。除了继承的getText()和setText()方法外,还要添加getNumber()和setNumber()两个方法,用它们来返回合适的值。如有必要,还要增加捕获可能出现的异常。

18. 编译、运行下面应用程序会发生(　　)。

```
public class RThread implements Runnable {
    public void run (String s ) {
        System.out.println ("Executing Runnable Interface Thread");
    }
    public static void main ( String args []) {
        RThread rt = new RThread ( );
```

```
        Thread t = new Thread (rt);
        t.start ( );
    }
}
```

A. 编译出错

B. 运行出错

C. 运行时不输出任何内容

D. 输出：Executing Runnable Interface Thread

19. 有关下面代码行，陈述正确的是(　　)。

```
class WhatHappens implements Runnable {
    public static void main(String[ ] args) {
        Thread t = new Thread(this);
        t.start();
    }
    public void run() {
        System.out.println("hi");
    }
}
```

A. 编译错

B. 能被编译，运行时没有内容输出

C. 能被编译，运行时输出：hi

D. 能被编译，运行时连续输出：hi，直至用户按下 Ctrl+C 组合键

20. 下面两个类分别定义在不同的源文件中：

```
1) public class Test1 {
2)   public void method() throws IOException{}
3) }

1) public class Test2 extends Test1{
2) …
3) }
```

请问下面方法中，可以分别放置在类 Test2 的第 2 行处的是(　　)，其中，Axn 和 Bxn 都是 IOException 类的子类。(多选题)

A. public void method() {}

B. public void method() throws Exception {}

C. public void method() throws Anx {}

D. public void method() throws Anx,Bnx {}

E. public void method() throws Anx,IOException {}

F. public void method() throws Anx,Exception {}

21. 下列选项中，(　　)不会直接引起线程停止执行。

A. 从一个同步语句块中退出来

B. 调用一个对象的 wait 方法

C. 调用一个输入流对象的 read 方法

D. 调用一个线程对象的 setPriority 方法

22. 编译和运行以下程序的结果是(　　)。

```
class Test {
    public static void main(String args[]) {
        int s = 0, i = 1;
        while(i <= 20) {
            try {
                if(i % 5 != 0) {
                    i++;
                    continue;
                }
                s = s + i;
            } finally {
                i = i + 2;
            }
        }
        System.out.println("s = " + s);
    }
}
```

A. 编译错　　B. 输出 s=30　　C. 输出 s=45　　D. 输出 s=50

23. 给定以下代码:

```
public static void trythis() {
    try {
        System.out.print("1");
        problem();        //throw new Exception();
    }catch(RuntimeException x) {
        System.out.print("2");
        return;
    }catch(Exception x) {
        System.out.print("3");
        return;
    }finally {
        System.out.print("4");
    }
    }
    public static void problem() throws Exception {
        throw new Exception();
    }
```

当方法 trythis()被执行时,如果方法 problem()抛出 Exception 类的一个实例,那么将输出(　　)。(多选题)

A. 123　　B. 124　　C. 13　　D. 134

第9章 Applet

Java 有一个非常强大的功能是能够编写嵌入浏览器中自动执行的 Applet 程序，一般的浏览器，如 Netscape 的 Navigator 和微软的 Internet Explorer，只要具有解释 Java 的能力都可以运行 Applet 程序。当使用浏览器对一个包含 Applet 程序的 Web 页面进行访问时，浏览器将从 Web 服务器下载 Applet，并在本地执行。

9.1 Applet 基础

在第 1 章中，已经讨论过 Java 有两种程序：Applet 程序与独立应用程序，并给出了一个 Applet 的简单实例。Applet 与独立应用程序的主要不同之处如下。

(1) 独立应用程序如果是图形界面则以 Frame 为基础，或者是在 DOS 下运行则不使用 AWT 的任何类。而每个 Applet 必须是通过扩展 Java 的 Applet 类实现的，所有的 Applet 必须按如下的格式声明。

```
class AppletName extends Applet{ … }
```

(2) 独立应用程序默认的程序入口是标准的 main()方法，而 Applet 的类定义中没有标准的 main()方法，因而不能独立运行，必须嵌入支持 Java 的浏览器中调用执行。Web 浏览器为 Applet 提供了一个小型的、功能有限的 JVM，这也是一个重要的安全措施之一。

9.1.1 Applet 类的定义

Java 对 Applet 类的定义为：

```
public class Applet extends Panel{
    //构造方法
    public Applet()
    //部分常用的方法
    public String getParameter(String name)
    public void init()
    public void start()
    public void stop()
    public URL getCodeBase()
    public URL getDocumentBase()
}
```

从定义的形式看，Applet 实际上是从 Java 的 AWT 包中的 Panel 类扩展而来的。Applet 类的继承层次如图 9.1 所示。

一个 Applet 继承的是 Panel 类，而不是 Frame 或 Windows 类，所以它没有菜单条和标

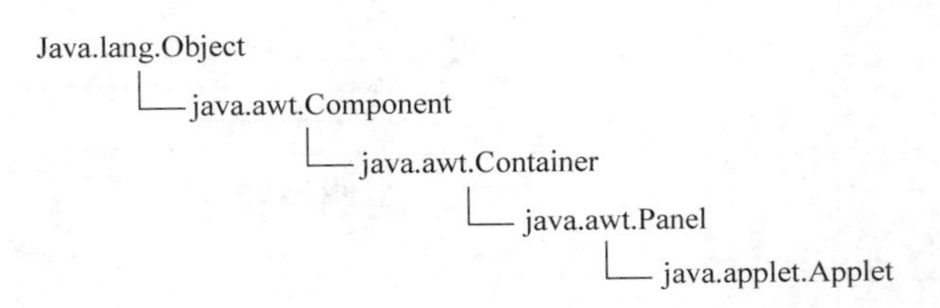

图 9.1 Applet 类的继承层次

题,但可以构造一个 Frame 对象,使得 Applet 具有这些特征。以 Swing 为基础的 Applet 扩展的是 javax. swing. JApplet,这种 Applet 具有菜单和对话框。

Applet 类所处的继承层次决定了一个 Applet 拥有哪些成员变量以及能够完成哪些工作。

1. Applet 类的实例变量

利用 Applet 的构造方法可以创建 Applet 类的实例。这个类包括多个实例变量。表 9.1 给出了 Applet 类的实例变量及其含义。

表 9.1 Applet 类的实例变量

实例变量名称	说明
AppletURL	Applet 所对应的 URL
DocumentURL	包含 Applet 的文档所对应的 URL
BgColor	Applet 的背景颜色
FgColor	Applet 的前景颜色
Font	Applet 字体
Height	Applet 的窗口高度(以像素为单位)
Width	Applet 的窗口宽度(以像素为单位)
Item	用于显示 Applet 的 AppletDisplayItem 框架名
Tag	Applet 在 HTML 文件中的标记<APPLET>

2. Applet 类的成员方法

Applet 类提供了非常丰富的成员方法。表 9.2 列出了部分方法,并给予了简要的说明。

表 9.2 Applet 类的部分成员方法及说明

Applet 类的成员方法	说明
public boolean isActive()	确定是否处于活动状态。如果是,返回 true;否则,返回 false
public URL getDocumentBase()	获取并返回文档对象的 URL,即嵌入 Applet 文档的 URL
public URL getCodeBase()	获取并返回根 URL,即 Applet 本身的 URL
public String getParamenter(String name)	获取并返回 Applet 的参数
public void resize(int width,int height)	根据给定的 width 和 height,调整 Applet 的大小
public void resize(Dimension d)	根据给定的 d. width 和 d. height,调整 Applet 的大小
public image getImage(URL url,String name)	利用给定的 URL 和文件名(可默认)获取一个图形。该方法在任何情况下都会立即返回一个图形对象
public AudioClip getAudioClip(URL url, String name)	根据给定的 url 参数和 name(可默认),获取并返回一声音片段
public String getAppletInfo()	获取并返回 Applet 的作者、版本和版权等信息
public String[][]getParameterInfo()	获取并返回参数信息,包括参数的名称、类型和说明等
public void play(URL url,String name)	根据给定的参数 url 和 name(可默认),播放声音片段

9.1.2 Applet 的生命周期

在表 9.2 中没有列出一个 Applet 程序的 4 个重要方法：init()、start()、stop()和 destroy()，下面将要更详细地介绍它们。浏览器在调用 Applet 程序时，将自动调用这 4 个方法。这 4 个方法的行为构成了 Applet 的生命周期，即 Applet 的生命周期是由初始化、开始运行、停止运行和撤销清理 4 个过程构成的。下面是一个简单的 Applet 的程序结构。

```
public class Simple extends Applet {
    public void init(){ … }
    public void start(){ … }
    public void stop(){ … }
    public void destroy(){ … }
    …
}
```

这个简单的类覆盖 Applet 的 4 个方法，使得它可以处理 Applet 的生命周期中的重要事件。下面介绍 Applet 的这 4 个重要方法。

1. init()方法

在每次装载这个 Applet 时，完成初始化工作。

init()方法在 Applet 被装载时，仅执行一次。该方法被需要完成初始化的代码所覆盖。一般地，如果编写的不是 Applet 程序，init()方法包含的代码应该属于一个构造方法。java.applet.Applet 中的许多方法只有在完全构造了 Applet 对象之后才能由该 Applet 调用；一般没有使用 Applet 的构造方法的原因是因为直到它的 init()方法调用之前，不能保证有一个完整的环境。

2. start()方法

启动这个 Applet 的执行。

start()方法在 Applet 每次被访问时都被调用。该方法一般应该被覆盖，每一个 Applet 在初始化之后还要完成某些任务(除了直接响应用户动作之外)必须通过覆盖 start()方法来描述，以便在用户每次访问 Applet 所在的 Web 页面时引发一段程序来完成这些任务，例如启动一个动画。start()方法也可以启动一个或多个执行任务的线程。

3. stop()方法

停止这个 Applet 的执行。

stop()方法与 start()方法对应，当用户离开这个页面时，该方法就要被调用。该方法也可以被覆盖，使得用户每次离开 Applet 所在的 Web 页面时引发一个动作。大部分覆盖 start()方法的 Applet 也将覆盖 stop()方法。当用户不浏览包含某个 Applet 页面时，stop()方法将暂停这个 Applet 的执行，使它不再占用系统的资源。例如，一个显示动画的 Applet，在用户不观看这个页面时，就应该关闭这个动画。

4. destroy()方法

完成撤销清理工作，准备卸载。

许多 Applet 不需要覆盖 destroy()方法。因为可能它的 stop()方法在调用 destroy()之前就已经做好了关闭 Applet 所需要的每一件工作。然而，对于需要释放附加资源的 Applet 来说，覆盖 destroy()方法是非常必要的。

例 9.1 是一个简单的 Applet 的完整代码,它覆盖了 Applet 类生命周期的 4 个方法,只要执行到一个方法,它就显示一个简单说明。

【例 9.1】 一个简单的包含 4 个主要方法的 Applet。

```
import java.applet.Applet;
import java.awt.Graphics;
public class Simple extends Applet {
    StringBuffer buffer;
    public void init() {
        buffer = new StringBuffer();
        addItem("initializing… ");
    }
    public void start() {
        addItem("starting… ");
    }
    public void stop() {
        addItem("stopping… ");
    }
    public void destroy() {
        addItem("preparing for unloading… ");
    }
    void addItem(String newWord) {
        System.out.println(newWord);
        buffer.append(newWord);
        repaint();
    }
    public void paint(Graphics g){
    //画一个矩形作为 Applet 的显示区
    g.drawRect(0, 0, size().width - 1,size().height - 1);
    //在这个矩形中写字符串
    g.drawString(buffer.toString(), 5,15);
    }
}
```

图 9.2 是这个 Applet 运行时输出的结果。

图 9.2 一个简单的 Applet 的运行结果

并不是每一个 Applet 都要覆盖这 4 个方法中的每一个方法,有些简单的 Applet 可以一个方法也不覆盖。例如,在例 1.2 中,这个简单的 Applet 除了在 paint 方法中显示了一个字符串以外什么事也不做,因此它可以不覆盖任何方法。值得指出的是,没有覆盖这些方法,并不意味着这个 Applet 程序不包含这个方法。没有覆盖这些方法,则这个类继承了 applet 包中的 Applet 类定义的方法,该方法对用户来说是一个空方法,没有任何功能。

此外还要注意,JVM 在一个 Web 浏览器中执行 Applet 时应受到某些安全机制的限制,例如,一个 Applet 不允许调用 System.exit()方法。

9.1.3 独立应用程序与 Applet 的转换

在有的应用开发中,可能需要将一个独立应用程序转换成一个 Applet 程序,或者需要从事相反的过程。按如下步骤可将一个图形界面的独立应用程序转换成一个 Applet。

(1) 装载 java.applet 的类，将扩展 Frame 的类改为扩展 Applet。

(2) 由于 init()方法是 Applet 的标准入口，将构造方法更名为 public void init()，去掉原构造方法中对超类的方法的调用以及对 setVisible()和 pack()方法的调用。

(3) 去掉标准的 main()方法。

(4) 去掉所有对 System.exit()方法的调用，因为不允许 Applet 调用这个方法。

(5) 如有必要，覆盖 public void start()方法和 public void stop()方法，用 stop()方法保证 Applet 在不可见时(用户访问其他 Web 页面时)不占用系统资源。

从上面的转换过程可看出，转换工作主要是将 Frame 窗口内完成的工作改到在 Applet 窗口内完成。由于 Applet 的功能有限，有些工作是不能对等的，因而有些功能不一定能够完全转换成 Applet 的功能。

【例 9.2】 例 6.4 创建了一个具有两个按钮的独立应用程序，现在将这个程序改造成一个 Applet 程序，并在 Web 浏览器中执行这个 Applet 程序。在实现这个 Applet 时，覆盖 start()方法和 stop()方法，显示附加文本。

本例可以利用上述转换方法进行程序改造，其对应关系如表 9.3 所示。

表 9.3 将一个独立应用程序转换成为一个 Applet 程序的实例

public class ClickMe extends Frame implements ActionListener	把继承 Frame 改为继承 Applet	public class ClickMe extends Applet implements ActionListener

private Button quit = new Button("Quit");
private Button click =
new Button("Click here");
private TextField text =
new newTextField();
private boolean secondClick = false;
	成员变量不变	private Button quit = new Button("Quit");
		private Button click = newButton("Click here");
		private TextField text =
		new newTextField();
		private boolean secondClick = false;

public ClickMe()
{//定义布局、按钮，并显示窗口}
	把构造方法替换为 init()	public void init()
		{//定义布局、激活按钮，不能调用超类的构
		//造方法}

public void actionPerformed(ActionEvent ae)
{//对按钮单击做出反应}
	actionPerformed 不变	public void actionPerformed(ActionEvent ae)
		{//对单击按钮做出反应，不能调用
		//System.exit}

public static void main(String args[])
{//实例化 ClickMe}
	去掉 main 方法，并增添 start 和 stop 方法	public void start()
		{//每次进入 Applet 所在的页面时调用}
		//public void stop()
		{//每次退出 Applet 所在的页面时调用}

转换后的程序代码为：

```
import java.applet.*;
import java.awt.*;
import java.awt.event.*;
public class ClickMe extends Applet implements ActionListener{
    //域声明
    private Button quit = new Button("Quit");
    private Button click = new Button("Click here");
    private TextField text = new TextField(10);
    private boolean secondClick = false;
    //方法声明
```

```
    public void init(){
        setLayout(new FlowLayout());
        add(quit);
        add(click);
        add(text);
        quit.addActionListener(this);
        click.addActionListener(this);
    }
    public void start()
        {  text.setText("Applet started"); }
        public void stop()
        {  text.setText("Applet stopped"); }
    public void actionPerformed(ActionEvent e) {
        if (e.getSource() == quit)
            text.setText("Can not quit applets");
        else if (e.getSource() == click) {
            if (secondClick)
                text.setText("not again !");
            else
                text.setText("Uh,it tickles");
            secondClick = !secondClick;
        }
    }
}
```

该类的执行还需要编写Applet标记。执行该类的Applet标记在例9.3中给出。执行该类后可以看出,改造成Applet程序的ClickMe类与作为独立应用程序的ClickMe类执行后的图6.6效果类似。

9.2 <APPLET>标记

Java的<APPLET>标记是对HTML语言的一个特别扩充,正是它的引入才使我们能在Internet上看到众多精彩而有趣的Applet。

下面通过一个实例看看如何将一个Applet嵌入HTML文件中。

【例9.3】 在例9.2中我们创建了一个Applet程序,现在把它编译成类文件,并创建一个HTML文件,将这个Applet的类文件嵌入Web页面中,并在支持了Java的浏览器中执行它。

编译后的类文件为ClickMe.class,为了将它嵌入Web页面中,需要创建一个至少包含如下几行语句的HTML文件。

```
<HTML>
<APPLET CODE = "ClickMe.class" WIDTH = "300" HEIGHT = "60">
</APPLET>
</HTML>
```

如果将这几行代码存储在ClickMe.html中,通过浏览器就可以打开这个ClickMe.html文件并执行Applet。用appletviewer执行该类的效果如图9.3所示。

图 9.3 改造成 Applet 程序的 ClickMe 类的执行结果

通过这个例子,我们对 Applet 有了直观的认识,下面详细分析<APPLET>标记属性。

9.2.1 <APPLET>标记属性

Applet 标记可包含几种选择,其一般形式为:

```
<APPLET  ALT = "alternateText"     ALIGN = "alignment"
    ARCHIVE = "archiveList"      CODE = "ClassName.class"
    CODEBASE = "codebaseURL"    NAME = "appletInstanceName"
    WIDTH = "# of pixels"       HEIGHT = "# of pixels"
    VSPACE = "pixels"           HSPACE = "pixels">
    <PARAM NAME = "name1"       VALUE = "value1">
    <PARAM NAME = "name2"       VALUE = "value2">
    ...
    <PARAM NAME = "name_n"      VALUE = "value_n">
    …//此处为浏览器不支持 Java 时显示的文本
</APPLET>
```

其中,重要的 Applet 标记属性如下。

1. CODE 属性

在以上 Applet 标记的一般的形式中,Applet 标记可以有不同的选项,但必须包含粗体显示的选项,即至少含有如下形式。

```
<APPLET CODE = "ClassName.class" WIDTH = "###" HEIGHT = "###">
</APPLET>
```

CODE 指定所调用的 Applet 的类文件名的全称 ClassName.class,它是由 javac 编译后产生的类名。<APPLET>标记的 CODE 属性告诉浏览器:要装载的 Applet 类文件的名字是 ClassName.class,它与包含这个标记的文档处于同一个目录中,并指明了该 Applet 在浏览器中所打开窗口的宽度 WIDTH 和高度 HEIGHT 分别是多少个像素数点。当浏览器遇到这个标记,就按指定的宽度和高度为这个 Applet 保留一个显示区。然后装载它的字节码,并调用这个 Applet 类的 init()方法和 start()方法。Applet 在执行过程中,显示 Applet 的窗口的大小不能改变。

2. CODEBASE 属性

如果 Applet 类文件与 HTML 文档不在同一个目录中,就需要使用 CODEBASE 属性指定 Applet 类文件的目录,即告诉浏览器这个 Applet 类的字节码位于哪个目录中。这时,要采用如下的形式。

```
<APPLET CODE = "ClassName.class"
    CODEBASE = AURL   WIDTH = "###" HEIGHT = "###">
</APPLET>
```

如果这个AURL是一个绝对URL(URL将在下一章介绍),那么浏览器可以从用户的HTTP服务器装载一个HTML文档来运行另一个HTTP服务器的Applet程序;如果AURL是一个相对URL,那么就到相对于文档的当前位置的地方去寻找Applet的类文件。

3. 用<PARAM>标记说明参数

Applet允许用户在HTML中提供参数,然后在Applet中获取参数。我们知道,在独立应用程序中,可以通过命令行向main()方法中的args数组传递参数;对于Applet,可以在Applet标记内利用<PARAM>标记传递参数。例如,在下面的例9.4中有一个名为AppletButton的Applet程序允许用户通过<PARAM>标记指定的字符串来设置窗口的类型、窗口的文本和显示在按钮上的文本。

<PARAM>标记的一般形式为:

```
<PARAM NAME = "name_1"   VALUE = "value_1">
```

顾名思义,NAME是参数名,VALUE是参数值。

4. 说明浏览器不支持Java时应显示的文本

在APPLET标记中,<PARAM>标记部分的后面是为不理解<APPLET>标记的浏览器所准备要显示的文本内容。如果这个Web页面可能出现在不支持Java的浏览器上,就应该提供这种替代的HTML代码,使得这个Web页面仍然有显示信息提供给用户。替代的HTML代码是在<APPLET>和</APPLET>之间除了<PARAM>标记之外的任何文本。支持Java的浏览器正常地运行Applet程序时,会忽略这些替代的HTML代码。

在Applet标记的一般形式中余下的几个标记的属性及其含义如表9.4所示。

表9.4 APPLET标记的部分参数及其含义

参　　数	含　　义
ARCHIVE	一个或多个包含类文件和其他资源的档案夹,用于加速下载
ALT	指明当一个浏览器能够理解APPLET标记,但不能运行Java applet时应显示的文本
NAME	一个Applet与处在同一页的其他Applet进行通信的名字
ALIGN	该属性为对齐方式,其值分别为left、right、top、texttop、middle、absmiddle、baseline、bottom、absbottom
VSPACE,HSPACE	在一个Applet之上和之下的间隔像素数(VSPACE)和在一个Applet左边和右边的像素数(HSPACE)

下面列举两个实例来加深对APPLET标记的理解。

【例9.4】 下面是用于显示一个Applet类AppletButton的完整的HTML代码。

```
<APPLET CODE = AppletButton.class
    CODEBASE = example/WIDTH = 300 HEIGHT = 200 >
    <PARAM NAME = windowType   VALUE = BorderWindow >
    <PARAM NAME = windowText   VALUE = "BorderLayout">
    <PARAM NAME = buttonText    VALUE
                    = "Click here to see a BorderLayout in action">

    <HR>
    <EM>
        your browser can't run 1.6 Java applets, so here is a picture of
        the window when the program brings up :
```

```
        </EM>
        </HR>
    </APPLET>
```

在这段代码中，不理解<APPLET>标记的浏览器将忽略<HR>之前所有的HTML代码。而理解<APPLET>标记的Applet却忽略<HR>和</HR>之间所有的HTML代码。因此，在HTML中应始终带有解释Applet的基本用途的文本，这样，如果某种浏览器不支持Java，将会显示这段文本。如有可能，这段文本还可以包含一个下载支持Java浏览器的链接。

【例9.5】 这个例子要创建一个播放幻灯片的Applet，并将它保存在名为www.javamachine.edu的机器上。这个Applet要嵌入位于www.javamachine.edu的Web文档中，并要使用从目录www.javamachine.edu/Images装载的3个图像。下面要创建一个包含适当参数标记的HTML文档。

因为Applet与要嵌入它的HTML文档处在不同的设备上，所以必须使用CODEBASE选项说明Applet的存放位置。为了确定图像的位置，又必须使用参数标记给Applet传递足够的信息，以便找到这些图像文件。

```
<HTML>
<H3>A Slide Show</H3>
<APPLET CODEBASE = "http://www.javamachine.edu"
        CODE = "SlideShow.class"
        WIDTH = "300" HEIGHT = "300"
        ALT = "Slide Show Applet">
<PARAM NAME = "ImageBase" VALUE = "Images">
<PARAM NAME = "ImageNum" VALUE = "3">
<PARAM NAME = "image1" VALUE = "image1.gif">
<PARAM NAME = "image2" VALUE = "image2.gif">
<PARAM NAME = "image3" VALUE = "image3.gif">
<B>Your browser can not handle Java applets</B>
</APPLET>
</HTML>
```

不管这个HTML文件存放在什么地方，Applet类文件都是从www.javamachine.edu装载的，它在浏览器中占据300像素×300像素的位置。如果浏览器理解这个Applet标记，但不能处理Applet类文件，则显示“Slide Show Applet”；如果浏览器不能理解这个标记，则显示“Your browser can not handle Java applets”。

9.2.2 利用标记参数向Applet传递信息

前面已介绍了如何使用<PARAM>标记指明Applet的参数。这些参数用来给Applet传递参数名(paramName)和参数值(paramValue)，其作用类似独立应用程序中的命令行参数。通过这些参数，用户可以定制Applet的操作，增加其灵活性，使得它可以在多种情况下工作而不需要重新编码和重新编译。下面讨论如何在Applet中设计、定义以及如何获得这些参数。

1. 如何设计Applet参数

参数设计就是确定设置哪些参数用于建立Applet用户接口，进而确定参数的名字和取值类型。

Applet参数的设置取决于Applet要做什么和需要哪些灵活性。例如,显示图像的Applet可能要求参数指定图像的位置。类似地,播放声音的Applet要指定声音文件的位置,甚至要指定声音文件的类型。这些Applet除了要求指定源文件的位置外,有时还要求参数指明Applet的操作细节。例如,显示动画的Applet可能要求用户指明每秒所显示的画面的帧数;有的Applet可能要求用户变动所显示的文本内容等。

在设计Applet参数时,有时要为每个参数提供合理的默认值,使得即使有的用户未说明某个参数或者说明不正确,Applet也能运行。例如,一个动画Applet应该为它每秒显示的画面帧数提供一个合理的默认值。在这种情况下,如果用户没有说明相关的参数,这个Applet仍然会很好地运行。

下面的例9.6中的AppletButton类是非常灵活的,它定义的Applet允许用户指定下面任何一个或全部参数:

- 要弹出的窗口的类型;
- 窗口的标题;
- 窗口的高度;
- 窗口的宽度;
- 弹出窗口的那个按钮上的标记字符串。

2. Applet如何获取参数值

Java的Applet类设置了getParameter()方法,使得Applet通过这个方法可以从HTML文件获取对参数的指定值。但Applet的getParameter()方法返回的是字符串类型的值,如果需要的是其他类型的值,可能需要把getParameter()方法返回的字符串转换成另一种类型。例如,如果需要整数类型的值,则Java提供的java.lang包中的Integer类的parseInt()方法,可用来把字符串转换成简单类型。

下面举一个例子来说明如何设计参数以及如何编写获取参数的代码。

【例9.6】 在Applet类中获取参数的例子。

这是一个图形用户接口的例子,用于网上在线*The Java Tutorial*的电子版浏览布局管理程序。它包含一个按钮和一个状态显示标记。当用户单击这个按钮时,Applet就弹出一个窗口。

在如下编写的AppletButton类中,如果用户没有指定参数的值,上面的代码使用默认值0,Applet把它解释为"使用窗口的自然尺寸"。

除了使用getParameter()方法获取Applet指定的参数值外,也可以用getParameter()方法获取Applet的<Applet>标记的属性值。

```
import java.awt.*;
import java.util.*;
import java.applet.Applet;
public class AppletButton extends Applet implements Runnable {
    int frameNumber = 1;
    String  windowClass;
    String  buttonText;
    String  windowTitle;
    int requestedWidth = 0;
    int requestedHeight = 0;
```

```
Button button;
Thread windowThread;
Label label;
boolean pleaseCreate = false;

public void init() {
    windowClass = getParameter("WINDOWCLASS");
    if (windowClass == null) {
        windowClass = "TestWindow";
    }
    //要弹出的窗口的类型
    buttonText = getParameter("BUTTONTEXT");
    if (buttonText == null) {
        buttonText = "Click here to bring up a " + windowClass;
    }
    //按钮上的文本

    windowTitle = getParameter("WINDOWTITLE");
    if (windowTitle == null) {
        windowTitle = windowClass;
    }
    //窗口的标题

    String windowWidthString = getParameter("WINDOWWIDTH");
    if (windowWidthString != null) {
        try {
        requestedWidth = Integer.parseInt(windowWidthString);
        } catch (NumberFormatException e) {
            //Use default width.
        }
    }
    //窗口的宽度

    String windowHeightString = getParameter("WINDOWHEIGHT");
    if (windowHeightString != null) {
        try {
            requestedHeight = Integer.parseInt(windowHeightString);
        } catch (NumberFormatException e) {
            //Use default height
        }
    }
     //窗口的高度

    setLayout(new GridLayout(2,0));
    add(button = new Button (buttonText));
    button.setFont(new Font ("Helvetica",Font.PLAIN,14));
    add(label = new Label("",Label.CENTER));
}
//init 方法结束
```

```
    public void start() {
        if (windowThread == null) {
        windowThread = new Thread(this,"Bringing Up" + windowClass);
            windowThread.start();
        }
    }
    //建立一个线程对象,并启动

    //线程体
    public synchronized void run() {
        Class windowClassObject = null;
        Class tmp = null;
        String name = null;

        //要确认窗口类存在,并且是一个 Frame
        //装载定义好的窗口类
        try {
            windowClassObject = Class.forName(windowClass);
        } catch(Exception e) {
           //如果装载不成功,则显示没有找到我们需要的类
           label.setText("Can't create window: Couldn't find class"
                + windowClass);
           button.disable();
           //使按钮不起作用
           return;
        }
        //确认装载的类是一个 Frame 类
        for (tmp = windowClassObject,name = tmp.getName();
            ! (name.equals("java.lang.Object") || name.equals
                                ("java.awt.Frame"));) {
            //向上查找,如果是 Object 类或 Frame 类就停止
            tmp = tmp.getSuperclass();
            name = tmp.getName();
        }

        if ((name == null) || name.equals("java.lang.Object")) {
            //没有找到窗口类
            label.setText("Can't create window: " + windowClass +
                "isn't a Frame subclass.");
            button.disable();
            return;
        } else if (name.equals ("java.awt.Frame")) {
            //找到窗口类,等待要求创建窗口
                while (windowThread != null) {
                    while (pleaseCreate == false) {
                        try {
                            wait();
                        } catch(InterruptedException e) {
                        }
                    }
                          //已有要求创建窗口
                    pleaseCreate = false;
```

```
                    Frame window = null;
                    try {
                        window = (Frame)windowClassObject.newInstance();
                        //建立转载到内存的窗口类的一个实例
                    } catch (Exception e) {
                       label.setText("Couldn't create instance of class
                                          " + windowClass);
                       button.disable();
                       return;
                    }
                    if (frameNumber == 1) {
                        window.setTitle(windowTitle);
                    } else {
                        window.setTitle(windowTitle + ": " + frameNumber);
                    }
                    frameNumber++;
                        //设置窗口的大小
                    window.pack();
                    if ((requestedWidth > 0) || (requestedHeight > 0)) {
                    window.resize(Math.max
                            (requestedWidth, window.size().width),
                    Math.max(requestedHeight, window.size().height));
                    }
                    window.setVisible(true);
                    label.setText("");
                }
            }
        }

        public synchronized boolean action(Event event, Object what) {
            if (event.target instanceof Button) {
                //提示窗口线程要创建一个窗口
                label.setText("Please wait while the window comes up…");
                pleaseCreate = true;
                notify();
            }
            return true;
        }
    }


//事先定义的窗口,在 Applet 中被加载
class TestWindow extends Frame {
   public TestWindow() {
      resize(300, 300);
   }
}
```

下面是关于 AppletButton 的<APPLET>标记。

```
<APPLET CODE = AppletButton.class CODEBASE = example/
    WIDTH = 350 HEIGHT = 60 >
<PARAM NAME = windowClass VALUE = BorderWindow >
<PARAM NAME = windowTitle VALUE = "BorderLayout">
<PARAM NAME = buttonText
```

```
    VALUE = "Clickhere to see a BorderLayout in action">
</APPLET>
```


当用户没有指定参数值时,AppletButton就使用合适的默认值。例如,如果用户没有说明窗口的标题,AppletButton就用窗口的类型作为标题。图9.4是这个Applet执行的结果。

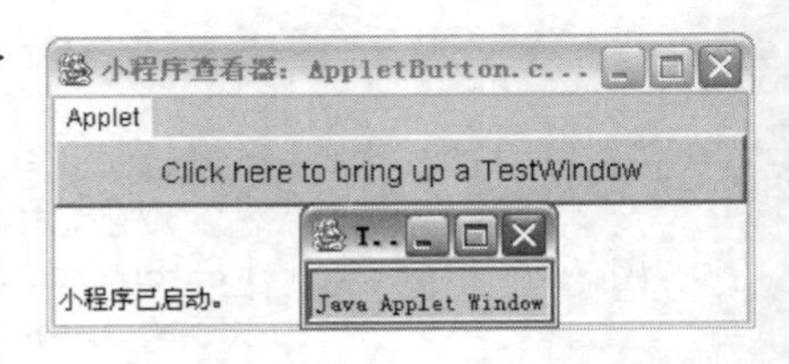

图9.4　AppletButton类运行的结果

9.2.3　确保Applet正常运行

在开发Applet程序时,为了保证这个Applet能够正常运行,可以在相应的HTML文件中创建一个与Sun开发的Java Web浏览器插件(browser plug-in)的链接。这样用户在装载Applet之前,如果缺少相应的运行插件,就可以装载这个插件。相应的软件和安装方法可以在http://java.sun.com/products/plugin/downloads/index.html的Web页面中找到。建立这样的链接可以保证Applet能够在支持最新Java版本的JVM上运行。

9.3　Applet应用

下面将结合实际例子介绍Applet的应用,特别是如何在Applet中使用Java的某些基本机制,如线程、图形用户界面以及多媒体特性等,其中涉及一些编程技巧,包括如何继承超类、创建线程、使用图像、显示动画、播放声音、使用鼠标事件等。

9.3.1　Applet与图形用户接口

因为Applet类是AWT Panel类的子类(见图9.1),所以大部分Applet属于图形用户界面。Applet可以通过它定义的参数从用户得到配置信息。Applet也可以通过读取系统属性来获得系统的信息。如果要给用户提供提示信息,Applet可以使用它的GUI输出一个状态字符串,或者使用标准输出或标准错误输出流。

Applet GUI具有以下性质。

1. 一个Applet是一个面板(Panel)

由于Applet是Panel类的子类,所以它继承Panel的默认布局管理器FlowLayout,可以像任何Panel一样包含其他的构件。Applet作为一个Panel对象,还可以分享绘画方法和事件层次。

2. Applet只能在浏览器窗口内显示

这里包含着两层含义:首先,Applet与基于GUI的独立应用程序不同,不需要另外建立窗口,而是在浏览器的窗口内显示;其次,依赖于浏览器的实现,在Applet增加构件后要再调用validate()方法,使得布局再次生效,否则新增的构件不能显示。

3. Applet的背景颜色可能会与Web页面的颜色不一致

Applet的背景默认的颜色是浅灰色,Web页面也可以使用其他的背景颜色和背景模式。如果设计的Applet与Web页面设计的背景颜色不一致,就有可能在显示图像时引起明显的闪烁。这里有两种解决办法:一种解决办法是用Applet的参数指明它的背景颜色。Applet类可用Component类的方法setBackground()把它的背景设成用户指定的颜色;另一种解决办法是,页面设计者可以选择Applet颜色参数作为Web页面的背景颜色参数,使得两种颜色协调得很好。

4. 用户可预先指定 Applet 窗口的大小

浏览器不允许动态调整 Applet 本身的大小，因此 Applet 必须确定一个固定的空间大小，可以用<APPLET>标记指定的 Applet 宽度和高度。Applet 指定的这个空间大小对某个平台也许是理想的，但对另一个平台却不一定符合要求。这可以通过一些方法来补救，其中包括使用比指定略小一点的空间大小。另外，也可以使用灵活的布局管理器，如 AWT 提供的 GridBagLayout 和 BorderLayout 类。

5. 可通过 Applet getImage()方法装载图像

Applet 类提供了一种方便的 getImage 形式，允许指定一个 URL 作为变元，紧跟第二个变元指明与这个 URL 相关的图像文件位置。大部分 Applet 使用它的 getCodeBase()方法和 getDocumentBase()方法获得 URL。

6. Applet 类及其使用的数据文件可以通过网络装入

为了减少 Applet 显示的启动时间，如果某些 Applet 类或数据不需要立即使用，这个 Applet 可以把这些类和数据的装入预先放在一个后台线程中。Applet 子类可以显示一条状态消息，提示进展情况。

下面介绍在 Applet 中增加 GUI 构件的方法。在例 9.1 中的 Applet 的显示是用 paint()方法实现的，它的缺陷是不支持信息的滚动显示。

由于 Applet 类继承 AWT Container 类(见图 9.1)，因此，很容易把构件加入到 Applet 中，并使用布局控制这些构件在屏幕上的位置。下面有几个 Applet 常用的方法。

- add()：加入指定的构件。
- remove()：删除指定的构件。
- setLayout()：设置布局管理。

【例 9.7】 为了改进例 9.1 中 Applet 使用的滚动条，可以使用 TextField 类，建立一个不可编辑的文本域，实现文本的滚动。修改后的程序代码如下所示。

```
import java.applet.Applet;
import java.awt.TextField;
public class ScrollingSimple extends Applet {
    TextField field;
    public void init() {
        //创建一个不可编辑的文本域
        field = new TextField();
        field.setEditable(false);
        /* 设置布局管理器,使得文本域尽可能宽一些 */
        setLayout(new java.awt.GridLayout(1,0));
        //把文本域增加到 applet
        add(field);
        validate();
        addItem("initializing…");
    }
    public void start() {
        addItem("stopping…");
    }
    public void destroy() {
        addItem("preparing for unloading…");
    }
    void addItem(String newWord) {
```

```
            String t = field.getText();
            System.out.println(newWord);
            field.stetext(t + newWord);
            repaint();
        }
    }
```

改变的代码是：

```
//import java.awt.Graphics 不再需要,因为这个 Applet 不再实现 paint()方法
…
import java.awt.TextField;
public class ScrollingSimple extends Applet {
        //使用了一个 TextField 代替 StringBuffer
    TextField field;
        public void init() {
        //建立文本框,使它是不可编辑的
        field = new TextField();
        field.setEditable(false);
        //设置布局管理器,使得文本框尽可能地宽
        setLayout(new java.awt.GridLayout (1, 0));
        //把这个文本框加入这个 Applet 中
        add(field);
        validate();
        addItem("initializine…");
    }
    …
    void addItem(String newWord) {
        //原来这里用于把字符串加入 StringBuffer; 现在把它加入 TextField
        String t = field.getText();
        System.out.println(newWord);
        field.setText(t + newWord);
        repaint();
    }
        //paint()方法已不再需要,因为 TextField 会自动显示它本身的内容
    …
}
```

正如所看到的那样,修改后的 init()方法创建了一个不可编辑的文本框的实例,并在 Applet 中设置一个布局管理器,使得文本框尽可能地宽,然后把文本框加入 Applet。

这些过程完成之后,init()方法调用了继承得到的 validate()方法。保证把新加入的构件绘制在屏幕上。一般来说,每当把一个或多个构件加入一个 Applet 之后应调用一次 validate()方法。

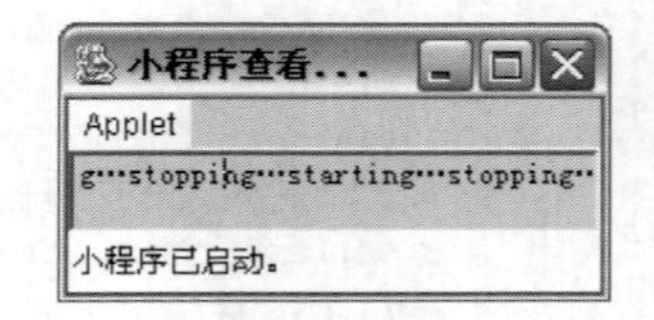

图 9.5　支持滚动条的 Applet 的输出

图 9.5 是这个 Applet 的输出。通过拖动鼠标,可以向前或向后查看所显示的全部信息。

9.3.2　Applet 与线程

每个 Applet 都可以在多线程中运行。Applet 的绘图方法 paint()和 update(),总是由 AWT 绘图和事件处理线程调用。哪些线程执行 Applet 的生命周期方法 init()、start()、stop()和 destroy(),取决于运行 Applet 的浏览器。

许多浏览器为 Web 页面上的每个 Applet 分配一个线程,用线程调用这个 Applet 的周期

方法。有些浏览器为每个 Applet 分配一组线程,因此,很容易找到属于一个具体的 Applet 的所有线程。即使浏览器为每个 Applet 建立一个不同线程,编写 Applet 时还是应该为任何耗时的任务建立一个线程,这样,一个 Applet 在等待某个耗时的任务完成的时候,可以执行其他的任务。

例 9.8 中我们还会看到,使用 Runnable 接口使得 Applet 可作为线程运行,这样不会中断其他正在运行中的应用程序。

9.3.3 Applet 编程技巧

下面首先给出一个动画显示的例子,然后通过分析这个例子和其他实例来介绍若干编程技巧。

视频讲解

1. 一个通过 Applet 显示动画的实例

几乎所有形式的动画都有一个共同点,就是通过以高速连续显示相关的画帧的方法建立动感。计算机动画通常每秒显示 10~20 帧。传统的手工绘制的动画采用的是从每秒 8 帧(质量差的动画)到每秒 14 帧(标准动画),再到每秒 24 帧(真实的动作)。建立动画程序的最重要的步骤是设置正确的程序框架。运行动画的程序一方面要在运行中直接响应外部事件,另一方面还需要使用一个循环连续显示相关的画帧。

图 9.6 显示帧数变化的动画 Applet

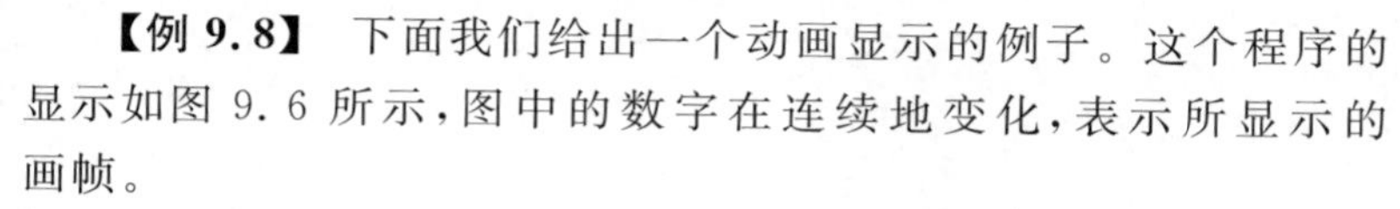

【例 9.8】 下面我们给出一个动画显示的例子。这个程序的显示如图 9.6 所示,图中的数字在连续地变化,表示所显示的画帧。

这个程序以默认速率每秒 10 帧显示当前的帧数。下面是相应的代码。

```
import java.applet.Applet;
import java.awt.*;
public class AnimatorApplet extends Applet implements Runnable {
    int frameNumber = -1;
    int delay;
    Thread animatorThread;
    boolean frozen = false;
    public void init() {
        String str;
        int fps = 10;
        //在每帧之间经过多少毫秒
        str = getParameter("fps");
        try {
            if (str != null) {
            fps = Integer.parseInt(str);
            }
        } catch(Exception e) {}
        delay = (fps > 0) ? (1000 / fps) : 100;
    }
    public void start() {
        if (frozen) {
        //什么事情也不做
        } else {
        //启动动画
            if (animatorThread == null) {
                animatorThread = new Thread(this);
```

```
            }
            animatorThread.start();
        }
    }
    public void stop() {
    //停止动画线程
        animatorThread = null;
    }
    public boolean mouseDown(Event e, int x, int y) {
        if (frozen) {
        frozen = false;
        start();
    } else {
        frozen = true;
        stop();
        }
            return true;
    }
    public void run() {
        //降低线程的优先级,好让其他线程执行
    Thread.currentThread().setPriority(Thread.MIN_PRIORITY);
        //记录开始时间
            long startTime = System.currentTimeMillis();
            while (Thread.currentThread() == animatorThread) {
            //继续下一幅动画
                frameNumber++;
            //显示动画
                repaint();
                //延时
                try {
                    startTime += delay;
                    Thread.sleep(Math.max
                        (0,startTime - System.currentTimeMillis()));
            } catch(InterruptedException e) {
                break;
            }
        }
    }
    //显示动画的当前帧
    public void paint(Graphics g){
        g.drawString("Frame" + frameNumber, 0, 30);
    }
}
```

2. 定义 Applet

由于java.applet.Applet类是所有Applet对象的超类,因此,为了创建自己的Applet,一个Applet程序必须通过扩展Applet类来实现。例9.8中,这个Applet创建过程用下面的代码完成。

```
import java.applet.Applet;
import java.awt.*;
public class AnimatorApplet extends Applet implements Runnable {
    int frameNumber = -1;
    int delay;
    Thread animatorThread;
    …
}
```

从这个 Applet 的定义还可以看出：这个类同时还实现了 Runnable 接口。使用 Runnable 接口，使得 Applet 可作为线程运行，不至于中断其他的应用程序。在例 9.8 中，每当用鼠标单击 Applet 时，屏幕上将出现一个显示帧数的动画。

这个 Applet 还定义了如下 4 个实例变量。

- frameNumber 表示当前的画帧数，它被初始化为－1。画帧数在随着循环的起点递增，所以显示的第 1 帧画面是 Frame 0。
- delay 是画帧相隔的毫秒数。它通过用户提供的每秒帧数进行初始化。如果用户提供的是一个非法数，那么默认的帧数为每秒 10 帧。
- animatorThread 表示执行动画循环播放的 Thread 对象。
- frozen 是被初始化为 false 的布尔值。

3. 在 Applet 中创建线程

1）用线程执行重复的任务

重复地执行相同任务的 Applet 一般包含一个 while 循环或 do while 循环的线程，它执行有节拍的动画，如演播电影或游戏画面。运行动画的 Applet 需要的线程按规定的间隔反复绘制。

Applet 一般在它的 start()方法中创建执行重复任务的线程。创建线程的地方应使得在用户离开这个页面时，有一个对应的 stop()方法中止线程。当用户返回到该页面时，start()方法再次被调用，而且 Applet 可再次创建一个线程执行重复任务。

在 AnimatorApplet 中的 start()方法和 stop()方法的实现代码为：

```
public void start() {
    if (frozen) {
    //什么事情也不做
    } else {
        //Start animating!
        if (animatorThread == null) {
            animatorThread = new Thread(this);
        }
        animatorThread.start();
    }
}
public void stop() {
        //Stop the animating thread
    animatorThread = null;
}
```

程序中 new Thread(this)语句的 this 指出，由 Applet 提供线程的主体。这是通过实现 java.lang.Runnable 接口来完成的，这个接口要求该 Applet 提供一个 run()方法构成这个线程的主体。

在 AnimatorApplet 中，Thread 的一个实例变量为 animatorThread。start()方法通过它引用新创建的 Thread 对象。当这个 Applet 需要杀死这个线程 animatorThread 时，就把其值设成 null。这个线程的 while 循环通过检测 animatotThread 的值是否为当前线程，来决定是继续还是退出。下面是相应的代码：

```
public void run() {
    …
    while (Thread.currentThread() == animatorThread) {
        …
```

```
        }
    }
```

如果 animatorThread 为当前执行线程的引用,这个线程就继续执行;如果 animatorThread 为 null,这个线程就退出。如果 animatorThread 引用另一个线程,竞争条件就出现了:在 stop()之后 start()很快就被调用,这个线程到达它的循环之前,就建立了一个新的线程并用线程的 start()方法启动线程的执行。

2) 使用线程完成初始化

如果 Applet 需要执行某些可能占用一定时间的任务,可以考虑使用线程完成初始化。例如,需要接通网络的任何事情一般都可以在一个后台线程中完成。在这个例子中,幸运的是,GIF 图像和 JPEG 图像装载是用线程在后台自动完成的;不幸的是,声音装载不能保证在后台完成。按当前的实现,Applet getAudioClip 方法在没有装入所有的声响数据之前不会返回。因此,如果需要预装声音,可能要创建一个或多个线程来完成它。

4. 显示动画

在例 9.8 中,动画循环地完成以下的工作。

(1) 递增绘制每个帧号;即"frame"+frameNumber。

(2) 调用 repaint()方法,显示动画的当前画帧。

(3) "休眠"delay 毫秒。

这些任务由下面的代码完成。

```
while (Thread.currentThread() == animatorThread) {
        //递增帧号
    frameNumber++;
        //重新显示
    repaint();
      //… 休眠若干毫秒
}
```

要实现动画循环中的延迟,最简单的方法是休眠若干毫秒。然而,由于运行动画循环要花费一定的时间,从而引起这个线程休眠过长。要解决这个问题,就要记录动画循环的启动时间,再加上若干毫秒的休眠就得出唤醒时间。

5. 响应鼠标事件

例 9.8 中,我们希望在首先装载 Applet 和用户单击鼠标这两种情况下显示动画。这就需要使用一种"事件触发"的机制。用户单击鼠标,或者当输入光标处于 Applet 之内时按 Enter 键,都可以看作是一个触发事件。这些事件的发生,将触发浏览器调用相应的方法。用户可以通过重载这些方法来完成相应的处理。这就是通常所说的"事件触发"的机制。例 9.8 中鼠标事件所对应的方法是:

```
public boolean mouseDown(Event e, int x, int y)
```

6. 使用图像

除显示动画外,在 Applet 中经常使用图像。下面介绍在 Applet 中如何使用图像,包括装载和显示图像。

1) 装载图像

在此先介绍如何得到对应于图像的对象。如果图像的数据是 GIF 或 JPEG 格式,同时用户还知道它的文件或 URL，就很容易得到 Image 对象，只要使用 Applet 或 Toolkit 中的 getImage()方法即可。getImage()方法被调用后立即返回 Image 对象，而不检测图像数据是否存在。

Applet 类提供了如下两种方法。

```
public Image getImage(URL url)
public Image getImage(URL url, String name)
```

只有 Applet 程序可以使用 Applet 的 getImage()方法。而且，在 Applet 没有一个完整的环境之前，getImage()方法不能工作。

下面的代码例子说明了如何使用 Applet 的 getImage()方法。

```
Image image1 = getImage(getCodeBase(), "imageFile1.gif")
Image image2 = getImage(getDocumentBase(), "imageFile2.gif")
Image image3 = getImage(new URL("http://java.sun.com/graphics
                        /people.gif")
```

Toolkit 类也声明了如下两种 getImage()方法。

```
public abstract Image getImage(URL url)
public abstract Image getImage(String filename)
```

为了得到一个 Toolkit 对象，可以使用 Toolkit 的 getDefultToolkit()方法或者使用 Component 的 getToolkit()方法返回一个 Toolkit 对象。

下面是使用 toolkit.getImage()方法的几个例子。

```
Toolkit toolkit = Toolkit.getDefaultToolkit();
Image image1 = toolkit.getImage("imageFile1.gif")
Image image2 = toolkit.getImage(new URL("http://java.sun.com/graphics
                        /people.gif")
```

每一个 Java 应用程序和 Applet 都可以使用这些方法。在例 8.2 中，我们已采用过这些方法，只不过那是在 Java 的独立应用程序中而不是在 Applet 中使用它们。

2）显示图像

下面的一行代码是要在构件区的左上角以正常尺寸显示一个图像。

```
g.drawImage(image1, 0, 0, this);
```

而下面的代码是要以(90,0)为起点，显示一个宽 300 像素、高 62 像素的图像。

```
g.drawImage(image2, 90, 0, 300, 62, this);
```

7. 绘制图形

下面要展示如何在 Applet 中绘制图形。前面反复强调，一个 Applet 就是一个 Panel，它也是一个容器(Container)，可以容纳其他构件，而且还具有绘制图形的方法。利用这些特点，我们编写一个 Applet，在它之上添加一个画板(Canvas)，然后利用绘图方法就可以在这个画板上画画，其效果如图 9.7 所示。

视频讲解

【例 9.9】 我们首先定义一个 Applet 类取名为 Doodle(随意乱画)，在它的 init()方法中添加一个画板构件，这个画板是通过继承 Canvas 类得到的，取名为 DoodleCanvas。在 init()方法中还增加了一个标签构件到这个

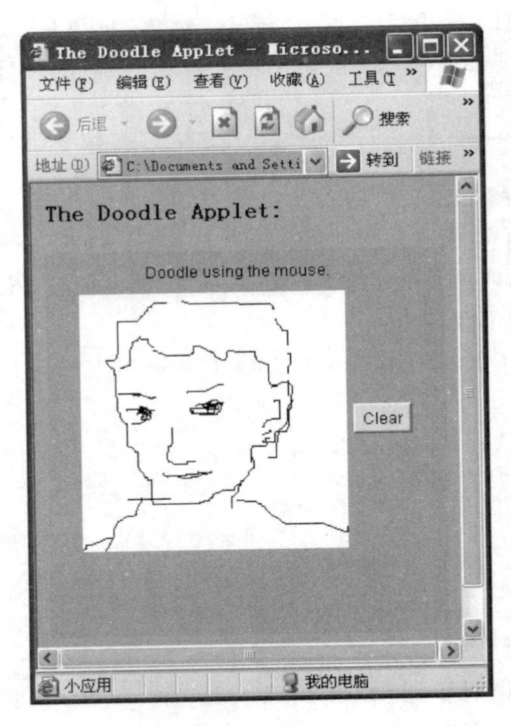

图9.7 在Applet中添加一个绘图画板

Applet,该标签提示这是一个使用鼠标的画板。同时还添加了一个Clear按钮,它的功能是清除画板的图形。这两个类的定义代码如下。

```
import java.applet.Applet;
import java.awt.*;
import java.awt.event.*;
public class Doodle extends Applet implements ActionListener{
    private int APPLET_WIDTH = 300;
    private int APPLET_HEIGHT = 250;
    private Label titleLabel;
    private DoodleCanvas canvas;
    private Button clearButton;
        //创建若干GUI构件,并加入到applet之中
        //该applet可以监听按钮事件
    public void init(){
        titleLabel = new Label("Doodle using the mouse.");
        titleLabel.setBackground(Color.cyan);
        add(titleLabel);
        canvas = new DoodleCanvas();
        add(canvas);
        clearButton = new Button("Clear");
        clearButton.addActionListener(this);
        add(clearButton);
        setBackground(Color.cyan);
        setSize(APPLET_WIDTH, APPLET_HEIGHT);
    }
        //当清除按钮被单击后,清除画板
    public void actionPerformed(ActionEvent event) {
        canvas.clear();
    }
```

```
}

import java.awt.*;
import java.awt.event.*;
class DoodleCanvas extends Canvas implements MouseListener,
    MouseMotionListener{
    private final int CANVAS_WIDTH = 200;
    private final int CANVAS_HEIGHT = 200;
    private int lastX, lastY;
    //创建一个空画板
    public DoodleCanvas(){
        addMouseListener(this);
        addMouseMotionListener(this);
        setBackground(Color.white);
        setSize(CANVAS_WIDTH, CANVAS_HEIGHT);
    }
    //确定一个新的线条的起点
    public void mousePressed(MouseEvent event) {
        Point first = event.getPoint();
        lastX = first.x;
        lastY = first.y;
    }
    //在上一个点与当前点之间画一条线
    public void mouseDragged(MouseEvent event) {
        Point current = event.getPoint();
        Graphics page = getGraphics();
        page.drawLine(lastX, lastY, current.x, current.y);
        lastX = current.x;
        lastY = current.y;
    }
    //清除画板
    public void clear(){
        Graphics page = getGraphics();
        page.drawRect(0, 0, CANVAS_WIDTH, CANVAS_HEIGHT);
        repaint();
    }
    //为没有使用的方法定义一个空方法体
    public void mouseReleased(MouseEvent event) {}
    public void mouseClicked(MouseEvent event) {}
    public void mouseEntered(MouseEvent event) {}
    public void mouseExited(MouseEvent event) {}
    public void mouseMoved(MouseEvent event) {}
}
```

实现在这个画板上绘画实际上比较容易，主要是利用鼠标事件 MouseEvent，获取一个鼠标的坐标点作为上一个点(lastX，lastY)，然后在鼠标拖动过程中，在最近获取的鼠标点与获取的上一个点之间画线，再把当前坐标点作为上一个点。不断地重复这个过程，即可实现绘图。清除绘图区则更为简单，只要在这个 Canvas 画板上画一个覆盖整个画板的大矩形即可。

同时还要注意到，我们并没有显式地为这个画板定义 paint()方法，而是用 component 的 getGraphics()方法来获取一个 Graphics 对象的引用，这个引用同时也是传给 paint()方法的参数。获得这个图形对象的引用后，可以很方便地在 mouseDragged()和 clear()方法中利用 Graphics 图形对象的基本绘图方法绘制图形。

9.4 利用AppletViewer调试Applet

在Sun公司的JDK中包含的一个实用程序appletviewer用于执行Applet。有些浏览器不能保证支持Applet的装载，也有可能在Web浏览器中重新装入Web页面时，并不能装载最新的类文件，而appletviewer并不需要重新装载，我们可使用这个工具来开发Applet，先在appletviewer中进行测试，直到达到预期的效果为止。

appletviewer可以忽略除＜APPLET＞标记以外的所有文档。使用这个程序，要在命令行输入命令：

```
appletviewer filename.html
```

此处的filename.html是HTML文件，它包含了含有＜APPLET＞标记和Applet的类文件名。

在发布Applet之前，要用最有可能使用的浏览器的版本进行测试。不同的浏览器以及不同平台下的JVM之间略有差异，应该尽量使Applet独立于不同平台和浏览器。

【例9.10】 创建一个Applet，它可以对用户输入的数值进行加减，然后显示结果。并且使用appletviewer测试这个Applet，再放到支持Java的浏览器执行这个Applet。

完成这个运算器，需要创建两个按钮，一个做加法，一个做减法。数值的输入和加减的结果分别在两个文本域中显示出来。此外，还需要一个Reset按钮。因而，这个类的面向对象的3个要素分别如下。

- Is：Applet和ActionListener。
- Has：三个按钮，两个文本域和一个数值变量域。
- Does：init()方法进行初始化，激活实现加和减的按钮分别完成加减运算。
  reset()方法完成重新设置。
  actionPerformed()方法确定事件响应时应该完成哪些操作。

该类的程序构架如图9.8所示。

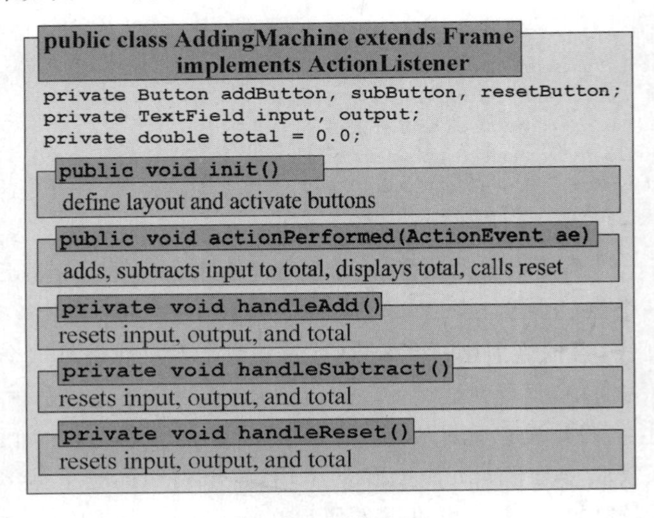

图9.8 程序构架

这个运算器类的功能为：当用户单击 Add 按钮时，将在 input 域中包含的数加到 total 域中(或从 total 中减去)，并且将 total 的一个新的值显示在 output 域中。当用户单击 Reset 按钮时，则将 total、input、output 域置为 0。设置这个程序界面的布局使用 FlowLayout()，将所有的构件排在一行，其外观如图 9.9 所示。

现在还有一个问题是可以用 getText()方法从 TextField 域中取值，但取到的是一个 String，要进行计算时必须将 String 转换成一个数，这个任务可以由 Double.valueOf(input.getText().trim()).doubleValue()完成。下面就是这个完整的 Applet 的代码。

```
import java.applet.*;
import java.awt.*;
import java.awt.event.*;
public class AddingMachine extends Applet implements ActionListener{
    private Button addButton = new Button("Add");
    private Button subButton = new Button("Subtract");
    private Button resetButton = new Button("Reset");
    private TextField input = new TextField(10);
    private TextField output = new TextField(10);
    private double total = 0;

    public void init(){
        setLayout(new FlowLayout());
        add(addButton);
        add(subButton);
        add(input);
        add(resetButton);
        add(output);
        addButton.addActionListener(this);
        subButton.addActionListener(this);
        resetButton.addActionListener(this);
        handleReset();
    }
    private void handleAdd(){
        total += Double.valueOf(input.getText().trim()).doubleValue();
        output.setText(String.valueOf(total));
    }
    private void handleSubtract(){
        total -= Double.valueOf(input.getText().trim()).doubleValue();
        output.setText(String.valueOf(total));
    }
    private void handleReset(){
        total = 0.0;
        input.setText("0.0");
        output.setText("0.0");
    }
    public void actionPerformed(ActionEvent e) {
        if (e.getSource() == addButton)
            handleAdd();
        else if (e.getSource() == subButton)
            handleSubtract();
        else if (e.getSource() == resetButton)
```

```
            handleReset();
        }
    }
```

为了执行编译了的 Applet 类文件,还需要编写如下文档。

```
<HTML>
<APPLET CODE = "AddingMachine.class"   WIDTH = "400" HEIGHT = "100">
</APPLET>
</HTML>
```

该程序的结果如图 9.9 所示。

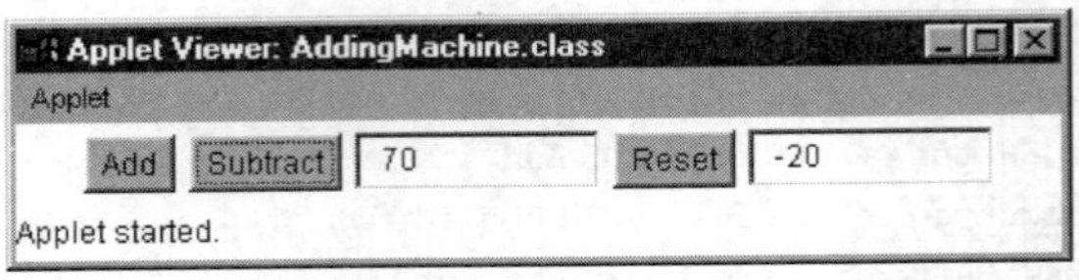

图 9.9 一个用 Applet 实现的运算器

一个实现 ActionListener 接口的类必须实现 actionPerformed()方法,这个方法是共有方法。为了简便起见,可将其他所有要完成的处理都说明为私有方法,如上述例子中带有 handler 前缀的方法,然后在 if-then-else-if 语句中调用这些方法。如果这些处理方法可以为其他类所用,并且不会产生副作用,则应将这些方法声明为 public。

正因为 appletviewer 可以忽略除<APPLET>标记以外的所有文档,我们调试这个程序时,可以把上述<APPLET>标记放到相应 Applet 的.java 文件中,然后加上注释符号。对于这个例子,可以把下面两行加入到 AddingMachine.java 文件中。

```
//<APPLET CODE = "AddingMachine.class" WIDTH = "400" HEIGHT = "100">
//</APPLET>
```

这样既不影响 Applet 程序的编译,又可以避免额外产生一个 HTML 文件。用 appletviewer 调试这个 Applet 时,可直接运行如下命令:

```
appletviewer AddingMachine.java
```

这样调试 Applet 会更加方便。

9.5 小　　结

Applet 程序是在浏览器中运行的,每个 Applet 程序中必须继承 java.applet 包中的 Applet 类。Applet 主要包括生命周期的 4 个方法和 paint()方法,因此,大多数 Applet 的结构为:

```
public class MyApplet extends Applet{
    init() {…};
    start() {…};
    stop() {…};
    destroy() {…};
    paint(Graphics g){ …}
}
```

其中,init()在Applet加载到内存后第一个被执行,并且仅执行一次,其任务是完成初始化工作;start()方法在进入包含这个Applet的页面时执行;stop()方法在退出页面时执行;destroy()方法在关闭Applet时执行。可以看出,除paint()方法有时需要显式调用外,这些主要方法都是自动执行的。

根据应用的要求,用户也可以在Applet程序中定义其他方法或定义其他类,但它们不能自动执行,可以由Applet的主要方法调用执行。

用线程实现Applet有时候是必要的,因为这样不会妨碍浏览器其他程序的执行,编写这样的Applet必须实现Runnable接口。

还有一点要明确的是,一个Applet就是一个Panel,也是一个容器。因而可以在Applet增加任何GUI构件,进行绘图和完成其他多媒体功能。

习　题　9

1. 试述Java的独立应用程序和Applet的对应关系和差异,它们各是怎样运行的?

2. 试述Applet的生命周期方法以及这些方法在什么时候执行。

3. 如何向Applet传递信息? Applet又如何接收信息?

4. 试编制一个Applet,访问并显示指定的URL地址处的图像和声音资源。

5. 试编制一个Applet,接受用户输入的网页地址,并与程序中事先保存的地址比较,若二者相同则使浏览器指向该网页。

6. 试编制一个Applet程序,并在浏览器上浏览,要求如下。

(1) 该Applet显示一个图像文件:http://java.sun.com/graphics/people.gif。

(2) 将这个Applet嵌入一个HTML文档。

(3) 在浏览器中浏览这个文档。

7. 创建了一个ReadAppletTest类来演示Java Applet的一个安全限制,现在修改该Applet,让它能从一个数据文件中读取一个文本流,并将它显示在一个标签中。为了确保既可在本地也可在网络上测试该Applet,数据文件应该与Applet放在同一个目录下。

8. 编写Applet程序,用paint()方法显示一行字符串,Applet包含"放大"和"缩小"两个按钮,当用户单击"放大"按钮时显示的字符串字号放大一号,单击"缩小"按钮时显示的字符串字号缩小一号。

9. 使用getCodeBase()方法和getDocumentBase()方法获得Applet程序所在路径和HTML文档名。

10. 下面的说法正确的是(　　)。

　　A. 应用程序中可以使用的所有语句都可以在Applet中使用
　　B. Applet程序中可以使用的所有语句都可以在应用程序中使用
　　C. Applet程序都可以当作应用程序使用
　　D. System.exit(0)不能在Applet中使用

11. 下面的说法正确的是(　　)。

　　A. Applet包含线程或用线程来实现时,线程的start与Applet的start方法就是同一个方法
　　B. Applet与线程的start一样,都用"对象名.start"来调用

C. 在默认的安全配置条件下,Applet不能访问任何本地资源

D. 编写一个Applet程序必须覆盖start方法

12. 当浏览器从另一个URL返回包含一个Applet对象的页面时,应调用(　　)方法。

A. init()　　B. start()　　C. stop()　　D. destroy()

13. 下面的说法正确的是(　　)。

A. appletviewer命令可以将非HTML文件作为命令行参数

B. 一旦退出Applet类所在的页面,Applet对象就会被销毁

C. Applet是一个容器

D. 创建一个Applet,必须覆盖init、start、stop、destroy、paint中所有的方法

14. 一个Applet要获取某些内容,可以采用下面(　　)方式。(多选题)

A. 从命令行参数获得输入

B. 从HTML文档通过参数标记输入

C. 从远程URL资源获得

D. 直接建立某个InputStream流来获得

15. 下面的说法正确的是(　　)。

A. 一个Applet的stop方法运行后,Applet立即终止并退出

B. 一个Applet的start、stop方法只运行一次

C. 一个Applet的init、destroy方法只运行一次

D. 一个Applet的init、start、stop、destroy方法都是自动调用的

16. 下面的说法正确的是(　　)。

A. Applet类不可以写本地文件　　B. Applet类中不能包含线程对象

C. Applet不能响应用户事件　　D. Applet类可以作为线程类

第10章 网络编程

Java是一门非常适合于进行分布计算的语言,网络编程是Java语言的重要应用之一。Java具有强大、快捷的网络编程功能,这是它备受业界青睐最主要的原因之一。

Java提供的网络功能有三大类:URL、Socket和Datagram。

URL是三大功能中最高级的一种,通过URL Java程序可以直接送出或读入网络上的数据。

Socket是传统网络程序最常用的方式,可以想象为两个不同的程序通过网络的通信信道。

Datagram是较低级的网络传输方式,它把数据的目的记录在数据包中,然后直接放在网络上。

本章将介绍Java用于网络编程的基本概念和一些实例,其中重点介绍如何用Java语言编写客户机/服务器的应用程序。

10.1 Java网络编程基础

针对网络应用,Java通过其网络类库提供了良好的支持。对数据分布,Java提供了一个URL(Uniform Resource Locator)对象,利用此对象可打开并访问网络上的对象,其访问方式与访问本地文件系统几乎完全相同。对分布式操作,Java的客户机/服务器模式可以把运算从服务器分布到客户一端,客户机负责数据的搜索和处理,服务器负责汇总和提供查询结果的显示,从而提高整个系统的计算能力和执行效率,增加动态可扩充性。

10.1.1 IP地址

视频讲解

计算机网络中相连的每一台计算机至少有一个网卡,对于局域网(LAN)而言,通常是使用以太网(ETHERNET)、令牌环(TOKENRING)或FDDI(光纤分布式数据接口)网卡与网络相连接;如果是一个移动用户或没有直接接入网络的家庭用户,则可使用调制解调器与网络相连接。

对于一个基于TCP/IP的网络,无论是以太网、令牌环、FDDI或调制解调器的连接,均由一个称为IP地址的32位数作为唯一标识。这个数通常写作一组由“.”分隔的4个十进制数,如202.114.64.32。其中,每个数字分别是组成IP地址的4个字节的十进制数值。

连入一个网络的每台计算机都必须有一个唯一的IP地址,如果与两个或两个以上的网络连接,那么每个网络连接者必须赋予该连接唯一的IP地址。拥有一个以上的IP地址的计算机称作多宿主机。

在Java中,用InetAddress类来描述IP地址。这个类没有一个公共的构造方法,但是提供了三个用来获得一个InetAddress类的实例的静态方法。这三个方法分别如下。

- GetLocalHost():返回一个本地主机的InetAddress。
- GetByName():返回主机名对应于指定的主机的InetAddress。
- getAllByName():对于某个主机有多个IP地址(多宿主机),可用该方法得到一个IP地址数组。

此外,对一个InetAddress的实例可以使用如下方法。

- getAddress():获得一个用字节数组形式表示的IP地址。
- getHostName():做反向查询,获得对应于某个IP地址的主机名。

下面是InetAddress类的定义。

```
public final class InetAddress extends Object{
    public static synchronized InetAddress getByName(String host)
        throws UnknownHostException;
    public static synchronized InetAddress getAllByName(Sring host)
        throws UnknownHostException;
    public static InetAddress getLocalHost()
        throws UnknownHostException;
    public boolean equals(Object obj);
    public Srting getHostName();
    public byte[] getAddress();
    public Srting toString();
    public int hashCode();
}
```

【例10.1】 InetAddress类的应用实例。

编写一个Applet程序,获得本机主机名和IP地址。其方法是利用GetLocalHost()方法返回一个本地主机的InetAddress对象,然后用该对象的toString()方法显示出来的就是本地主机的主机名和IP地址。该Applet的完整代码如下。

```
/*<applet code="LocalHost.class" width = 400 height = 400>
</applet>
 */
import javax.swing.*;
import java.net.*;
import java.awt.*;
import java.awt.event.*;
public class LocalHost extends JApplet{
    InetAddress hostAddr = null;
    public void start(){
        try{
            hostAddr = InetAddress.getLocalHost();
        }catch(UnknownHostException e){
            System.err.println(e.getMessage());
        }
         repaint();
    }
    public void paint(Graphics g){
        g.drawString("Host name/ip = " + hostAddr.toString(), 10, 30);
    }
}
```

用小程序查看器执行该Applet的结果如图10.1所示。

10.1.2 端口

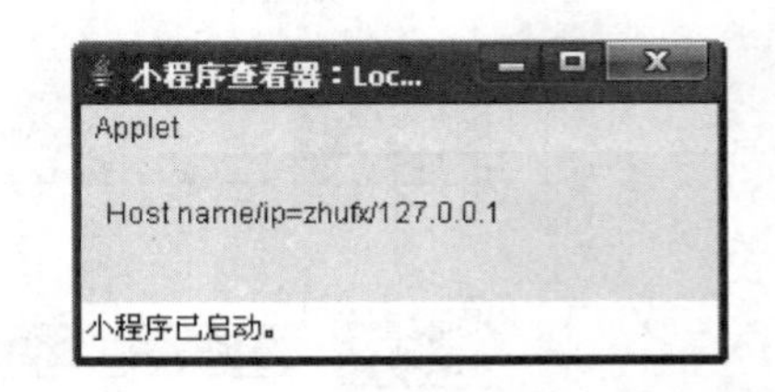

图 10.1 获得本机主机名和 IP 地址的 Applet 的执行结果

端口(port)是计算机输入输出信息的接口。许多计算机上都有串口(Serial Port),它是加载在 I/O 设备上的一个物理接口。计算机连入通信网络或 Internet 也需要一个端口,这个端口不是物理端口,而是一个由 16 位数标识的逻辑端口。这个端口号是 TCP/IP 协议的一部分,通过这个端口信息可以进行输入和输出。在 Internet 上的每个计算机都有 10 000 个逻辑端口号,其中 1024 以内的端口号几乎都分配给特殊服务功能。因此,要建立新的应用,不应使用这个范围内的端口号。

10.1.3 套接字

在提供访问 TCP/IP 协议的通信方法时,Java 使用了 TCP/IP 套接字机制,并用一些类实现了套接字中的概念。它能够提供在一台处理机上执行的应用与另一台处理机上执行的应用之间进行连接的功能。一个抽象的 Socket 由保存通信信息的数据结构和对 Socket 结构进行操作的系统调用组成。一个 Socket 创建之后,如果是主动的 Socket 则用来产生连接,如果是被动的 Socket 则等待连接。这些类可在 java.net 包中找到,其中包括最重要的 Socket 类和 ServerSocket 类。程序员可以使用这些 Socket 类创建一个到某个主机的标准 Socket 连接,并通过这个连接读取和写入数据。图 10.2 说明了套接字、端口和 IP 地址之间的关系。图中的格子代表 10.1.2 小节所述的逻辑端口,黑色的格子代表 Socket 连接正在使用的两个逻辑端口。

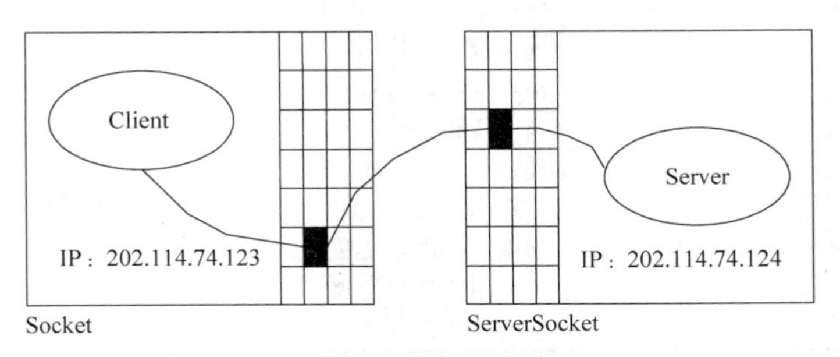

图 10.2 Socket 连接的示意图

10.1.4 数据包

Datagram(数据包)方式是不事先建立连接 UDP 协议的,服务程序将要传递的数据打包,分成一个个小的数据包,每一个数据包都有它要送达的计算机的地址。数据包被发送后,并不能够保证它一定能够到达目的地址。同样,在数据的传递过程中,也不能够保证数据不被破坏或者发送方能够得到应答。因此,这种方式服务主机跟客户机连接与 Socket 连接方式并不一样,Datagram 并不是一直保持连接的,所以称为无连接方式通信。两种方式的比较如图 10.3 所示。

图 10.3(a)表示不间断连接,图 10.3(b)是将数据切割成一个个数据包,间断地传送。因此,Datagram 对于重要数据的传递不太适合。

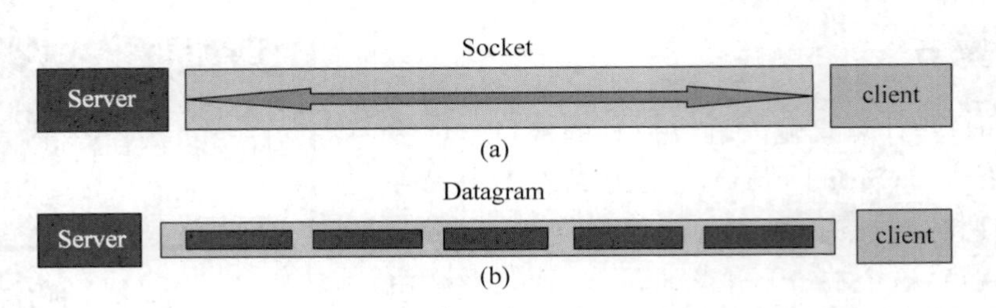

图10.3 Socket和Datagram两种连接方式的示意图

10.1.5 Internet协议

在讨论网络的连接机制时,还需要说明在网络上传输哪种数据类型、怎样解释这些数据类型以及怎样请求传输这些数据,这些都是经过网络协议来规定的。协议是描述数据交换时所必须遵循的规则和数据格式。

有许多用于在Internet中控制各种复杂服务的协议,其中较为常用的协议及其绑定的端口号如表10.1所示。

表10.1 较为常用的协议及其绑定的端口号

协议	含义	端口号
echo	将所有的东西反弹回来	7
discard	丢弃所有的东西	9
daytime	发送日期和时间	13
ftp	文件传输协议	21
telnet	终端协议	23
smtp	简单邮件传输协议	25
finger	显示用户信息协议	79
http	超文本传输协议	80
pop3	邮件协议(版本3)	110
nntp	网络新闻或Usenet	119
imap	管理服务器邮件协议	143
talk	与另外用户交谈协议	517
kerberos	安全服务协议	750

其中,最重要的协议有:

- http:用于请求Web页面和传送Web页面。
- ftp:用于文件传输。
- smtp:用于电子邮件传输。
- pop:用于接收和处理电子邮件。

这些协议都是非常严格并经过长时间验证的,在新的版本公布之前必须严格遵守。

10.1.6 URL类

URL(Uniform Resource Locator,统一资源定位器)是对Internet资源的一个引用(又称URL地址),它是Internet和WWW的门户。在大多数情况下,资源表示为一个文件,如一个HTML文档、一个图像文件或一个声音片段。因此,可以将URL理解为一个Internet资源的

地址,它的通用格式是:

```
<PROTOCOL>://<HOSTNAME: PORT>/<PATH>/<FILE>
```

这里,PROTOCOL 代表传输协议标识符,常用的传输协议标识主要有 FILE、HTTP、FTP、GOPHER、TELNET、WAIS、NEWS、MAILTO 等。

HOSTNAME 代表文档和服务所在的 Internet 主机名,即 Internet 域名系统(DNS)中的"节点"地址,如 java. sun. com。

PORT 代表服务端口号。各种专用的 Internet 协议都有相应的端口号,也可以给这些协议指定不同的端口号。如果采用标准端口,则端口号可以忽略。

PATH 和 FILE 分别代表路径名和文件名。

如果一个 URL 缺少某一部分,也可以从 URL 的上下文中继承。Java 语言在 java. net 包中对 URL 类的定义为:

```
public final class URL extends Object{
    //构造方法
    public URL(String address) throws MalformedURLException
    public URL(URL context, String file)
        throws MalformedURLException
    public URL(String protocol, String host, String file)
        throws MalformedURLException
    public URL(String protocol, String host, int port, String file)
        throws MalformedURLException
}
```

从这个定义不难看出,URL 类具有各种构造方法来创建各种 URL 对象。

10.2 使用 URL 访问 WWW 资源

URL 是指向互联网资源的路标,给浏览器提供一个 URL 就可以定位到 Internet 上的资源。同样,与 Internet 交互的 Java 程序也可以使用 URL 查找它们要访问的 Internet 资源。

10.2.1 创建一个 URL

在创建 URL 对象时,最简单的方式是可将整个 URL 地址作为一个串值给出,例如,Gamelan 网站的 URL 采用如下的形式。

```
http://www.gamelan.com/
```

创建 URL 对象时,可以分别指明协议(http、ftp 等)、主机名、端口号和文件路径等,也可以指定一个串值或一个串值以及与该值相关的 URL 地址。这两种方式分别是指出绝对和相对 URL 地址。

1. 绝对 URL 地址

在 Java 程序中,可以用一个 string 对象建立一个 URL 对象。

```
URL gamelan = new URL("http://www.gamelan.com/");
```

用这个语句建立的 URL 对象表示一个绝对 URL。一个绝对 URL 包含要到达这个资源的全部信息。

2. 相对URL地址

有时候可以相对于一个URL地址创建一个新的URL对象。一个相对URL只包含相对另一个URL地址的信息。

相对URL的设置可用于HTML文件中的链接。例如,假定要编写一个调用JoesHomePage. html的文件。这个页面包括与其他两个页面PicturesOfMe. html和MyKids. html的链接,并与JoesHomePage. html处于同一台机器的同一个目录中。从JoesHomePage. html到PicturesOfMe. html和MyKids. html的链接,可以被设置成如下的形式:

```
<A HREF = "PictureOfMe.html"> Pictures of Me </A >
<A HREF = "MyKids.html"> Pictures of My Kids </A >
```

这些链接的URL地址就是相对URL。这样的URL被设定为相对于包含它们的文件——JoesHomePage. html的路径。

在Java程序中,也可以根据绝对URL对象和一个相对URL来创建一个URL对象。例如,假定在程序中已经建立了一个URL:

```
http://www.gamelan.com/
```

还知道这个网站中的两个文件名:Gamelan. network. html和Gamelan. animelan. html。

可以简单地设置一个绝对URL:

```
URL gamelan = new ("http://www.gamelan.com/");
```

再使用URL类构造方法,由一个绝对URL和一个相对URL对象创建一个新的URL对象:

```
URL gamelanNetwork = new URL(gamelan, "Gamelan.network.html");
```

这种URL构造方法的一般形式为:

```
URL(URL baseURL, String relativeURL)
```

其中,第一个变元代表指定一个URL基对象;第二个变元是一个字符串,用以设定相对于这个基对象的剩余部分。如果baseURL是null,构造方法把relativeURL当作绝对URL来处理。反之,如果relativeURL是一个绝对URL设置,那么构造方法忽略baseURL。

10.2.2 直接从URL读取内容

在成功地建立一个URL后,就可以调用URL对象的不同方法读取内容。下面给出两个例子,分别调用URL对象的getContent()方法和openStream()方法直接读取内容。

视频讲解

1. 调用getContent()方法直接读取内容

例10.2是用来获得某一URL地址下的内容的代码段。注意到创建一个URL类的实例可以抛出MalformedURLException,因此使用时还必须另外编写代码来捕获和处理这个异常情况。

【例10.2】 获得某一URL地址下的内容的程序片段。

```
    //创建一个URL对象
String urlStr = "http://www.yahoo.com";
URL url = new URL(urlStr);
```

```
    //获取该 URL 地址下的内容
Object content = url.getContent();
String text;
Image img;
if(content instanceof String){
    text = (String) content;
}else if (content instanceof Image) {
    img = (image)content;
}
```

该程序片段嵌入一个方法中是可以执行的，但执行得到的结果分析起来比较麻烦，难以确切地确定获取的内容。

2. 调用 openStream()方法直接读取内容

建立一个 URL 对象后，可以调用它的 openStream()方法，该方法返回一个 java.io.InputStream 对象，因此，可以使用 InputStream 对象的方法从一个 URL 中读取内容。

从一个 URL 读取内容就像从一个输入流读取一样容易。下面的例 10.3 是一个简单的 Java 程序，它使用 openStream()获得 URL 为 http://www.yahoo.com/的一个输入流，然后从这个输入流中读取内容。

【例 10.3】 使用 openStream 读取 URL 的内容。

在下面的程序中 URL 为 http://www.yahoo.com/。获取这个网站的主页的程序代码为：

```
//OpenStreamTest.java 的代码
import java.net. * ;
import java.io. * ;
class OpenStreamTest {
   public static void main(String[] args) {
       try {
           URL yahoo = new URL("http://www.yahoo.com/");
           DataInputStream dis
                              = new DataInputStream(yahoo.openStream());
           String inputLine;
           while ((inputLine = dis.readLine())!= null) {
               System.out.println(inputLine);
           }
           dis.close();
        } catch (MalformedURLException me) {
            System.out.println("MalformedURLException:" + me);
        } catch (IOException ioe) {
            System.out.println("IOException: " + ioe);
        }
    }
}
```

运行这个程序时，如果连接正常，可在命令行窗口中看到位于 http://www.yahoo.com/下的 index.html 文件中的 HTML 标记和文字内容。图 10.4 所示的是连接成功后读取信息的前几行。

如果连接不畅，则可能看到下面的错误消息。

```
IOException:java.net.UnknownHostException:www.yahoo.com
```

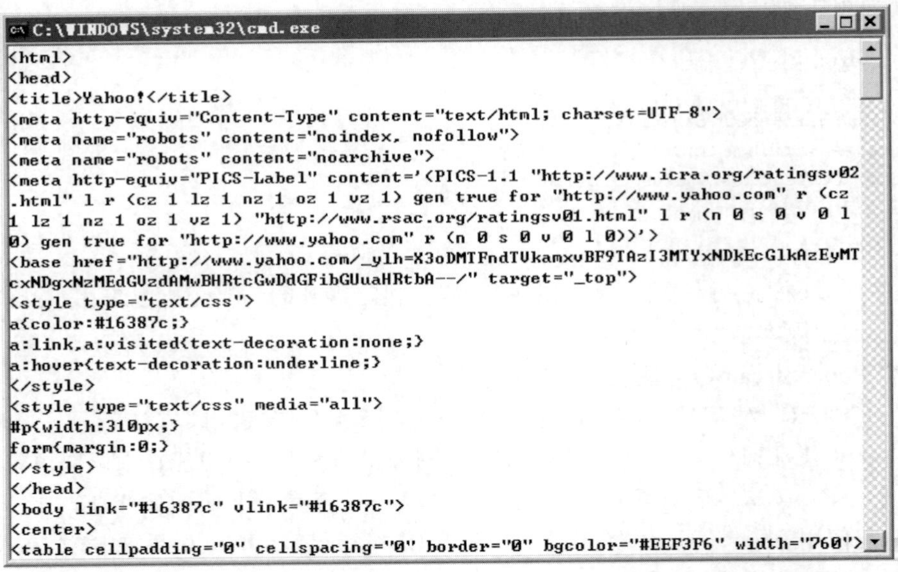

```
C:\WINDOWS\system32\cmd.exe
<html>
<head>
<title>Yahoo!</title>
<meta http-equiv="Content-Type" content="text/html; charset=UTF-8">
<meta name="robots" content="noindex, nofollow">
<meta name="robots" content="noarchive">
<meta http-equiv="PICS-Label" content='(PICS-1.1 "http://www.icra.org/ratingsv02
.html" l r (cz 1 lz 1 nz 1 oz 1 vz 1) gen true for "http://www.yahoo.com" r (cz
1 lz 1 nz 1 oz 1 vz 1) "http://www.rsac.org/ratingsv01.html" l r (n 0 s 0 v 0 l
0) gen true for "http://www.yahoo.com" r (n 0 s 0 v 0 l 0))'>
<base href="http://www.yahoo.com/_ylh=X3oDMTFndTVkamxvBF9TAzI3MTYxNDkEcGlkAzEyMT
cxNDgxNzMEdGVzdAMwBHRtcGwDdGFibGUuaHRtbA--/" target="_top">
<style type="text/css">
a{color:#16387c;}
a:link,a:visited{text-decoration:none;}
a:hover{text-decoration:underline;}
</style>
<style type="text/css" media="all">
#p{width:310px;}
form{margin:0;}
</style>
</head>
<body link="#16387c" vlink="#16387c">
<center>
<table cellpadding="0" cellspacing="0" border="0" bgcolor="#EEF3F6" width="760">
```

图 10.4　读取 www.yahoo.com 网站获得的信息

上面的信息指出,用户必须设置代理主机,使得这个程序可以查找 www.yahoo.com 服务器。

10.2.3　建立一个 URL 连接并从中读取内容

在成功地创建了一个 URL 之后,还可以调用这个 URL 对象的 openConnection()方法与它建立连接。当连接一个 URL 时,就是在初始化 Java 程序与这个 URL 之间的网络通信连接。例如,用户可以通过下面的代码建立与 Yahoo 网站的连接。

```
try {
   URL yahoo = new URL("http://www.yahoo.com/");
   yahoo.openConnection();
} catch(MalformedURLException e) {                    //创建一个 URL 对象失败
   ……
} catch(IEOxception e) {                              //打开一个连接失败
   ……
}
```

如果事先不存在一个合适的连接,openConnection 方法就会创建一个新的连接,对它初始化,连接这个 URL,并返回一个 URLConnection 对象。如果发生某些错误,如 Yahoo 服务器关闭,那么 openConnection()方法就会抛出一个 IOException。

成功地建立连接之后,就可以使用这个 URLConnection 对象执行某些任务,如从连接读取或者向连接写入某些内容等。由于向一个连接写数据要涉及服务器端的接收数据的技术,这已超出本章的范围。下面仅给出从一个 URL 连接读取数据的实例。

例 10.4 中的程序执行与例 10.3 中的程序有相同的功能。然而,这个程序不是从 URL 直接打开一个输入流,而是显式地开通与 URL 的一个连接,再获得这个连接的一个输入流,并从这个输入流读取。

【例 10.4】 通过 URLConnection 读取 http://www.yahoo.com/的页面。

```
//ConnectionTest.java 的代码
import java.net.*;
import java.io.*;
class ConnectionTest {
    public static void main(String[] args) {
        try {
            URL yahoo = new URL("http://www.yahoo.com/");
            URLConnection yahooConnection = yahoo.openConnection();
            DataInputStream dis = new DataInputStream
                (yahooConnection.getInputStream());
            String inputLine;
            while ((inputLine = dis.readLine()) != null) {
                System.out.println(inputLine);
            }
            dis.close();
        } catch (MalformedURLException me) {
            System.out.println("MalformedURLException: " + me);
        } catch (IOException ioe) {
            System.out.println("IOException: " + ioe);
        }
    }
}
```

这个程序的输出，与前面直接从这个 URL 打开输入流的程序的输出完全相同。用户可以使用任何一种方式从一个 URL 读取。然而，从 URLConnection 读取这种方式可能更有用，因为编程者可以同时使用 URLConnection 对象完成其他的任务(如向 URL 写数据)。图 10.5 所示的是通过 URLConnection 读取的几行信息。

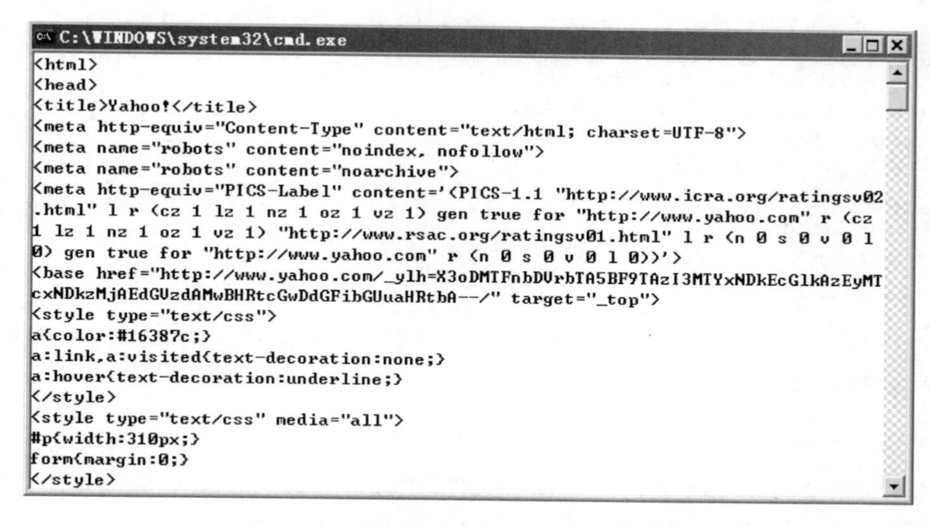

图 10.5 通过 URLConnection 读取的信息

从这个程序的输出中可能会再一次看到下面的错误消息。

```
IOException:java.net.UnknownHostException: www.yahoo.com
```

这是需要设置代理主机，才能使程序找到 www.yahoo.com 服务器。

10.3 基于Socket的客户和服务器编程

服务器是指运行于计算机上,为其他被称作客户的进程提供服务的进程。服务器与客户进程既可以运行在同一台计算机上,也可以各自运行在位于同一网络中的不同的计算机上。下面讨论如何通过Socket机制来实现客户和服务器编程。

10.3.1 创建客户程序

在Java中创建客户程序是基于java.net包中的两个类:java.net.URL和java.net.Socket。10.2节已经讨论了URL类,下面再详细讨论Socket类。

1. Socket类

Socket类用于网络上进程间的通信,可以用于实现客户Socket。通过调用Socket类的构造方法,就可以在特定的端口号创建一个与指定主机之间的连接,同时还可以指明通信将基于的面向连接的基于流的协议,如TCP/IP;或者是非面向连接的协议,如UDP(用户数据协议)。

Socket类的定义为:

```
public final class Socket extends Object{
    public Socket(String host, int port)
        throws UnknownHostException, IOExceotion;
    public Socket(String host, int port, boolean stream) throws
        IOException;
    public Socket(InetAddress, int port) throws IOException;
    public Socket(InetAddress address, int port, boolean stream) throws
        IOException;
    public void close() throws IOException;
    public InetAddress getInetAddress();
    public InetAddress getLocalAddress();
    public InputStream getInputStream();
    public OutputStream getOutputStream();
    public int getport();
    public int getLocalPort();
    public String toString();
}
```

Socket类提供了客户端的Socket接口,一个客户程序可以通过如下的Socket对象来建立一个到远程服务器的连接:

```
Socket <connection> = new Socket <Hostname, Portnumber>
```

通过Socket类可以使用在第7章(流和文件)中讨论过的任何输入/输出方法。例如,构造一个新的Socket实例后,可使用实例方法getInputStream()获得一个InputStream,以便从某个主机接收信息;使用实例方法getOutputStream()获得一个OutputStream类的实例发送信息到某个主机。

通过Socket类也可用getInetAddress()方法和getLocalAddress()方法返回一个InetAddress类,即所连接到的主机的IP地址。调用这两个方法可能引起对DNS服务器的访问,因而要花费一定的时间。同样,调用InetAddress类的getHostName()方法也需要访问

DNS 服务器来解析一个 IP 地址，这样的一些方法都会延长一个程序的执行时间。

通过 Socket 类还可用 getPort()方法返回所连接到的主机的端口号，getLocalPort()方法返回正在使用的本地端口号。

下面就给出围绕 Socket 所进行的客户程序设计实例。

2. 客户程序设计

【例 10.5】 查询服务器所在主机和客户机的 IP 号以及端口号的实例。

创建一个独立应用程序，通过端口 80 连接到 Web 服务器，该程序显示服务器所在主机和客户机的 IP 号以及端口号。该程序以主机名为参数，在显示连接信息之后断开连接。

为了建立连接，首先必须建立一个恰当的 Socket 对象，再使用该对象和 InetAddress 类的相应方法显示所需要的信息。这个程序类仅包含一个 main()方法。

```
import java.net. * ;
import java.io. * ;
public class WebConnect{
    public static void main(String args[ ]){
        try{
            Socket connection = new Socket(args[0], 80);
            System.out.println("Connection established:");
            System.out.println("Local Connection Information:");
            System.out.println("\t address:"
                                  + connection.getLocalAddress());
            System.out.println("\t port:" + connection.getLocalPort());
            System.out.println("Remote Connection Information:");
            System.out.println("\t address:"
                                  + connection.getInetAddress());
            System.out.println("\t port:" + connection.getPort());
            connection.close();
        } catch(UnknownHostException uhe) {
            System.err.println("Unknown host: " + args[0]);
        } catch(IOException ioe) {
            System.err.println("IOException: " + ioe);
        }
    }
}
```

可以用这个程序在端口 80 建立一个到 Yahoo(www.yahoo.com)的连接，其连接信息如图 10.6 所示。

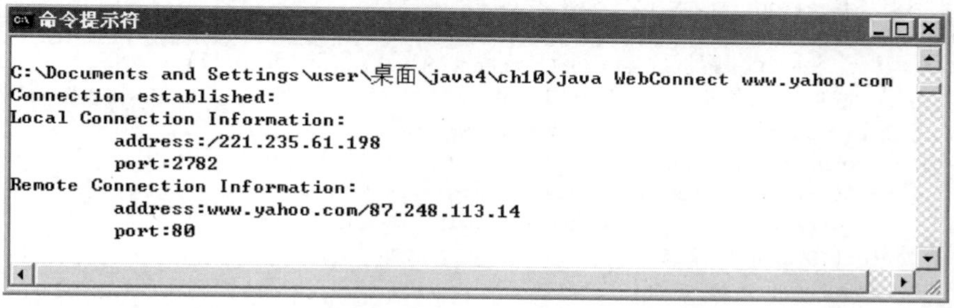

```
命令提示符
C:\Documents and Settings\user\桌面\java4\ch10>java WebConnect www.yahoo.com
Connection established:
Local Connection Information:
        address:/221.235.61.198
        port:2782
Remote Connection Information:
        address:www.yahoo.com/87.248.113.14
        port:80
```

图 10.6 使用拨号连接到 www.yahoo.com

执行上述程序后可以看到,运行这个程序的主机的IP地址为221.235.61.198,这是一个通过宽带拨号上网的连接。通过一般的拨号上网的连接,显示的结果也是类似的。成功地访问www.yahoo.com网站,该网站的IP地址为87.248.113.14。这台远程计算机所使用的端口号为80,而本地计算机使用的是一个“随机”的端口号2782。所以,当不同的用户执行这个程序时,端口号可能不一定相同。

下面是通过网络直接连接,其执行结果如图10.7所示。

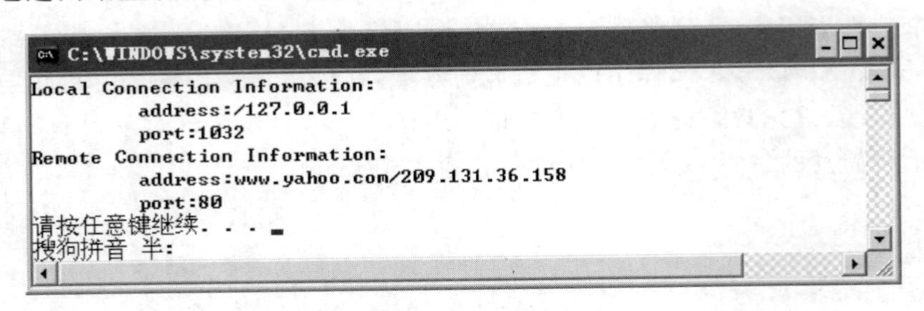

图10.7 直接使用网络连接到www.yahoo.com

这个程序看上去很简单,其中复杂连接的工作是由Socket自动完成的。客户程序只是简单地从服务器那里接收信息。

【例10.6】 从服务器获得日期和具体时间。

创建一个程序连接到Internet系统的daytime服务器,并打印从服务器收到的日期和具体时间。

首先,要在Internet上找到一个正在运行daytime服务器的系统。也可以用Telnet方式连接到一个daytime服务器,它所使用的IP地址在本例中也完全适用。

建立一个连接后,使用Socket类的getInputStream()方法创建一个输入流,从服务器接收信息。daytime服务器发送的是无格式文本,所以需要使用字符输入流,而getInputStream返回的是字节级的InputStream,因而必须使用InputStreamReader将InputStream转换成字符流。然后,使用BufferedReader类的readLine()方法每次读取一行文本。其代码为:

```
import java.io.*;
import java.net.*;
public class GetDayTime{
    public static void main(String args[]){
        String host = args[0];
        try{
            Socket connection = new Socket(host, 13);
            System.out.println("Connection established:");
            BufferedReader in = new BufferedReader(
                new InputStreamReader(connection.getInputStream()));
            String daytime = in.readLine();
            System.out.println("DayTime received: " + daytime);
            connection.close();
        }catch(UnknownHostException uhe) {
            System.err.println("Host not found: " + uhe);
        }catch(IOException ioe) {
            System.err.println("Error: " + ioe);
        }
    }
}
```

我们可以使用这个类获得 Internet 上的各种不同的系统时间，只要这些系统有一个 daytime 服务器在监听端口 13 即可。图 10.8 显示了两个不同系统的时间，这两个时间的表示格式上有些差异。

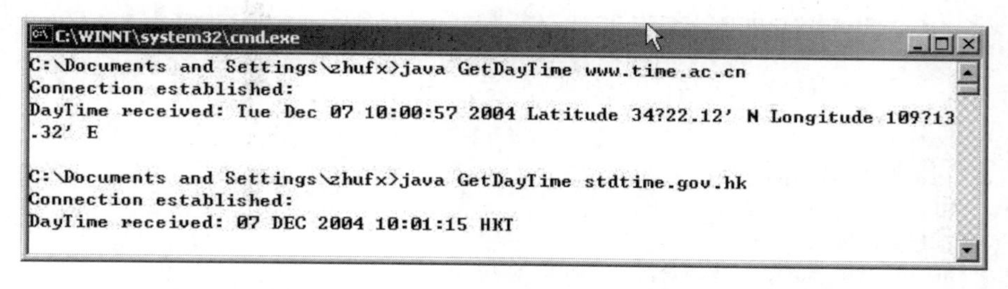

图 10.8　使用 GetDayTime 从两个 daytime 服务器获得的时间

【例 10.7】 客户程序与 echo 服务器交互的实例。

视频讲解

创建一个客户程序通过端口 7 连接到某个系统的 echo 服务器。这个程序要实现 echo 协议，这个实现非常容易：建立连接后，一个 echo 服务器等待到来的数据，然后通过这个连接将接收到的数据返回到客户程序。

因为 echo 服务器监听的是端口 7，所以客户必须通过这个端口建立连接。连接服务器的程序代码与例 10.6 类似，但我们需要建立适当的输入和输出流，输入流传送信息到 echo 服务器，输出流从 echo 服务器接收信息。echo 协议非常简单：每发送一行，就立即反弹回来。这意味着客户程序实现时，每发送一行后，就紧接着读一行，直到用户关闭连接。

这里使用了 readString()方法接收用户的输入，然后发送输入串到 echo 服务器，再等待 echo 服务器的回答。一旦收到回答，再继续处理，直到 echo 服务器返回“. QUIT”。其代码为：

```
import java.net. * ;
import java.io. * ;
public class EchoClient{
    public static void main(String args[ ]){
        try{
            Socket connection = new Socket(args[0], 7);
            System.out.println("Connection established:");
            DataInputStream in = new DataInputStream(
                connection.getInputStream());
            DataOutputStream out = new DataOutputStream(
                connection.getOutputStream());
            String line = new String("");
            while (!line.toUpperCase().equals(".QUIT")){
                System.out.print("Enter string: ");
                line = readString();
                System.out.println("\tSending string to server … ");
                out.writeUTF(line);
                System.out.println("\tWaiting for server response … ");
                line = in.readUTF();
                System.out.println("Received: " + line);
            }
```

```
                in.close();
                out.close();
                connection.close();
            } catch(UnknownHostException uhe) {
                System.err.println("Unknown host: " + args[0]);
            } catch(IOException ioe) {
                System.err.println("IOException: " + ioe);
            }
        }
        public static String readString(){
            String string = new String();
            BufferedReader in
                  = new BufferedReader(new InputStreamReader(System.in));
            try{
                string = in.readLine();
            }catch(IOException e) {
                System.out.println("Console.readString: Unknown error…");
                System.exit( - 1);
            }
            return string;
        }
    }
```

图 10.9 显示了 EchoClient 执行时通过 Internet 与 echo 服务器通信的情况。

注意,到这里我们并没有指定使用哪一种输入流和输出流,只要它们之间相互兼容即可。echo 服务器可以返回基于字节或字符的信息。

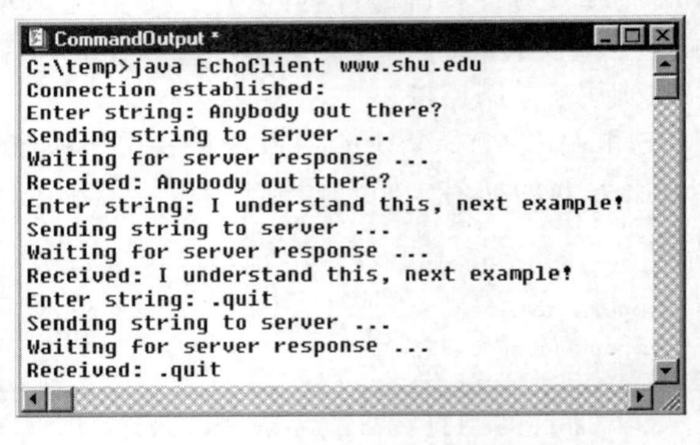

图 10.9　EchoClient 类的执行结果

需要指出的是,本小节所列举的用 Socket 与某些典型的服务器(如 DayTime 和 Echo 服务器)进行连接的例子不一定能够连接成功,因为某些 Web 服务器为了防止被攻击或其他缘故,关闭这些服务器或阻止与这些服务器进行连接,这时看到的信息是拒绝连接或连接超时。

3. 简单的浏览器开发

前面我们已看到创建一个客户程序还是非常容易的,下面将实现一个更为复杂但更熟悉的实例。

【例 10.8】 简单的浏览器开发实例。

创建一个 Webviewer 程序,它通过端口 80 连接到一个 Web 服务器获取某个 Web 页面的信息。如果用户可以在一个文本域(TextField)内输入 URL 地址,则 Web 页面的内容就显现在一个文本区(TextAera)中。该程序应该能够正确地解释大部分 HTML 标记(就像 IE 那样),完成如下功能。

(1) 显示包含在 Web 页面中的所有超链接。

(2) 翻译某些基本的 HTML 格式标记,如<P>和
使得能够读取该页面的内容。

(3) 隐藏(屏蔽)没有翻译的 HTML 标记及内容,要注意到 Web 服务器是将 Web 页面的内容作为字符数据传递的。

要实现这个例子，面临着如下几个问题。

(1) 如何连接到一个 Web 服务器？

(2) 按照 HTTP 协议，什么命令能够使 Web 服务器释放一个 Web 页面？

(3) 什么是 HTML 最基本标记格式？

(4) 怎样翻译一部分最基本的 HTML 标记而忽略其余部分？

第(1)个问题非常简单，像例 10.8 一样与 Web 站点建立连接，然后建立输入输出流。

第(2)个问题也很简单，可以使用 inputStreamReader 类或 OutputStreamWriter 类的方法来获取内容。

对于第(3)个问题，在这里不打算详细解释 HTML 格式标记。只是给出一个简单例子来解释它的基本知识。

Web 页面以纯文本文件的形式存储，它包含文本和各种标记，经过 Web 客户程序翻译后可以引起某些相关的活动。HTML 标记总是包含在尖括号＜和＞内。这些特殊标记并不显示，每个标记由一个字符或多个字符组成特定的名称，并可以包含多个选择参数。参数可以是独立的，也可以 PARAM＝"VALUE"的形式出现。通常，格式标记以某个名字开始，并以同样的名字加/结束。下面就是一个 HTML 文档，其中粗体为格式标记。

```
< HTML >
< HEAD >
< TITLE > This is a Title </TITLE >
</HEAD >
< BODY >
< H1 > This is a Headline </H1 >
This is a line of plain text, including some < B > bold </B > and some < I > italics </I >. The line
breaks must be specifically indicated by tags. The
< P >
paragraph tag implies a new paragraph, adding some extra space between them. The line - break tag
< BR >
breaks a line at that spot, but does not add extra spacing. There are also < A HREF = "http://www.
shu.edu/index.html"> hyperlinks </A > that make text clickable and specify which site to go to.
Hyperlinks can get optional parameters such as < A HREF = "/index.html" TARGET = "new"> the "new
page target" option </A > which will cause the specified page to appear in a new browser window.
< P >
There are different tags for bulleted and numbered lists:
< UL >
    < LI > item 1 of bulleted list
    < LI > item 2 of bulleted list
</UL >
and
< OL >
    < LI > item 1 of numbered list (automatically numbered)
    < LI > item 2 of numbered list (automatically numbered)
</OL >
The end of an HTML document is noted using special ending tags.
</BODY >
</HTML >
```

这个例子只包含了一些基本的格式标记，主要是用于说明下面的程序。使用 Netscape Composer 或 Microsoft FrontPage，我们可以编写一个包含这些标记的 HTML 文档。

下面讨论前面谈到的第(4)个问题，即翻译 HTML 标记的问题。这里使用一个 HTML

类作为基类,并将它扩展为HTMLTag类和HTMLText类来分别保存格式标记和文本,其中HTMLTag类还要负责翻译这些标记。假定我们已经创建了这些类,那么装载和翻译Web页面内容的主要工作由WebPage类完成,其结构如下。

```
public class WebPage{
    private LinkedList tokens = new LinkedList();
    public WebPage(String host, int port, String file)
    public String getContent()
    private void tokenizer(String content)
    private String loader(String host, int port, String file)
}
```

其中,链表tokens为包含一个按在Web页面中出现的次序排列的标记的表。

WebPage类的构造方法用适当的输入参数调用私有方法loader(),并且通过tokenizer()方法传递它的输出。

```
public WebPage(String host, int port, String file) {
    tokenizer(loader(host, port, file));
}
```

在loader()方法中,将连接到Web服务器并将Web页面作为一个包含格式标记和文本的字符串来进行检索。它使用inputStreamReader类和OutputStreamWriter类作为我们所需要的字符级流与由getOutputStream和getInputStream返回的字节级输入输出流之间的桥梁。

```
private String loader(String host, int port, String file) {
String content = new String(""), line = new String("");
    try{
        Socket client = new Socket(host, port);
        PrintWriter out = new PrintWriter(
            new OutputStreamWriter(client.getOutputStream()));
        BufferedReader in = new BufferedReader(
            new InputStreamReader(client.getInputStream()));
        out.println("GET " + file + " HTTP/1.0");
        out.println("");
        out.flush();
        while ((line = in.readLine()) != null)
            content += line;
        in.close(); out.close(); client.close();
    } catch(UnknownHostException uhe) {
        content = "<HTML>No content: host " + host + " unknown</HTML>";
    } catch(IOException ioe) {
        content = "<HTML>No content: host " + host + " refused</HTML>";
    }
    return content;
}
```

这里在使用字符输出流时经常要使用flush()方法来清空这个流,使得流中的内容能够传送到服务器。在上面程序中的tokenizer是一个非常精巧的方法。它将Loader方法从Web服务器获得的原始字符串作为输入,并将其分解成为HTMLTag和HTMLText对象,所使用的算法非常简单。

(1) 整个原始串按照"<"符号分解成为token,此举保证了每个token都开始于HTML标记,但token中也可能包含标准文本。

(2) 将第(1)步得到的每个 taken 按照">"符号分解。这将得到两个部分,第 1 部分为 HTML 标记和某些选项,第 2 部分为无格式标记的文本,也可能为空。

第(2)步中,我们也可以创建合适的 HTMLTag 和 HTMLText 对象,并将它们插入 tokens 表中。

```
private void tokenizer(String content) {
    StringTokenizer tags = new StringTokenizer(content, "<");
    while (tags.hasMoreTokens()){
        StringTokenizer split
            = new StringTokenizer(tags.nextToken(),">");
        if (split.hasMoreTokens())
            tokens.addLast(new HTMLTag(split.nextToken()));
        if (split.hasMoreTokens())
            tokens.addLast(new HTMLText(split.nextToken()));
    }
}
```

最后,getContent()方法将对 tokens 表中的元素进行迭代,获得它们的串表示。任何要进行格式化的工作将由 HTML 类通过它的 toString()方法来完成。

```
public String getContent(){
    String content = new String("");
    for (Iterator iterator = tokens.iterator(); iterator.hasNext();)
        content += iterator.next().toString();
    return content;
}
```

为了处理两种类型的 HTML 对象,我们要创建如下几个类。

- HTML 类:作为包含在 Web 页面内的两种不同类型信息的基类。
- HTMLText 类:扩展 HTML 类并存储 Web 页面的文本块。
- HTMLTag 类:扩展 HTML 类并存储格式标记,还包含怎样解释某些标记并且忽略另一些标记的方法。

下面是这三个类的代码。

```
public class HTML{
    protected String token;
    public String toString()
    {  return token; }
}

public class HTMLText extends HTML{
    public HTMLText(String _token)
    {  token = _token.trim(); }
}

public class HTMLTag extends HTML{
    public HTMLTag(String _token)
    {  token = _token.trim(); }
    public String toString(){
        String tag = token.toUpperCase();
        if ((tag.startsWith("P")) || (tag.startsWith("DIV")) ||
            (tag.startsWith("H")) || (tag.startsWith("UL")) ||
```

```
                (tag.startsWith("DL")) || (tag.startsWith("/UL")) ||
                (tag.startsWith("/DL")) || (tag.startsWith("BR")))
                return "\n";
            else if (token.startsWith("LI"))
                return "\n    * ";
            else if (tag.startsWith("A "))
                return " [" + token + "] ";
            else
                return "";
        }
    }
```

HTMLTag 类完成了对某些标准 HTML 标记的解释工作，其中主要是增加了一些换行符，使文本具有可读性。它也可以在方括号内显示超链接信息，对于其他没有进行处理的标记，则在最后的 else 语句中忽略。

最后一个类包含若干 GUI 构件，其中 View Page 按钮用于按用户给出的完整的 URL 地址装入指定的 Web 页面。

```
import java.awt.*;
import java.awt.event.*;
import java.net.*;
public class WebViewer extends Frame implements ActionListener{
    private TextField address = new TextField();
    private TextArea display = new TextArea();
    private Button go = new Button("View Page");
    private class WindowCloser extends WindowAdapter{
        public void windowClosing(WindowEvent we)
        { System.exit(0); }
    }
    public WebViewer(){
        super("Web Viewer Lite");
        Panel north = new Panel();
        north.setLayout(new BorderLayout());
        north.add("West", new Label("URL:"));
        north.add("Center", address);
        north.add("East", go); go.addActionListener(this);
        Panel center = new Panel();
        setLayout(new BorderLayout());
        add("North", north);
        add("Center", display);
        addWindowListener(new WindowCloser());
        validate(); pack(); setVisible(true);
    }
    public void actionPerformed(ActionEvent ae) {
        if (ae.getSource() == go)
            showURL(address.getText());
    }
    public void showURL(String address) {
        try{
            setCursor(new Cursor(Cursor.WAIT_CURSOR));
            URL url = new URL(address);
            String host = url.getHost();
            int port = url.getPort();
            if (port <= 0)
```

```
                port = 80;
            WebPage page = new WebPage(host, port, url.getFile());
            display.setText(page.getContent());
        } catch(MalformedURLException murle) {
            display.setText("Invalid URL: " + address);
        } finally{
            setCursor(new Cursor(Cursor.DEFAULT_CURSOR));
        }
    }
    public static void main(String args[ ])
    {   WebViewer viewer = new WebViewer(); }
}
```

当以上所有的类编译并执行主类 WebViewer 后，根据所访问的主页将产生类似于图 10.10 的结果。

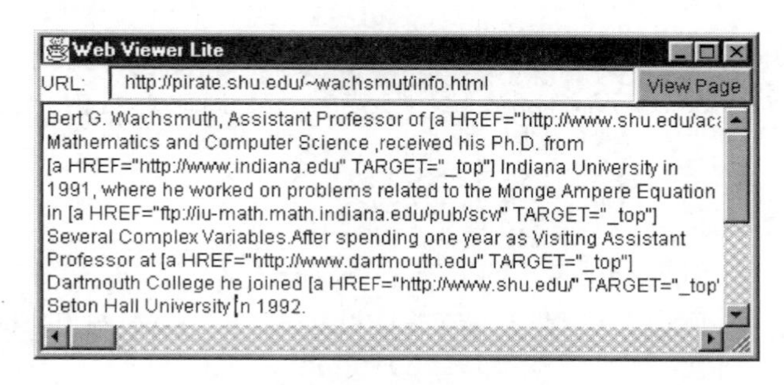

图 10.10　WebViewer 客户程序显示的纯文本 Web 页面

这个例子再深入讨论下去，用户就可以自己开发较为复杂的浏览器了。

10.3.2　编写服务器应用程序

在 Internet 上有很多主机运行着多个服务软件，同时提供多种服务。每种服务打开一个 Socket，并绑定到一个特定的端口上，不同的端口对应不同的服务。提供这些服务的服务软件称为服务器(Server)，使用这些服务的程序称为客户(Client)。10.3.1 小节我们讨论过的 Socket 类能够提供客户端的接口。一个客户程序可以通过如下 Socket 的实例建立一个到远程服务器的连接。

```
Socket connection = new Socket(Hostname, Portnumber)
```

下面要讨论的 ServerSocket 则提供服务端的 Socket 接口。

建立一个 Server 连接并把这个连接绑定在一个特定的端口上，可用如下 ServerSocket 的实例。

```
ServerSocket connection = new ServerSocket(Portnumber)
```

ServerSocket 通过 TCP 端口听取来自客户端的连接。当客户端连接这个端口后，服务器使用 accept()方法接收这个连接。图 10.2 已描述了 Socket 与 ServerSocket 的连接模型。下面的图 10.11 进一步详细描述了用来编写客户和服务器应用程序建立连接、进行通信和拆除连接的过程。

图 10.11 中 Server 端的 ServerSocket 对象通过某个端口，监听等待连接的 Client。当

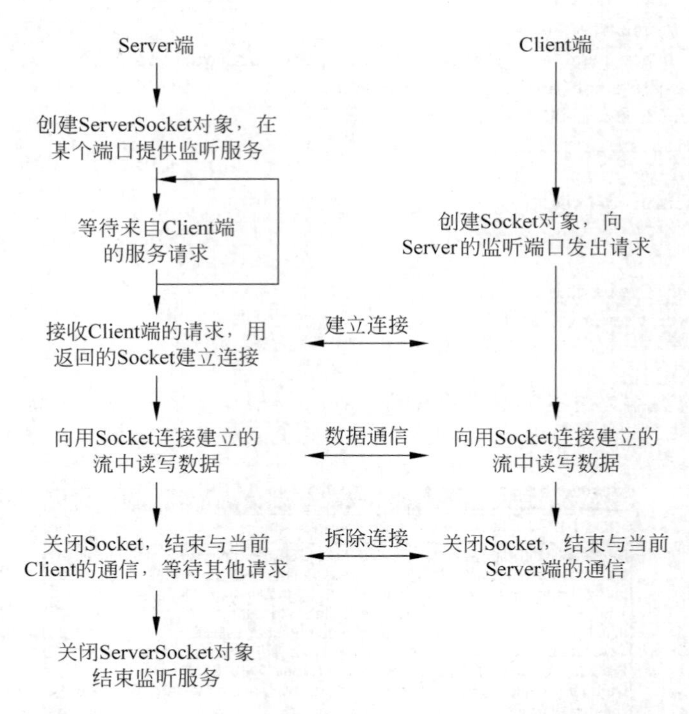

图 10.11　建立 Socket 与 ServerSocket 连接过程

Client 端向该 Server 的这个端口提出请求时，Server 端和 Client 端就建立一个连接，并建立在这一条连接上的数据通道；当通信结束时，这个连接通道将同时拆除。下面我们讨论如何创建 ServerSocket 对象。

1. ServerSocket 类

ServerSocket 的定义和方法声明为：

```
public final class ServerSocket extends Object{
    public ServerSocket(int port) throws IOException;
    public ServerSocket(int port, int backlogQueueSize) throws
                        IOException;
    public Socket accept() throws IOException;
    public void close() throws IOException;
    public InetAddress getInetAddress();
    public int getLocalport();
    public String toString();
}
```

从 ServerSocket 的定义可以看出，将服务器所监听的端口号传递给 ServerSocket 的构造方法，就可以创建一个 ServerSocket 对象，并把这个连接绑定在这个特定的端口。例如：

```
ServerSocket myListener = new ServerSocket(8000);
```

这里指定提供监听的服务端口号是 8000，当创建一个 ServerSocket 对象后，就可以调用实例方法 accept()接受到来的连接请求，其格式是：

```
Socket LinkSocket = myListener.accept();
```

accept()方法的执行使 Server 端的程序处于等待状态，程序将一直阻塞，直到捕获一个来自 Client 端的请求，并返回一个 Socket 类的实例来处理与客户端的通信。

当需要结束监听时，可用如下语句关闭这个 ServerSocket 实例：

```
myListener.close();
```

ServerSocket 还可以用实例方法 getNetAddress()获得建立连接的客户端的地址。

2. 同时服务于多个客户的服务器

为了使客户/服务器程序设计更为有效，我们需要创建可以同时处理多个客户的服务器，这里首先给出了简单的例子，然后再考虑它们的实际应用问题。

【例 10.9】 编写自己的 echo 服务器程序。

视频讲解

创建一个自己的 echo 服务器来检验我们创建的 echo 客户程序。echo 协议要求服务器等待到来的连接，然后将接收到的每行文本又发回给客户程序，直到连接终止。这里的 echo 服务不能使用标准端口，因为现在是模拟 echo 服务器，标准端口也许正被真正的 echo 服务所使用。我们在客户和服务端都使用较高的端口号，如 2000 以上。另外要保证在客户程序完成之前，服务器不能停止工作。而且要保证它同时服务于多个客户程序。下面将分几步解决这个问题。

第一阶段使用了 DataOutputSteam 类，返回收到的任何串。其代码为：

```
import java.io.*;
import java.net.*;
public class EchoServer{
    public static void main(String args[]){
        try{
            ServerSocket server
                = new ServerSocket(Integer.parseInt(args[0]));
            System.out.println("Server started on "
                + server.getLocalPort());
            Socket connection = server.accept();
            System.out.println("Connection established.");
            DataInputStream  in
                = new DataInputStream(connection.getInputStream());
            DataOutputStream out
                = new DataOutputStream(connection.getOutputStream());
            String line = new String("");
            while (!line.equalsIgnoreCase(".QUIT")){
                line = in.readUTF();
                System.out.println("Echoing: " + line);
                out.writeUTF(line);
            }
            in.close(); out.close(); connection.close();
                server.close();
        } catch(IOException ioe) {
            System.err.println("Error: " + ioe);
        }
    }
}
```

这个例子可用前面的 echo 客户程序进行测试，只不过要将服务器端口号由 7 改为现在所使用的端口。

第二阶段要修改 EchoServer，使得它在某个客户程序退出之后，仍是在照常服务，等待其他客户的连接。因为调用accept()方法一次,仅可以处理与一个用户的连接,为了改变这个状况,可在一个循环语句中调用accept()方法,其改变部分用粗体显示。

```
public class EchoServer{
    private static boolean running = true;
    public static void main(String args[ ]){
        try{
            ServerSocket server
                = new ServerSocket(Integer.parseInt(args[0]));
            System.out.println("Server started on "
                + server.getLocalPort());
            while (running) {
                Socket connection = server.accept();
                System.out.println("Connection established.");
                DataInputStream  in
                    = new DataInputStream(connection.getInputStream());
                DataOutputStream out
                    = new DataOutputStream(connection.getOutputStream());
                String line = new String("");
                while (!line.equalsIgnoreCase(".QUIT")){
                    line = in.readUTF();
                    System.out.println("Echoing: " + line);
                    out.writeUTF(line);
                }
                in.close(); out.close(); connection.close();
                System.out.println("Connection closed.");
            }
        } catch(IOException ioe) {
            System.err.println("Error: " + ioe);
        }
    }
}
```

但这个程序还有如下两个问题。

(1) 程序不能终止。

(2) 虽然客户程序能够正确地连接到服务器,但却不能正常地断开连接。用户只能按Ctrl+C组合键结束程序,于是服务器抛出一个IOExecption后退出。这个问题对于任何Internet服务器都应很好地进行处理,因为客户端连接可能由于各种原因随时中断。

为解决这些问题,再对以上程序作如下修改。

(1) 首先修改服务器和客户端之间的协议,增加相互理解的信息。当客户程序发送串".SHUTDOWN"时,服务器终止与客户程序的连接并关闭。

(2) 增加另一个try-catch块到while循环语句中,保证在与某个客户通信出现错误时,服务器不会关闭。修改的部分在如下程序中还是用粗体表示。

```
public class EchoServer{
    private static boolean running = true;
    public static void main(String args[ ]){
        try{
            ServerSocket server
                = new ServerSocket(Integer.parseInt(args[0]));
            System.out.println("Server started on "
                + server.getLocalPort());
```

```
            while (running) {
                Socket connection = server.accept();
                System.out.println("Connection established.");
                DataInputStream  in
                    = new DataInputStream(connection.getInputStream());
                DataOutputStream out = new
                    DataOutputStream(connection.getOutputStream());
                String line = new String("");
                try{
                    while (!line.equalsIgnoreCase(".QUIT")){
                        line = in.readUTF();
                        System.out.println("Echoing: " + line);
                        if (line.toUpperCase().equals(".SHUTDOWN")){
                            running = false;
                            line = ".QUIT";
                        }
                        out.writeUTF(line);
                    }
                    in.close(); out.close(); connection.close();
                    System.out.println("Connection closed.");
                } catch(IOException ioe) {
                  System.out.println("Connection closed unexpectedly.");
                }
            }
            System.out.println("Server closed");
        } catch(IOException ioe) {
            System.err.println("Error: " + ioe);
        }
    }
}
```

现在这个程序比较可靠并可以处理多个客户程序，但在某一时刻，还是只能一次服务于一个客户。如果第二个客户试图进行连接，而第一个客户仍未退出，则必须等待，直到第一个客户结束连接，如果第一个客户产生出错信息或异常则第二个全然无知。在这个程序的下一个版本中我们将克服这种局限性，在独立的线程中处理客户请求，其措施如下。

（1）创建一个扩展 Thered 的 EchoServerThread 类，把实际处理连接的代码移到线程的 run()方法中。

（2）修改 EchoServer，让它每完成一个连接就启动一个新的线程。

下面就是这个新的类 EchoServerThread 的代码。

```
public class EchoServerThread extends Thread{
    private Socket connection;
    public EchoServerThread(Socket _connection) {
        connection = _connection;
        start();
    }
    public void run(){
        try{
            DataInputStream  in
                = new DataInputStream(connection.getInputStream());
            DataOutputStream out
                = new DataOutputStream(connection.getOutputStream());
            String line = new String("");
```

```
            while (!line.equalsIgnoreCase(".QUIT")){
                line = in.readUTF();
                System.out.println("Echoing: " + line);
                out.writeUTF(line);
            }
            in.close(); out.close(); connection.close();
            System.out.println("Connection closed.");
        } catch(IOException ioe) {
            System.out.println("Connection closed unexpectedly.");
        }
    }
}
```

于是,原来的 EchoServer 类不再需要负责连接上的事务处理。不管在什么时候建立一个连接后,它只需要简单创建一个 EchoServerThread 对象,把当前连接交给这个启动了的线程处理,这样就可以处理下一个连接。

```
public class EchoServer{
    private static boolean running = true;
    public static void main(String args[]){
        try{
            ServerSocket server
                = new ServerSocket(Integer.parseInt(args[0]));
            System.out.println("Server started on "
                + server.getLocalPort());
            while (running) {
                Socket connection = server.accept();
                System.out.println("New connection moved to thread.");
                EchoServerThread handler
                    = new EchoServerThread(connection);
            }
        } catch(IOException ioe) {
            System.err.println("Error: " + ioe);
        }
    }
}
```

至此,已达到了我们的目标,这两个相对简单的类构成了一个稳定的、能够同时处理多个客户的 Internet 服务器。

例 10.9 的客户/服务系统可以作为其他需要同时处理多个客户的服务程序的模板。

归纳一下,创建多客户服务器可遵循这样一个准则:创建两个类,第一个类等待连接,并且一旦建立一个连接就把这个活跃的连接传给第二个类。第二个类扩展 Thread,专门负责与某个客户进行通信。整个过程的具体步骤如下。

(1) 第一个类在一个特定的端口创建一个新的 ServerSocket 对象,它的 accept()方法应该嵌入一个无限循环中。如果建立起一个连接,则这个类将 accept()方法返回的 Socket 传递到扩展 Thread 的类(第二个类)的一个新的对象中。

(2) 第二个类即线程类,在例化过程中使用 Socket 作为输入参数,并在与客户之间的连接上建立输入和输出流,然后在 run()内部按照一定的内部协议用输入/输出流处理所有的通信。

10.4 基于 Datagram 的客户和服务器编程

Java 对数据包通信方式的支持与它对 TCP 套接字的支持大致相同，但存在一个明显的区别。对数据包方式来说，客户和服务器程序都可以放置一个 DatagramSocket（数据包套接字），与 ServerSocket 不同的是，它不会被动地等待建立一个连接的请求，这是由于不再存在“连接”，取而代之的是一个数据包的传送。

另一个本质的区别是对 TCP 套接字来说，一旦建好连接，便不再需要关心谁向谁“说话”——只需通过会话回传送数据即可。但对数据包来说，它的数据包必须知道自己来自何处，以及打算去哪里。这意味着每个数据包必须包含这些信息，否则信息就不能正常地传送。

10.4.1 数据包和套接字

使用数据包总是首先将数据打包，Java.net 包中的 DatagramPacket 类用来创建数据包。数据包分为两种：一种用来传递数据包，该数据包有要传递到的目的地址；另一种用来接受传递过来的数据包中的数据。

创建发送数据包的构造方法为：

```
public DatagramPacket(byte ibuf[], int ilenght, InetAddress iaddr, int iport)
```

发送和接收数据包还需要发送和接收数据包的套接字，即 DatagramSokcet 对象。创建 DatagramSokcet 对象有如下构造方法。

- public DatagramSocket()：用本地机上任何一个可用的端口创建一个 Socket。
- public DatagramSocket(int port)：用一个指定的端口创建一个 Socket。

下面一个例子是 DatagramSocket 的一个简单应用。

【例 10.10】 利用 DatagramSocket 查询端口占用情况。

本例编写的是一个利用 DatagramSocket 查询端口占用情况的简单程序，该程序扫描 1024～65535 的端口，某个端口 port 被占用时，调用构造方法 DatagramSocket(port)就会产生异常。

该程序的代码如下。

```
import java.net.*;
public class UDPScan{
    public static void main(String args[]){
        for (int port = 1024; port <= 65535; port++){
          try{
              DatagramSocket server = new DatagramSocket(port);
              //端口 port 被占用时，此处会产生异常

              server.close();

          }catch(SocketException e){
              System.out.println("there is a server in port " + port + ".");
              //产生异常时，此处输出端口号即为占用的端口号
          }
        }
```

```
    }
}
```

图 10.12 是该类运行后显示的占用的部分端口。

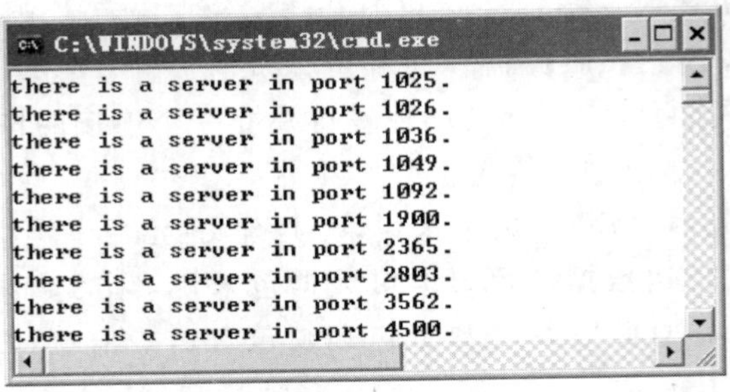

```
C:\WINDOWS\system32\cmd.exe
there is a server in port 1025.
there is a server in port 1026.
there is a server in port 1036.
there is a server in port 1049.
there is a server in port 1092.
there is a server in port 1900.
there is a server in port 2365.
there is a server in port 2803.
there is a server in port 3562.
there is a server in port 4500.
```

图 10.12　UDPscan 类运行后显示占用的部分端口

10.4.2　Datagram 实现客户服务模式

Datagram 方式也可以实现客户服务模式。

在客户端实现通信,如要求发送一串数据给服务端,首先双方都必须声明一个 Socket 对象。然后,程序需要构造一个对象生成该数据类型并打包,并且有服务端的 IP 地址。对象 Socket 会调用一个 send 方法,返回的对象为数据信息包。

在服务端要接收客户端发送来的数据,同样首先声明 Socket 对象,然后也需要构造一个对象声明数据类型,接收数据信息包。这时,服务器端的 IP 地址必须与信息包中说明的 IP 地址一致。对象 Socket 会调用 receive 方法,返回的对象为数据信息包。

下面给出用数据包方式进行通信的两端的程序一般流程的代码。

发送端的主要代码:

```
byte msg[ ] = new byte[256];
DatagramSocket dst = new DatagramSocket();
InetAddress dest = InetAddress.getByName(null);   //用 InetAddress 表示目的地址
DatagramPacket dpt = new DatagramPacket(msg,msg.length,dest,8080);
    //构造包含 msg、长度为 msg.length、目的地为 dest、端口为 8080 的数据包
dst.send(dpt);   //利用 DatagramSocket dsd 发送 DatagramPacket
```

接收端的主要代码:

```
DatagramSocket dst = new DatagramSocket(8080);
    //创建以 8080 为端口的 DatagramSocket
DatagramPacket dpt;              //创建一个 DatagramPacket 准备接收数据
dpt = dst.receive(dpt);          //接收数据
String str = new String(dpt.getData());
                                 //提取 DatagramPacket 中的数据转换为字符串
```

【例 10.11】 用 Datagram 方式实现的客户服务器的通信。

编写一个利用 Datagram 通信的客户服务程序,它能够完成客户与服务器简单的通信。其代码如下。

```
//服务(接收)端程序
    import java.net.*;
```

```
import java.io.*;
public class UDPServer{
    static public void main(String args[]){
    try {
        DatagramSocket receiveSocket = new DatagramSocket(5678);
          //创建以 5678 为端口的 DatagramSocket
        byte buf[] = new byte[1024];
            DatagramPacket receivePacket
                            = new DatagramPacket(buf,buf.length);
        System.out.println("开始接收数据包");
        while (true){
            receiveSocket.receive(receivePacket);
                String hostname = receivePacket.getAddress().toString();
                System.out.println("来自主机: " + hostname + "端口: "
                            + receivePacket.getPort());
                String s = new String(
                    receivePacket.getData(),0,receivePacket.getLength());
                System.out.println("接收到的数据为: " + s);
        }
    }catch(SocketException e){
            e.printStackTrace();
        System.exit(1);
    }catch(IOException e) {
        System.out.println("网络通信出现错误,问题在" + e.toString());
    }
}
}

//客户(发送)端程序
    import java.net.*;
    import java.io.*;

    public class UDPClient
    {
        public static void main(String args[]){
            try {
              DatagramSocket sendSocket = new DatagramSocket(3456);
               String string = " Hello,Beijing, 2008";
               byte[] databyte = new byte[100];
               databyte = string.getBytes();
                   DatagramPacket sendPacket = new
                       DatagramPacket(databyte,string.length(),
                       InetAddress.getByName("127.0.0.1"), 5678);
              sendSocket.send(sendPacket);
              System.out.println("发送数据: 你好!这是客户端发来的数据");
              System.out.println(string);
            }catch (SocketException e) {
              System.out.println("不能打开 Datagram Socket,
                                或 Datagram Socket 无法与指定端口连接!");
            } catch(IOException ioe) {
              System.out.println("网络通信出现错误,问题在" + ioe.toString());
            }
        }
    }
```

服务端程序首先开始执行后,显示:"开始接收数据包",然后循环等待客户程序发来数据，当接收数据后，显示发来的数据包的IP地址及端口，接着显示发送过来的数据。服务端的执行过程如图10.13(a)所示。客户程序的执行过程如图10.13(b)所示。

C:\WINDOWS\system32\cmd.exe
开始接收数据包
来自主机：/127.0.0.1端口：3456
接收到的数据为：Hello,Beijing,2008

(a)

C:\WINDOWS\system32\cmd.exe
发送数据：你好！这是客户端发来的数据
Hello,Beijing,2008
请按任意键继续. . .

(b)

图10.13　用Datagram实现的客户服务器的简单通信

【例10.12】 用Datagram方式实现的Echo客户服务器。

本例包括两个部分：客户端(EchoClient)和服务器端(EchoServer)。服务器端一直监听Datagram Socket并接收Datagram Packet，服务器端每接收一个客户端发出的一个Datagram Packet请求，产生一个应答，即回送一个Datagram Packet，它的内容类似于："回应信息：Hi！你是第8个访问者！"。

客户端的功能非常简单，它向服务器端发送一个Datagram Packet并等待回应。

在服务器端的实现比上一个例子更复杂的地方是它包含两个类：EchoServer和EchoServerThread，服务器的主要工作都是在EchoServerThread中完成的。

EchoServerThread被创建的时候在端口4248产生一个DatagramSocket，服务器通过它与所有的客户端进行通信。其构造方法为：

```
public EchoServerThread(String name) throws IOException{
        super(name);
        socket = new DatagramSocket(4248);
}
```

run()方法由一个while循环组成，只要条件满足，就一直处理客户端的请求。首先，它接收客户端的请求：

```
byte[] buf = new byte[256];
DatagramPacket packet = new DatagramPacket(buf, buf.length);
socket.receive(packet);
```

假如接收到某个客户端的请求，则将计数器number加1，然后，获得请求客户端的信息产生应答内容，并将此内容发送到客户端。

EchoServer类的完整代码为：

```
//EchoServer.java
import java.io.*;
import java.net.*;
import java.util.*;

public class EchoServer{
    public static void main(String[] args) throws IOException{
        new EchoServerThread().start();
    }
}

class EchoServerThread extends Thread{
```

```
    protected DatagramSocket socket = null;
    protected BufferedReader in = null;
    protected boolean hasMoreWork = true;
    protected int number = 0;       //访问计数变量

    public EchoServerThread() throws IOException{
      this("EchoServerThread");
    }

    public EchoServerThread(String name) throws IOException{
        super(name);
        socket = new DatagramSocket(4248);
    }

    public void run(){
        while (hasMoreWork) {
            try{
                byte[] buf = new byte[256];

                //接收应答
                        DatagramPacket packet = new DatagramPacket(buf, buf.length);
                        socket.receive(packet);

                //创建应答
                String dString = null;
                number++;
                dString = "Hi!你是第" + number + "个访问者!";
                buf = dString.getBytes();

                //将应答发送给端口和地址为"address""port"的客户
                InetAddress address = packet.getAddress();
                int port = packet.getPort();
                packet = new DatagramPacket(buf, buf.length, address, port);
                socket.send(packet);
              }catch (IOException e){
                e.printStackTrace();
                hasMoreWork = false;
            }
        }
        socket.close();
    }
}
```

客户端的程序非常简单,它主要包括3个步骤:发送请求,获得应答,显示应答内容。客户端程序需要一个参数:服务器端程序所在的主机名。客户端程序的完整代码为:

```
import java.io.*;
import java.net.*;
import java.util.*;

public class EchoClient{
   public static void main(String[] args) throws IOException {
        if (args.length != 1) {
             System.out.println("Usage: java EchoClient <hostname>");
             return;
```

```
            }
            //获得一个Datagram Socket
        DatagramSocket socket = new DatagramSocket();

            //发送请求
        byte[] buf = new byte[256];
        InetAddress address = InetAddress.getByName(args[0]);
        DatagramPacket packet = new DatagramPacket(buf, buf.length, address, 4248);
        socket.send(packet);

            //获取回应信息
        packet = new DatagramPacket(buf, buf.length);
        socket.receive(packet);

            //显示回应信息
        String received = new String(packet.getData());
        System.out.println("回应信息: " + received);
        socket.close();
    }
}
```

编写好客户端程序后,就可以运行该程序:

```
java EchoServer
java EchoClient "127.0.0.1"
```

参数"127.0.0.1"表明,运行EchoServer的主机与运行EchoClient的机器是同一台机器,如果不在同一台机器,则该参数应该是运行EchoServer的主机名或IP地址。

本例的客户程序和服务程序在本地运行的结果类似图10.14。其中,图10.14(a)为服务端运行的情况,图10.14(b)和图10.14(c)为客户端两次运行的情况。

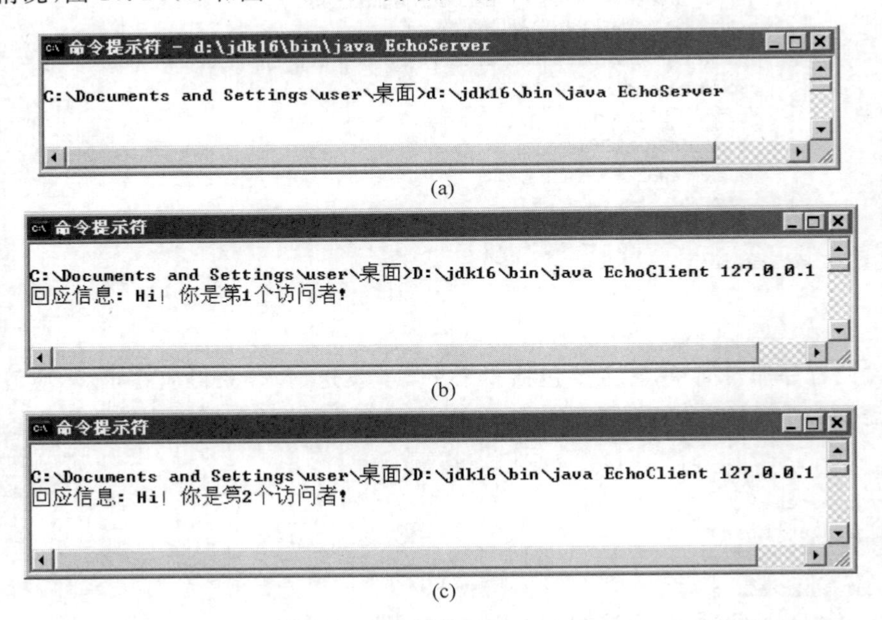

图10.14　EchoServer和EchoClient在本地机器执行的情况

10.5 基于客户/服务模式的分布计算

Java 为构造基于客户/服务模式的分布应用提供了多种机制。这些应用可以分解成多个客户和多个服务器,分布在网络中的不同计算机上。一个客户程序向服务程序发出服务申请,并等待回应。在另一端,服务程序收到请求后,对它进行处理,然后把结果发送给客户程序。

10.5.1 分布模型

视频讲解

在传统的客户/服务环境中,一般有一个功能强大的计算机作为服务器为多个客户提供服务,如数据库系统就是采用这种客户/服务方式。下面讨论一种现在较为流行的客户/服务方式:一个客户要求多个服务器为其提供服务。这种客户/服务方式非常适合在"工作者-管理者"(Working-Manager)这种分布式系统模型下实现,该模型可以是一组工作站(高性能个人计算机)通过高速局域网或 Internet 互连。该模型有一个节点作为控制中心,我们称为管理者,其余节点称为工作者。我们可以让客户运行在管理者上,而服务程序则运行在工作者上。

在这种分布模型下,一个并行应用很容易使用这种客户/服务模型来设计:一个客户可以将一个大的应用分成若干小的问题,这些小的问题可以分别由多个服务程序同时处理,所有这些服务程序对相应问题求得解答后,再发送给客户机。客户机汇集所有从服务程序发来的结果,然后再输出给用户。

在具体实现这个模型的过程中,要将多个可用服务器和它的 Internet 域名保存在一个文件中,这个文件称为服务器配置文件,由客户程序存取它。

客户机同时还要读取另一个文件,该文件称为客户配置文件。它包括用户定义的应用参数。

这种用 C/S 结构实现的"管理者/工作者"模式如图 10.15 所示。

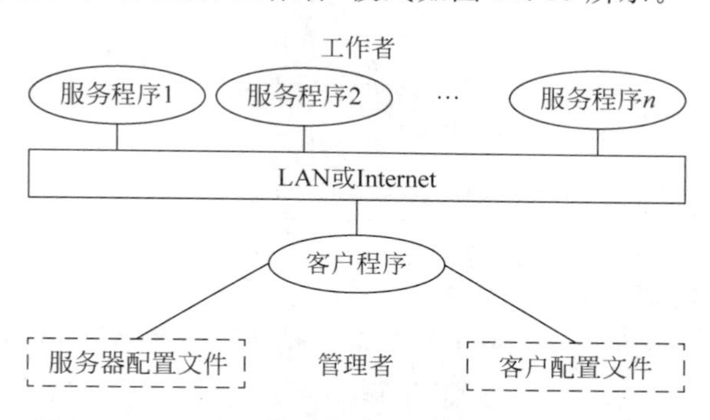

图 10.15 用 C/S 结构实现的"管理者/工作者"模式

10.5.2 并行应用的实现框架

根据前面讨论过的"工作者-管理者"模型,下面就讨论如何使用 Java 实现这一模型的机制,并进一步提出在这个模型下,并行应用的客户和服务程序的实现构架。

1. 线程

在一个服务器要处理多个客户请求或一个客户要向多个服务器发出请求时,必然要用到线程。如果一个应用有多个线程在一个处理机上执行,则只有一个线程在某一特定时间在执行,其他线程都处在等待状态,排队等待使用权。即使是多处理器的情况下,也会出现线程多于处理器数目的情况。Java有一个调度程序按照一定的优先级把线程分配到处理器。

2. 输入输出流

一旦连接建立,客户端和服务端就可以使用输入输出流在Socket里读写数据。流是有序的数据序列。输入流是源点,输出流是终点。输入流和输出流可以从Socket连接中读取数据或者将数据写入Socket连接中。

3. 客户程序框架

实现并行应用的客户程序的框架如下。

(1) 阅读服务器配置文件,以获得可用服务器的信息。

(2) 创建一个Socket和输入输出数据流数组对应于每个服务器,客户端对每个服务器要产生一个线程,使之能够与这些服务器建立连接。

(3) 把控制权交给Client_Body(),它包含并行应用的特定代码,最主要是把一个大的应用划分成若干部分,并将这些部分传送给各个服务程序,然后等待回送计算结果。最后将计算结果合并,求得原问题的解。

(4) 关闭所有与服务程序相对应的流和Socket。

上述客户程序的框架用Java可描述为下列程序模板。

① 装载(import)所需要的Java类。

② 定义所有用于Socket连接和I/O流的变量。

③ 打开服务配置文件,读出所有可用服务器的个数和它们的主机名或IP地址。

④ 设置I/O流在预定的端口与所有的服务器连接。

```
for (count = 0; count < Numservers; count++) {
      ServerAddr[count] = InetAddress.getByname(Servername[count]);
      ServerSocket[count] = new Socket(ServerAddr[count],8001);
      …
}
调用 client_body 求解问题;
…
关闭流和 Socket 连接;
```

4. 服务程序框架

实现并行应用的服务程序的框架为:

(1) 在一个未使用的端口上创建一个Socket。

(2) 等待在这个端口上的连接,一旦获得客户程序的请求,立即接受这个请求。

(3) 为这个Socket建立一个输入流和输出流,为客户程序和服务程序之间通信奠定基础。

(4) 把控制权交给Server_Body(),它包含并行应用的实现代码,Server_Body()应该定义一个线程类的子类,这样服务程序可以接收客户的连接请求,创建Socket,然后调用Server_Body()的线程,处理客户程序的服务请求。

(5) 回送处理结果,等待另一个客户连接。

该服务程序的框架用Java可描述为下述程序模板。

① import所需要的Java类。

② 定义所有用于Socket连接和I/O流的变量。

```
/* main()方法 */
public static void main()(String args[]) throws IOException{
        …
           /* 建立新的服务 Socket */
        ServerSocket = new ServerSocket(8001);
        …
           /*接收来自客户程序的连接*/
        ClientSocket = ServerSocket.accept();
        …
        一旦建立, 设置 I/O 流;
           /* 在这个方法中完成实际计算 */
        ServerBody();
           …
        关闭流和 Socket 连接;
}
```

10.5.3 并行计算实例

【例 10.13】 现在用 C/S 结构求解矩阵乘法问题。

视频讲解

假定有多台计算机处于 WAN 中并使用 TCP/IP 进行通信。我们要使用一个客户和几个服务器求解 N×N 的矩阵乘法问题。客户通过 srvcfg.txt 文件获取所有的服务程序必要的信息,如服务器的个数、IP 地址或主机名。例如,一个 srvcfg.txt 文件的内容为:

```
3
149.150.167.123
149.150.162.182
149.150.169.250
```

表示有 3 个服务器及相应的 IP 地址。

然后,建立与所有服务的 Socket 连接和 I/O 流。客户从 clicfg.txt 文件获得矩阵维数 N 的值,再创建 3 个矩阵 A、B、C,并输入 A、B 的值。接下来在客户端对任务进行分解,并向每个服务发送一个子任务。这个任务要求每个服务程序收到这个请求之后,完成计算并把结果返回客户。客户等待服务程序的回答,并将计算结果拼接起来,组成矩阵 C。最后,客户将得到的结果矩阵 C 返回给用户。客户和服务的代码如下所示。

1. Client 代码

```
import java.net.*;
import java.io.*;
import java.awt.*;
import java.lang.*;

public class Netc{
    static Socket sock[];                          //定义一个 Socket 数组
    static InetAddress Serveraddr[];
                                                   //定义一个数组保存所有的服务器的 IP 地址
    static DataInputStream datain[];               //定义一个输入流数组
    static DataOutputStream dataout[];
    static int NumServers;

    public static void main(String args[]) throws IOException{
        int i;
```

```
DataInputStream ServerConfigFile;            //为打开服务配置文件定义的流
String IntString = null, Servernames[];

ServerConfigFile
    = new DataInputStream(new FileInputStream("srvcfg.txt"));

try {
   IntString = ServerConfigFile.readLine();
} catch (IOException ioe) {
   System.out.println("Error reading the # servers");
   System.exit(1);
}
try {
   NumServers = Integer.parseInt(IntString); //将字符串化成整数
} catch (NumberFormatException nfe) {
   System.out.println(" r servers is not an integer.");
   System.exit(1);
}

//现在已知服务器的数目,可以初始化一个字符串数组保存服务器的名称
Servernames = new String[NumServers];
sock = new Socket[NumServers];
Serveraddr = new InetAddress[NumServers];
datain = new DataInputStream[NumServers];
dataout = new DataOutputStream[NumServers];

for (i = 0; i < NumServers; i++) {
    try{
       Servernames[i] = ServerConfigFile.readLine();
    } catch (IOException e) {
        System.out.println("Error reading server names");
        System.exit(1);
    }
    Servernames[i] = Servernames[i].trim();
}

try{
    ServerConfigFile.close();
}catch (IOException e) {
    System.out.println("Error reading server names");
    System.exit(1);
}
     //建立到服务器的 Socket 并建立相应的流
try{
    for (i = 0; i < NumServers; i++){
            //获得 IP 地址
         Serveraddr[i] = InetAddress.getByName(Servernames[i]);
         sock[i] = new Socket(Serveraddr[i], 1237);
         datain[i] = new DataInputStream(
             new BufferedInputStream(sock[i].getInputStream()));
         dataout[i] = new DataOutputStream(new
             BufferedOutputStream(sock[i].getOutputStream()));
    };
} catch (IOException E) {
      System.out.println("I/O Error openning stream sockets.");
      System.exit(1);
```

```
    }
            //调用客户程序体求解问题
    ClientBody();
    try {                                           //关闭所有的流和 Socket
        for (i = 0; i < NumServers; i++) {
            dataout[i].close();
            datain[i].close();
            sock[i].close();
        };
    } catch (IOException E) {
        System.out.println("error closing streams and Sockets");
        System.exit(1);
    }
}

public static void ClientBody() throws IOException {
    int i,j,k;
    int TotNum = 0, NumRows = 0;
    int A[][], B[][], C[][];

    DataInputStream ClientConfigFile;
    String IntString = null;

    ClientConfigFile
        = new DataInputStream(new FileInputStream("clicfg.txt"));
    try {
        IntString = ClientConfigFile.readLine();
    } catch (IOException ioe) {
        System.out.println("error reading N from file.");
        System.exit(1);
    }
    try {
        TotNum = Integer.parseInt(IntString);  //将字符串化成整数
    } catch (NumberFormatException nfe) {
        System.out.println("the value for N is not an integer.");
        System.exit(1);
    }

    try {
        ClientConfigFile.close();
    } catch (IOException e) {
        System.out.println("I/O error closing config file.");
        System.exit(1);
    }

    NumRows = TotNum/ NumServers;
    A = new int[TotNum][TotNum];
    B = new int[TotNum][TotNum];
    C = new int[TotNum][TotNum];

    for (i = 0; i < TotNum; i++)
        for (j = 0; j < TotNum; j++) {
            A[i][j] = i;
            B[i][j] = j;
            C[i][j] = 0;
```

```
        }
        System.out.println("Sending information to servers.");
        try {
            for (i = 0; i < NumServers; i++){
                dataout[i].write(TotNum);
                dataout[i].write(NumRows);
                dataout[i].flush();

                for (j = NumRows * i; j < NumRows * (i + 1); j++)
                        for (k = 0; k < TotNum; k++)
                            dataout[i].writeInt(A[j][k]);
                dataout[i].flush();

                for (j = 0; j < TotNum; j++)
                    for (k = 0; k < TotNum; k++)
                        dataout[i].writeInt(B[j][k]);
                dataout[i].flush();
            };
        } catch (IOException ioe) {
            System.out.println("I/O error reading matrix to server");
            System.exit(1);
        }

        try {
            for (i = 0; i < NumServers; i++)
                for (j = NumRows  *  i; j < NumRows * (i + 1); j++)
                    for (k = 0; k < TotNum; k++)
                        C[j][k] = datain[i].readInt();
        }catch (IOException ioe) {
              System.out.println("I/O error receiving result from server");
              System.exit(1);
        }
        System.out.println();
        System.out.println("Resultant Matrix");
        System.out.println();
        for (i = 0; i < TotNum; i++) {
            for (j = 0; j < TotNum; j++)
                System.out.print(C[i][j]  +  " ");
                System.out.println();
        }
    }
}
```

2. Server 代码

```
import java.net. * ;
import java.io. * ;
import java.awt. * ;
public class Nets{
    static Socket mySocket;                        //定义一个连接客户 Socket
    static ServerSocket SS;                        //定义服务 Socket
    static DataInputStream datain;                 //定义一个输入流
    static DataOutputStream dataout;
    static int MumServers;

    public static void main(String args[]) throws IOException {
```

```
        System.out.println("Server coming up ..." );
        try{
            SS = new ServerSocket(1237);
        } catch (IOException eos) {
            System.out.println("Error opening server socket.");
            System.exit(1);
        }

        while (true) {                              //无限等待连接请求
            try {
                mySocket = SS.accept();             //接受客户连接
            } catch (IOException e) {
                System.out.println(" I/O error waiting. Exiting.");
                System.exit(1);
            }

            //建立输入和输出流
            datain = new DataInputStream(
                    new BufferedInputStream(mySocket.getInputStream()));
            dataout = new DataOutputStream(
                    new BufferedOutputStream(mySocket.getOutputStream()));
            ServerBody();                           //实际计算的代码体
        }
    }
    public static void ServerBody() throws IOException {
        int i,j,k,sum;
        int TotNum = 0, NumRows = 0;                //用于保存 N, R 的值
        int A[][], B[][], Result[][];
        try {
            TotNum = datain.read();                 //读 N 的值
        } catch (IOException e) {
            System.out.println("I/O error getting information from
                                        client.Exiting");
            System.exit(1);
        }
        try {
             NumRows = datain.read();               //读 R 的值
        } catch (IOException e) {
            System.out.println("I/O error while getting info from client.
                                        Exiting.");
            System.exit(1);
        }

         //至此 N、R 已知，可以初始化各矩阵
        A = new int[NumRows][TotNum];
        B = new int[TotNum][TotNum];
        Result = new int[NumRows][TotNum];

        System.out.println("Receiving Matrix A from client.");
         //读取矩阵 A 的值
        for (i = 0; i < NumRows; i++)
            for (j = 0; j < TotNum; j++)
                try {
                    A[i][j] = datain.readInt();
                } catch (IOException e) {
                    System.out.println("I/O error while getting info from
                                        client.Exiting");
                    System.exit(1);
```

```
            }
        System.out.println("receiving matrix B from client.");
            //读取矩阵 B 的值

        for (i = 0; i < TotNum; i++)
            for (j = 0; j < TotNum; j++)
                try{
                    B[i][j] = datain.readInt();
                } catch (IOException e){
                    System.out.println(" I/O Error while getting info from
                                              client. Exiting");
                        System.exit(1);
                }
            //计算矩阵乘法
        for (i = 0; i < NumRows; i++)
            for (j = 0; j < TotNum; j++) {
                sum = 0;
                for (k = 0; k < TotNum; k++)
                    sum += A[i][k] * B[k][j];
                Result[i][j] = sum;
            };

        for (i = 0; i < NumRows; i++)
            for (j = 0; j < TotNum; j++)
                try {
                    dataout.writeInt(Result[i][j]);
                } catch (IOException e) {
                    System.out.println("I/O error while writing to client.
                                              Exiting");
                    System.exit(1);
                }
        dataout.flush();
        System.out.println("Resultant Matrix sent to client");
    }
}
```

这个例子可以将客户和服务程序都放在一台机器上调试，这时服务器的主机名为 localhost，如果使用 IP 地址则为 127.0.0.1。图 10.16 和图 10.17 分别为服务程序和客户程序在同一台机器上的执行结果。这时，对 srvcfg.txt 的内容设置为：

```
1
localhost
```

clicfg.txt 的内容为：

```
3
```

对数组元素的初始化的代码为：

```
for (i = 0; i < TotNum; i++)
    for (j = 0; j < TotNum; j++) {
        A[i][j] = i;
        B[i][j] = j;
        C[i][j] = 0;
    }
```

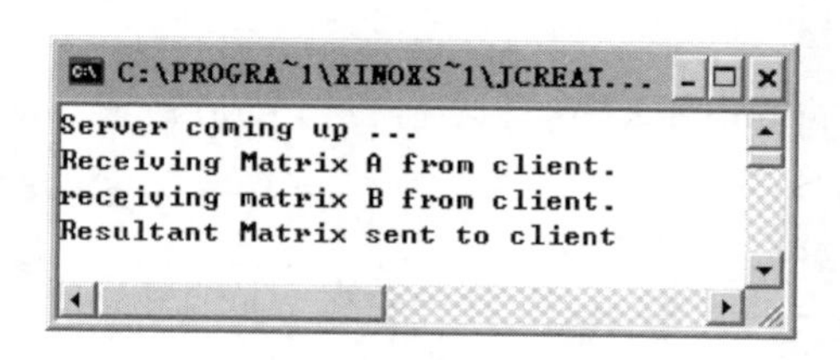

图 10.16 服务程序的执行结果

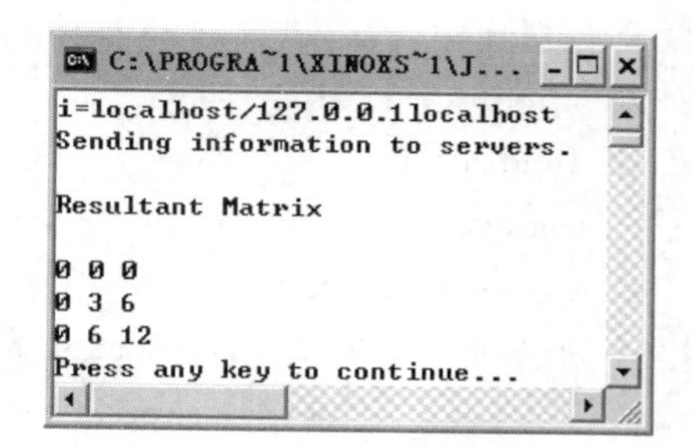

图 10.17 客户程序的执行结果

如果是动态分配一个地址，可以在进入 Internet 后，使用 ipconfig 命令查询作为服务器的各个计算机的 IP 地址，然后输入 srvcfg.txt 文件中，就可以调试这个例子。

10.6 小 结

Java 的网络编程是它最具魅力的特色之一，其原因是它的网络功能强大，实现简单，易于掌握。

首先，Java 有强大的程序库用类和接口，实现了网络的基本通信机制和协议。例如，用 InetAddress 类实现了 IP 地址的表示，用 URL 类实现了 Web 资源的表示，用 Socket 类和 ServerSocket 类以及用 Datagram 类和 DatagramSocket 类实现了网络中的 Datagram 机制。

准确地说，Socket 类和 ServerSocket 类以及 URL、URLConnection 类还只是帮助建立起连接机制，真正实现网络上的数据传送还要将网络连接转换成输入输出流，如 DataInputStream 和 DataOutputStream 等。因此，一旦完成连接，就可以只对流进行操作，即可以使用流类的任何方法进行操作。而 Datagram 类和 DatagramSocket 类实现的通信方式则不一样，没有连接的概念，因而不能在连接上建立流和完成流的操作。

另一方面，我们注意一下这些类的特点。其中 URL 适用于 Web 应用，如用 URLConnection 能够方便地访问 http 服务器，用 Socket 类和 ServerSocket 类、Datagram 类和 DatagramSocket 类都可以实现客户/服务计算模式。结合多线程的使用，服务程序可以实现处理多个客户的请求；一个客户也可以要求多个服务程序为其服务。有了这些基础，实现分布并行计算也不是很难的事情，在本章的最后，我们用一个较长的实例展示了这一点。

习 题 10

1. 什么是 URL？其标识符代表什么？URL 地址如何表示？
2. 请列举几种常用的协议及其使用的端口号。
3. 编写一个 Applet，获得并显示本机的主机名和 IP 地址。
4. 举例说明如何通过 URL 获取指定网上的指定的信息。
5. URLConnection 类与 URL 类有什么区别？
6. 有哪几种 Socket？试举例说明它们的功能和使用方法。
7. 写出一个客户同时有多个服务器为它提供服务的基本框架。

8. 下列选项中,没有错误的 Java 语句是(　　)。
   A. Float a=1.0;
   B. float a=1.0;
   C. DatagramPacket packet = new DatagramPacket( );
   D. DatagramSocket a = new DatagramSocket()
9. 下列选项中,正确地创建 Socket 的语句有(　　)。
   A. Socket a = new Socket(80);
   B. Socket b = new Socket("130.3.4.5",80);
   C. ServerSocket c = new Socket(80)
   D. ServerSocket d = new Socket("130.3.4.5",80)
10. 下列论述中,不正确的是(　　)。
    A. ServerSocket.accept()是阻塞的　　B. BufferedReader.readLine()是阻塞的
    C. DatagramSocket.receive()是阻塞的　　D. DatagramSocket.send()是阻塞的
11. 下列选项中,(　　)传输方式不是流模式的。
    A. ServerSocket　　B. Socket　　C. DatagramSocket
    D. OutputStream　　E. InputStream
12. 下列选项中,语句(　　)应该用在一个流模式连接的接收器中。
    A. Socket mySocket = new Socket("localhost", 12345);
    B. Socket mySocket = new Socket("localhost");
    C. ServerSocket mySocket = new ServerSocket("localhost", 12345);
    D. ServerSocket mySocket = new ServerSocket(12345);
13. 下列 URL,合法的有(　　)。(多选题)
    A. http://166.111.136.3/index.html　　B. ftp://166.111.136.3/incoming
    C. ftp://166.111.136.3:-1/　　D. http://166.111.136.3.3
14. 下列选项中,可以表示本机的方法是(　　)。(多选题)
    A. localhost　　B. 255.255.255.255
    C. 127.0.0.1　　D. 123.456.0.0
15. 要创建一个 DatagramSocket 对象,下面的语句正确的是(　　)(多选题)
    A. DatagramSocket a = new DatagramSocket()
    B. DatagramSocket b = new DatagramSocket(80)
    C. DatagramSocket c = new DatagramSocket("127.0.0.1", 70)
    D. DatagramSocket d = new DatagramSocket("127.0.0.1")

第11章 Java与数据库的连接

JDBC(Java DataBase Connection,Java数据库连接)是Sun提供的一套数据库编程接口,由Java语言编写的类、接口组成。它是Java应用的最重要的领域之一。

11.1 JDBC概述

JDBC为使用数据库及其工具的开发人员提供了一个标准的API,用JDBC写的程序能够自动地将SQL语句传送给相应的数据库管理系统。不仅如此,使用Java编写的应用程序可以在任何支持Java的平台上运行,不必在不同的平台上编写不同的应用。Java和JDBC的结合使开发人员在开发数据库应用程序时,真正实现了"一次书写,到处执行(Write Once,Run Everywhere)!"

11.1.1 JDBC的用途

虽然Java具有坚固、安全、易于使用、易于理解和丰富的网络功能等特性,但对于编写数据库应用程序,还需要Java应用程序与各种不同数据库之间进行对话的方法。JDBC正是实现这种用途的一种机制。

在Java程序中使用JDBC向各种关系数据库发送SQL命令是一件很容易的事。换言之,有了JDBC API,就不必为访问Sybase、Oracle和Informix等数据库各写一个程序,只需用JDBC API写一个程序就可向相应数据库发送SQL语句。

JDBC还扩展了Java的功能。例如,使用Java和JDBC API可以发布含有Applet的网页,而该Applet的信息可能来自远程数据库。因此,使用JDBC使信息的管理和交流变得容易和经济。企业可继续使用它们现有的数据库,即使信息是存储在不同数据库管理系统中,也能快捷地存取。不仅如此,对于商务上的销售信息服务,Java的JDBC可为外部客户提供获取信息更新更好的方法。

11.1.2 从ODBC到JDBC

说到JDBC,软件开发人员很容易联想到十分熟悉的ODBC(Open DataBase Connectivity)。ODBC是一种用来在关系和非关系数据库管理系统(DBMS)中存取数据、用C语言实现的标准应用程序数据接口。通过ODBC API,不论每个DBMS使用了何种数据存储格式和编程接口,应用程序都可以存取多种不同数据库管理系统中的数据。

1. ODBC的结构模型

ODBC的结构包括4个主要部分:应用程序接口、驱动程序管理器、数据库驱动程序和数据源。

- 应用程序接口：屏蔽不同的 ODBC 数据库驱动程序之间函数调用的差别，为用户提供统一的 SQL 编程接口。
- 驱动程序管理器：为应用程序装载数据库驱动程序。
- 数据库驱动程序：实现 ODBC 的函数调用，提供对特定数据源的 SQL 请求。如果需要，数据库驱动程序将修改应用程序的请求，使得请求符合相关的 DBMS 所支持的文法。
- 数据源：由用户想要存取的数据以及与它相关的操作系统、DBMS 和用于访问 DBMS 的网络平台组成。

虽然 ODBC 驱动程序管理器的主要目的是加载数据库驱动程序，以便 ODBC 函数调用，但是数据库驱动程序本身也执行 ODBC 函数调用，并与数据库相互配合。因此，当应用系统发出与数据源进行连接的调用时，数据库驱动程序能管理通信协议。当建立与数据源的连接时，数据库驱动程序便能处理应用系统向 DBMS 发出的请求，对数据源的查询进行必要的分析和翻译，并将结果返回给应用系统。

2. JDBC 的诞生

自从 Java 语言于 1995 年 5 月正式公布以来，出现大量的用 Java 语言编写的程序，其中也包括数据库应用程序。由于没有一个 Java 语言的数据库 API，编程人员不得不在 Java 程序中加入 C 语言的 ODBC 函数调用。这就使 Java 的很多优秀特性无法充分发挥，如平台无关性、面向对象特性等。随着越来越多的编程人员对 Java 语言的日益喜爱，Java 语言访问数据库的应用越来越多，对 Java 语言访问数据库 API 接口的要求也越来越强烈。

由于 ODBC 有其不足之处，如它不容易跨平台使用、没有面向对象的特性等，因而 Sun 公司开发了一套 Java 语言的数据库应用程序开发接口 JDBC API。在 JDK 的早期版本中，JDBC 只是一个可选部件，到 JDK 1.1 公布时，JDBC API 就成为 Java 语言的标准部件。

JDBC API 对于基本的 SQL 抽象和概念是一种自然的 Java 接口。JDBC 保留了 ODBC 的基本设计特征，熟悉 ODBC 的程序员将发现 JDBC 很容易使用。它们之间最大的区别在于：JDBC 以 Java 风格与优点为基础并进行优化，因此更加易于使用。

11.1.3 JDBC 的实现及其驱动程序

JDBC 提供了多种方法连接数据库，其中较为流行的有如下 4 种。

1. JDBC 网络纯 Java 驱动程序

这种驱动程序将 JDBC 转换为与 DBMS 无关的网络协议，之后这种协议又被某个服务器转换为一种 DBMS 协议。这种网络服务器中间件能够将它的纯 Java 客户机连接到多种不同的数据库上。所用的具体协议取决于提供者。通常，这是最为灵活的 JDBC 驱动程序。

2. 本地协议纯 Java 驱动程序

本地协议纯 Java 驱动程序将 JDBC 调用直接转换为 DBMS 所使用的网络协议。这将允许从客户机机器上直接调用 DBMS 服务器，是 Intranet 访问的一种很实用的解决方法。由于许多这样的协议都是专用的，因此数据库提供者将是主要来源。

以上两种实现方法是直接使用数据库厂商提供的、用专用网络协议创建的驱动程序，其结构如图 11.1 所示。这种调用方式一般性能比较好，而且也是最简单实用的方法。因为它不需要安装其他的库程序或者中间件，几乎所有的数据库厂商都为他们的数据库提供了这种 JDBC 驱动程序，也可以从第三方厂商获得这些驱动程序。从网址 http://industry.java.sun.

com/products/jdbc/drivers/可以看到所有可用驱动程序的清单。

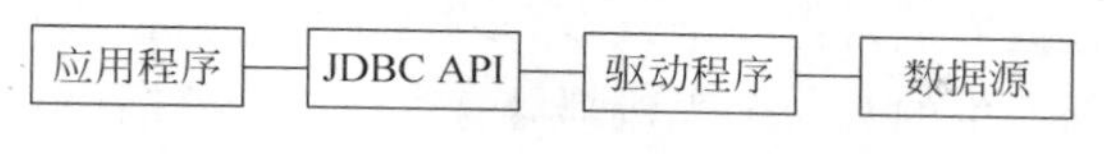

图 11.1　程序与数据库直接通信的一种方式

3. 通过 JDBC-ODBC 桥与 ODBC 数据源通信的驱动程序

作为 JDBC 的一部分，Sun 公司还发行了一个用于访问 ODBC 数据源的驱动程序，称为 JDBC-ODBC 桥接器。JDBC-ODBC 桥接器是用 jdbcodbc.class 和一个用于访问 ODBC 驱动程序的本地库来实现的。对于 Windows 平台，该本地库是一个动态链接库 JDBCODBC.DLL。

JDBC-ODBC 桥在设计上与 ODBC 很接近，这个驱动程序把 JDBC 的方法映射到 ODBC 调用上，这样，JDBC 就可以和任何可用的 ODBC 驱动程序进行交互。这种通信方式如图 11.2 所示。

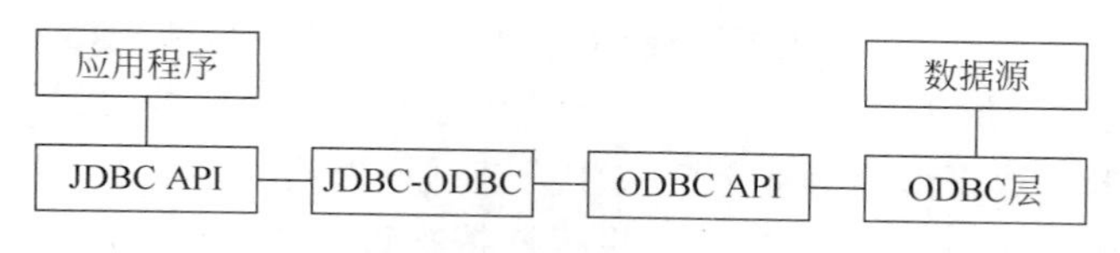

图 11.2　通过 JDBC-ODBC 桥与 ODBC 数据源通信

这种桥接器的优点是，它使 JDBC 目前有能力访问几乎所有的数据库，因为 ODBC 驱动程序被广泛使用。

4. 通过部分专用的驱动程序与数据库通信

这种方式的特点是将 JDBC 数据库调用直接翻译为厂商专用的 API。例如，这种类型的驱动程序把客户机 API 上的 JDBC 调用转换为 Oracle、Sybase、Informix、DB2 或其他 DBMS 的调用，其模式如图 11.3 所示。

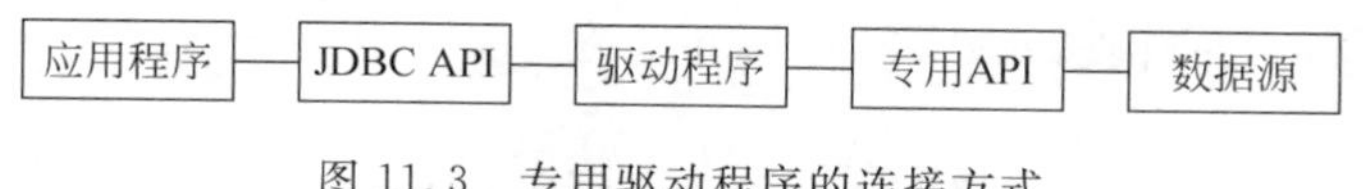

图 11.3　专用驱动程序的连接方式

注意，与上述的 JDBC-ODBC 一样，这种类型的驱动程序要求将某些二进制代码加载到每台客户机上，但与上述的 JDBC-ODBC 桥接器相比，它的执行更有效、更快捷。

11.2　JDBC 预备知识

用 JDBC 编程，首先要对数据库有所了解。本节将讲述数据库的一般问题。

11.2.1　SQL 的基本内容

SQL(Structured Query Language，结构化查询语言)的主要功能就是同各种数据库建立联系，进行沟通。按照 ANSI(美国国家标准协会)的规定，SQL 被作为关系型数据库管理系统的标准语言。目前，绝大多数的关系型数据库都采用了 SQL 语言标准。尽管很多数据库都对 SQL 语句进行了再开发和扩展，但是包括 select、insert、update、delete、create 以及 drop 在内的标准 SQL 命令仍然可以被用来完成几乎所有的数据库操作。

1. 数据库表格

一个典型的关系型数据库通常由一个或多个表格组成。数据库中的所有数据或信息都被保存在这些表格中。数据库中的每一个表格都具有唯一的表格名称,都是由行和列组成的,其中每一列包括了该列名称、数据类型以及列的其他属性等信息,而行则包含这些列的具体数据的记录。

2. 数据查询

在众多的SQL命令中,select语句是使用最频繁的。select语句主要被用来对数据库进行查询并返回符合用户查询标准的结果数据。select语句的语法格式如下。

```
select column1 [, column2, …,] from tablename [where condition];
([ ] 表示可选项)
```

select语句中位于select关键词之后的列名用来决定哪些列将作为查询结果返回。用户可以按照自己的需要选择任意列,还可以使用通配符*来设定返回表格中的所有列。该语句中位于from关键词之后的表格名称用来决定将要进行查询操作的目标表格。其中的where可选子句用来规定哪些数据值或哪些行将被作为查询结果返回或显示。

在where条件子句中可以使用以下一些运算符来设定查询标准:=(等于)、>(大于)、<(小于)、>=(大于等于)、<=(小于等于)、<>(不等于)。

除了上面所提到的运算符外,在where条件子句中也可以使用LIKE运算符,通过使用LIKE运算符可以设定只选择与用户规定格式相同的记录。此外,还可以使用通配符%代替任何字符串。例如:

```
select firstname, lastname, city
from employee
where lastname like '王%';
```

上述SQL语句将会查询所有姓“王”的雇员。

3. 创建表格

SQL语言中的create table语句被用来建立新的数据库表格。create table语句的使用格式如下。

```
create table tablename(column1 data type, column2 data type,
    column3 data type…);
```

如果用户希望在建立新表格时规定列的限制条件,可以使用可选的条件选项:

```
create table tablename(column1 data type [constraint],
    column2 data type [constraint], column3 data type [constraint]);
```

例如:

```
create table employee(firstname varchar(15), lastname varchar(20),
    age number(3),address varchar(30), city varchar(20));
```

创建新表格时,在关键词create table后面加入所要建立的表格的名称,然后在括号内顺次设定各列的名称、数据类型以及可选的限制条件等。

使用SQL语句创建的数据库表格和表格中列的名称必须以字母开头,后面可以使用字母、数字或下画线,名称的长度不能超过30个字符。

数据类型用来定义某一个具体列中数据的类型。

在创建新表格时还需要注意的一点就是表格中列的限制条件，即上面的 constraint。所谓限制条件就是当向某列输入数据时应该遵守的规则。例如，unique 这一限制条件要求某一列中不能存在两个值相同的记录，所有记录的值都必须是唯一的。除 unique 之外，较为常用的列的限制条件还包括 not null 和 primary key 等。not null 用来规定表格中某一列的值不能为空。primary key 则为表格中的所有记录规定了唯一的标识符。

4. 向表格中插入数据

SQL 语言使用 insert 语句向数据库表格中插入或添加新的数据行。insert 语句的使用格式如下：

```
insert into tablename(first_column, … last_column)
    values(first_value, … , last_value);
```

例如：

```
insert into employee(firstname, lastname, age, address, city)
    values('Li', 'Ming', 45, 'No.77 Changan Road', 'Beijing');
```

在向数据库表格中添加新记录时，在关键词 insert into 之后是所要添加的表格名称，然后在括号中列出将要添加新值的列的名称。在关键词 values 之后是按照前面列的顺序对应输入的记录值。

5. 更新记录

SQL 语言使用 update 语句更新或修改满足规定条件的记录。update 语句的格式为：

```
update tablename
set columnname = newvalue [, nextcolumn = newvalue2 … ]
where columnname OPERATOR value [and|or column OPERATOR value];
```

例如：

```
update employee
set age = age + 1
where first_name = 'Mary' and last_name = 'Williams';
```

使用 update 语句时，关键一点就是要设定好用于进行判断的 where 条件子句。

6. 删除记录

SQL 语言使用 delete 语句删除数据库表格中的行或记录。delete 语句的格式如下。

```
delete from tablename
where columnname OPERATOR value [and|or column OPERATOR value];
```

例如：

```
delete from employee
where lastname = May;
```

当需要删除某一行或某个记录时，在 delete from 关键词之后输入表格名称，然后在 where 子句中设定删除记录的判断条件。如果用户在使用 delete 语句时不设定 where 子句，则表格中的所有记录将全部被删除。

7. 删除数据库表格

在 SQL 语言中使用 drop table 命令删除某个表格以及该表格中的所有记录。drop table

命令的使用格式为:

```
drop table tablename;
```


例如:

```
drop table employee;
```

如果用户希望将某个数据库表格完全删除,只需要在 drop table 命令后输入希望删除的表格名称即可。drop table 命令的作用与删除表格中的所有记录不同。delete 命令删除表格中的全部记录之后,该表格仍然存在,而且表格中列的信息不会改变。而使用 drop table 命令则会将整个数据库表格的所有信息全部删除。

11.2.2 存储过程

在 SQL Server 中,存储过程是集中存储在 SQL Server 中的预先定义且已经编译好的事务。存储过程由 SQL 语句和流程控制语句组成。它的功能包括:接收参数;调用另一过程;返回一个状态值给调用过程或批处理;指示调用成功或失败;返回若干值给调用过程;为调用者提供动态结果和在远程 SQL Server 中运行等。

1. 存储过程的语法规则

建立存储过程的语法规则为:

```
CREATE PROCEDURE [[[server.]database.]owner.]procedurename [;number]
    [@parameter_name datatype [ = default][OUTPUT]
    [ … [ ]]]
    [WITH RECOMPILE]
    AS SQL_statements
```

使用存储过程的语法规则为:

```
[EXECute][@return_status = ]
    [[[server.]database.]owner.]procedurename[;number]
    [[@parameter_name = ]value | [@parameter_name = ]@variable[OUTPUT]
    [ … ]]
    [WITH RECOMPILE]
```

下面简要介绍这两个命令的常用选项以及建立和使用存储过程的要点。

- [[[server.]database.]owner.]procedurename:存储过程的名字。它是指该存储过程是哪一台服务器上哪个数据库的哪个用户的存储过程。但创建存储过程通常只能对当前的数据库进行操作,若要为别的数据库创建,应该用 use 语句将它设为当前数据库。此外,owner 为该存储过程的所有者,若不指定,则默认为是当前用户的存储过程。
- number:用来标识一组同名的存储过程。
- @parameter_name datatype[=default][OUTPUT]:形式参数的名称、类型。default 是赋予的默认值(可选),OUTPUT 指定本参数为输出参数(可选)。形参是存储过程中的自变量,可以有多个,名字必须以@开头,最长 30 个字符。
- SQL_statements:定义存储过程功能的 SQL 语句。
- @return_status:接收存储过程中 return 命令返回的状态值的变量。

- [@parameter_name=]value：实际参数（实参），@parameter_name 为实参的名称（可选）。如果某个实参以@parameter_name=value 提供，那么随后的实参也都要采用这一形式提供。
- [@parameter_name=]@variable[OUTPUT]：将变量@variable 中的值作为实参传递给形参@parameter_name（可选），如果变量@variable 是用来接收返回的参数值，则选项 OUTPUT 不可缺少。

关于选项的更为详细的说明请参考有关手册。

2. 存储过程的建立和使用

下面是建立和使用存储过程的例子。

【例 11.1】 假设有一个用下述语句生成的工资表 Salary：

```
create table Salary                    //工资表
    (member_id char(4),                //个人 ID
    exectime smalldatetime,            //执行日期
    reason_id char(1) null,            //变动原因代码
    moneyNum smallmoney);              //工资金额
```

该表存储着某单位员工多年来工资的历史档案。如果要查询全体员工的工资变动历史，则可先建立一个存储过程 myProc1：

```
create procedure myProc1
as
   select *
   from Salary
   order by member_id
```

然后用批处理语句调用存储过程 myProc1 进行查询：

```
execute myProc1
```

这个例子只显示查询到的数据，无输入、输出参量，是一个最简单的存储过程。

虽然上述例子在调用存储过程时是用 SQL 的批处理语句实现的，但并不意味着这是唯一的方法。例如，在存储过程中调用存储过程（即所谓过程嵌套）的现象就很常见。另外，在其他 Sybase 数据库开发系统（如 PowerBuilder）的 Script 语句中调用 Sybase 的存储过程也非常普遍。

11.3 JDBC API 工具

11.3.1 JDBC API 简介

通过 JDBC 可以做三件事：与数据库建立连接；发送 SQL 语句；处理 SQL 语句执行的结果。下列代码段给出了以上三步的基本示例。

```
Connection con =
        DriverManager.getConnection("jdbc:odbc:wombat", "login", "password");
Statement stmt = con.createStatement();
ResultSet rs = stmt.executeQuery("SELECT a, b, c FROM Table1");
while (rs.next())
```

```
System.out.println(rs.getString("a") + " " + rs.getString("b") + " " + rs.getString("c"));
```

一般的JDBC应用的过程，大体上遵循图11.4。

其中用到的类和接口就是JDBC API，而JDBC API所有的类和接口都集中在java.sql和javax.sql这两个包中。

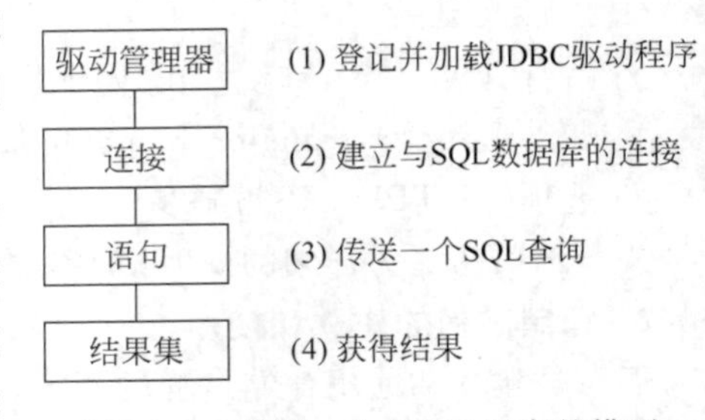

图11.4　编写一个JDBC程序的模型

java.sql中包含的类和接口采用的是传统的C/S体系结构。它的功能主要针对的是基本数据库编程服务，如生成连接、执行语句以及准备语句和运行批处理查询等，也有一些其他的高级功能，如批处理更新、事务隔离和可滚动结果集等。

javax.sql与java.sql相比，作了一些JDBC编程方面的体系结构方面的改变，并且为连接管理、分布式事务处理和连接提供了更好的抽象。同时，这个包还引入了容器管理的连接缓冲池、分布式事务处理和行集(row set)等机制。

JDBC API中所涉及的类和接口可以大致地分为如下几种类型。

1. 连接管理

要编写一个JDBC程序，首先应该将它与数据库进行连接。在连接管理这一组中，主要有下面两个类和两个接口。

- java.sql.DriverManager：这个类提供了用于管理一个或多个数据库驱动程序所必需的功能。每个驱动程序都可以连接特定的数据库。
- java.sql.DriverPropertyInfo：由于每个数据库都需要一组属性以获得一条连接，因此可以使用这个类来查找连接所需要的属性。
- java.sql.Driver：这是一个抽象了厂商专用连接协议的接口，可以从数据库的生产厂商或第三方软件生产厂商那里得到该接口的实现。
- java.sql.Connection：这个接口抽象了大部分与数据库的交互活动。通过一条连接，可以向数据库发送SQL语句以及读取执行的结果。

2. 数据库访问

建立连接后，可以发送SQL语句访问数据库和读取访问的结果。

- java.sql.Statement：这个接口可在基层连接上执行SQL语句并访问返回结果。
- java.sql.PreparedStatement：这是java.sql.Statement接口的一个变种，可以使用参数化SQL语句。
- java.sql.CallableStatement：这个接口可运行存储过程。
- java.sql.ResultSet：这个接口抽象了运行SQL select语句的结果。它提供了访问结果的方法。可以使用这个接口访问各记录中不同的字段。

3. 数据类型和数据库元数据

数据类型提供了多种与SQL类型对应的Java数据类型；数据库元数据提供了关于数据库的元数据、语句参数和获取结果的方法。

4. 异常和警告

异常和警告方面的类和接口封装了数据库访问出错和警告消息。

下面将逐一介绍JDBC API工具。

11.3.2 JDBC URL

JDBC 要与各种数据库连接，就必须有一种定位数据库的方法。JDBC URL 提供了一种标识数据库的方法，可以使相应的驱动程序能识别该数据库并与之建立连接。实际上，是由驱动程序编程员决定用什么 JDBC URL 来标识特定的驱动程序，使用 JDBC 的用户不必关心如何形成 JDBC URL，他们只需知道如何与所用的驱动程序一起使用 URL 即可。JDBC 的作用是提供某些约定，驱动程序编程员在构造 JDBC URL 时应遵循这些约定。

JDBC URL 的标准语法如下所示。它由三部分组成，各部分间用冒号分隔：

```
jdbc:<子协议>:<子名称>
```

JDBC URL 的三部分可分解如下。

- jdbc 协议。JDBC URL 中的协议总是 jdbc。
- 子协议。子协议是驱动程序名或数据库连接机制(这种机制可由一个或多个驱动程序支持)的名称。子协议名的典型示例是 odbc，该名称是为用于指定 ODBC 风格的数据资源名称的 URL 专门保留的。
- 子名称。子名称是一种标识数据库的方法。例如，为了通过 JDBC-ODBC 桥访问某个数据库，可以用如下所示的 URL：

```
jdbc:odbc:fred
```

这个例子中，子协议为 odbc，fred 是本地 ODBC 数据源。

子名称可以依不同的子协议而变化。它还可以有子名称的子名称(含有驱动程序编程员所选的任何内部语法)。使用子名称的目的是为定位数据库提供足够的信息。这个例子中，因为 ODBC 将提供其余部分的信息，因此用 fred 就已足够。

然而，位于远程服务器上的数据库需要更多的信息。例如，如果数据库是通过 Internet 来访问的，则在 JDBC URL 中应将网络地址作为子名称的一部分包括进去，且必须遵循如下所示的标准 URL 的子名称的命名约定：//主机名：端口/数据源。假设 dbnet 是个用于将某个主机连接到 Internet 上的协议，则 JDBC URL 类似于 jdbc:dbnet://userdb:356/fred。

11.3.3 加载数据库的驱动程序

加载驱动程序的方法有以下两种。

(1) 通过调用方法 Class.forName()可显式地加载驱动程序类。由于这个调用与外部设置无关，因此推荐使用这种加载驱动程序的方法。以下代码加载类 acme.db.Driver：

```
Class.forName("acme.db.Driver");
```

(2) 通过 DriverManager.registerDriver 隐式加载驱动程序。DriverManager.registerDriver()方法用于为 DriverManager 对象加载特定的 Driver 对象。DriverManager 类存有已注册的 Driver 类的清单。DriverManager 类的方法利用已注册的驱动程序表，确定是否可以连接到某数据库的 URL 地址。当调用方法 getConnection 时，它将检查清单中的每个驱动程序，直到找到可与 URL 中指定的数据库进行连接的驱动程序为止。Driver 的方法 connect 使用这个 URL 来建立实际的连接。

加载驱动程序的第(2)种方法需要持久的预设环境。如果这一点不能保证，则调用方法

Class.forName()显式地加载每个驱动程序就更为安全,这也是一般引入特定驱动程序的方法。

11.3.4 建立数据库连接的工具

一个 Java 应用程序可与单个数据库有一个或多个连接,也可与许多数据库进行连接。与数据库建立连接的标准方法是调用 DriverManager.getConnection 方法。实际上,DriverManager 对象实现了建立数据库连接的 3 个重载的 getConnection()方法。每个方法都返回一个 Connection 对象,但它们接收的参数不同。

- getConnection(String url)方法只接收数据库 URL 作为参数。该方法用当前的 Driver 对象或已注册的 Driver 对象表中某个合适的 Driver 对象连接指定的数据库。getConnection()方法中假定构造数据库连接时不需要用户名、口令或其他数据库属性。
- getConnection(String url, Properties info)方法接收两个参数,一个是数据库的 URL,另一个是包含连接数据库所需各种属性的 Properties 对象。第二个参数必须是 Properties 对象,它包含连接指定数据库所需的所有属性项。
- getConnection(String url, String user, String password)方法接收 3 个参数,第一个参数与前两个方法一样,是数据库的 URL。另外两个参数都是 String 对象:第一个字符串说明连接数据所用的用户名;第二个字符串是 DriverManager 实际连接数据库时所用的用户口令。

下述代码显示如何建立一个与位于 URL 为"jdbc:odbc:userdb"的数据库连接。所用的用户账号为"whu",口令为"Java":

```
String url = "jdbc:odbc:userdb ";
Connection con = DriverManager.getConnection(url, "whu", "Java");
```

11.3.5 Connection 对象

Connection 对象是用于连接数据库和 Java 应用程序的主要对象。利用 Connection 对象可以创建多种的 Statement 对象,这些 Statement 对象用于执行 SQL 语句,并从数据库中读取结果。Driver 对象的 connect()方法和 DrvierManager 对象的 getConnection()方法都可以创建应用程序中的 Connection 对象。

Connection 对象提供应用程序与数据库的静态连接,即除非调用 Connection 对象的 close()方法,或者删除 Connection 对象才断开数据库连接,否则连接保持有效。如果数据库限制连接的数目,使用静态连接过多就会存在一些问题。这时,最好只在需要时才连接数据库,并在操作完毕后断开数据库连接。但是每次执行 SQL 语句时强制进行数据库连接是很费时的操作,会引起程序的延时。

11.3.6 Statement 对象

Statement 对象用于将 SQL 语句发送到数据库中。SQL 语句连接一旦建立,就可用来向它所涉及的数据库传送 SQL 语句。JDBC 对可被发送的 SQL 语句类型不加任何限制。这就提供了很大的灵活性,即允许使用特定的数据库语句或甚至于非 SQL 语句。然而,它要求用户自己负责确保所涉及的数据库可以处理所发送的 SQL 语句，否则将不能保证得到有意义的结果。例如，如果某个应用程序试图向不支持存储程序的 DBMS 发送存储程序调用，就会失败并将抛出异常。

1. Statement 对象的类型及其创建

实际上有三种 Statement 对象，它们都作为在给定连接上执行 SQL 语句的包容器，这三种 Statement 对象分别是：

- Statement；
- PreparedStatement（它从 Statement 继承而来）；
- CallableStatement（它从 PreparedStatement 继承而来）。

它们都专用于发送特定类型的 SQL 语句：

- Statement 对象用于执行不带参数的简单 SQL 语句；
- PreparedStatement 对象用于执行带或不带 IN 参数的预编译 SQL 语句；
- CallableStatement 对象用于执行对数据库访问的存储过程的调用。

Connection 接口中的 3 个方法可用于创建这些类的实例。下面列出这些类及其创建方法。

1）Statement

利用 Statement 对象可以执行静态 SQL 语句，得到 SQL 查询的结果。静态 SQL 语句的执行不需要接收任何参数。而动态 SQL 语句只有得到指定数目的参数后才是完整的 SQL 语句。静态 SQL 可以是 select 语句、delete 语句、update 语句、insert 语句，甚至可以是存储过程的调用语句。update 语句、delete 语句和 insert 语句不返回任何结果，这些语句只修改数据库中的数据。select 语句大多数情况下都要返回数据库中的数据。存储过程可以执行以上两种操作：既可以执行数据更新语句，也可以返回数据库数据的选择结果。Statement 对象的主要方法如表 11.1 所示。

表 11.1　Statement 对象的主要方法

主 要 方 法	说　　明
Cancel()	允许执行 SQL 语句的线程之外的另一个线程取消该语句的执行
clear Warnings()	清除当前 Statement 对象的警告信息
close()	关闭当前的 Statement 对象
execute()	执行 Statement 对象，主要用于执行返回多个结果集的 SQL 语句
executeQuery()	执行 SQL select 语句，返回包含满足指定 SQL 语句条件的记录组成的结果集
executeUpdate()	执行 SQL 的更新语句，包括 update 语句、delete 语句和 insert 语句
getMaxFieldSize()	返回结果集中某字段当前的最大长度
getMaxRows()	返回一个结果集中当前包含的最大行数
getMoreResults()	移到 Statement 对象的下一个结果处，用于返回多个结果的 SQL 语句
getQueryTimeout()	返回 JDBC 驱动程序等待 Statement 对象执行 SQL 语句的延迟秒数
getResultSet()	返回当前的结果集

Statement 对象可用 Connection 的方法 createStatement 创建，如下列代码段中所示。

```
Connection con = DriverManager.getConnection(url, "sunny", "");
Statement stmt = con.createStatement();
```

为了执行 Statement 对象，被发送到数据库的 SQL 语句将被作为参数提供给 Statement

的 executeQuery 方法,其完整的代码为:

```
ResultSet rs = stmt.executeQuery("SELECT a, b, c FROM Table2");
```


2) PreparedStatement

PreparedStatement 接口继承 Statement 接口,二者在以下两方面有所不同。

- PreparedStatement 对象用于发送带有一个或多个输入参数(IN 参数)的 SQL 语句。PreparedStatement 拥有一组方法,用于设置 IN 参数的值。执行语句时,这些 IN 参数将被送到数据库中。
- PreparedStatement 实例包含已编译的 SQL 语句。这就是使语句有"准备好"的含义。包含于 PreparedStatement 对象中的 SQL 语句可具有一个或多个 IN 参数。IN 参数的值在 SQL 语句创建时未被指定。相反的,该语句为每个 IN 参数保留一个问号(?)作为占位符。每个问号的值必须在该语句执行之前,通过适当的 setXXX 方法来提供。

由于 PreparedStatement 对象已预编译过,所以其执行速度要快于 Statement 对象。因此,多次执行的 SQL 语句经常创建为 PreparedStatement 对象,以提高效率。

PreparedStatement 不仅继承了 Statement 的所有功能,另外它还添加了一整套方法,用于设置发送给数据库以取代 IN 参数占位符的值。同时,3 种方法 execute()、executeQuery()和 executeUpdate()已被更改以使之不再需要参数。

PreparedStatement 对象由 Connection 对象的 prepareStatement()方法所创建。以下的代码段中 con 是 Connection 对象,它创建包含带两个 IN 参数占位符的 SQL 语句的 PreparedStatement 对象:

```
PreparedStatement pstmt =
                con.prepareStatement("UPDATE table4 SET m = ? WHERE x = ?");
```

pstmt 对象包含语句"UPDATE table4 SET m = ? WHERE x = ?",它已发送给 DBMS,并为执行做好了准备。

在执行 PreparedStatement 对象之前,必须设置每个? 参数的值。这可通过调用 setXXX 方法来完成,其中 XXX 是与该参数相应的类型。例如,如果参数具有 Java 类型 long,则使用的方法就是 setLong。setXXX 方法的第一个参数是要设置的参数的序数位置,第二个参数是设置给该参数的值。例如,以下代码将第一个参数设为 123456789,第二个参数设为 100000000:

```
pstmt.setLong(1, 123456789);
pstmt.setLong(2, 100000000);
```

一旦设置了给定语句的参数值,就可用它多次执行该语句,直到调用 clearParameters 方法清除它为止。在连接的默认模式下,当语句完成时将自动提交或还原该语句。如果基本数据库和驱动程序在语句提交之后仍保持这些语句的打开状态,则同一个 PreparedStatement 可执行多次。如果这一点不成立,那么试图通过使用 PreparedStatement 对象代替 Statement 对象来提高性能是没有意义的。

利用前面创建的 PreparedStatement 对象 pstmt,以下代码展示了如何设置两个参数占位符的值并执行 pstmt 10 次。

```
pstmt.setString(1, "Hi");
for (int i = 0; i < 10; i++) {
    pstmt.setInt(2, i);
    int rowCount = pstmt.executeUpdate();
}
```

如上所述,循环执行10次,数据库不能关闭pstmt。在该示例中,第一个参数被设置为"Hi"并保持为常数;在for循环中,每次都将第二个参数设置为不同的值:从0开始,到9结束。

3) CallableStatement

CallableStatement对象用于执行SQL存储过程,存储过程为一组可通过名称来调用的SQL语句。CallableStatement对象从PreparedStatement中继承了用于处理IN参数的方法,而且还增加了用于处理OUT参数和INOUT参数的方法。

CallableStatement对象为所有的DBMS提供了一种以标准形式调用存储过程的方法。这种调用是用一种换码语法来写的,有两种形式:一种形式带结果参数,另一种形式不带结果参数。结果参数是一种输出(OUT)参数,是存储过程的返回值。两种形式都可带有数量可变的输入(IN参数)、输出(OUT参数)或输入和输出(INOUT参数)的参数。问号将用作参数的占位符。

在JDBC中调用存储过程的语法如下所示。注意,方括号表示其间的内容是可选项。

```
{call 过程名[(?, ?, …)]}
```

返回结果参数的过程的语法为:

```
{? = call 过程名[(?, ?, …)]}
```

不带参数的存储过程的语法类似:

```
{call 过程名}
```

通常,创建CallableStatement对象时,应当知道所用的DBMS是否支持存储过程,并且知道这些过程都是些什么。然而,如果需要检查,多个DatabaseMetaData方法都可以提供这样的信息。例如,如果DBMS支持存储过程的调用,则supportsStoredProcedures()方法将返回true,而getProcedures()方法将返回对存储过程的描述。CallableStatement继承Statement的方法(它们用于处理一般的SQL语句),还继承了PreparedStatement的方法(它们用于处理IN参数)。

CallableStatement中定义的所有方法都用于处理OUT参数或INOUT参数的输出部分:注册OUT参数的JDBC类型(一般SQL类型),并从这些参数中检索结果,或者检查所返回的值是否为JDBC NULL。

CallableStatement对象是用Connection对象的prepareCall()方法创建的。例如,创建CallableStatement的实例,其中含有对存储过程getTestData调用。该过程有两个变量,但不含结果参数:

```
CallableStatement cstmt = con.prepareCall("{call getTestData(?, ?)}");
```

其中,占位符?是IN参数、OUT参数还是INOUT参数,取决于存储过程getTestData的需要。

4）何时使用这三种对象

以下所列的方法可以快速决定应用Connection对象的哪个方法，来创建不同类型的SQL语句。

- createStatement方法用于简单的SQL语句(不带参数)。
- prepareStatement方法用于带一个或多个IN参数的SQL语句，或经常被执行的简单SQL语句。
- prepareCall方法用于调用存储过程。

2. Statement对象的执行方法

Statement接口提供了3个执行SQL语句的方法：executeQuery、executeUpdate和execute。

使用哪个方法由需要的SQL语句所产生的内容决定。

1）executeQuery方法

executeQuery()方法用于产生单个结果集的语句，如select语句。

2）executeUpdate方法

executeUpdate()方法用于执行insert语句、update语句或delete语句以及SQL DDL(数据定义语言)语句，如create table语句和drop table语句。insert语句、update语句或delete语句用于修改表中零行或多行中的一列或多列。executeUpdate的返回值是一个整数，该整数表示受影响的行数(即更新计数)。对于create table或drop table等不操作行的语句，executeUpdate的返回值为零。

3）execute方法

execute方法用于执行返回多个结果集、多个更新计数或二者组合的语句。

如果有当前打开结果集存在，以上所有执行语句的方法都将关闭所调用的Statement对象的当前打开结果集。这意味着在重新执行Statement对象之前，需要完成对当前ResultSet对象的处理。

应注意，PreparedStatement接口继承了Statement接口中的所有方法，因此所有Statement类型的对象都有自己的executeQuery方法、executeUpdate方法和execute方法。Statement对象本身不包含SQL语句，因而必须给Statement.execute方法提供SQL语句作为参数。PreparedStatement对象并不将SQL语句作为参数提供给这些方法，因为它们已经包含预编译SQL语句。CallableStatement对象继承PreparedStatement的这些方法。

3. Statement语句的完成

当连接处于自动提交模式时，Statement对象中所执行的SQL语句在完成时将自动提交或还原。SQL语句在已执行且所有结果返回时，即认为已完成；对于返回一个结果集的executeQuery()方法，在检索完ResultSet对象的所有行时该语句完成；对于executeUpdate()方法，当它执行时语句即完成。

有些DBMS将已存储过程中的每条语句视为独立的语句，有的则将整个存储过程视为一个复合语句。在启用自动提交时，这种差别就变得非常重要，因为它影响什么时候调用commit方法。在前一种情况中，每条语句单独提交；在后一种情况中，所有语句同时提交。

Statement对象在执行完成后将由Java垃圾收集程序自动关闭。作为一种好的编程风格，应在不需要Statement对象时显式地关闭它们。这样可以立即释放DBMS资源，有助于避免潜在的内存问题。

11.3.7 ResultSet 对象

ResultSet 包含符合 SQL 语句中条件的所有行，这些行的全体称为结果集，结果集一般是一个表，其中有查询所返回的列标题及相应的值。例如，如果查询为 select a, b, c from Table1，则结果集将具有如下形式。

```
    A          b            c
-------- --------- --------
    12345      Cupertino    CA
    83472      Redmond      WA
    83492      Boston       MA
```

1. ResultSet 中的结果获取方法

ResultSet 通过一套 get 方法提供了对这些行中数据的访问，例如，ResultSet.next 方法用于移动到 ResultSet 中的下一行，使下一行成为当前行。这些 get 方法可以访问当前行中的不同列。

下面的代码段是执行 SQL 语句的示例。该 SQL 语句将返回行集合，其中列 1 为 int，列 2 为 String，而列 3 则为字节数组：

```
java.sql.Statement stmt = conn.createStatement();
ResultSet r = stmt.executeQuery("SELECT a, b, c FROM Table1");
while (r.next())
{
   //打印当前行的值
    int i = r.getInt("a");
    String s = r.getString("b");
    float f = r.getFloat("c");
    System.out.println("ROW = " + i + " " + s + " " + f);
}
```

在调用 execute 方法之后，分为以下两种情况。

1）执行 SQL 语句返回的结果为结果集

此时要做的第一件事情是调用 getResultSet 或 getUpdateCount 方法。调用 getResultSet 方法可以获得两个或多个 ResultSet 对象中的第一个对象；调用 getUpdateCount 方法可以获得两个或多个更新计数中第一个更新计数的内容。

假定已知某个过程返回两个结果集，则在使用 execute 方法执行该过程后，必须调用 getResultSet 方法获得第一个结果集，然后调用适当的 getXXX 方法获取其中的值。

如何调用 getMoreResults 方法以确定是否有其他结果集或更新计数。

- 如果 getMoreResults 返回 true，则需要再次调用 getResultSet 来检索下一个结果集。如前所述，如果 getResultSet 返回 null，则需要调用 getUpdateCount 来检查 null 是表示结果为更新计数还是表示没有其他结果。
- 当 getMoreResults 返回 false 时，它表示该 SQL 语句返回一个更新计数或没有其他结果。因此需要调用方法 getUpdateCount 来检查它是哪一种情况。在这种情况下，当下列条件为真时表示没有其他结果。

```
((stmt.getMoreResults() == false) && (stmt.getUpdateCount() == -1))
```

2) SQL 语句的结果不是 ResultSet

此时 getResultSet 方法将返回 null。这可能意味着结果是一个更新计数或没有其他结果。在这种情况下,判断 null 真正含义的唯一方法是调用方法 getUpdateCount,它将返回一个整数,这个整数为调用语句所影响的行数;如果为-1 则表示没有结果。也就是说,当下列条件为真时表示没有结果(或没有其他结果):

```
((stmt.getResultSet() == null) && (stmt.getUpdateCount() == -1))
```

这则意味着 SQL 语句执行的是更新语句或者 DDL 语句,SQL 结果为更新计数或者不存在任何结果。

下面的代码演示了一种方法用来确认已访问调用方法 execute 所产生的全部结果集和更新计数。

```
stmt.execute(queryStringWithUnknownResults);
while (true) {
   int rowCount = stmt.getUpdateCount();
   if (rowCount > 0) {          //它是更新计数
      System.out.println("Rows changed = " + count);
      stmt.getMoreResults();
      continue;
   }
   if (rowCount == 0) {         //DDL 命令或 0 个更新
      System.out.println("
                No rows changed or statement was DDL command");
      stmt.getMoreResults();
      continue;
   }

   //执行到这里,证明有一个结果集
   //或没有其他结果
   ResultSet rs = stmt.getResultSet;
   if (rs != null) {
   …//使用元数据获得关于结果集列的信息
   }
   …
}
```

2. ResultSet 中的行和行指针

ResultSet 对象可维护指向其当前数据行的行指针。最初它位于第一行之前,每调用一次它的 next 方法,行指针向下移动一行。因此第一次调用 next 将把行指针置于第一行上,使它成为当前行。随着每次调用 next 将按照从上至下的次序获取 ResultSet 行。在 ResultSet 对象或其父辈 Statement 对象关闭之前,行指针一直保持有效。

在 SQL 中,结果表的行指针是有名字的。如果数据库允许定位更新或定位删除,则需要将行指针的名字作为参数提供给更新或删除命令。可通过调用 getCursorName 方法获得行指针名。

注意: 不是所有的 DBMS 都支持定位更新和删除,但可使用 DatabaseMetaData.supportsPositionedDelete和 supportsPositionedUpdate 方法来检查特定的连接是否支持这

些操作。当支持这些操作时,DBMS 驱动程序必须确保适当锁定选定行,以使定位更新不会导致更新异常或其他并发问题。

3. ResultSet 中的列

ResultSet 的 getXXX 方法提供了获取当前行中某列值的途径。在每一行内,可按任何次序获取列值。但为了保证可移植性,应该从左至右获取列值,并且一次性地读取列值。列名或列号可用于标识要从中获取数据的列。例如,如果 ResultSet 对象 rs 的第二列名为"title",并将值存储为字符串,则下列的两行代码将都可以获取存储在该列中的值。

```
String s = rs.getString("title");
String s = rs.getString(2);
```

注意列是从左至右编号的,并且从列 1 开始。同时,用作 getXXX 方法的输入的列名不区分大小写。

提供使用列名这个选项的目的是为了让在查询中指定列名的用户可使用与数据库中的列名相同的名字作为 getXXX 方法的参数。另一方面,如果 select 语句未指定列名,则应该使用列号。这些情况下,用户将无法确切知道列名。

有些情况下,SQL 查询返回的结果集中可能有多个列具有相同的名字。如果列名用作 getXXX 方法的参数,则 getXXX 将返回第一个匹配列名的值。因而,如果多个列具有相同的名字,则需要使用列索引来确保检索了正确的列值。这时,使用列号效率要稍微高一些。

关于 ResultSet 中列的信息,可通过调用方法 ResultSet. getMetaData 得到。返回的 ResultSetMetaData 对象将给出其 ResultSet 对象各列的编号、类型和属性。如果列名已知,但不知其索引,则可用 findColumn 方法得到其列号。

4. ResultSet 的 NULL 值

要确定给定结果值是否是 JDBC NULL,必须先读取该列,然后使用 ResultSet. wasNull 方法检查该次读取是否返回 JDBC NULL。

当使用 ResultSet. getXXX 方法读取 JDBC NULL 时, wasNull 方法将返回下列值之一。

- Java null 值:对于返回 Java 对象的 getXXX 方法,如 getString、getBigDecimal、getBytes、getDate、getTime、getTimestamp、getAsciiStream、getUnicodeStream、getBinaryStream、getObject 等方法,返回的是这种 null 值。
- 零值:对于 getByte、getShort、getInt、getLong、getFloat 和 getDouble 方法,返回该值。
- false 值:对于 getBoolean 方法返回该值。

5. ResultSet 对象的关闭

用户不必关闭 ResultSet。当产生它的 Statement 关闭、重新执行或用于从多结果序列中获取下一个结果时,该 ResultSet 将被 Statement 自动关闭。

11.3.8 JDBC 应用的典型步骤

【例 11.2】 JDBC 应用的一个完整例子。

本例所连接的数据库是 MySQL,其驱动程序是 com. mysql. jdbc. Driver,可以在网页 http://dev. mysql. com/downloads/connector/j/中根据所装的 MySQL 的版本进行下载。本例所用的版本是 MySQL 5. 0,因此选择 Download Connector/J 5. 0 下载得到 mysql-connector-java-5. 0. 8. zip,解压后可以发现里面有一个 jar 文件 mysql-connector-java-5. 0. 8-

bin.jar,其中包含本例所需要的驱动程序类 com.mysql.jdbc.Driver。接着就需要配置系统的环境变量了,此时把 mysql-connector-java-5.0.8-bin.jar 文件放到 D 盘中,然后在 Windows 下设置环境变量 classpath 为 D:\mysql-connector-java-5.0.8-bin.jar(即该 jar 包的绝对路径)。在给出启动程序、数据源、数据库用户名及口令之后,其执行流程为:

(1) 由 DriverManager 类取得 Connection 对象;

(2) 由 Connection 对象创建 Statement 对象;

(3) 由 Statement 执行 SQL 语句并返回执行结果;

(4) 执行结果封装在 ResultSet 对象中。

这是 JDBC 应用的典型步骤,其完整的代码如下。

```
import java.sql.*;
import java.util.*;

public class JDBCTest {
    public static void main(String[] args){
    Connection conn = null;
    Statement stmt = null;
    PreparedStatement prepstmt = null;

    final String DB_DRIVER = "com.mysql.jdbc.Driver";
    final String DB_URL =
                    "jdbc:mysql://localhost:3306
                    /gongfu?autoReconnect = true&useUnicode = true";
    final String DB_USER = "wudaren";
    final String DB_PASSWORD = "123456";

     try
        {
                //加载驱动程序类
                Class.forName(DB_DRIVER);
            //建立数据库连接
            conn = DriverManager.getConnection(DB_URL,DB_USER,DB_PASSWORD);
            //要执行的 SQL 语句
            String sql = "select book_id,book_name,author from books limit 1000";
            //创建 PreparedStatement 对象
            prepstmt = conn.prepareStatement(sql);
            //执行查询
            ResultSet result = prepstmt.executeQuery();
            //处理查询结果
            while (result.next()){
                int book_id = result.getInt(1);
                String book_name = result.getString(2);
                String author = result.getString(3);
                System.out.println("book_id = " + book_id +
                                    ";book_name = " + book_name + ";author = " + author);

            }
            //关闭连接
            conn.close();
            conn = null;
        }
```

```
        catch (Exception e)
        {
            e.printStackTrace();
        }finally{
            if (conn!= null){
                try{
                    conn.close();
                }catch (Exception e){
                    e.printStackTrace();
                }
            }
        }
    }
}
```

本例是 JDBC 连接数据库的第一个例子，首先介绍 JDBC URL 的参数说明。JDBC URL 的基本格式如下。

```
protocol:subprotocol://[hostname][:port]/dbname[?param1 = value1][?param2 = value2]…
```

本例使用的 JDBC URL 为：

```
jdbc:mysql://localhost:3306/gongfu?autoReconnect = true&useUnicode = true
```

其中，JDBC URL 中的协议总是 jdbc；子协议为 mysql，它是驱动程序名或数据库连接机制。

主机名 hostname 为 localhost（代表本机，初学时用此值比起使用 IP 地址等方式能减少出错的概率），端口号 port 为 3306（MySQL 数据库默认的端口号）；数据库名 dbname 为 gongfu（数据库中用户名的名称 username 为 wudaren，密码 password 为 123456）；参数值 autoreconnect 表示当数据库连接丢失时是否自动连接，取值 true/false；参数值 useunicode 为 true/false，表示是否使用 unicode 输出。

注意：*在 JDBC 应用中，数据库操作执行完毕后，必须关闭数据库连接，以释放资源。*

11.4 JDBC API 的应用实例

11.4.1 使用 JDBC 连接数据库

如 11.1.3 小节所述，JDBC 连接数据库的常用方法有三种，但因为使用具体的数据库专用的 API 编程时，可以参考相应的数据库厂商提供的数据库文档。

本节主要介绍两种方法：一种是通过 JDBC 驱动程序连接数据库，另一种是通过 JDBC-ODBC 桥＋ODBC 驱动与数据库进行连接，并用两个实例详细说明如何运用这两种方法与数据库通信。最后，基于同样的方法，演示如何动态地加载各种不同的驱动程序，以连接不同的数据库。

1. 使用 JDBC 驱动程序连接 Derby 数据库

下面这个例子是在 Windows 系列操作系统下，使用 Derby 提供的 JDBC 驱动连接数据库。

首先，介绍下 Derby 数据库，Derby 是一款轻量级的关系型数据库。Derby 的功能很强大，它不仅支持内嵌式与客户机服务器模式，而且还支持事务处理、日志管理等许多大型数据库具有的功能，当然 Derby 的价值并不在于解决复杂事务和高性能方面，而在于它对应用开发支持也是很周到的，有 Derby Eclipse 插件的支持，在 MyEclipse 中也直接内嵌了 Derby。正是由于 Derby 的出现，一些应用开发模式也随之改变，变得更易于让人接受了。

既然 Derby 是 ASF(Apache 软件基金会)的一个项目，那么最直接下载的地方就是 Apache 网站了，可以直接访问 http://db.apache.org/derby，里面有关于 derby 全方位的信息，当然也包括下载，可以访问 http://db.apache.org/derby/derby_downloads.html 下载 derby。下面的例 11.3 使用的是官方版本 Derby 10.2.2.0。单击下载的链接进入后，会发现有许多可以下载的包。如果只是为了使用 Derby 数据库，则下载其中的二进制包即可，例如 Windows 下选择 db-derby-10.2.2.0-bin.zip。下载后解压，会发现包里面有许多我们熟知的一般目录(如 lib 目录)，还包含了 derby 的应用支持 jar 包(如包含 JDBC 驱动程序所需的 jar 包)。

【例 11.3】 与 Derby 数据库建立连接的例子。

首先，安装 JDBC 驱动程序，把含有驱动程序的.zip 或者.jar 文件(derby.jar，derbynet.jar 和derbytools.jar)放到 CLASSPATH 目录下。具体步骤可参见第 1.3.2 小节关于 CLASSPATH 的设置。然后，把 Derby 二进制包解压到目录 C:\Derby_Home，就可以启动 Derby 了，命令为 C:\Derby_Home > bin\startNetworkServer，如果见到如图 11.5 所示的信息，说明 Derby 已经成功启动。

图 11.5　启动 Derby 数据库

接下来再手动更改 Derby 的数据库存放目录。下面的命令会设置数据库主目录，并调出工具 ij (ij 是实现 JDBC 接口的一个工具)：> java -Dderby.system.home = D:\DerbyDBHome org.apache.derby.tools.ij。

如果见到如图 11.6 所示的信息，则命令执行成功。

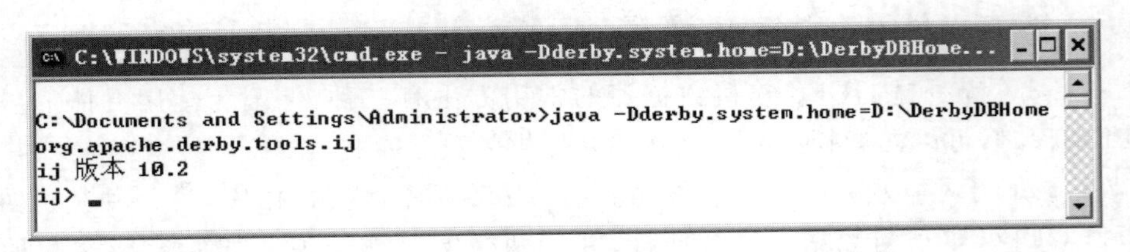

图 11.6　设置新的 Derby 数据库存放目录

再接着随手建立一个测试数据库，其命令如下。

```
ij > connect 'jdbc:derby:MyDbTest;create = true';
```

命令执行完毕后，如无意外，就可以在 D:\DerbyDBHome 下面看到如图 11.7 所示的文件夹 MyDbTest，里面就是 MyDbTest 数据库的文件。

现在，准备工作已基本完成，运行下面的程序就可以与 Derby 下的 MyDbTest 数据库进

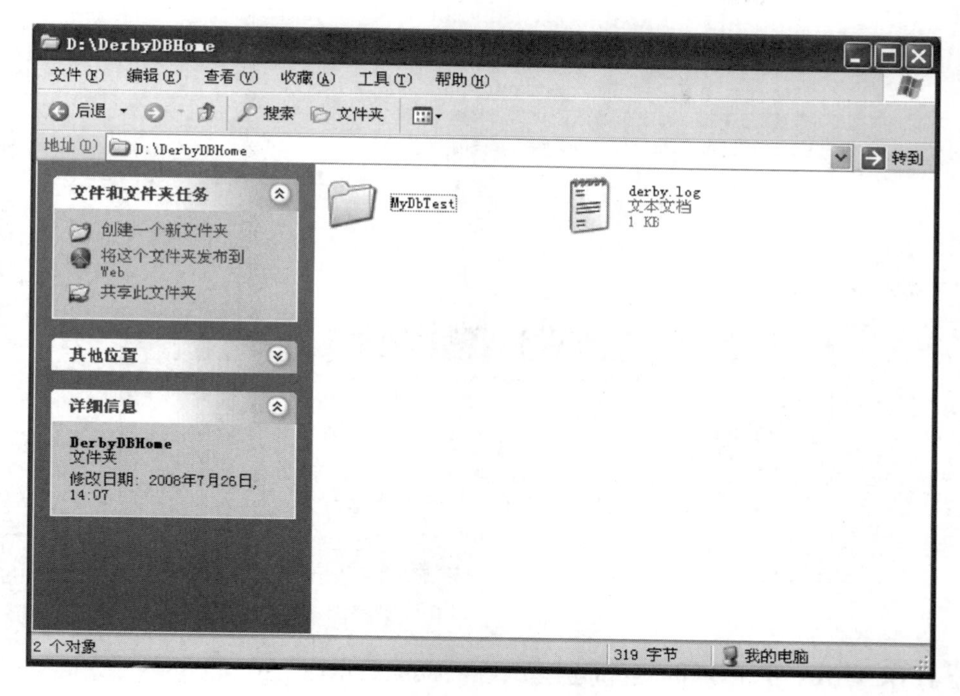

图 11.7　创建一个新的 Derby 数据库

行连接了。按照前面给出的基本步骤,完成数据库连接的程序代码如下。

```
//ConnectDerby.java
import java.sql.*;
import java.awt.*;
public class ConnectDerby{
    public static void main(String args[]){
        String url = "jdbc:derby:MyDbTest;create = true";
        //连接的是 Derby 下的 MyDbTest 数据库
        Connection con = null;
        Statement sm = null;
        ResultSet rs = null;
        try{
        //加载 JDBC 驱动,其中 org.apache.derby.jdbc.EmbeddedDriver
        //是这个驱动的类名
            Class.forName("org.apache.derby.jdbc.EmbeddedDriver");
            System.out.println("驱动程序已装载");
            System.out.println("即将连接数据库");
        } catch(Exception ex) {
            //如果无法加载驱动,则给出错误信息
            System.out.println("Can not load Jdbc Driver:"
                + ex.getMessage());
            return;
        }
        try{
            con = DriverManager.getConnection(url);
            DatabaseMetaData dmd = con.getMetaData();
            System.out.println("已连接到数据库:" + dmd.getURL());
            //显示连接的数据库
            System.out.println("所用的驱动程序是:" + dmd.getDriverName());
```

```
                //显示所用驱动程序
            } catch(SQLException ex) {
                System.out.println("failed to Connect");
                //若无法连接,给出错误信息
                System.out.println(ex.getMessage());
            }
        }
    }
```

程序运行结果如图11.8所示。

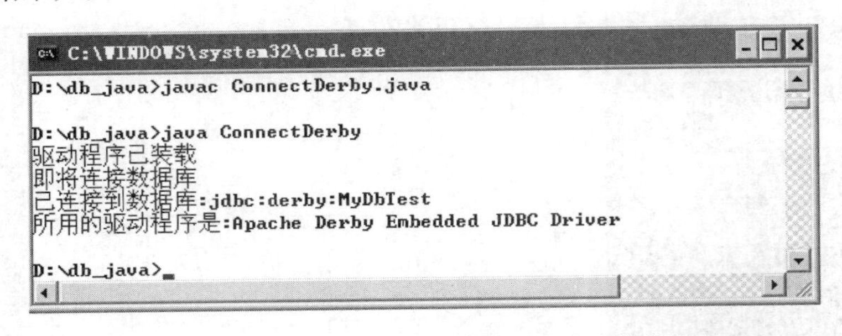

图11.8 ConnectDerby.java建立数据库连接的结果

2. JDBC-ODBC桥+ODBC驱动连接Access 2000数据库

在Java的开发工具包中一般都会自带JDBC-ODBC桥。在这个例子中,使用的操作系统是Windows XP,此系统下Access的ODBC驱动已安装配置完备。

【例11.4】 使用JDBC-ODBC桥与Access 2000数据库连接的例子。

首先,创建数据库。运行Microsoft Access,创建一个新的数据库,取名为Connect(现在只需要建个空数据库)。

然后,创建数据源。打开控制面板,单击"管理工具"→"数据源(ODBC)"图标,打开"ODBC数据源管理器"对话框,单击"添加"按钮后弹出"创建新数据源"对话框,如图11.9所示。

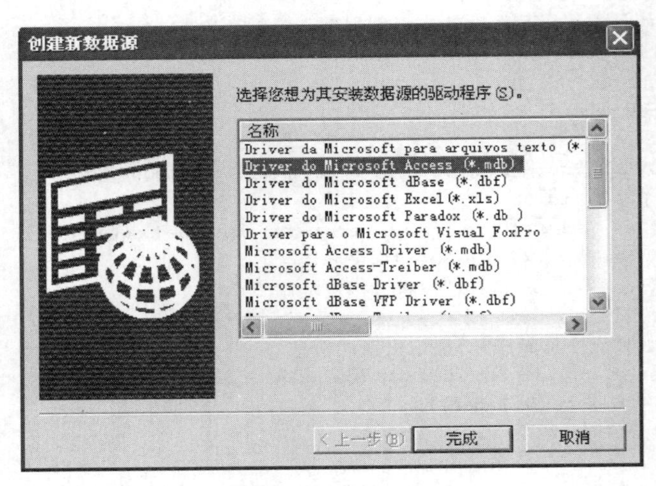

图11.9 "创建新数据源"对话框

在图11.9的"名称"列表框中选择Driver do Microsoft Access选项,单击"完成"按钮后弹出如图11.10所示的对话框。

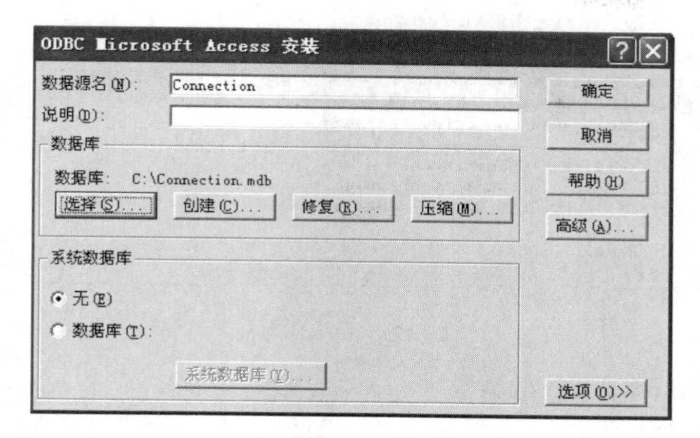

图 11.10　将数据源命名为 Connection

这个新的数据源命名为 Connection，然后单击“选择”按钮，找到 Connection.mdb(Connection.mdb 就是在图 11.9 中新建的数据库)，单击“确定”按钮，至此已成功地创建数据源。

接着，通过 JDBC API 编程连接这个数据源。其程序代码如下：

```
//ConnectAccess.java
import java.net.URL;
import java.sql.*;
class ConnectAccess{
    public static void main(String args[]){
        String url = "jdbc:odbc:Connection";
        //Connection 是已建立的 ODBC 数据源名称
        try{
            try{
            //加载 JDBC - ODBC Bridge 驱动程序
                Class.forName("sun.jdbc.odbc.JdbcOdbcDriver");
            //sun.jdbc.odbc.JdbcOdbcDriver 是 Jdbc - Odbc 桥在 JDK 中的类名,
            //要注意的是,在不同的开发环境中,驱动程序的类可能包含在不同的包里
            } catch(java.lang.ClassNotFoundException e) {
                System.out.println("Can not load Jdbc - Odbc Bridge
                    Driver");
                System.err.print("ClassNotFoundException: ");
                System.err.println(e.getMessage());
            }
            Connection con = DriverManager.getConnection(url);
            //使用指定的 url 连接数据库
            DatabaseMetaData dmd = con.getMetaData();
            System.out.println("连接的数据库: " + dmd.getURL());
            System.out.println("驱动程序: " + dmd.getDriverName());
            } catch(SQLException ex) {
            System.out.println("SQLException: ");
            while(ex!= null) {
                System.out.println("Message: " + ex.getMessage());
                //打印出错信息
                ex = ex.getNextException();
            }
        }
    }
}
```

编译、运行以上程序,其结果如图 11.11 所示。

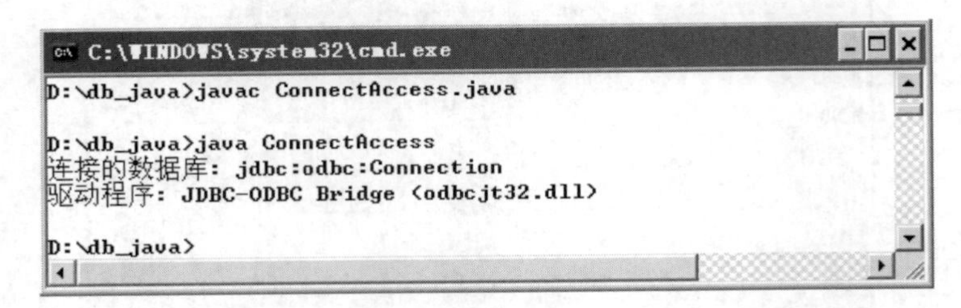

图 11.11　ConnectAccess 连接数据源的执行结果

3. 动态选择加载驱动程序的类型

以上所举的两个例子都是在程序代码中预先指定了所要加载的驱动程序以及要连接的数据库等信息。实际上,可以尝试一种更一般的形式。

【例 11.5】　动态选择加载驱动程序的例子。

本例不在程序中固定使用哪一种驱动程序,也不固定 URL 等,而是提供一个可视化的用户界面,让用户通过选择不同的 Driver 和 URL 来连接不同的数据库。以下是这个程序的具体代码。

```
//ConnectDB.java
import java.sql.*;
import java.awt.*;
import java.awt.event.*;
import javax.swing.*;
class ConnectDB{
    public static void main(String[] args) {
        JFrame myframe = new ConnectFrame();
        myframe.show();
    }
}
class ConnectFrame extends JFrame implements ActionListener{
    private Connection con = null;
    private Statement stmt = null;
    private JTextField url = new JTextField(10);
    private JTextField driver = new JTextField(10);
    private JTextField username = new JTextField(10);
    private JPasswordField password = new JPasswordField(10);
    private JTextArea resultarea = new JTextArea(6,30);
    private JButton submit = new JButton("连接");
    private JLabel statelabel
        = new JLabel("连接数据库的状态如下",SwingConstants.LEFT);
    private JLabel urllabel
        = new JLabel("数据库 URL",SwingConstants.LEFT);
    private JLabel driverlabel
        = new JLabel("驱动程序",SwingConstants.LEFT);
    private JLabel userlabel = new JLabel("用户名",SwingConstants.LEFT);
    private JLabel pwdlabel = new JLabel("密码",SwingConstants.LEFT);

    public ConnectFrame(){
        setTitle("数据库连接");
        setSize(420,300);
        addWindowListener(new WindowAdapter(){
```

```
            public void windowClosing(WindowEvent e) {
                System.exit(0);
            }
        });
            resultarea.setEditable(false);
            resultarea.setLineWrap(true);        //打开自动换行功能
            Container c = getContentPane();
            c.setLayout(null);
            c.add(urllabel);
            urllabel.setBounds(10,10,60,22);
            c.add(url);
            url.setBounds(80,10,240,22);
            c.add(driverlabel);
            driverlabel.setBounds(10,40,60,22);
            c.add(driver);
            driver.setBounds(80,40,240,22);
            c.add(userlabel);
            userlabel.setBounds(10,70,60,22);
            c.add(username);
            username.setBounds(80,70,240,22);
            c.add(pwdlabel);
            pwdlabel.setBounds(10,100,60,22);
            c.add(password);
            password.setBounds(80,100,240,22);
            c.add(submit);
            submit.setBounds(335,60,60,25);
            c.add(statelabel);
            statelabel.setBounds(140,135,150,22);
            JScrollPane scrollpane = new JScrollPane(resultarea);
            c.add(scrollpane);
            scrollpane.setBounds(80,160,240,100);
            submit.addActionListener(this);
            driver.setNextFocusableComponent(username);
            password.setNextFocusableComponent(submit);
            submit.setNextFocusableComponent(url);
        }
        public void actionPerformed(ActionEvent evt) {
            try{
                resultarea.setText("");
                Class.forName(driver.getText().trim());
                resultarea.append("驱动程序已加载,即将连接数据库" + "\n");
                con = DriverManager.getConnection(url.getText().trim(),
                username.getText().trim(),password.getText().trim());
                DatabaseMetaData dmd = con.getMetaData();
                resultarea.append("已连接到数据库:" + dmd.getURL() + "\n");
                resultarea.append("所用的驱动程序:"
                    + dmd.getDriverName() + "\n");
            } catch(Exception ex) {
                resultarea.append(ex.getMessage());
        }
    }
}
```

图 11.12 是连接 SQL Server 数据库的有关信息。

用同样的程序界面,再试试连接 Internet 上另一台机器上的 Oracle 数据库,结果如图 11.13 所示。

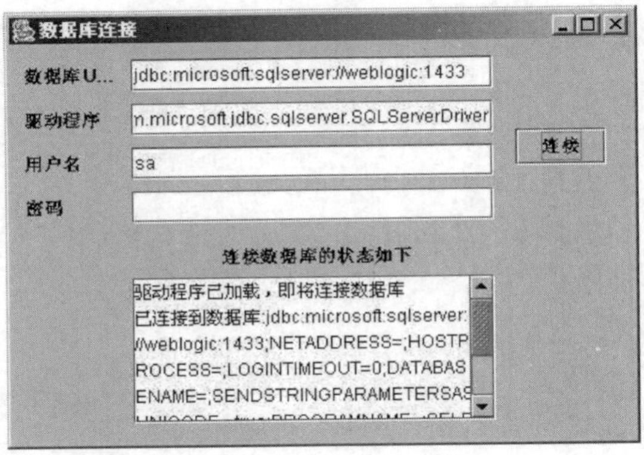

图 11.12　动态输入 SQL Server 数据库的有关信息

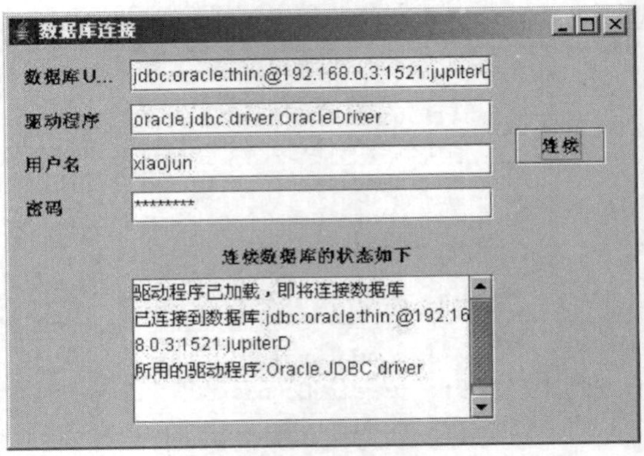

图 11.13　动态输入另一台机器上的 Oracle 数据库

11.4.2　使用 JDBC 创建基本表和视图

下面介绍怎样运用 JDBC 在数据库中建立数据表和视图，这里以 SQL Server 数据库为例。

【例 11.6】　使用 JDBC 创建基本表和视图的例子。

首先，启动 MSSQL Server 这项服务。从“开始”菜单中选择“程序”→Microsoft SQL Server 2000→Service Manager 命令，启动其中的 MSSQL Server，也可以选择 Auto-starts service when OS starts，这样以后每次系统启动时就会自动开启 MSSQL Server 服务。

然后，创建数据库。从“开始”菜单中选择“程序”→Microsoft SQL Server 2000→Enterprise Manager 命令，右击 Databases 图标，从弹出的快捷菜单中选择 New Database 命令，给这个新建的数据库取名为 DataDefine(现在只需要建个空数据库)。

接着，把含有 SQL Server JDBC 驱动程序的.zip 或.jar 文件(本例使用的是 mssqlserver.jar、msbase.jar、msutil.jar)放到 CLASSPATH 环境变量中。

完成上述的准备工作后，运行以下的程序代码。

```
//DataDefine.java
import java.sql.*;
import java.io.*;
import java.util.*;
public class DataDefine{
   public static void main(String args[]){
       String url = " jdbc:microsoft:sqlserver:
                localhost:1433;DataBaseName = DataDefine";
       //注意此时 URL 的写法: 上面的文字
       //表示连接的是本机上 1433 端口、名为 DataDefine 的数据库
       //其中 1433 是 SQL Server 默认的端口
       Connection con = null;
       Statement sm = null;
       String command = null;
       try {
          DriverManager.registerDriver(new
               com.microsoft.jdbc.sqlserver.SQLServerDriver());
          System.out.println("驱动程序已加载");
          con = DriverManager.getConnection(url,"SA","");
```

```
            //"SA"是 SQLServer 的系统管理员账户,密码初始值为空
            System.out.println("OK: 已成功连接到数据库");
        }catch(Exception ex) {
            System.out.println(ex.getMessage());
            return;
        }
        try{
            command = "CREATE TABLE 个人资料(姓名 char(20),性别 char(2),
                年龄 int, 籍贯 char(30))";          //建表
            sm = con.createStatement();
            sm.executeUpdate(command);
            System.out.println("OK: 表已建立");
            BufferedReader in
              = new BufferedReader(new FileReader(
                    "D:/MyEclipsefile/DataDefine/src/个人资料.dat"));
            //"个人资料.dat"是事先准备好的文件,用于往新建立的表中填充数据,此处
            //本例使用的是文件"个人资料.dat"的绝对路径,此文件书写的格式与 SQL 语言
            //中向表中插入数据的格式一致,例如: '张三','男',25,'湖北'
            String line = null;
            while((line = in.readLine())!= null) {
                command = "INSERT INTO 个人资料 VALUES(" + line + ")";
                //利用"个人资料.dat"文件中的内容填充基本表
                sm.executeUpdate(command);
            }
            System.out.println("表已填充好");
            command = "CREATE VIEW 个人资料视图(姓名,籍贯)
                AS SELECT 姓名,籍贯 FROM 个人资料";          //建立视图
            sm.executeUpdate(command);
            System.out.println("视图已建立");
        } catch(SQLException ex) {
            System.out.println("SQLException:");
            while(ex!= null) {
                System.err.println(ex.getMessage());
                ex = ex.getNextException();
            }
        } catch(IOException ex) {
            System.out.println("IOException:");
            System.err.println(ex.getMessage());
        }
    }
}
```

运行成功后,可以在 Enterprise Manager 下看到新建立的表"个人资料"和视图"个人资料视图",其结果如图 11.14 和图 11.15 所示。

SQL Server Enterprise Manager - [表"个人资料"中的...

姓名	性别	年龄	籍贯
余振坤	男	25	湖北
唐晓军	男	24	湖北
杨果	男	22	湖北
陈敏	男	21	湖北
方明	女	25	湖北
刘东	女	22	湖南
方小雨	女	22	湖南

图 11.14　新建立的基本表

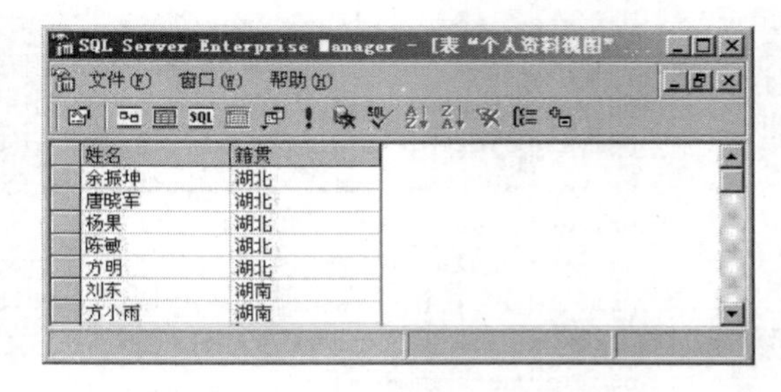

姓名	籍贯
余振坤	湖北
唐晓军	湖北
杨果	湖北
陈敏	湖北
方明	湖北
刘东	湖南
方小雨	湖南

图 11.15　新建立的视图

11.4.3 使用JDBC执行数据库查询

下面以Oracle数据库为例,讨论如何运用JDBC在数据库中进行查询。这里使用Oracle 9i附带的JDBC驱动,连接Internet上另一台电脑的Oracle数据库并执行查询。

【例11.7】 使用JDBC执行数据库查询的例子。

首先,设置CLASSPATH,把含有Oracle JDBC Driver的.zip文件的目录放到CLASSPATH环境变量中。然后,把机器连接到Internet,确定要访问的机器也在Internet上,并且其TNSListener80这项服务必须处于"启动"状态。

现在来看看这个数据库查询的程序。在这个程序中使用GridBagLayout布局来编排Swing组件。考虑到在实际应用中,用户可能难以给出精确的查询条件,所以特别提供了模糊搜索功能。并且当某项查询条件为空时,认为对此项的取值不作要求。另外值得注意的是,这个程序里由于牵涉到中文字段,在读/写Oracle数据库的时候,程序均做了编码的转换。也就是说,查询语句首先必须经过转换编码才能送去执行;同样,从数据库读取数据后也必须经过编码转换才能正确显示。但是并不是所有数据库的读/写都需要转换编码。数据库不同,或者相同的数据库、不同的JDBC驱动,情况都可能不一样。这里,先给出这个数据库查询的程序代码。

```
//QueryDB.java
import java.sql.*;
import java.awt.*;
import java.awt.event.*;
import javax.swing.*;
class QueryDB{
   public static void main(String[] args) {
      JFrame myframe = new QueryFrame();
      myframe.show();
   }
}
class QueryFrame extends JFrame implements ActionListener{
     private Connection con = null;
     private Statement stmt = null;
     private ResultSet   rs = null;
     private JLabel conditionlabel
          = new JLabel ("请填写下列查询条件",SwingConstants.CENTER);
     private JLabel namelabel = new JLabel("姓名",SwingConstants.RIGHT);
     private JTextField name = new JTextField(5);
     private JLabel sexlabel = new JLabel("性别",SwingConstants.RIGHT);
     private JTextField sex = new JTextField(3);
     private JLabel agelabel = new JLabel("年龄",SwingConstants.RIGHT);
     private JTextField age = new JTextField(3);
     private JLabel majorlabel = new JLabel("专业",SwingConstants.RIGHT);
     private JTextField major = new JTextField(8);
     private JButton commit = new JButton("递交");
     private JLabel resultlabel
          = new JLabel("查询结果", SwingConstants.CENTER);
     private JTextArea resultarea = new JTextArea(10,28);
     private  String command = null;
     public QueryFrame(){
        setTitle("数据库查询");
        setSize(500,300);
```

```
    addWindowListener(new WindowAdapter(){
        public void windowClosing(WindowEvent e)
            { System.exit(0); }
    });
    getContentPane().setLayout(new GridBagLayout());
        //以下的代码功能是使用 GridBagLayout 布局编排 Swing 组件
    GridBagConstraints gbc = new GridBagConstraints();
    gbc.fill = GridBagConstraints.NONE;
    gbc.anchor = GridBagConstraints.CENTER;
    gbc.weightx = 100;
    gbc.weighty = 100;
    add(conditionlabel,gbc,3,0,5,1);
    add(name,gbc,1,1,2,1);
    add(sex,gbc,4,1,1,1);
    add(age,gbc,6,1,1,1);
    gbc.anchor = GridBagConstraints.WEST;
    add(major,gbc,8,1,3,1);
    gbc.anchor = GridBagConstraints.CENTER;
    add(commit,gbc,5,2,1,1);
    add(resultlabel,gbc,4,3,3,1);
    JScrollPane scrollpane = new JScrollPane(resultarea);
    add(scrollpane,gbc,3,4,5,3);
    resultarea.setEditable(false);
    resultarea.setLineWrap(true);
    gbc.anchor = GridBagConstraints.EAST;
    add(namelabel,gbc,0,1,1,1);
    add(sexlabel,gbc,3,1,1,1);
    add(agelabel,gbc,5,1,1,1);
    gbc.anchor = GridBagConstraints.CENTER;
    add(majorlabel,gbc,7,1,1,1);
    commit.addActionListener(this);
    commit.setNextFocusableComponent(name);
    try{
        DriverManager.registerDriver(new
            oracle.jdbc.driver.OracleDriver());
        con = DriverManager.getConnection("jdbc:oracle:thin:
            @211.11.166.219:1521:orcl","scott","tiger");
            stmt = con.createStatement();
    } catch(Exception ex) {
        resultarea.append(ex.getMessage() + "\n");
        return;
    }
}
public void add(Component c,GridBagConstraints gbc,int x,int y,
    int w, int h) {
    gbc.gridx = x;
    gbc.gridy = y;
    gbc.gridwidth = w;
    gbc.gridheight = h;
    getContentPane().add(c,gbc);
}
public void actionPerformed(ActionEvent evt) {
    try{
            String namevalue = name.getText().trim();
            String sexvalue = sex.getText().trim();
```

```
            String agevalue = age.getText().trim();
            String majorvalue = major.getText().trim();
            String sname,ssex,sage,smajor;
               //支持模糊搜索,并且当查询条件中某项输入为空时,
               //认为此项取值不受限制
            sname = " LIKE '%" + namevalue + "%'";
            ssex = " LIKE'%" + sexvalue + "%'";
            if(agevalue.equals(""))
               sage = " BETWEEN 15 AND 35";
            else sage = " = " + agevalue;
               smajor = " LIKE'%" + majorvalue + "%'";
            command = "SELECT * FROM Student WHERE name" + sname
                 + " AND sex" + ssex + " AND age" + sage + " AND major" + smajor;
                //先将含有查询条件的串进行编码转换,再把转换后的串送去执行,
                //否则中文字段会出现乱码
            command = new String(command.getBytes(),"ISO - 8859 - 1");
            rs = stmt.executeQuery(command);
            resultarea.setText("");
            if(!rs.next())
               resultarea.setText("找不到符合此条件的记录");
          else {
              do{
                  String rename = rs.getString("name").trim();
                  String resex = rs.getString("sex").trim();
                  String reage = rs.getString("age").trim();
                  String remajor = rs.getString("major").trim();
                  //从数据库中取出后,必须经过编码转换才能正确显示汉字
                  rename = new String(rename.getBytes("ISO - 8859 - 1"),
                                                          "GB2312");
                  resex = new String(resex.getBytes("ISO - 8859 - 1"),
                                                          "GB2312");
                  reage = new String(reage.getBytes("ISO - 8859 - 1"),
                                                          "GB2312");
                  remajor = new String(remajor.getBytes("ISO - 8859 - 1"),
                                                          "GB2312");
                  resultarea.append(rename);
                  //计算姓名的长度,在姓名后输出相应的空格,以使后面的
                  //"性别"等列对齐
                  int length = rename.length();
                      for(int i = 1;i <= (16 - 2 * length);i++)
                                                resultarea.append(" ");
                  resultarea.append(resex + "                ");
                  resultarea.append(reage + "                ");
                  resultarea.append(remajor + "\n");
              }while(rs.next());
          }
       } catch(Exception ex) {
          resultarea.append(ex.getMessage() + "\n");
       }
    }
}
```

运行这个程序，查询性别是“女”、专业名称含“计算机”的所有学生，结果如图 11.16 所示。

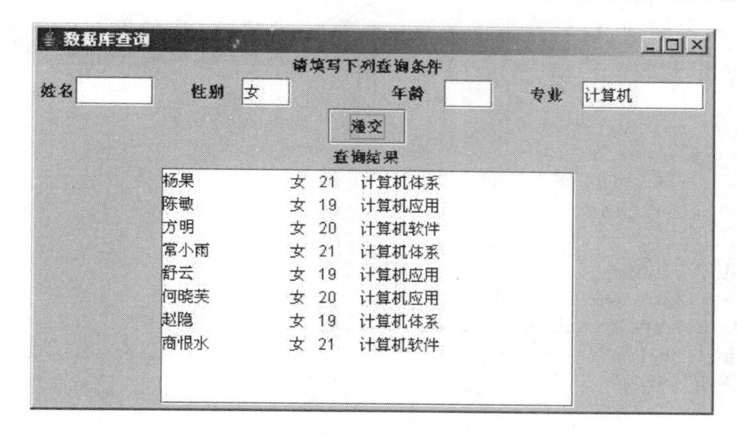

图 11.16　执行 QueryDB.java 的查询结果

11.4.4　使用 JDBC 更新数据库

现在以 mysql 数据库为例，使用 JDBC 更新数据库中的表。操作系统为 Windows XP，所用的 JDBC 驱动是 Mark Matthews 的 MySQL Driver。

【例 11.8】　使用 JDBC 更新数据库的例子。

如图 11.17 所示，先用 net start mysql 这条命令来启动 mysql 服务，接着在 C:\mysql\bin 下输入“mysql”，出现 mysql>命令提示符后就可以对数据库进行操作了。用“create database UpdateDB;”命令新建一个数据库，然后输入“show databases;”，就可看到图中的数据库列表已经出现了 UpdateDB。

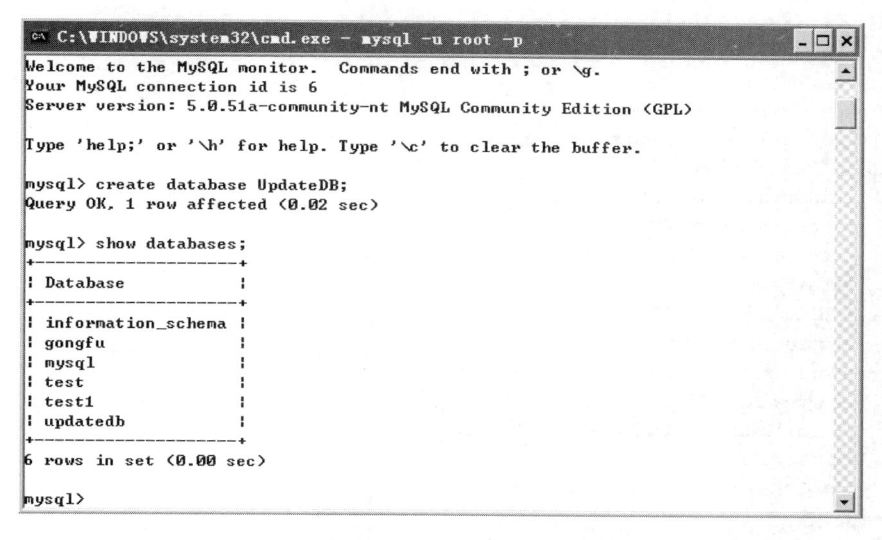

图 11.17　用 net start mysql 命令启动 mysql 并显示数据库

为了更方便、直观地操作数据库，这里仍然采用 Swing 组件构造一个界面，这样用户就可以随时从文本行中输入数据更新语句修改数据表。另外，还另设了一个文本区，用户对数据表的更新可以动态地在这个区域内反映出来。

以下是这个程序的代码部分。与前面的例子类似,每次从文本行接收用户输入的更新语句后,必须先进行编码转换,经转换后的字符串才能送去执行,否则更新 mysql 数据表的中文字段时会出现无法识别的乱码。


```
//UpdateDB.java
import java.sql.*;
import java.awt.*;
import java.awt.event.*;
import javax.swing.*;
class UpdateDB{
    public static void main(String[] args) {
        JFrame myframe = new UpdateFrame();
        myframe.show();
    }
}

class UpdateFrame extends JFrame{
    public UpdateFrame(){
            setTitle("数据库更新");
            setSize(500,200);
            addWindowListener(new WindowAdapter(){
                public void windowClosing(WindowEvent e)
                    { System.exit(0); }
            }
            Container contentpane = getContentPane();
            contentpane.add(new UpdatePanel());
     }
}
class UpdatePanel extends JPanel implements ActionListener{
    private Connection con = null;
    private Statement stmt = null;
    private JTextField sqlcommand;
    private JButton submit;
    private JTextArea resultarea;
    private ResultSet rs = null;
    public UpdatePanel(){
        sqlcommand = new JTextField(30);
        resultarea = new JTextArea(5,30);
        resultarea.setEditable(false);
        submit = new JButton("提交");
        add(new JLabel("SQL 更新语句"));
        add(sqlcommand);
        add(submit);
        add(new JLabel("当前数据表 NameAge 中的记录"));
        JScrollPane scrollpane = new JScrollPane(resultarea);
        add(scrollpane);
        submit.addActionListener(this);
        try{
            DriverManager.registerDriver(new
                org.gjt.mm.mysql.Driver());
            //与 mysql 下的 UpdateDB 数据库建立连接
            con = DriverManager.getConnection(
                "jdbc:mysql://localhost: 3306/UpdateDB","root","");
            System.out.println("已连接到数据库");
            stmt = con.createStatement();
```

```
            showTable();
        } catch(Exception ex) {
            System.out.println(ex.getMessage());
            return;
        }
    }
    public void showTable(){                                    //显示当前数据表中的记录
        try{
            rs = stmt.executeQuery("SELECT * FROM NameAge");
            resultarea.setText("姓名");
            for(int i = 1;i <= (30 - 2 * "姓名".length());i++)
                resultarea.append(" ");
            resultarea.append("年龄" + "\n");
            while(rs.next()){
                String sname = rs.getString("name");            //取姓名
                resultarea.append(sname);                       //把取出的姓名添加到文本区
                int length = sname.length();
                //按照不同姓名的长度,输出相应个数的空格以使后面的"年龄"列能够对齐
                for(int i = 1;i <= (30 - 2 * length);i++)resultarea.append(" ");
                resultarea.append(rs.getString("age") + "\n"); //输出年龄
            }
        } catch(Exception ex) {
            System.out.println(ex.getMessage());
        }
    }
    public void actionPerformed(ActionEvent evt) {
        try{
            String command = sqlcommand.getText();
            //注意这里必须进行编码转换,
            //否则更新数据表中的中文列时会出现乱码!
            command = new String(command.getBytes(),"gbk");
            stmt = con.prepareStatement("SET NAMES 'gbk';");
            //客户端字符集
            stmt.executeUpdate("SET character_set_client = gbk");
            //服务端字符集
            stmt.executeUpdate("SET character_set_server = gbk");
            //客户端与服务器端连接采用的字符集
            stmt.executeUpdate("SET character_set_connection = gbk");
            //数据库采用的字符集
            stmt.executeUpdate("SET character_set_database = gbk");
            //select查询返回数据的字符集
            stmt.executeUpdate("SET character_set_results = gbk");
            stmt.execute(command);
            showTable();                    //每次更新数据库后立即把数据表的最新状态显示出来
        } catch(Exception ex) {
            System.out.println(ex.getMessage());
        }
    }
}
```

运行上面的程序更新数据库,插入记录('游忠钟',22),如图11.18所示,可以看到文本区出现了这条新增的记录。

从图11.18中可以看到数据表中含有姓名为“舒云”的记录。现在删除这个记录,如图11.19所示,提交删除命令后,('舒云',20)这条记录消失了。

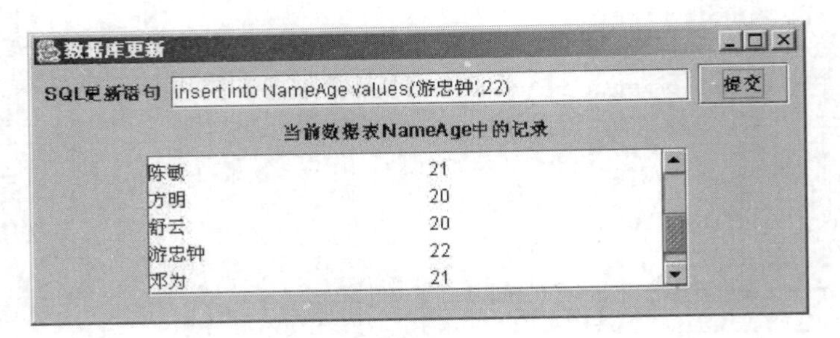

图 11.18 执行 UpdateDB.java 增加记录

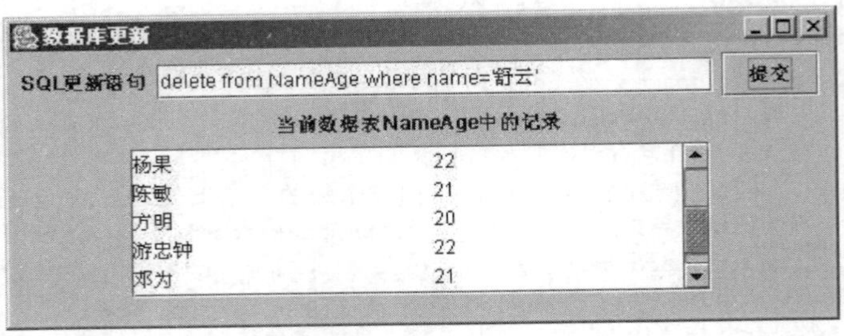

图 11.19 执行 UpdateDB.java 删除记录

学生“方明”的初始年龄是 20(见图 11.19),下面修改这个记录的年龄字段,由原来的 20 更改为 18,如图 11.20 所示。

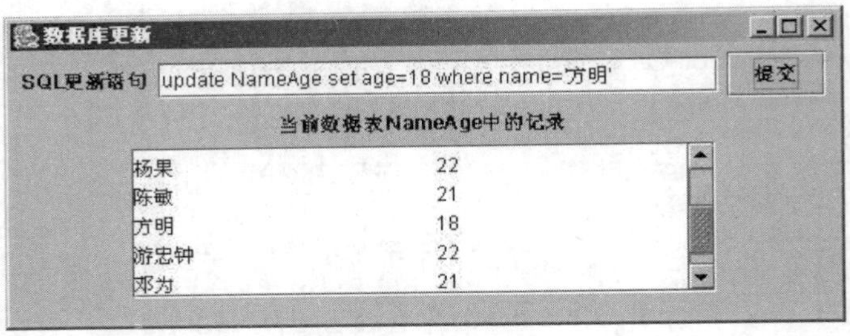

图 11.20 执行 UpdateDB.java 修改记录

现在归纳一下对于 mysql 数据库的使用,当数据表中存入中文数据时,要对数据库进行一些设置。首先,就是 mysql 的配置文件(.ini),里面有一个参数 default-character-set,设为支持中文的字符集(gbk 等)。再就是在建数据库的时候最好加上这样两句:

```
create database UpdateDB default character set gbk collate gbk_chinese_ci;
set names 'gbk';
```

这是对数据库默认字符的设置,这样以后对数据库的操作都会使用中文字符编码,创建表和表的字段属性的时候,也要注意 character-set 这个参数,设为支持中文的字符集(gbk 等)基本上就能解决了。最后,在程序里也要适当地对字符进行处理,这要根据具体的程序而定,不一样的程序修改的形式不一样,像以前在命令窗口下使用 MySQL 无法插入中文就是典型的字符不对造成的,所以在对数据库操作之前,最好在命令窗口设置一下操作时的编码,这样就能解决数据库中中文数据的正确输入和显示的问题,我们也能快速地使用 JDBC 来更新 mysql 数据库中的数据。

11.5 小　　结

JDBC 为在 Java 中开发数据库应用提供了一个良好的工具，使开发人员能够用纯 Java API 来编写数据库应用程序。

有了 JDBC API，就不必为访问每一种数据库各写一个程序，也无须担忧要为不同的平台编写不同的应用程序，只要书写一遍程序就可让它在任何平台上运行。

JDBC 也扩展了 Java 的网络功能。例如，使用 Java 的网络功能，再加上 JDBC，无论何时何地都可能访问远程数据库。

JDBC 访问数据库的方式有多种，可粗略划分为两类：利用数据库厂家的驱动程序和利用 ODBC；若利用前者，可以到 Sun 公司的网站或数据库厂商的网站上下载驱动程序，这些驱动程序已实现了作为 Java API 访问数据库的协议的接口和抽象类；若利用后者，在 Windows 平台已安装好了 ODBC 组件，并提供了相应于各种数据库的驱动程序，我们只需要建立起相应的数据源，再装载 JDBC-ODBC 桥，即可访问数据库。

在 Java 程序中利用 JDBC 访问数据库的步骤一般如下。

(1) 建立驱动管理，即登记并加载 JDBC 驱动程序，其基本语句有两个：

- Class. forName()；
- DriverManager. registerDriver()。

其参数为驱动程序。

(2) 建立与数据库的连接，其方法是调用 DriverManager. getConnection()方法，返回一个 Connection 对象。

(3) 传送一个 SQL 查询，其方法是调用 Connection 对象的 createStatement()方法，返回一个 Statement 对象。然后把编写好了的 SQL 查询语句放到一个字符串变量中，再由 Statement 对象的 execute()方法来执行。这里的 SQL 查询命令一定要调试好，最好是在数据库系统中通过交互命令调试好了以后再复制过来，以保证不在这个环节出差错。

(4) 获得结果集，这也是通过调用 Connection 对象的 getResultSet()方法或同类方法返回当前的查询结果。此时要注意对返回的结果进行适当的变换，以获得所需要的类型。利用 Connection 对象还可以完成其他数据库操作，如插入、修改、删除等。

习　题　11

1. 试述 JDBC 提供了哪几种连接数据库的方法。
2. SQL 语言包括哪几种基本语句来完成数据库的基本操作？
3. Statement 接口的作用是什么？
4. executeQuery()方法的作用是什么？
5. 试述 DriverManager 对象建立数据库连接所用的 3 种不同的方法。
6. 简述使用 JDBC 进行数据库连接的完整过程。
7. 简述 Class. forName()的作用。
8. 简述 Statement、PreparedStatement、CallableStatement 各自的作用和它们之间的关系。
9. 编写一个程序，使用 PreparedStatement 对象查询数据库中特定的多个字段。

10. 编写一个程序,使用 PreparedStatement 对象修改 Oracle 数据库中的记录。

11. 在 JDBC 编程时为什么要养成经常释放连接的习惯?

12. 编写一个连接 Oracle 数据库,并在 T_User 表中根据用户名把其中的密码更新成指定的密码的 JDBC 程序。

T_User 表:

字段名称	说明	数据类型	约束	备注
FuserName	用户名	Varchar(10)	主键	
FPwd	密码	Varchar(6)	不允许空	

数据示例:

FuserName	FPwd	FEmail
Jerry	888888	Jerry@126. com

提示代码:

```
String driverName = "oracle.jdbc.driver.OracleDriver";
String url = "jdbc:oracle:thin:@" + serverName + ":" + serverPort + ":" + serverID ;
catch(ClassNotFoundException cnfe){cnfe.getMessage();cnfe.printStackTrace();}
catch(SQLException sqle){sqle.getMessage();sqle.printStackTrace();}
```

13. 如果数据库中某个字段为 numberic 型,可以通过结果集中的(　　)方法获取。

A. getNumberic()　B. getDouble()　C. setNumberic()　D. setDouble()

14. 下列描述错误的是(　　)。

A. Statement 的 executeQuery()方法会返回一个结果集

B. Statement 的 executeUpdate()方法会返回是否更新成功的 boolean 值

C. 使用 ResultSet 中的 getString()可以获得一个对应于数据库中 char 类型的值

D. ResultSet 中的 next()方法会使结果集中的下一行成为当前行

15. JDBC 中 Statement 对象的 execute()方法返回的数据类型是________,executeQuery()方法返回的数据类型是________,executeUpdate()方法返回的数据类型是________。

16. JDBC 中 ResultSet 对象的________方法可以使游标指向结果集的下一条记录,________方法可以以布尔值的形式获取结果集的某一列的值。

第12章 Servlet 技术

Java EE(Java Enterprise Edition)是建立在 Java 2 平台上的企业级应用的解决方案。Java EE 技术不但有 J2SE 平台的所有功能,同时还提供了对 EJB、Servlet、JSP、XML 等技术的全面支持,其最终目标是成为一个支持企业级应用开发的体系结构,简化企业解决方案的开发,部署和管理等复杂问题。事实上,Java EE 已经成为企业级开发的工业标准和首选平台。

在 Java EE 的蓝图中,JSP/Servlet 属于 Web 层技术,JSP 与 Servlet 是一体两面的,可以使用单独一项技术来解决动态网页呈现的需求,但最好的方式是取两者的长处,JSP 是面向网页设计人员的,而 Servlet 是面向程序设计人员的,厘清它们之间的职责可以让两个不同专长的团队彼此合作,并降低相互间的牵制作用。本章和下一章将从 Java 语言基础转向 Java EE 的 Web 组件技术,它包含 Servlet 技术和 JSP 技术。

本章集中讨论 Servlet 技术,JSP 技术放在下一章讨论,在 Servlet 技术和 JSP 技术中用到了较多的 XML 技术,如果读者对 XML 技术不是很了解,可以参考本书的附录。

12.1 Servlet 与 Tomcat

通过浏览器访问一个网页的过程,实际上是浏览器(如 IE)通过 HTTP 协议和 Web 服务器进行交互的过程。也就是说,用户要访问网络资源,首先需要在网络上架设 Web 服务器来为用户提供内容服务,所有的内容都存在于服务器端。客户端发出请求,服务器端对请求做出响应,将用户请求的资源发送到客户端。

12.1.1 Servlet 与 Servlet 容器

Servlet(Java 服务器小程序)是用 Java 编写的服务器端程序,是由服务器端调用和执行的、按照自身规范编写的 Java 类。Servlet 可以看成是用 Java 编写的 CGI,但是它的功能和性能比 CGI 更加强大。也可以说,Java Servlet 是一个基于 Java 技术的 Web 组件,运行在服务器端,由 Servlet 容器所管理,用于生成动态的内容。Servlet 容器负责管理 Servlet 运行过程中所需要的各种资源,并负责与 Web 服务器进行沟通,管理 Servlet 中所有对象的产生与销毁。

当使用者请求来到 Web 服务器时,Servlet 容器会将请求、响应等信息包装为各种 Java 对象(如 HttpRequest、HttpResponse、Cookies 等),对象中包括了客户端的相关信息(如请求参数、session、cookie 等信息),当使用 Servlet 的对象(如 HttpResponse)发送信息时, Servlet 容器将之转换为 HTTP 信息,然后由服务器将信息发回客户端。

Servlet 容器的实现必须符合 Servlet 的规范,这个规范是由原 Sun Microsystems Inc 基于 Web Server、开发工具、各家厂商的各种需求所产生出来的。目前有许多已实现的容器,本章要介绍 Tomcat 容器的一个基本配置,就是 Apache Jakarta Project 的一个产品。

12.1.2 Tomcat 的安装与配置

安装 Tomcat 之前必须先安装 JDK,因为 Servlet 程序事实上是一种特殊的 Java 程序,需要 JDK 的支持。Tomcat 可从 Apache Jakarta Project 网站中的页面 http://tomcat.apache.org/download-80.cgi 中下载,在页面的最下面,可以看到 8.0.9 这个标题,其子标题中即提供了 Tomcat 的各种安装文件的下载,这里使用的 Tomcat 版本是 8.0.9,可以支持 Servlet 3.0,它需要安装 Java SE 7.0(JDK 1.7)以上的版本才能运行。

对于 Windows 操作系统,Tomcat 8.0.9 提供了两种安装文件,一种是 apache-tomcat-8.0.9.exe;另一种是 apache-tomcat-8.0.9-windows-x86.zip(如果读者使用的是 Linux 系统,请下载 apache-tomcat-8.0.9.tar.gz)。apache-tomcat-8.0.9-windows-x86.zip 是一个压缩包,只需要将它解压到硬盘上就可以了。下面以 apache-tomcat-8.0.9.exe 为例,讲解 Tomcat 的安装与配置。

apache-tomcat-8.0.9.exe 是可执行的安装程序,只需双击这个文件,就可以开始安装 Tomcat 了。在安装过程中,安装程序会自动搜寻 JDK 和 JRE 的位置。安装时,可以为 Tomcat 选择一个安装目录。例如,下面就是把 Tomcat 安装到了 C:\apache-tomcat-8.0.9 这个目录下了。Tomcat 安装后的目录层次结构如图 12.1 所示。

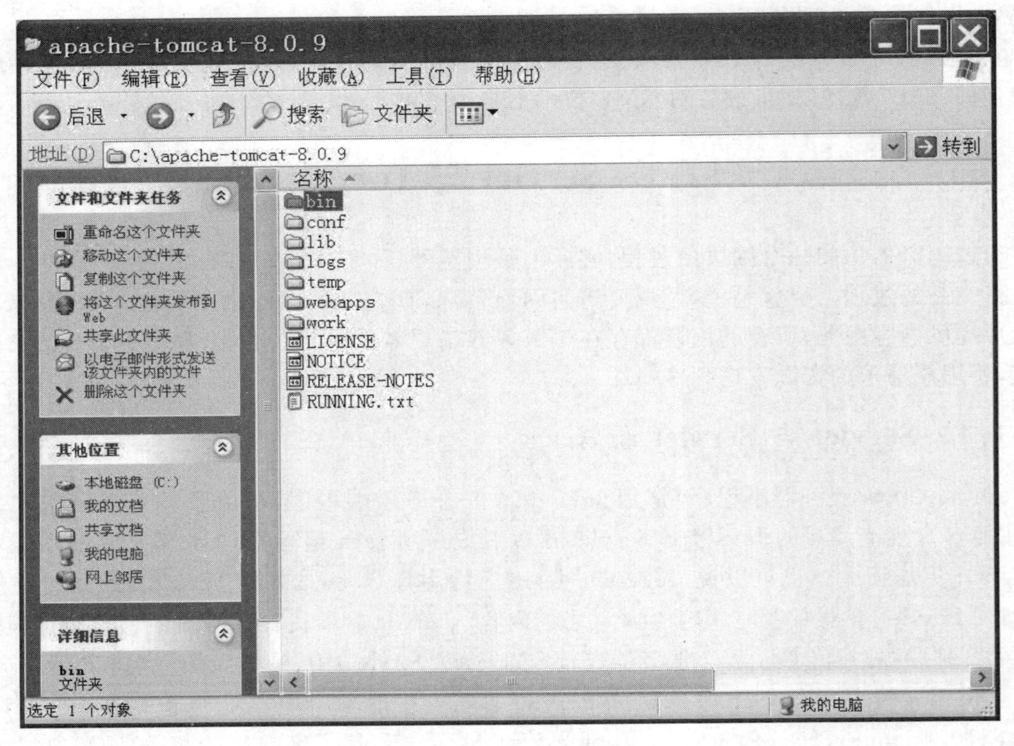

图 12.1 Tomcat 6.0.16 安装后的目录层次结构

这些目录的用途如下。

- /bin:存放启动和关闭 Tomcat 的脚本文件。
- /lib:存放 Tomcat 服务器及所有 Web 应用程序都可以访问的 JAR 文件。
- /conf:存放 Tomcat 服务器的各种配置文件,包括 server.xml(Tomcat 的主要配置文件)、tomcat-users. xml 和 web. xml 等配置文件。

- /logs：存放 Tomcat 的日志文件。
- /temp：存放 Tomcat 运行时产生的临时文件。
- /webapps：当发布 Web 应用程序时，通常把 Web 应用程序的目录及文件放到这个目录下。
- /work：Tomcat 将 JSP 生成的 Servlet 源文件和字节码文件放到这个目录下。

12.1.3 运行 Tomcat

在 Tomcat 安装目录下的 bin 子目录中，startup. bat 用来以命令行的方式启动 Tomcat，运行 Tomcat 之前一定要配置好 Java 的环境变量，否则可能会导致 Tomcat 不能正常启动。双击 startup. bat，将会看到如图 12.2 所示的界面。

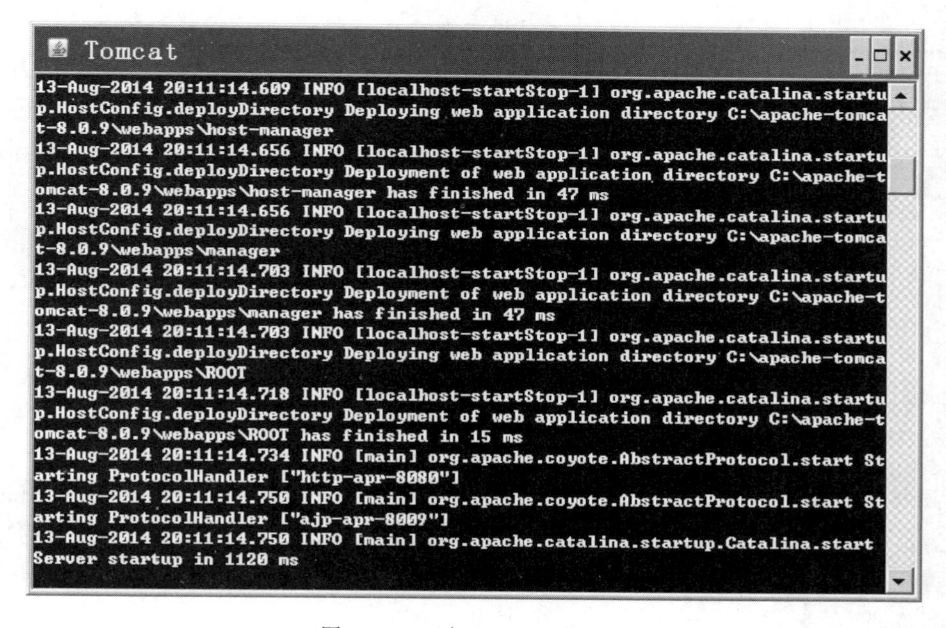

图 12.2 运行 Tomcat 的界面

当我们看到最后一句提示信息是 Server startup in xxx ms，表明 Tomcat 已经正常启动了。如果启动失败，有可能是因为 TCP 的 8080 端口被其他应用程序所占用。如果我们知道是哪个应用程序占用了 8080 端口，那么先关闭此程序。如果我们不知道或者不想关闭占用 8080 端口的应用程序，那么可以修改 Tomcat 默认监听器的端口号。

在 Tomcat 的安装目录下的 conf 子目录，用于存放 Tomcat 服务器的各种配置文件，其中 server. xml 是 Tomcat 的主要配置文件，这是一个规范的 XML 文档，在这个文件中可以修改 Tomcat 的默认监听端口号。可以使用记事本或其他文本编辑工具在文档中查找 8080 出现的位置，然后把它修改为其他的编号。修改完毕后，重新运行 startup. bat，现在应该可以正常启动了。

下一步，打开浏览器，在地址栏中输入“http://localhost:8080”。其中，localhost 表示本地机器，8080 是 Tomcat 的监听端口号。如果我们更改过默认端口号，应将 8080 改为新的端口号。输入后再按 Enter 键会看到如图 12.3 所示的 Tomcat 欢迎页面。

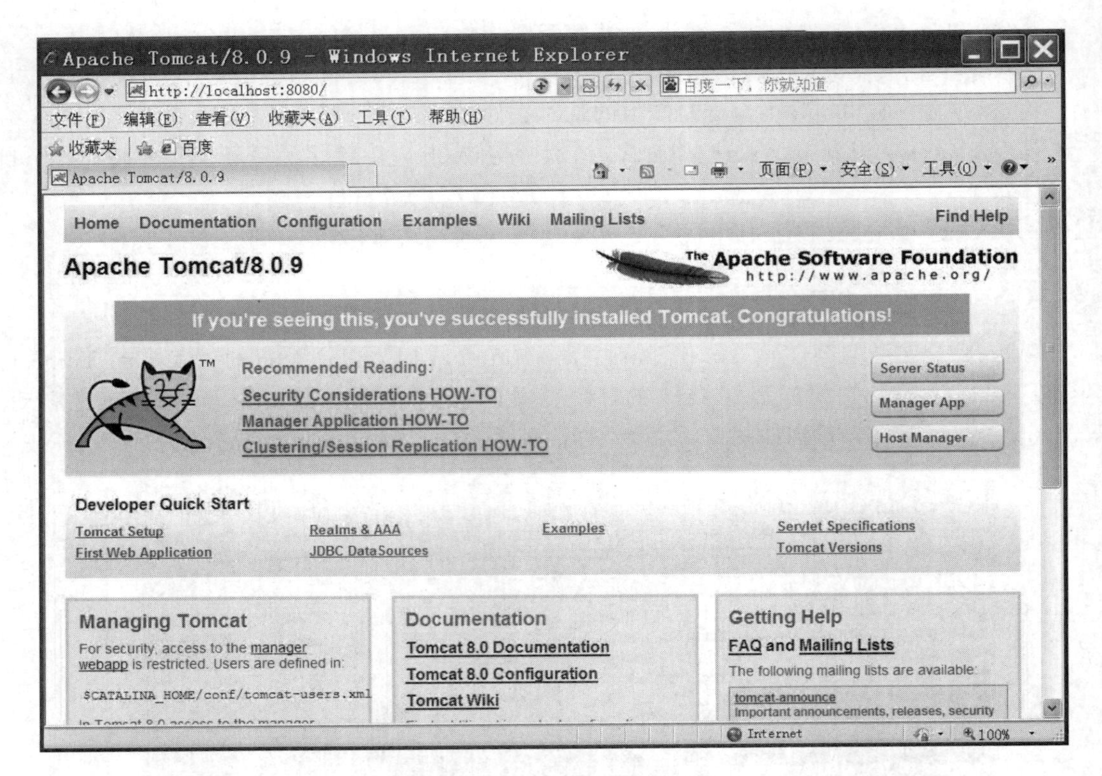

图 12.3 Tomcat 默认欢迎页面

12.2 Servlet API

在 Java 语言中,Java Applet 是运行在客户端的浏览器中的 Java 小应用程序。Servlet 可以理解为运行在 Server 上的 Applet 程序,它和 Java Applet 一样,不是独立的应用程序,没有 main()方法,不能由用户或程序员直接调用,而是生存在容器中,由容器管理。因此,Applet 运行在浏览器中,Servlet 运行在 Servlet 容器中。

通过前面的学习,我们知道要编写一个 Applet,需要从 java.applet.Applet 类派生一个子类;与 Applet 类似,要编写一个 Servlet 程序,需要实现 javax.servlet.Servlet 接口或继承实现了 javax.servlet.Servlet 接口的类。

Servlet 是实现复杂的业务应用逻辑的一个强大工具。由于使用 Java 来书写,Servlet 可以访问整个 Java API 工具集。Servlet API 是一个定义 Web 客户程序与 Web 服务器之间标准接口的 Java 类的集合。客户程序向 Web 服务器发出请求,Web 服务器调用 Servlet 对请求提供服务。Servlet API 是标准的 Java API 的扩充,它不是 Java 构架的核心部分,但它是一个有用的可不断扩充的程序包集。

Servlet API 由 javax.servlet 和 javax.servlet.http 两个包组成。

Servlet API 主要的接口与类的 UML 类图如图 12.4 所示。

javax.servlet 包含支持与普通协议无关的 Servlet 类。这意味着 Servlet 可用于许多协议,如 HTTP 协议和 FTP 协议。javax.servlet.http 包扩充了基本包 javax.servlet 的功能,包含了对 HTTP 协议的特殊支持。

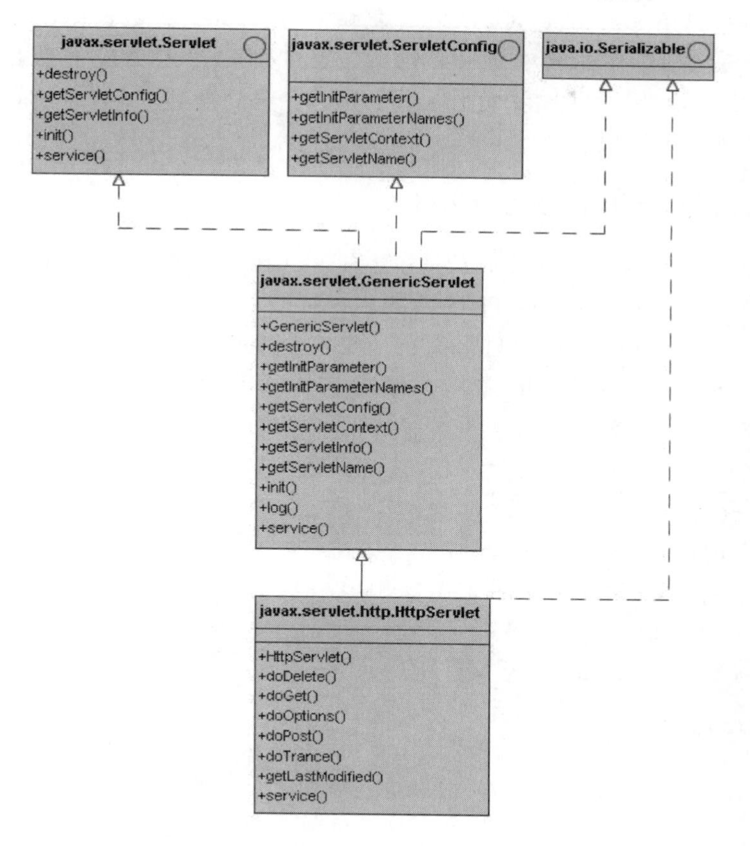

图 12.4　Servlet API 中主要接口和类的 UML 类图

Servlet 接口是 Servlet API 的重要功能的抽象。这个接口定义了 Servlet 必须实现的方法，包括处理请求的 service()方法。GenericServlet 类实现了这个接口，并且定义了类属的与协议无关的 Servlet。为了编写一个用于 Web 的 HTTP Servlet，必须使用 GenericServlet 的一个更专门的类：HttpServlet。为了简化开发，我们编写的 Servlet 一般直接继承 HttpServlet，HttpServlet 封装了编写基于 HTTP 协议的 Servlet 的大部分功能。HttpServlet 提供了专门处理 HTTP 请求的方法，如 GET 方法和 POST 方法。虽然 Servlet 也可以实现 service()方法，但在大多数情况下，我们会选择实现 HTTP 的特殊请求处理方法 doGet()和 doPost()。

12.3　Servlet 实例

在这一节，我们将展示 3 个 Servlet 实例。

第一个实例是最简单的作为 hello world 程序的 Servlet。即使这样只打印出一个句子的简单例子，它也包含了 Servlet 的基本框架，能够帮助我们理解 Servlet 的结构和它的运行环境。

第二个实例是用 Servlet 通过 JDBC 访问 SQL Server 数据库自带的数据库 Northwind。这个例子是访问任何数据源的一个特别有用的样板。它包含两个 Servlet 类，一个 Servlet 产生 HTML 表格，另一个 Servlet 处理这个表格。这个例子看起来比较长，但它并不复杂，而且比较直观。

第三个实例也是用 Servlet 通过 JDBC 连接访问 SQL Server 数据库,不过首先要创建一个新的数据库 loginapp,并在其上创建的 users 表中预先存入相应的数据。它包含两个 Servlet 类,一个是包含用户登录表单的 Servlet,另一个是处理登录的 Servlet。这个例子也综合运用了第二个例子的知识。

12.3.1 最简单的 HTTP Servlet

现在看一个最简单 Servlet 的源代码,这个 Servlet 接受一个请求并返回应答。

【例 12.1】 一个最简单的 HTTP Servlet。

本例使用的 Hello World 程序只是简单地将一个字符串"Hello World"显示到浏览器。即使开发这样一个最简单的 Servlet 程序,我们也需要以下 4 个步骤:

(1) 编写文件 SimpleServlet.java;

(2) 编译 SimpleServlet.java;

(3) 部署 Servlet;

(4) 访问 SimpleServlet。

下面就讨论如何实现这 4 个步骤。

(1) 编写 SimpleServlet 的代码。

将其存储到 SimpleServlet.java 文件中,其代码如下:

```
package servlet;

import java.io.*;
import javax.servlet.*;
import javax.servlet.http.*;

public class SimpleServlet extends HttpServlet {
    public void doGet(HttpServletRequest request,
                      HttpServletResponse response)
            throws ServletException, IOException {
        response.setContentType("text/html");
        PrintWriter out = response.getWriter();
        out.println("<HTML>");
        out.println("<HEAD><TITLE>A Servlet</TITLE></HEAD>");
        out.println("<BODY>");
        out.print("Hello World");
        out.println("</BODY>");
        out.println("</HTML>");
        out.flush();
        out.close();
    }
}
```

可以看出,SimpleServlet 类被封装到了 servlet 包中。这个 Servlet 继承了 HttpServlet 类,覆盖了 HttpServlet 中的 doGet()方法,用于对 GET 请求方法做出响应。

一般而言,报头使用 HttpServletResponse 的 setHeader 方法来设置,但由于设置内容的类型是一项十分常见的任务,因而,HttpServletResponse 提供特殊的 setContentType 方法,专门用于这种目的,指明 HTML 的方式是使用 text/html 类型。这里,在 doGet()方法中,首先将发送到客户端的输出流类型设置为 text/html,表示信息将以 HTML 文本的方式发送到客户端，然后通过 response 对象的 getWriter()方法获取一个 PrintWriter 类型的输出流对象 out，接着调用 out 对象的 println()方法向客户端发送 HTML 文本，发送的内容合起来就是一个 HTML 页面的 HTML 源码，显示效果就是在页面上显示 Hello World!。然后，out 对象的 flush()方法会清除缓冲区中的内容，最后 close()方法将关闭输出流对象 out。

在这个 Servlet 中还设置了 Servlet 相关异常 ServletException 和 I/O 相关异常 IOException，在程序出现问题时，就会抛出异常。

(2) 编译 SimpleServlet.java。

注意，由于类 SimpleServlet 在包 servlet 中，所以需要将文件 SimpleServlet.java 放到新建的 servlet 目录下。打开命令行，转到文件 SimpleServlet.java 所在目录，执行命令：

```
javac SimpleServlet.java
```

如图 12.5 所示，一般情况下，该命令并不能成功地通过编译。

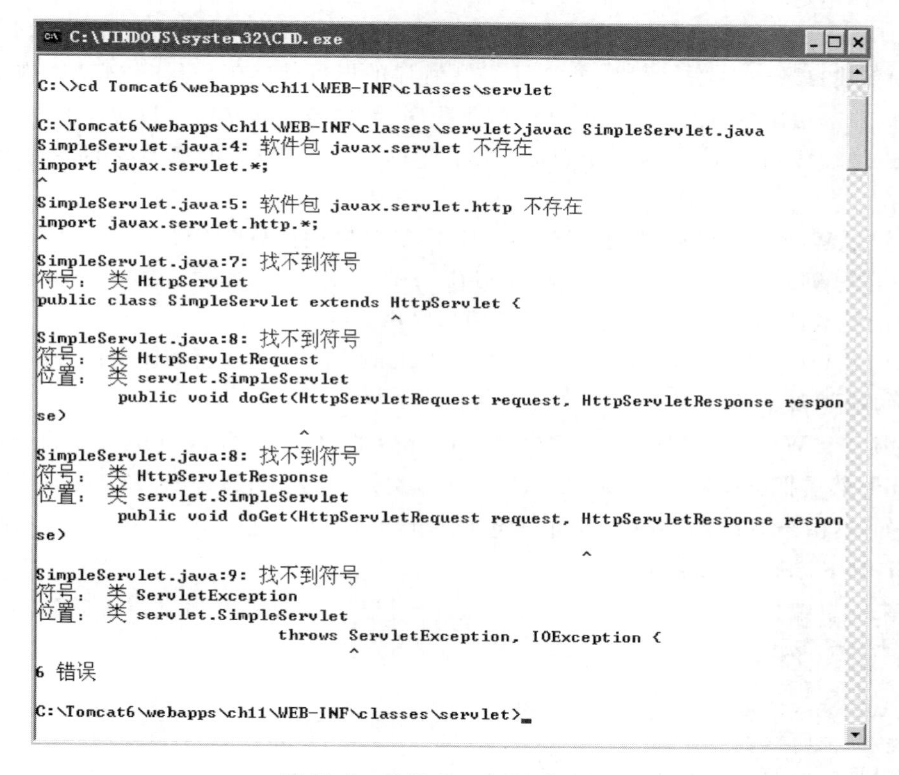

图 12.5 编译 SimpleServlet.java

如图 12.5 所示，产生错误的原因是因为 Java 编译器没有找到 javax.servlet 和 javax.servlet.http 这两个包及包中的类。要解决这个问题，我们需要让 Java 编译器能够找到 servlet API。在 Tomcat 中已经包含了 Servlet API 库，是以 jar 文件的形式提供的，位于 Tomcat 目录下的 lib\servlet-api.jar，我们只需要将这个 jar 文件添加到 CLASSPATH 环境变量中去就可以了。如果还没有设置过 CLASSPATH 环境变量，现在可以添加这个变量，本章的 Tomcat 安装在 C 盘根目录下，所以设置 CLASSPATH 为下列值，读者应该根据实际情况做相应的修改：

```
CLASSPATH = .;C:\Tomcat8\lib\servlet-api.jar
```

如果读者计算机上已经设置过 CLASSPATH 环境变量,但是并没有添加 servlet-api. jar,就应该在 CLASSPATH 值的最后面添加“;C:\Tomcat8\lib\servlet-api. jar”。还需要注意的是,不同版本的 Tomcat,servlet-api. jar 可能位于其他目录下,读者应该查验相应目录下是否确实存在 servlet-api. jar 文件。

环境变量设置完毕后,关闭刚刚打开的命令提示符窗口,重新打开一个新的命令提示符窗口,转到文件 SimpleServlet. java 所在目录,再次执行命令:

```
javac SimpleServlet.java
```

正常情况下,会生成 SimpleServlet. class 文件。

(3) 部署 Servlet。

生成的 Servlet 类并不能像普通的应用程序可以直接运行,需要部署到 Web 服务器上,然后使用浏览器来进行访问。

对于 Tomcat 服务器,我们通常将 Web 应用程序的目录放到 webapps 目录下。在这个例子中,我们新建目录 ch12 作为第一个 Web 应用程序的根目录。在 Servlet 规范中规定了 Web 应用程序的目录层次结构,对于这个 Web 应用程序,至少需要建立以下目录。

① \ch12　Web 应用程序的根目录,属于此 Web 应用程序的所有文件都放到这个目录下。

② \ch12\WEB-INF　存放 Web 应用程序部署描述文件 web. xml。

③ \ch12\WEB-INF\classes　存放 Web 应用程序用到的类文件,包括 Servlet 类文件。

④ \ch12\WEB-INF\lib　存放 Web 应用程序用到的 jar 文件。

⑤ \ch12\WEB-INF\web. xml　该文件是 Web 应用程序的部署描述文件,用来存放整个应用程序的配置和部署信息。

对于第一个 Web 应用程序例子,我们在 webapps 目录下依次创建上述 4 个目录和一个文件 web. xml,然后把编译好的 SimpleServlet. class 文件放到\ch12\WEB-INF\classes 目录下。需要注意的是,由于 SimpleServlet 类带了包名 servlet,我们实际上应该将该文件放到目录\ch12\WEB-INF\classes\servlet 下。

接下来需要编写 web. xml 文件,我们可以使用记事本或者其他文本编辑工具,将 web. xml 编写为如下内容。

```
<?xml version = "1.0" encoding = "UTF - 8"?>
<web - app version = "2.4"
     xmlns = "http://java.sun.com/xml/ns/j2ee"
     xmlns:xsi = "http://www.w3.org/2001/XMLSchema - instance"
     xsi:schemaLocation = "http://java.sun.com/xml/ns/j2ee
     http://java.sun.com/xml/ns/j2ee/web - app_2_4.xsd">
  <servlet>
     <servlet - name>MySimpleServlet</servlet - name>
     <servlet - class>servlet.SimpleServlet</servlet - class>
  </servlet>
  <servlet - mapping>
     <servlet - name>MySimpleServlet</servlet - name>
     <url - pattern>/hello</url - pattern>
  </servlet - mapping>
</web - app>
```

我们所编写的 web. xml 文件必须是格式良好的 XML，即符合 XML 规范的。其中，第一行是 XML 版本和编码的声明，第二行在根元素<web-app>上声明了 XML Schema 的名称空间。

需要说明的是，代码中粗体显示的部分使用了<servlet>和<servlet-mapping>元素以及它们的子元素，用来部署 SimpleServlet 这个 Servlet。

<servlet>元素用于声明一个 Servlet。其中的<servlet-name>子元素用于指定 Servlet 的名字。虽然子元素可以任意指定一个 Servlet 的名字，但是在同一个 Web 应用程序中，每一个 Servlet 的名字必须是唯一的，而且该名字不能为空。我们给这个例子的 Servlet 取名为 MySimpleServlet。由于<servlet-class>子元素用于指定 Servlet 类时要给出完整的限定名，如果有包名，同时要给出包名，因此第一个 Servlet 的完整限定名是 servlet. SimpleServlet。

<servlet-mapping>元素用于在 Servlet 和 URL 样式之间定义一个映射。它的子元素<servlet-name>指定的 Servlet 名字必须和<servlet>元素的<servlet-name>子元素给出的名字相同，因此，这里也应该填写 MySimpleServlet。<url-pattern>子元素用于指定对应 Servlet 的 URL 路径，该路径是相对于 Web 应用程序的路径，这里我们把第一个 Servlet 的相对 URL 路径配置成了/hello，就可以在浏览器中通过 http://localhost:8080/ch12/hello 来访问 SimpleServlet 这个 Servlet 了。如果读者曾经更改过默认端口 8080，当然就应该把 8080 更改为修改后的端口值。

(4) 访问 SimpleServlet。

要访问部署好的 Servlet，需要启动 Tomcat 服务器，运行 Tomcat 的 bin 目录下的 startup. bat 可以启动 Tomcat 服务器，然后访问 http://localhost:8080/ch12/hello。如果环境运行正常，我们可以看到 SimpleServlet 这个 Servlet 的运行结果了，这个结果很简单，就是在页面上显示 Hello World。

如果读者没有得到正确的显示结果，则应该检查前面的部署过程是否有误。事实上，出现错误时的报错信息是很详细的，一般很容易根据报错信息检查出错误原因。

12.3.2 JDBC Servlet

从第一个实例我们有了 Servlet 的基本结构的概念之后，下面进一步讨论一个略为复杂的实例。Servlet 事实上也是 Java 类，因此也可以执行数据库相关的操作。

【例 12.2】 带有 JDBC 的 Servlet。

本例给出的一个 Servlet 的例子，将演示怎样使用 JDBC 与一个外部数据源——SQL Server 数据库连接，并且在应答中输出结果。

这个例子要连接到 SQL Server 中的 NorthWind 数据库，因此，必须首先要安装一个 SQL Server 2000 数据库系统(还要安装 sp4 系统补丁)，在安装的过程中，其 SQL Server 属性配置中，其安全性要设置为 SQL Server 和 Windows 混合身份验证模式，其 SQL Server 身份验证的登录名为 sa，密码为 whu，之后装载数据库驱动程序 SQLServerDriver，然后进行连接。接着，选择将这个连接对象作为一个共享实例变量，一旦这个变量在 init 方法中初始化后就可以在 Servlet 的各方法中使用。

按照第一个例子同样的步骤，我们分 4 个步骤来开发这个 Servlet 程序。

(1) 编写 JDBCServlet. java，存储到 JDBCServlet. java 文件中，其代码如下。

```
package servlet;
```

```
import java.io.*;

import javax.servlet.*;
import javax.servlet.http.*;
import java.sql.*;

public class JDBCServlet extends HttpServlet {

    protected Connection conn = null;

    public void init(ServletConfig config)throws ServletException
   {
            super.init(config);
            String driver = config.getInitParameter("driver");
            String url = config.getInitParameter("url");
            String username = config.getInitParameter("username");
            String pwd = config.getInitParameter("pwd");
        try {
            Class.forName(driver).newInstance();
            conn = DriverManager.getConnection(url,username, pwd);
            System.out.println("Connection successful..");
        } catch (SQLException se) {
            System.out.println(se);
        } catch (Exception e) {
            e.printStackTrace();
        }
    }
    public void executeSQL(PrintWriter out)throws SQLException{

            Statement stmt = conn.createStatement();
            String sql = "select * from employees";
            ResultSet rs = stmt.executeQuery(sql);
            out.println("  <table border = '1' align = 'center'>");
           out.println("   <tr>");
           out.println("   <th>EmployeeID</th>");
           out.println("   <th>Employee Name</th>");
           out.println("   <th>Employee Title</th>");
           out.println("   <th>TitleOfCourtesy</th>");
           out.println("   <th>BirthDate</th>");
           out.println("   <th>HireDate</th>");
           out.println("   <th>Address</th>");
           out.println("   </tr>");
            while (rs.next()){
               out.println("   <tr>");
               out.println("   <td>" + rs.getString(1) + "</td>");
               out.println("   <td>" + rs.getString(2) + "
                                    " + rs.getString(3) + "</td>");
               out.println("   <td>" + rs.getString(4) + "</td>");
               out.println("   <td>" + rs.getString(5) + "</td>");
               out.println("   <td>" + rs.getString(6) + "</td>");
               out.println("   <td>" + rs.getString(7) + "</td>");
               out.println("   <td>" + rs.getString(8) + "</td>");
               out.println("   </tr>");
            }
```

```
            out.println("    </table>");
            rs.close();
            stmt.close();
        }

    public void doGet(HttpServletRequest request,
                                            HttpServletResponse response)
            throws ServletException, IOException {

        response.setContentType("text/html");
        PrintWriter out = response.getWriter();
        out.println("<HTML>");
        out.println("  <HEAD><TITLE>JDBC Servlet Demo
                                                    </TITLE></HEAD>");
        out.println("  <BODY>");
        try {
            executeSQL(out);
            System.out.println("SQL executed..");
            conn.close();
            System.out.println("Connection closed..");
        } catch (SQLException e) {
            e.printStackTrace();
        }
        out.println("  </BODY>");
        out.println("</HTML>");
        out.flush();
        out.close();
    }
}
```

这个程序开头必须装载 java.sql 包，这个包中的类和接口主要针对基本的数据库编程服务，如生成连接、执行语句以及准备语句和运行批处理查询等。同时也有一些高级的处理，如批处理更新、事务隔离和可滚动结果集等。

与上面介绍的 SimpleServlet.java 相比，这个 Servlet 同样也继承了 HttpServlet 类，同时覆盖了 doGet()方法。所不同的是，这个 Servlet 类还覆盖了 HttpServlet 的父类 GenericServlet 的 init()方法，同时还自定义了一个 executeSQL()方法。

如同 Applet 一样，Servlet 中的 init()方法会先于其他方法执行，它的作用一般是对变量进行初始化。init()方法可以带一个 ServletConfig 类型的参数，ServletConfig 接口代表了 Servlet 的配置，其配置包括 Servlet 的名字、Servlet 的初始化参数和 Servlet 环境，可以通过 getInitParameter(String name)方法来返回特定名字的初始化参数，这些参数可以从 web.xml 中读取预先为 Servlet 配置好的参数信息。在这个程序中，我们从 web.xml 中读取了 4 个配置好的参数 driver、url、username 和 pwd，用来连接数据库，对共享实例变量 conn 进行初始化。这样，如果数据库连接的信息发生了变化，只需要在 web.xml 中对这些参数值进行更改即可，而不需要修改程序代码。

Class.forName(driver).newInstance()用来初始化一个 driver 接口，并生成一个实例，因为我们在编程中要连接数据库，必须要先装载特定厂商提供的数据库驱动程序(Driver)，我们这里使用的是 SQL Server 的 JDBC 驱动程序 jar 文件——mssqlserver.jar，即在 XML 中配置好 driver 的值为 com.microsoft.jdbc.sqlserver.SQLServerDriver。

DriverManager(驱动程序管理器)类是 JDBC(Java 数据库连接)的管理层，作用于用户和驱动程序之间。DriverManager类跟踪可用的驱动程序,并在数据库和相应驱动程序之间建立连接。另外,DriverManager类也处理诸如驱动程序登录时间限制及登录和跟踪消息的显示等事务。当DriverManager激发getConnection()方法时,DriverManager类首先从它已加载的驱动程序池中找到一个可以接收该数据库URL的驱动程序,然后请求该驱动程序使用相关的数据库URL去连接到数据库中,于是,getConnection()方法建立了与数据库的连接,DriverManager.getConnection(url,username,pwd)方法表示连接到指定URL的数据库,使用的用户名为username,密码为pwd。

executeSQL()方法是一个自定义的方法,这个方法中,首先调用Connection接口中的creatStatement()创建一个Statement,用来执行SQL语句,通过SQL查询Northwind数据库中的employees表中的所有数据,作为Statement的一个实例stmt,调用executeQuery()方法来运行查询,返回ResultSet对象rs,rs包含的是查询的结果集,此接口抽象了运行select语句的结果,提供了逐行访问结果的方法,通过它访问不同的字段。rs.next()方法把当前的指针向下移动一位,最初它位于第一行之前,因此第一次调用next将把指针置于第一行上,使它成为当前行,随着每次调用next导致指针向下移动,只要不为空,其按照从上至下的次序获取ResultSet行,通过getString()方法获得在数据库里是varchar、char等数据类型的对象,来获取数据库中employees表的EmployeeID、Employee Name、Employee Title、TitleOfCourtesy、BirthDate、HireDate、Address等变量的值。

这个Servlet在doGet()方法中调用executeSQL()方法。doGet()方法通过response对象的getWriter()方法获取PrintWriter型的对象out,并把它作为实际参数传入executeSQL()方法中,这样就可以把查询结果以表格的形式显示在页面上。这里需要注意的是,不要忘记在doGet()方法中,将不再使用的Connection对象关闭掉。

同第一个Servlet例子一样,我们需要编译JDBCServlet.java。

(2) 编译JDBCServlet.java。

打开命令行,转到文件JDBCServlet.java所在目录,执行命令:

```
javac JDBCServlet.java
```

如果读者已经在编译第一个Servlet例子的时候设置好了CLASSPATH,这个Servlet例子就可以通过编译。

(3) 部署Servlet。

这里我们不再新建一个Web项目,而是直接将这个Servlet程序部署到Web项目ch12中。

这个步骤需要将编译好的JDBCServlet.class文件复制到目录\ch12\WEB-INF\classes下,然后需要修改web.xml文件。修改后的web.xml文件内容如下,其中粗体部分是添加的部分。

```
<?xml version = "1.0" encoding = "UTF - 8"?>
<web - app version = "2.4"
    xmlns = "http://java.sun.com/xml/ns/j2ee"
    xmlns:xsi = "http://www.w3.org/2001/XMLSchema - instance"
    xsi:schemaLocation = "http://java.sun.com/xml/ns/j2ee
    http://java.sun.com/xml/ns/j2ee/web - app_2_4.xsd">
  <servlet>
    <servlet - name>MySimpleServlet</servlet - name>
```

```
        <servlet-class>servlet.SimpleServlet</servlet-class>
    </servlet>
    <servlet>
        <servlet-name>JDBCServlet</servlet-name>
        <servlet-class>servlet.JDBCServlet</servlet-class>
        <init-param>
            <param-name>driver</param-name>
            <param-value>
              com.microsoft.jdbc.sqlserver.SQLServerDriver
            </param-value>
        </init-param>
        <init-param>
            <param-name>url</param-name>
            <param-value>
                jdbc:microsoft:sqlserver://localhost:1433;DatabaseName = NorthWind
            </param-value>
        </init-param>
        <init-param>
            <param-name>username</param-name>
            <param-value>sa</param-value>
        </init-param>
        <init-param>
            <param-name>pwd</param-name>
            <param-value>whu</param-value>
        </init-param>
    </servlet>

    <servlet-mapping>
        <servlet-name>MySimpleServlet</servlet-name>
        <url-pattern>/hello</url-pattern>
    </servlet-mapping>
    <servlet-mapping>
        <servlet-name>JDBCServlet</servlet-name>
        <url-pattern>/jdbcservlet</url-pattern>
    </servlet-mapping>
</web-app>
```

可以看到，粗体部分是为 JDBCServlet 这个 Servlet 所添加的部署描述信息。与 MySimpleServlet 相比，这个 Servlet 的部署描述信息中多了 4 个 init-param 元素及其子元素 param-name 和 param-value。

正如我们看到的，在一个 Servlet 中可以配置多个 init-param 元素，这些元素可以为 Servlet 配置运行时所需要的参数信息。在 Servlet 中可以通过作为 init()方法的参数传入的 ServletConfig 类型的对象的 getInitParameter()方法获取这些参数。在这个 Servlet 程序中，init()方法中的第 2 行～第 5 行代码就获取了 web.xml 中配置的参数。init-param 元素的子元素 param-name 用于设置参数名称，这个名称作为 ServletConfig 对象的 getInitParameter()方法的参数，init-param 元素的子元素 param-value 用于设置参数值，ServletConfig 对象的 getInitParameter()方法将返回这个值。

我们知道 JDBC 程序访问数据库需要相应的数据库驱动程序，为此我们需要为项目导入 SQL Server 的 JDBC 驱动程序的 jar 文件——mssqlserver.jar(可以在网上下载这个 JDBC 驱动程序)。在 Web 项目中，我们只需要将这些 jar 文件复制到目录\ch12\WEB-INF\lib 中即可。

(4) 访问 JDBCServlet。

在 web.xml 中,我们将 JDBCServlet 的 url-pattern 配置成了/jdbcservlet,因此,可以通过 URL 地址 http://localhost:8080/ch12/jdbcservlet 来访问这个 JDBC Servlet 程序。这个 Servlet 程序在浏览器中的显示效果如图 12.6 所示。

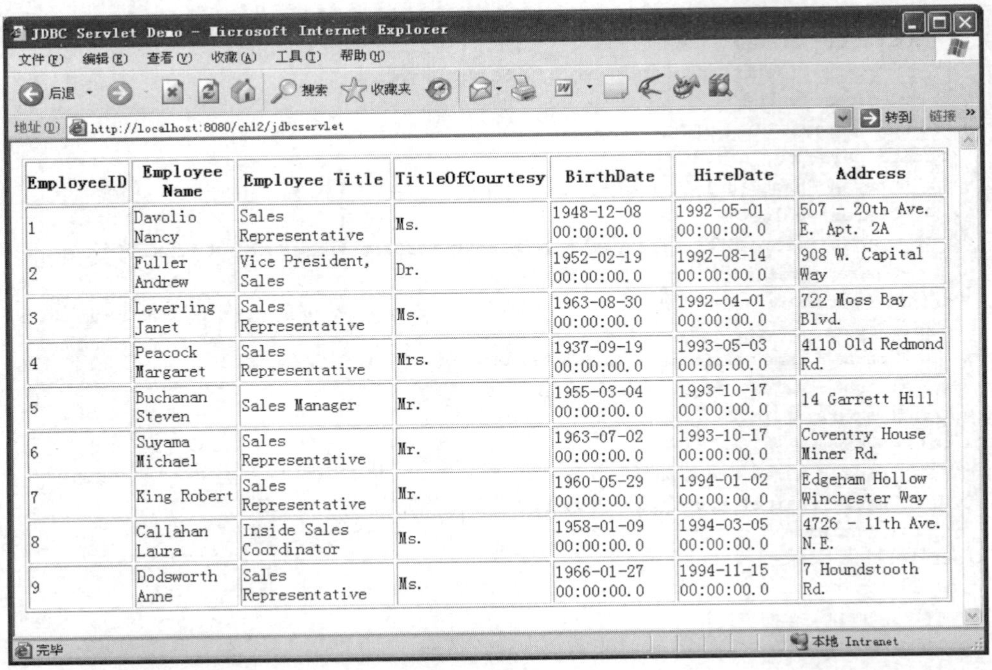

EmployeeID	Employee Name	Employee Title	TitleOfCourtesy	BirthDate	HireDate	Address
1	Davolio Nancy	Sales Representative	Ms.	1948-12-08 00:00:00.0	1992-05-01 00:00:00.0	507 - 20th Ave. E. Apt. 2A
2	Fuller Andrew	Vice President, Sales	Dr.	1952-02-19 00:00:00.0	1992-08-14 00:00:00.0	908 W. Capital Way
3	Leverling Janet	Sales Representative	Ms.	1963-08-30 00:00:00.0	1992-04-01 00:00:00.0	722 Moss Bay Blvd.
4	Peacock Margaret	Sales Representative	Mrs.	1937-09-19 00:00:00.0	1993-05-03 00:00:00.0	4110 Old Redmond Rd.
5	Buchanan Steven	Sales Manager	Mr.	1955-03-04 00:00:00.0	1993-10-17 00:00:00.0	14 Garrett Hill
6	Suyama Michael	Sales Representative	Mr.	1963-07-02 00:00:00.0	1993-10-17 00:00:00.0	Coventry House Miner Rd.
7	King Robert	Sales Representative	Mr.	1960-05-29 00:00:00.0	1994-01-02 00:00:00.0	Edgeham Hollow Winchester Way
8	Callahan Laura	Inside Sales Coordinator	Ms.	1958-01-09 00:00:00.0	1994-03-05 00:00:00.0	4726 - 11th Ave. N.E.
9	Dodsworth Anne	Sales Representative	Ms.	1966-01-27 00:00:00.0	1994-11-15 00:00:00.0	7 Houndstooth Rd.

图 12.6 JDBCServlet 在浏览器中的运行效果

在显示以上结果的同时,这个 Servlet 还会在控制台中打印如下所示的数据库连接对象的状态信息:

```
Connection successful..
SQL executed..
Connection closed..
```

12.3.3 Login Servlet

在第三个 Servlet 的实例中,将展示 Servlet 的一个最常用的功能:编写登录页面。

【例 12.3】 实现登录页面的 Servlet。

编写一个用于用户登录的页面 login.html,该页面中用户输入用户名和密码后,将表单提交给 LoginServlet 进行处理。

在 LoginServlet 中,将表单提交的用户名及密码和数据库中的信息进行比较,如果该用户名在数据库中存在且密码正确,页面将通过重定向转向 success.html 页面,否则页面将通过请求转发转向 fail.html 页面。

这个程序使用了 JDBC 来访问 SQL Server 中的 loginapp 数据库,合法的用户信息都已保存到这个数据库中的 users 表中,该表的结构和数据如图 12.7 所示。

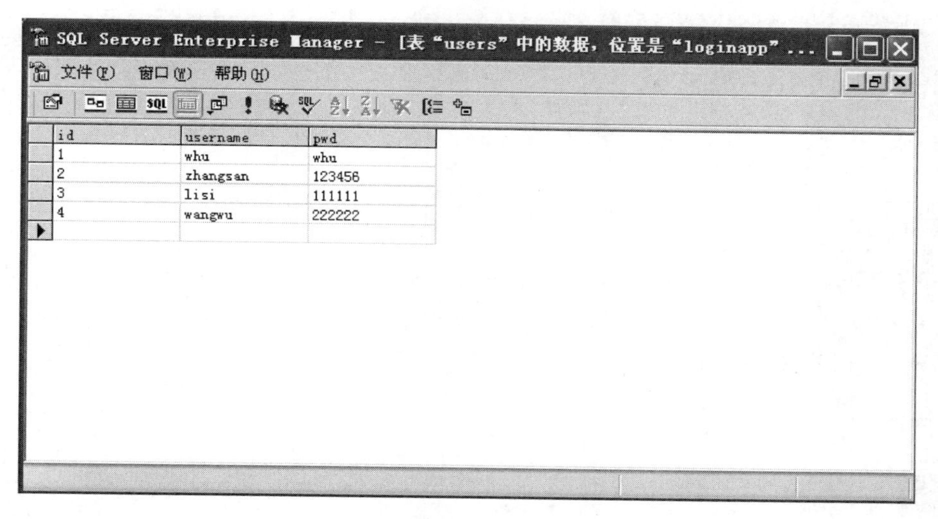

图 12.7　Login Servlet 中用来存放用户信息的数据表 users

(1) 编写 LoginServlet.java 及相关页面。

首先编写登录页面 login.html，其代码如下。

```
<html>
<head>
<title>用户登录</title>
</head>
<body>
    <form action = "loginservlet" method = "post">
    请输入用户名: <input type = "text" name = "userName"><br>
    请输入密码: <input type = "password" name = "password"><br>
    <input type = "submit" value = "登录">
    <input type = "reset" value = "清空">
    </form>
</body>
</html>
```

在 login.html 页面中，我们定义了一个 form 表单，先假定对此表单进行处理的 Servlet 是 loginservlet，即 HTML 执行的动作 action 定义为 servlet。由于提交的数据中包含了用户的密码，为了安全起见，表单的提交方式应该采用 post。

用户登录成功后将转向 success.html 页面，success.html 的代码如下。

```
<html>
<head>
<title>登录成功</title>
</head>
<body>
    恭喜,登录成功!
</body>
</html>
```

这个页面很简单，就是在页面上显示一句提示："恭喜，登录成功!"。

如果用户登录失败，则转向 fail.html 页面。fail.html 的代码如下。

```
<html>
<head>
<title>登录失败</title>
</head>
<body>
    登录失败,用户名或密码错误!
</body>
</html>
```

这个页面也很简单,就是在页面上显示一句提示:“登录失败,用户名或密码错误!”。

编写好相关的 HTML 页面,下面就要编写处理登录请求的 Servlet。该 Servlet 命名为 LoginServlet,存放在 LoginServlet.java 文件中,其代码如下。

```
package servlet;

import java.io.*;
import java.sql.*;
import javax.servlet.*;
import javax.servlet.http.*;

public class LoginServlet extends HttpServlet {

    protected Connection conn = null;

    public void init(ServletConfig config)throws ServletException
    {
        super.init(config);
        String driver = config.getInitParameter("driver");
        String url = config.getInitParameter("url");
        String username = config.getInitParameter("username");
        String pwd = config.getInitParameter("pwd");
        try {
            Class.forName(driver).newInstance();
            conn = DriverManager.getConnection(url,username, pwd);
            System.out.println("Connection successful..");
        } catch (SQLException se) {
            System.out.println(se);
        } catch (Exception e) {
            e.printStackTrace();
        }
    }

    int checkuser(String username,String pwd){
        PreparedStatement pstmt = null;
        ResultSet rs = null;
        String sql = "select * from users where username = ? and pwd = ?";
        try{
            pstmt = conn.prepareStatement(sql);
            pstmt.setString(1, username);
            pstmt.setString(2, pwd);
            rs = pstmt.executeQuery();
            if(rs.next())
                return rs.getInt(1);
            else
                return 0;
```

```
            }
            catch(SQLException se){
                return -1;
            }
            finally{
                try{
                    rs.close();
                    pstmt.close();
                }
                catch(SQLException se){
                    se.printStackTrace();
                    return -1;
                }
            }
        }

        public void doPost(HttpServletRequest request,
                                HttpServletResponse response)
                throws ServletException, IOException {
            String username = request.getParameter("userName");
            String pwd = request.getParameter("password");
            int res = checkuser(username,pwd);
            if(res>0) {
                System.out.println("登录成功!");
                response.sendRedirect("success.html");
            }
            else{
                System.out.println("登录失败!");
                RequestDispatcher rd = request.getRequestDispatcher("fail.html");
                rd.forward(request, response);
            }
        }
    }
```

在这个 Servlet 中，声明了一个共享实例变量 conn，并在 init()方法中对它进行了初始化。我们同样使用 init()方法的 ServletConfig 类型参数从 web.xml 中读取 LoginServlet 中配置好的参数信息来建立连接。checkuser()方法是自定义的一个方法，用来验证登录的用户是否合法，它传入两个参数 username 和 pwd，分别表示表单提交的用户名和密码信息。如果该用户在数据库中存在且密码匹配，则返回该用户的 id，否则返回 0；如果验证过程中发生 SQLException，则返回−1。

与前面两个 Servlet 不同的是，这里我们用了 doPost()方法，而不是 doGet()方法，因为 login.html 中定义的表单提交方式是 Post。在 doPost()方法中，首先通过 request 对象的 getParameter()方法，获取表单提交的用户名和密码信息，然后调用 checkuser()方法验证信息是否合法。如果合法，则通过 response 的 sendRedirect()方法重定向到 success.html 页面，否则通过 ReuqestDispatcher 对象的 forward()方法，将请求转发到 fail.html 页面。关于重定向和请求转发的区别将在后面详细介绍。

(2) 编译 LoginServlet.java。

打开命令行，转到文件 LoginServlet.java 所在目录，执行命令：

```
javac LoginServlet.java
```

(3) 部署Servlet。

同前面一样，将这个Servlet程序部署到Web项目ch12中。

首先将编写的3个静态页面login.html、success.html及fail.html复制到目录\ch12下，然后将编译好的LoginServlet.class文件复制到目录\ch12\WEB-INF\classes下，接着修改web.xml文件如下。

```
<?xml version = "1.0" encoding = "UTF - 8"?>
<web - app version = "2.4"
    xmlns = "http://java.sun.com/xml/ns/j2ee"
    xmlns:xsi = "http://www.w3.org/2001/XMLSchema - instance"
    xsi:schemaLocation = "http://java.sun.com/xml/ns/j2ee
    http://java.sun.com/xml/ns/j2ee/web - app_2_4.xsd">
  <servlet>
    <servlet - name>MySimpleServlet</servlet - name>
    <servlet - class>servlet.SimpleServlet</servlet - class>
  </servlet>
  <servlet>
    <servlet - name>JDBCServlet</servlet - name>
    <servlet - class>servlet.JDBCServlet</servlet - class>
    <init - param>
        <param - name>driver</param - name>
        <param - value>
        com.microsoft.jdbc.sqlserver.SQLServerDriver
        </param - value>
    </init - param>
    <init - param>
        <param - name>url</param - name>
        <param - value>
        jdbc:microsoft:sqlserver://localhost:1433;DatabaseName = NorthWind
        </param - value>
    </init - param>
    <init - param>
        <param - name>username</param - name>
        <param - value>sa</param - value>
    </init - param>
    <init - param>
        <param - name>pwd</param - name>
        <param - value>whu</param - value>
    </init - param>
  </servlet>
  <servlet>
    <servlet - name>LoginServlet</servlet - name>
    <servlet - class>servlet.LoginServlet</servlet - class>
    <init - param>
        <param - name>driver</param - name>
        <param - value>
        com.microsoft.jdbc.sqlserver.SQLServerDriver
        </param - value>
    </init - param>
    <init - param>
        <param - name>url</param - name>
        <param - value>
        jdbc:microsoft:sqlserver://localhost:1433;DatabaseName = loginapp
        </param - value>
```

```
    </init-param>
    <init-param>
        <param-name>username</param-name>
        <param-value>sa</param-value>
    </init-param>
    <init-param>
        <param-name>pwd</param-name>
        <param-value>whu</param-value>
    </init-param>
</servlet>

<servlet-mapping>
   <servlet-name>MySimpleServlet</servlet-name>
   <url-pattern>/hello</url-pattern>
</servlet-mapping>
<servlet-mapping>
   <servlet-name>JDBCServlet</servlet-name>
   <url-pattern>/jdbcservlet</url-pattern>
</servlet-mapping>
<servlet-mapping>
   <servlet-name>LoginServlet</servlet-name>
   <url-pattern>/loginservlet</url-pattern>
</servlet-mapping>
</web-app>
```

其中,粗体部分是添加的部分。

由于在 login.html 中定义对表单进行处理的 Servlet 是 loginservlet,我们在<servlet-mapping>中定义该 Servlet 的<url-pattern>元素值为/loginservlet。与 JDBCServlet 一样,这个 Servlet 中也配置了 4 个参数,在程序中读取这些参数值来创建数据库连接。虽然这里配置的 4 个参数名称跟 JDBCServlet 中配置的 4 个参数名称是一样的,但是由于它们处于不同的 Servlet 元素下面,所以在不同的 Servlet 中所能访问到的参数是不同的。因此,在上面的 web.xml 中,粗体部分定义的 init-param 就只能被 LoginServlet 访问到。由于 LoginServlet 访问的是 loginapp 数据库中的 users 表,这里的 url 参数值中的 DatabaseName 就应该设置为 loginapp。

(4) 访问 Login Servlet。

启动 Tomcat 服务器后,在地址栏中输入"http://localhost:8080/ch12/login.html",将出现如图 12.8 所示的登录页面。

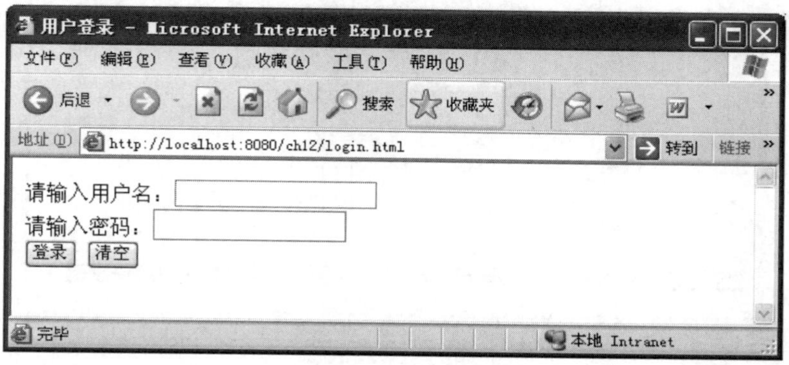

图 12.8 登录页面 login.html

在用户名文本域中输入“whu”,在密码文本域中也输入“whu”,单击“登录”按钮,将看到如图 12.9 所示的页面。注意,此时地址栏中的 URL 地址显示的页面是 success. html。

图 12.9　登录成功时转向的页面 success. html

单击“后退”按钮可返回 login. html 页面,重新输入其他错误的用户名和密码,单击“登录”按钮,将看到如图 12.10 所示的页面。注意,此时地址栏中的 URL 地址显示的是 loginservlet,而不是 fail. html,这是重定向和请求转发的区别之一。

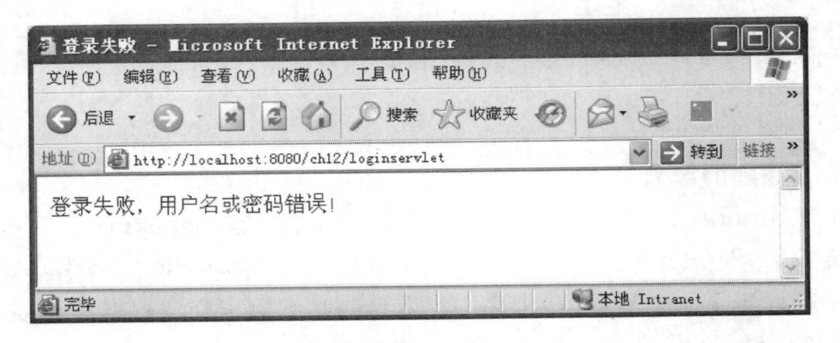

图 12.10　登录失败时转向的页面 fail. html

如果直接在浏览器地址栏中输入“http://localhost:8080/ch12/loginservlet”来访问 LoginServlet,将会出现如图 12.11 所示的错误页面。

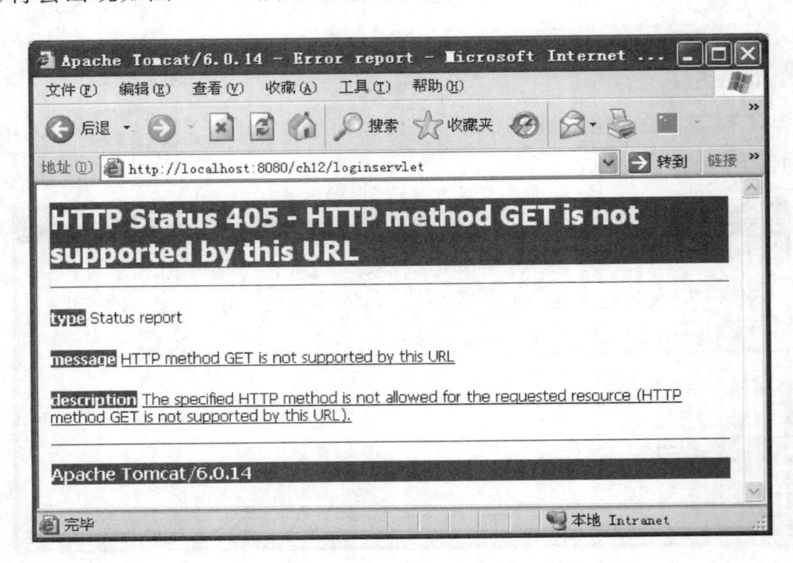

图 12.11　直接访问 loginservlet 时的报错信息

出现这样的错误是因为直接访问 Servlet 时，将采用 get 方式提交请求，而 LoginServlet 中仅仅定义了 doPost()方法，没有定义 doGet()方法，这样这个 Servlet 只能处理 Post 方式提交的请求，因此会报“HTTP method GET is not supported by this URL”的错误。

12.4 Servlet 的生命周期

基于 Servlet 应用的客户程序通常并不直接使用 Servlet 进行通信，而是通过 Web 服务器或应用服务器请求 Servlet 的服务。Web 服务器或应用服务器又通过 Servlet API 调用 Servlet。服务器的作用是管理 Servlet 的装载和初始化、为请求提供服务、卸载和撤销 Servlet。这些功能一般由应用服务器的 Servlet 管理功能提供。

一般来说，服务器环境里每一时刻都有一个特定的 Servlet 对象的实例，这是 Servlet 的持续性的基本原则。当 Servlet 首次被装载到服务器环境的时候，服务器负责对这个 Servlet 进行初始化。在这个环境中，Servlet 在生命周期内保持活跃或持续的状态。

每个客户程序对 Servlet 的请求都是由相对于原对象实例的新线程来处理的。服务器负责创建新的线程来处理请求。服务器还负责卸载和重新装入 Servlet，这种情况可能出现在 Web 服务器关闭或 Servlet 的基础类文件发生变化的时候，具体取决于服务器的底层实现方式。

图 12.12 展示了客户程序与 Servlet 的基本交互过程。

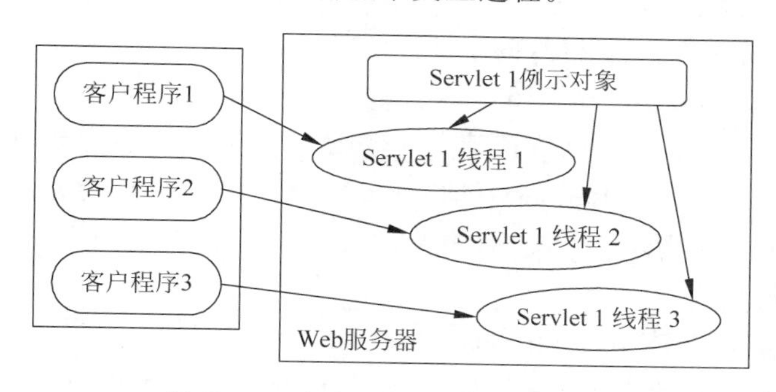

图 12.12　客户程序与 Servlet 的交互

Servlet1 是由 Web 服务器初始时装入的，实例变量初始化后，在 Servlet 的生命周期内仍然是活跃的和持续的。

3 个客户程序请求 Servlet1 的服务，服务器为每个请求产生一个线程来进行处理。每个线程访问已装入的实例变量，这些变量在 Servlet 装入时已初始化。

每个线程处理自己对应的请求，并且将回答发送给发出请求的客户程序。

Servlet 的生命周期主要表现为 Servlet API 中 Servlet 接口的 init、service 和 destroy 方法。当 Servlet 的服务首次被请求时，可以被动态地装载和实例化；当 Web 服务器启动时，Web 服务器要进行部署，也可以使得特定的 Servlet 被装载和实例化。对这两种情况，Servlet 的 init 方法都要完成任何必要的初始化工作，并且在任何对 Servlet 的请求处理之前，保证每个 Servlet 的实例只被调用一次。

一旦 Servlet 进行了适当的初始化，它就能够处理请求。每个请求由一个 ServletRequest 对象表示，对应的回答由 Servlet API 中的 ServletResponse 对象表示。由于我们要与 HttpServlet 打交道，因此也要与 HttpServletRequest 和 HttpServletResponse 这些特殊对象打交道。

HttpServletRequest 对象封装了客户程序请求信息,其中包括客户程序环境和从客户程序向 Servlet 发送的数据。HttpServletRequest 类包含了从请求对象提取信息的方法。

HttpServletResponse 通常是动态地产生回答。每当客户程序发出请求时,就会产生一个新的 Servlet 线程服务于这个请求。以这种方式,服务器可以处理对同一个 Servlet 发出的多个并发的请求。对每一个请求,通常是调用 service、doGet 或 doPost 方法。这些方法传递 HttpServletRequest 和 HttpServletResponse 参数对象。当 Web 服务器卸载 Servlet 时,将调用 destroy 方法。

12.5 Servlet 创建响应

使 Web 应用程序如此强大的原因之一是它们彼此链接和聚合信息资源。Java EE 平台为特定 URL 的 Web 组件提供 3 种相互关联、但有区别的方式,以便使用其他 URL 的数据来创建响应。本节讨论如何使用 Java Servlet API 实现请求转发、URL 重定向和包含。

12.5.1 请求转发

请求转发允许组件发送请求到某个应用程序中的 URL,并通过同一应用程序中的不同 URL 中的组件来处理该请求。这种技术通常用于 Web 层控制器 Servlet,它检查 Web 请求中的数据,并将请求定向到合适的组件,以便进行处理。

Servlet 可以使用 javax.servlet.RequestDispatcher.forward 方法转发它所收到的 HTTP 请求。接收转发请求的组件能够处理该请求并生成一个响应,或者它还可以将请求转发到另一个组件。最初请求的 ServletRequest 和 ServletResponse 对象被传递给转发目标组件。这就允许目标组件访问整个请求上下文,而请求只可以转发给同一应用程序上下文中的组件,而不在应用程序之间转发。

【例 12.4】 完成请求转发的 Servlet。

本例通过一个 ForwardServlet 来说明 Servlet 请求转发的工作过程。ForwardServlet 的代码如下。

```java
package servlet;

import java.io.*;
import javax.servlet.*;
import javax.servlet.http.*;

public class ForwardServlet extends HttpServlet {
    public void doGet(HttpServletRequest request,
                      HttpServletResponse response)
            throws ServletException, IOException {
        request.setAttribute("msg", "存放在请求中的参数");
        RequestDispatcher rd =
            request.getRequestDispatcher("toservlet");
        rd.forward(request, response);
    }
}
```

ToServlet 的代码如下。

```
package servlet;

import java.io.*;
import javax.servlet.*;
import javax.servlet.http.*;

public class ToServlet extends HttpServlet {
    public void doGet(HttpServletRequest request,
                          HttpServletResponse response)
            throws ServletException, IOException {
        response.setContentType("text/html");
        response.setCharacterEncoding("gb2312");
        PrintWriter out = response.getWriter();
        out.println("<HTML>");
        out.println("  <HEAD><TITLE>A Servlet</TITLE></HEAD>");
        out.println("  <BODY>");
        out.println(" 获取请求中的参数 msg 的值为: ");
        out.println(request.getAttribute("msg"));
        out.println("  </BODY>");
        out.println("</HTML>");
        out.flush();
        out.close();
    }
}
```

对 web.xml 文件修改，主要在该文件中添加如下粗体部分，其余部分与前面的例子一样。

```
<?xml version = "1.0" encoding = "UTF-8"?>
  <web-app version = "2.4"
    …
 <servlet>
    <servlet-name>ForwardServlet</servlet-name>
    <servlet-class>servlet.ForwardServlet</servlet-class>
 </servlet>
 <servlet>
    <servlet-name>ToServlet</servlet-name>
    <servlet-class>servlet.ToServlet</servlet-class>
 </servlet>
    …
 <servlet-mapping>
    <servlet-name>ForwardServlet</servlet-name>
    <url-pattern>/forwardservlet</url-pattern>
 </servlet-mapping>
 <servlet-mapping>
    <servlet-name>ToServlet</servlet-name>
    <url-pattern>/toservlet</url-pattern>
 </servlet-mapping>
</web-app>
```

在 ForwardServlet 的 doGet()方法中，首先用到了 request 的 setAttribute(String name, Object object)方法，该方法在 ServletContext 中设置了一个属性，这个属性的名称为 name，值为 object 对象，此处调用这个方法就是在请求中存放了一个参数 msg，其值为“存放在请求中的参数”。接着，调用 request 的 getRequestDispatcher 获得一个 RequestDispatcher 对象，

RequestDispatcher 是一个 Web 资源的包装器，可以用来把当前 request 传递到该资源，或者把新的资源包括到当前响应中；然后，调用 RequestDispatcher. forward( )方法将当前的 request 和 response 重定向到该 RequestDispacher 指定的资源(Servlet、JSP、HTML)，即将请求转发给另一个 Servlet(ToServlet)，ToServlet 将在页面上显示请求中的参数 msg 的值。

按照上节介绍的步骤将 ForwardServlet 和 ToServlet 部署到 Tomcat 服务器上，启动服务器后，访问 forwardservlet，即在浏览器地址栏中输入“http://localhost: 8080/ch12/forwardservlet”来访问 forwardservlet，将会看到如图 12.13 所示的页面。

图 12.13　请求转发到 toservlet 的显示结果

可见，请求转发的目标组件 toservlet 能够访问到请求组件 forwardservlet 中的请求参数。需要注意的是，这里浏览器地址栏中的 URL 显示的还是 forwardservlet，而不是目标组件 toservlet。

若在浏览器地址栏中输入“http://localhost:8080/ch12/toservlet”访问 toservlet，将会看到如图 12.14 所示的页面。

从图 12.14 中可以看到，在 toservlet 中，如果直接将请求中的 msg 参数值显示在页面中，其值为空，因为在 toservlet 中并没有对 msg 参数值进行设置。若不是直接将请求中的 msg 参数值显示在页面中，而是将请求再一次转发给其他组件，这样在另一个目标组件中仍然可以访问 forwardservlet 中请求的参数 msg，因为一个请求可以在多个组件中多次转发。

图 12.14　直接访问 toservlet 时的显示效果

12.5.2　URL 重定向

URL 重定向类似于请求转发，但也有一些重要的区别。Web 组件可以将请求重定向到任一 URL，而不仅仅是同一应用上下文中的 URL。但最初请求的内容(如 POST 参数)丢失了。这是因为服务器与重定向请求的过程无关，这与请求转发的情况是一样的。URL 通过使用 HTTP META 头部的 Refresh 功能来完成重定向工作。其本质就是，服务器返回一个 META 标记，告诉浏览器直接去其他地方。这时，最初 URL 所附带 POST 数据就会丢失。

URL 重定向可以直接通过操作 HTTP 头部来完成，但首选的方式还是使用方法 javax. servlet. ServletResponse. sendRedirect()。这个方法的唯一参数就是重定向的目标 URL。

【例 12.5】 URL 重定向的例子。

本例编写另一个 Servlet——RedirectServlet，使用 URL 重定向将请求重定向到 toservlet。RedirectServlet 的代码如下。

```
package servlet;

import java.io.*;

import javax.servlet.*;
import javax.servlet.http.*;

public class RedirectServlet extends HttpServlet {
    public void doGet(HttpServletRequest request,
                      HttpServletResponse response)
            throws ServletException, IOException {
        request.setAttribute("msg", "存放在请求中的参数");
        response.sendRedirect("toservlet");
    }
}
```

修改 web.xml 文件，主要在该文件中添加如下粗体部分，其余部分同前面的例子一样。

```
<?xml version = "1.0" encoding = "UTF-8"?>
<web-app version = "2.4"
    ...
  <servlet>
    <servlet-name>RedirectServlet</servlet-name>
    <servlet-class>servlet.RedirectServlet</servlet-class>
  </servlet>
  ...
  <servlet-mapping>
    <servlet-name>RedirectServlet</servlet-name>
    <url-pattern>/redirectservlet</url-pattern>
  </servlet-mapping>
</web-app>
```

部署 RedirectServlet 后，启动 Tomcat 服务器，访问 redirectservlet，即在浏览器地址栏中输入"http://localhost:8080/ch12/redirectservlet"来访问 redirectservlet，将看到如图 12.15 所示的页面。

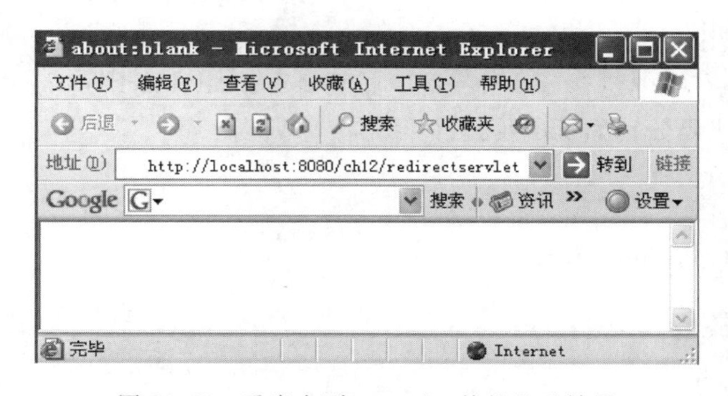

图 12.15 重定向到 toservlet 前的显示效果

此时,地址栏中的URL显示的是目标组件redirectservlet,单击“转到”按钮,将看到如图12.16所示的页面。

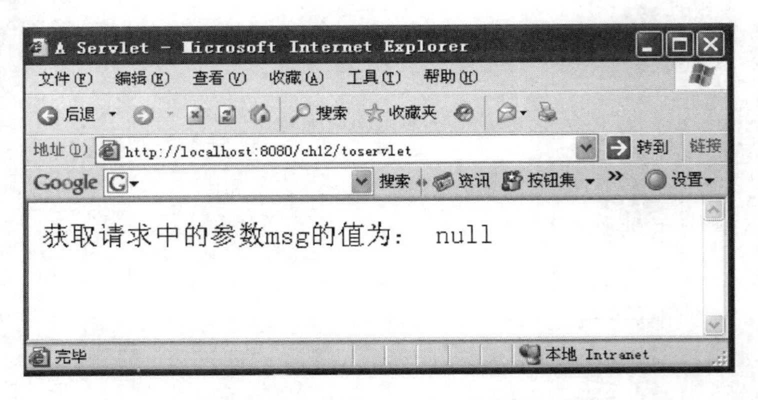

图12.16 重定向到toservlet后的显示效果

HttpServletResponse.sendRedirect()方法将响应定向到参数location指定的、新的URL。location可以是一个绝对的URL,如response.sendRedirect("http://java.sun.com")也可以使用相对的URL。如果location以/开头,则容器认为相对于当前Web应用的根,否则,容器将解析为相对于当前请求的URL。这种重定向的方法,将导致客户端浏览器的请求URL跳转。从浏览器中的地址栏中可以看到新的URL地址,作用类似于上面设置HTTP响应头信息的实现。

可以看到,通过重定向将请求重定向到toservlet中后,在toservlet中无法访问到请求的参数msg,同时注意到与请求转发不同,这里浏览器地址栏中的URL显示的是目标组件toservlet。

12.5.3 包含

上面介绍了响应请求的两种方式:请求转发和URL重定向。相反,包含允许一个Web组件聚集来自几个其他Web组件的数据,并使用被聚集的数据来创建响应。这种技术通常用于模板处理器。下面将创建一个结构化的模板用于控制响应的布局。模板中每个页面区域的内容来自不同的URL,从而组成单个页面。这种技术能够为该程序提供一致的外观和感觉。

多个Web组件的内容可以被包含在单个响应中。这个响应要包含响应中另一个URL的数据,先获得该URL的RequestDispatcher,然后调用RequestDispatcher的包含方法。

【例12.6】 使用包含技术的Servlet。

本例在一个Servlet中包含3个HTML页面red.html、black.html和yellow.html的数据。这3个页面的代码分别如下所示。

```
<html>
  <head>
    <title>Red line page</title>
  </head>
  <body>
    Red line page.
    <hr height = "50" color = "red">
  </body>
</html>
```

```
<html>
  <head>
    <title>Black line page</title>
  </head>
  <body>
    Black line page.
    <hr height = "50" color = "black">
  </body>
</html>

<html>
  <head>
    <title>Yellow line page</title>
  </head>
  <body>
    Yellow line page.
    <hr height = "50" color = "yellow">
  </body>
</html>
```

这3个页面的内容都很简单,分别在页面上显示一句话,然后分别画一条颜色各不相同的横线。

IncludeServlet的代码如下所示。

```
package servlet;

import java.io.*;

import javax.servlet.*;
import javax.servlet.http.*;

public class IncludeServlet extends HttpServlet {
    public void doGet(HttpServletRequest request,
                      HttpServletResponse response)
            throws ServletException, IOException {
        RequestDispatcher rd1 =
                request.getRequestDispatcher("red.html");
        RequestDispatcher rd2 =
                request.getRequestDispatcher("black.html");
        RequestDispatcher rd3 =
                request.getRequestDispatcher("yellow.html");
        rd1.include(request, response);
        rd2.include(request, response);
        rd3.include(request, response);
    }
}
```

部署IncludeServlet,主要在web.xml文件中添加如下粗体部分,其余部分与前面的例子一样。

```
<?xml version = "1.0" encoding = "UTF-8"?>
<web-app version = "2.4"
  …
 <servlet>
   <servlet-name>IncludeServlet</servlet-name>
```

```
        <servlet-class>servlet.IncludeServlet</servlet-class>
    </servlet>
    …
    <servlet-mapping>
        <servlet-name>IncludeServlet</servlet-name>
        <url-pattern>/includeservlet</url-pattern>
    </servlet-mapping>
</web-app>
```

IncludeServlet 的 doGet()方法使用 RequestDispatcher 对象的 include()方法包含了 3 个 HTML 页面的数据,是用 include()方法把 Request Dispatcher 资源(Servlet、JSP、HTML)的输出包含到当前输出中,将 IncludeServlet 部署后,在浏览器地址栏中输入"http://localhost:8080/ch12/includeservlet"访问 IncludeServlet 后的显示效果,如图 12.17 所示。

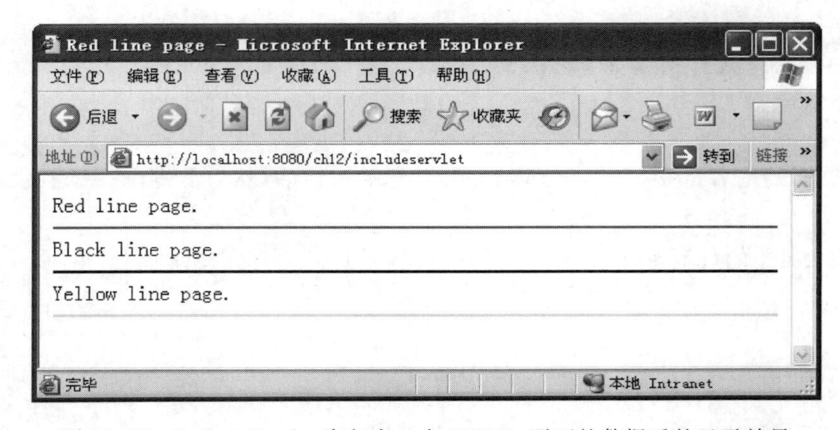

图 12.17 IncludeServlet 中包含 3 个 HTML 页面的数据后的显示效果

可见,使用包含技术可以将来自不同的 URL 的多个页面的数据聚合起来,从而组成单个页面。

12.6 小 结

Java Servlet 技术是整个 Web 应用程序技术的根基。

本章首先介绍了 Servlet 与 Servlet 容器的关系,并详细介绍了流行的 Servlet 容器(Tomcat)的配置和使用方法。然后对 Servlet API 进行了介绍,Servlet API 主要分布在 javax.servlet 和 javax.servlet.http 这两个包中,任何 Servlet 程序都必须直接或间接实现 Servlet 接口。

使用 Servlet 不仅要编写 Servlet 代码,还要在项目的部署描述文件(web.xml)中配置该 servlet 组件,接下来通过 3 个 Servlet 实例介绍了 Servlet 程序的配置和运行方法。

如同变量在运行过程中有一定的生命周期一样,Servlet 程序在 Servlet 容器中运行时也是有一定的生命周期的,接下来对 Servlet 的生命周期进行了讲解。

本章最后,讲述了 Servlet 创建响应的 3 种基本方式:请求转发、URL 重定向和包含。

总之,Servlet 的本质还是用 Java 编写的类,用来扩展服务器提供的服务。Servlet 采用 Request-Response 的编程模式来访问服务器上的应用程序。

习 题 12

1. 简述 Servlet、GenericServlet 与 HttpServlet 的关系。

2. 简述 Servlet 的生命周期。

3. 简述 Java Servlet API 中 forward()与 redirect()的区别。

4. Servlet 执行时一般使用哪几个方法?

5. Servlet 中何时应该实现 doPost 方法,何时应该实现 doGet 方法?

6. 写出一个能处理 HTTP POST 请求的 Servlet。

7. Servlet 的 service 方法一般传入两个参数:HttpServletRequest 对象和 HttpServletResponse 对象,说明这两个参数有哪些常用的方法。

8. 如何实现 Servlet 的单线程模式。

9. 现有一个 Servlet,类名为 com. whu. TestServlet,用来处理所有 url 以. do 结尾的请求,处理时需要传入一个名为 param1 的初始化参数,请在应用程序描述符中完成相应的配置。

10. 编写一个 HTML 文件,展示如何在一个 HTML FORM 中调用 HTMLFormHandlerDispatcher1 的 Servlet。然后,HTMLFormHandlerDispatcher1 使用 forward 方法调用 DispatcherForward 的 Servlet,将来自调用 Servlet 的处理请求和发送应答的职责交给被调用的 Servlet。

11. 编写一个 Servlet HTMLFormHandlerDispatcher2。使用第 10 题的 HTML 表单,在一个 HTML 表单中调用 HTMLFormHandlerDispatcher2。然后该 Servlet 使用 include 方法调用 DispatcherInclude 的 Servlet,这里使用这两个 Servlet 共同产生一个应答,再将控制返回到发出调用的 Servlet 中。注意,在 include 一个 Servlet 之前清空输出流。

第13章　JSP技术

我们在Servlet的实例中可能注意到，有许多HTML的内容需要嵌入Servlet类。但是，静态的HTML表格与动态内容融合在Servlet中非常不便于书写，也难以修改和维护。那么如何解决这一矛盾呢？这就是本章要讨论的JSP(Java Sever Pages)组件技术产生的主要原因。JSP是一种建立在Servlet规范提供的功能之上的动态网页技术。JSP技术提供了Servlet技术具有的所有构建动态内容的能力，使我们能够很容易地创建动态和静态的Web内容，而且为静态内容提供了更自然的创建方式。

与ASP类似，它们都是在通常的网页文件中嵌入脚本代码，用于产生动态内容。不过JSP文件中嵌入的是Java代码和JSP标记。JSP文件在用户第一次请求时，会被编译成Servlet，然后由这个Servlet处理用户的请求，所以JSP也可以看成是运行时的Servlet。

13.1　JSP概述

JSP技术是原Sun公司开发的，用于与设计静态HTML页面分开，以开发动态Web页面。这种分开意味着可以改变页面设计而无须改变页面底层的动态内容，这在开发过程的生命周期中是非常有用的，因为Web页面的开发者不必知道怎样创建动态内容，而只需要知道将动态内容置于页面的什么地方即可。

为了比较容易嵌入动态内容，JSP使用了许多标记，使得页面设计者能够在JSP文件中插入脚本语言元素和许多JavaBean对象属性。使用JSP技术比其他的创建动态内容的方法的优越之处在于：JSP被广泛地支持，因而不必局限于某个特定的平台，并且JSP能够充分利用Servlet和Java技术来实现其动态部分，而无须使用人们不熟悉或功能不强的专用语言。

除了常规的HTML之外，有3种主要类型的JSP结构可以嵌入到一个页面中：脚本语言元素、指令语言和动作语言。脚本语言元素能够说明构成Servlet的一部分结果的Java代码；指令语言能够控制Servlet的总体结构；动作语言能够说明现有应该使用的并且能够控制JSP引擎行为的构件。

通过应用服务器，JSP将它的HTML标记、JSP标记和脚本程序转换成Servlet，使得JSP是可操作的。这个过程负责将JSP文件中声明的动态和静态元素转换成为Java的Servlet代码，这些代码将转换了的内容通过Web服务器输出流传送到浏览器。由于JSP是服务器端的技术，所以页面的动态和静态元素的处理都在服务器端进行。

一个拥有JSP/Servlet的Web站点常常被看作是瘦客户(thin-client)，因为绝大部分业务逻辑都是在服务器端完成的。图13.1显示了第一次调用JSP文件，或者开发者改变基本的JSP文件的时候，在JSP文件之上要完成的任务。

(1) Web浏览器向JSP页面发出一个请求。

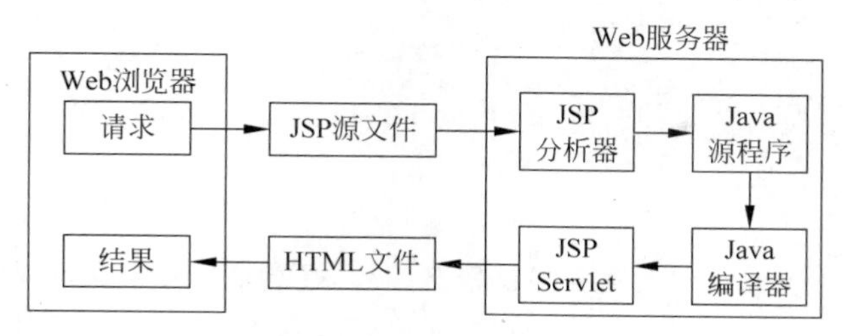

图 13.1　JSP 文件的工作过程

(2) JSP 引擎分析 JSP 文件的内容。

(3) JSP 引擎根据 JSP 的内容,创建临时 Servlet 源代码,所产生的 Servlet 负责生成在设计时说明的 JSP 页面的静态元素以及创建页面的动态元素。

(4) Servlet 的源代码由 Java 编译器编译成为 Servlet 类文件。

(5) 实例化 Servlet,调用 Servlet 的 init()和 service()方法并执行 Servlet 的程序逻辑。

(6) 静态 HTML 和图形的组合,再与原来的 JSP 页面定义中说明的动态元素结合在一起,通过 Servlet 的响应对象的输出流以静态 HTML 的形式传送到浏览器。

(7) 客户端的浏览器解释执行请求到的 HTML 代码。

注意:上述过程是一个 JSP 文件被创建或修改后被首次调用时的工作过程。在此之后,JSP 文件的调用将简单调用由上述过程创建的 Servlet 的 service()方法,并将服务的内容显示在 Web 浏览器上。Servlet 作为上述过程产生的结果,会一直提供服务,直到应用服务器停止,或者 Servlet 被手工卸载,再或者是基础文件的改变而引发重新编译。

下面通过一个实例来说明 JSP 的工作过程。

【例 13.1】　一个简单的 JSP 实例。

本例在 ch13 目录下新建文件 hello.jsp,并且把 ch12 目录下的 red.html 也复制到 ch13 目录下,hello.jsp 的内容如下所示。

```
<%-- JSP 指令元素 --%>
<%@ page language="java" import="java.util.*" pageEncoding="gb2312" %>

<html>
  <head>
    <title>第一个 JSP 页面</title>
  </head>
  <body>

      <%-- JSP 动作元素 --%>
    <jsp:include page="red.html" flush="true" />

    <!-- 静态 HTML 内容 -->
    This is my first JSP page. <br>

    <%-- JSP 脚本元素 --%>
    <%!
        int sum(int a, int b){
        return a + b;
        }
    %>
    <%
```

```
        Date dt = new Date();
    %>
    <% = dt.toString() %><br>
    19 + 91 = <% = sum(19,91) %>
  </body>
</html>
```

在这个JSP程序中,不仅包含HTML静态内容,还包含JSP指令元素、动作元素和脚本元素,这些元素的用法在下一节的JSP语法中详细讲解。这里的red.html就是例12.6中给出的Web页面。启动Tomcat服务器,访问http://localhost:8080/ch13/hello.jsp,可以看到如图13.2所示的显示结果。

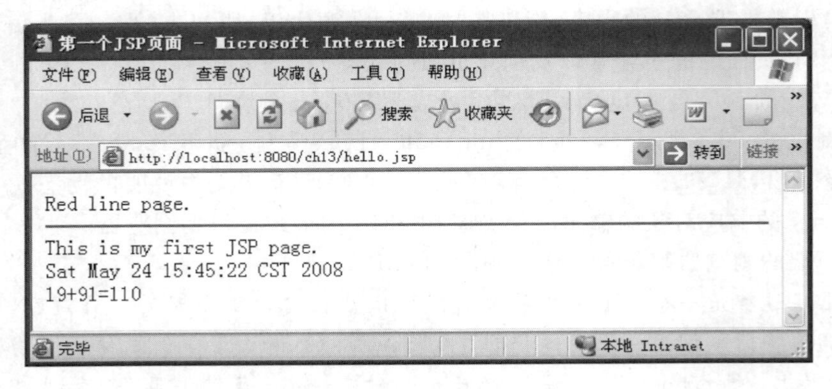

图13.2 hello.jsp的运行效果

打开Tomcat根目录的子目录work\Catalina\localhost\ch13\org\apache\jsp,可以看到hello_jsp.class和hello_jsp.java两个文件,这两个文件是我们首次访问hello.jsp时生成的。查看hello_jsp.java,可以发现它其实是一个类,这个类的声明如下。

```
public final class hello_jsp extends org.apache.jasper.runtime.HttpJspBase
                    implements org.apache.jasper.runtime.JspSourceDependent
```

这个类是JSP引擎根据hello.jsp的内容生成的Servlet源代码。但是这个Servlet与我们之前编写的Servlet不同,它是通过继承HttpJspBase类来实现Servlet接口,而不是继承HttpServlet类。HttpJspBase实现了Servlet接口,因此hello_jsp类是一个Servlet类。

hello_jsp类中的_jspService()方法相当于继承HttpServlet的Servlet中的service()方法,这个方法负责向客户端发送相应内容。

注意: 如果修改了hello.jsp的内容,重新访问后,hello_jsp.java的内容将重新生成。

13.2 JSP语法

一个JSP页面由元素和模板数据组成。元素是必须由JSP容器处理的部分,而模板数据是JSP容器不处理的部分。例如,JSP页面中的HTML内容,这些内容会直接发送到客户端。在JSP 2.0规范中,元素有3种类型:指令元素、脚本元素和动作元素。

13.2.1 指令元素

在JSP中有3种类型的指令元素(directive elements):page、include和taglib。JSP指令

影响由 JSP 页面产生的 Servlet 的总体结构。

JSP 指令的语法形式为：

```
<%@ directive attribute1 = "value1"
      attribute2 = "value2"
      …
      attributeN = "valueN"
%>
```

1. page 指令

page 指令定义了依赖于 JSP 引擎的页面属性，它可以通过装载类来控制 Servlet 的结构，设置内容的类型，定制 Servlet 的超类，设置 session 和缓存属性等。一个 page 指令可以置于文档中的任何地方。

```
<%@ page contentType = "text/plain"
    language = "java"
    buffer = "none"
    isThreadSafe = "yes"
    errorPage = "/error.jsp"
%>
```

page 指令定义了 11 个大小写敏感的属性，其解释如下。

1）装载(import)属性

用途：与 Java 的 import 意义差不多，说明由 Servlet 装载的包应到哪一个 JSP 页面进行转换。

语法形式：<%@ page import="package.class" %>

<%@ page import="package.class1, …, classN"%>

实例：<%@ page import="java.util.*"%>

<%@ page import="java.util.*,myClass.*"%>

注意：import 属性是唯一的允许在同一个文档中出现多次的 page 属性。

虽然 page 指令可以出现在文档的任何地方，传统的做法是将 import 语句或者置于接近文档的顶部，或者恰好置于引用包的第一个位置之前。

如果不明确地说明装载的任何类，Servlet 默认的仅仅是装载下列包：

- java.lang.*
- javax.servlet.*
- javax.servlet.jsp.*
- javax.servlet.http.*

除了这些包外，书写 JSP 代码绝不能依赖任何特定服务器自动装载的类。

如果装载自定义的类、其他非标准 Java 的类或者是 java 或 javax.servlets 包，则需要保证这些类正确保存在 Web 服务器的指定目录下。例如，如果使用 Tomcat 作为 Web 服务器，这些类就应该保存在以下目录。

```
webapps/WEB-INF/classes
```

2）内容类型(contentType)属性

用途：定义 JSP 字符编码和页面响应的 MIME 类型。

语法形式：<%@ page contentType="MIME-TYPE" %>

<%@ page contentType="MIME-TYPE; charset=Character-Set"%>

实例：<%@ page contentType="text/plain charset=ISO-8859-1"%>

<%@ page contentType="application/vnd. ms-excel"%>

注意：不同于通常Servlet默认的MIME类型为text/plain，JSP页面默认的MIME类型是具有默认的ISO-8859-1字符集的text/html类型。如果希望JSP页面支持中文，一般应将该页面的字符集charset修改为gbk或者gb2312。

MIME是Multi Purpose Internet Mail Extension(多用途Internet邮件扩展)的简称。MIME类型属于官方注册maintype/subtype形式的类型和注销的maintype/x-subtype形式的类型。

表13.1列出了Servlet最普遍使用的MIME类型。

表13.1 Servlet最普遍使用的MIME类型

类型(Type)	含义(Meaning)
Application/msword	Microsoft Word文档
Application/pdf	Acrobat pdf文件
Application/vnd. lotus-notes	Lotus Notes文件
Application/vnd. ms-powerpoint	Powerpoint文件
Application/vnd. ms-excel	Microsoft Excel文档
Application/x-java-archive	JAR文件
Application/x-java-serialized-object	序列化Java对象
Application/zip	Zip文档
Audio/midi	MIDI声音文件
Text/css	HTML瀑布风格的表单
Text/html	HTML文档
Text/plain	纯文本
Image/gif	GIF图像文件
Image/jpeg	JPEG图像文件

3）扩展(extends)属性

用途：用来指定JSP网页转译为Servlet程序之后，该继承哪一个超类。

语法形式：<%@ page extends="package. class"%>

举例：<%@ page extends="mypackage. myClass"%>

注意：一般Web服务器已经使用一个自定义的超类，以Tomcat 6.0为例，预设是继承自org. apache. jasper. runtime. HttpJspBase，因此一般不需要自己设置这个属性。

4）语言(language)属性

用途：说明所使用的底层程序设计语言。

语法形式：<%@ page language="java"%>

举例：<%@ page language="cobol"%>

注意：Java是当前默认的且是唯一合适的选择。

5）会话(session)属性

用途：控制一个页面是否参与HTTP会话。

语法形式：＜％@ page session="true"％＞

＜％@ page session="false"％＞

注意：true 值用于指明：如果有一个 session 存在，则预定义的可变 session 应与现有的 session 绑定在一起；否则应该产生一个新的 session 绑定这个 session。

false 值意味着没有 session 可被自动使用，如果试图访问可变 session 将导致在 JSP 页面转换成 Servlet 时出现错误。

6）线程安全(isThreadSafe)属性

用途：控制来自 JSP 页面的 Servlet 是否实现 SingleThreadModel 接口。

语法形式：＜％@ page isThreadSafe="true"％＞

＜％@ page isThreadSafe="false"％＞

举例：＜％@ page contentType="text/plain charset=ISO-8859-1"％＞

注意：IsThreadSafe="true"为默认值，它意味着系统假定运行这个代码是线程安全的，因而可以使用高性能的多并发线程来访问单个 Servlet 实例。

IsThreadSafe="false"表明运行这个代码的线程不是线程安全的，因而得到的结果 Servlet 应实现 SingleThreadModel 接口。

如果 Servlet 实现 SingleThreadModel 接口，系统保证不会发生同时访问同一个 Servlet 对象。为保证这一点，系统可以通过将所有的请求排队，然后将它们传给同一个 Servlet 对象，或者创建一个 Servlet 对象池，每个 Servlet 对象一次处理一个请求。

7）缓存(buffer)属性

用途：该属性指定到客户输出流的缓冲模式，如果是 none，则不能缓冲，如果指定数值，那么 out 变量就用不小于这个值的 buffre 进行缓冲。这个 out 变量的类型是 JspWriter。

语法形式：＜％@ page buffer="sizekb"％＞

＜％@ page buffer="none"％＞

实例：＜％@ page buffer="64kb"％＞

注意：服务器可以使用比说明的缓存(buffer)更大，但不能更小。

默认的缓存大小是根据服务器指定的，但不会少于 8Kb。

关闭缓存时要小心，这项工作需要设置标题和状态码的 JSP 入口出现在文件的头部，并且是在任何 HTML 的内容之前。

8）自动清除(autoflush)属性

用途：其值为 true，表示缓冲区满时，到客户端输出刷新；其值为 false，表示缓冲区满时，出现运行异常，说明缓冲溢出。

语法形式：＜％@ page autoflush="true"％＞

＜％@ page autoflush ="false"％＞

注意：Autoflush="true"为默认值。当使用了 buffer="none"，则使用 Autoflush="false"是非法的。

9）是否出错页(isErrorPage)属性

用途：指明当前页是否可以作为另一个 JSP 页的出错页。

语法形式：＜％@page isErrorPage="true"％＞

＜％@ page isErrorPage="false"％＞

注意：

isErrorPage="false"是一个默认的设置。

isErrorPage="true"把当前页作为出错页。

10）出错页(errorPage)属性

用途：说明一个JSP页面，它应该处理任何异常的抛出，但并不在当前页中捕获。

语法形式：<%@ page errorPage="Relative URL"%>

举例：<%@ page errorPage="Errors.jsp"%>

注意：异常的抛出可以通过exception变量自动用于设计好了的出错处理页面。

11）信息(info)属性

用途：关于JSP页面的信息，定义一个串，通过servlet.getServletInfo方法从这个Servlet检索到这个字符串。

语法形式：<%@ page info="some message"%>

2. include指令

include指令是在一个JSP页面转换成Servlet类时处理的，这个指令的作用是将另一个文件的文本插入到当前JSP页面，该文本或者是静态内容(如HTML)或者是另一个JSP页面。我们经常使用include指令装载导航条、版本信息或者是任何需要在多个页面中重复使用的内容。

include指令语法为：

```
<%@ include file = "filename" %>
```

下面的例子是include.jsp页面，说明了include指令的用法。

【例13.2】 包含include指令的页面。

本例编写一个include.jsp页面，其代码如下所示。

```
<%@ page language = "java" pageEncoding = "gbk" %>
<html>
  <head>
  <title>menu</title>
  </head>
  <body>
  <%@ include file = "menu.jsp" %>
      Welcome to my home page!
  <%@ include file = "copyright.jsp" %>
  </body>
</html>
```

该页面使用include指令分别在body开始和结束位置包含了菜单页面menu.jsp和版权信息页面copyright.jsp。menu.jsp和copyright.jsp的代码分别如下所示。

menu.jsp的代码为：

```
<%@ page language = "java" import = "java.util.*" pageEncoding = "gbk" %>
<html>
  <head>
  <title>menu</title>
  </head>
  <body>
    <center>
```

```
        <a href = "#">首页</a> |
        <a href = "#">新闻</a> |
        <a href = "#">音乐</a> |
        <a href = "#">博客</a> |
        <a href = "#">论坛</a>
        </center>
        <hr>
    </body>
</html>
```

copyright.jsp 的代码为：

```
<%@ page language = "java" import = "java.util.*" pageEncoding = "gbk" %>
<html>
  <head>
  <title>copyright</title>
  </head>
  <body>
    <hr>
    <center>
    版权所有 ·XXX 网<br>
    Copyright &copy; 2008 whu.edu.cn
    </center>
  </body>
</html>
```

在浏览器地址栏中输入"http://localhost:8080/ch13/include.jsp"访问 include.jsp，执行后的输出结果如图 13.3 所示。

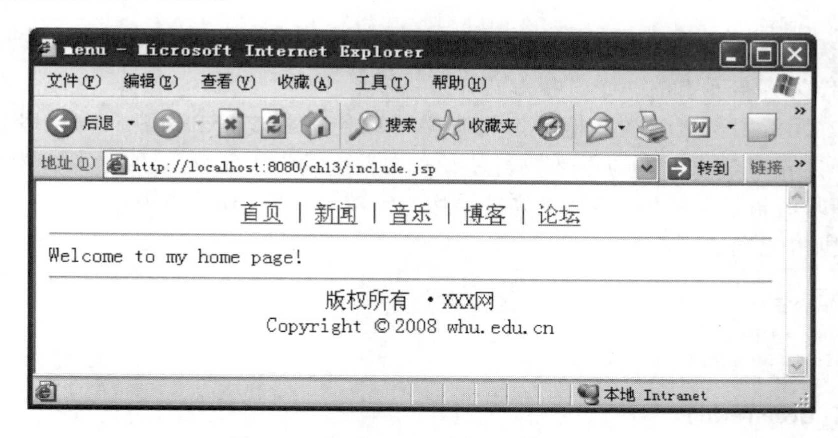

图 13.3　include.jsp 页面的输出结果

通过这种方式，可以为站点所有页面引入相同的 menu.jsp 和 copyright.jsp 文件，而不必在每个页面中编写这两个 JSP 页面所包含的菜单和版权信息的代码。而且，这样做的话，在需要修改菜单或版权信息时，也只需要修改 menu.jsp 和 copyright.jsp 的内容即可。

需要注意的是，include 指令元素将在 JSP 文件被转换成 Servlet 的时候引入文件。这样的话，由于每个页面都包含了子页面，子页面内容发生变化时，包含该子页面的所有页面都需要重新编译，生成新的 Servlet 类，这是 include 指令元素的一个局限性。后面将会讨论 JSP 中动态包含子页面的技术：include 动作元素，这种方式就不再有这种局限性了。

3. taglib 指令

tablib 指令允许页面使用用户定制的标签。tablib 指令的语法如下。

```
<%@ taglib(uri = "tagLibraryURI" | tagdir = "tagDir") prefix = "tagPrefix" %>
```

taglib 指令有 3 个属性：uri、tagdir 和 prefix。下面分别予以讨论。

1) uri

该属性能够唯一地标识与前缀(prefix)相关的标签库描述符,它可以是一个绝对或者相对的 URI,这个 URI 被用于定位标签库描述符的位置,也就是告诉容器怎么找到标签描述文件和标签库。

2) tagdir

为了简化自定义标签的开发,JSP 2.0 中新增了标签文件(Tag Files)的功能,标签文件允许 JSP 页面编写人员仅使用 JSP 语法来定制标签,不需要了解 Java 语言。标签文件一般放在/WEB-INF/tags 目录或其子目录下,如果没有设置 tagdir 属性,容器会自动搜索该目录及其子目录下所有扩展名为.tag 或者.tagx 的文件,这些文件将被识别为标签文件。

tagdir 属性用来标识标签文件所在的目录,该属性值必须以/WEB-INF/tags/开始,而且必须是一个已经存在的目录,该属性不能和 uri 属性一起使用。

3) prefix

定义一个 prefix：tagname 形式的字符串前缀,用于区分多个自定义标签。以“jsp:”“jspx:”“java:”“javax:”“servlet:”“sun:”和“sunw:”开始的前缀被保留。前缀的命名必须遵循 XML 名称空间的命名约定。在 JSP 2.0 规范中,空前缀是非法的。

13.2.2 脚本元素

脚本元素(scripting elements)包括 3 个部分：声明、脚本段和表达式。JSP 2.0 增加了 EL 表达式,作为脚本元素的一个选择形式。

声明脚本元素用于声明在其他脚本元素中可以使用的变量和方法；脚本段是一段 Java 代码,用于描述在对请求的响应中要执行的动作；表达式脚本元素是 Java 语言中完整的表达式,在响应请求时被计算,计算的结果将被转换为字符串,插入到输出流中。

这 3 种脚本元素如下所示。

```
<%! this is a declaration %>
<% this is a scriptlet %>
<% = this is an expression %>
```

1. 声明(Declarations)

一个 JSP 声明具有如下形式。

```
<%! Java Code %>
```

一个 JSP 声明能够定义方法和域,并且可以在 JSP 的任意地方使用,并插入到 Servlet 类的 main 程序体中,声明并不产生任何输出,而是通常用于与 JSP 表达式或脚本件相连接。

【例 13.3】 一个 JSP 声明的例子。

本例编写一个 JSP 程序 DeclarationDemo.jsp,该 JSP 中声明了 Servlet 实例变量 count。这个变量被来自相同的客户程序或不同的客户程序的多个请求所共享。所以,每次访问这个 JSP 页面就导致 count 变量的增加。

DeclarationDemo.jsp 的代码如下。

```
<%@ page language = "java" pageEncoding = "gb2312" %>
<html>
  <head>
    <title>声明(Declarations)Demo</title>
  </head>
  <body>
    <%! protected int count = 0; %>
    <H2>Accesses to page since server reboot :
    <% = ++count %></H2>
  </body>
</html>
```

当有不同的客户程序的 7 个请求访问时(可以通过刷新 7 次来查看),在浏览器地址栏中输入"http://localhost:8080/ch13/DeclarationDemo.jsp"来访问 DeclarationDemo.jsp,其输出结果如图 13.4 所示。

图 13.4 DeclarationDemo.jsp 的输出结果

2. 脚本段(Scriptlets)

脚本段是一段可以在处理请求时间执行的 Java 代码,使用脚本段可以插入任意的 Java 代码到 JSP 页面中去完成多种任务,脚本段中间还可以包含一些合法的 Java 注释。脚本段具有如下形式。

```
<% Any Java Code %>
```

脚本段也可用于使部分 JSP 文件有条件地包含标准 HTML 和 JSP 结构,这种方法的关键是,在脚本段中被插入到 Servlet 的_jspService 方法中的代码,与所写的代码是一样的。事实上脚本段中语句将被插入到 Servlet 的_jspService 方法中,而且任何在脚本段之前或之后的静态 HTML 语句都被转换成 print 语句。

【例 13.4】 使用脚本段的例子。

本例的 ScriptletDemo.jsp 展示怎样使用 bgColor 和 fontSize 请求参数设置背景颜色和字体大小。

```
<%@ page language = "java" pageEncoding = "gb2312" %>
<html>
    <head>
        <title>JSP Scriptlet Demo</title>
```

```
    </head>
    <%
        String bgColor = request.getParameter("bgColor");
        String fontSize = request.getParameter("fontSize");
        int fs = 2;
        if (bgColor == null)
            bgColor = "white";
        if (fontSize != null)
            fs = Integer.parseInt(fontSize);
    %>
    <body bgcolor="<% = bgColor %>">
    <font size="<% = fs %>">
    <%
         if (bgColor.equals("white"))
             out.println("使用默认的 white 背景颜色");
         else
             out.println("通过参数提供的背景颜色: " + bgColor);
         if (fontSize == null)
             out.println(",默认的字体大小: 2");
         else
             out.println(",通过参数提供的字体大小: " + fontSize);
    %>
</font>
    </body>
</html>
```

我们可用如下URL地址调用这个JSP文件。

• http://localhost:8080/ch13/ScriptletDemo.jsp

调用这个JSP文件的结果如图13.5所示。

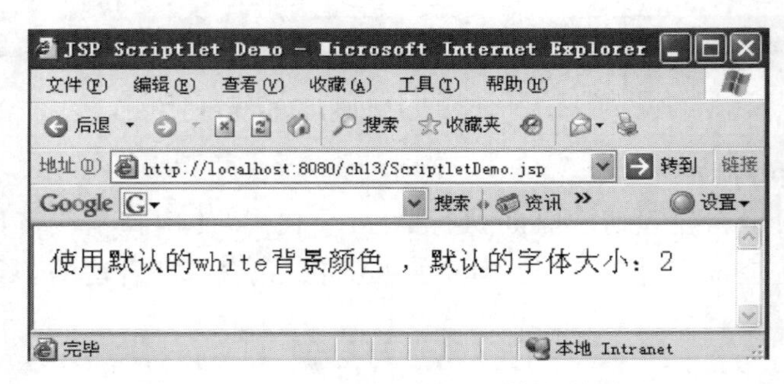

图13.5 ScriptletDemo.jsp的输出结果(1)

• http://localhost:8080/ch13/ScriptletDemo.jsp?bgColor=green

调用这个JSP文件的结果如图13.6所示。

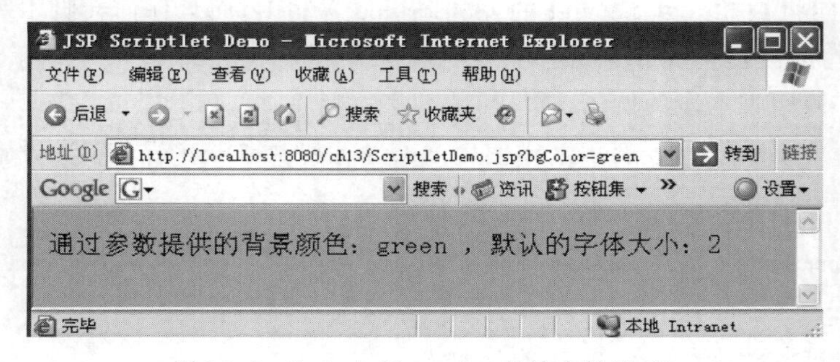

图13.6 ScriptletDemo.jsp的输出结果(2)

• http://localhost:8080/ch13/ScriptletDemo.jsp?fontSize=3
调用这个 JSP 文件的结果如图 13.7 所示。

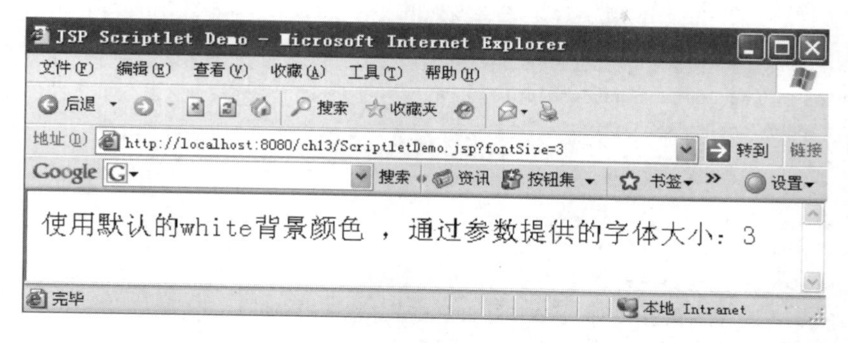

图 13.7　ScriptletDemo.jsp 的输出结果(3)

• http://localhost:8080/ch13/ScriptletDemo.jsp?bgColor=yellow&fontSize=3
调用这个 JSP 文件的结果如图 13.8 所示。

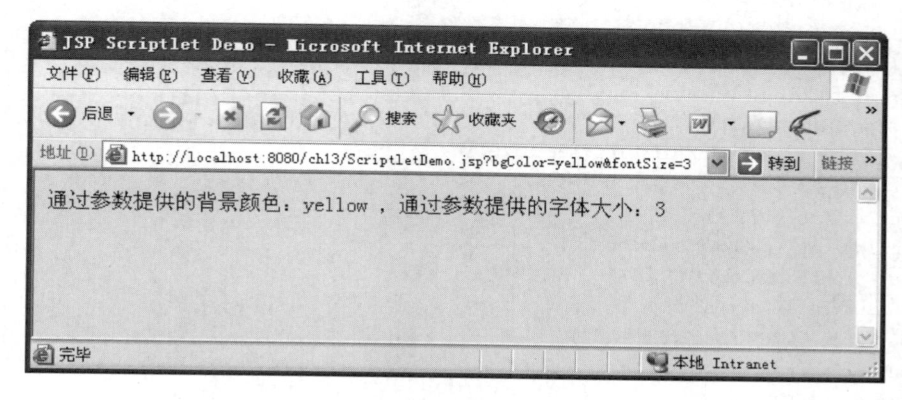

图 13.8　ScriptletDemo.jsp 的输出结果(4)

访问 ScriptletDemo.jsp 后，会在 Tomcat 目录的 work\Catalina\localhost\ch13\org\apache\jsp 目录下生成该 JSP 的 Servlet 代码。下面给出 ScriptletDemo.jsp 生成的 Servlet 代码的_jspService 方法，可以看到，在 JSP 页面中编写的脚本段代码被直接插入到 Servlet 的_jspService 方法中。

```
public void _jspService(HttpServletRequest request, HttpServletResponse response)
      throws java.io.IOException, ServletException {

  PageContext pageContext = null;
  HttpSession session = null;
  ServletContext application = null;
  ServletConfig config = null;
  JspWriter out = null;
  Object page = this;
  JspWriter _jspx_out = null;
  PageContext _jspx_page_context = null;

  try {
    response.setContentType("text/html;charset = gb2312");
```

```
pageContext = _jspxFactory.getPageContext(this, request,
                            response, null, true, 8192, true);
_jspx_page_context = pageContext;
application = pageContext.getServletContext();
config = pageContext.getServletConfig();
session = pageContext.getSession();
out = pageContext.getOut();
_jspx_out = out;

out.write("\r\n");
out.write("<html>\r\n");
out.write("\t<head>\r\n");
out.write("\t\t<title>JSP Scriptlet Demo</title>\r\n");
out.write("\t</head>\r\n");
out.write("\t");

String bgColor = request.getParameter("bgColor");
String fontSize = request.getParameter("fontSize");
int fs = 2;
if (bgColor == null)
        bgColor = "white";
if (fontSize != null)
        fs = Integer.parseInt(fontSize);

out.write("\r\n");
out.write("\t<body bgcolor=\"");
out.print(bgColor);
out.write("\">\r\n");
out.write("\t<font size=\"");
out.print(fs);
out.write("\">\r\n");
out.write("\t");

if (bgColor.equals("white"))
        out.println("使用默认的 white 背景颜色");
else
        out.println("通过参数提供的背景颜色: " + bgColor);
if (fontSize == null)
        out.println(",默认的字体大小: 2");
else
        out.println(",通过参数提供的字体大小: " + fontSize);

out.write(" \r\n");
out.write(" </font>\r\n");
out.write("\t</body>\r\n");
out.write("</html>\r\n");
out.write("\r\n");
} catch (Throwable t) {
  if (!(t instanceof SkipPageException)){
    out = _jspx_out;
    if (out != null && out.getBufferSize() != 0)
      try { out.clearBuffer(); } catch (java.io.IOException e) {}
```

```
            if (_jspx_page_context != null) _jspx_page_context.handlePageException(t);
        }
    } finally {
        _jspxFactory.releasePageContext(_jspx_page_context);
    }
}
```

3. 表达式(Expressions)：<%= expression %>

一个JSP表达式用于在JSP请求处理阶段计算它的值，并将某些值直接插入到输出中，它具有如下形式。

```
<% = Any Java Expression %>
```

这个表达式被求值后再转换成String字符串对象，汇入到输出流(output stream)中，并且插入到浏览器的页面中。当这个页面被请求时，这个求值在运行时完成。

有代表性的是，JSP表达式用于执行和显示在JSP的声明部分声明的变量和方法计算得到的结果，或由JSP页面访问JavaBean得到的字符串。如果转换表达式失败，则在请求时抛出ClassCastException异常。

例如，当HTML页面被请求时，下面的表达式显示当前日期。

<%=new java.util.Date() %>

如果在一个MyClass类中声明了myMethod()方法，就可使用如下表达式。

<%=myClassInstance.myMethod() %>

我们还可以按如下方式用预定义可变请求对象来简化一个表达式。

```
<% = request.getProtocol() %>
```

13.2.3 动作元素

JSP动作元素(action elements)利用XML语法格式的标记来控制Servlet引擎的行为。利用JSP动作元素可以动态地插入文件、重用JavaBean组件、把用户重定向到另外的页面、为Java插件生成HTML代码。与指令元素不同的是，动作元素在请求处理阶段起作用。

JSP 2.0规范中定义了如下共有20个标准的动作元素。

- jsp:include：在页面被请求的时候引入一个文件。
- jsp:useBean：寻找或实例化一个JavaBean，并指定它的名字以及作用范围。
- jsp:setProperty：此操作和useBean一起协作，用来设置JavaBean的属性。
- jsp:getProperty：输出某个JavaBean的属性。
- jsp:forward：把请求转到一个新的页面。
- jsp:param：以“名-值”对的形式为其他标签提供附加信息。
- jsp:plugin：根据浏览器类型为Java插件生成OBJECT或EMBED标记，可以使用它来插入Applet或者JavaBean。
- jsp:params：jsp:plugin动作的一部分，向Applet或JavaBean提供多个参数。
- jsp:fallback：jsp:plugin动作的一部分，指定在Java插件不能启动时，显示给用户的文字。

- jsp:element：动态定义一个XML元素。
- jsp:attribute：在XML元素的内容中定义一个动作属性的值，或者在jsp:element动作中使用，指定输出元素的属性。
- jsp:body：定义元素的内容。
- jsp:text：封装模板数据。
- jsp:output：输出XML声明和文档类型定义。
- jsp:invoke和jsp:doBody：自定义标签时使用。
- jsp:root,jsp:declaration,jsp:scriptlet和jsp:expression：以XML语法格式来描述JSP页面。

1. jsp:include 动作

该动作把指定文件插入正在生成的页面，其语法如下。

```
<jsp:include page = "relative URL" flush = "true" />
```

前面已经介绍过include指令，它是在JSP文件被转换成Servlet的时候引入文件，而这里的jsp:include动作不同，插入文件的时间是在页面被请求的时候。jsp:include动作的文件引入时间决定了它的执行效率要稍微差一点，而且被引用文件不能包含某些JSP代码(例如不能设置HTTP头)，但它的灵活性却好得多。

【例13.5】 使用jsp:include动作元素的例子。

本例将编写一个名为incDemo.jsp的页面，它包含子页面inc.jsp，inc.jsp将根据传入的请求参数user的值显示欢迎信息。

incDemo.jsp的代码如下所示。

```
<%@ page language = "java" pageEncoding = "gbk" %>
<html>
  <head>
  <title>include 动作元素示例</title>
  </head>
  <body>
  <%-- 静态包含菜单文件 -- %>
  <%@include file = "menu.jsp" %>
<%
        String name = request.getParameter("user");
        out.println(" 被" + name + "请求的网页欢迎您!<br>");
 %>
    <%-- 动态包含文件 inc.jsp-- %>
    <jsp:include page = "inc.jsp" flush" = true">
        <jsp:param name = "user" value = "<% = name %>"/>
    </jsp:include>
<%
  out.println(" 被" + name + "请求的网页再度欢迎您!");
 %>
  <%-- 静态包含版权信息文件 -- %>
<%@include file = "copyright.jsp" %>
  </body>
</html>
```

inc.jsp的代码如下所示。

```
<%@ page language = "java" pageEncoding = "gbk" %>
<%
  out.println(" 被" + request.getParameter("user") + " include 请求的网页欢迎您<br>");
%>
```

注意：在 incDemo.jsp 中，同时使用了静态包含和动态包含技术：

- 使用 include 指令元素静态包含了菜单 menu.jsp 和版权信息文件 copyright.jsp；
- 使用 include 动作元素动态包含了页面 inc.jsp。

在动态包含 inc.jsp 页面时，用到了另一个动作元素 jsp:param，这个动作元素将在后面详细介绍，此处的作用是向被包含页面 inc.jsp 传入一个请求参数，名称为 user，值为 Servlet 变量 name 的值。

通过地址 http://localhost:8080/ch13/incDemo.jsp?user=whu 访问 incDemo.jsp 页面的效果如图 13.9 所示。

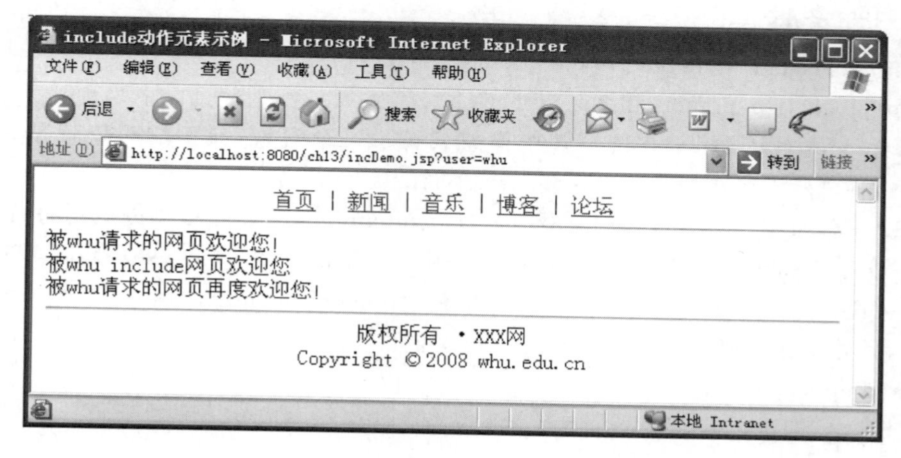

图 13.9　incDemo.jsp 页面运行效果

从图 13.9 中可见，页面头部和底部分别显示了静态包含的菜单页面和版权信息页面。中间显示了三句话，其中第二句是在被动态包含的页面 inc.jsp 中根据动态传入的请求参数 user 的值，生成的欢迎信息。

2. jsp:useBean、jsp:setProperty 和 jsp:getProperty

这 3 个动作元素用于访问 JavaBean，将在 13.6.2 小节介绍。

3. jsp:forward

jsp:forward 动作把请求转发到另外的页面。jsp:forward 标记只有一个属性 page。page 属性包含的是一个相对 URL。page 的值既可以直接给出，也可以在请求的时候动态计算，如下面的例子所示。

```
<jsp:forward page = "/utils/errorReporter.jsp" />
<jsp:forward page = "<% = someJavaExpression %>" />
```

4. jsp:param

jsp:param 动作一般和 jsp:include、jsp:forward、jsp:plugin 一起使用，用于为这些标签提供附加信息。它的语法为：

```
<jsp:param name = "name" value = "value"/>
```

它有两个必备的属性 name 和 value。name 表示参数的名字，value 表示参数的值，value 也可以是一个表达式。

【例 13.6】 jsp:param 动作和 jsp:include 以及 jsp:forward 一起使用的例子。

jsp:param 动作和 jsp:include 一起使用的代码为：

```
<jsp:include page = "inc.jsp" flush = "true">
    <jsp:param name = "user" value = "<% = name %>"/>
</jsp:include>
```

如果 name 的值为"whu"，则上面的程序将把 inc.jsp? user＝whu 页面包含进当前页面。

jsp:param 动作和 jsp:forward 一起使用的代码为：

```
<jsp: forward page = "inc.jsp">
    <jsp:param name = "user" value = "whu"/>
</jsp: forward >
```

上面的程序将把请求转发到 fwd.jsp? user＝whu 页面。

5. jsp:plugin、jsp:params 和 jsp:fallback

＜jsp:plugin＞元素用于在浏览器中播放或显示一个对象（典型的对象就是 Applet 和 Bean)，而这种显示需要在浏览器中安装 Java 插件。

当 JSP 文件被编译后并送往浏览器时，＜jsp:plugin＞元素将会根据浏览器的版本替换成＜object＞或者＜embed＞元素。注意，＜object＞用于 HTML 4.0，＜embed＞用于 HTML 3.2。

一般来说，＜jsp:plugin＞元素会指定对象是 Applet 还是 Bean，同样也会指定 class 的名字和位置，另外还会指定将从哪里下载这个 Java 插件。

＜jsp:plugin＞元素的使用语法如下。

```
<jsp:plugin
    type = "bean | applet"
    code = "classFileName"
    codebase = "classFileDirectoryName"
    [ name = "instanceName" ]
    [ archive = "URIToArchive, ..." ]
    [ align = "bottom | top | middle | left | right" ]
    [ height = "displayPixels" ]
    [ width = "displayPixels" ]
    [ hspace = "leftRightPixels" ]
    [ vspace = "topBottomPixels" ]
    [ jreversion = "JREVersionNumber | 1.1" ]
    [ nspluginurl = "URLToPlugin" ]
    [ iepluginurl = "URLToPlugin" ] >
    [ <jsp:params>
        [ <jsp:param name = "parameterName"
         value = "{parameterValue | <% = expression %>}" /> ]+
    </jsp:params> ]
    [ <jsp:fallback> text message for user </jsp:fallback> ]
</jsp:plugin>
```

这个动作指令有如下所示的 13 个属性。

- type＝"bean | applet"

将被执行的插件对象的类型，必须得指定这个是 Bean 还是 Applet，因为这个属性没有默认值。

- code="classFileName"

将会被 Java 插件执行的 Java 类文件的名字，必须以.class 结尾。这个文件必须存在于 codebase 属性指定的目录中。

- codebase="classFileDirectoryName"

将会被执行的 Java Class 文件的目录(或者是路径)，如果我们没有提供此属性，那么使用<jsp:plugin>的 JSP 文件的目录将会被使用，即默认为此 JSP 文件的当前路径。

- name="instanceName"

这个 Bean 或 Applet 实例的名字，它将会在 JSP 其他的地方调用。

- archive="URIToArchive,…"

一些由逗号分开的路径名列表，这些路径名用于预装一些将要使用的 class 类，这会提高 Applet 的性能。

- align="bottom | top | middle | left | right"

图形、对象、Applet 的对齐位置。

- height="displayPixels" width="displayPixels"

Applet 或 Bean 将要显示的长宽的值，此值为数字，单位为像素。

- hspace="leftRightPixels" vspace="topBottomPixels"

Applet 或 Bean 显示时在屏幕左右，上下所需留下的空间，单位为像素。

- jreversion="JREVersionNumber | 1.1"

Applet 或 Bean 运行所需的 Java Runtime Environment (JRE)的版本，默认值是 1.1。

- nspluginurl="URLToPlugin"

Netscape Navigator 用户能够使用的 JRE 的下载地址，此值为一个标准的 URL，如 http://www.aspcn.com/jsp。

- iepluginurl="URLToPlugin"

IE 用户能够使用的 JRE 的下载地址，此值为一个标准的 URL，如 http://www.aspcn.com/jsp。

- <jsp:params> [<jsp:param name="parameterName" value="{parameterValue | <%= expression %>}" />]+ </jsp:params>

我们需要向 Applet 或 Bean 传送的参数或参数值。

- <jsp:fallback> text message for user </jsp:fallback>

一段文字用于 Java 插件不能启动时显示给用户的，如果插件能够启动而 Applet 或 Bean 不能，那么浏览器会有一个出错信息弹出。

【例 13.7】 使用<jsp:plugin>元素的例子。

本例在页面 plugin.jsp 中使用<jsp:plugin>元素运行含有 Applet 的插件，其代码为：

```
<%@ page language = "java"   pageEncoding = "gbk" %>
<jsp:plugin type = "applet" code = "TestApplet.class"
                                    codebase = "applet">
    <jsp:params>
        <jsp:param name = "str" value = "这是在 Applet 中显示的内容" />
    </jsp:params>
    <jsp:fallback>
```

```
            <p>您的浏览器不支持 applet 插件</p>
        </jsp:fallback>
    </jsp:plugin>
```


相应的 Applet 代码如下。

```
import java.applet.Applet;
import java.awt.Graphics;

public class TestApplet extends Applet{
    private String content;
    public void init(){
        content = getParameter("str");
    }
    public void paint(Graphics g){
        g.drawString(content, 0, 30);
    }
}
```

为了运行含有 Applet 插件的页面 plugin.jsp，将 plugin.jsp 复制到项目 ch13 的根目录下。由于 jsp:plugin 中 codebase 设置的是 applet，将 TestApplet.java 编译生成的 TestApplet 类复制到 ch13 目录下新建的 applet 目录中。需要注意的是，这个 Applet 类文件不能放到 WEB-INF/classes 目录下，这样，plugin.jsp 页面将无法访问到这个 Applet 插件。

启动 Tomcat 服务器后，访问 http://localhost:8080/ch13/plugin.jsp，将会看到 Applet 的运行效果是在 Applet 中显示一段文字："这是在 Applet 中显示的内容"，显示效果如图 13.10 所示。

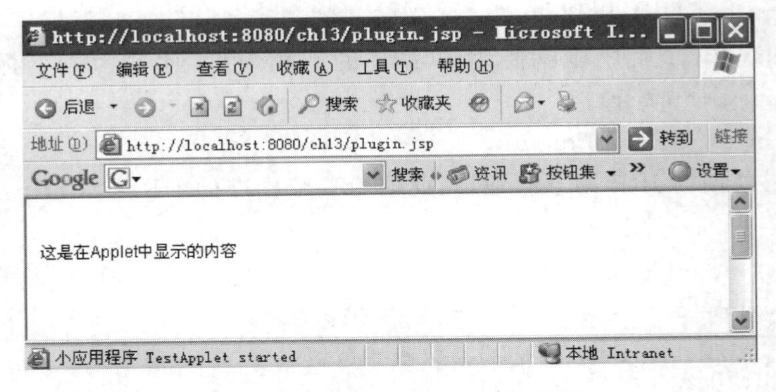

图 13.10　plugin.jsp 页面运行效果

6. jsp:element、jsp:attribute 和 jsp:body

<jsp:element>动作用于动态定义一个 XML 元素的标签。在<jsp:element>中，可以包含<jsp:attribute>和<jsp:body>。

<jsp:element>动作的语法如下。

```
<jsp:element name = "name">
    本体内容
</jsp:element>
```

或

```
<jsp:element name = "name">
```

```
    jsp:attribute *
    jsp:body?
</jsp:element>
```

<jsp:element>动作只有一个属性 name,用于指定动态产生的 XML 元素的名称。

【例 13.8】 使用<jsp:element>动作的例子。

```
<jsp:element name = "color">
    红色
</jsp:element>
```

执行这段代码将产生下列 XML 元素。

```
<color>红色</color>
```

【例 13.9】 使用<jsp:element>动作加子元素的例子。

```
<jsp:element name = "cat">
    <jsp:attribute name = "weight">3kg</jsp:attribute>
    <jsp:attribute name = "color">yellow</jsp:attribute>
    <jsp:body>A cute cat</jsp:body>
</jsp:element>
```

执行这段代码将产生下列 XML 元素。

```
<cat weight = "3kg" color = "yellow">A cute cat</cat>
```

<jsp:attribute>动作除了可以在<jsp:element>中定义 XML 元素的属性,还可以用来设定标准或自定义标签的属性值。

<jsp: attribute>除了属性 name,还有一个属性: trim,这个属性用来指定在<jsp:attribute>元素的内容前后出现的空白(包括空格、回车、换行、制表符)是否被 JSP 容器忽略,如果为 true,则忽略; 如果为 false,则保留。默认值是 true。

13.2.4 注释

在 JSP 中的注释(comments)分为 HTML 注释和隐藏注释两种,下面分别予以介绍。

1. HTML 注释

在客户端显示一个注释的 JSP 语法为:

```
<!-- comment [ <% = expression %> ] -->
```

【例 13.10】 HTML 注释的例子。

```
<!-- This file displays the user login screen -->
    在客户端的 HTML 源代码中产生和上面一样的数据:
<!-- This file displays the user login screen -->
```

下面的注释中带有表达式。

```
<!-- This page was loaded on <% = (new java.util.Date()).toLocaleString() %> -->
    在客户端的 HTML 源代码中显示为:
<!-- This page was loaded on January 1, 2008 -->
```

这种注释和 HTML 中很像,也就是它可以在"查看源代码"中看到。唯一有些不同的就是,我们可以在这个注释中用表达式(如后一个例子所示)。这个表达示是不定的,由页面不同而不同。此处我们能够使用各种表达式,只要是合法的就行。

2. 隐藏注释

隐藏注释写在JSP程序中,但不是发给客户。其JSP语法为:

```
<% -- comment -- %>
```

【例13.11】 隐藏注释的例子。

```
<%@ page language="java" %>
<html>
<head><title>A Comment Test</title></head>
<body>
<h2>A Test of Comments</h2>
<% -- This comment will not be visible in the page source -- %>
</body>
</html>
```

用隐藏注释标记的字符会在JSP编译时被忽略掉。这个注释在希望隐藏或注释JSP程序时是很有用的。JSP编译器不是会对<%--and--%>之间的语句进行编译的,它不会显示在客户的浏览器中,也不会在源代码中看到在<%-- --%>之间的内容,因此可以任意位置写注释语句,但是不能使用注释的结束标记"--%>",如果非要使用可以用"--%\>"代替。

13.3 JSP隐含对象

在一般的Java程序中,对象都要先创建后使用。在JSP程序中使用脚本元素编写Java代码时,一般也要这么做。但是,JSP中有9个对象是不需要创建就可以直接使用的,它们是JSP的隐含对象,也称为内置对象。这9个隐含对象的名称和作用分别如下。

1. request

类型:javax.servlet.HttpServletRequest

用途:访问请求参数。

2. response

类型:javax.servlet.HttpServletResponse

用途:响应请求。

注意:由于输出流通常是驻存在缓存中的,所以,一旦Servlet的任何输出已送到客户程序后,设置标题和状态是不允许的,但此时在JSP页面中设置HTTP状态码和响应标题则是合法的。

3. out

类型:javax.servlet.jsp.JspWriter

用途:输出流书写器。

4. session

类型:javax.servlet.http.HttpSession

用途:为请求的客户程序创建session对象。

5. application

类型:javax.servlet.ServletContext

用途：从 Servlet 配置对象那里获得 Servlet 上下文。

注意：Servlet 和 JSP 页面可以在 ServletContext 对象中存储持久数据而不是瞬时变量。ServletContext 具有 setAttribute 和 getAttribute 方法，它们能够存储和检索与特定关键字相联系的任何数据。

6. config

类型：javax.servlet.ServletConfig

用途：该 JSP 的 ServletConfig。

7. pageContext

类型：javax.servlet.jsp.pageContext

用途：给出一个点访问多个页面属性并为存储共享数据提供一个方便的存储位置。

8. page

类型：java.lang.Object

用途：这是 this 的一个同义词，当脚本语言不同于 Java 时，它作为一个占位符(placeholder)。

9. exception

类型：java.lang.Exception

用途：异常处理对象。

下面就分别进行较为详细的讨论。

13.3.1 out 对象

out 对象代表了向客户端发送数据的对象。通过 out 对象发送的内容，将是浏览器需要显示的内容，该内容是文本一级的。我们通过 out 对象可直接向客户端写一个由程序动态生成 HTML 文件。out 对象的 print()和 println()方法的作用就是向页面写入文本内容。

【例 13.12】 使用 out 对象的例子。

本例下面给出的代码 outDemo1.jsp 将使用 out 对象动态生成 HTML。

```
<%@ page language = "java" import = "java.util.*" pageEncoding = "gbk" %>
<html>
  <head>
  <title>使用 out 对象动态生成 HTML</title>
  </head>
  <body>
  <%
      String user = request.getParameter("user");
      Date dt = new Date();
      out.print("Hello,");
      out.print(user);
      out.print(" welcome to my home page!");
      out.print("<br>");
      out.print("Current time:");
      out.print(dt.toString());
   %>
  </body>
</html>
```

通过 http://localhost:8080/ch13/outDemo1.jsp?user=whu 访问该页面显示效果如图 13.11 所示。

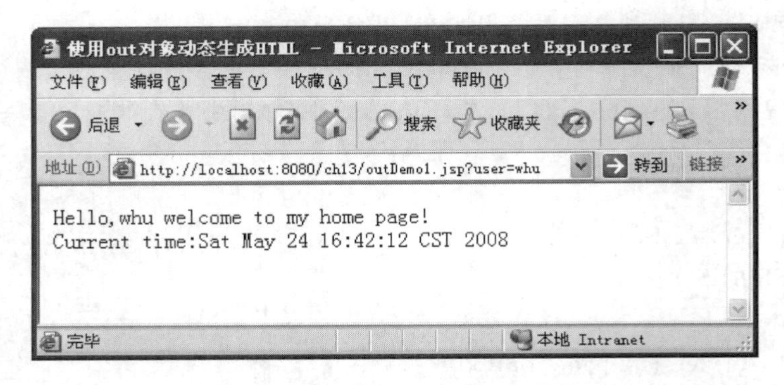

图 13.11 outDemo1.jsp 运行效果

注意:out 对象实际上是 PrintWriter 对象的带缓冲的版本,可以通过 page 指令的 buffer 属性来调整缓冲区的大小,默认的缓冲区是 8KB。

out 对象常用的方法除了 pirnt()和 println()之外,还包括 clear()、flush()、clearBuffer()、getBufferSize()和 getRemaining(),这些方法可以对缓冲区进行管理。

【例 13.13】 使用 out 对象的方法实现对缓冲区的管理。

本例的 outDemo2.jsp 将演示怎样使用 out 对象的方法,实现对缓冲区的管理。outDemo2.jsp 的代码如下。

```
<%@ page language="java"  pageEncoding="gbk"%>
<html>
  <head>
  <title>使用 out 对象的方法实现对缓冲区的管理</title>
  </head>
  <body>
  <%
      out.print("预设缓冲区大小:" +  out.getBufferSize() + "<br>");
      out.print("调用 flush 方法之前");
      out.flush();
      out.print("清空缓冲区之前");
      out. clearBuffer();
      out.print("清空缓冲区之后");
      out.flush();
    %>
  </body>
</html>
```

out 对象的 getBufferSize()方法返回预设的缓冲区大小,flush()方法将缓冲区中的内容输出,clearBuffer()方法将当前缓冲区中的内容清空。因此,这个程序中的语句“清空缓冲区之前”将不会在页面输出,因为该内容已经被方法 clearBuffer()清空了。

通过 http://localhost:8080/ch13/outDemo2.jsp 访问该页面,outDemo2.jsp 在浏览器中的显示效果如图 13.12 所示。

13.3.2 page 对象

page 对象是当前页面转换后的 Servlet 类的实例,这个对象在 JSP 页面中很少使用。读者如果需要使用该对象,可查阅相应的文档。

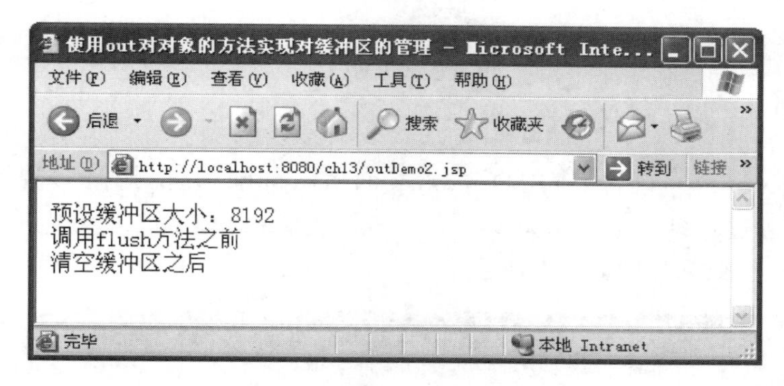

图 13.12 outDemo2.jsp 的运行效果

13.3.3 config 对象

config 对象提供一些配置信息。常用的方法有 getInitParameter(String name)和 getInitParameterNames()，以获得 Servlet 初始化时的参数，这些初始化的参数必须先在项目描述文件 web.xml 中进行定义。

config 隐含对象转换为 Servlet 后，对应于 javax.servlet.ServletConfig 对象。

【例 13.14】 使用 config 对象读取 web.xml 文件。

本例使用 config 对象，在 JSP 中读取 web.xml 中配置的初始化参数。

首先，需要在 web.xml 中添加如下 Servlet 描述。

```
<servlet>
    <servlet-name>JSPConfigTest</servlet-name>
    <jsp-file>/configDemo.jsp</jsp-file>
    <init-param>
        <param-name>count</param-name>
        <param-value>100</param-value>
    </init-param>
</servlet>
<servlet-mapping>
    <servlet-name>JSPConfigTest</servlet-name>
    <url-pattern>/configDemo.html</url-pattern>
</servlet-mapping>
```

注意：对于 JSP，一般情况下不必为它添加部署描述信息。而在此处，为了添加初始化参数，就必须在 web.xml 中为它添加部署描述。为 JSP 添加部署描述时需要使用<jsp-file>元素指定 JSP 文件的路径，而不需要<servlet-class>元素。我们为这个 Servlet 添加了一个初始化参数 count，值为 100，同时将这个 JSP 的访问路径 url-pattern 设置为/configDemo.html。

下面编写 configDemo.jsp，在 JSP 中使用 config 对象读取参数值。

```
<%@ page language="java" pageEncoding="gbk"%>
<html>
  <head>
  <title>使用 config 对象在 JSP 中读取 web.xml 中配置的初始化参数</title>
  </head>
  <body>
  <%
      String count = config.getInitParameter("count");
      out.print("web.xml 中配置的初始化参数 count 的值为: ");
```

```
        out.print(count);
    %>
  </body>
</html>
```


由于在web.xml中，已将configDemo.jsp的访问路径url-pattern设置为/configDemo.html，我们应该通过地址http://localhost:8080/ch13/configDemo.html访问这个Servlet。这个Servlet的运行效果如图13.13所示。

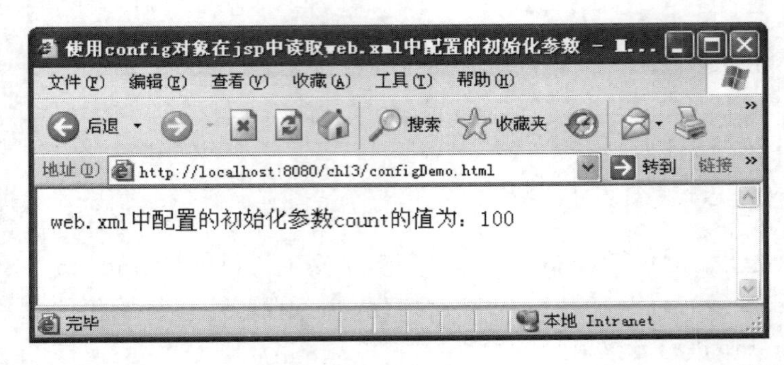

图13.13　通过地址configDemo.html访问configDemo.jsp的运行效果

可见，configDemo.jsp通过getInitParameter方法读取了web.xml中为configDemo.jsp配置的初始化参数count的值100，并显示在页面中。

注意，如果通过地址http://localhost:8080/ch13/configDemo.jsp访问这个页面，运行效果如图13.14所示。

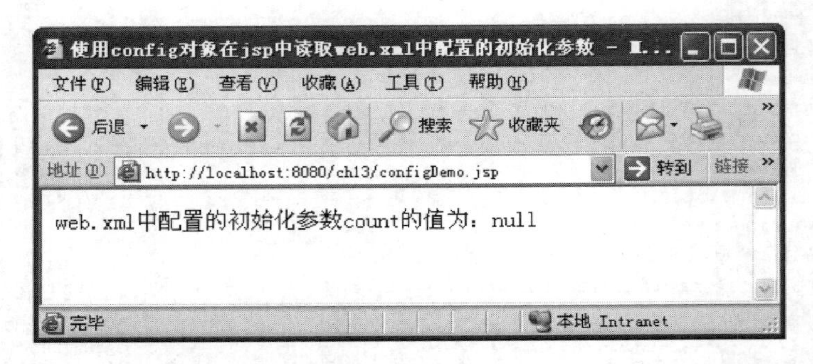

图13.14　通过地址configDemo.jsp访问configDemo.jsp的运行效果

我们发现程序并没有读取到web.xml中为configDemo.jsp配置的初始化参数count的值。这是因为web.xml中为configDemo.jsp这个Servlet配置的访问url-pattern为configDemo.html，如果直接访问configDemo.jsp，这个配置就不起作用，这样配置的初始化参数也将访问不到了。

13.3.4　request对象

request对象代表的是来自客户端的请求对象。只要是有关于客户端请求的信息，都可以通过它来取得，如请求标头、请求方法、请求参数、使用者IP等信息。

request的方法使用较多的是getParameter(String name)、getParameterNames()、getParameterValues(String name)。通过调用这几个方法获取请求对象中所包含的参数的

值。request 对象会转换为 javax. servlet. http. HttpServletRequest 对象。对于每一个用户请求，容器都会为它产生一个 HttpServletRequest 对象。

【例 13.15】 使用 request 获取参数的例子。

本例使用 request 获取表单参数，并计算两个参数之和。表单页面 add. html 代码如下所示，该页面定义了一个表单，指定由 requestDemo1. jsp 来处理该表单。

```
<html>
  <head>
  <title>JSP 加法计算器</title>
  </head>
  <body>
    <form name = "f1" action = "requestDemo1.jsp" method = "post">
        第一个加数: <input type = "text" name = "arg1"><br>
        第二个加数: <input type = "text" name = "arg2"><br>
        <input type = "submit" value = "计算两数之和">
    </form>
  </body>
</html>
```

访问以上 HTML 页面，在地址栏中输入"C:\Tomcat 6\webapps\ch13\add. html"或者双击 add. html，产生的效果如图 13.15 所示。

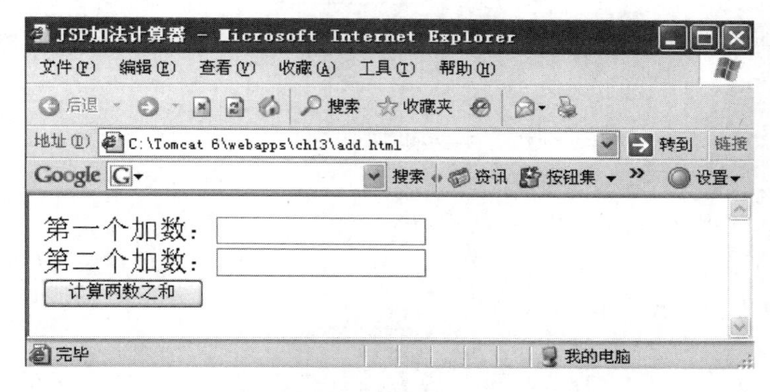

图 13.15 add. html 的运行效果

处理表单的 JSP 页面 requestDemo1. jsp 使用 request 的 getParameter()方法获取到两个加数，并将两数相加的计算结果显示出来。该页面的代码如下所示。

```
<%@ page language = "java" pageEncoding = "gbk" %>
<html>
  <head>
  <title>使用 request 对象获取表单参数</title>
  </head>
  <body>
  <%
      String a1  =  request.getParameter("arg1");
      String a2  =  request.getParameter("arg2");
      int ia1  =  Integer.parseInt(a1);
      int ia2  =  Integer.parseInt(a2);
      out.print("计算结果如下: ");
      out.print(a1 + "  +  " + a2 + "  =  ");
      out.print(ia1 + ia2);
  %>
```

```
    </body>
</html>
```

访问 http://localhost:8080/ch13/add.html 后,输入两个加数 45 和 54,单击"计算两数之和"按钮,页面将转向 requestDemo1.jsp,显示效果如图 13.16 所示。

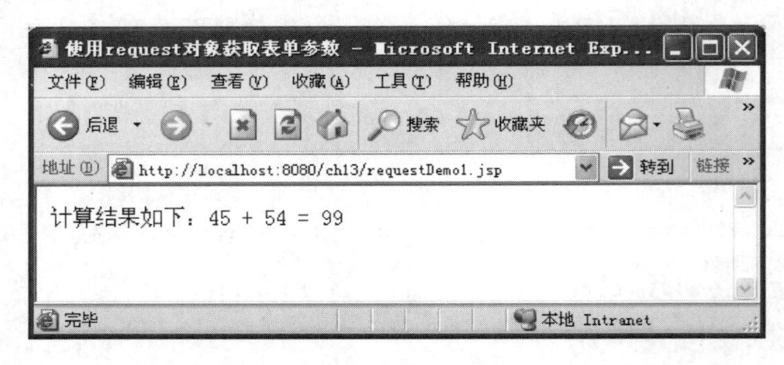

图 13.16 requestDemo1.jsp 计算两加数之和

借助 request 对象的 getParameterNames()和 getParameterValues(String name)方法可以获取请求中的所有参数名称和参数值。下面给出使用该方法的实例。

【例 13.16】 借助 request 对象的 getParameterNames()方法获取请求参数。

本例的 requestDemo2.jsp 可以在不知道请求参数名称的情况下获取到表单提交的所有参数名称和值。requestDemo2.jsp 的代码如下。

```
<%@ page language="java" import="java.util.*" pageEncoding="gbk"%>
<html>
    <head>
        <title>使用 request 对象取得所有请求参数</title>
    </head>
    <body>
        取得请求「参数=值」
        <br>
        <%
            Enumeration params = request.getParameterNames();
            while (params.hasMoreElements()) {
                String param = (String) params.nextElement();
                out.println(param + " = " +
                    request.getParameter(param) + "<br>");
            }
        %>
    </body>
</html>
```

Request 对象的 getParameterNames()方法将返回枚举类型 Enumeration,遍历这个 Enumeration 型变量,可以获取请求中所有请求参数的名称,根据参数名称可以获取到参数的值。

通过在 url 中传入一些请求参数来测试这个程序,例如,通过地址 http://localhost:8080/ch13/requestDemo2.jsp?a1=whu&a2=hust 访问这个 JSP 的效果如图 13.17 所示。

request 对象不仅可以获取请求中的参数,还可以获取客户端信息,下面给出示例。

【例 13.17】 通过 request 对象获取客户端信息。

本例给出的 requestDemo3.jsp 将展示 request 对象获取客户端信息常用到的方法,包括获取请求的服务器、使用协议、请求方法。requestDemo3.jsp 的代码如下。

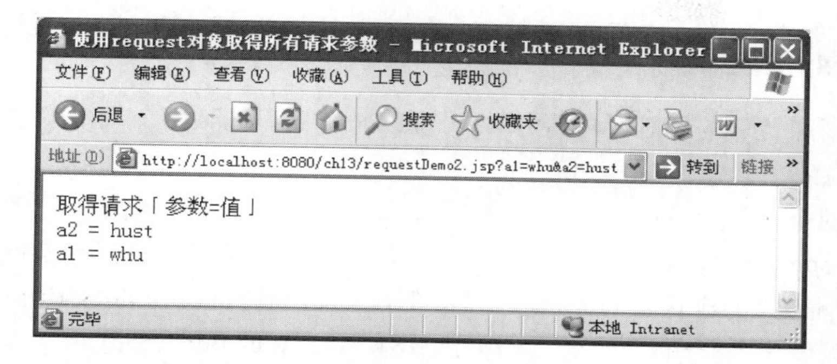

图 13.17 requestDemo2.jsp 传入两个参数的运行效果

```
<%@ page language="java" pageEncoding="gbk" %>
<html>
    <head>
        <title>使用 request 对象取得客户端信息</title>
    </head>
    <body>
    <h1>取得客户端信息</h1>
     请求的服务器:<% = request.getServerName() %><br>
     使用协议:<% = request.getProtocol() %><br>
     请求方法:<% = request.getMethod() %><br>
     请求的端口号:<% = request.getServerPort() %><br>
     Context 路径:<% = request.getContextPath() %><br>
     Servlet 路径:<% = request.getServletPath() %><br>
     URI 路径:<% = request.getRequestURI() %><br>
     查询字符串:<% = request.getQueryString() %><br>
     使用者主机 IP:<% = request.getRemoteAddr() %><br>
     使用者使用端口号:<% = request.getRemotePort() %>
    </body>
</html>
```

通过 http://localhost:8080/ch13/requestDemo3.jsp 访问该页面显示效果如图 13.18 所示。注意,在不同机器上,由于配置上的差异,运行效果可能与此处显示的结果有所差异。

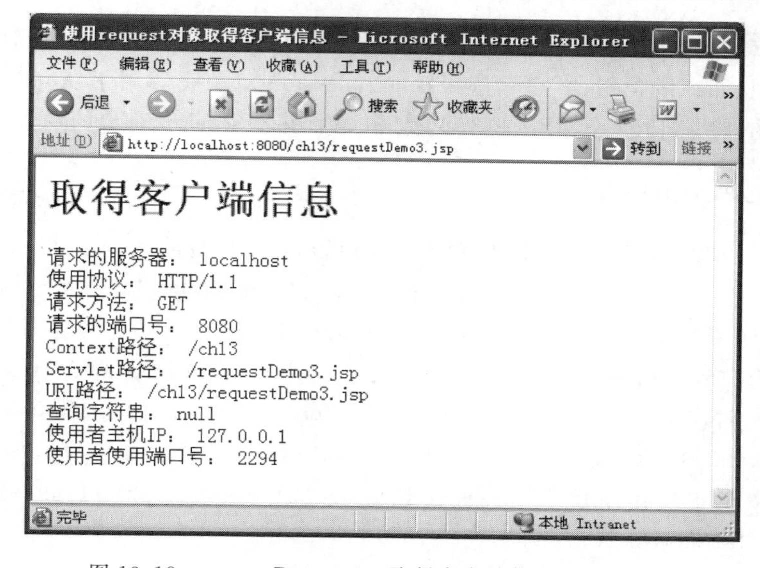

图 13.18 requestDemo3.jsp 取得客户端信息的运行效果

13.3.5 response 对象

response 对象代表的是对客户端的响应,可以通过 response 对象来组织发送到客户端的数据。

response 对象转换为 Servlet 后,对应于 javax. servlet. http. HttpServletResponse 对象。HttpServletResponse 对象处理关于对客户端请求的响应,我们可以利用它来设定一些要响应的信息,如标题信息、响应状态码等,也可以由 HttpServletResponse 取得 PrintWriter 对象由它来响应客户端。获得 PrintWriter 后,就可以不使用 JSP 的 out(JSPWriter)来应答客户端。

下面的代码使用 response 对象实现了客户端浏览器定时刷新,该代码将导致客户端浏览器每 3 秒自动刷新一次。

```
<%
    response.setHeader("Refresh", "3");
%>
```

使用 response 对象的 sendRedirect()方法可以实现客户端浏览器重定向,把响应发送到另一个位置进行处理。如下代码将导致客户端重定向到 http://www.whu.edu.cn/页面。

```
<%
    response.sendRedirect("http://www.whu.edu.cn/");
%>
```

使用 response 对象的 getWriter()方法可以取得 PrintWriter 对象来应答客户端,如下代码使用 response 对象取得的 PrintWriter 对象向客户端发送了一条字符串信息。

```
<%
    response.getWriter().print("you are using response writer ");
%>
```

13.3.6 session 对象

session 对象代表服务器与客户端所建立的会话,当需要在不同的 JSP 页面中保留客户信息的情况下使用,如在线购物、客户轨迹跟踪等。session 对象一般用于在同一个会话中共享变量的时候使用,将在 13.4 节“JSP 共享变量”中详细讲述 session 对象的用法。

13.3.7 pageContext 对象

pageContext 对象称为“页面上下文”对象,代表当前页面运行的一些属性。该对象常用方法有 findAttribute()、getAttribute(java. lang. Sting name[, int scope])、getAttributesScope()等。pageContext 对象对应 javax. servlet. jsp. PageContext 对象。

隐含对象都自动地被加入 pageContext 的上下文中,可以通过 pageContext 来取得与 JSP 相关的隐含对象对应的 Servlet 对象。例如,getRequest()方法可以取得 ServletRequest 对象; getServletConfig()可以取得 ServletConfig; getSession()可以取得 HttpSession 等。

pageContext 的主要作用是管理各种公开对象(HttpSession、ServletContext、ServletConfig、ServletRequest、ServletResponse 等)。

在 13.4.1 小节中还将详细讲述 PageContext 的用法。

13.3.8 application 对象

application 对象转换为 Servlet 后，对应于 javax. servlet. ServletContext 对象，它代表的是整个应用程序的一些属性。使用 application 对象可以获取项目描述文件 web. xml 中配置的全局参数的值，还可以获取一些跟 Web 服务器相关的信息。

【例 13.18】 利用 application 对象获取 web. xml 中的全局参数值。

本例中，首先在 web. xml 中配置全局参数，然后利用 application 对象可获取 web. xml 中的全局参数值。

配置时，在 web. xml 中添加下列全局变量声明。注意，这些声明必须位于 Servlet 声明之前。

```
<context-param>
    <param-name>name</param-name>
    <param-value>whu</param-value>
</context-param>
<context-param>
    <param-name>age</param-name>
    <param-value>22</param-value>
</context-param>
```

applicationDemo1. jsp 使用了 application 对象的 getInitParameter()方法，读取 web. xml 中配置的全局变量 name 和 age 的值，并输出到页面上。applicationDemo1. jsp 的代码如下所示。

```
<%@ page language="java" pageEncoding="gbk" %>
<html>
  <head>
  <title>使用 application 对象读取 web.xml 中配置的全局变量</title>
  </head>
  <body>
    <%
        String name = application.getInitParameter("name");
        String age = application.getInitParameter("age");
        out.print("从 web.xml 中读取的参数信息：<br>");
        out.print("name 的值为： " + name + "<br>");
        out.print("age 的值为： " + age + "<br>");
    %>
  </body>
</html>
```

访问 http://localhost:8080/ch13/applicationDemo1. jsp，运行效果如图 13.19 所示。

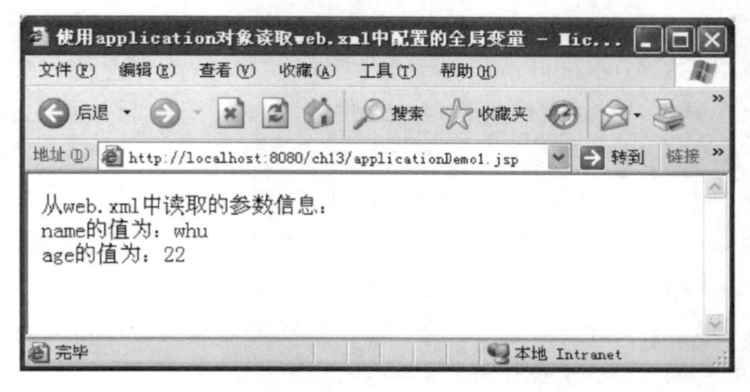

图 13.19 applicationDemo1. jsp 的运行效果

下面的页面 applicationDemo2.jsp 使用 application 对象获取了 Web 服务器相关的信息。

```
<%@ page language = "java" pageEncoding = "gbk" %>
<html>
  <head>
  <title>使用 application 对象获取服务器相关信息</title>
  </head>
  <body>
<h2>使用 application 对象获取服务器相关信息</h2>
    <%
        out.print("获取应用程序根目录在服务器上的实际路径: " + application.getRealPath("/")
 + "<br>");
        out.print("获取容器主版本号: " + application.getMajorVersion() + "<br>");
        out.print("获取容器次版本号: " + application.getMinorVersion() + "<br>");
        out.print("获取 txt 的 MIME 类型: " + application.getMimeType("txt") + "<br>");
        out.print("获取服务器信息: " + application.getServerInfo() + "<br>");
        out.print("获取 Servlet 上下文名称: " + application.getServletContextName());
      %>
  </body>
</html>
```

访问 http://localhost:8080/ch13/applicationDemo2.jsp,该页面的运行效果如图 13.20 所示。

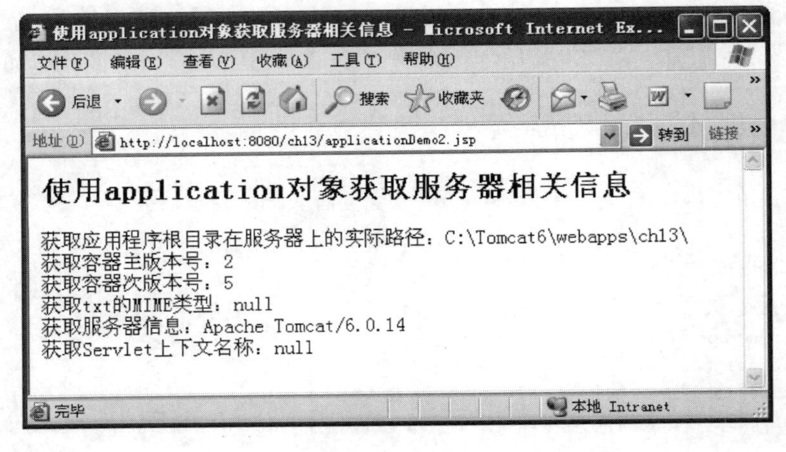

图 13.20 applicationDemo2.jsp 的运行效果

13.3.9 exception 对象

exception 对象代表了 JSP 文件运行时所产生的异常,此对象不能在一般 JSP 文件中直接使用,而只能在使用了＜%@ page isErrorPage＝"true "%＞的 JSP 文件中使用。使用此对象,可以在页面出现异常时自动跳转到指定的处理页面,并自己定制错误显示页面。下面通过例子说明 exception 对象的用法。

【例 13.19】 使用 exception 对象进行出错时的处理。

首先,需要在 web.xml 中指定发生特定类型异常应该交由哪个页面来处理。因此,在 web.xml 中添加如下描述,注意这段描述必须添加在 Servlet 描述之后。

```
<error-page>
  <error-code>404</error-code>
  <location>/nopage.jsp</location>
```

```
</error-page>
<error-page>
  <exception-type>
      javax.servlet.ServletException
  </exception-type>
  <location>/exceptionhandler.jsp</location>
</error-page>
```

在这段描述中，定义了两个<error-page>元素，分别代表两种处理规则：第一个<error-page>元素描述表示访问某个不存在的页面的时候(404 在 HTTP 中表示“未找到页面”的错误)，浏览器将自动跳转到页面 nopage.jsp；第二个<error-page>元素表示访问某个页面如果出现 javax.servlet.ServletException 时，浏览器将自动跳转到页面 exceptionhandler.jsp。

下面我们来编写两个页面：nopage.jsp 和 exceptionhandler.jsp。

nopage.jsp 页面是当访问的页面不存在时希望显示的信息，其代码如下。

```
<%@ page language="java" pageEncoding="gbk" isErrorPage="true" %>
<html>
  <head>
  <title>未找到请求的页面</title>
  </head>
  <body>
    对不起,您请求的页面不存在或者已经被删除!
   <a href="index.jsp">返回首页</a>
  </body>
</html>
```

exceptinhandler.jsp 页面先输出 exception 对象，然后调用 exception 对象的 printStackTrace()方法打印出异常跟踪信息，其代码如下。

```
<%@ page language="java" pageEncoding="gbk"isErrorPage="true" %>
<html>
  <head>
  <title>ServletException 处理页面</title>
  </head>
  <body>
   <%
        java.io.PrintWriter pw = response.getWriter();
        pw.print("<H1>page error:</H1>" + exception + "<br>");
        pw.print("<H1>trace stack:</H1>");
        exception.printStackTrace(pw);
   %>
  </body>
</html>
```

下面我们来访问一个不存在的页面 http://localhost:8080/ch13/not.jsp。根据 web.xml 中的配置，访问时将直接跳转到页面 nopage.jsp，显示效果如图 13.21 所示。

下面我们再创建一个会产生 javax.servlet.ServletException 异常的页面 exceptionDemo.jsp，该页面会产生 java.lang.ArithmeticException 异常，该异常类是 javax.servlet.ServletException 的子类。exceptionDemo.jsp 的代码如下。

```
<%@ page language="java" pageEncoding="gbk" %>
<html>
  <head>
```

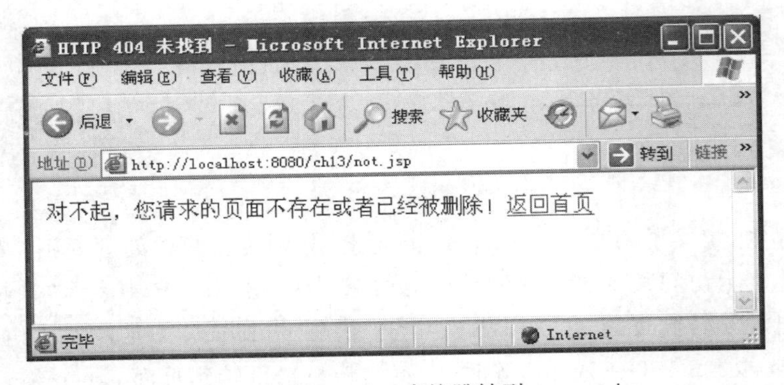

图 13.21 访问 not.jsp 直接跳转到 nopage.jsp

```
    <title>excpetionDemo-产生异常的页面</title>
    </head>
    <body>
    <%
        int a = 9;
        int b = 0;
        out.print(a/b);
      %>
    </body>
  </html>
```

通过在浏览器的地址栏输入"http://localhost:8080/ch13exceptionDemo.jsp"访问页面 exceptionDemo.jsp，显示效果如图 13.22 所示。

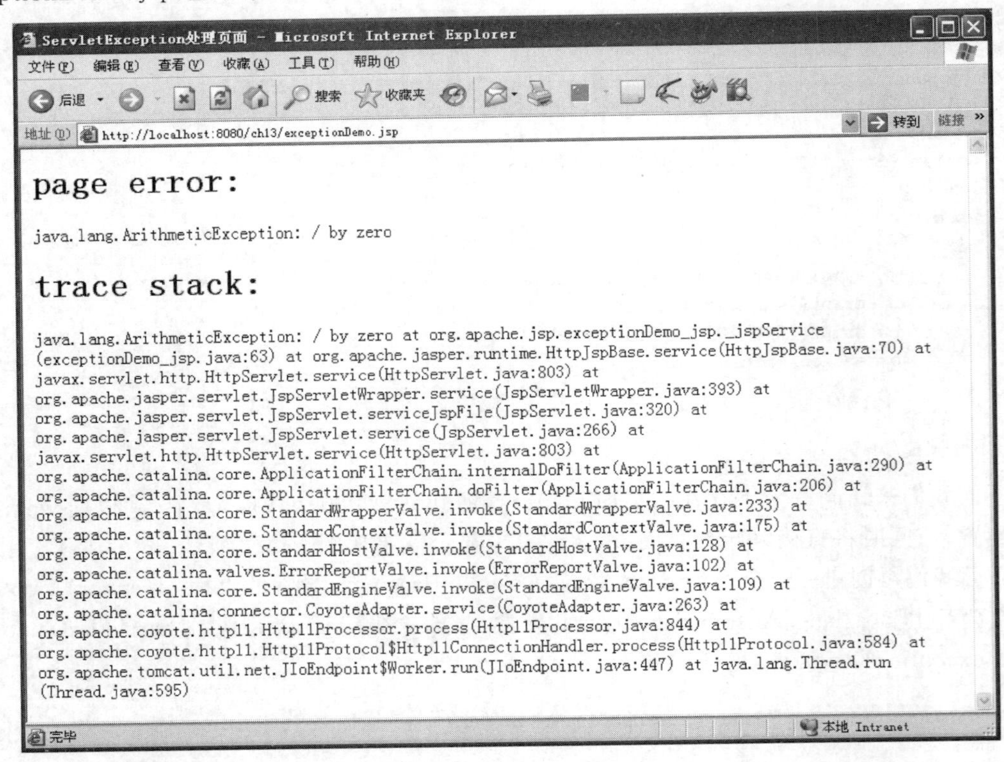

图 13.22 出现异常跳转到 exceptionhandler.jsp 页面

访问 exceptionDemo.jsp 时产生的异常信息会自动存放到 exception 内置对象中，根据 web.xml 的配置，页面将跳转到 exceptionhandler.jsp，该页面首先直接打印出 exception 对象的内容，然后通过 exception 的 printStackTrace 方法在页面上打印出错误的详细信息。

13.4 JSP 共享变量

在 JSP 程序中，经常需要在各个不同的 JSP 页面中共享一些变量，这样可以提高程序的交互性。JSP 提供了 4 种不同的共享范围供程序员灵活选择，这 4 种范围最小的仅在当前页面内可以共享变量，最大的可以在整个应用程序中共享变量，供所有访问该应用程序的客户端进程所共享。JSP 的 4 种变量共享范围分别是 page、request、session、application，它们均提供了 setAttribute()方法来存放变量的值，提供了 getAttribute()方法来取得变量的值。

13.4.1 page 范围

所谓 page，指的是单独一页 JSP Page 的范围。若要将数据存入 page 范围，可以使用 pageContext 对象的 setAttribute()方法；若要取得 page 范围的数据，可以用 pageContext 对象的 getAttribute()方法。

【例 13.20】 page 数据的作用范围举例。

下列两个程序 pageScope1.jsp 和 pageScope2.jsp 演示了 page 数据的作用范围。pageScope1.jsp 使用 pageContext 的 setAttribute()方法存入 name 和 password 两个变量到 pageContext 中，然后使用 pageContext 的 getAttribute()方法读取 pageContext 中的数据，最后提供了一个转向 pageScope2.jsp 的链接。

pageScope1.jsp 的代码如下。

```
<%@ page language = "java"  pageEncoding = "gbk" %>
<html>
  <head>
  <title>page 对象作用范围示例</title>
  </head>
  <body>
    <h2>Page 范围 - pageContext</h2>
    <br>
    <%
          pageContext.setAttribute("name","mike");
          pageContext.setAttribute("password","browser");
     %>
    读取 pageContext 数据：<br>
    <%
          String name = (String)pageContext.getAttribute("name");
          String password =
                  (String)pageContext.getAttribute("password");
          out.println("name = " + name + "<br>");
          out.println("password = " + password + "<br>");
    %>
    <br>
    <a href = "pageScope2.jsp">pageScope2.jsp</a>
    <% --<jsp:forward page = "requestScope2.jsp"/>-- %>
  </body>
```

```
</html>
```

pageScope2. jsp 也使用 pageContext 的 getAttribute()方法读取 pageContext 中的数据 name 和 password,其代码如下。

```
<%@ page language = "java"  pageEncoding = "gbk" %>
<html>
  <head>
  <title>page 对象作用范围示例</title>
  </head>
  <body>
<h2>Page 范围 - pageContext</h2>
<br>
    页面跳转到 pageScope2. jsp,读取 pageContext 数据:<br>
    <%
         String name = (String)pageContext. getAttribute("name");
         String password =
                    (String)pageContext. getAttribute("password");
         out. println("name = " + name + "<br>");
         out. println("password = " + password + "<br>");
    %>
  </body>
 </html>
```

通过 http://localhost:8080/ch13/pageScope1. jsp 来访问 pageScope1. jsp,可以看到页面的显示如图 13. 23 所示。

单击链接 pageScope2. jsp,页面将跳转到页面 pageScope2. jsp,显示结果如图 13. 24 所示。

图 13. 23 pageScope1. jsp 页面显示效果

图 13. 24 pageScope1. jsp 转到 pageScope2. jsp 页面显示效果

可见,在 pageScope1. jsp 页面中可以取得 pageContext 中的数据,页面跳转到 pageScope2. jsp 后就取不到了,这是因为 page 作用范围仅仅是单独一页 JSP Page 的范围。

注意:不管采用重定向还是请求转发,只要超过了一个页面的范围,就无法访问到 page 范围的数据了。因此,如果将 pageScope1. jsp 中的超链接改为注释中的转发(forward)动作,则跳转到 pageScope2. jsp 后,将仍然无法访问到 page 中的变量 name 和 password 的值。

13. 4. 2 request 范围

request 范围的数据是在能够一次请求/响应中存在的数据。如果是从一个组件请求转发到另一个组件的过程中，存放在 request 范围的数据将不会消失；如果两个组件之间是通过重定向跳转的，那么 request 范围的数据将不再存在。与 pageContext 类似，使用 request 对象的 setAttribute()可以向 request 中存放变量，使用 getAttribute()方法可以取得变量。

【例 13.21】 request 对象中存储的数据的作用范围举例。

下面的两个程序 requestScope1.jsp 和 requestScope2.jsp 展示了 request 中存储的数据的作用范围。requestScope1.jsp 向 request 中存放了两个变量 name 和 password，然后通过 <jsp:forward>动作将请求转发到 requestScope2.jsp 中。

requestScope1.jsp 代码如下。

```
<%@ page language = "java"  pageEncoding = "gbk" %>
<html>
  <head>
  <title>request 对象作用范围示例</title>
  </head>
  <body>
    <%
        request.setAttribute("name","mike");
        request.setAttribute("password","browser");
     %>
    <jsp:forward page = "requestScope2.jsp"/>
    <% --<a href = "pageScope2.jsp">pageScope2.jsp</a>-- %>
  </body>
</html>
```

requestScope2.jsp 使用了 request 的 getAttribute()方法读取 request 中的数据，其代码如下。

```
<%@ page language = "java"  pageEncoding = "gbk" %>
<html>
  <head>
  <title>request 对象作用范围示例</title>
  </head>
  <body>
<h2>request 范围</h2>
<br>
    requestScope1.jsp 页面请求转发到 requestScope2.jsp,读取 request 数据:<br>
    <%
        String name = (String)request.getAttribute("name");
        String password =
                    (String)request.getAttribute("password");
        out.println("name = " + name + "<br>");
        out.println("password = " + password + "<br>");
    %>
  </body>
</html>
```

通过 http://localhost:8080/ch13/requestScope1.jsp 访问 requestScope1.jsp，页面将直接转发(forward)到 requestScope2.jsp，显示效果如图 13.25 所示。

可见，存放在 request 中的变量在一次请求转发过程中是共享的。但如果在 requestScope1.jsp 中不使用转发(forward)动作将请求转发到 requestScope2.jsp，而是如注释中的超链接，即使用：

```
<% --<a href = "pageScope2.jsp">pageScope2.jsp</a>-- %>
```

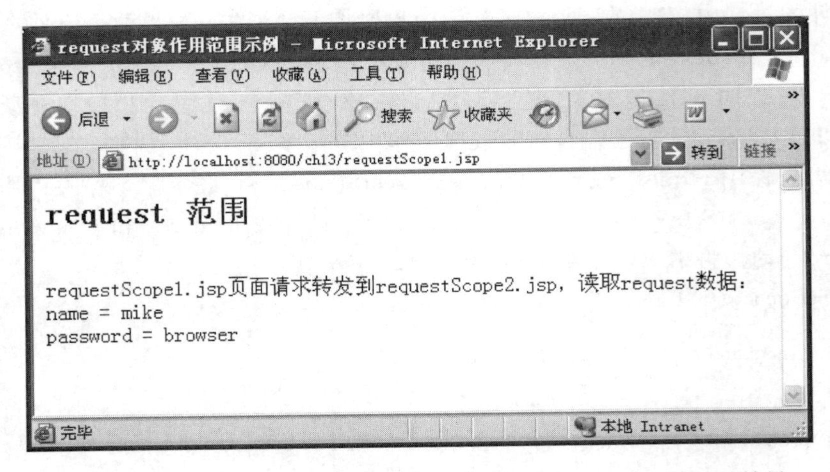

图 13.25 requestScope1.jsp 请求转发到 requestScope2.jsp 后显示效果

链接到 requestScope2.jsp，requestScope2.jsp 将无法访问 request 中的变量。

13.4.3 session 范围

当用户登录网站，系统将为该用户生成一个独一无二的 session 对象，用于记录该用户的个人信息。一旦该用户退出网站，那么该 session 对象将会注销。session 对象可以用于绑定若干个人信息或者 Java 对象，而不同 session 对象的同名变量是不会相互干扰的。

session 一词，中文常翻译为“会话”，其本来的含义是指有始有终的一系列动作/消息。例如打电话，从拿起电话拨号到挂断电话，这中间的一系列过程可以称为一个 session。

session 对象是前面 13.3 节中提到的 9 个隐含对象之一，使用 session 的 setAttribute()方法可以向 session 对象中添加变量，使用 getAttribute()方法可以获取 session 对象中的变量。session 中存放的变量将在一次会话中有效，会话结束后，session 的生命周期就结束了。

session 对象属于 javax.servlet.http.HttpSession 类型，而 HttpSession 接口提供了下列方法来管理会话。

- public void setAttribute(String name, String value)

在 HttpSession 对象中设置指定名字 name 的属性值。

- public Object getAttribute(String name)

从 HttpSession 对象中读取与指定名字 name 相联系的属性。

- public java.util.Enumeration getAttributeNames()

返回 HttpSession 对象中所有属性的名称。

- public void removeAttribute(String name)

从 HttpSession 对象中删除与指定 name 相联系的属性。

- public String getId()

返回 session 的唯一标识符，这个标志是由 Servlet 容器分配的，与具体的实现无关。

- public long getCreationTime()

返回 session 被创建的时间。最小单位为千分之一秒，这个时间是从 1970 年 1 月 1 日 00:00:00 GMT 以来的毫秒数。

- public long getLastAccessedTime()

返回客户端最后一次发送与 session 相关的请求的时间，可以用来确定客户端在两次请求之间的会话的非活动时间。

- public int setMaxInactiveInterval(int interval)

设置在 session 失效之前，客户端的两个连续请求之间的最长时间间隔。如果设置一个负值，表示 session 永远不失效。Web 应用程序可以使用这个方法来设置 session 的超时时间间隔。

- public int getMaxInactiveInterval()

返回在 session 失效之前，客户端的两个连续请求之间的最长时间间隔。

- public ServletContext getServletContext()

返回 session 所属的 ServletContext 对象。

- public void invalidate()

使会话失效，调用这个方法后，客户端将不能再与这个 session 关联了。

- public boolean isNew()

如果客户端还不知道这个 session 或者客户端还没有选择加入 session，那么这个方法返回 true。

【例 13.22】 展示 session 对象的作用范围的例子。

本例用 3 个 JSP 程序演示 session 对象的作用范围。3 个 JSP 分别是 sessionScope1.jsp、sessionScope2.jsp、sessionScope3.jsp。

首先，sessionScope1.jsp 向 session 中存放两个变量 username 和 password；然后提供一个到 sessionScope2.jsp 页面的超链接。sessionScope1.jsp 的代码如下所示。

```
<%@ page language="java"  pageEncoding="gbk"%>
<html>
  <head>
  <title>session 对象作用范围示例</title>
  </head>
  <body>
    <%
        session.setAttribute("username","whu");
        session.setAttribute("password","123456");
    %>
    <A HREF="sessionScope2.jsp">sessionScope2.jsp</A>
  </body>
</html>
```

接着，sessionScope2.jsp 读取 session 的相关信息和存储的变量，再使用 removeAttribute()方法移除 session 中的 username 变量，然后提供一个到 sessionScope3.jsp 页面的超链接。sessionScope2.jsp 的代码如下所示。

```
<%@ page language="java" import="java.util.*"  pageEncoding="gbk"%>
<html>
  <head>
  <title>session 对象作用范围示例</title>
  </head>
  <body>
<%
String usr = (String)session.getAttribute("username");
String pwd = (String)session.getAttribute("password");
```

```
  %>
username = <% = usr %><BR>
password = <% = pwd %><BR>
<% out.println("session create:" +
                              session.getCreationTime()); %><BR>
<% out.println("session id:" + session.getId()); %><BR>
<% out.println("session last access:" +
                             session.getLastAccessedTime()); %><BR>
<% out.println("session 原来最大休眠时间:" +
                            session.getMaxInactiveInterval()); %><BR>
<% session.setMaxInactiveInterval(
                               session.getMaxInactiveInterval() + 1); %>
<% out.println("session 最新最大休眠时间:" +
                             session.getMaxInactiveInterval()); %><BR>
<BR><BR>
<%
    Enumeration names = session.getAttributeNames();
    out.println("获取 session 中的所有变量[name = value]<BR>");
    while(names.hasMoreElements()){
       String name  = names.nextElement().toString();
       out.println(name + " = ");
       out.println(session.getAttribute(name) + "<BR>");
    }
 %>
<%
    session.removeAttribute("username");
 %>
<BR>
<A HREF = "sessionScope3.jsp">sessionScope3.jsp</A>
  </body>
</html>
```

最后,sessionScope3.jsp 页面再次读取 session 中的两个变量的值,其代码如下所示。

```
<%@ page language = "java"  pageEncoding = "gbk" %>
<html>
  <head>
  <title>session 对象作用范围示例</title>
  </head>
  <body>
  <%
    String usr = (String)session.getAttribute("username");
    String pwd = (String)session.getAttribute("password");
   %>
    username = <% = usr %><BR>
    password = <% = pwd %>
  </body>
</html>
```

通过 http://localhost:8080/ch13/sessionScope1.jsp 访问该页面,显示效果如图 13.26 所示。

运行 sessionScope1.jsp 后,单击页面 sessionScope1.jsp 中的超链接 sessionScope2.jsp,页面将跳转到 sessionScope2.jsp,显示效果如图 13.27 所示。该页面使用上面介绍的 HttpSession 对象的方法显示 session 的相关信息和存储的变量。可以看到,sessionScope2.jsp 读取到了 session 中的变量 username 和 password 的值。

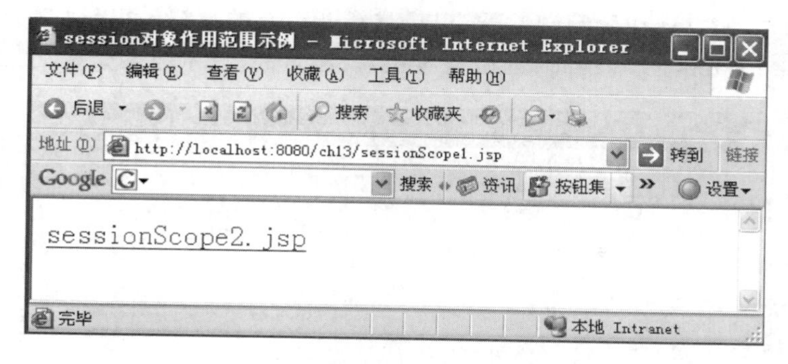

图 13.26　sessionScope1.jsp 的显示效果

图 13.27　sessionScope2.jsp 的显示效果

再单击 sessionScope2.jsp 中的链接 sessionScope3.jsp，sessionScope3.jsp 执行后的显示效果如图 13.28 所示。由于在 sessionScope2.jsp 中从 session 中使用 removeAttribute()删除了变量 username，因此在 sessionScope3.jsp 中获取的 username 的值为空。

图 13.28　页面 sessionScope3.jsp 读取 session 中的变量值

需要注意的是,如果现在关闭浏览器窗口,重新开启新的窗口,直接通过 http://localhost:8080/ch13/sessionScope2.jsp 访问 sessionScope2.jsp 页面,显示效果如图 13.29 所示。

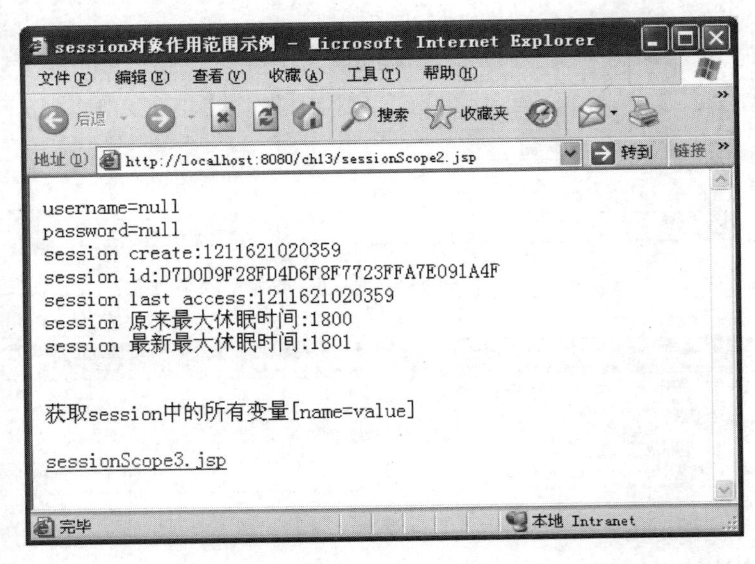

图 13.29　直接访问 sessionScope2.jsp 显示效果

我们不难发现该页面中 session 中读取的 username 和 password 都为空值,这是因为关闭浏览器后,session 就会被清空,再直接访问 sessionScope2.jsp,由于没有先访问 sessionScope1.jsp,也就没有向 session 中存放 username 和 password 两个变量的值,因此读出的值为空。

13.4.4　application 范围

服务器启动后就产生了一个 application 对象,当客户再在网站的各个页面之间浏览时,这个 application 对象都是同一个,直到服务器关闭。并且与 session 不同的是,所有客户的 application 对象都是同一个,即所有客户共享这个内置的 application 对象。

【例 13.23】　使用 session 对象的例子。

本例编写的一个 applicationScope.jsp 程序将使用 application 对象实现网页计数器的功能。该 JSP 文件的代码如下。

```
<%@ page language = "java"  pageEncoding = "gbk" %>
<html>
  <head>
  <title>application 对象实现网页计数器</title>
  </head>
  <body>
<%
      if (application.getAttribute("counter") == null)
          application.setAttribute("counter","1");
      else {
          String strnum = null;
          strnum = application.getAttribute("counter").toString();
          int icount = 0;
          icount = Integer.valueOf(strnum).intValue();
          icount++;
          application.setAttribute(
```

```
                    "counter",Integer.toString(icount));
    }
%>
    您是第<% = application.getAttribute("counter") %>位访问者!
  </body>
</html>
```

该程序首先判断 application 对象中是否存在变量 counter,如果不存在,则存放该变量到 application 范围中,并赋初值为 1; 如果存在,则将该值读出,加 1 后重新保存到 application 范围中,这样就实现了网页计数器的功能。程序的最后显示 application 对象中的 counter 的值作为计数器的值,显示在页面上。

通过 http://localhost:8080/ch13/applicationScope.jsp 访问该页面,首次访问 applicationScope.jsp,页面上显示"您是第 1 位访问者",每刷新 1 次页面,数字都会加 1。applicationScope.jsp 页面连续执行 8 次时,其执行结果如图 13.30 所示。

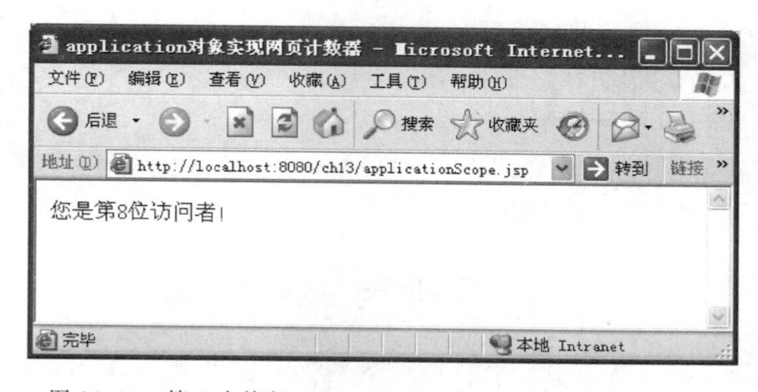

图 13.30 第 8 次执行 applicationScope.jsp 页面时的执行结果

与 session 对象不同的是,关闭浏览器,重新访问该页面,也会保持上一次的计数,这是因为 application 对象在整个 Servlet 容器中只存在一个,如果希望该计数器重新计数,只有重新启动 Tomcat 服务器,这样 Servlet 容器将重新创建一个 application 对象。

13.5 Servlet 中使用 JSP 内置对象

13.3 节讨论了 JSP 的 9 个内置对象在 JSP 中的用法。JSP 中的这 9 个对象在 JSP 中不需要创建就可以直接使用。

通过对 JSP 的工作流程的讨论,我们知道 JSP 在运行过程中先被翻译成 Servlet 类,然后在 Servlet 容器中运行。从本质上讲,JSP 的这些内置对象都是由特定的 Java 类所产生的,在服务器运行时根据情况自动生成。因此,在 Servlet 中也可以使用 JSP 中的这 9 个内置对象。表 13.2 显示了 JSP 的内置对象在 Servlet 中的类型和作用域。

表 13.2 JSP 的内置对象在 Servlet 中的对应的类型和作用域

对 象 名	类 型	作 用 域
Request	javax.servlet.ServletRequest 的子类	request
Response	javax.serlet.ServletResponse 的子类	page
pageContext	javax.serlet.jsp.PageContext	page

续表

对象名	类型	作用域
Session	javax. servlet. http. HttpSession	session
Application	javax. servlet. ServletContext	application
Out	javax. servlet. jsp. JspWriter	page
Config	javax. servlet. ServletConfig	page
Page	java. lang. Object	page
Exception	java. lang. Throwable	page

通过第12章的学习,我们知道在Servlet的service()方法仅仅传入了request和response对象。因此,要想使用其他的JSP内置对象,需要调用一些方法来获取。下面的代码在Servlet中获取到了其中常用的4种JSP内置对象。

```
PrintWriter out = response.getWriter();
HttpSession session = request.getSession();
ServletContext application = getServletContext();
ServletConfig config = getServletConfig();
```

在Servlet中获取这些内置对象之后,就可以像在JSP中一样使用它们了。在此我们仅讨论了一部分获取这些内置对象的方法。

13.6 JSP与JavaBean

前面,在编写的JSP页面中混合了HTML代码和Java代码,并且页面的表示逻辑和业务逻辑混杂在一起,使得代码的可读性变差,维护难度增加。而且,为了编写这样一个JSP页面,要求程序员既要熟悉Java代码,又要面对大量的HTML代码,增加了开发的难度。如果能够将HTML代码和Java代码分离,使得一部分程序员专门从事Java代码的开发,一部分美工人员及促进开发人员专门从事美工和HTML页面的制作,这样的分工将大大减轻各类开发人员的压力。

为了分离页面中的HTML代码和Java代码,一个很自然的想法就是单独编写一个类来封装页面的业务逻辑。在一个页面中,只需简单地编写几句调用这个类中方法的代码,即可完成所需的功能。在JSP技术中,JavaBean组件就是用来负责完成这样的业务逻辑的类。

13.6.1 JavaBean简介

JavaBean构件是一些Java类,这些类易于重用和组成应用。任何Java类只要遵循一定的设计规范就能够成为JavaBean,这些设计规范如下。

- 必须是一个public类。
- 必须有一个不带参数的构造方法。
- 提供setXXX()方法和getXXX()方法让外部程序设置和获取JavaBean的属性。

属性(Property)是JavaBean组件内部状态的抽象表示,外部程序使用属性来设置和获取JavaBean组件的状态。为了让外部程序能够知道JavaBean提供了哪些属性,JavaBean的编写者必须遵循标准的命名方式。

JavaBean的属性名称第一个字母必须小写,UserBean中定义了4个属性name、

password、email 和 gender，首字母都应该小写。

对应于每个属性都添加有 get 方法和 set 方法。在 get 方法和 set 方法中，属性名字的第一个字母大写，然后在名字前面相应地加上 get 和 set，这样的属性是可读写的属性。如果一个属性只有 get 方法，那么这个属性是只读属性；如果一个属性只有 set 方法，那么这个属性是只写的属性。

get/set 命名方式有一个例外，那就是对于 boolean 类型的属性，应该使用 is/set 命名方式（也可以使用 get/set 命名方式），UserBean 中的属性 gender 是 boolean 类型，因此采用了 is/set 命名方式。

【例 13.24】 一个 JavaBean 的实例。

下面的 UserBean 类就是一个符合规范的 JavaBean。

```
package javabean;

public class UserBean {
    /**
     * 属性
     */
    private String name;
    private String password;
    private String email;
    private boolean gender;
    /**
     * 不带参数的构造方法
     */
    public UserBean() {     }
    /**
     * setXXX()方法和 getXXX()方法
     */
    public String getName() {
        return name;
    }
    public void setName(String name) {
        this.name = name;
    }
    public String getPassword() {
        return password;
    }
    public void setPassword(String password) {
        this.password = password;
    }
    public String getEmail() {
        return email;
    }
    public void setEmail(String email) {
        this.email = email;
    }
    public boolean isGender() {
        return gender;
    }
    public void setGender(boolean gender) {
        this.gender = gender;
    }
}
```

13.6.2 在JSP中使用JavaBean

JavaBean是符合一定设计规范的特殊的Java类,在JSP中可以像使用普通类一样访问JavaBean,在脚本元素中实例化JavaBean类的对象,调用对象的方法。为了充分利用JavaBean的特性,JSP还提供了3种动作元素<jsp:userBean>、<jsp:setProperty>、<jsp:getProperty>来访问JavaBean。

1. jsp:useBean动作指令

jsp:useBean标记是用于声明在JSP中要使用的JavaBean对象。在使用jsp:getProperty和jsp:setProperty标记之前,必须首先使用jsp:useBean标记声明JavaBean。

<jsp:useBean>首先试图去定位这个bean的实例,如果此实例没找到,<jsp:useBean>会根据设置从一个class或一个序列化(serialized)模板中实例化一个bean。具体地分如下5个步骤。

(1) 用指定的范围和名字去定位一个bean。

(2) 用指定的名字来定义一个引用。

(3) 如果找到这个bean实例,将实例的引用赋给定义的变量。如果指定了type,将特定type的实例引用赋给定义的变量。

(4) 如果没有找到这个bean实例,用指定的class类型进行实例化,将引用赋给新定义的变量。如果指定的class类型是一个序列化模板,则用java.beans.Beans.instantiate来实例化bean。

(5) 如果<jsp:useBean>是实例化一个bean而不是定位这个bean,同时<jsp:useBean>和</jsp:useBean>有其他元素,则执行body标签。

插入JavaBean的语法形式是:

```
<jsp:useBean
        id = "beanInstanceName"
        scope = "page | request | session | application"
        {
          class = "package.class" |
          type = "package.class" |
          class = "package.class" type = "package.class" |
          beanName = "{package.class | <% = expression %>}" type = "package.class"
        }
        {
          /> | > other elements </jsp:useBean>
        }
```

其中{…|…|…|…}表示几项中选其中一项,其语法成分的含义分别如下。

id:在特定的范围的名字空间内标识对象名。这个名字用于在整个JSP文件中引用JavaBean,并且是有大小写区分的。

scope:Bean实例存在的范围以及id标识的变量的范围,默认值为page。这些范围值的含义分别如下。

- page:可以在当前JSP页面或静态包含的页面中内用<jsp:useBean>使用这个bean,直到response被返回到客户层或被forward到另外的文件。
- request:可以在处理同一request的任何JSP页面中使用这个bean,直到response被返回到客户层或被 forward 到另外的文件。我们可以通过 request. getAttribute (beanInstanceName)来访问这个 bean。

- session：可以在处于同一 session 的任何 JSP 页面中使用这个 bean。
- application：可以在处于同一应用程序的任何 JSP 页面中使用这个 bean。

class 和 type 可使用如下任何一种形式来声明：

• 单项：class="package. class"

从一个 class 中用 new 和构造方法实例化一个 bean，这个 class 不能为抽象的(abstract)，并且必须有一个共有的没有参数(public，no-argument)的构造方法。

• 单项：type="package. class"

如果 bean 在指定的范围内存在，给 bean 指定一个其他的数据类型而不是从 class 实例化得到的类型。我们可以在没有 class 或 beanName 的情况下单独使用 type，这时不会有 bean 被实例化。

• 组合项：type="package. class" beanName="package. class"

用 java. beans. Beans. instantiate 方法从一个 class 或序列化模板中实例化一个 bean，并将其指定为 type 指定的类型。Beans. instantiate 将检查 beanName 代表的是一个类还是一个序列化模板，如果 Bean 是序列化的，Beans. instantiate 用一个类装载器(class loader)去读取序列化的版本(名字类似于 *package. class. ser*)。

• 组合项：class="package. class" type="package. class"

用 class 实例化一个 bean，并将这个 bean 指定为 type 指定的类型。type 可以和 class 相同，或者是 class 的父类，再或者是 class 实现的一个接口。

beanName：当初次创建 Bean 时，说明类名或包含这个 Bean 的已序列化(serialized)的文件名(. ser)。

beanName 可以看作是一个类或者是包含一个序列化了的 Bean 对象的文件。beanName 属性的值将传送到 java. beans. Bean 的实例化方法中。

也可以在 jsp:useBean 声明中嵌入脚本件(scriptlet)或标记(tag)，如 jsp:getProperty，它们将在创建 Bean 时被执行。这常常用于在 Bean 创建之后立即修改这个 Bean 的属性。

例如，实例化一个 Bean 的简单形式为：

```
<jsp:useBean  id = "itemBean"
class = "com. nextgen. samples. ItemDisplayBean" />
```

这个例子实例化一个 com. nextgen. samples. ItemDisplayBean 对象，这个对象在一个类中说明，并且与 id 所说明的变量 itemBean 绑定在一起。如果没有实例存在，则创建一个新的实例。于是就可以使用已说明 itemBean 的 id 在 JSP 中访问这个实例。

type 标识所说明的对象的类型。在大多数情况下，局部变量与被创建的对象具有相同的类型。然而，在少数情况下，也可能要求这个变量声明为实际 Bean 类型的超类或者是 Bean 所实现的接口类型。使用 type 属性来进行控制方法如下。

```
<jsp:useBean id = "myThread" class = "myClass" type = "Runnable" />
```

这等价于下列 Java 代码。

```
Runnable myThread = new myClass();
```

2. jsp:setProperty 动作指令

jsp:setProperty 动作指令用来设置 JavaBean 属性的值。其语法如下。

```
< jsp:setProperty
        name = "beanInstanceName"
        {
          property = "*" |
          property = "propertyName" [ param = "parameterName" ]|
          property = "propertyName" value = "{string|<% = expression %>}"
        }
/>
```

<jsp:setProperty>用 bean 的 setter 方法来设置它的一个或多个属性。使用之前必须使用<jsp:useBean>来声明一个 bean。<jsp:setProperty>以如下方式设置 bean 的属性:

- 将一个 String 常量设置到对应匹配的 bean 属性中去。
- 将一个表达式的值设置到对应匹配的 bean 属性中去。
- 将用户的输入(存放在 request 对象的 parameters 中)设置到对应匹配的 bean 属性中去。

各种不同情况下 setProperty 的具体语法如表 13.3 所示。

表 13.3 setProperty 的语法

数据来源	setProperty 语法	说　明
string 常量	<jsp:setProperty name="beanName" property="propName" value="string constant"/>	将 bean 的属性 propName 的值设为 string 常量
表达式	<jsp:setProperty name="beanName" property="propName" value="expression"/> <jsp:setProperty name="beanName" property="propName"/> <jsp:attribute name="value"> expression </jsp:attribute> </jsp:setProperty>	将 bean 的属性 propName 的值设为表达式 expression 的值
request 参数	<jsp:setProperty name="beanName" property="propName" param="paramName"/>	将 bean 的属性 propName 的值设为 request 参数 paramName 的值
	<jsp:setProperty name="beanName" property="propName"/>	将 bean 的属性 propName 的值设为 request 中名称也为 propName 的参数的值
	<jsp:setProperty name="beanName" property="*"/>	将 bean 的所有匹配 request 参数的属性的值设为 request 中匹配的参数的值

使用 setProperty 动作时还必须注意以下事项。

- beanName 必须和 userBean 动作中的 id 属性一致。
- 定义的 JavaBean 必须是可写的,即必须为该属性定义 set 方法。

• paramName 必须是 request 参数的名称。

3. jsp:getProperty 动作指令

jsp:getProperty 用来获取 JavaBean 属性的值，并显示到 JSP 页面上。其语法如下。

```
<jsp:getProperty name = "beanInstanceName" property = "propertyName" />
```

<jsp:getProperty>用 Bean 类的 getter 方法来获取 bean 的一个属性并显示在 JSP 页面上。注意，在使用之前必须使用<jsp:useBean>来声明一个 bean。

13.6.3 JavaBean 应用实例

下面通过一个简单的实例来演示如何在 JSP 页面中访问 JavaBean。

【例 13.25】 在 JSP 页面中访问一个 JavaBean 的实例。

在这个例子中，首先提供一个注册表单，让用户输入相关的信息，在用户提交表单后，将用户的注册信息保存到 JavaBean 对象中，然后在另一个页面通过读取 JavaBean 的属性来获取用户的注册信息。这个例子由一个 JavaBean、一个 HTML 页面和两个 JSP 页面组成。我们还是把这个实例添加到 ch13 目录中。其开发步骤如下。

(1) 编写 JavaBean。

这个实例中，我们直接使用 13.6.1 小节中的 UserBean。

(2) 编写注册页面 reg.html。

reg.html 页面的代码如下。

```
<html>
  <head>
  <title>用户注册页面</title>
  </head>
  <body>
  <h1>新用户注册</h1>
    <form name = "regform" action = "reg.jsp" method = "post">
        用户名: <input type = "text" name = "username"><br>
        密码: <input type = "password" name = "password"><br>
        email: <input type = "text" name = "mail"><br>
        性别:
        <select name = "gender">
        <option value = "true">男</option>
        <option value = "false">女</option>
        </select><br>
        <input type = "submit" value = "提交信息">
    </form>
  </body>
</html>
```

(3) 编写保存信息页面 reg.jsp。

页面 reg.jsp 的代码如下。

```
<%@ page language = "java"  pageEncoding = "gbk" %>
<html>
  <head>
  <title>保存用户注册信息到 UserBean</title>
  </head>
  <body>
```

```
    <% request.setCharacterEncoding("gbk"); %>
    <jsp:useBean id = "user" scope = "session"
                            class = "javabean.UserBean">
    <jsp:setProperty name = "user" property = " * "/>
    <jsp:setProperty name = "user" property = "name" param = "username"/>
    <jsp:setProperty name = "user" property = "email" param = "mail"/>
    </jsp:useBean>
    <br>
     注册成功!<a href = "userinfo.jsp">查看用户信息</a>
  </body>
</html>
```

为了避免表单提交过来的参数产生中文乱码,在<body>开始的位置,我们调用 request 对象的 setCharacterEncoding()方法,设置请求正文所使用的编码为 gbk。

这个 JSP 页面中,首先,使用<jsp:userBean>动作元素,JSP 容器会在 session 范围内查找 id 为 user 的 UserBean 对象,结果发现该 JavaBean 对象不存在,就会自动实例化一个 UserBean 对象,id 值为 user。

然后,使用<jsp:setProperty>动作对 UserBean 的属性进行赋值。这里用了 3 条语句进行赋值,第 1 条 setProperty 语句的 property 属性的值为 *,表示将请求参数中与 UserBean 属性同名的参数的值赋给匹配的属性,reg.html 定义的表单中 password 和 gender 属性和 UserBean 中的 password 和 gender 属性正好对应,因此这两个属性会自动用表单中的两个同名的参数值来填充。UserBean 中的 name 和 email 属性在表单中没有同名的属性,第 2 条、第 3 条 setProperty 语句只好通过 param 参数指定参数名来填充 UserBean 的属性值。

最后,页面提示注册成功,并提供转向 userinfo.jsp 的超链接。

(4) 编写 userinfo.jsp。

```
<%@ page language = "java"  pageEncoding = "gbk" %>
<html>
  <head>
  <title>读取用户注册信息</title>
  </head>
  <body>
  <h1>用户详细信息:</h1>
   <jsp:useBean id = "user" scope = "session"
                            class = "javabean.UserBean"/>
   用户名:<jsp:getProperty name = "user" property = "name"/><br>
   密码:<jsp:getProperty name = "user" property = "password"/><br>
   email:<jsp:getProperty name = "user" property = "email"/><br>
   性别:
    <%
         boolean gender = user.isGender();
         if(gender) out.print("男");
         else out.print("女");
     %>
  </body>
</html>
```

这个页面中,首先还是使用<jsp:userBean>动作元素在 session 范围内查找 id 为 user 的 UserBean 对象,由于在 reg.jsp 中已经创建了该对象,此处是可以找到该对象的。然后调用<jsp:getProperty>动作元素输出了这个 JavaBean 的 name、password 和 email 3 个属性的值。

注意，用户的性别信息没有采用<jsp:getProperty>动作元素输出，而是采用了嵌入Java脚本元素的方式，直接访问user所标识的UserBean对象。

（5）部署和访问。

打开命令行，编译UserBean.java，得到UserBean.class。由于我们将这个类封装到了javabean包中，在目录\ch13\WEB-INF\classes下新建文件夹javabean，然后将UserBean.class复制到这个目录下。

接下来将编写好的3个页面复制到\ch13目录下，启动Tomcat服务器，访问http://localhost:8080/ch13/reg.html（不要直接双击reg.html打开，因为这种打开方式在填入用户注册信息后，提交时，页面不能跳转），运行效果如图13.31所示。

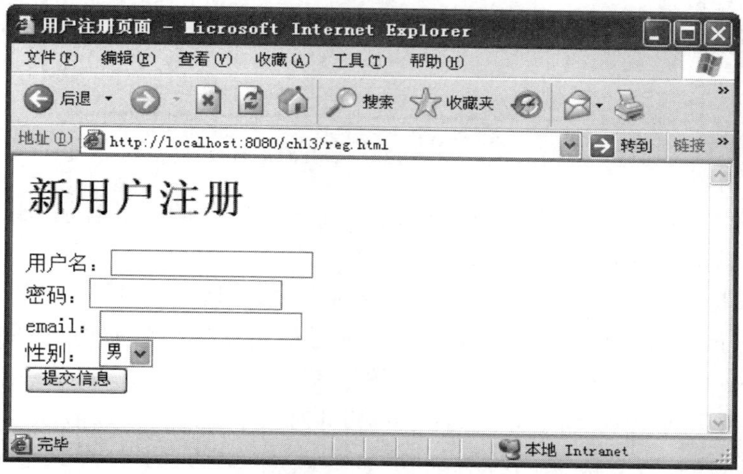

图13.31　注册页面reg.html运行效果

在reg.html中填写完注册信息：

用户名：张三

密码：123456

email：zhangsan@whu.edu.cn

性别：男

然后，单击“提交信息”按钮，将跳转到reg.jsp页面，如图13.32所示。

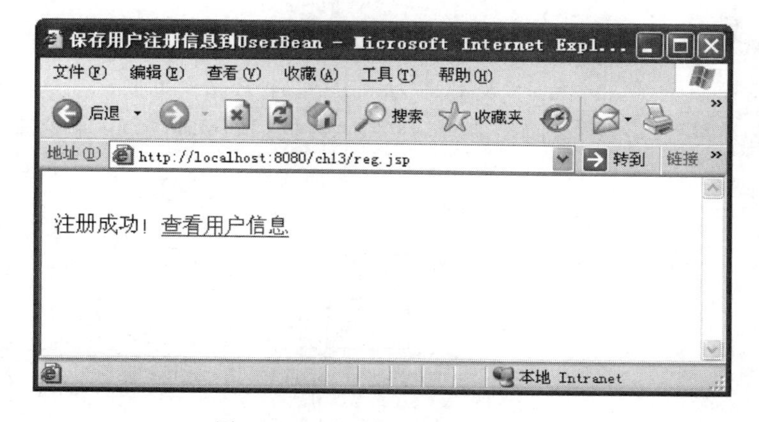

图13.32　reg.jsp页面运行效果

reg.jsp 将注册信息保存到 session 范围内且标识为 user 的 UserBean 对象中,并提供转到 userinfo.jsp 页面的超链接,单击该链接跳转到如图 13.33 所示的页面。

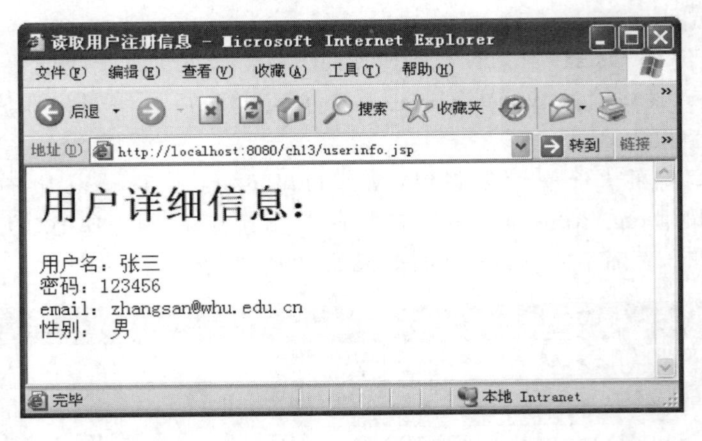

图 13.33 userinfo.jsp 页面运行效果

在 userinfo.jsp 页面中,使用<jsp:getProperty>动作元素读取了 name、password 和 email 3 个属性,使用脚本元素读取了 gender 属性。

需要注意的是,如果在没有关闭浏览器的情况下再次回到 reg.html,重新输入用户信息,再利用 userinfo.jsp 页面查看用户信息,会发现显示的信息还是先前提交的用户信息。这是因为在 reg.jsp 页面中,<jsp:userBean>动作元素会先在指定的 session 范围里查找 id 为 user 的 UserBean,由于先前访问过 reg.jsp,session 对象中已经存在该 Bean,因此不会重新实例化新的 UserBean。为了解决该问题,可以将 reg.jsp 中的<jsp:setProperty>动作移到<jsp:useBean>之外,这样每次不管是否查找到 id 为 user 的 UserBean,都会使用<jsp:setProperty>动作重新对 UserBean 的属性进行赋值。

13.7 JSP 开发的两种模型

JSP 技术规范中给出了两种使用 JSP 开发 Web 应用的方式,这两种方式可以归纳为模型一和模型二,这两种模型的主要差别在于它们处理业务的流程不同。

13.7.1 模型一

模型一的模式如图 13.34 所示,又称之为 JSP+JavaBeans 模型。在这一模型中,JSP 页面独自响应请求并将处理结果返回给客户,所有的数据通过 JavaBean 来处理,JSP 实现页面的表现部分。

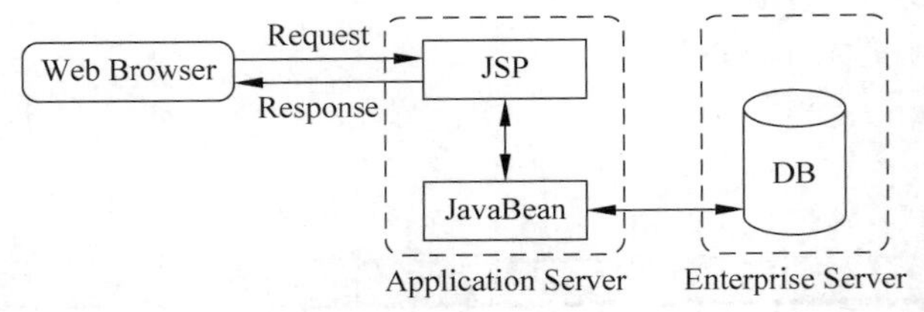

图 13.34 模型一(JSP+JavaBeans)

从图 13.34 可以看出，模型一也实现了页面表现和业务逻辑相分离。然而使用这种方式要在 JSP 页面使用大量的 Java 代码，当需要处理的业务逻辑很复杂时，这种情况会变得非常糟糕。因为大量嵌入的代码使整个页面程序变得异常复杂，这对于前端界面设计的网页开发人员来说，是一个沉重的负担。所以，模型一不能满足大型应用的需要，但是对于小型应用，因为该模型简单，不用涉及诸多要素，从而可以很好地满足小型应用的需要，所以在简单应用中，可以考虑模型一。

【例 13.26】 在模型一的架构下编写的 JSP 页面。

下面按照模型一的架构编写一个用户登录验证的程序。我们在 ch13 目录下新建一个文件夹 model1，并将编写的页面都存放到该目录下。此程序的编写步骤如下。

(1) 编写 UserBean。

这个实例中，直接使用 13.6.1 小节中的 UserBean。

(2) 编写登录页面 login.html，代码如下。

```
<html>
<head>
<title>用户登录</title>
</head>
<body>
    <form action = "checkuser.jsp" method = "post">
    请输入用户名：<input type = "text" name = "userName"><br>
    请输入密码：<input type = "password" name = "password"><br>
    <input type = "submit" value = "登录">
    <input type = "reset" value = "清空">
    </form>
</body>
</html>
```

单击“登录”按钮，表单将被添加给 checkuser.jsp 进行处理。

(3) 编写用户验证页面 checkuser.jsp，代码如下。

```
<%@ page language = "java" pageEncoding = "gbk" %>
<html>
  <head>
  <title>用户验证页面</title>
  </head>
  <body>
  <jsp:useBean id = "user" scope = "session"
                              class = "javabean.UserBean"/>
  <jsp:setProperty name = "user" property = " * "/>
  <%
      String name = user.getName();
      String password = user.getPassword();
      if(name.equals("zhangsan")&&password.equals("123456")){
   %>
      <jsp:forward page = "welcome.jsp"/>
  <%
      }
      else{
        out.print("用户名或密码输入错误,
                              请<a href = 'login.html'>重新登录</a>");
    }
```

```
    %>
  </body>
</html>
```


checkuser.jsp 使用<jsp:UseBean>和<jsp:setProperty>动作将表单提交的参数填充到 UserBean 中,然后嵌入脚本元素验证用户名和密码是否分别为"zhangsan"和"123456"(注意在实际的应用程序中,此处应该查询数据库进行验证)。如果验证成功,则将请求转发到 welcome.jsp,否则提示错误并要求用户重新登录。

为了保证一次登录失败后,重新登录时 checkuser.jsp 能重新对 id 为 user 的 UserBean 进行属性赋值,我们没有将<jsp:setProperty>动作写在<jsp:useBean>动作的内部,而是写在了<jsp:useBean>之后。

注意,此处将 UserBean 的范围定义为 session,这样如果用户登录成功,UserBean 对象 user 将会保存到 session 中,这样以后每个页面在 session 被清空之前都可以访问到当前登录的用户 user 的信息。

(4) 编写欢迎页面 welcome.jsp,其代码如下。

```
<%@ page language="java" pageEncoding="gbk" %>
<html>
  <head>
  <title>欢迎页面</title>
  </head>
  <body>
  <jsp:useBean id="user" scope="session"
                              class="javabean.UserBean"/>
  <jsp:getProperty name="user" property="name"/>,欢迎您的光临!
  </body>
</html>
```

welcome.jsp 页面使用<jsp:getProperty>动作读取 user 的 name 属性,显示欢迎信息。

(5) 部署和访问。

前面我们已经将编译好的 UserBean 的类文件 UserBean.class 放到了\ch13\WEB-INF\classes\javabean 目录下,接下来将刚刚编写的 3 个页面文件复制到 ch13\model1 目录下,然后启动 tomcat,访问 http://localhost:8080/ch13/model1/login.html(不要直接双击 login.html 打开,因为这种打开方式在填入用户信息后,提交时,页面不能跳转),运行效果如图 13.35 所示。

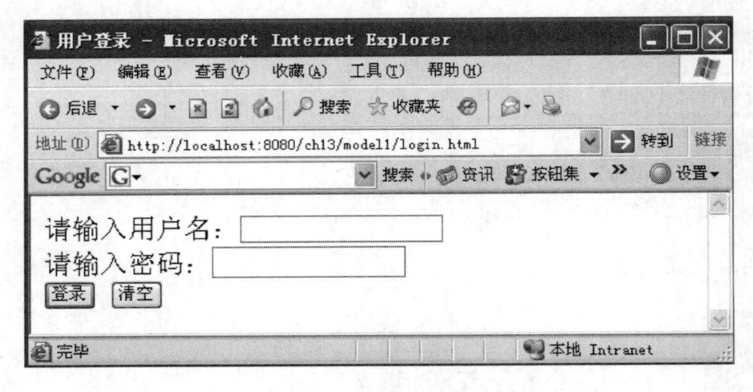

图 13.35　登录页面 login.html 运行效果

用户名和密码分别输入“zhangsan”和“123456”,单击“登录”按钮,可以看到页面跳转到了welcome.jsp页面。该页面显示“zhangsan,欢迎您的光临!”,运行效果如图13.36所示。

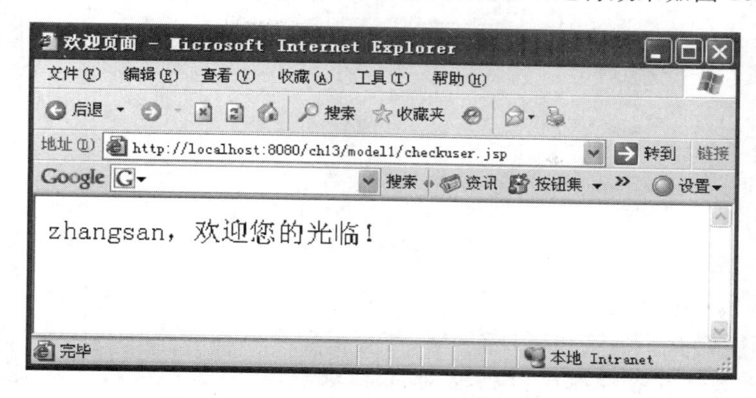

图 13.36 欢迎页面 welcome.jsp 运行效果

如果输入了错误的用户名或密码,checkuser.jsp页面将不会跳转到welcome.jsp,而是提示“用户名或密码输入错误,请重新登录”,运行效果如图13.37所示。

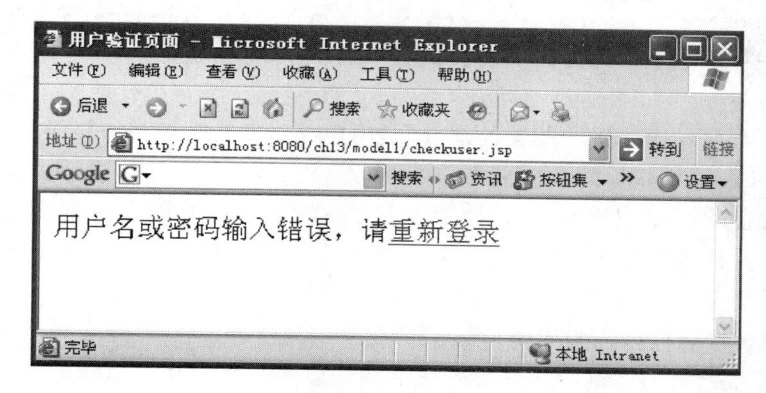

图 13.37 输入错误的用户信息后运行效果

双击重新登录链接后,页面重新跳转到login.html登录界面,运行效果如图13.35所示,用户再次输入自己的信息,验证成功后才能登录。

可以看到,在模型一中,我们没有编写Servlet,所有的业务逻辑处理的代码都在JSP文件中编写,使得JSP文件难以读懂,编写起来容易出错。

13.7.2 模型二

模型二的模式如图13.38所示,又称之为JSP+Servlet+JavaBeans模型。这一模型结合了JSP和Servlet技术,充分利用了JSP和Servlet两种技术原有的优势。这个模型使用JSP技术来表现页面;使用Servlet技术完成大量的事务处理;使用Bean来存储数据。Servlet用来处理请求的事务,充当一个控制者的角色,并负责向客户发送请求。它创建JSP需要的Bean和对象,然后根据用户请求的行为,决定将哪个JSP页面发送给客户。

从开发的角度看,模型二具有更清晰的页面表现、更清楚的开发角色的划分,可以充分利用开发团队中的网页设计人员和Java开发人员各自的优势。模型二的这些优点在大型项目中表现得尤为突出,网页设计人员可以充分发挥自己的美术和设计才能来充分表现页面;程

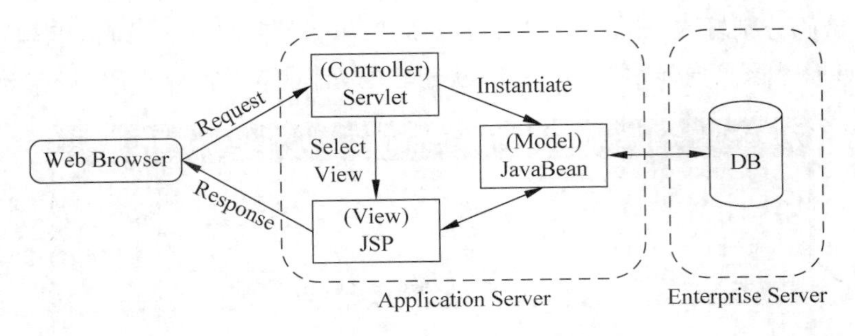

图 13.38　模型二(JSP+Servlet+JavaBeans)

序编写人员可以充分发挥自己的业务逻辑处理思维,实现项目中的业务处理。

另外,从设计结构来看,这种模型充分体现了模型视图控制器(MVC)的设计架构。事实上,现存的很多开发框架都是基于这种模型的,例如Apache Struts框架和JavaServer Faces框架。

MVC是桌面程序的一种设计架构,M是指数据模型,V是指用户界面(视图),C则是控制器。MVC的具体含义如下。

• 模型(Model)

模型是应用程序的主体部分。模型表示业务数据,或者业务逻辑。

• 视图(View)

视图是应用程序中用户界面相关的部分,是用户看到并与之交互的界面。

• 控制器(Controller)

控制器工作就是根据用户的输入,控制用户界面数据显示和更新model对象状态。

使用MVC的目的是将M和V的实现代码分离,从而使同一个程序可以使用不同的表现形式。C的目的则是确保M和V的同步,一旦M改变,V应该同步更新。

【例13.27】　按照模型二架构编写的JSP页面。

本例按照模型二的架构重新编写用户登录验证程序。我们在ch13目录下新建一个文件夹model2,并将编写的页面都存放到该目录下。该程序的编写步骤如下。

(1) 编写UserBean。

这个实例中,还是直接使用13.6.1小节中的UserBean。

(2) 编写登录页面login.html。

login.html的代码与模型一实例中的登录页面相同,只是将表单的action属性值由checkuser.jsp改为loginServlet,这样登录表单提交后将交给loginServlet进行处理。login.html的代码如下所示。

```
<html>
<head>
<title>用户登录</title>
</head>
<body>
    <form action = "loginServlet" method = "post">
    请输入用户名: <input type = "text" name = "name"><br>
    请输入密码: <input type = "password" name = "password"><br>
    <input type = "submit" value = "登录">
    <input type = "reset" value = "清空">
    </form>
```

```
</body>
</html>
```

（3）编写 LoginServlet。

LoginServlet 的代码如下所示。

```java
package servlet;

import java.io.*;

import javabean.UserBean;

import javax.servlet.*;
import javax.servlet.http.*;

public class LoginServlet extends HttpServlet {

    public void doPost(HttpServletRequest request,
                                HttpServletResponse response)
            throws ServletException, IOException {
        String name = request.getParameter("name");
        String password = request.getParameter("password");
        UserBean user = new UserBean();
        user.setName(name);
        user.setPassword(password);
        boolean result = checkUser(user);
        if(result){
            HttpSession session = request.getSession();
            session.setAttribute("user", user);
            gotoPage("welcome.jsp",request,response);
        }
        else
            gotoPage("fail.jsp",request,response);
    }

    /*验证用户是否合法*/
    private boolean checkUser(UserBean user){
        String name = user.getName();
        String password = user.getPassword();
        if(name.equals("zhangsan")&&password.equals("123456"))
            return true;
        else
            return false;
    }
    /*将请求转发到指定页面*/
    private void gotoPage(String url,HttpServletRequest request,
                                        HttpServletResponse response)
            throws ServletException, IOException {
        RequestDispatcher rd = request.getRequestDispatcher(url);
        rd.forward(request, response);
    }
}
```

这里将验证登录用户的业务逻辑处理代码都封装到了 LoginServlet 中，对该功能定义的方法有：checkUser()方法传入 UserBean 类型参数，用来对用户进行验证，如果合法，则返回 true，否则返回 false；gotoPage()方法将请求转发到指定页面。

此外,在doPost()方法中,首先使用request对象的getParameter()方法获取表提交的参数,根据这些参数值创建UserBean对象,然后调用checkUser()方法进行用户验证,根据该方法返回的结果进行处理:如果用户合法,则将UserBean保存到session中,供以后其他页面访问当前登录用户的信息,然后将请求转发到welcome.jsp页面;如果用户不合法,则将请求转发到fail.jsp页面。

(4) 编写welcome.jsp和fail.jsp页面。

这里的welcome.jsp页面的代码还是选择与模型一中的欢迎页面一样,另外再多编写了一个fail.jsp页面,其代码如下。

```
<%@ page language="java" pageEncoding="gbk" %>
<html>
  <head>
  <title>登录失败页面</title>
  </head>
  <body>
  用户名或密码不正确,请<a href="login.html">重新登录!</a>
  </body>
</html>
```

(5) 部署和访问。

前面已经将编译好的UserBean放到\ch13\WEB-INF\classes\javabean目录下了,接下来将页面文件login.html、welcome.jsp和fail.jsp存放到\ch13\model2\目录下。

编译LoginServlet.java,将编译好的class文件复制到\ch13\WEB-INF\classes\servlet\目录下。不要忘记在web.xml中添加LoginServlet的部署描述信息,具体部署内容如下。

```
<?xml version="1.0" encoding="UTF-8"?>
<web-app version="2.4"
    xmlns="http://java.sun.com/xml/ns/j2ee"
    xmlns:xsi="http://www.w3.org/2001/XMLSchema-instance"
    xsi:schemaLocation="http://java.sun.com/xml/ns/j2ee
    http://java.sun.com/xml/ns/j2ee/web-app_2_4.xsd">
   <servlet>
    <servlet-name>LoginServlet</servlet-name>
    <servlet-class>servlet.LoginServlet</servlet-class>
  </servlet>
  <servlet-mapping>
    <servlet-name>LoginServlet</servlet-name>
    <url-pattern>/model2/loginServlet</url-pattern>
  </servlet-mapping>
</web-app>
```

注意,这里将LoginServlet的访问url设置为/model2/loginServlet,而在login.html页面中,表单的action属性为loginServlet。这是因为login.html位于目录model2下,这样设置正好使login.html页面和LoginServlet逻辑上处于同一目录,以后页面跳转路径不易写错。

部署完成后,启动Tomcat,访问http://localhost:8080/ch13/model2/login.html,此时发现这个登录应用程序的运行效果跟模型一中的实例程序完全相同,运行效果如图13.35~图13.37所示。在这种模型下,将业务逻辑处理交给了Servlet,JSP只负责试图展示,使得程序具有更好的可读性。

上面采用了两种模型编写了同一个Web应用程序。在实际项目中,采用哪种模型要根据实际的业务需求来确定。一般来说,对于小型的、业务逻辑处理不多的应用,采用模型一比较合适。如果应用有着较复杂的逻辑,而且返回的视图也不同,那么采用模型二较为合适。

13.8 小　　结

JSP技术是为了提供一种声明性的、以表示为中心的开发Servlet的方法而设计的,我们可以把JSP看成运行时的Servlet。本章主要从以下6个方面介绍了JSP技术。

(1) JSP的工作机制。通过一个实例演示了编写和访问JSP的步骤,可以发现,配置JSP比Servlet要简单很多。

(2) JSP的标准语法。JSP的标准语法包括3种指令元素、3种脚本元素、20种动作元素和两种注释方式,通过这些语法可以编写基本的JSP程序。

(3) JSP的9个内置对象。这些对象在JSP页面中不需要创建即可使用,它们由Web容器自动创建和管理。

(4) JSP中的4种共享变量。它们用于在不同的JSP页面中传递参数。不同的共享变量作用的范围是不同的,最小的是page范围,只能在一个页面中共享变量;最大的是application范围,可以在整个Web容器中共享变量。

(5) JavaBean的编写方法以及在JSP页面中访问JavaBean的技术。利用JavaBean组件来封装业务逻辑,避免了在HTML页面中嵌入大量的Java代码,使得页面的显示和处理逻辑分离,提高了代码的可维护性。

(6) JSP开发的两种模型——模型一和模型二,并通过两个例子分别介绍了这两种模式的应用。

习　题　13

1. 简单描述一个最小的、可部署的Web应用程序的文件结构。
2. 说明JSP如何使用注释。
3. JSP如何处理HTML FORM中的参数?
4. 简述JSP的生命周期。
5. 说明JSP中动态include与静态include的区别。
6. 描述JSP和Servlet的区别、共同点、各自应用的范围。
7. 在JSP中如何执行浏览重定向?
8. 有几种会话跟踪技术?请分别说明。
9. 在Servlet和JSP之间能共享session对象吗?如果能,说明怎样共享。
10. 分别举例说明JSP 9个内置对象的主要作用。
11. 分别举例说明JSP 3种指令元素的作用。
12. 举例说明JSP中4种共享变量的作用范围。
13. request对象有哪些主要方法?
14. JSP有哪些动作?作用分别是什么?

附录 A　JDK 环境工具及其参数补充说明

A.1　编译器——javac

javac 的调用格式为：

```
javac [选项]源文件名表
```

其中，“选项”如表 A.1 所示。

表 A.1　javac 选项表

选　项	描　述
-classpath <path>	被引用类的路径
-d<directory>	类文件的存放路径
-g	为调试器生成附加信息
-ng	不生成附加信息
-nowarn	不显示警告性错误
-o	优化类文件，使生成的类文件不含行号
-verbose	显示编译过程的详细信息

-d <directory>用于指定类文件存放的目录。默认情况下，编译后的类文件存放在源代码文件所在的目录。如果要把编译生成的类文件存放在其他目录，可用<directory>指定。例如：

```
javac -d /users/classes test.java
```

-g 用于指定为调试器生成附加信息。它包括 Java 源代码中的变量、方法、行号等调试用信息。默认情况下，只生成行号，行号也可以通过-o 选项来屏蔽。下面是一个使用-g 选项的例子。

```
javac -g test1.java
```

-ng 的作用与-g 正好相反。设置-ng 选项后，编译后的类文件将是一个经过优化的代码文件。但是，它无法用于任何调试工具。一种好的选择是，先用-g 编译源代码，然后进行调试，没有错误后，再用-ng 选项重新编译，最终生成一个优化的类文件。使用-ng 选项的例子如下所示。

```
javac -ng test2.java
```

-nowarn 用于关闭编译器警告信息，其用法如下所示。

```
javac - nowarn test3.java
```

-o 优化类文件。使用此选项，将生成一个优化后的类文件，执行速度更高。不过，这样生成的类文件一般比通常方法得到的类文件要更大些。该选项的使用方式为：

```
javac - o test4.java
```

-verbose 选项用于显示全部编译和链接消息，包括所编译和链接的所有源文件，以及所装载的类等，其用法如下。

```
javac - verbose test5.java
```

A.2 Java 语言解释器——java

java 的调用格式为：

```
java [选项]类名<参数表>
```

其中，“选项”如表 A.2 所示。

表 A.2 java 选项表

选项参数	描述
-classpath <path>	设置类搜索路径，默认为环境变量指定路径
-cs 或 -checksource	检查类文件和源程序之间日期的一致性
-dpropertyname = value	用 D 选项设置属性值
-debug	允许调用调试器 jdb
-ms initmen[k|m]	设置初始内存空间，默认值为 1MB
-mx maxmem[k|m]	设置最大内存空间，默认值为 16MB
-noasyncgc	自动进行无用内存空间搜索
-noverify	不运行字节码检验器，不进行类文件检验
-oss stacksize[k|m]	设置线程的代码栈大小，默认值为 400KM
-ss stacksize[k|m]	设置线程的原始码栈大小，默认值为 128KM
-v 或 verbose	显示装载类时的相应信息
- verbosegc	显示无用内存空间搜索程序的运行信息
-verify	用字节码检验程序检查所装载的全部类文件
-verifyremote	检验类装载程序从网络上装载的全部类文件

A.3 Java 语言调试工具——jdb

jdb 的调用格式为：

```
jdb [选项]类名
```

或

```
jdb [ - host 主机名] - password 口令
```

所有的调试命令如表 A.3 所示。

表 A.3 调试命令表

命令名称	描述
!!	重复上一命令
?	求助命令,列出所有的帮助内容
catch [exception -class]	出现异常情况时暂停。如果不带参数运行该命令,jdb 将列出当前已经捕捉到的所有异常情况
classes	列举已经装载的所有类
clear [class: line]	清除设置在指定类指定行的断点
cont	恢复执行,直至下一断点
down	对当前线程的调用栈,将栈指针下移 n 次,n 默认为 1
dump id(s)	显示指定对象中所有域的当前值
exit	退出 jdb
gc	强制运行无用空间搜集程序
help	求助命令,与"?"命令相同
ignore exception class	忽略遇到的异常情况,关闭 catch 命令的作用效果
list [line_number]	显示指定的源代码行
load classname	装载指定的类
locals	显示当前线程的局部变量表
memory	显示内存使用情况
methods class_name	列出指定类的所有方法
quit	退出 jdb,与 exit 命令相同
resume [thread(s)]	恢复指定线程的执行,如不指定参数,则恢复所有被挂起的线程,与 suspend 命令相对
run [class_name][args]	运行指定类的 main()方法,args 为 main()命令行参数
step	运行当前线程的当前行,然后暂停
stop [at class: line]	在给定类的给定行设置一断点
stop [in class, method]	在给定类的指定方法设置一断点
suspend [thread(s)]	挂起指定的线程。不指定参数即为挂起所有线程
thread thread_name	使指定的线程成为当前线程
threadgroup name	把当前线程组命名为 name
threadgroups	列出当前正处于运行状态的线程组成
thread [threadgroups_neme]	列出指定线程组所包括的所有线程
up[n]	对当前线程的调用栈,将栈指针上移 n 次,n 默认为 1
use [source-file-path]	指定类的源代码文件的搜索路径
where [thread][all]	显示指定线程的栈路径

A.4 Java 文档生成器——javadoc

Javadc 的调用格式为:

```
javadoc [选项]包名
```

其中,"选项"如表 A.4 所示。

表 A.4 javadoc 选项表

选项	描述
-classpath <path>	设置类库和源文件的路径表
-d <directory>	生成的 API 文档应当存放的路径
-verbose	显示文档生成过程的详细信息

附录 B　XML 基础知识

虽然 Internet 的发展不过十年，但它对我们工作、学习、生活的方方面面却产生了深远的影响。一时间，电子商务、网上出版、网络通信，许许多多的新名词如潮水般涌来。在这个网络大潮之下，XML，这个以第二代网页发布语言而著称的新标准，凭借着它的勃勃生机与强大优势，为网络应用注入了新的活力。

B.1　XML 概述

XML 即可扩展标记语言(Extensible Markup Language)，是一种平台无关的表示数据的方法。简单地说，使用 XML 创建的数据可以被任何应用程序在任何平台上读取。甚至可以通过手动编码来编辑和创建 XML 文档。其原因是，XML 与 HTML 一样，都是建立在相同的基于标记技术基础之上。

例如，假设想要使用 XML 存储关于某个事务的信息。这个事务是由销售人员的 iBook 产生的，因此该信息存储在 iBook 中。但是，信息稍后会发送给 Windows 服务器上的数据应用程序，并且最终保存在主机中，因此这需要极佳的灵活性才能完成。使用 XML 创建的数据内容 transaction.xml 如下所示。

```
<?xml version = "1.0"?>
< transaction ID = "THX1138">
    < salesperson > bluemax </salesperson >
    < order >
        < product productNumber = "3263827">
            < quantity > 1 </quantity >
            < unitprice currency = "standard"> 3000000 </unitprice >
            < description > Medium Trash Compactor </description >
        </product >
    </order >
    < return ></return >
</transaction >
```

XML 将信息串行化并作为文本存储，这样数据便可以在任何可能需要的环境中使用，甚至无须使用特殊的应用程序，我们也可以看到内容和标记。

B.2　XML 的良好格式

XML 和 HTML 都来自 SGML，它们都含有标记，有着相似的语法。HTML 和 XML 的最大区别在于：HTML 是一个定型的标记语言，它用固有的标记来描述，显示网页内容。例如，<H1>表示首行标题，有固定的尺寸。相对的，XML 则没有固定的标记，XML 不能描述网页具体的外观和内容,它只是描述内容的数据形式和结构。最本质的区别是:网页将数据和显示混在一起,而 XML 则将数据和显示分开来。正是这种区别使得 XML 在网络应用和信息共享上方便、高效、可扩展。所以,可以相信 XML 作为一种先进的数据处理方法,将使网络跨越到一个新的境界。

为吸取 HTML 松散格式带来的经验教训,XML 一开始就坚持实行"格式良好"的要求。为了说明这一点,我们先分析 HTML 的一些语句,这些语句在 HTML 中随处可见。

(1) ＜p＞sample

(2) ＜b＞＜i＞sample＜/b＞＜/i＞

(3) ＜td＞sample＜/TD＞

(4) ＜font color=red＞samplar＜/font＞

在 XML 文档中,上述几种语句的语法都是错误的。因为 XML 的语法要求:

(1) 所有的标记都必须要有一个相应的结束标记;

(2) 所有的 XML 标记都必须合理嵌套;

(3) 所有 XML 标记都区分大小写;

(4) 所有标记的属性必须用引号""括起来。

所以上列语句在 XML 中正确的写法是:

(1) ＜p＞sample＜/p＞

(2) ＜b＞＜i＞sample＜/i＞＜/b＞

(3) ＜td＞sample＜/td＞

(4) ＜font color="red"＞samplar＜/font＞

这就是 XML 所谓的良好格式的要求的一部分,另外,XML 标记必须遵循下面的命名规则:

- 名字中可以包含字母、数字以及其他字母;
- 名字不能以数字或_(下画线)开头;
- 名字不能以字母 xml (或 XML 或 Xml ..)开头;
- 名字中不能包含空格。

在 XML 文档中任何的差错,都会得到同一个结果:网页不能被显示。目前,各浏览器开发商已经达成协议,对 XML 实行严格而挑剔的解析,任何细小的错误都会被报告。我们可以将 B.1 节中的 transaction. xml 修改一下,例如,将＜description＞改为＜Description＞,然后用 IE 直接打开 transaction. xml,会得到一个如图 B.1 所示的出错信息页面。

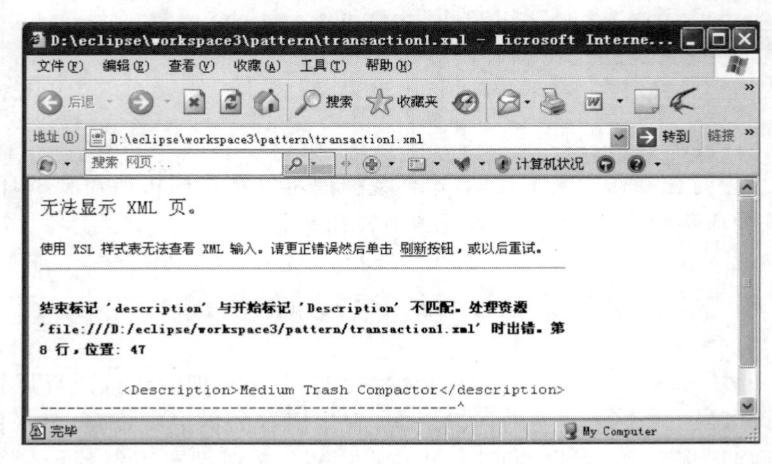

图 B.1 修改 transaction. xml 后的出错页面

B.3 XML的语法

XML对于语法有着严格的规定，只有当一个XML文档符合“格式良好”的基本要求时，处理程序才能对它进行分析和处理。“格式良好”这一标准通过对XML文档的各个逻辑成分和物理成分进行语法规定，保证了XML严密的条理性、逻辑性和良好的结构性，从而大大提高了XML应用处理程序处理XML数据的准确性和效率。实际上，“格式良好”的要求就是XML规范的语法要求，有一个简单的检验方法就是用Internet Explorer 4.01以上版本打开正在编辑的XML文档，如果报错，这个文档就不是“格式良好”的。XML文档的结构包括逻辑结构和物理结构。

B.3.1 逻辑结构

一个XML文档通常以一个XML声明开始，通过XML元素来组织XML数据。

XML元素包括标记和字符数据。为了组织数据更加方便、清晰，还可以在字符数据中引入CDATA数据块，并可以在文档中引入注释。此外，由于有时需要给XML处理程序提供一些指示信息，XML文档中可以包含处理指令。具体来说，各个逻辑元素的作用和形式如下。

1. XML声明

XML声明是处理指令的一种，一个XML文档最好以一个XML声明作为开始。下面是一个完整的XML声明：

```
<?xml version = "1.0" encoding = "GB2312" standalone = "no"?>
```

在一个XML的处理指令中必须包括version属性，指明所采用的XML的版本号，而且它必须在属性列表中排在第一位；encoding属性指明数据所采用的编码标准；standalone属性则表明该XML文档是否和一个外部文档类型定义DTD配套使用。

2. 元素

元素是XML文档内容的基本单元。从语法上讲，一个元素包含一个起始标记、一个结束标记以及标记之间的数据内容。其形式是：

```
<标记>数据内容</标记>
```

对于标记有以下语法规定。

(1) 标记必不可少。任何一个格式良好的XML文档中至少要有一个元素。

(2) 大小写有区别。

(3) 要有正确的结束标记。结束标记除了要和起始标记在拼写和大小写上完全相同，还必须在前面加上一个斜杠“/”。

(4) 标记要正确嵌套，不能交叉。

(5) 标记命名要合法。标记名应该以字母、_或:开头，后面跟字母、数字、句号“.”“:”“_”或“-”，但是中间不能有空格，而且任何标记名不能以xml或者XML大小写的任意组合作为起始。

(6) 有效使用属性。标记中可以包含任意多个属性，属性以名称/取值对出现，属性名不能重复，名称与取值之间用等号(=)分隔，且取值要用引号括起来。

对于数据内容，不能有和号(&)和小于号(<)，因为未经处理的和号和小于号在XML文

本中往往被解释为标记的起始定界符(CDATA段例外)。如果在数据中需要出现和号(&)和小于号(<),可以使用XML规范中提供的实体引用。

XML中有5个预定义的实体引用,分别引用XML文档中的5个特殊字符:小于号(<)、大于号(>)、双引号(")、单引号(')、和号(&),这些特殊字符也可以通过字符引用的方式去引用。

字符引用和实体引用都是以一个"&"符号开始并以一个分号(;)结束。如果用的是字符引用,需要在"&"符号之后加上一个"#",之后是所需字符的十进制代码或十六进制代码。如果用的是预定义实体引用,在"&"符号之后写上字符的助记符。表B.1列出了这5个特殊字符的引用和预定义实体引用。

表B.1 特殊字符的引用和预定义实体引用

字符	字符引用(十进制代码)	字符引用(十六进制代码)	预定义实体引用
<	<	<	<
>	>	>	>
"	"	"	"
'	'	'	'
&	&	&	&

3. CDATA段

在标记CDATA下,所有的标记、实体引用都被忽略,而被XML处理程序一视同仁地当作字符数据看待。CDATA的形式如下。

```
<![CDATA[
文本内容
]]>
```

CDATA的文本内容中不能出现字符串]]>。另外,CDATA不能嵌套。

4. 注释

在XML中,注释的方法与HTML完全相同,用<!——和——>将注释文本引起来。对于注释还有以下规定。

在注释文本中不能出现字符-或字符串——;不要把注释文本放在标记之中,类似地,不要把注释文本放在实体声明之中或之前;注释不能被嵌套。

5. 处理指令PI

处理指令是用来给处理XML文档的应用程序提供信息的,XML分析器把这些信息原封不动地传给应用程序,由应用程序来解释这个指令,遵照它所提供的信息进行处理。处理指令应该遵循下面的格式。

```
<?处理指令名 处理指令信息>
```

下面一个例子是dictionary.xml,它是描述辞典信息的XML文档。

```
[1] <?xml version = "1.0" encoding = "GB2312" standalone = "no"?>
[2] <?xml - stylesheet type = "text/xsl" href = "mystyle.xsl"?>
[3] <辞典>
[4] <词条>
[5] <词目> XML </词目>
[6] <解释> XML 是一种可扩展的元置标语言,它可用以规定新的置标规则,并根据这个规则组织数据。
```

```
</解释>
[7] <示例>
[8] <!-- 一个 XML 的例子 -->
[9] <![CDATA[
[10] <学生>
[11] <学号> 001 </学号>
[12] <姓名>张三</姓名>
[13] </学生>
[14] ]]>
[15] </示例>
[16] </词条>
[17]</辞典>
```

这个例子中出现的逻辑要素如下。

[1]是 XML 声明。

[2]是处理指令。

[3]～[17]是文档中的各个元素。在[5]行的"<词目>XML</词目>"中,"<词目>""</词目>"是标记,XML 是字符数据。

[8]是注释。

[9]～[14]是 CDATA 节。

B.3.2 物理结构

从物理结构上讲,XML 文档是由一个或多个存储单元构成的,这些存储单元就是所谓的实体。所有的 XML 文档都包含一个"根实体",又称作"文档实体"。这个实体是由 XML 本身给出的,无须显式定义就可以使用,它指的其实就是整个文档的内容,是 XML 语法分析器处理的起点。除此之外,可能还需要用到其他一些实体,这些实体都用名字来标识,在文件类型定义 DTD 中给出定义。

简单地说,实体充当着和别名类似的角色,即一个简单的实体名称可以用来代表一段文本内容。像任何计算机别名系统一样,实体引用简化了录入工作,因为每当要使用同样一段文本时,只需使用它的别名就可以了,处理器会自动把这个别名替换为相应的文本。

实体分为通用实体和参数实体两大类,其分类和用法如表 B.2 所示。

表 B.2 实体的分类和用法

类　型	使用场合	声明方式	引用方式
通用实体	用在所有 XML 文档中	<!entity 实体名 "文本内容">	&实体名;
		<!entity 实体名 system "外部文件 url 地址">	
参数实体	只用在 DTD 的元素和属性声明中	<!entity % 实体名 "文本内容">	%实体名;
		<!entity % 实体名 system "外部文件 url 地址">	

下面例子中定义了一个描述单位地址的通用实体。

```
<!ENTITY address
    "北京市海淀区学府路 88 号,100000">
```

在 XML 文件中可以如下使用这个实体。

```
<客户>
<姓名>王五</姓名>
```

```
<电话>(010)62626666 </电话>
<联系地址> &address;</联系地址>
</客户>
```


实体引用有以下几条规则。

- 除了 XML 标准规定的预定义实体以外,在 XML 文档引用一个实体之前,必须已经对此实体进行过声明。
- 实体引用中不能出现空格。
- 尽管在一个实体中可以再引用其他实体,但是不能出现循环引用。
- 实体引用的文档必须符合 XML 语法的种种要求。
- 任何一个独立的逻辑要素,如元素、标记、注释、处理指令、实体引用等,都不能开始于一个实体,而结束于另一个实体。

如果在属性中出现实体引用,不但要遵守前面所述的实体引用的各种规则,还要注意以下两点。

- 在标记属性中不能引用一个外部实体。
- 引用的文本中不能出现字符<,否则替换后就不再是一个“格式良好”的 XML 文档。

此处只是概述了 XML 知识,让读者有一个概要性的了解。实际应用还需查看相关教材或参考手册。

参考文献

[1] 雍俊海. Java 程序设计教程(第 2 版)[M]. 北京:清华大学出版社,2007.

[2] 郑莉,王行言,马素霞. Java 程序设计[M]. 北京:清华大学出版社,2006.

[3] 耿祥义,张跃平. Java 2 实用教程(第 3 版)[M]. 北京:清华大学出版社,2008.

[4] 张永奎,王素格,等. Internet 与 Java 程序设计[M]. 北京:科学出版社, 2001.

[5] Karanjit S Siyan 著. Visual J++实用大全[M]. 丁一青,史争印,蒋全,译. 北京:清华大学出版社,1998.

[6] 金永华,曲俊生,等. Java 网络高级编程[M]. 北京:人民邮电出版社,2001.

[7] 陈世鸿,朱福喜,黄水松,等. 软件工程原理及应用[M]. 武汉:武汉大学出版社,2000.

[8] H El-Rewini, T G Lewis. Parallel and Distributed Computing[M]. Manning publications Co. ,1999.

[9] 印旻. Java 语言与面向对象程序设计[M]. 北京:清华大学出版社,2000.

[10] Bruce Eckel 著. Java 编程思想[M]. 侯捷,译. 北京:机械工业出版社,2002.

[11] Mary Campione,Kathy Walrath. The Java Tutorial[M]. Addison Wesley Longman Press,1999.

[12] sun RMI[OL]. http://www/sun/com. cn/developers/support/.

[13] Graham Hamiton, Rick Cattell, Maydene Fisher. JDBC Database Access with Java[M]. Addison Wesley Longman Press,1999.

[14] Sun(中国)公司. Java Remote Method Invocation(Java 远程方法调用)—— Java 分布式计算白皮书[OL]. http://www/sun/com. cn/developers/support/.

[15] 陆迟. Java 语言程序设计[M]. 北京:电子工业出版社,2002.

[16] John Zukowski 著. Java 2 从入门到精通[M]. 邱仲潘,等译. 北京:电子工业出版社,1999.

[17] Mark Wutka 著. Java 2 企业版实用全书[M]. 伟峰,等译. 北京:电子工业出版社,2001.

[18] Subrah manyam Allamaraju,等著. J2EE 服务器高级编程[M]. 闻道工作室,译. 北京:机械工业出版社,2001.

[19] 张洪斌. Java 2 高级程序设计百事通[M]. 北京:中科多媒体电子出版社,2001.

[20] 朱福喜,尹为民,余振坤. Java 语言与面向对象程序设计[M]. 武汉:武汉大学出版社, 2002.

[21] 朱福喜,唐晓军. Java 编程技巧与开发实例[M]. 北京:人民邮电出版社,2004.

[22] 朱福喜. Java 语言程序设计[M]. 北京:清华大学出版社,2004.

[23] 朱福喜. Java 语言基础教程[M]. 北京:清华大学出版社,2008.

[24] 李兴华. Java 开发实战经典[M]. 北京:清华大学出版社,2008.

[25] 昊斯特曼 (Horstmann Gay S), Gary Cornell 著. Java 核心技术[M]. 叶乃文, 邝劲筠, 杜永萍,译. 北京:电子工业出版社,2011.

图书资源支持

感谢您一直以来对清华版图书的支持和爱护。为了配合本书的使用，本书提供配套的资源，有需求的读者请扫描下方的“书圈”微信公众号二维码，在图书专区下载，也可以拨打电话或发送电子邮件咨询。

如果您在使用本书的过程中遇到了什么问题，或者有相关图书出版计划，也请您发邮件告诉我们，以便我们更好地为您服务。

我们的联系方式：

地　　址：北京市海淀区双清路学研大厦 A 座 701

邮　　编：100084

电　　话：010-83470236　010-83470237

资源下载：http://www.tup.com.cn

客服邮箱：2301891038@qq.com

QQ：2301891038（请写明您的单位和姓名）

资源下载、样书申请

书圈

扫一扫，获取最新目录

课　程　直　播

用微信扫一扫右边的二维码，即可关注清华大学出版社公众号“书圈”。